吉林大学本科“十三五”规划教材

电磁场理论与应用仿真

嵇艳鞠 等 编著

科学出版社

北京

内 容 简 介

本书主要围绕静态电磁场、时变电磁场的激励源、标量和矢量场量表征方法、基本定律和方程，阐述电磁场的时空分布特征、场量求解以及电参数求解方法等内容，并结合电磁场工程应用和前沿问题进行仿真分析。本书通过先构架基本概念、基本定律和方程，重点梳理电磁标量场和矢量场的不同求解方法，并从实际问题出发设计仿真案例，最终实现电磁场的动态可视化。通过电偶极子和磁偶极子的静态场特征分析、理想介质中电磁辐射和导电媒质中时变电磁场传播的理论计算、电磁场数值仿真几部分内容，将电磁场理论进行有机贯穿，构成完整知识体系。本书既有抽象的电磁理论公式，又有生动的电磁场仿真图像，理论和仿真相结合，便于学生自主学习和深入理解。

本书可供电气工程及其自动化、测控技术与仪器、自动化等专业高校本科生和研究生作为教材使用，同时可供电气工业领域专业技术人员参考使用。

图书在版编目(CIP)数据

电磁场理论与应用仿真/嵇艳鞠等编著. —北京：科学出版社，2023.11
吉林大学本科“十三五”规划教材
ISBN 978-7-03-071416-9

Ⅰ. ①电… Ⅱ. ①嵇… Ⅲ. ①电磁场－理论－高等学校－教材 Ⅳ. ①O441.4

中国版本图书馆 CIP 数据核字(2022)第 024290 号

责任编辑：姜 红 常友丽 / 责任校对：邹慧卿
责任印制：赵 博 / 封面设计：无极书装

科学出版社 出版
北京东黄城根北街 16 号
邮政编码：100717
http://www.sciencep.com
北京建宏印刷有限公司印刷
科学出版社发行 各地新华书店经销
*
2023 年 11 月第 一 版 开本：787×1092 1/16
2024 年 10 月第三次印刷 印张：20 1/4
字数：480 000

定价：79.00 元

(如有印装质量问题，我社负责调换)

作 者 名 单

稽艳鞠　万　玲　赵雪娇
吴　琼　杨大鹏　黎东升

前　言

“电磁场理论”是高等学校电类工科专业的一门基础理论课程，课程涉及静态场、恒定场、时变场的基本场量、定律和理论，以及电磁场应用等内容。“电磁场理论”是电气类、电子信息类等专业学生应具备的知识结构的重要组成部分，在电气自动化、电子信息和通信工程等领域内占有非常重要的地位，在现代科学技术发展的过程中起着十分重要的作用。

为了适应国家“建设世界一流学科”和“新工科”本科专业建设的要求，本书从研究和应用问题出发，采用激发兴趣、聚焦引导的自主学习方式，融合理论知识体系、求解方法和仿真可视化。针对电磁场课内主讲学时减少、教材更新缓慢等问题，本书以建立“电磁场”的概念为主，进行整体归纳，融会贯通，突出静、电、磁场、镜像法、标量和矢量方程的共性求解方法，总结归纳，通过增加知识点关系框图、对比图表等方式，解决少学时与内容多的普遍性矛盾，在学生已经掌握电路等概念的基础上，将“场”与“路”有机结合。针对已有教材存在数学公式较多、内容抽象符号化，学生难“学”、教师难“教”的现象，本书采用了先构架基本概念和基本原理，从待解决的实际问题出发，建立求解方法，再通过仿真可视化呈现的思路进行编写。

围绕工程电磁场中产生静电场、恒定电场、恒定磁场、时变电磁场的激励源、标量和矢量场量的表征方法、相互关系、求解方法以及电参数求解等内容，本书结合电磁场实际应用和前沿应用等重新梳理电磁场仿真案例。本书引入先进的电磁仿真平台，将数学符号化与仿真可视化相融合，将看不见摸不着的“场”形象生动地展示给同学们，从而激发学生学习兴趣，培养学生获得电磁场分布特征、电磁能量、电磁场测量与传播规律等方面的技术及应用领域知识，掌握电磁场基本理论与求解方法和先进的电磁仿真软件，实现从学习理论到解决实际复杂问题的能力培养，为本科生和研究生的后续学习奠定基础。本书结合电磁辐射和探测的基本天线单元电偶极子和磁偶极子，推导全空间理想介质和导电媒质中电磁辐射的数学表达式，以及导电媒质半空间的电磁场扩散传播数学表达式，给出了电偶极子和磁偶极子的电磁场传播特征，案例比较有深度，旨在培养学生从事科学研究的兴趣，将理论教学和实践仿真教学集于一体，适用于研究型人才和高端人才的培养。

全书共 7 章，分别为矢量分析、静电场及其仿真、恒定电场及其仿真、恒定磁场及其仿真、时变电磁场及其仿真、平面电磁波及其仿真、电磁场仿真软件。各章部分内容相对独立，可根据教学环节进行自行选择，并附有知识提要和习题。

本书由嵇艳鞠等编著。第 1、2、5、6 章由嵇艳鞠执笔，第 3 章由万玲执笔，第 4 章由杨大鹏和赵雪娇执笔，第 7 章由吴琼和黎东升执笔，习题和附录由赵雪娇执笔。书稿在编写过程中，博士研究生吴燕琪、王世鹏、刘怀湜、张阳、马云峰、于一兵、张悦晗等参与了仿真案例的测试、书稿的校正工作。作者在本书编写过程中，参阅了国内外许多优秀教材和相关参考书，已列入参考文献中。本书的出版得到了吉林大学本科“十三五”规划教材项目的大力支持。谨在此一并表示衷心感谢！

对于书中不妥之处，衷心欢迎广大读者批评指正。意见请寄吉林大学仪器科学与电气工程学院。

嵇艳鞠

2022 年 4 月 28 日

目　　录

前言

1　矢量分析 ……………………………………………………………… 1

1.1　矢量的基本运算 ……………………………………………… 1

1.2　电磁场中标量场和矢量场 …………………………………… 4

1.3　标量场的方向导数和梯度 …………………………………… 6

1.3.1　方向导数 …………………………………………………… 6

1.3.2　梯度 ………………………………………………………… 7

1.3.3　梯度性质 …………………………………………………… 7

1.4　矢量场的散度和散度定理 …………………………………… 8

1.4.1　矢量的通量 ………………………………………………… 8

1.4.2　矢量场的散度 ……………………………………………… 8

1.4.3　散度定理 …………………………………………………… 10

1.5　矢量场的旋度和斯托克斯定理 ……………………………… 11

1.5.1　矢量的环量 ………………………………………………… 11

1.5.2　矢量场的旋度 ……………………………………………… 12

1.5.3　斯托克斯定理 ……………………………………………… 14

1.6　亥姆霍兹定理 ………………………………………………… 15

1.6.1　亥姆霍兹定理基本概念 …………………………………… 15

1.6.2　亥姆霍兹定理证明 ………………………………………… 16

1.6.3　矢量场的亥姆霍兹定理 …………………………………… 17

1.7　唯一性定理 …………………………………………………… 18

2　静电场及其仿真 ……………………………………………………… 20

2.1　库仑定律 ……………………………………………………… 21

2.2　电场的基本概念 ……………………………………………… 21

2.2.1　电荷与电荷分布 …………………………………………… 21

2.2.2　电场强度及电场线方程 …………………………………… 23

2.2.3　电介质和极化强度 ………………………………………… 25

2.2.4　电通密度（电位移矢量） ………………………………… 28

2.2.5　电位及等位面方程 ………………………………………… 29

2.2.6　电容 ………………………………………………………… 29

2.2.7 静电能量 …… 31
2.2.8 静电力 …… 33
2.3 静电场的基本定律 …… 34
2.3.1 静电场的高斯定律 …… 34
2.3.2 静电场的环路定律 …… 36
2.4 静电场的基本方程 …… 37
2.4.1 矢量基本方程 …… 37
2.4.2 标量基本方程 …… 40
2.5 镜像法和电轴法 …… 42
2.6 场量的求解方法 …… 47
2.6.1 电场强度定义式法 …… 47
2.6.2 电位函数叠加法 …… 50
2.6.3 高斯定律法 …… 51
2.6.4 电位的积分方程法 …… 54
2.7 电参数的求解方法 …… 58
2.8 静电场的仿真案例 …… 63
2.8.1 基于 MATLAB 的点电荷电位和电场强度分布仿真 …… 63
2.8.2 基于 MATLAB 的电偶极子电位和电场强度分布仿真 …… 64
2.8.3 基于 Ansoft Maxwell 的静电场中同轴电缆 3D 仿真 …… 65
2.9 知识提要 …… 68
习题 …… 70

3 恒定电场及其仿真 …… 73

3.1 恒定电场的基本概念 …… 74
3.2 恒定电场基本定律 …… 79
3.3 恒定电场基本方程 …… 80
3.3.1 矢量场方程 …… 80
3.3.2 标量场方程 …… 82
3.4 恒定电场的分界面衔接条件 …… 83
3.5 恒定电场与静电场的比拟 …… 86
3.6 场量和电参数的求解方法 …… 87
3.6.1 静电比拟法 …… 87
3.6.2 分界面衔接条件法 …… 90
3.6.3 电位的积分方程法 …… 90
3.7 恒定电场的数值仿真案例 …… 94
3.7.1 基于 Ansoft Maxwell 的导体中电流仿真 …… 94
3.7.2 基于 Ansoft Maxwell 接地电极的跨步电压计算 …… 96

3.8 知识提要……98
习题……99
4 恒定磁场及其仿真……102
4.1 安培定律……103
4.2 恒定磁场的基本概念……103
4.2.1 磁感应强度及磁感线方程……104
4.2.2 磁化强度……105
4.2.3 磁场强度……106
4.2.4 磁矢量位……107
4.2.5 磁标量位……107
4.2.6 电感……108
4.2.7 互感……108
4.2.8 磁场能量……110
4.2.9 磁场力……111
4.3 恒定磁场的基本定律……112
4.3.1 恒定磁场的高斯定律……112
4.3.2 恒定磁场的环路定律……113
4.4 恒定磁场的基本方程及衔接条件……117
4.4.1 矢量基本方程……117
4.4.2 矢量的分界面衔接条件……118
4.4.3 标量基本方程及分界面衔接条件……120
4.5 场量的求解方法……121
4.5.1 毕奥-萨伐尔定律法……121
4.5.2 环路定律法……124
4.5.3 磁矢量位法……126
4.5.4 磁矢量位的微分方程法……129
4.6 磁参数的求解方法……131
4.6.1 自感计算……131
4.6.2 互感计算……132
4.6.3 磁场能量计算……134
4.7 恒定磁场的数值仿真案例……135
4.7.1 基于 MATLAB 的环形载流回路空间磁场分布仿真……135
4.7.2 基于 MATLAB 的亥姆霍兹线圈的磁场分布……138
4.8 知识提要……141
习题……144

5 时变电磁场及其仿真……148
5.1 电磁场量的复数形式表示法……148
5.2 时变电磁场的基本概念和基本定律……150
5.2.1 基本概念……150
5.2.2 电磁感应定律……151
5.2.3 全电流定律……152
5.3 时变电磁场的基本方程和分界面衔接条件……154
5.3.1 麦克斯韦方程组……154
5.3.2 准静态电磁场中麦克斯韦方程组……156
5.3.3 媒质分界面衔接条件……157
5.4 坡印亭定理……161
5.5 达朗贝尔方程及其解……165
5.6 电偶极子时变场……168
5.7 磁偶极子时变场……172
5.8 典型例题……176
5.9 时变电磁场数值仿真案例……180
5.9.1 基于 MATLAB 的电偶极子天线电磁辐射……180
5.9.2 磁偶极子电磁场仿真……183
5.10 知识提要……186
习题……189
附录 5.1 偶极子的时谐电磁场推导……191

6 平面电磁波及其仿真……200
6.1 赫兹实验……200
6.2 基本概念……201
6.3 电磁波动方程……203
6.3.1 电磁波动方程的时间域和频率域形式……203
6.3.2 一维平面电磁波的波动方程……205
6.4 理想介质中均匀平面电磁波……207
6.4.1 一维波动方程的时间域通解及其物理意义……207
6.4.2 理想介质中正弦均匀平面波的复数通解……209
6.4.3 典型例题……212
6.5 导电媒质中均匀平面电磁波……214
6.5.1 导电媒质中正弦均匀平面电磁波的传播特性……214
6.5.2 良导体媒质中电磁波的传播特性……217
6.5.3 低损耗媒质中电磁波的传播特性……218

6.5.4 典型例题 …… 220
6.6 平面电磁波的极化 …… 222
6.6.1 直线极化 …… 223
6.6.2 圆极化 …… 223
6.6.3 椭圆极化 …… 224
6.7 平面电磁波在理想介质分界面上的反射与折射 …… 225
6.7.1 正入射时平面电磁波的反射与折射 …… 225
6.7.2 三层理想介质分界面上的反射与折射 …… 229
6.7.3 斜入射时平面电磁波的反射与折射 …… 231
6.7.4 理想介质分界面上的全反射与全折射 …… 238
6.7.5 典型例题 …… 240
6.8 平面电磁波在导电媒质分界面上的反射与折射 …… 241
6.8.1 平面电磁波正入射到理想导体表面上的反射与折射 …… 242
6.8.2 平面电磁波斜入射到理想导体表面上的反射与折射 …… 244
6.8.3 平面电磁波斜入射到良导体表面上的反射与折射 …… 246
6.8.4 典型例题 …… 247
6.9 水平电偶极子在层状媒质中的电磁场计算 …… 254
6.10 垂直磁偶极子在层状媒质上方的电磁场计算 …… 257
6.11 水平电偶极子的时变电磁场数值仿真案例 …… 261
6.12 知识提要 …… 268
习题 …… 271

7 电磁场仿真软件 …… 275

7.1 MATLAB 基本介绍 …… 275
7.1.1 MATLAB 工作环境 …… 275
7.1.2 MATLAB 常用命令 …… 276
7.2 应用 MATLAB 进行电磁场仿真 …… 277
7.2.1 真空中 N 个点电荷之间库仑力的计算 …… 277
7.2.2 有限长直导线的电位分布 …… 279
7.2.3 三相输电线路的工频电场分布 …… 280
7.2.4 有限长载流细直导线的磁场分布 …… 281
7.2.5 无限长载流圆柱内外的磁场分布 …… 282
7.2.6 载流方形回线的磁场分布 …… 284
7.2.7 载流圆线圈的磁场分布和互感计算 …… 285
7.2.8 平行极化波反射系数和折射系数分布 …… 289
7.3 Ansoft Maxwell 基本介绍 …… 290

7.4 应用 Ansoft Maxwell 软件进行电磁场仿真 ······ 293
7.4.1 平行板电容器电场分布 ······ 293
7.4.2 恒定磁场力矩计算 ······ 295
7.4.3 亥姆霍兹线圈的磁场分布 ······ 297
7.4.4 多边形线圈互感计算 ······ 300
7.4.5 涡流场分析 ······ 302
7.4.6 电偶极子的电磁辐射仿真 ······ 305
附录 7.1 矢量分析 ······ 307
附录 7.2 电磁单位制 ······ 309

参考文献 ······ 312

1 矢量分析

矢量是现代数学、物理学中的一个重要概念。爱尔兰数学家哈密顿（W. R. Hamilton，1805～1865）第一个使用矢量（vector）这个词来表示一个有向线段。1935 年，我国教育部公布的《数学名词》中 vector 被译为“矢量、向量”。在数学中多称为向量，在物理中多称为矢量。

本章重点阐述矢量分析的基本理论和分析方法。矢量分析就是矢量函数的微积分，它是研究电磁场的重要工具。首先讨论矢量场基本概念、运算，重点阐述电磁场的梯度、散度、旋度概念和运算，然后介绍矢量场的亥姆霍兹定理和唯一性定理。

1.1 矢量的基本运算

1. 单位矢量

单位矢量表示模为 1 的矢量，任意矢量 $\boldsymbol{R}$ 可以写为 $\boldsymbol{R}=|\boldsymbol{R}|\cdot\boldsymbol{e}_R$ 或 $\boldsymbol{e}_R=\dfrac{\boldsymbol{R}}{|\boldsymbol{R}|}$。例如，直角坐标系中单位矢量为 $\boldsymbol{e}_x$、$\boldsymbol{e}_y$、$\boldsymbol{e}_z$，圆柱坐标系中单位矢量为 $\boldsymbol{e}_\rho$、$\boldsymbol{e}_\phi$、$\boldsymbol{e}_z$，球坐标系中单位矢量为 $\boldsymbol{e}_r$、$\boldsymbol{e}_\theta$、$\boldsymbol{e}_\phi$。

2. 空间矢量

在电磁场空间，通常将电荷源或者电流的位置点称为源点，通常用带撇的量表示，例如 $P'(x',y',z')$，将待求解的空间某点称为场点，采用不带撇的量表示，如 $P(x,y,z)$。空间任一点可用一个矢量表示，由原点指向该点。例如，图 1.1 中场点 $P(x,y,z)$ 可以用矢量表示为

$$\boldsymbol{r}=x\boldsymbol{e}_x+y\boldsymbol{e}_y+z\boldsymbol{e}_z \tag{1.1}$$

源点 $P'(x',y',z')$ 可以表示为

$$\boldsymbol{r}'=x'\boldsymbol{e}_x+y'\boldsymbol{e}_y+z'\boldsymbol{e}_z \tag{1.2}$$

式中，$\boldsymbol{r}$、$\boldsymbol{r}'$ 对应场点和源点的位置矢量。

由源点 $P'(x',y',z')$ 指向场点 $P(x,y,z)$ 的距离矢量为 $\boldsymbol{R}=\boldsymbol{r}-\boldsymbol{r}'$，$\boldsymbol{R}$ 的模为

$$|\boldsymbol{R}|=|\boldsymbol{r}-\boldsymbol{r}'|=\sqrt{(x-x')^2+(y-y')^2+(z-z')^2} \tag{1.3}$$

方向为

$$\boldsymbol{e}_R=\frac{\boldsymbol{R}}{|\boldsymbol{R}|}=\frac{\boldsymbol{r}-\boldsymbol{r}'}{|\boldsymbol{r}-\boldsymbol{r}'|} \tag{1.4}$$

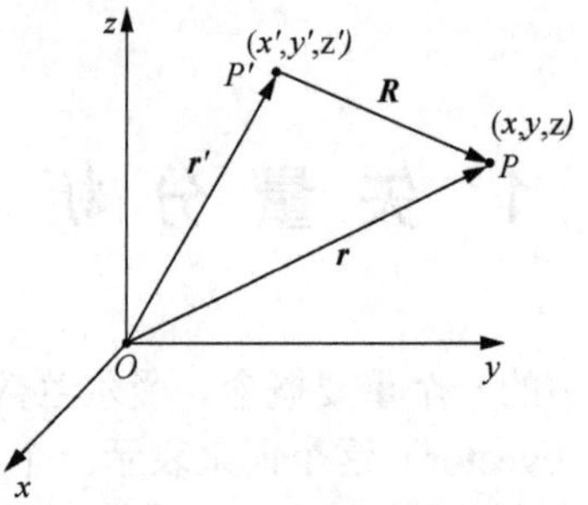

图 1.1 位置矢量和距离矢量关系示意图

3. 矢量加减法

矢量加减法可以用平行四边形法则，各分量分别相加、减。例如，在直角坐标系中两个矢量 $\boldsymbol{A}$ 和 $\boldsymbol{B}$ 分别为

$$\boldsymbol{A}=A_x\boldsymbol{e}_x+A_y\boldsymbol{e}_y+A_z\boldsymbol{e}_z \tag{1.5}$$

$$\boldsymbol{B}=B_x\boldsymbol{e}_x+B_y\boldsymbol{e}_y+B_z\boldsymbol{e}_z \tag{1.6}$$

式中，A_x、A_y、A_z 为矢量 $\boldsymbol{A}$ 在直角坐标系的 x、y、z 分量；B_x、B_y、B_z 为矢量 $\boldsymbol{B}$ 在直角坐标系的 x、y、z 分量。两个矢量相加后为

$$\boldsymbol{A}+\boldsymbol{B}=(A_x+B_x)\boldsymbol{e}_x+(A_y+B_y)\boldsymbol{e}_y+(A_z+B_z)\boldsymbol{e}_z \tag{1.7}$$

4. 矢量的标量积（点乘）

两矢量的标量积为

$$\boldsymbol{A}\cdot\boldsymbol{B}=|\boldsymbol{A}||\boldsymbol{B}|\cos\theta \tag{1.8}$$

式中，θ 为 $\boldsymbol{A}$ 和 $\boldsymbol{B}$ 的夹角，两个矢量相乘后为标量。

5. 矢量的矢量积（叉乘）

两矢量的矢量积仍是一个矢量，可以用行列式表示为

$$\boldsymbol{A}\times\boldsymbol{B}=\begin{vmatrix}\boldsymbol{e}_x & \boldsymbol{e}_y & \boldsymbol{e}_z\\ A_x & A_y & A_z\\ B_x & B_y & B_z\end{vmatrix}=(A_yB_z-A_zB_y)\boldsymbol{e}_x+(A_zB_x-A_xB_z)\boldsymbol{e}_y+(A_xB_y-A_yB_x)\boldsymbol{e}_z \tag{1.9}$$

矢量相乘后的数值为

$$|\boldsymbol{A}\times\boldsymbol{B}|=|\boldsymbol{A}||\boldsymbol{B}|\sin\theta \tag{1.10}$$

6. 矢量的混合积

矢量的三重乘积可以表示为 $\boldsymbol{A}\cdot(\boldsymbol{B}\times\boldsymbol{C})$，常用的变换式为

$$\boldsymbol{A}\cdot(\boldsymbol{B}\times\boldsymbol{C})=\boldsymbol{B}\cdot(\boldsymbol{C}\times\boldsymbol{A})=\boldsymbol{C}\cdot(\boldsymbol{A}\times\boldsymbol{B}) \tag{1.11}$$

7. 矢量的一阶微分运算

在矢量分析中，经常用到哈密顿算子，记作“∇”（读作“Nabla”）。哈密顿算子表示对空间坐标的一阶微分运算，在直角坐标系中哈密顿算子的展开式为

$$\nabla\equiv\frac{\partial}{\partial x}\boldsymbol{e}_x+\frac{\partial}{\partial y}\boldsymbol{e}_y+\frac{\partial}{\partial z}\boldsymbol{e}_z \tag{1.12}$$

对于距离矢量有$\nabla R=-\nabla' R=\frac{\boldsymbol{R}}{|\boldsymbol{R}|}=\boldsymbol{e}_R$和$\nabla\frac{1}{R}=-\nabla'\frac{1}{R}=\frac{-\boldsymbol{R}}{R^3}=-\frac{\boldsymbol{e}_R}{|\boldsymbol{R}|^2}$成立。其中$\nabla'$表示对源点坐标进行微分，为$\nabla'=\frac{\partial}{\partial x'}\boldsymbol{e}_x+\frac{\partial}{\partial y'}\boldsymbol{e}_y+\frac{\partial}{\partial z'}\boldsymbol{e}_z$。证明如下。

距离矢量$\boldsymbol{R}$的模为

$$|\boldsymbol{R}|=R=|\boldsymbol{r}-\boldsymbol{r}'|=\sqrt{(x-x')^2+(y-y')^2+(z-z')^2}$$

对空间矢量$\boldsymbol{R}$的场点坐标进行一阶微分运算，写为

$$\nabla R=\frac{\partial R}{\partial x}\boldsymbol{e}_x+\frac{\partial R}{\partial y}\boldsymbol{e}_y+\frac{\partial R}{\partial z}\boldsymbol{e}_z=\frac{x-x'}{R}\boldsymbol{e}_x+\frac{y-y'}{R}\boldsymbol{e}_y+\frac{z-z'}{R}\boldsymbol{e}_z=\frac{1}{R}(\boldsymbol{r}-\boldsymbol{r}')=\frac{\boldsymbol{R}}{|\boldsymbol{R}|}=\boldsymbol{e}_R \tag{1.13}$$

$$\begin{aligned}\nabla\frac{1}{R}&=\frac{\partial}{\partial x}\left(\frac{1}{R}\right)\boldsymbol{e}_x+\frac{\partial}{\partial y}\left(\frac{1}{R}\right)\boldsymbol{e}_y+\frac{\partial}{\partial z}\left(\frac{1}{R}\right)\boldsymbol{e}_z\\&=-\frac{x-x'}{R^3}\boldsymbol{e}_x-\frac{y-y'}{R^3}\boldsymbol{e}_y-\frac{z-z'}{R^3}\boldsymbol{e}_z=-\frac{1}{R^3}(\boldsymbol{r}-\boldsymbol{r}')=-\frac{\boldsymbol{R}}{R^3}=-\frac{\boldsymbol{e}_R}{|\boldsymbol{R}|^2}\end{aligned} \tag{1.14}$$

对空间矢量$\boldsymbol{R}$和$\frac{1}{\boldsymbol{R}}$的源点坐标进行一阶微分运算，写为

$$\begin{aligned}\nabla' R&=\frac{\partial R}{\partial x'}\boldsymbol{e}_x+\frac{\partial R}{\partial y'}\boldsymbol{e}_y+\frac{\partial R}{\partial z'}\boldsymbol{e}_z=\frac{x'-x}{R}\boldsymbol{e}_x+\frac{y'-y}{R}\boldsymbol{e}_y+\frac{z'-z}{R}\boldsymbol{e}_z\\&=\frac{1}{R}(\boldsymbol{r}'-\boldsymbol{r})=-\frac{\boldsymbol{R}}{R}=-\boldsymbol{e}_R\end{aligned} \tag{1.15}$$

$$\begin{aligned}\nabla'\frac{1}{R}&=\frac{\partial}{\partial x'}\left(\frac{1}{R}\right)\boldsymbol{e}_x+\frac{\partial}{\partial y'}\left(\frac{1}{R}\right)\boldsymbol{e}_y+\frac{\partial}{\partial z'}\left(\frac{1}{R}\right)\boldsymbol{e}_z\\&=-\frac{x'-x}{R^3}\boldsymbol{e}_x-\frac{y'-y}{R^3}\boldsymbol{e}_y-\frac{z'-z}{R^3}\boldsymbol{e}_z=-\frac{1}{R^3}(\boldsymbol{r}'-\boldsymbol{r})=\frac{\boldsymbol{R}}{R^3}=\frac{\boldsymbol{e}_R}{|\boldsymbol{R}|^2}\end{aligned} \tag{1.16}$$

8. 矢量的二阶微分运算

拉普拉斯算子（Laplacian）表示对空间坐标的二阶微分运算，可以写为$\nabla^2=\nabla\cdot\nabla$。在直角坐标系中拉普拉斯算子的展开式为

$$\nabla^2=\frac{\partial^2}{\partial x^2}+\frac{\partial^2}{\partial y^2}+\frac{\partial^2}{\partial z^2} \tag{1.17}$$

拉普拉斯算子作用在标量函数 φ 和矢量函数 $\boldsymbol{A}$ 的表达式分别为

$$\nabla^2\varphi=\frac{\partial^2\varphi}{\partial x^2}+\frac{\partial^2\varphi}{\partial y^2}+\frac{\partial^2\varphi}{\partial z^2} \tag{1.18}$$

$$\nabla^2\boldsymbol{A}=\frac{\partial^2\boldsymbol{A}}{\partial x^2}+\frac{\partial^2\boldsymbol{A}}{\partial y^2}+\frac{\partial^2\boldsymbol{A}}{\partial z^2} \tag{1.19}$$

在圆柱坐标系中，拉普拉斯算子作用在标量函数 φ 和矢量函数 $\boldsymbol{A}$ 的表达式分别为

$$\nabla^2\varphi=\frac{1}{\rho}\frac{\partial}{\partial\rho}\left(\rho\frac{\partial\varphi}{\partial\rho}\right)+\frac{1}{\rho^2}\frac{\partial^2\varphi}{\partial\phi^2}+\frac{\partial^2\varphi}{\partial z^2} \tag{1.20}$$

$$\nabla^2\boldsymbol{A}=\left(\nabla^2A_\rho-\frac{2}{\rho^2}\frac{\partial A_\phi}{\partial\phi}-\frac{A_\rho}{\rho^2}\right)\boldsymbol{e}_\rho+\left(\nabla^2A_\phi+\frac{2}{\rho^2}\frac{\partial A_\rho}{\partial\phi}-\frac{A_\phi}{\rho^2}\right)\boldsymbol{e}_\phi+\nabla^2A_z\boldsymbol{e}_z \tag{1.21}$$

在球坐标系中，拉普拉斯算子作用在标量函数 φ 和矢量函数 $\boldsymbol{A}$ 的表达式分别为

$$\nabla^2\varphi=\frac{1}{r^2}\frac{\partial}{\partial r}\left(r^2\frac{\partial\varphi}{\partial r}\right)+\frac{1}{r^2\sin\theta}\frac{\partial}{\partial\theta}\left(\sin\theta\frac{\partial\varphi}{\partial\theta}\right)+\frac{1}{r^2\sin^2\theta}\frac{\partial^2\varphi}{\partial\phi^2} \tag{1.22}$$

$$\begin{aligned}\nabla^2\boldsymbol{A}=&\left[\nabla^2A_r-\frac{2}{r^2}\left(A_r+\cot\theta A_\theta+\csc\theta\frac{\partial A_\phi}{\partial\phi}+\frac{\partial A_\theta}{\partial\theta}\right)\right]\boldsymbol{e}_r\\&+\left[\nabla^2A_\theta-\frac{1}{r^2}\left(\csc^2\theta A_\theta-2\frac{\partial A_r}{\partial\theta}+2\cot\theta\csc\theta\frac{\partial A_\phi}{\partial\phi}\right)\right]\boldsymbol{e}_\theta\\&+\left[\nabla^2A_\phi-\frac{1}{r^2}\left(\csc^2\theta A_\phi-2\csc\theta\frac{\partial A_r}{\partial\phi}-2\cot\theta\csc\theta\frac{\partial A_\theta}{\partial\phi}\right)\right]\boldsymbol{e}_\phi\end{aligned} \tag{1.23}$$

1.2 电磁场中标量场和矢量场

假设在空间某个确定区域内的任意点处都对应着一个确定的物理量，则称这个物理量为一个场。从数学的角度看，就是在该区域内定义了一个函数，这个函数可以为标量，也可以为矢量。物理量为标量时称为标量场，物理量为矢量时称为矢量场。

1. 标量场

电磁场中的标量主要有电位、标量磁位等场量。空间中每一点都可以定义一个电位 $\varphi_1,\varphi_2,\cdots,\varphi_N$，这些空间点的标量共同构成一个标量场 $\varphi(x,y,z,t)$，标量场可以用等值面表示。磁场中在电流密度为零的区域，即没有电流分布的区域，空间中每一点都可以定义一个标量磁位 $\varphi_{\mathrm{m}1},\varphi_{\mathrm{m}2},\cdots,\varphi_{\mathrm{m}N}$，这些空间点的标量共同构成一个标量场 $\varphi_{\mathrm{m}}(x,y,z,t)$。

2. 标量场的等值面

标量场的分布可以采用等值面来直观形象地描绘。等值面上的任一点的函数值相等，即

$$\varphi(x,y,z)=C \tag{1.24}$$

式中，C 为常数。随着 C 的取值不同，可获得一系列不同的等值面，空间中可以绘制多组等值面。一般情况下，φ 为单值函数，所以这些等值面互不相交。

在与 z 轴平行的平面标量场中，函数 $\varphi(x,y)$ 具有相同函数值的点所组成的曲线称为等值线，$\varphi(x,y)=C$。

3. 矢量场

电场中每一点都可以定义一个电场强度 $\boldsymbol{E}_1,\boldsymbol{E}_2,\cdots,\boldsymbol{E}_N$，这些矢量的总和构成一个矢量场 $\boldsymbol{E}(x,y,z,t)$，矢量场可以用场线表示，如电场线，电场单位为伏/米，符号为 V/m。

电场中的标量电位 $\varphi(x,y,z,t)$ 与矢量电场强度 $\boldsymbol{E}(x,y,z,t)$ 之间的关系可以用积分形式表示：

$$\varphi_{PQ}=\int_P^Q \boldsymbol{E}\cdot \mathrm{d}\boldsymbol{l} \tag{1.25}$$

式中，$\mathrm{d}\boldsymbol{l}$ 为矢量线的线元；P 和 Q 分别为空间中两个观测点。电位和电场在空间的点是一一对应的，单位为伏，符号为 V。

磁场中每一点都可以定义一个磁场强度 $\boldsymbol{H}_1,\boldsymbol{H}_2,\cdots,\boldsymbol{H}_n$，这些矢量的总和构成一个矢量场 $\boldsymbol{H}(x,y,z,t)$，可以用磁场线表示，磁场单位为安/米，符号为 A/m。

磁场在传导电流为零的区域内，且磁场的积分路径不穿过磁屏蔽面，此时，标量磁位 $\varphi_{\mathrm{m}}(x,y,z,t)$ 与矢量磁场强度 $\boldsymbol{H}(x,y,z,t)$ 之间的关系可以用积分形式表示：

$$\varphi_{\mathrm{m}}=\int_P^Q \boldsymbol{H}\cdot \mathrm{d}\boldsymbol{l} \tag{1.26}$$

式中，P 和 Q 为空间中两个观测点。标量磁位和磁场 $\boldsymbol{H}$ 在空间的点是一一对应的，单位为安，符号为 A。

4. 矢量场的矢量线

为了形象地描绘矢量场 $\boldsymbol{A}$ 的分布，引入矢量场的矢量线概念。在矢量场中，矢量线上面的每一点处切线方向都与矢量场在该点的方向相同。例如静电场中的电场线。矢量场中矢量线可以分布在整个场域，但它们互不相交。

根据矢量线的定义，矢量线的方程可以写为

$$\boldsymbol{A}\times \mathrm{d}\boldsymbol{l}=0 \tag{1.27}$$

在直角坐标系中，方程可展开为

$$\frac{A_x}{\mathrm{d}x}=\frac{A_y}{\mathrm{d}y}=\frac{A_z}{\mathrm{d}z} \tag{1.28}$$

上式为矢量线的微分方程，其中A_x、A_y、A_z为矢量$\boldsymbol{A}$在直角坐标系的x、y、z分量；$\mathrm{d}x$、$\mathrm{d}y$、$\mathrm{d}z$为$\mathrm{d}\boldsymbol{l}$的x、y、z积分元分量。

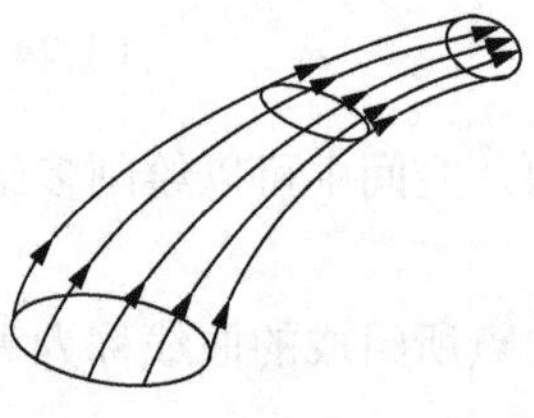

图 1.2 矢量管示意图

5. 矢量场的矢量管

矢量管是矢量场中特殊的一种矢量曲面，如果在矢量场内取任一条不是矢量线的闭合曲线，并经过其每一点引一条矢量线，那么这些线的轨迹就是一管状矢量曲面，称之为矢量管（图 1.2）。流体通过矢量管的任意截面的通量都是相同的。

1.3 标量场的方向导数和梯度

研究一个标量场，不仅要掌握物理量在空间的分布情况，还需要知道它的空间变化规律以及与其他物理量之间的相互关系，采用方向导数和梯度来进行表征。

1.3.1 方向导数

方向导数定义为函数$\varphi(P)$从点P_0沿路径$\boldsymbol{l}$到点P的变化率，记做$\frac{\partial\varphi}{\partial l}$。对于电场，空间各点的电位$\varphi$构成一个标量场，电位$\varphi$沿不同方向的变化率不同。在直角坐标系中$\frac{\partial\varphi}{\partial l}$可写为

$$\frac{\partial\varphi}{\partial l}=\frac{\partial\varphi}{\partial x}\cos\alpha+\frac{\partial\varphi}{\partial y}\cos\beta+\frac{\partial\varphi}{\partial z}\cos\gamma \tag{1.29}$$

式中，$\cos\alpha$、$\cos\beta$、$\cos\gamma$分别对应$\boldsymbol{l}$在直角坐标系x、y、z的方向余弦。路径$\boldsymbol{l}$的方向可以采用单位矢量$\boldsymbol{e}_l$表示，为$\boldsymbol{e}_l=\cos\alpha\boldsymbol{e}_x+\cos\beta\boldsymbol{e}_y+\cos\gamma\boldsymbol{e}_z$。

方向导数解决了标量场中$\varphi(P)$在给定点处沿某一方向$\boldsymbol{l}$的变化率问题。下面来探讨函数$\varphi(P)$在哪个方向上变化率最大，以及如何计算最大变化率。

设矢量$\boldsymbol{g}=\frac{\partial\varphi}{\partial x}\boldsymbol{e}_x+\frac{\partial\varphi}{\partial y}\boldsymbol{e}_y+\frac{\partial\varphi}{\partial z}\boldsymbol{e}_z$，那么式（1.29）可以写成矢量$\boldsymbol{g}$与$\boldsymbol{e}_l$的标量积，即

$$\frac{\partial\varphi}{\partial l}=\left(\boldsymbol{e}_x\frac{\partial\varphi}{\partial x}+\boldsymbol{e}_y\frac{\partial\varphi}{\partial y}+\boldsymbol{e}_z\frac{\partial\varphi}{\partial z}\right)\cdot\left(\cos\alpha\boldsymbol{e}_x+\cos\beta\boldsymbol{e}_y+\cos\gamma\boldsymbol{e}_z\right)=\boldsymbol{g}\cdot\boldsymbol{e}_l=|\boldsymbol{g}|\cos(\boldsymbol{g},\boldsymbol{e}_l) \tag{1.30}$$

上式表明：标量函数φ沿$\boldsymbol{l}$方向的方向导数为矢量$\boldsymbol{g}$在$\boldsymbol{l}$上的投影。因$\boldsymbol{g}$在给定点处为一个固定的矢量，所以只有当$\boldsymbol{l}$的方向与$\boldsymbol{g}$方向一致时，$\cos(\boldsymbol{g},\boldsymbol{e}_l)=1$，$\frac{\partial\varphi}{\partial l}=|\boldsymbol{g}|$，方向导数才取得最大值，此时$\varphi$增加得最快；当$\boldsymbol{l}$的方向与$\boldsymbol{g}$方向垂直时，$\cos(\boldsymbol{g},\boldsymbol{e}_l)=0$，方向导

数$\dfrac{\partial\varphi}{\partial l}=0$；当$\boldsymbol{l}$的方向与$\boldsymbol{g}$方向相反时，$\cos(\boldsymbol{g},\boldsymbol{e}_l)=-1$，方向导数$\dfrac{\partial\varphi}{\partial l}=-|\boldsymbol{g}|$取得最小值，此时$\varphi$减小得最快。

1.3.2 梯度

定义矢量函数$\boldsymbol{g}$为标量场φ的梯度，记作$\mathrm{grad}\varphi$。在直角坐标系中，梯度写为

$$\boldsymbol{g}=\mathrm{grad}\varphi=\frac{\partial\varphi}{\partial x}\boldsymbol{e}_x+\frac{\partial\varphi}{\partial y}\boldsymbol{e}_y+\frac{\partial\varphi}{\partial z}\boldsymbol{e}_z \tag{1.31}$$

式中，$\boldsymbol{e}_x$、$\boldsymbol{e}_y$、$\boldsymbol{e}_z$为直角坐标系中单位矢量。

标量场的梯度为一个矢量场，表示某一点处标量场的变化率，梯度方向指向标量增加率最大的方向，即等值面的法线方向，梯度的数值等于该方向上标量的增加率。

电位φ的梯度可以表示为

$$\mathrm{grad}\ \varphi=\nabla\varphi \tag{1.32}$$

在直角坐标系中梯度的表达式为

$$\nabla\varphi=\left(\frac{\partial}{\partial x}\boldsymbol{e}_x+\frac{\partial}{\partial y}\boldsymbol{e}_y+\frac{\partial}{\partial z}\boldsymbol{e}_z\right)\varphi=\frac{\partial\varphi}{\partial x}\boldsymbol{e}_x+\frac{\partial\varphi}{\partial y}\boldsymbol{e}_y+\frac{\partial\varphi}{\partial z}\boldsymbol{e}_z \tag{1.33}$$

在圆柱坐标系中梯度的表达式为

$$\nabla\varphi=\frac{\partial\varphi}{\partial\rho}\boldsymbol{e}_\rho+\frac{1}{\rho}\frac{\partial\varphi}{\partial\phi}\boldsymbol{e}_\phi+\frac{\partial\varphi}{\partial z}\boldsymbol{e}_z \tag{1.34}$$

在球坐标系中梯度的表达式为

$$\nabla\varphi=\frac{\partial\varphi}{\partial r}\boldsymbol{e}_r+\frac{1}{r}\frac{\partial\varphi}{\partial\theta}\boldsymbol{e}_\theta+\frac{1}{r\sin\theta}\frac{\partial\varphi}{\partial\phi}\boldsymbol{e}_\phi \tag{1.35}$$

1.3.3 梯度性质

将哈密顿算子∇与电位梯度$\nabla\varphi$进行叉乘运算，可以得到

$$\nabla\times\nabla\varphi=0 \tag{1.36}$$

哈密顿算子的叉乘运算$\nabla\times$也称为旋度运算，后面将详细介绍。式（1.36）表明，对一个标量场的梯度取旋度，运算结果恒等于零，这是梯度的一个重要性质。下面在直角坐标系中证明。

$$\begin{aligned}\nabla\times\nabla\varphi&=\left(\frac{\partial}{\partial x}\boldsymbol{e}_x+\frac{\partial}{\partial y}\boldsymbol{e}_y+\frac{\partial}{\partial z}\boldsymbol{e}_z\right)\times\left(\frac{\partial\varphi}{\partial x}\boldsymbol{e}_x+\frac{\partial\varphi}{\partial y}\boldsymbol{e}_y+\frac{\partial\varphi}{\partial z}\boldsymbol{e}_z\right)\\&=\left(\frac{\partial}{\partial y}\frac{\partial\varphi}{\partial z}-\frac{\partial}{\partial z}\frac{\partial\varphi}{\partial y}\right)\boldsymbol{e}_x+\left(\frac{\partial}{\partial z}\frac{\partial\varphi}{\partial x}-\frac{\partial}{\partial x}\frac{\partial\varphi}{\partial z}\right)\boldsymbol{e}_y+\left(\frac{\partial}{\partial x}\frac{\partial\varphi}{\partial y}-\frac{\partial}{\partial y}\frac{\partial\varphi}{\partial x}\right)\boldsymbol{e}_z=0\end{aligned}$$

根据这一性质，若一矢量场的旋度处处为零，则可以引入标量位，即若$\nabla\times\boldsymbol{A}=0$，则

$\boldsymbol{A}$ 可以写为 $\boldsymbol{A}=-\nabla\varphi$，负号表示变量场的梯度变化方向与矢量场的方向相反。例如，对于静电场，因为有 $\nabla\times\boldsymbol{E}=0$，所以引入电位 $\boldsymbol{E}=-\nabla\varphi$。

1.4 矢量场的散度和散度定理

1.4.1 矢量的通量

定义面元矢量为 $\mathrm{d}\boldsymbol{S}=\boldsymbol{e}_n\mathrm{d}S$ 或 $\mathrm{d}\boldsymbol{S}=\boldsymbol{e}_n\cdot\mathrm{d}S$，其中 $\boldsymbol{e}_n$ 为面元的单位法线矢量。设有一矢量场 $\boldsymbol{A}$，在场中任取一面元 $\mathrm{d}\boldsymbol{S}$，如图 1.3 所示。$\boldsymbol{A}$ 穿过 $\mathrm{d}\boldsymbol{S}$ 的通量为

$$\mathrm{d}\boldsymbol{\Phi}=\boldsymbol{A}\cdot\mathrm{d}\boldsymbol{S}=A\mathrm{d}S\cos\theta \tag{1.37}$$

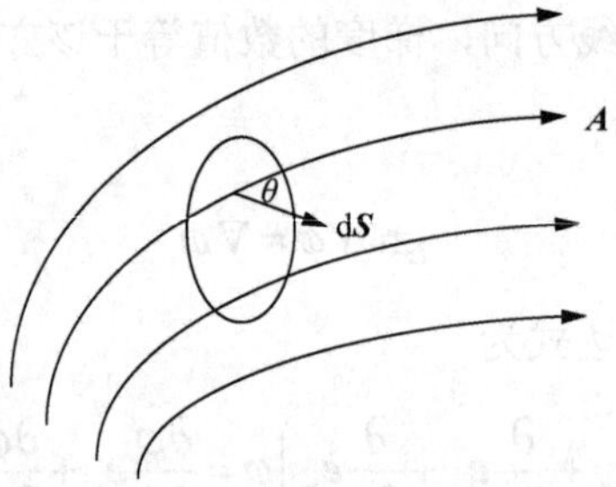

图 1.3 矢量 $\boldsymbol{A}$ 穿过 $\mathrm{d}\boldsymbol{S}$ 的通量示意图

在电场中电位移通量为 $\mathrm{d}\boldsymbol{\Phi}_D=\boldsymbol{D}\cdot\mathrm{d}\boldsymbol{S}$，在磁场中磁通量为 $\mathrm{d}\boldsymbol{\Phi}_B=\boldsymbol{B}\cdot\mathrm{d}\boldsymbol{S}$。穿过曲面 $\boldsymbol{S}$ 的通量为

$$\boldsymbol{\Phi}=\int_S\boldsymbol{A}\cdot\mathrm{d}\boldsymbol{S} \tag{1.38}$$

1.4.2 矢量场的散度

1. 穿过闭合曲面的通量及其物理定义

在矢量场 $\boldsymbol{A}$ 中，围绕某一点 P 作一闭合曲面 $\boldsymbol{S}$，法线方向向外，如图 1.4 所示。则矢量 $\boldsymbol{A}$ 穿过闭合曲面 $\boldsymbol{S}$ 的通量或发散量为 $\boldsymbol{\Phi}=\oint_S\boldsymbol{A}\cdot\mathrm{d}\boldsymbol{S}$。

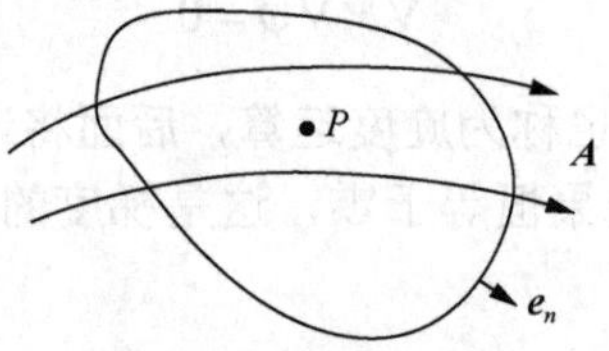

图 1.4 矢量 $\boldsymbol{A}$ 穿过闭合曲面 $\boldsymbol{S}$ 的通量

若 $\boldsymbol{\Phi}=0$，则流入 $\boldsymbol{S}$ 面的通量等于流出的通量，说明 $\boldsymbol{S}$ 面内无源。若 $\boldsymbol{\Phi}>0$，则流出 $\boldsymbol{S}$ 面的通量大于流入的通量，即通量由 $\boldsymbol{S}$ 面内向外扩散，说明 $\boldsymbol{S}$ 面内有正源，如图 1.5 所示。若 $\boldsymbol{\Phi}<0$，则流入 $\boldsymbol{S}$ 面的通量大于流出的通量，即通量向 $\boldsymbol{S}$ 面内汇集，说明 $\boldsymbol{S}$ 面有负源，如图 1.6 所示。

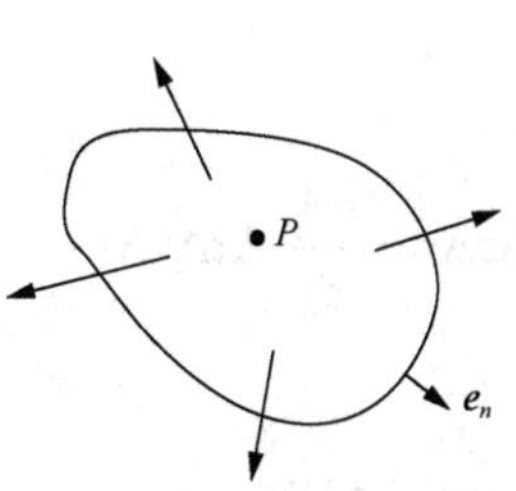

图 1.5 通量由 **S** 面内向外扩散

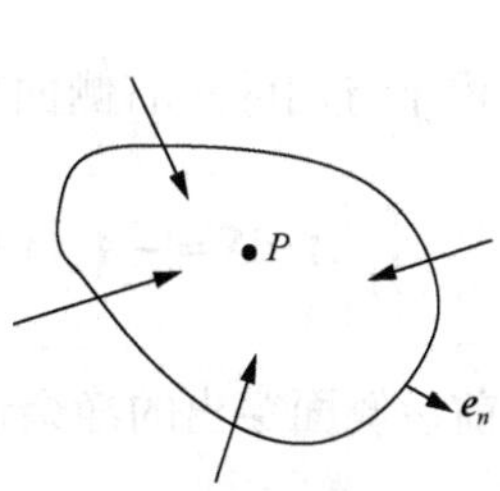

图 1.6 通量向 **S** 面内汇集

对于静电场，$\Phi_E = \oint_S \boldsymbol{E}\cdot \mathrm{d}\boldsymbol{S} = \dfrac{q}{\varepsilon_0}$，如果 **S** 面内的净余电荷为正，$\Phi_E > 0$，说明电通量由 **S** 面内向外扩散；如果 **S** 面内的净余电荷为负，$\Phi_E < 0$，说明电通量向 **S** 面内汇集。由此可以证明电场线是从正电荷发出，终止于负电荷。对于磁场闭合曲面内 $\oint_S \boldsymbol{B}\cdot \mathrm{d}\boldsymbol{S} = 0$，说明 **S** 面内无源，所以，磁感应强度 **B** 线为闭合磁场曲线。

2. 散度的定义

在矢量场 **A** 中，设闭合曲面 **S** 包围的体积为 ΔV，将 $\dfrac{\oint_S \boldsymbol{A}\cdot \mathrm{d}\boldsymbol{S}}{\Delta V}$ 运算称为矢量场 **A** 在 ΔV 内的平均通量或发散量。当令 $\Delta V \to 0$ 时，即可得到矢量场 **A** 在 P 点的发散量或散度，记做 $\mathrm{div}\boldsymbol{A}$，即

$$\mathrm{div}\boldsymbol{A} = \lim_{\Delta V \to 0} \frac{\oint_S \boldsymbol{A}\cdot \mathrm{d}\boldsymbol{S}}{\Delta V} \tag{1.39}$$

可以看出，矢量场的散度为一个标量场。

3. 散度的表达式

在直角坐标系下的矢量场 **A** 中作一平行六面体，边长分别为 Δx、Δy、Δz，令边长为最小值的顶点为 $P(x,y,z)$ 点，如图 1.7 所示。分别计算穿过 x、y、z 方向的表面通量，在每个面上 $\mathrm{d}\boldsymbol{S}$ 的方向总是向外的。

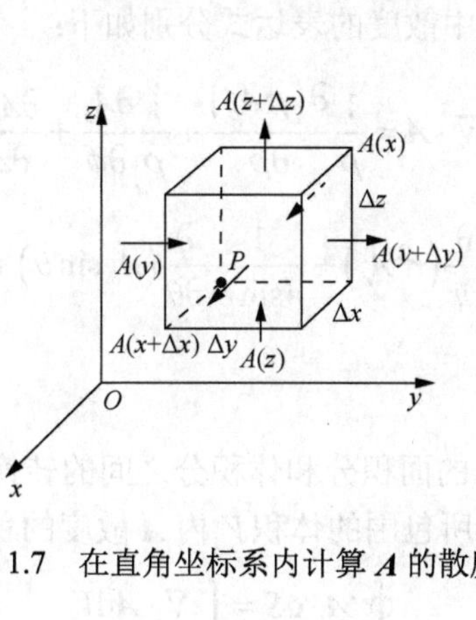

图 1.7 在直角坐标系内计算 **A** 的散度

其中，沿 y 方向的左右侧面穿出的净余通量为

$$\int_{S_y} \boldsymbol{A}\cdot \mathrm{d}\boldsymbol{S} = -A_y(y)\Delta z\Delta x + \left[A_y(y) + \frac{\partial A_y}{\partial y}\Delta y\right]\Delta z\Delta x = \frac{\partial A_y}{\partial y}\Delta x\Delta y\Delta z \tag{1.40}$$

沿 x 方向的前后侧面穿出的净余通量为

$$\int_{S_x} \boldsymbol{A}\cdot \mathrm{d}\boldsymbol{S} = -A_x(x)\Delta y\Delta z + \left[A_x(x) + \frac{\partial A_x}{\partial x}\Delta x\right]\Delta y\Delta z = \frac{\partial A_x}{\partial x}\Delta x\Delta y\Delta z \tag{1.41}$$

沿 z 方向的上下底面穿出的净余通量为

$$\int_{S_z} \boldsymbol{A}\cdot \mathrm{d}\boldsymbol{S} = -A_z(z)\Delta x\Delta y + \left[A_z(z) + \frac{\partial A_z}{\partial z}\Delta z\right]\Delta x\Delta y = \frac{\partial A_z}{\partial z}\Delta x\Delta y\Delta z \tag{1.42}$$

将 $\Delta V = \Delta x\Delta y\Delta z$、式（1.40）～式（1.42），代入散度的定义式（1.39）可得

$$\lim_{\Delta V\to 0}\frac{\oint_S \boldsymbol{A}\cdot \mathrm{d}\boldsymbol{S}}{\Delta V} = \lim_{\Delta V\to 0}\frac{\left(\frac{\partial A_x}{\partial x} + \frac{\partial A_y}{\partial y} + \frac{\partial A_z}{\partial z}\right)\Delta x\Delta y\Delta z}{\Delta x\Delta y\Delta z} = \frac{\partial A_x}{\partial x} + \frac{\partial A_y}{\partial y} + \frac{\partial A_z}{\partial z} \tag{1.43}$$

在直角坐标系中 $\boldsymbol{A}$ 的散度为

$$\mathrm{div}\boldsymbol{A} = \frac{\partial A_x}{\partial x} + \frac{\partial A_y}{\partial y} + \frac{\partial A_z}{\partial z} \tag{1.44}$$

在直角坐标系中哈密顿算子可以写为

$$\nabla \equiv \frac{\partial}{\partial x}\boldsymbol{e}_x + \frac{\partial}{\partial y}\boldsymbol{e}_y + \frac{\partial}{\partial z}\boldsymbol{e}_z \tag{1.45}$$

所以，$\boldsymbol{A}$ 的散度也可以写为

$$\nabla\cdot\boldsymbol{A} = \left(\frac{\partial}{\partial x}\boldsymbol{e}_x + \frac{\partial}{\partial y}\boldsymbol{e}_y + \frac{\partial}{\partial z}\boldsymbol{e}_z\right)\cdot\left(A_x\boldsymbol{e}_x + A_y\boldsymbol{e}_y + A_z\boldsymbol{e}_z\right) = \frac{\partial A_x}{\partial x} + \frac{\partial A_y}{\partial y} + \frac{\partial A_z}{\partial z} \tag{1.46}$$

在圆柱坐标系和球坐标系中散度的表达式分别如下：

$$\nabla\cdot\boldsymbol{A} = \frac{1}{\rho}\frac{\partial\left(\rho A_\rho\right)}{\partial\rho} + \frac{1}{\rho}\frac{\partial A_\phi}{\partial\phi} + \frac{\partial A_z}{\partial z} \tag{1.47}$$

$$\nabla\cdot\boldsymbol{A} = \frac{1}{r^2}\frac{\partial}{\partial r}\left(r^2 A_r\right) + \frac{1}{r\sin\theta}\frac{\partial}{\partial\theta}\left(A_\theta\sin\theta\right) + \frac{1}{r\sin\theta}\frac{\partial A_\phi}{\partial\phi} \tag{1.48}$$

1.4.3 散度定理

散度定理表征了矢量场 $\boldsymbol{A}$ 的面积分和体积分之间的转换关系，具体为：矢量场 $\boldsymbol{A}$ 穿过任一闭合曲面 $\boldsymbol{S}$ 的通量等于它所包围的体积 V 内 $\boldsymbol{A}$ 散度的积分，即

$$\oint_S \boldsymbol{A}\cdot \mathrm{d}\boldsymbol{S} = \int_V \nabla\cdot\boldsymbol{A}\mathrm{d}V \tag{1.49}$$

利用散度定理，可以把面积分转换为体积分，也可以把体积分转换为面积分。为了证明散度定理，把闭合曲面 $\boldsymbol{S}$ 所包围的体积 V 分割成许多个小体积元 $\Delta V_1,\Delta V_2,\cdots,\Delta V_n$，如图 1.8 所示，对于任意一个小体积元 $\Delta V_i \to 0$ 时，由散度定义式（1.39）可以得出

$$\oint_{S_i} \boldsymbol{A}\cdot \mathrm{d}\boldsymbol{S} = (\nabla\cdot \boldsymbol{A})\mathrm{d}V_i$$

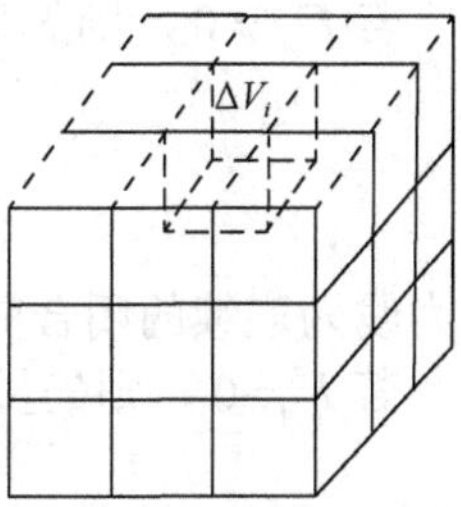

图 1.8　体积 V 分割示意图

$\boldsymbol{S}_i$ 为包围 ΔV_i 的表面积。矢量场 $\boldsymbol{A}$ 穿过闭合曲面 $\boldsymbol{S}$ 总的通量可以写为

$$\begin{aligned}\oint_{S} \boldsymbol{A}\cdot \mathrm{d}\boldsymbol{S} &= \oint_{S_1} \boldsymbol{A}\cdot \mathrm{d}\boldsymbol{S} + \oint_{S_2} \boldsymbol{A}\cdot \mathrm{d}\boldsymbol{S} + \cdots = (\nabla\cdot \boldsymbol{A})\Delta V_1 + (\nabla\cdot \boldsymbol{A})\Delta V_2 + \cdots \\ &= \int_V \nabla\cdot \boldsymbol{A}\mathrm{d}V\end{aligned}$$

由于穿过相邻的两体积元之间公共表面的通量互相抵消，一个体积元穿出的通量，对于相邻的体积元一定是穿入，所以对 $\oint_{S_i} \boldsymbol{A}\cdot \mathrm{d}\boldsymbol{S}$ 求和就可得到穿过闭合曲面 $\boldsymbol{S}$ 总的通量，从而证明了散度定理。

利用散度定理，可以把麦克斯韦方程组中电场的高斯定律和磁场的高斯定律由积分形式改写为微分形式。电场的高斯定律写为

$$\oint_S \boldsymbol{D}\cdot \mathrm{d}\boldsymbol{S} = \sum_{i=1} q_i = \int_V \rho \mathrm{d}V \tag{1.50}$$

式中，V 为闭合曲面 $\boldsymbol{S}$ 包围的体积。由散度定理有

$$\oint_S \boldsymbol{D}\cdot \mathrm{d}\boldsymbol{S} = \int_V \nabla\cdot \boldsymbol{D}\mathrm{d}V \tag{1.51}$$

将式（1.50）和式（1.51）进行整理后，电场中高斯定律可改写成微分形式：

$$\nabla\cdot \boldsymbol{D} = \rho \tag{1.52}$$

同理，可以把磁场的高斯定律

$$\oint_S \boldsymbol{B}\cdot \mathrm{d}\boldsymbol{S} = 0 \tag{1.53}$$

改写为微分形式

$$\nabla\cdot \boldsymbol{B} = 0 \tag{1.54}$$

1.5　矢量场的旋度和斯托克斯定理

1.5.1　矢量的环量

矢量 $\boldsymbol{A}$ 沿闭合回路 $\boldsymbol{l}$ 的线积分称为环量，写为

$$\Gamma_A = \oint_l \boldsymbol{A}\cdot \mathrm{d}\boldsymbol{l} \tag{1.55}$$

若$\Gamma_A \neq 0$，则矢量$\boldsymbol{A}$为涡旋场或有旋场，其场线为连续的闭合曲线。对于磁场，有

$$\oint_l \boldsymbol{H} \cdot \mathrm{d}\boldsymbol{l} = I + \int_S \frac{\partial \boldsymbol{D}}{\partial t} \cdot \mathrm{d}\boldsymbol{S} \neq 0 \tag{1.56}$$

磁力线为连续的闭合曲线。

若$\Gamma_A=0$，则矢量场$\boldsymbol{A}$为无旋场，可以引入标量位的概念。对于静电场，有

$$\oint_l \boldsymbol{E} \cdot \mathrm{d}\boldsymbol{l} = 0 \tag{1.57}$$

由于电场线是不闭合的曲线，因此，需要引入电位函数。

1.5.2 矢量场的旋度

1. 旋度的定义

设闭合回路$\boldsymbol{l}$所围的面积为$\Delta\boldsymbol{S}$，其外法线矢量$\boldsymbol{e}_n$与$\boldsymbol{l}$构成右手螺旋关系，则$\dfrac{\oint_l \boldsymbol{A} \cdot \mathrm{d}\boldsymbol{l}}{\Delta \boldsymbol{S}}$称为矢量场$\boldsymbol{A}$在$\Delta\boldsymbol{S}$内沿$\boldsymbol{e}_n$方向的平均涡旋量或环量，当令$\Delta\boldsymbol{S} \to 0$或$\Delta\boldsymbol{S}$收缩成一点$P$，得到矢量场$\boldsymbol{A}$在$P$点处沿$\boldsymbol{e}_n$方向的涡旋量或环量，写为

$$\mathrm{rot}_n \boldsymbol{A} = \lim_{\Delta S \to 0} \frac{\oint_l \boldsymbol{A} \cdot \mathrm{d}\boldsymbol{l}}{\Delta \boldsymbol{S}} \tag{1.58}$$

式中，rot 表示旋度运算。对于载有电流I的导线，在导线周围产生的磁场$\boldsymbol{H}$如图 1.9 所示，任取一环路$\boldsymbol{l}$，则

$$\mathrm{rot}_n \boldsymbol{H} = \lim_{\Delta S \to 0} \frac{\oint_l \boldsymbol{A} \cdot \mathrm{d}\boldsymbol{l}}{\Delta \boldsymbol{S}} \tag{1.59}$$

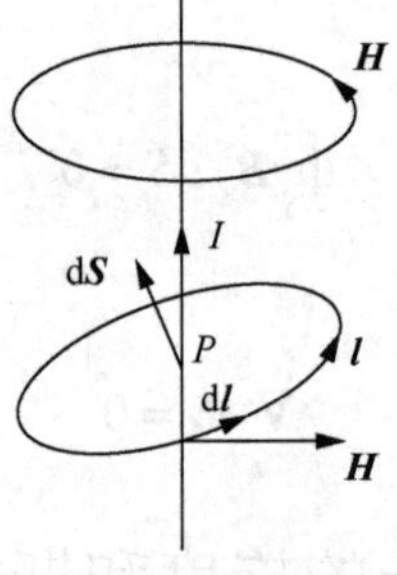

图 1.9 载流导线的磁场

当$\mathrm{d}\boldsymbol{S}$与$\boldsymbol{l}$方向相同时，$\boldsymbol{H}$与$\mathrm{d}\boldsymbol{l}$方向处处相同，$\mathrm{rot}_n \boldsymbol{H}$最大，称为$\boldsymbol{H}$的旋度，记为$\mathrm{rot}\boldsymbol{H}$或$\nabla \times \boldsymbol{H}$。

矢量场$\boldsymbol{A}$中某一点处的旋度是一个矢量，大小等于该点处$\mathrm{rot}_n \boldsymbol{A}$正的最大值，方向为该点处$\mathrm{rot}_n \boldsymbol{A}$取正的最大值时$\boldsymbol{e}_n$的方向。

2. 旋度的表达式

在直角坐标系下的矢量场 $\boldsymbol{A}$ 中取一个平行于 yOz 平面的矩形小面元，边长分别为 Δy、Δz，面积为 $\Delta \boldsymbol{S}_x$。y、z 具有最小值的顶点的坐标为 $\boldsymbol{P}(x,y,z)$ 点，如图 1.10 所示。$\boldsymbol{A}$ 沿回路 1234 的积分为

$$\begin{aligned}\oint_l \boldsymbol{A}\cdot \mathrm{d}\boldsymbol{l} &= \int_1 \boldsymbol{A}\cdot \mathrm{d}\boldsymbol{l}+\int_2 \boldsymbol{A}\cdot \mathrm{d}\boldsymbol{l}+\int_3 \boldsymbol{A}\cdot \mathrm{d}\boldsymbol{l}+\int_4 \boldsymbol{A}\cdot \mathrm{d}\boldsymbol{l}\\ &= A_y\Delta y+\left(A_z+\frac{\partial A_z}{\partial y}\Delta y\right)\Delta z-\left(A_y+\frac{\partial A_y}{\partial z}\Delta z\right)\Delta y-A_z\Delta z\\ &=\left(\frac{\partial A_z}{\partial y}-\frac{\partial A_y}{\partial z}\right)\Delta y\Delta z\end{aligned} \tag{1.60}$$

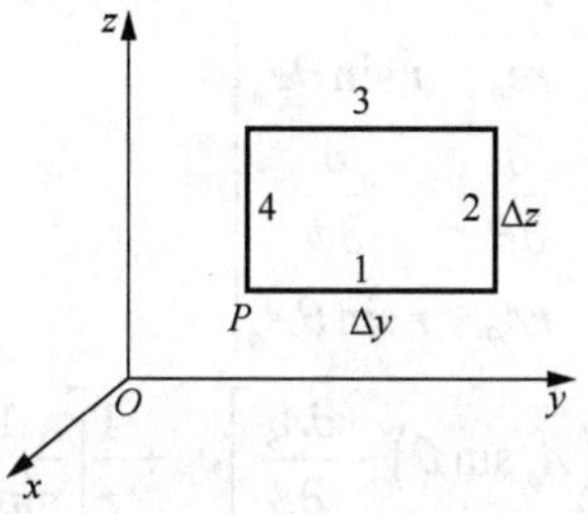

图 1.10　在直角坐标系内计算 x 方向的涡旋量

所以，矢量场 $\boldsymbol{A}$ 在 P 点处沿 x 方向的涡旋量为

$$\mathrm{rot}_x\boldsymbol{A}=\lim_{\Delta S_x\to 0}\frac{\oint_l \boldsymbol{A}\cdot \mathrm{d}\boldsymbol{l}}{\Delta \boldsymbol{S}_x}=\frac{\partial A_z}{\partial y}-\frac{\partial A_y}{\partial z} \tag{1.61}$$

同理，分别取平行于 xOz 平面和 xOy 平面的矩形小面元，可以导出矢量场 $\boldsymbol{A}$ 在 P 点处沿 y 方向和 z 方向的涡旋量分别为

$$\begin{cases}\mathrm{rot}_y\boldsymbol{A}=\lim\limits_{\Delta S_y\to 0}\dfrac{\oint_l \boldsymbol{A}\cdot \mathrm{d}\boldsymbol{l}}{\Delta \boldsymbol{S}_y}=\dfrac{\partial A_x}{\partial z}-\dfrac{\partial A_z}{\partial x}\\ \mathrm{rot}_z\boldsymbol{A}=\lim\limits_{\Delta S_z\to 0}\dfrac{\oint_l \boldsymbol{A}\cdot \mathrm{d}\boldsymbol{l}}{\Delta \boldsymbol{S}_z}=\dfrac{\partial A_y}{\partial x}-\dfrac{\partial A_x}{\partial y}\end{cases} \tag{1.62}$$

所以，矢量场 $\boldsymbol{A}$ 在 P 点处的旋度为

$$\begin{aligned}\mathrm{rot}\boldsymbol{A}&=\mathrm{rot}_x\boldsymbol{A}\boldsymbol{e}_x+\mathrm{rot}_y\boldsymbol{A}\boldsymbol{e}_y+\mathrm{rot}_z\boldsymbol{A}\boldsymbol{e}_z\\ &=\left(\frac{\partial A_z}{\partial y}-\frac{\partial A_y}{\partial z}\right)\boldsymbol{e}_x+\left(\frac{\partial A_x}{\partial z}-\frac{\partial A_z}{\partial x}\right)\boldsymbol{e}_y+\left(\frac{\partial A_y}{\partial x}-\frac{\partial A_x}{\partial y}\right)\boldsymbol{e}_z\end{aligned} \tag{1.63}$$

或

$$\nabla\times\boldsymbol{A}=\begin{vmatrix}\boldsymbol{e}_x & \boldsymbol{e}_y & \boldsymbol{e}_z\\ \dfrac{\partial}{\partial x} & \dfrac{\partial}{\partial y} & \dfrac{\partial}{\partial z}\\ A_x & A_y & A_z\end{vmatrix} \tag{1.64}$$

在圆柱坐标系和球坐标系中旋度的表达式分别如下：

$$\begin{aligned}\nabla\times\boldsymbol{A}&=\frac{1}{\rho}\begin{vmatrix}\boldsymbol{e}_\rho & \rho\boldsymbol{e}_\phi & \boldsymbol{e}_z\\ \dfrac{\partial}{\partial\rho} & \dfrac{\partial}{\partial\phi} & \dfrac{\partial}{\partial z}\\ A_\rho & \rho A_\phi & A_z\end{vmatrix}\\ &=\left(\frac{1}{\rho}\frac{\partial A_z}{\partial\phi}-\frac{\partial A_\phi}{\partial z}\right)\boldsymbol{e}_\rho+\left(\frac{\partial A_\rho}{\partial z}-\frac{\partial A_z}{\partial\rho}\right)\boldsymbol{e}_\phi+\frac{1}{\rho}\left[\frac{\partial}{\partial\rho}\left(\rho A_\phi\right)-\frac{\partial A_\rho}{\partial\phi}\right]\boldsymbol{e}_z\end{aligned} \tag{1.65}$$

$$\begin{aligned}\nabla\times\boldsymbol{A}&=\frac{1}{r^2\sin\theta}\begin{vmatrix}\boldsymbol{e}_r & r\boldsymbol{e}_\theta & r\sin\theta\boldsymbol{e}_\phi\\ \dfrac{\partial}{\partial r} & \dfrac{\partial}{\partial\theta} & \dfrac{\partial}{\partial\phi}\\ A_r & rA_\theta & r\sin\theta A_\phi\end{vmatrix}\\ &=\frac{1}{r\sin\theta}\left[\frac{\partial}{\partial\theta}\left(A_\phi\sin\theta\right)-\frac{\partial A_\theta}{\partial\phi}\right]\boldsymbol{e}_r+\frac{1}{r}\left[\frac{1}{\sin\theta}\frac{\partial A_r}{\partial\phi}-\frac{\partial}{\partial r}\left(rA_\phi\right)\right]\boldsymbol{e}_\theta\\ &\quad+\frac{1}{r}\left[\frac{\partial}{\partial r}\left(rA_\theta\right)-\frac{\partial A_r}{\partial\theta}\right]\boldsymbol{e}_\phi\end{aligned} \tag{1.66}$$

3. *旋度的重要性质*

旋度的重要性质为：一个矢量旋度的散度恒等于零，即

$$\nabla\cdot\nabla\times\boldsymbol{A}=0 \tag{1.67}$$

下面在直角坐标系中证明这个性质。

$$\begin{aligned}\nabla\cdot\nabla\times\boldsymbol{A}&=\left(\frac{\partial}{\partial x}\boldsymbol{e}_x+\frac{\partial}{\partial y}\boldsymbol{e}_y+\frac{\partial}{\partial z}\boldsymbol{e}_z\right)\cdot\left[\left(\frac{\partial A_z}{\partial y}-\frac{\partial A_y}{\partial z}\right)\boldsymbol{e}_x+\left(\frac{\partial A_x}{\partial z}-\frac{\partial A_z}{\partial x}\right)\boldsymbol{e}_y+\left(\frac{\partial A_y}{\partial x}-\frac{\partial A_x}{\partial y}\right)\boldsymbol{e}_z\right]\\ &=\frac{\partial}{\partial x}\left(\frac{\partial A_z}{\partial y}-\frac{\partial A_y}{\partial z}\right)+\frac{\partial}{\partial y}\left(\frac{\partial A_x}{\partial z}-\frac{\partial A_z}{\partial x}\right)+\frac{\partial}{\partial z}\left(\frac{\partial A_y}{\partial x}-\frac{\partial A_x}{\partial y}\right)\\ &=0\end{aligned}$$

1.5.3 斯托克斯定理

斯托克斯定理可以表述为：矢量场 $\boldsymbol{A}$ 的旋度在曲面 $\boldsymbol{S}$ 上的面积分等于矢量场 $\boldsymbol{A}$ 在相应曲面的闭合回路 $\boldsymbol{l}$ 上的线积分，即

$$\oint_l \boldsymbol{A}\cdot\mathrm{d}\boldsymbol{l}=\int_S(\nabla\times\boldsymbol{A})\cdot\mathrm{d}\boldsymbol{S} \tag{1.68}$$

利用斯托克斯定理，可以把线积分转换为面积分，也可以把面积分转换为线积分。为

了证明斯托克斯定理，把闭合回路 $\boldsymbol{l}$ 所包围的曲面 $\boldsymbol{S}$ 分割成许多个小面元 $\Delta\boldsymbol{S}_1,\Delta\boldsymbol{S}_2,\cdots$，包围每一个小面元的闭合回路的方向与大回路 $\boldsymbol{l}$ 的方向相同，如图 1.11 所示。

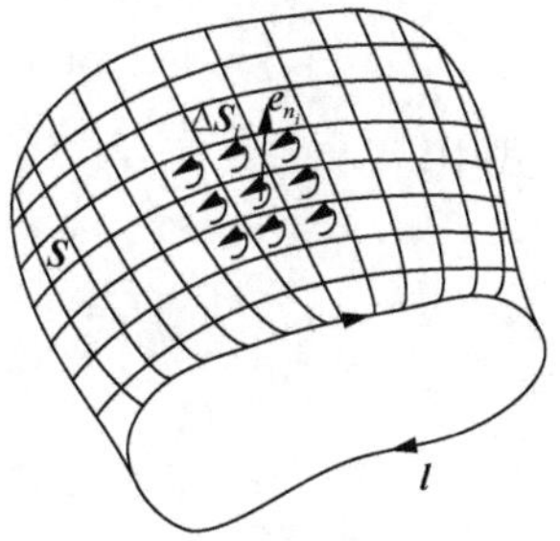

图 1.11　曲面 $\boldsymbol{S}$ 分割示意图

对于任意一个小面元 $\Delta\boldsymbol{S}_i$，由旋度定义式（1.58）可以写出

$$\oint_{l_i}\boldsymbol{A}\cdot \mathrm{d}\boldsymbol{l}=\mathrm{rot}_{n_i}\boldsymbol{A}\mathrm{d}\boldsymbol{S}_i=\nabla\times\boldsymbol{A}\cdot\mathrm{d}\boldsymbol{S}_i$$

$\boldsymbol{l}_i$ 为面元 $\Delta\boldsymbol{S}_i$ 的边界。矢量场 $\boldsymbol{A}$ 沿回路 $\boldsymbol{l}$ 的环流可以写为

$$\begin{aligned}\oint_{l}\boldsymbol{A}\cdot \mathrm{d}\boldsymbol{l}&=\oint_{l_1}\boldsymbol{A}\cdot \mathrm{d}\boldsymbol{l}+\oint_{l_2}\boldsymbol{A}\cdot \mathrm{d}\boldsymbol{l}+\cdots\\&=\nabla\times\boldsymbol{A}\cdot\mathrm{d}\boldsymbol{S}_1+\nabla\times\boldsymbol{A}\cdot\mathrm{d}\boldsymbol{S}_2+\cdots=\oint_{S}\nabla\times\boldsymbol{A}\cdot\mathrm{d}\boldsymbol{S}\end{aligned}$$

由于相邻的两面元在公共边界上的环流方向相反，互相抵消，所以对 $\oint_{l_i}\boldsymbol{A}\cdot\mathrm{d}\boldsymbol{l}$ 求和，就可以得到对沿回路 $\boldsymbol{l}$ 的总的环流，从而证明了斯托克斯定理。

利用斯托克斯定理，可以把麦克斯韦方程组中磁场的环路定律和电场的环路定律由积分形式改写为微分形式。磁场的环路定律为

$$\oint_{l}\boldsymbol{H}\cdot\mathrm{d}\boldsymbol{l}=I+\int_{S}\frac{\partial\boldsymbol{D}}{\partial t}\cdot\mathrm{d}\boldsymbol{S}=\int_{S}\left(\boldsymbol{J}+\frac{\partial\boldsymbol{D}}{\partial t}\right)\cdot\mathrm{d}\boldsymbol{S}\tag{1.69}$$

根据斯托克斯定理

$$\oint_{l}\boldsymbol{H}\cdot\mathrm{d}\boldsymbol{l}=\int_{S}(\nabla\times\boldsymbol{H})\cdot\mathrm{d}\boldsymbol{S}\tag{1.70}$$

由式（1.69）和式（1.70）可得磁场的环路定律的微分形式

$$\nabla\times\boldsymbol{H}=\boldsymbol{J}+\frac{\partial\boldsymbol{D}}{\partial t}\tag{1.71}$$

同理，可以把电场的环路定律，即法拉第电磁感应定律进行变换

$$\oint_{l}\boldsymbol{E}\cdot\mathrm{d}\boldsymbol{l}=-\int_{S}\frac{\partial\boldsymbol{B}}{\partial t}\cdot\mathrm{d}\boldsymbol{S}\tag{1.72}$$

改写为微分形式

$$\nabla\times\boldsymbol{E}=-\frac{\partial\boldsymbol{B}}{\partial t}\tag{1.73}$$

1.6　亥姆霍兹定理

1.6.1　亥姆霍兹定理基本概念

亥姆霍兹定理为矢量场中较为重要的定理。亥姆霍兹定理表明，若矢量场 $\boldsymbol{F}(\boldsymbol{r})$ 在无界空间中处处单值，且其导数连续有界，场源分布在有限区域 V' 中，则该矢量场唯一地由其散度、旋度及场域的边界条件确定，且可以被表示为一个标量函数 $\varphi(\boldsymbol{r})$ 的梯度和一个矢量

函数 $\boldsymbol{A}(\boldsymbol{r})$ 的旋度之和，即

$$\boldsymbol{F}(\boldsymbol{r})=-\nabla\varphi(\boldsymbol{r})+\nabla\times\boldsymbol{A}(\boldsymbol{r}) \tag{1.74}$$

式中，

$$\varphi(\boldsymbol{r})=\frac{1}{4\pi}\int_{V'}\frac{\nabla'\cdot\boldsymbol{F}(\boldsymbol{r}')}{|\boldsymbol{r}-\boldsymbol{r}'|}\mathrm{d}V' \tag{1.75}$$

$$\boldsymbol{A}(\boldsymbol{r})=\frac{1}{4\pi}\int_{V'}\frac{\nabla'\times\boldsymbol{F}(\boldsymbol{r}')}{|\boldsymbol{r}-\boldsymbol{r}'|}\mathrm{d}V' \tag{1.76}$$

其中，$|\boldsymbol{r}-\boldsymbol{r}'|$ 为场点 $P(\boldsymbol{r})$ 到源点 $P'(\boldsymbol{r}')$ 的距离，$\boldsymbol{F}(\boldsymbol{r}')$ 为电荷源或电流源，即源点的矢量场，表达式中的积分也是对源点坐标进行积分运算。

亥姆霍兹定理还可表述为：当给定了矢量场 $\boldsymbol{F}(\boldsymbol{r})$ 的通量源密度和涡旋源密度以及场域的边界条件，包括分界面衔接条件和自然边界条件，就可唯一地确定该矢量场。

1.6.2 亥姆霍兹定理证明

设在无界空间中有两个矢量函数 $\boldsymbol{F}$ 和 $\boldsymbol{G}$，它们有相同的散度和旋度，即

$$\nabla\cdot\boldsymbol{F}=\nabla\cdot\boldsymbol{G} \tag{1.77}$$

$$\nabla\times\boldsymbol{F}=\nabla\times\boldsymbol{G} \tag{1.78}$$

利用反证法，设 $\boldsymbol{F}\neq\boldsymbol{G}$，令

$$\boldsymbol{F}=\boldsymbol{G}+\boldsymbol{g} \tag{1.79}$$

对上式两端取散度，为

$$\nabla\cdot\boldsymbol{F}=\nabla\cdot\boldsymbol{G}+\nabla\cdot\boldsymbol{g} \tag{1.80}$$

对比式（1.77）和式（1.80）可得

$$\nabla\cdot\boldsymbol{g}=0 \tag{1.81}$$

再对式（1.79）两端取旋度

$$\nabla\times\boldsymbol{F}=\nabla\times\boldsymbol{G}+\nabla\times\boldsymbol{g} \tag{1.82}$$

对比式（1.78）和式（1.82）可得

$$\nabla\times\boldsymbol{g}=0 \tag{1.83}$$

由梯度的性质 $\nabla\times\nabla\varphi=0$ 和式（1.83），可以令

$$\boldsymbol{g}=\nabla\varphi \tag{1.84}$$

把式（1.84）代入式（1.81）可得

$$\nabla\cdot\nabla\varphi=\nabla^2\varphi=0 \tag{1.85}$$

上式中的二阶偏微分方程为拉普拉斯方程，满足拉普拉斯方程的函数不会出现极值，而

φ又是在无界空间中取值的任意函数，因此φ只能是一个常数，$\varphi=C$，从而求得

$$\boldsymbol{g}=\nabla\varphi=0 \tag{1.86}$$

于是由式（1.79）可得$\boldsymbol{F}=\boldsymbol{G}$，即给定散度和旋度所决定的矢量场为唯一的，从而证明了亥姆霍兹定理。

1.6.3 矢量场的亥姆霍兹定理

在无界空间中，一个既有散度又有旋度的矢量场可以表示为一个无旋场$\boldsymbol{F}_{\mathrm{d}}$和一个无散场$\boldsymbol{F}_{\mathrm{c}}$之和，为

$$\boldsymbol{F}=\boldsymbol{F}_{\mathrm{d}}+\boldsymbol{F}_{\mathrm{c}} \tag{1.87}$$

对于无旋场$\boldsymbol{F}_{\mathrm{d}}$，有$\nabla\times\boldsymbol{F}_{\mathrm{d}}=0$成立，但这个场的散度不会处处为零。因为任何一个物理场必然有源来激发它。若这个场的旋涡源和通量源都为零，那么这个场就不存在了。无旋场具有两个重要性质：性质 1 为，在无旋场中，$\boldsymbol{F}_{\mathrm{d}}$沿场域$V$中任意闭合路径$\boldsymbol{l}$的环量等于零；性质 2 为，无旋场$\boldsymbol{F}_{\mathrm{d}}$可以表示为某一函数$\varphi$的梯度场。

因此，无旋场必然对应于有散场，设其散度等于$\rho(\boldsymbol{r}')$，即$\nabla\cdot\boldsymbol{F}_{\mathrm{d}}=\rho$。根据矢量恒等式$\nabla\times\nabla\varphi=0$，可令

$$\boldsymbol{F}_{\mathrm{d}}=-\nabla\varphi \tag{1.88}$$

对于无散场$\boldsymbol{F}_{\mathrm{c}}$，有$\nabla\cdot\boldsymbol{F}_{\mathrm{c}}=0$成立，无散场也是无源场，但这个场的旋度不会处处为零。无源场具有两个重要性质：性质 1 为，在无源场中穿过场域V中任一个矢量管的所有截面的通量都相等；性质 2 为，无源场存在着矢势。

对于有旋场$\boldsymbol{F}_{\mathrm{c}}$，设其旋度等于$\boldsymbol{J}(\boldsymbol{r})$，即$\nabla\times\boldsymbol{F}_{\mathrm{c}}=\boldsymbol{J}$。根据矢量恒等式$\nabla\cdot\nabla\times\boldsymbol{A}=0$，一个无源场$\boldsymbol{F}_{\mathrm{c}}$必存在另一矢量$\boldsymbol{A}$，可以令

$$\boldsymbol{F}_{\mathrm{c}}=\nabla\times\boldsymbol{A} \tag{1.89}$$

在恒定磁场中，磁感应强度$\boldsymbol{B}$为一个无源场，有$\nabla\cdot\boldsymbol{B}=0$成立，它可用磁矢量位或矢量势$\boldsymbol{A}$来表示，有$\boldsymbol{B}=\nabla\times\boldsymbol{A}$成立。

把式（1.88）和式（1.89）代入式（1.87）可得

$$\boldsymbol{F}=-\nabla\varphi+\nabla\times\boldsymbol{A} \tag{1.90}$$

即矢量场$\boldsymbol{F}$可表示为一个标量场的梯度再加上一个矢量场的旋度。

设无旋场$\boldsymbol{F}_{\mathrm{d}}$的散度等于$\rho(\boldsymbol{r})$，无散场$\boldsymbol{F}_{\mathrm{c}}$的旋度等于$\boldsymbol{J}(\boldsymbol{r})$，则

$$\nabla\cdot\boldsymbol{F}=\nabla\cdot\left(\boldsymbol{F}_{\mathrm{d}}+\boldsymbol{F}_{\mathrm{c}}\right)=\nabla\cdot\boldsymbol{F}_{\mathrm{d}}=\rho \tag{1.91}$$

$$\nabla\times\boldsymbol{F}=\nabla\times\left(\boldsymbol{F}_{\mathrm{d}}+\boldsymbol{F}_{\mathrm{c}}\right)=\nabla\times\boldsymbol{F}_{\mathrm{c}}=\boldsymbol{J} \tag{1.92}$$

可以看出$\boldsymbol{F}$的散度代表产生矢量场$\boldsymbol{F}$的一种“源”ρ，而$\boldsymbol{F}$的旋度则代表产生矢量场$\boldsymbol{F}$的另一种“源”$\boldsymbol{J}$，当这两种源在空间的分布确定时，矢量场也就唯一地确定了。根据亥姆霍兹定理，研究一个矢量场，必须研究它的散度和旋度，才能确定该矢量场的性质。

1.7 唯一性定理

唯一性定理对于静电场问题的求解具有十分重要的意义，它指出了静电场具有唯一解的充要条件，可以判定得到的解的正确性。只要满足唯一性定理中的条件，边值问题的解就是唯一的，不满足唯一性定理中的条件，边值问题无解或有多解。

对于某一空间区域V，边界面为$\boldsymbol{S}$，其电位φ满足方程

$$\nabla^2\varphi=-\frac{\rho}{\varepsilon} \tag{1.93}$$

式中，ε为介电常数。若给定自由电荷的分布ρ、分界面上的电位$\varphi|_S$或分界面上电位的法向导数$\left.\frac{\partial\varphi}{\partial n}\right|_S$，则解是唯一的。

利用反证法证明唯一性定理。假设泊松方程有两个解，φ和φ'都满足给定边界条件，即

$$\nabla^2\varphi=-\frac{\rho}{\varepsilon},\quad \nabla^2\varphi'=-\frac{\rho}{\varepsilon} \tag{1.94}$$

令$\varphi^*=\varphi-\varphi'$，上面两式相减可得

$$\nabla^2\varphi^*=0 \tag{1.95}$$

根据格林第一恒等式有

$$\int_V(\phi\nabla^2\varphi+\nabla\phi\cdot\nabla\varphi)\mathrm{d}V=\oint_S\phi\frac{\partial\varphi}{\partial n}\mathrm{d}S \tag{1.96}$$

当两变量$\varphi=\phi$时，格林第一恒等式简化为

$$\int_V\left[\phi\nabla^2\phi+(\nabla\phi)\right]^2\mathrm{d}V=\oint_S\phi\frac{\partial\phi}{\partial n}\mathrm{d}S \tag{1.97}$$

再采用φ^*替代上式中的ϕ，则有

$$\int_V(\varphi^*\nabla^2\varphi^*+\nabla\varphi^*\cdot\nabla\varphi^*)\mathrm{d}V=\oint_S\varphi^*\frac{\partial\varphi^*}{\partial n}\mathrm{d}S \tag{1.98}$$

将$\nabla^2\varphi^*=0$代入上式可得

$$\int_V(\nabla\varphi^*)^2\mathrm{d}V=\oint_S\varphi^*\frac{\partial\varphi^*}{\partial n}\mathrm{d}S \tag{1.99}$$

1. 第一类边值问题

对于给定分界面上电位$\varphi|_S$，在$\boldsymbol{S}$面上有$\varphi=\varphi'$，所以有$\varphi^*=0$，式（1.99）右边为零，所以有

$$\int_V (\nabla \varphi^*)^2 \mathrm{d}V = 0 \tag{1.100}$$

由于上式中的被积函数$(\nabla \varphi^*)^2 \geqslant 0$，所以只有$\nabla \varphi^* = 0$，$\varphi^*$是常数。又因为在$\boldsymbol{S}$面上$\varphi^* = 0$，所以在$V$内任意点都有$\varphi^* = 0$，即$\varphi = \varphi'$，解是唯一的。

2. 第二类边值问题

对于给定分界面上电位的法向导数$\left.\dfrac{\partial \varphi}{\partial n}\right|_S$，在$\boldsymbol{S}$面上$\dfrac{\partial \varphi}{\partial n} = \dfrac{\partial \varphi'}{\partial n}$，所以有$\dfrac{\partial \varphi^*}{\partial n} = 0$，式（1.99）右边仍为零，因此有

$$\int_V (\nabla \varphi^*)^2 \mathrm{d}V = 0 \tag{1.101}$$

同样可以得到φ^*为常数，即$\varphi - \varphi'$是常数。电位差为一个常数，可以看作是参考点的选取不同引起的，所以解仍是唯一的。

3. 第三类边值问题

对于$\boldsymbol{S}$面由两部分组成时，即$\boldsymbol{S} = \boldsymbol{S}_1 + \boldsymbol{S}_2$，在$\boldsymbol{S}_1$面上给定分界面上的电位$\varphi|_{S_1}$，在$\boldsymbol{S}_2$面上给定分界面上电位的法向导数$\left.\dfrac{\partial \varphi}{\partial n}\right|_{S_2}$，式（1.99）可以写为

$$\int_V (\nabla \varphi^*)^2 \mathrm{d}V = \int_{S_1} \varphi^* \frac{\partial \varphi^*}{\partial n} \mathrm{d}S + \int_{S_2} \varphi^* \frac{\partial \varphi^*}{\partial n} \mathrm{d}S \tag{1.102}$$

上式中右边第一项是$\varphi^* = 0$，第二项中$\dfrac{\partial \varphi^*}{\partial n} = 0$，所以

$$\int_V (\nabla \varphi^*)^2 \mathrm{d}V = 0 \tag{1.103}$$

仍然可以得到$\varphi^* = 0$或常数，根据前面的分析，解仍是唯一的。

2 静电场及其仿真

静电场是由相对观察者静止且量值不随时间变化的电荷所产生的电场，它是电磁理论最基本的内容。本章主要知识结构如表 2.1 所示，重点阐述静电场的基本概念、基本规律和基本分析方法。首先从库仑定律出发，研究无限大真空中点电荷的电场，定义电场强度，导出电场强度的散度和旋度，并引入电位函数的梯度。然后研究无限大真空中电偶极子的电场。在此基础上，通过引入极化强度和电通密度（电位移矢量），进而阐述存在电介质时电场的分析方法，得到静电场的基本方程和不同介质分界面上电场的衔接条件。利用电场强度与电位函数的微积分关系，推导出电位函数的拉普拉斯方程和泊松方程，以及电位函数的分界面衔接条件。主要介绍解析法和镜像法计算边值问题，归纳三种已知场源求解场分布的方法，最后介绍电容、能量和力的计算方法。静电场中基本物理概念、分析方法在一定条件下可应用推广到恒定电场、恒定磁场及时变场。

表 2.1 静电场的知识结构

<table>
<tr><td colspan="6">基本实验定律为库仑定律
（适用条件：无限大真空中的点电荷之间，点电荷为理想的物理模型）</td></tr>
<tr><td colspan="6">基本物理量主要包括电场强度 $\boldsymbol{E}$ 、电通密度 $\boldsymbol{D}$ 、极化强度 $\boldsymbol{P}$ 、电位 φ （分析方法：利用场量的梯度、散度和旋度）</td></tr>
<tr><td colspan="2">矢量 $\boldsymbol{E}$ 、 $\boldsymbol{D}$ 的基本方程
$\begin{cases}\oint_S \boldsymbol{D}\cdot \mathrm{d}\boldsymbol{S}=q\\ \oint_l \boldsymbol{E}\cdot \mathrm{d}\boldsymbol{l}=0\end{cases}$
分界面衔接条件
$\begin{cases}E_{2t}-E_{1t}=0\\ D_{2n}-D_{1n}=\rho_S\end{cases}$</td><td>矢量 $\boldsymbol{E}$ 和标量 φ
之间的关系
$\begin{cases}\varphi=\int_l \boldsymbol{E}\cdot \mathrm{d}\boldsymbol{l}\\ \boldsymbol{E}=-\nabla\varphi\end{cases}$</td><td colspan="3">标量 φ 的基本方程
$\begin{cases}\nabla^2\varphi=-\dfrac{\rho}{\varepsilon}\\ \nabla^2\varphi=0\end{cases}$
分界面衔接条件
$\begin{cases}\varphi_1=\varphi_2\\ \varepsilon_1\dfrac{\partial\varphi_1}{\partial n}-\varepsilon_2\dfrac{\partial\varphi_2}{\partial n}=\rho_S\end{cases}$</td></tr>
<tr><td colspan="6">已知场源求解场量分布 $\boldsymbol{E}$ 、 $\boldsymbol{D}$ 、 φ 的计算方法
场源主要包括点电荷（点电荷密度、线电荷密度、体电荷密度）和电偶极子</td></tr>
<tr><td colspan="6">解析法</td></tr>
<tr><td>$\boldsymbol{E}$ 、 φ 的定义式或
直接积分公式</td><td>高斯定律
（真空和电介质）</td><td>矢量叠加原理</td><td colspan="2">直接积分法
一维积分法</td><td>镜像法
电轴镜像</td></tr>
<tr><td colspan="6">场特征量（能量、力、电容）的分析计算问题</td></tr>
<tr><td colspan="2">静电场能量场量形式
$W_e=\int_V \frac{1}{2}\boldsymbol{D}\cdot\boldsymbol{E}\mathrm{d}V$
场源形式
$W_e=\frac{1}{2}\sum_{i=1}^{n}\varphi_i q_i$</td><td colspan="2">电场力定义式 $\boldsymbol{F}_e=q\boldsymbol{E}$
叠加形式 $\boldsymbol{F}_e=\sum_{i=1}^{n}\frac{q_i q'}{4\pi\varepsilon R_i^2}\boldsymbol{e}_{R_i}$
法拉第观点 $\boldsymbol{f}_{侧张力}=\frac{1}{2}\boldsymbol{D}\cdot\boldsymbol{E}$</td><td colspan="2">电容与部分电容定义式
$C=\frac{q}{U}$
部分电容
$C_{i0}=\beta_{i1}+\cdots+\beta_{in}$
$C_{ij}=-\beta_{ij}$</td></tr>
</table>

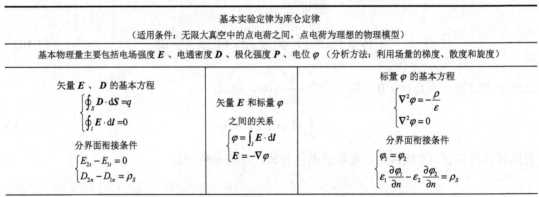

2.1 库仑定律

1785 年，法国物理学家库仑在《电力定律》论文中提出了库仑定律。库仑定律是电学发展史上的第一个定量规律，它不仅是电磁学和电磁场理论的基本定律之一，也是物理学的基本定律之一。库仑定律阐明了带电体相互作用的规律，决定了静电场的性质，也为整个电磁学奠定了基础。

库仑通过一系列的物理实验后总结得出：在真空中两个静止的点电荷 q_1 与 q_2 之间的相互作用力的大小与 q_1、q_2 的乘积成正比，与它们之间距离 R 的平方成反比，作用力的方向沿着它们的连线。

库仑定律的数学表达式为

$$\boldsymbol{F}_{21} = -\boldsymbol{F}_{12} = \frac{q_1 q_2}{4\pi\varepsilon_0}\cdot\frac{\boldsymbol{e}_{12}}{R^2} = -\frac{q_1 q_2}{4\pi\varepsilon_0}\cdot\frac{\boldsymbol{e}_{21}}{R^2} \tag{2.1}$$

式中，R 为两者之间的距离，$R=|\boldsymbol{r}'-\boldsymbol{r}|$；$\boldsymbol{e}_{12}$ 为从 q_1 到 q_2 连线方向的单位向量；$\boldsymbol{e}_{21}$ 为从 q_2 到 q_1 连线方向的单位向量；ε_0 为真空中的介电常数，其值为 $8.85\times10^{-12}\,\mathrm{F/m}$。采用库仑定律时可用绝对值计算，再根据同种电荷相斥、异种电荷相吸来判断电场力的方向。

库仑力为静止带电体之间的相互作用力，带电体可看作是由许多点电荷构成的。在均匀介质中，库仑定律的表达式为

$$\boldsymbol{F}_{12} = \frac{q_1 q_2}{4\pi\varepsilon}\cdot\frac{\boldsymbol{e}_{12}}{R^2} \tag{2.2}$$

在均匀无限大介质中介电常数为 $\varepsilon=\varepsilon_\mathrm{r}\varepsilon_0$，两个点电荷之间的相互作用力是真空中的 $\dfrac{1}{\varepsilon_\mathrm{r}}$ 倍。

2.2 电场的基本概念

静电场中的基本概念主要包括场源和场量两大类，表征场源的有电荷、电荷密度、电偶极子，表征场量的有电场强度、电通密度（电位移矢量）、电位函数。

2.2.1 电荷与电荷分布

电荷是产生静电场的源，微观上看电荷是以离散的方式分布于空间中的，但宏观电磁学认为，当大量带电粒子密集地出现在某空间范围内时，可以假定电荷是以连续的形式分布于这个范围中。根据电荷分布区域的具体情况，采用体电荷密度 ρ、面电荷密度 ρ_S 和线电荷密度 ρ_l 来描述电荷在空间体积 V'、曲面 $\boldsymbol{S}'$ 和曲线 $\boldsymbol{l}'$ 中的分布情况。

这里需要说明：一个是电荷量为 q 的点电荷所在的位置，其坐标为 (x',y',z')，或用 $\boldsymbol{r}'$ 表示，简称为源点；另一个为空间某一点的场量，其坐标为 (x,y,z)，或用 $\boldsymbol{r}$ 表示，简称为场点。距离矢量为 $\boldsymbol{R}=\boldsymbol{r}-\boldsymbol{r}'$，直角坐标中的源点与场点示意图如图 2.1 所示。

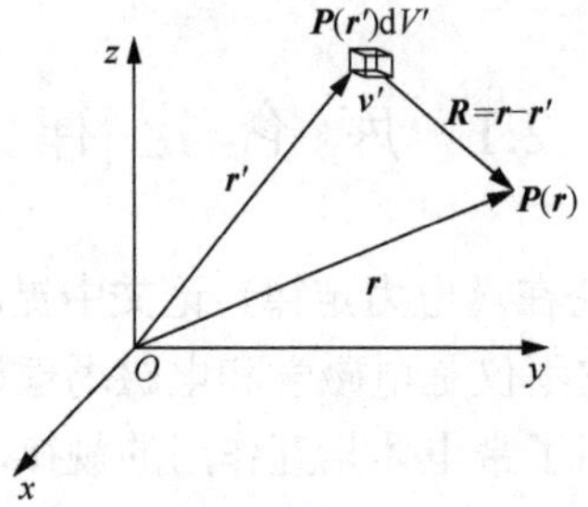

图 2.1 直角坐标中的源点与场点示意图

1. 体电荷密度

当电荷在某一空间体积V'内连续分布时，用体电荷密度来描述电荷在空间的分布特性，体电荷密度定义为空间某点处单位体积中的电荷量，即

$$\rho(\boldsymbol{r}')=\lim_{\Delta V'\to 0}\frac{\Delta q}{\Delta V'} \tag{2.3}$$

式中，$\rho(\boldsymbol{r}')$的单位为库/米^3，符号为$\mathrm{C/m^3}$。$\rho(\boldsymbol{r}')$表示电荷随空间位置变化的连续函数，描述了电荷在空间分布情况，构成一个标量场。通过对体电荷密度$\rho(\boldsymbol{r}')$进行体积分，可以求出场源体积V'中总电荷量，即

$$q=\int_{V'}\rho(\boldsymbol{r}')\mathrm{d}V' \tag{2.4}$$

2. 面电荷密度

将电荷在极薄的层空间$\boldsymbol{S}'$中连续分布视为面电荷分布，如电荷在导体表面和电介质表面的分布。采用面电荷密度来描述面电荷的分布特性，面电荷密度定义为某点处单位面积上的电荷量，即

$$\rho_S(\boldsymbol{r}')=\lim_{\Delta S'\to 0}\frac{\Delta q}{\Delta \boldsymbol{S}'} \tag{2.5}$$

式中，$\rho_S(\boldsymbol{r}')$的单位为库/米^2，符号为$\mathrm{C/m^2}$。$\rho_S(\boldsymbol{r}')$表示电荷随空间位置的连续函数，描述了电荷在某曲面上的分布情况，构成一个标量场。通过对面电荷密度$\rho_S(\boldsymbol{r}')$进行面积分，可以求出某个曲面$\boldsymbol{S}'$上总的电量，即

$$q=\int_{S'}\rho(\boldsymbol{r}')\mathrm{d}\boldsymbol{S}' \tag{2.6}$$

3. 线电荷密度

将电荷在半径极小的管形空间$\boldsymbol{l}'$中的分布视为线电荷分布。用线电荷密度来描述线电荷的分布特性，线电荷密度定义为某点处的单位长度上的电荷量，即

$$\rho_l(\boldsymbol{r}')=\lim_{\Delta l'\to 0}\frac{\Delta q}{\Delta \boldsymbol{l}'} \tag{2.7}$$

式中，$\rho_l(\boldsymbol{r}')$的单位是库/米，符号为$\mathrm{C/m}$。利用$\rho_l(\boldsymbol{r}')$通过线积分可以求出某段曲线$\boldsymbol{l}'$上总的电量，即

$$q=\int_{l'}\rho(\boldsymbol{r}')\mathrm{d}\boldsymbol{l}' \tag{2.8}$$

4. 点电荷与点电荷的狄拉克函数表示法

点电荷是电磁场理论中的一个理想模型，点电荷是电量为q、体积趋近于零的一个几何点。显然，点电荷所在处的体电荷密度趋近于无穷大。为了定量地描述点电荷的分布，定义狄拉克函数δ为

$$\delta(\boldsymbol{r}-\boldsymbol{r}')=\begin{cases}0, & \boldsymbol{r}\neq\boldsymbol{r}'\\ \infty, & \boldsymbol{r}=\boldsymbol{r}'\end{cases} \tag{2.9}$$

函数δ的体积分为

$$\int_{V'}\delta(\boldsymbol{r}-\boldsymbol{r}')\mathrm{d}V'=\begin{cases}0, & \boldsymbol{r}'\text{不在}V'\text{内}\\ 1, & \boldsymbol{r}'\text{在}V'\text{内}\end{cases} \tag{2.10}$$

可以用函数δ表示点电荷的体电荷密度

$$\rho(\boldsymbol{r}')=q\delta(\boldsymbol{r}-\boldsymbol{r}')=\begin{cases}0, & \boldsymbol{r}\neq\boldsymbol{r}'\\ \infty, & \boldsymbol{r}=\boldsymbol{r}'\end{cases} \tag{2.11}$$

对于点电荷，空间任意体积V'中总的电量q可以由式（2.11）给出，即

$$q=\int_{V'}\rho(\boldsymbol{r}')\mathrm{d}V'=q\int_{V'}\delta(\boldsymbol{r}-\boldsymbol{r}')\mathrm{d}V'=\begin{cases}0, & \boldsymbol{r}'\text{不在}V'\text{内}\\ q, & \boldsymbol{r}'\text{在}V'\text{内}\end{cases} \tag{2.12}$$

对于式（2.11）和式（2.12）具有明确的物理意义，并且符合客观事实。

5. 电偶极子

电偶极子是由两个位置不重合的等量异号点电荷组成的系统，采用电偶极矩$\boldsymbol{p}=q\boldsymbol{l}$描述，其中$\boldsymbol{l}$是两点电荷之间的距离，$\boldsymbol{l}$和$\boldsymbol{p}$的方向规定由$-q$指向$+q$。电偶极子在外电场中受力矩作用而旋转，使其电偶极矩转向外电场方向。

2.2.2 电场强度及电场线方程

1. 电场强度

空间某场点处的电场强度，定义为正的试验电荷q_0在该点受的电场力$\boldsymbol{F}(\boldsymbol{r})$，写为

$$\boldsymbol{E}(\boldsymbol{r})=\lim_{q_0\to 0}\frac{\boldsymbol{F}(\boldsymbol{r})}{q_0} \tag{2.13}$$

电场强度 $\boldsymbol{E}$ 为一个矢量，在空间构成一个矢量场$\boldsymbol{E}(\boldsymbol{r})$，可采用矢量场的方法来分析静电场问题，如矢量场的散度和旋度等。

根据电场强度的定义和库仑定律，可以得到位于坐标原点上的点电荷 q 在无限大真空中产生的电场强度为

$$\boldsymbol{E}(\boldsymbol{r})=\frac{q}{4\pi\varepsilon_0 R^2}\boldsymbol{e}_R \tag{2.14}$$

式中，R 表示场点与源点之间的距离，$R=|\boldsymbol{r}-\boldsymbol{r}'|$；$\boldsymbol{e}_R$ 为源点 $\boldsymbol{r}'$ 指向场点 $\boldsymbol{r}$ 的单位矢量。

2. 电场线方程

电场线上某一点处的切线方向表示该点电场强度的方向，若 d$\boldsymbol{l}$ 表示电场线上某一点处切线方向的线元，在该点处有

$$\boldsymbol{E}=K\cdot \mathrm{d}\boldsymbol{l} \tag{2.15}$$

式中，K 为常数。

将式（2.15）的左右两项分别在直角坐标系中展开为

$$E_x\boldsymbol{e}_x+E_y\boldsymbol{e}_y+E_z\boldsymbol{e}_z=K\mathrm{d}x\boldsymbol{e}_x+K\mathrm{d}y\boldsymbol{e}_y+K\mathrm{d}z\boldsymbol{e}_z$$

上式两端各分量分别相等，则有 $E_x=K\mathrm{d}x$，$E_y=K\mathrm{d}y$，$E_z=K\mathrm{d}z$。

在直角坐标系中获得电场线方程为

$$\frac{\mathrm{d}x}{E_x}=\frac{\mathrm{d}y}{E_y}=\frac{\mathrm{d}z}{E_z} \tag{2.16}$$

用相同的方法可以导出圆柱坐标系中的电场线方程为

$$\frac{\mathrm{d}r}{E_r}=\frac{r\mathrm{d}\phi}{E_\phi}=\frac{\mathrm{d}z}{E_z} \tag{2.17}$$

在球坐标系中的电场线方程为

$$\frac{\mathrm{d}r}{E_r}=\frac{r\mathrm{d}\theta}{E_\theta}=\frac{r\sin\theta\mathrm{d}\phi}{E_\phi} \tag{2.18}$$

3. 静电场中导体

导体的特点是其中有大量能够自由移动的电子。当导体置于外电场中，其自由电子受电场力作用将在导体中移动，原来的静电平衡状态被破坏。自由电荷的移动将使其积累在导体表面，并建立附加电场直至其表面电荷（这些电荷也称为感应电荷）建立的附加电场与外加电场在导体内部处处抵消为止，这样才达到一种新的静电平衡状态。

静电平衡状态时，导体具有以下特性：

（1）导体内电场强度处处为零，$\boldsymbol{E}=-\nabla\varphi=0$，否则导体内的自由电荷将受到电场力的作用而移动，就不属静电问题的范围。

（2）静电场中导体必为一等位体，导体表面必为等位面。

（3）导体如带电，则电荷只能分布于其表面，导体内无电荷分布。孤立导体表面的电

荷分布与曲率有关。曲率比较大的地方，面电荷密度比较大；曲率比较小的地方，面电荷密度也比较小；曲率为负值的地方，面电荷密度更小。

（4）导体表面附近，电场强度的方向与表面垂直，电场强度的大小等于该点附近导体表面的面电荷密度除以 ε_0，所以导体表面附近的电场强度为

$$\boldsymbol{E}=\boldsymbol{e}_n\cdot\frac{\rho_S}{\varepsilon_0} \tag{2.19}$$

式中，$\boldsymbol{e}_n$ 为导体表面处的法线方向单位矢量。

4. 理想介质

理想介质是指不导电的物质，即电导率为零（$\gamma=0$），或者电导率与频率和介电常数乘积之比趋近于零，$\frac{\gamma}{\omega\varepsilon}\to 0$。实际上理想介质是不存在的，它只是绝缘体的一种近似模型，用它分析问题能带来不少便利。

5. 导电媒质

导电媒质是指导电的物质，电导率不为零，即 $\gamma\neq 0$。

2.2.3 电介质和极化强度

电介质是指在电场作用下能产生极化的一切物质。广义上来说，电介质不仅包括绝缘材料，而且包括各种功能材料，如压电、热释电、光电、铁电等材料。电介质可以分为有极性电介质和无极性电介质、线性电介质和非线性电介质、各向同性电介质和各向异性电介质等几大类。

1. 有极性电介质和无极性电介质

任何物质的分子都是由原子组成的，而原子都是由带正电的原子核和带负电的电子组成，整个分子中电荷的代数和为零。当没有外电场时，如果电介质分子中正负电荷的中心是重合的，这类电介质称为无极性电介质；如果电介质分子中正负电荷的中心不重合，这类电介质称为有极性电介质。有极性电介质中正负电荷的中心错开一定的距离，形成一个电偶极矩，称为分子的固有电矩。

在没有外电场时，无极性电介质的分子中没有电矩。加上外电场，在电场力的作用下，每个分子中的正负电荷的中心被拉开一定的距离，形成了一个电偶极子，并且分子电矩的方向沿外电场方向，如图 2.2（a）所示。外电场越强，每个分子中的正负电荷的中心被拉开的距离越大，一定体积中分子电矩的矢量和也越大。无极性电介质的这种极化机理称为位移极化。在没有外电场时，虽然有极性电介质中每一个分子都具有电矩，但是由于分子的不规则热运动，分子电矩的排列是杂乱无章的，在任一体积元中，所有分子电矩的矢量和为零。当施加外电场后，每个分子电矩都受到一个力矩的作用，使分子电矩在一定程度

上转向外电场方向，于是一定体积中分子电矩的矢量和就不是零了，如图 2.2（b）所示。外电场越强、分子电矩排列得越整齐，一定体积中分子电矩的矢量和就越大。有极性电介质的这种极化机理称为取向极化。

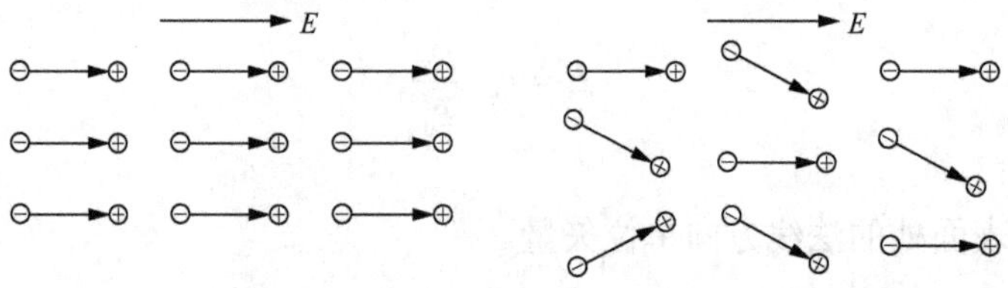

（a）位移极化　　（b）取向极化

图 2.2　电介质的极化机理示意图

应当指出位移极化在任何电介质中都存在，而取向极化只是有极性电介质所独有的。在有极性电介质中，取向极化的效应比位移极化强大很多，约大一个数量级。在无极性电介质中，位移极化则是唯一的极化机制。

当电介质在外电场作用下被极化后，均匀电介质内部的电荷相互抵消，分子一个端面上出现正电荷，另一个端面上出现负电荷，这种电荷称为极化电荷。极化电荷与导体中的自由电荷不同，不能自由运动，也称为束缚电荷。在电介质内部和表面会产生极化电荷，极化电荷与自由电荷都是产生静电场的源。

在外电场中电介质分子中的正负电荷的中心错开一定的距离，形成了一个电偶极子，且分子电矩为 $\boldsymbol{p}=q\boldsymbol{l}$，所以通常采用电偶极子模型来研究电介质的电场特征和分布。外电场越强，一定体积中分子电矩的矢量和越大。因此，极化强度矢量 $\boldsymbol{P}$ 定义为单位体积中分子电矩的矢量和，写为

$$\boldsymbol{P}=\lim_{\Delta V\to 0}\frac{\sum \boldsymbol{p}}{\Delta V} \tag{2.20}$$

2. 线性电介质和非线性电介质

大量实验证明，极化强度 $\boldsymbol{P}$ 为外加电场强度 $\boldsymbol{E}$ 的函数，可以写为

$$\boldsymbol{P}=f(\boldsymbol{E}) \tag{2.21}$$

式中，$\boldsymbol{P}$ 的各分量可由电场强度 $\boldsymbol{E}$ 的各分量的幂级数表示。如果电介质的极化强度 $\boldsymbol{P}$ 的各分量只与电场强度 $\boldsymbol{E}$ 的各分量的一次项有关，与高次项无关，且 $\boldsymbol{P}$ 的各分量与 $\boldsymbol{E}$ 的各分量呈线性关系，这种电介质称为线性电介质，否则称为非线性介质。在直角坐标系中，线性电介质中 $\boldsymbol{P}$ 的各分量与 $\boldsymbol{E}$ 的各分量之间的关系可以用矩阵形式表示为

$$\begin{bmatrix}\boldsymbol{P}_x\\ \boldsymbol{P}_y\\ \boldsymbol{P}_z\end{bmatrix}=\varepsilon_0\begin{bmatrix}\chi_{xx} & \chi_{xy} & \chi_{xz}\\ \chi_{yx} & \chi_{yy} & \chi_{yz}\\ \chi_{zx} & \chi_{zy} & \chi_{zz}\end{bmatrix}\begin{bmatrix}\boldsymbol{E}_x\\ \boldsymbol{E}_y\\ \boldsymbol{E}_z\end{bmatrix} \tag{2.22}$$

式中，比例系数χ_{ij}称为电介质的极化率，i、j分别取x、y、z，对于线性电介质，χ_{ij}为与$\boldsymbol{E}$无关的常数。

3. 各向同性电介质和各向异性电介质

如果电介质内部某点的物理特性在所有方向上都相同，与外加场$\boldsymbol{E}$的方向无关，这类电介质称为各向同性电介质；如果介质内部的全部或部分物理特性随着方向的改变而有所变化，在不同的方向上呈现出差异的性质，则称为各向异性电介质。

对于各向同性电介质，式（2.22）中比例系数与电场的方向无关，即$i \neq j$时$\chi_{ij}=0$，且$\chi_{xx}=\chi_{yy}=\chi_{zz}$，极化强度与电场强度之间可以写为

$$\boldsymbol{P}=\varepsilon_0\chi_e\boldsymbol{E} \tag{2.23}$$

即极化强度矢量与电场强度方向相同。

如果电介质内的介电常数ε处处相同与空间位置无关，介电常数不随空间坐标而变化，即$\nabla\varepsilon=0$，称这种电介质为均匀电介质，反之，则称为非均匀电介质。在线性、各向同性的均匀电介质中，介电常数、真空介电常数、相对介电常数以及极化率之间满足以下关系式：

$$\varepsilon=\varepsilon_0\varepsilon_r \tag{2.24}$$

$$\varepsilon_r=1+\chi_e \tag{2.25}$$

式中，χ_e为电介质的极化率；ε_r为相对介电常数；ε_0为真空中介电常数。一些常见介质的相对介电常数和绝缘强度如表2.2所示。

表2.2 常见介质的相对介电常数和绝缘强度

材料	ε_r	绝缘强度/（kV/m）	材料	ε_r	绝缘强度/（kV/m）
空气	1	3×10^3	聚乙烯	2.3	18×10^3
蒸馏水	80		石英	5	30×10^3
海水	81		橡胶	3	25×10^3
干土	3～4		玻璃	5～10	10×10^3～25×10^3
陶瓷	5.7～6.8	6×10^3～20×10^3	云母	3.7～7.5	80×10^3～200×10^3
电木	7.6	10×10^3～20×10^3	环氧树脂	5	35×10^3
石蜡	2.2	29×10^3	变压器油	2～3	12×10^3
纸	2～4	14×10^3	有机玻璃	3.4	

4. 极化强度$\boldsymbol{P}$

极化强度矢量与电场强度满足以下关系式：

$$\boldsymbol{P}=(\varepsilon-\varepsilon_0)\boldsymbol{E} \tag{2.26}$$

上式适用于线性、各向同性的电介质，其中χ_e为电介质的极化率。电介质表面的面极化电荷密度写为

$$\rho_{SP} = \boldsymbol{e}_n \cdot \boldsymbol{P} \tag{2.27}$$

式中，$\boldsymbol{e}_n$为电介质表面处的单位法向量。电介质内部的体极化电荷密度写为

$$\rho_P = -\nabla \cdot \boldsymbol{P} \tag{2.28}$$

为了形象理解极化特征，可以绘制$\boldsymbol{P}$线，如图2.3所示，$\boldsymbol{P}$线由负的极化电荷出发，终止于正的极化电荷。

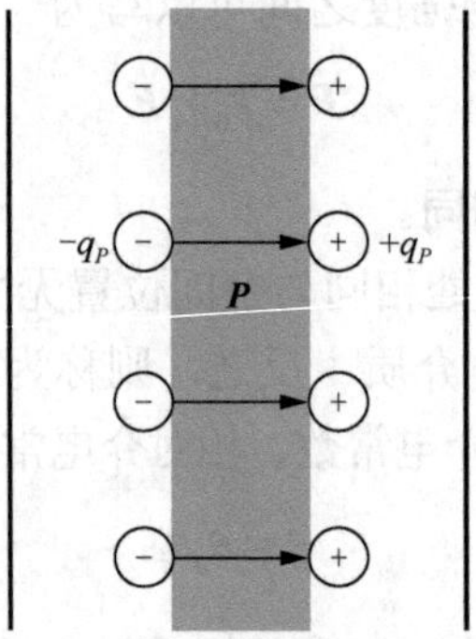

图2.3 电介质内部的$\boldsymbol{P}$线示意图

2.2.4 电通密度（电位移矢量）

电通密度$\boldsymbol{D}$的定义为

$$\boldsymbol{D} = \varepsilon_0 \boldsymbol{E} + \boldsymbol{P} \tag{2.29}$$

电通密度也称电位移矢量，单位是库/米^2，符号为$\mathrm{C/m^2}$。其中$\boldsymbol{P}$为介质的极化强度矢量。电通密度与电场强度满足以下关系式：

$$\boldsymbol{D} = \varepsilon_0 \varepsilon_r \boldsymbol{E} \tag{2.30}$$

上式适用于线性的各向同性电介质，其中ε_0、ε_r分别是真空介电常数和介质的相对介电常数。

为了形象理解电通密度特征，可以绘制$\boldsymbol{D}$线，如图2.4所示，$\boldsymbol{D}$线由正的自由电荷出发，终止于负的自由电荷。

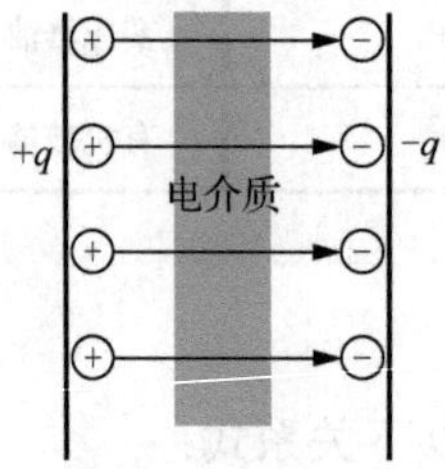

图2.4 平行板电容器内部的$\boldsymbol{D}$线图

2.2.5 电位及等位面方程

1. 电位函数定义

空间某点的电位 φ 的定义为

$$\varphi(\boldsymbol{r})=\int_P^Q \boldsymbol{E}\cdot \mathrm{d}\boldsymbol{l} \tag{2.31}$$

式中，P 点为待求电位的场点；Q 点为电位的参考点。电位为标量函数，在空间构成标量场 $\varphi(\boldsymbol{r})$，因此，可以采用标量场的方法研究静电场，如利用等位面、电位梯度、泊松方程、拉普拉斯方程等。

两点之间的电位差称为电压，可以写为

$$\varphi_{P_1}-\varphi_{P_2}=\int_{P_1}^Q \boldsymbol{E}\cdot \mathrm{d}\boldsymbol{l}-\int_{P_2}^Q \boldsymbol{E}\cdot \mathrm{d}\boldsymbol{l}=\int_{P_1}^{P_2} \boldsymbol{E}\cdot \mathrm{d}\boldsymbol{l} \tag{2.32}$$

$\boldsymbol{E}$ 和 φ 之间满足以下微分关系式：

$$\boldsymbol{E}(\boldsymbol{r})=-\nabla\varphi(\boldsymbol{r}) \tag{2.33}$$

2. 等位面方程

空间电位相等的各点构成的曲面称为等位面，等位面方程可以写为

$$\varphi(x,y,z)=C \tag{2.34}$$

式中，C 为一个常数。

2.2.6 电容

1. 两导体间的电容

带等量异号电荷的两导体间的电容为

$$C=\frac{q}{\varphi_A-\varphi_B} \tag{2.35}$$

式中，q 为一个导体上的电荷量；$\varphi_A-\varphi_B$ 为两导体之间的电位差。

2. 部分电容

两导体间的电容可以采用式（2.35）计算，但对于多导体系统，如图 2.5 所示，每两个导体间的电位差不仅与两导体上所带的电量有关，还要受到其他导体上电荷的影响，为了计算多导体系统中导体间的电容，引入部分电容的概念。

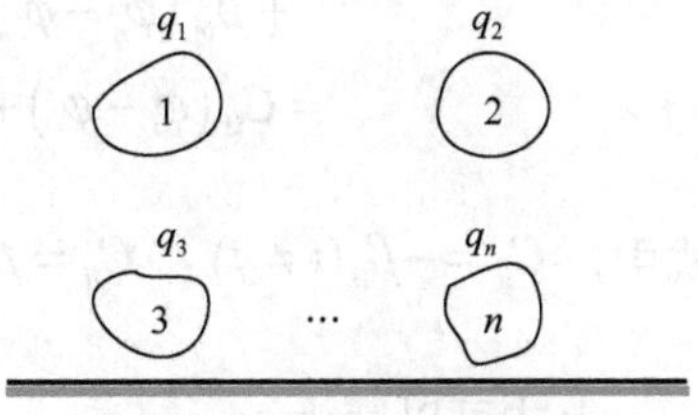

图 2.5 多电荷导体系统

对于一个孤立的多导体系统，每一个导体的电位不仅与该导体上所带的电量有关，而且受其他导体上所带电量

的影响，根据叠加原理有

$$\begin{cases}\varphi_1 = p_{11}q_1 + p_{12}q_2 + \cdots + p_{1n}q_n \\ \quad\vdots \\ \varphi_i = p_{i1}q_1 + p_{i2}q_2 + \cdots + p_{in}q_n \\ \quad\vdots \\ \varphi_n = p_{n1}q_1 + p_{n2}q_2 + \cdots + p_{nn}q_n\end{cases} \tag{2.36}$$

写出通式为

$$\varphi_i = \sum_{j=1}^{n} p_{ij}q_j \tag{2.37}$$

式中，p_{ij} 称为电位系数，表示第 j 个导体对第 i 个导体电位的影响。当 $i=j$ 时，p_{ii} 称为自有电位系数；当 $i \neq j$ 时，p_{ij} 称为互有电位系数。

由式（2.37）可以解出 $q_1, q_2, \cdots, q_n$：

$$\begin{cases}q_1 = \beta_{11}\varphi_1 + \beta_{12}\varphi_2 + \cdots + \beta_{1n}\varphi_n \\ \quad\vdots \\ q_i = \beta_{i1}\varphi_1 + \beta_{i2}\varphi_2 + \cdots + \beta_{in}\varphi_n \\ \quad\vdots \\ q_n = \beta_{n1}\varphi_1 + \beta_{n2}\varphi_2 + \cdots + \beta_{nn}\varphi_n\end{cases} \tag{2.38}$$

写出通式为

$$q_i = \sum_{j=1}^{n} \beta_{ij}\varphi_j \tag{2.39}$$

当 $i=j$ 时，β_{ii} 称为自有感应系数；当 $i \neq j$ 时，β_{ij} 称为互有感应系数。β_{ij} 与 p_{ij} 的联系为 $\beta_{ij} = \dfrac{P'_{ij}}{\Delta}$，其中 Δ 为电位系数行列式，P'_{ij} 为 p_{ij} 的代数余子式。

改写式（2.38），每一项都 $-\varphi_i$，再 $+\varphi_i$

$$\begin{aligned}q_i &= \beta_{i1}(\varphi_1 - \varphi_i + \varphi_i) + \beta_{i2}(\varphi_2 - \varphi_i + \varphi_i) + \cdots + \beta_{ii}(\varphi_i - \varphi_i + \varphi_i) + \cdots \\ &\quad + \beta_{in}(\varphi_n - \varphi_i + \varphi_i) \\ &= \beta_{i1}(\varphi_1 - \varphi_i) + \beta_{i2}(\varphi_2 - \varphi_i) + \cdots + (\beta_{i1} + \beta_{i2} + \cdots + \beta_{in})\varphi_i + \cdots \\ &\quad + \beta_{in}(\varphi_n - \varphi_i) \\ &= C_{i1}(\varphi_i - \varphi_1) + C_{i2}(\varphi_i - \varphi_2) + \cdots + C_{ii}\varphi_i + \cdots + C_{in}(\varphi_i - \varphi_n)\end{aligned} \tag{2.40}$$

式中，$C_{ij} = -\beta_{ij} (i \neq j)$；$C_{ii} = \beta_{i1} + \beta_{i2} + \cdots + \beta_{in} = \sum_{j=1}^{n} \beta_{ij}$。

上式可以写为

$$\begin{cases} q_1 = C_{11}(\varphi_1 - \varphi_0) + C_{12}(\varphi_1 - \varphi_2) + \cdots + C_{1n}(\varphi_1 - \varphi_n) \\ q_2 = C_{21}(\varphi_2 - \varphi_1) + C_{22}\varphi_2 + \cdots + C_{2n}(\varphi_2 - \varphi_n) \\ \vdots \\ q_n = C_{n1}(\varphi_n - \varphi_1) + C_{n2}(\varphi_n - \varphi_2) + \cdots + C_{nn}(\varphi_n - \varphi_0) \end{cases} \tag{2.41}$$

式中，$C_{ij}(i \neq j)$ 称为互有部分电容，表示第 i 个导体与第 j 个导体间的部分电容；C_{ii} 称为自有部分电容，表示第 i 个导体与地间的部分电容。

需要说明：① p_{ij}、β_{ij}、C_{ij} 均为常数；② $p_{ij} = p_{ji}$，$\beta_{ij} = \beta_{ji}$，$C_{ij} = C_{ji}$，所以电位系数矩阵、感应系数矩阵、部分电容矩阵都是对称矩阵。

2.2.7 静电能量

电场对静止电荷有力的作用，对运动的电荷则要做功。由此可见，静电场中储存着能量，把静电场中的储能称为静电能量。利用平行板电容器的特例可导出静电场能量的表达式，能量密度为

$$w_e = \frac{1}{2}\boldsymbol{D}\cdot\boldsymbol{E} \tag{2.42}$$

静电场的能量为

$$W_e = \int_V \frac{1}{2}\boldsymbol{D}\cdot\boldsymbol{E}\mathrm{d}V \tag{2.43}$$

1. 电荷系统能量

首先讨论任意分布的电荷系统所产生电场中的静电能量，一个电荷系统的能量等于在建立该电荷系统的过程中外力做的功。设电荷体密度为 ρ，并假设介质是线性的。如图 2.6 所示，设在建立这样的电荷系统过程中的某一时刻，场中某一点的电位为 $\varphi_i(x,y,z)$，再将电荷增量 $\mathrm{d}q_i$ 从无穷远移至该点，需要做的功为 $\mathrm{d}\boldsymbol{W} = \varphi_i \mathrm{d}q_i$。

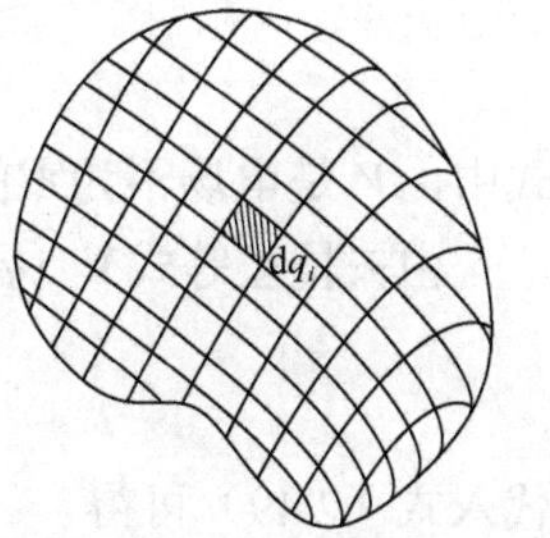

图 2.6 建立电荷系统的过程

对于线性介质的情况，建立电荷系统过程中所做的功是一定的，与建立该电荷系统的过程无关。设在建立该电荷系统的过程中，电荷密度按比例均匀增大，即体电荷密度由 0 到 ρ 按比例均匀增大，面电荷密度由 0 到 ρ_s 按比例均匀增大。对于给定点，$\rho'(x',y',z')$ 和 $\rho'_S(x',y',z')$ 为确定的常数。在任一时刻有 $\rho' = \alpha\rho$，$\rho'_S = \alpha\rho_S$。

在建立该电荷系统的过程中，α 由 0 均匀增大到 1。ρ' 和 ρ'_S 的增量为 $\mathrm{d}\rho' = \rho\mathrm{d}\alpha$ 和 $\mathrm{d}\rho'_S = \rho_S\mathrm{d}\alpha$。移动的电荷为 $\mathrm{d}q_i = \mathrm{d}\rho'\mathrm{d}V + \mathrm{d}\rho'_S\mathrm{d}S$。在此过程中各点的电位也按比例均匀增大为

$$\varphi_i = \alpha\varphi \tag{2.44}$$

所以外力做的功为

$$dW = \varphi_i dq_i = \varphi_i d\rho' dV + \varphi_i d\rho'_S dS$$

在建立该电荷系统的过程中，外力做的功即总的静电能为

$$W_e = W = \int_V \varphi_i d\rho' dV + \int_S \varphi_i d\rho'_S dS \tag{2.45}$$

把 $d\rho' = \rho d\alpha$ 和 $d\rho'_S = \rho_S d\alpha$ 代入上式可得

$$\begin{aligned} W_e &= \int_0^1 \alpha d\alpha \int_V \rho\varphi dV + \int_0^1 \alpha d\alpha \int_S \rho_S \varphi dS \\ &= \frac{1}{2}\int_V \rho\varphi dV + \frac{1}{2}\int_S \rho_S \varphi dS \end{aligned} \tag{2.46}$$

上式为电荷系统的能量。

对于一多导体系统，电荷只分布在各导体表面，电荷系统的能量为

$$W_e = \frac{1}{2}\int_S \rho_S \varphi dS = \sum_{i=1}^{n} \frac{1}{2}\int_{S_i} \rho_{S_i} \varphi_i dS \tag{2.47}$$

等式右边是对每一个导体表面都是等位面，所以

$$W_e = \sum_{i=1}^{n} \frac{1}{2}\varphi_i \int_{S_i} \rho_{S_i} dS = \sum_{i=1}^{n} \frac{1}{2}\varphi_i q_i \tag{2.48}$$

利用式（2.48）可以计算一个多导体系统的能量。

2. 静电场的能量

在式（2.46）中 $\rho = \nabla\cdot\boldsymbol{D}$ 和 $\rho_S = \boldsymbol{e}_n\cdot\boldsymbol{D} = D_n$，所以有

$$W_e = \frac{1}{2}\int_V \varphi\nabla\cdot\boldsymbol{D} dV + \frac{1}{2}\int_{S_i} \varphi\boldsymbol{e}_n\cdot\boldsymbol{D} d\boldsymbol{S} \tag{2.49}$$

式中，V 是电场不为零的整个空间区域；S_i 为所有导体的表面。

由矢量恒等式 $\nabla\cdot(\varphi\boldsymbol{A}) = \varphi\nabla\cdot\boldsymbol{A} + \boldsymbol{A}\cdot\nabla\varphi$，有

$$\varphi\nabla\cdot\boldsymbol{D} = \nabla\cdot(\varphi\boldsymbol{D}) - \boldsymbol{D}\cdot\nabla\varphi \tag{2.50}$$

代入式（2.49）可得

$$W_e = \frac{1}{2}\int_V \nabla\cdot(\varphi\boldsymbol{D}) dV + \frac{1}{2}\int_V \boldsymbol{D}\cdot\boldsymbol{E} dV + \frac{1}{2}\int_{S_i} \varphi\boldsymbol{D}\cdot\boldsymbol{e}_n dS \tag{2.51}$$

把第一项利用散度定理变换成面积分可得

$$W_e = \frac{1}{2}\int_{S+S_i} \varphi\boldsymbol{D}\cdot\boldsymbol{e}_{n_1} d\boldsymbol{S} + \frac{1}{2}\int_V \boldsymbol{D}\cdot\boldsymbol{E} dV + \frac{1}{2}\int_{S_i} \varphi\boldsymbol{D}\cdot\boldsymbol{e}_n d\boldsymbol{S} \tag{2.52}$$

其中，$\boldsymbol{S}+\boldsymbol{S}_i$ 为空间区域 V 的表面，包括两部分，即空间区域 V 的外表面和各导体的表面（各导体内部电场强度为零）；$\boldsymbol{e}_{n_1}$ 为空间区域 V 外表面的外法线方向单位矢量，$\boldsymbol{e}_n$ 为各导体表面的外法线方向单位矢量，如图 2.7 所示，可以看出 $\boldsymbol{e}_{n_1} = -\boldsymbol{e}_n$。

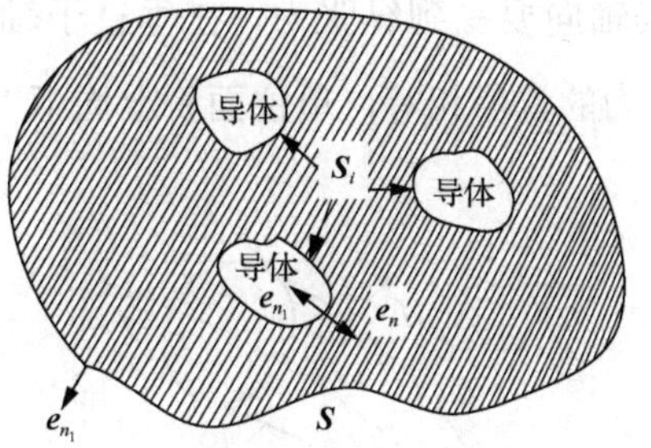

图 2.7 计算静电场的能量

式（2.52）可以写为

$$W_e = \frac{1}{2}\int_S \varphi \boldsymbol{D}\cdot \boldsymbol{e}_{n_1} \mathrm{d}\boldsymbol{S} + \frac{1}{2}\int_V \boldsymbol{D}\cdot \boldsymbol{E}\mathrm{d}V + \frac{1}{2}\int_{S_i} \varphi \boldsymbol{D}\cdot \left(\boldsymbol{e}_{n_1} + \boldsymbol{e}_n\right)\mathrm{d}\boldsymbol{S} \tag{2.53}$$

上式中第三项为零，第一项中的$\boldsymbol{S}$是空间区域V的外表面，包围电场不为零的整个区域，可以选在∞处，$\varphi \to 0$，所以第一项积分也趋近于零，静电场能量的表达式为

$$W_e = \frac{1}{2}\int_V \boldsymbol{D}\cdot \boldsymbol{E}\mathrm{d}V \tag{2.54}$$

静电场的能量密度为

$$w_e = \frac{1}{2}\boldsymbol{D}\cdot \boldsymbol{E} \tag{2.55}$$

对于各向同性线性电介质，静电场的能量密度可以写为

$$w_e = \frac{1}{2}\varepsilon E^2 \tag{2.56}$$

2.2.8 静电力

在静电场中各个带电体都要受到电场力。电场力可直接根据点电荷的电场强度定义来计算，写为

$$\boldsymbol{F}_e = q\boldsymbol{E} \tag{2.57}$$

上式中的$\boldsymbol{E}$应理解为电荷q在源以外其他位置产生的电场强度。

对于N个点电荷构成的系统，第j个电荷受到的电场力为

$$\boldsymbol{F}_j = \sum_{\substack{i=1 \\ i\neq j}}^{N} \boldsymbol{F}_{ij} \tag{2.58}$$

式中，$\boldsymbol{F}_{ij}$为第i个和第j个电荷之间的电场力。叠加原理意味着任意两个电荷之间的电场力与其他电荷的存在无关，这对于固定位置的两电荷是正确的。对于连续分布的电荷q，若采用上述定义式计算是相当复杂的。根据力和能量关系可以采用虚位移法计算静电力。

在 19 世纪 30 年代，法拉第提出一种观点，认为在静电场中沿通量线作一通量管，则

每一段电通量密度管上沿其轴向要受到纵张力，在垂直于轴向方向则要受到侧压力，如图 2.8 所示。纵张力和侧压力的量值相等，单位面积上均可以写为 $\boldsymbol{f}=\frac{1}{2}\boldsymbol{D}\cdot\boldsymbol{E}$，其单位为牛/米^2，符号为$\mathrm{N/m^2}$。

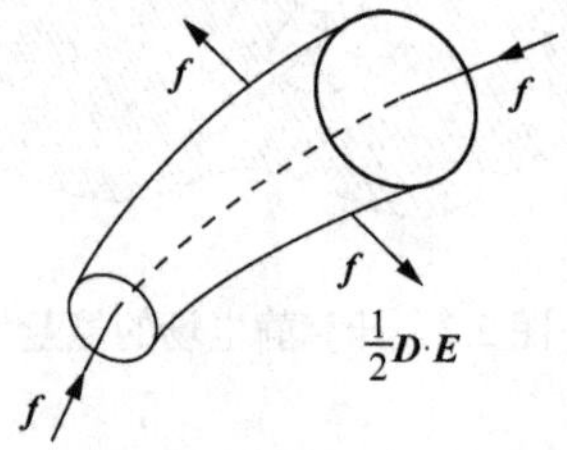

图 2.8 通量管的电场力示意图

2.3 静电场的基本定律

静电场的基本定律包括高斯定律和环路定律，主要表征电通密度的散度和电场强度的旋度。

2.3.1 静电场的高斯定律

高斯定律反映了静电场的一个基本性质。电场的分布具有某种对称性，常见的有面对称、柱对称和球对称，应用高斯定律求解电场是很方便和直接的。

根据库仑定律和叠加原理可得出以下重要事实：在无限大真空静电场中的任意闭合曲面 $\boldsymbol{S}$ 上，电场强度 $\boldsymbol{E}$ 的面积分等于曲面内的总电荷 $q=\int_V \rho \mathrm{d}V$ 的 $\frac{1}{\varepsilon_0}$ 倍（V 是 $\boldsymbol{S}$ 限定的体积），而与曲面外电荷无关。其数学表达式为

$$\oint_S \boldsymbol{E}\cdot\mathrm{d}\boldsymbol{S}=\frac{q}{\varepsilon_0}=\frac{1}{\varepsilon_0}\int_V \rho\mathrm{d}V \tag{2.59}$$

上式称为真空中静电场的高斯定律。

当有电介质存在时，电场可看成是由自由电荷和极化电荷共同产生的。真空中静电场的高斯定律仍适用，只是总电荷不仅包括自由电荷 q，而且包括极化电荷 q_P，即

$$\oint_S \boldsymbol{E}\cdot\mathrm{d}\boldsymbol{S}=\frac{q+q_P}{\varepsilon_0}=\frac{1}{\varepsilon_0}\int_V(\rho+\rho_P)\mathrm{d}V \tag{2.60}$$

式中，q 和 q_P 分别为闭合曲面 $\boldsymbol{S}$ 内的总自由电荷和总极化电荷。根据极化电荷与极化强度之间关系式，并利用散度定理，进行整理，得

$$\frac{1}{\varepsilon_0}q_P=\frac{1}{\varepsilon_0}\int_V \rho_P\mathrm{d}V=\frac{1}{\varepsilon_0}\int_V-(\nabla\cdot\boldsymbol{P})\mathrm{d}V=-\frac{1}{\varepsilon_0}\oint_S \boldsymbol{P}\cdot\mathrm{d}\boldsymbol{S} \tag{2.61}$$

将上式代入式（2.60）中，得

$$\oint_S \boldsymbol{E}\cdot d\boldsymbol{S}=\frac{1}{\varepsilon_0}\int_V \rho dV-\frac{1}{\varepsilon_0}\oint_S \boldsymbol{P}\cdot d\boldsymbol{S} \tag{2.62}$$

进行整理，得出

$$\oint_S \boldsymbol{E}\cdot d\boldsymbol{S}+\oint_S \frac{1}{\varepsilon_0}\boldsymbol{P}\cdot d\boldsymbol{S}=\frac{1}{\varepsilon_0}\int_V \rho dV$$

$$\oint_S(\varepsilon_0\boldsymbol{E}+\boldsymbol{P})\cdot d\boldsymbol{S}=\int_V \rho dV \tag{2.63}$$

根据电通密度的定义，上式简化后写为

$$\oint_S \boldsymbol{D}\cdot d\boldsymbol{S}=q \tag{2.64}$$

上式为一般形式的高斯定律，其中 $q=\sum_{i=1} q_i$ 为 $\boldsymbol{S}$ 面内包围的所有自由电荷。

高斯定律指出不管在真空中还是在电介质中，任意闭合曲面 $\boldsymbol{S}$ 上电通密度 $\boldsymbol{D}$ 的面积分等于该曲面内的总自由电荷，而与一切极化电荷及曲面外的自由电荷无关。从产生静电场来说，极化电荷与自由电荷的作用相同，都遵守库仑定律，产生的静电场都属于守恒场。但在高斯定律方程的右端只出现自由电荷，因为极化电荷产生的静电场已经包括在极化强度 $\boldsymbol{P}$ 中，自由电荷和极化电荷产生的静电场都统一由电通密度进行表征了，这样简化了电介质中电场的分析和计算。

对于一个任意形状的闭合曲面系统中仅有一个点电荷时，以 O 点作一个立体角，如果 O 点在闭合曲面内，可以 O 点为球心，在闭合曲面内作一个球面，如图 2.9（a）所示，可以看出该闭合曲面对 O 点所张的立体角和球面对 O 点的立体角是相等的，即为 4π。如果 O 点位于闭合曲面之外，如图 2.9（b）所示。从 O 点向闭合曲面作切线，所有的切点构成的曲线把闭合曲面分成两部分——$\boldsymbol{S}_1$ 面和 $\boldsymbol{S}_2$ 面，$\boldsymbol{S}_1$ 面对 O 点的立体角是 Ω_1，是负值，$\boldsymbol{S}_2$ 面对 O 点的立体角是 Ω_2，与 Ω_1 等量异号，所以整个闭合曲面对 O 点所张的立体角 $\Omega=\Omega_1+\Omega_2=0$。

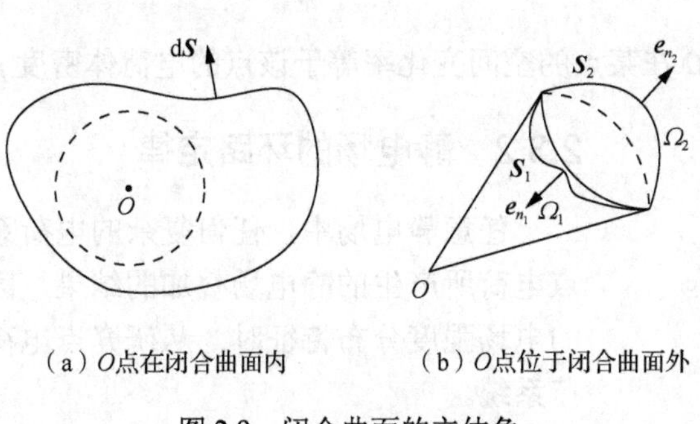

（a）O点在闭合曲面内　　（b）O点位于闭合曲面外

图 2.9　闭合曲面的立体角

高斯定律可以写为

$$\oint_S \boldsymbol{D}\cdot d\boldsymbol{S}=\oint_S \frac{q\boldsymbol{e}_R}{4\pi R^2}\cdot d\boldsymbol{S}=\frac{q}{4\pi}\oint_S \frac{\boldsymbol{e}_R\cdot d\boldsymbol{S}}{R^2} \tag{2.65}$$

式中，$\dfrac{\boldsymbol{e}_R \cdot \mathrm{d}\boldsymbol{S}}{R^2}$ 是面元 $\mathrm{d}\boldsymbol{S}$ 对点电荷 q 所张的立体角 $\mathrm{d}\Omega$，对闭合曲面积分就是闭合曲面对电荷 q 所张的立体角。若电荷 q 在闭合曲面内，则该立体角为 4π，若电荷 q 在闭合曲面之外，则该立体角为零。

因此式（2.65）可以写为

$$\oint_S \boldsymbol{D} \cdot \mathrm{d}\boldsymbol{S} = \begin{cases} q, & q\text{在闭合曲面内} \\ 0, & q\text{在闭合曲面外} \end{cases} \tag{2.66}$$

如果无界真空中有 N 个点电荷 $q_1, q_2, \cdots, q_k, \cdots, q_N$，而闭合曲面内包围的点电荷为 $q_1, q_2, \cdots, q_k$，则穿过闭合曲面 $\boldsymbol{S}$ 的电通密度为

$$\begin{aligned} \oint_S \boldsymbol{D} \cdot \mathrm{d}\boldsymbol{S} &= \oint_S (\boldsymbol{D}_1 + \boldsymbol{D}_2 + \cdots + \boldsymbol{D}_k + \cdots + \boldsymbol{D}_N) \cdot \mathrm{d}\boldsymbol{S} \\ &= \oint_S \boldsymbol{D}_1 \cdot \mathrm{d}\boldsymbol{S} + \oint_S \boldsymbol{D}_2 \cdot \mathrm{d}\boldsymbol{S} + \cdots + \oint_S \boldsymbol{D}_k \cdot \mathrm{d}\boldsymbol{S} + \cdots + \oint_S \boldsymbol{D}_N \cdot \mathrm{d}\boldsymbol{S} \\ &= q_1 + q_2 + \cdots + q_k = \sum_{i=1}^{k} q_i \end{aligned} \tag{2.67}$$

尽管空间各点的 $\boldsymbol{D}_i$ 与产生它的所有场源点电荷有关，但式（2.67）表明穿过闭合曲面 $\boldsymbol{S}$ 的电通密度 $\oint_S \boldsymbol{D} \cdot \mathrm{d}\boldsymbol{S}$ 仅与闭合曲面 $\boldsymbol{S}$ 内场源电荷的代数和 $\sum_{i=1}^{k} q_i$ 有关。式（2.67）可推广到体电荷、面电荷和线电荷的情况。电荷以体密度 ρ 分布时，式（2.67）的右边 $\sum_{i=1}^{k} q_i$ 变成积分 $\int_V \rho \mathrm{d}V$，利用散度定理，式（2.67）可以写为

$$\oint_S \boldsymbol{D} \cdot \mathrm{d}\boldsymbol{S} = \int_V \nabla \cdot \boldsymbol{D} \mathrm{d}V = \int_V \rho \mathrm{d}V \tag{2.68}$$

因为 $\boldsymbol{S}$ 为任意的闭合曲面，高斯定律的微分形式有

$$\nabla \cdot \boldsymbol{D} = \rho \tag{2.69}$$

上式表明，电通密度 $\boldsymbol{D}$ 在某点的空间变化率等于该点的电荷体密度 ρ。

2.3.2 静电场的环路定律

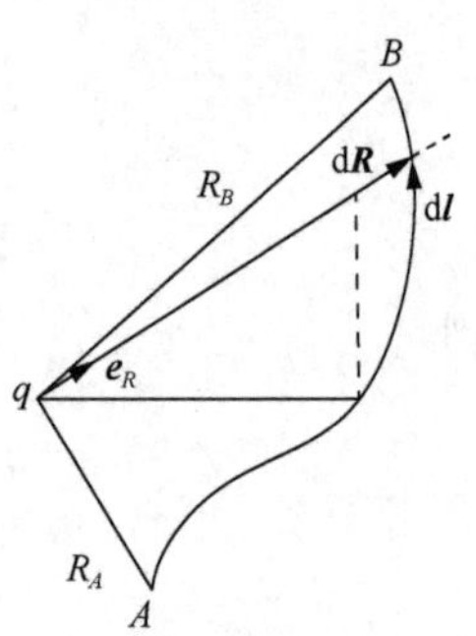

图 2.10 电荷 q 沿路径从 A 点到 B 点的曲线积分

任意静电场中，任何复杂的电荷系统都可看作是由许多点电荷所产生的静电场叠加的结果，因此，在分析静电场中的电场强度分布特征时，从研究点电荷的做功推广到一般电荷系统。

现在来研究在静电场中将一个单位正电荷 q 沿某一路径 $\boldsymbol{l}$ 从 A 点移至 B 点时，电场力所做的功。某一路径 $\boldsymbol{l}$ 为电场中任取一条曲线连接 A、B 两点，如图 2.10 所示。

求电场力所做的功，即对电场量 $\boldsymbol{E}(\boldsymbol{r})$ 沿曲线 $\boldsymbol{l}$ 进行积分，写为

$$\int_l \boldsymbol{E}\cdot \mathrm{d}\boldsymbol{l}=\frac{q}{4\pi\varepsilon_0}\int_l \frac{\boldsymbol{e}_R\cdot \mathrm{d}\boldsymbol{l}}{R^2}=\frac{q}{4\pi\varepsilon_0}\int_{R_A}^{R_B}\frac{\mathrm{d}R}{R^2}=\frac{q}{4\pi\varepsilon_0}\left(\frac{1}{R_A}-\frac{1}{R_B}\right) \tag{2.70}$$

从上式中可见，电场力做功只与两端点有关，而与移动时的具体路径无关。式（2.70）虽然是从点电荷的电场中得到的结论，但很容易推广到任意电荷分布的电场中，所以式（2.70）表示了静电场的一个共同特性。在 $\boldsymbol{E}$ 由许多电荷产生的一般情况下，电场力所做的功也是与路径无关的。

当电荷 q 在电场中沿闭合回路移动一周或者积分路径为闭合回路，即 A 、B 两点重合时，可得

$$\oint_l \boldsymbol{E}\cdot \mathrm{d}\boldsymbol{l}=0 \tag{2.71}$$

即在静电场中，沿闭合路径移动电荷时电场力所做功恒为零，或者说电场能量不变，这说明静电场是保守场，即电场强度的环路线积分恒等于零，式（2.71）称为静电场的环路定律。

利用斯托克斯定理，静电场中环路定律的微分形式写为

$$\nabla\times\boldsymbol{E}=0 \tag{2.72}$$

2.4 静电场的基本方程

2.4.1 矢量基本方程

1. 基本方程

静电场的矢量基本方程可以写成积分和微分两种形式，积分形式具有物理意义，微分形式表述简单。积分形式为

$$\oint_S \boldsymbol{D}\cdot \mathrm{d}\boldsymbol{S}=\int_V \rho \mathrm{d}V=q \tag{2.73}$$

$$\oint_l \boldsymbol{E}\cdot \mathrm{d}\boldsymbol{l}=0 \tag{2.74}$$

微分形式为

$$\nabla\cdot\boldsymbol{D}=\rho \tag{2.75}$$

$$\nabla\times\boldsymbol{E}=0 \tag{2.76}$$

在各向同性的线性介质中，电场强度和电通密度两矢量之间的构成方程为

$$\boldsymbol{D}=\varepsilon\boldsymbol{E} \tag{2.77}$$

高斯定律的积分形式说明，电通密度 $\boldsymbol{D}$ 的闭合曲面积分等于面内所包围的总自由电荷，它表征静电场的一个基本性质。静电场的环路定律说明，电场强度 $\boldsymbol{E}$ 的环路线积分恒等于零，即静电场是一个守恒场。高斯定律的微分形式表明静电场是有散场，静电场环路定律的微分形式表明静电场是无旋场。从物理概念上来说，积分形式描述的是每一条回路

和每一个闭合面上场量的整体情况；微分形式描述了各点及其邻域的场量情况，反映了从一点到另一点场量的变化，从而可以更深刻、更精细地了解场的分布。

2. 电场和电通密度的分界面衔接条件

1）电通密度的分界面衔接条件

图 2.11 是两种电介质的分界面。两种介质中的电通密度分别是 $\boldsymbol{D}_1$、$\boldsymbol{D}_2$，介电常数分别是 ε_1、ε_2，与分界面法线的夹角分别是 θ_1、θ_2。在两种电介质的分界面上作一个极扁的圆柱形高斯面，上底面、下底面分别在两种电介质中。侧面与分界面垂直，上底面、下底面的外法线方向单位矢量分别为 $\boldsymbol{e}_n$、$-\boldsymbol{e}_n$，利用高斯定律，有

$$\oint_S \boldsymbol{D}\cdot \mathrm{d}\boldsymbol{S} = \rho_S \Delta S \tag{2.78}$$

上式左边对闭合曲面的积分可以写为对上底面、下底面和侧面积分之和，为

$$\int_{\text{下}} \boldsymbol{D}_1 \cdot \mathrm{d}\boldsymbol{S} + \int_{\text{上}} \boldsymbol{D}_2 \cdot \mathrm{d}\boldsymbol{S} + \int_{\text{侧}} \boldsymbol{D}\cdot \mathrm{d}\boldsymbol{S} = \rho_S \cdot \Delta S \tag{2.79}$$

式中，

$$\begin{aligned}
&\int_{\text{下}} \boldsymbol{D}_1 \cdot \mathrm{d}\boldsymbol{S} = \int D_1 \mathrm{d}S\cos(\pi-\theta_1) = \int D_{1n}\mathrm{d}S = -D_{1n}\mathrm{d}S\\
&\int_{\text{上}} \boldsymbol{D}_2 \cdot \mathrm{d}\boldsymbol{S} = \int D_2 \mathrm{d}S\cos\theta_2 = D_{2n}\mathrm{d}S\\
&\int_{\text{侧}} \boldsymbol{D}\cdot \mathrm{d}\boldsymbol{S} = 0
\end{aligned}$$

把以上三个表达式代入式（2.79）可得

$$D_{2n}\Delta S - D_{1n}\Delta S = \rho_S \Delta S \tag{2.80}$$

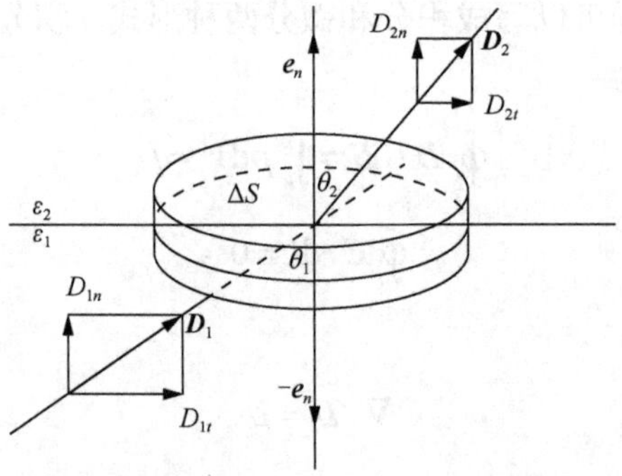

图 2.11 **D** 法向分量的分界面衔接条件

D 法向分量满足的分界面衔接条件为

$$D_{2n} - D_{1n} = \rho_S \tag{2.81}$$

上式也可以写成矢量方程，为

$$\boldsymbol{e}_n \cdot (\boldsymbol{D}_2 - \boldsymbol{D}_1) = \rho_S \tag{2.82}$$

式中，$\boldsymbol{e}_n$ 为法线方向单位矢量，方向为由电介质 1 指向电介质 2。

当分界面上没有自由电荷时，有

$$D_{2n} = D_{1n} \tag{2.83}$$

所以在两种电介质的分界面上，**D** 法向分量是连续的。

2）电场强度的分界面衔接条件

图 2.12 是两种电介质的分界面，两种介质中的电场强度分别是 $\boldsymbol{E}_1$、$\boldsymbol{E}_2$，介电常数分别是 ε_1、ε_2，与分界面法线的夹角分别为 θ_1、θ_2。在两种电介质的分界面上作一个极窄的矩形回路 $abcda$，$ab = cd = \Delta l$，$bc = da = \Delta h$，ab 边在介质 2 中，cd 边在介质 1 中，令 $\Delta h \to 0$，如图 2.12 所示。

利用静电场的环路定律，对闭合环路进行积分，可以写为对四个边的线积分之和：

$$\oint_l \boldsymbol{E} \cdot \mathrm{d}\boldsymbol{l} = \int_{ab} \boldsymbol{E} \cdot \mathrm{d}\boldsymbol{l} + \int_{bc} \boldsymbol{E} \cdot \mathrm{d}\boldsymbol{l} + \int_{cd} \boldsymbol{E} \cdot \mathrm{d}\boldsymbol{l} + \int_{da} \boldsymbol{E} \cdot \mathrm{d}\boldsymbol{l} = 0 \tag{2.84}$$

由于矩形回路极窄 $\Delta h \to 0$，上式中第二项和第四项积分为零，第一项和第三项积分可以写为

$$\boldsymbol{E}_2 \cdot \Delta \boldsymbol{l}_2 + \boldsymbol{E}_1 \cdot \Delta \boldsymbol{l}_1 = 0 \tag{2.85}$$

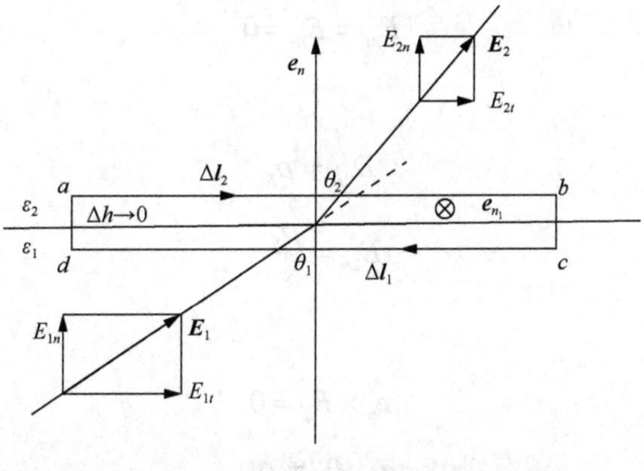

图 2.12 **E** 切向分量的分界面衔接条件

从图 2.12 中，根据积分环路绕行方向与面元 $\Delta \boldsymbol{S}$ 的外法方向之间满足右手螺旋关系，有 $\Delta \boldsymbol{l}_2 = \left(\boldsymbol{e}_{n_1} \times \boldsymbol{e}_n\right)\Delta l$ 和 $\Delta \boldsymbol{l}_1 = \left(-\boldsymbol{e}_{n_1} \times \boldsymbol{e}_n\right)\Delta l$，其中 $\boldsymbol{e}_{n_1}$ 为闭合回路包围的面元 $\Delta \boldsymbol{S}$ 的外法线单位矢量，所以上式可以写为

$$\boldsymbol{E}_2 \cdot \left(\boldsymbol{e}_{n_1} \times \boldsymbol{e}_n\right)\Delta l - \boldsymbol{E}_1 \cdot \left(\boldsymbol{e}_{n_1} \times \boldsymbol{e}_n\right)\Delta l = 0 \tag{2.86}$$

利用矢量混合积变换公式，上式可以写为

$$\boldsymbol{e}_n \times \left(\boldsymbol{E}_2 - \boldsymbol{E}_1\right) = 0 \tag{2.87}$$

由图 2.12 可以看出，上式可以写为

$$E_{2t} = E_{1t} \tag{2.88}$$

所以在两种电介质的分界面上，$\boldsymbol{E}$ 的切向分量是连续的。

3）电场强度线和电通密度线在分界面上的折射

由图 2.12 可以看出 $\tan\theta_1 = \dfrac{E_{1t}}{E_{1n}}$，$\tan\theta_2 = \dfrac{E_{2t}}{E_{2n}}$，所以有

$$\frac{\tan\theta_1}{\tan\theta_2} = \frac{E_{1t}}{E_{1n}} \cdot \frac{E_{2n}}{E_{2t}} = \frac{E_{2n}}{E_{1n}} \tag{2.89}$$

利用公式 $E_{2n} = \dfrac{D_{2n}}{\varepsilon_2}$、$E_{1n} = \dfrac{D_{1n}}{\varepsilon_1}$ 和 $D_{1n} = D_{2n}$，式（2.89）可以写为

$$\frac{\tan\theta_1}{\tan\theta_2} = \frac{\varepsilon_1}{\varepsilon_2} \tag{2.90}$$

一般情况下 $\varepsilon_1 \neq \varepsilon_2$，所以 $\theta_1 \neq \theta_2$，即 $\boldsymbol{E}$ 线在界面上发生了折射。

3. 导体与理想电介质的分界面条件

为了讨论方便，约定导电媒质为 1，理想电介质为 2。由导体内部电场强度 $\boldsymbol{E}_1 = 0$，所以在理想电介质一侧，有

$$E_{2t} = E_{1t} = 0 \tag{2.91}$$

再由式（2.81）可得

$$D_{2n} = \rho_S \tag{2.92}$$

$$E_{2n} = \frac{\rho_S}{\varepsilon} \tag{2.93}$$

以上两式可以写为

$$\boldsymbol{e}_n \times \boldsymbol{E}_2 = 0 \tag{2.94}$$

$$\boldsymbol{e}_n \cdot \boldsymbol{D}_2 = \rho_S \tag{2.95}$$

2.4.2 标量基本方程

静电场中的标量为电位 φ，φ 的微分方程称为拉普拉斯方程和泊松方程，拉普拉斯方程表征源以外的电位分布，泊松方程描述了源内的电位分布。

1. 泊松方程和拉普拉斯方程

对于存在电荷分布的区域，其体电荷密度为 ρ，根据静电场的基本方程，有

$$\nabla \cdot (\varepsilon \boldsymbol{E}) = \rho \tag{2.96}$$

把 $\boldsymbol{E} = -\nabla\varphi$ 代入式（2.96），得

$$\nabla \cdot \boldsymbol{D} = \nabla \cdot (\varepsilon \boldsymbol{E}) = \varepsilon \nabla \cdot (-\nabla\varphi) = -\varepsilon \nabla \cdot \nabla\varphi = \rho \tag{2.97}$$

经过整理可得到电位的微分方程形式，称为泊松方程，为

$$\nabla^2\varphi=-\frac{\rho}{\varepsilon} \tag{2.98}$$

对于没有电荷分布的区域，泊松方程退化为拉普拉斯方程，写为

$$\nabla^2\varphi=0 \tag{2.99}$$

应当强调，泊松方程和拉普拉斯方程都是微分方程，都是针对场中某一点而言的。例如，泊松方程右边的ρ为场中某一点的体电荷密度，左边的φ为该点处的电位。

2. 电位的分界面衔接条件

1）电位φ在分界面的衔接条件

图 2.13 为两种电介质的分界面，介电常数分别为ε_1、ε_2。a_1点和a_2点分别位于分界面的两侧，两点之间的距离$\Delta l\to 0$，两点之间的电位差为

$$\varphi_1-\varphi_2=\int_{a_2}^{a_1}\boldsymbol{E}\cdot\mathrm{d}\boldsymbol{l} \tag{2.100}$$

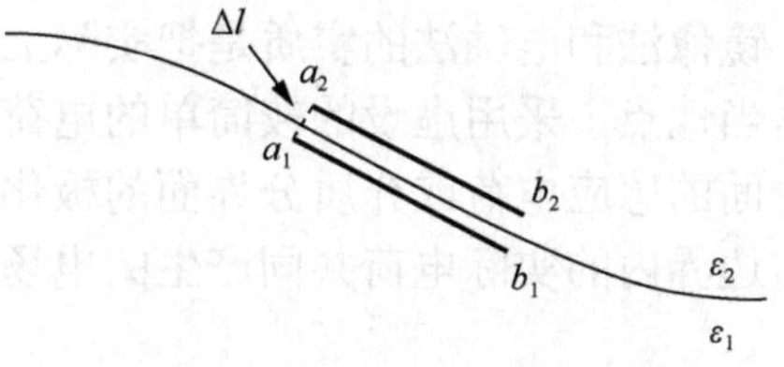

图 2.13 电位的分界面衔接条件

由于电场强度$\boldsymbol{E}$为有限值，a_1、a_2两点之间的距离$\Delta l\to 0$，所以上式积分为零，得到电位满足的分界面衔接条件，为

$$\varphi_1=\varphi_2 \tag{2.101}$$

所以在两种电介质的分界面上，电位φ是连续的。

从图 2.13 可以看出$\varphi_{a_1}=\varphi_{a_2}$、$\varphi_{b_1}=\varphi_{b_2}$。所以$a_1$、$b_1$两点之间的电位差与$a_2$、$b_2$两点之间的电位差相等，即$U_{a_1b_1}=U_{a_2b_2}$，而$U_{a_1b_1}=E_{1t}\Delta l$、$U_{a_2b_2}=E_{2t}\Delta l$，有$E_{2t}=E_{1t}$成立。

2）电位法向导数在分界面衔接条件

根据式（2.81）边界衔接条件，有

$$D_{1n}=\varepsilon_1E_{1n}=-\varepsilon_1\frac{\partial\varphi_1}{\partial n}，\ D_{2n}=\varepsilon_2E_{2n}=-\varepsilon_2\frac{\partial\varphi_2}{\partial n} \tag{2.102}$$

其中，外法线方向都是指电介质 1 和电介质 2 的外法线方向。

由此，可以得到电位法向导数满足的分界面衔接条件

$$\varepsilon_1\frac{\partial\varphi_1}{\partial n}-\varepsilon_2\frac{\partial\varphi_2}{\partial n}=\rho_S \tag{2.103}$$

若分界面上没有自由电荷分布，式（2.103）可以写为

$$\varepsilon_1\frac{\partial\varphi_1}{\partial n}=\varepsilon_2\frac{\partial\varphi_2}{\partial n} \tag{2.104}$$

3. 导体与电介质的分界面衔接条件

在导体与电介质的分界面上，假设导体为1，电介质为2，电位φ仍然是连续的，即

$$\varphi_1=\varphi_2 \tag{2.105}$$

再由$D_{2n}=\rho_S$和$D_{2n}=\varepsilon_2 E_{2n}=-\varepsilon_2\frac{\partial\varphi_2}{\partial n}$，可以得到在导体与电介质的分界面上衔接条件

$$\frac{\partial\varphi_2}{\partial n}=-\frac{\rho_S}{\varepsilon_2} \tag{2.106}$$

2.5 镜像法和电轴法

这一节将介绍静电场边值问题的两种特殊方法——镜像法和电轴法，使某些非对称求解问题很容易地得到解决。镜像法和电轴法的实质是把实际上非均匀媒质看成是均匀的，并在所研究的场域边界外适当地点，采用虚设的较简单的电荷分布来代替实际边界上复杂的电荷分布，即替代导体表面的感应电荷或介质分界面的极化电荷的作用。根据唯一性定理，只要虚设的电荷分布与边界内的实际电荷共同产生的电场能满足给定的边界条件，这个结果就是正确的。

镜像法求解步骤如下。

第一步：根据源电荷所在系统特征，分析是平面镜像还是球面镜像，确定镜像电荷位置。

第二步：根据分界面的电位条件，确定镜像电荷的数量、大小、位置。

第三步：采用镜像法求解场分布，该方法仅适用于源电荷以外的区域，列出电位的拉普拉斯方程。

第四步：求解拉普拉斯方程。

1. 点电荷与接地无限大导体平面镜像问题

接地无限大导体平面上方一个点电荷的电场如图2.14（a）所示。根据唯一性定理，导体平面上半空间的电位分布应满足如下条件：

（1）除点电荷q所在处外，空间中$\nabla^2\varphi=0$成立。

（2）在导体平面及无穷远处边界上，电位均为零。

显然，如图2.14（b）所示，当在导体平面的下方与点电荷q对称的点$(-d,0,0)$处放置一点电荷$-q$，并把无限大导体平板撤去，整个空间充满介电常数为ε_0，则原来电荷q和电荷$-q$共同在平板上半空间内产生的电位分布满足上述全部条件。

在电介质为ε_0上半空间任意点$P(x,y,z)$的电位为

$$\varphi(x,y,z)=\frac{q}{4\pi\varepsilon_0\sqrt{z^2+y^2+(x-d)^2}}-\frac{q}{4\pi\varepsilon_0\sqrt{z^2+y^2+(x+d)^2}} \tag{2.107}$$

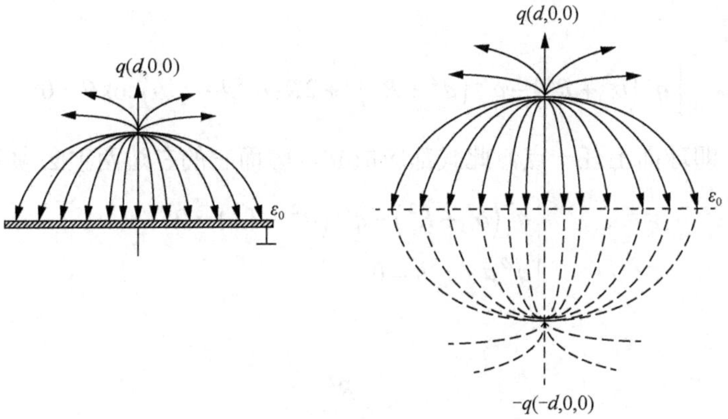

图 2.14　无限大导体平面上方的点电荷

这里的$-q$相当于q对导体平板的“镜像”，故称为镜像法，它代替了分布在导体平板表面上的感应电荷的作用。

2. 点电荷与导体球面的镜像问题

在半径为R的接地导体球外，距球心为d处有一点电荷q，如图 2.15 所示。根据唯一性定理，球外电位φ应满足如下条件：

（1）除q所在处外，空间中$\nabla^2\varphi=0$成立。

（2）当$r\to\infty$时，$\varphi\to 0$成立。

（3）因导体球接地，则在球面上$\varphi=0$成立。

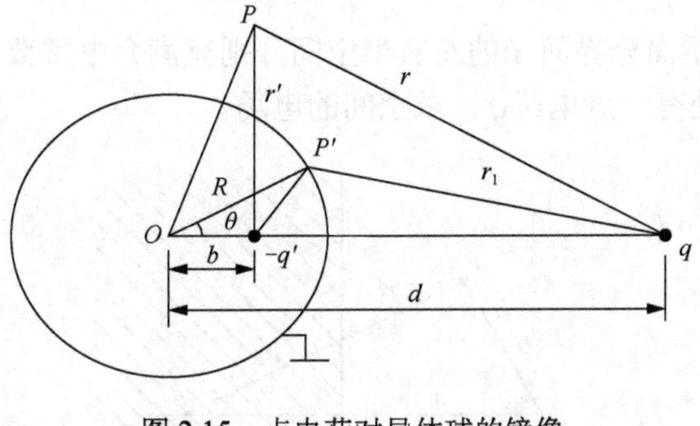

图 2.15　点电荷对导体球的镜像

根据问题的对称性，可设镜像电荷$-q'$放在球心O与点电荷q的连线上，且距球心为b。显然，只要$-q'$放在球内，不论$-q'$及b数值如何，$-q'$和q在球外产生的电位φ均能满足条件（1）和（2）。因此，若能根据条件（3）确定q'及b的数值，即可使上述镜像电荷$-q'$和q在球面上产生的电位也满足条件（3），则根据唯一性定理，设置镜像电荷后的电位函数是唯一的解。为此，在球面上任取一点P'，由条件（3）有$\varphi(P')=0$，故得

$$\frac{q}{4\pi\varepsilon_0\sqrt{d^2+R^2-2Rd\cos\theta}}-\frac{q'}{4\pi\varepsilon_0\sqrt{b^2+R^2-2Rb\cos\theta}}=0 \tag{2.108}$$

经过整理，可得

$$\left[q^2\left(b^2+R^2\right)-q'^2\left(d^2+R^2\right)\right]+2R\left(q'^2d-q^2b\right)\cos\theta=0 \tag{2.109}$$

因对任意θ值（即球面上任一点）此式都应成立，因而它的左边两项必须分别为零，即

$$\begin{cases}q^2\left(b^2+R^2\right)-q'^2\left(d^2+R^2\right)=0\\ q'^2d-q^2b=0\end{cases} \tag{2.110}$$

解之得

$$b=\frac{R^2}{d} \tag{2.111}$$

和

$$q'=\sqrt{\frac{b}{d}}q=\frac{R}{d}q \tag{2.112}$$

于是，球外任意点P的电位为

$$\varphi=\frac{q}{4\pi\varepsilon_0}\left(\frac{1}{r}-\frac{R}{d}\frac{1}{r'}\right) \tag{2.113}$$

由此可知，点电荷对接地导体球内表面电位的影响可用位于距球心b处的镜像电荷$-q'$来表示。也即$-q'$代替金属球面上感应电荷的作用。

3. 点电荷与双层介质的镜像问题

如图 2.16 所示，平面分界面$\boldsymbol{S}$的左右半空间分别充满介电常数为ε_1和ε_2的均匀介质，在左半空间距$\boldsymbol{S}$为d处有一点电荷q，求空间的电场。

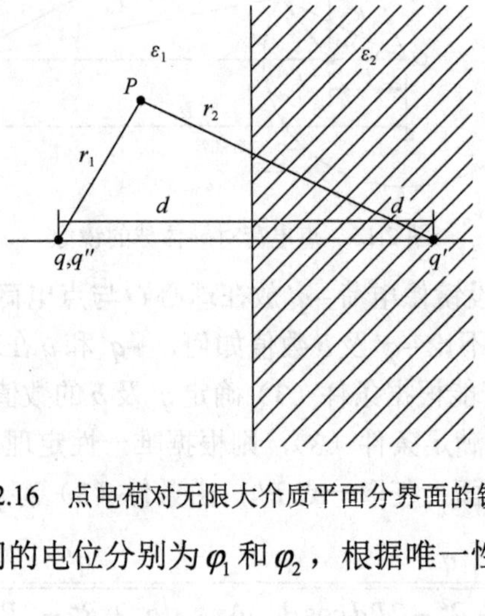

图 2.16　点电荷对无限大介质平面分界面的镜像

设左半空间和右半空间的电位分别为φ_1和φ_2，根据唯一性定理，φ_1与φ_2应满足下列条件：

（1）除点电荷 q 所在处外，左右空间中分别有

$$\begin{cases}\nabla^2\varphi_1=0\\ \nabla^2\varphi_2=0\end{cases} \tag{2.114}$$

（2）当 $r\to\infty$ 时，$\varphi_1\to 0$ 和 $\varphi_2\to 0$。

（3）在分界面 $\boldsymbol{S}$ 上，有衔接条件 $\varphi_1=\varphi_2$ 和 $\varepsilon_1\dfrac{\partial\varphi_1}{\partial n}=\varepsilon_2\dfrac{\partial\varphi_2}{\partial n}$ 成立。

采用这样的镜像系统，先假设介电常数 ε_1 的介质布满整个空间，并认为左半空间的场由原来电荷 q 和在像点的像电荷 q' 所产生；再假设介电常数 ε_2 的介质布满整个空间，并认为右半空间的场由位于原来点电荷 q 处的镜像电荷 q'' 单独产生。

显然，不论 q' 和 q'' 的数值多大，条件（1）与（2）都能满足。故两介质中的电位表达式分别为

$$\varphi_1=\frac{1}{4\pi\varepsilon_1}\left(\frac{q}{r_1}+\frac{q'}{r_2}\right) \tag{2.115}$$

$$\varphi_2=\frac{1}{4\pi\varepsilon_2}\frac{q''}{r_1} \tag{2.116}$$

同时还需满足条件（3）。因此，在 $r_1=r_2$ 处，由条件（3）得

$$\frac{q}{\varepsilon_1}+\frac{q'}{\varepsilon_1}=\frac{q''}{\varepsilon_2} \tag{2.117}$$

$$q-q'=q'' \tag{2.118}$$

求解得

$$q'=\frac{\varepsilon_1-\varepsilon_2}{\varepsilon_1+\varepsilon_2}q \tag{2.119}$$

$$q''=\frac{2\varepsilon_2}{\varepsilon_1+\varepsilon_2}q \tag{2.120}$$

以上介绍了镜像法中最典型的问题。应该指出，上述球面镜像问题可以反过来去求解导体球腔内点电荷的电位和电场，不过这时镜像电荷是在球外罢了。对于一平行于介质分界面（或导体平面）的线电荷，也有类似的镜像问题。

4. 电轴法

分析长直两平行带电圆柱导体的电场具有实际意义，因为这种形式的导体在电力传输和通信等工程中有着广泛的应用。但由于两圆柱导体表面上所带电荷的分布并不均匀，且是未知的，已知的通常是沿轴向单位长度表面上所带总电荷，分别是 $+\rho_l$ 和 $-\rho_l$，所以直接求其产生的电场是有困难的。对于两圆柱导体外部空间的电场，可以设想将两圆柱导体撤

去，而其表面电荷效应以两根很长的带电细线代之。如图 2.17 中相距为 $2b$，其中 b 的数值待定。它们所在的轴线就是电轴，所以这种方法称为电轴法。

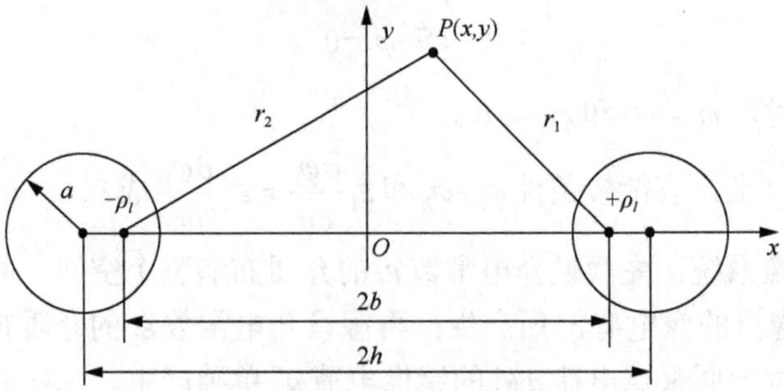

图 2.17　平行圆柱导体

在两圆柱导体外部任一点上由 $+\rho_l$ 和 $-\rho_l$ 共同产生的电位为

$$\varphi=\frac{\rho_l}{2\pi\varepsilon_0}\ln\frac{r_2}{r_1}+C \tag{2.121}$$

式中，C 为积分常数，它与参考点 Q 的选取有关。若 Q 点选在对称轴 y 轴上，则 $C=0$。有

$$\varphi=\frac{\rho_l}{2\pi\varepsilon_0}\ln\frac{r_2}{r_1}=\frac{\rho_l}{2\pi\varepsilon_0}\ln\frac{\sqrt{(x+b)^2+y^2}}{\sqrt{(x-b)^2+y^2}} \tag{2.122}$$

由上式知，当 $\frac{r_2}{r_1}=K$ 时，φ 为常数，故该式为等位线方程。两边取平方后得

$$\left(\frac{r_2}{r_1}\right)^2=\frac{(x+b)^2+y^2}{(x-b)^2+y^2}=K^2 \tag{2.123}$$

经过整理，有

$$\left(x-\frac{K^2+1}{K^2-1}b\right)^2+y^2=\left(\frac{2bK}{K^2-1}\right)^2 \tag{2.124}$$

可见，在 xOy 平面上，电位等位线为一族圆，圆心坐标为 $(d,0)$，其中 $d=\frac{K^2+1}{K^2-1}b$，圆的半径为 $R=\left|\frac{2bK}{K^2-1}\right|$。各圆心的 x 坐标 d 是随 K 而变的，这些等位线为一族偏心圆，而且每个圆的半径 R、圆心到原点的距离 d、线电荷所在处到原点的距离 b 三者之间的关系为

$$R^2+b^2=d^2 \tag{2.125}$$

根据唯一性定理，若要使两平行线电荷在两圆柱导体外部空间产生的电场与两圆柱导体之间原来的电场完全相同，则从上述等位线圆族中，一定能找出两个与两圆柱导体表面

圆周相重合的圆。图 2.17 中圆柱导体的半径 a、轴心到原点的距离 h、电轴到原点的距离 b 三者之间也应满足式（2.125）表达的关系，即

$$a^2+b^2=h^2 \tag{2.126}$$

由上式就可确定出电轴位置 b 的数值。将 b 的数值代入式（2.122），就可得两圆柱导体外部空间中的电位分布。

上述分析是在已知两圆柱导体表面上沿轴向单位长度所带总电荷量分别为 $+\rho_l$ 和 $-\rho_l$ 情况下进行的。然而，对于已知两圆柱导体间电压为 U_0 的大多数情况，借助式（2.122），易得 ρ_l 与 U_0 间的关系为

$$\frac{\rho_l}{2\pi\varepsilon_0}=\frac{U_0}{2\ln\dfrac{b+(h-a)}{b-(h-a)}} \tag{2.127}$$

于是，两圆柱导体外部空间中的电位又可表示成

$$\varphi=\frac{U_0}{2\ln\dfrac{b+(h-a)}{b-(h-a)}}\ln\frac{r_2}{r_1} \tag{2.128}$$

2.6 场量的求解方法

根据电场强度的定义和静电场中的基本定律、基本方程，计算电场强度 $\boldsymbol{E}$ 和电位 φ 的方法主要有四种，分别为电场强度定义式法、电位函数叠加法、高斯定律法、电位的积分方程法。

2.6.1 电场强度定义式法

利用点电荷电场强度定义式和电场强度的叠加原理求电场强度 $\boldsymbol{E}$ 和电位 φ，这种方法要用矢量的叠加或积分，运用比较复杂。具体计算步骤可以归纳为：

（1）建立相应求解坐标系，写出积分元 $\mathrm{d}\boldsymbol{l}'$、$\mathrm{d}\boldsymbol{S}'$、$\mathrm{d}V'$ 形式，如表 2.3 所示。

（2）写出线电荷、面电荷、体电荷积分元的表达式，为 $\mathrm{d}q(\boldsymbol{r}')=\rho_l(\boldsymbol{r}')\mathrm{d}\boldsymbol{l}'$、$\mathrm{d}q(\boldsymbol{r}')=\rho_S(\boldsymbol{r}')\mathrm{d}\boldsymbol{S}'$ 和 $\mathrm{d}q(\boldsymbol{r}')=\rho(\boldsymbol{r}')\mathrm{d}V'$。

（3）写出点电荷元产生的电场强度表达式，为 $\mathrm{d}\boldsymbol{E}(\boldsymbol{r})=\dfrac{1}{4\pi\varepsilon}\dfrac{\mathrm{d}q(\boldsymbol{r}')}{\boldsymbol{R}^2}\boldsymbol{e}_R$。

（4）把 $\mathrm{d}q(\boldsymbol{r}')$ 代入 $\mathrm{d}\boldsymbol{E}(\boldsymbol{r})$ 表达式中。

（5）进行线积分、面积分、体积分计算，即可以得到不同电荷元产生的电场强度。

表 2.3 不同坐标系下的积分元表达式

积分元	直角坐标系 (x,y,z)	圆柱坐标系 (ρ,φ,z)	球坐标系 (r,θ,φ)
$\mathrm{d}\boldsymbol{l}$	$\mathrm{d}x,\mathrm{d}y,\mathrm{d}z$	$\mathrm{d}\rho,\rho\mathrm{d}\varphi,\mathrm{d}z$	$\mathrm{d}r,r\mathrm{d}\theta,r\sin\theta\mathrm{d}\varphi$
$\mathrm{d}\boldsymbol{S}$	$\mathrm{d}x\mathrm{d}y,\mathrm{d}y\mathrm{d}z,\mathrm{d}z\mathrm{d}x$	$\mathrm{d}\rho\mathrm{d}z,\rho\mathrm{d}\varphi\mathrm{d}z,\rho\mathrm{d}\varphi\mathrm{d}\rho$	$r\mathrm{d}r\mathrm{d}\theta,r\sin\theta\mathrm{d}r\mathrm{d}\varphi,r^2\sin\theta\mathrm{d}\theta\mathrm{d}\varphi$
$\mathrm{d}V$	$\mathrm{d}x\mathrm{d}y\mathrm{d}z$	$\rho\mathrm{d}\rho\mathrm{d}\varphi\mathrm{d}z$	$r^2\sin\theta\mathrm{d}r\mathrm{d}\theta\mathrm{d}\varphi$

如表 2.4 所示，分别利用不同形状的源，根据上述计算步骤进行电场强度的求解。

表 2.4 直线和圆环、圆盘的计算过程

源	直线	圆环	圆盘
示意图	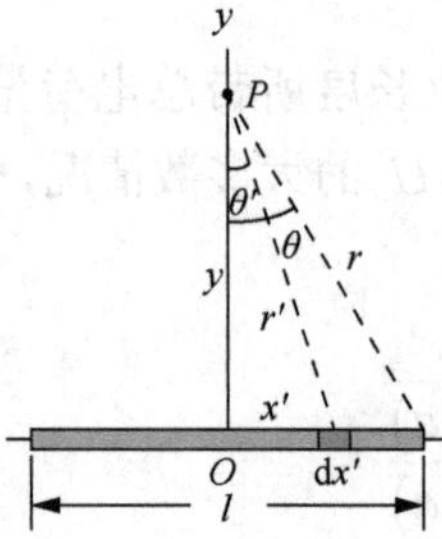	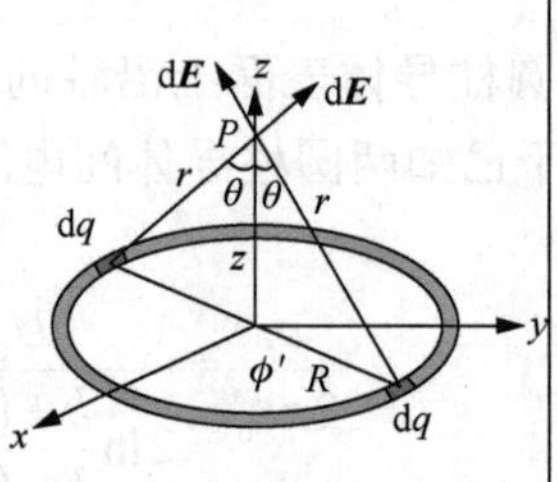	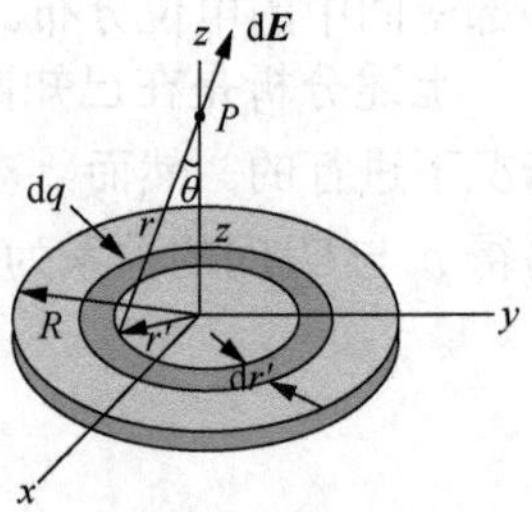
写出电荷源 dq 形式	$\mathrm{d}q=\rho_l\mathrm{d}x'$	$\mathrm{d}q=\rho_l\mathrm{d}\boldsymbol{l}'$	$\mathrm{d}q=\rho_S\mathrm{d}\boldsymbol{S}'$
写出 d$\boldsymbol{E}$ 表达式	$\mathrm{d}\boldsymbol{E}=k_\mathrm{e}\dfrac{\rho_l\mathrm{d}x'}{r^2}$	$\mathrm{d}\boldsymbol{E}=k_\mathrm{e}\dfrac{\rho_l\mathrm{d}\boldsymbol{l}'}{r^2}$	$\mathrm{d}\boldsymbol{E}=k_\mathrm{e}\dfrac{\rho_S\mathrm{d}\boldsymbol{S}'}{r^2}$
写出积分元表达式	$\mathrm{d}x'$ $\cos\theta=\dfrac{y}{r}$ $r=\sqrt{x'^2+y^2}$	$\mathrm{d}\boldsymbol{l}'=R\mathrm{d}\phi$ $\cos\theta=\dfrac{z}{r}$ $r=\sqrt{R^2+z^2}$	$\mathrm{d}\boldsymbol{S}'=2\pi r'\mathrm{d}r'$ $\cos\theta=\dfrac{z}{r}$ $r=\sqrt{r'^2+z^2}$
写出 d$\boldsymbol{E}$ 不同分量的积分表达式	$\mathrm{d}\boldsymbol{E}_y=\mathrm{d}E\cos\theta$ $=k_\mathrm{e}\dfrac{\rho_l y\mathrm{d}x'}{\left(x'^2+y^2\right)^{3/2}}$	$\mathrm{d}\boldsymbol{E}_z=\mathrm{d}E\cos\theta$ $=k_\mathrm{e}\dfrac{\rho_l Rz\mathrm{d}\phi'}{\left(R^2+z^2\right)^{3/2}}$	$\mathrm{d}\boldsymbol{E}_z=\mathrm{d}E\cos\theta$ $=k_\mathrm{e}\dfrac{2\pi\rho_S zr'\mathrm{d}r'}{\left(r'^2+z^2\right)^{3/2}}$
进行积分求 $\boldsymbol{E}$	$\boldsymbol{E}_y=k_\mathrm{e}\rho_l y\int_{-l/2}^{+l/2}\dfrac{\mathrm{d}x'}{\left(x'^2+y^2\right)^{3/2}}$ $=\dfrac{2k_\mathrm{e}\rho_l}{y}\dfrac{l/2}{\sqrt{(l/2)^2+y^2}}$	$\boldsymbol{E}_z=k_\mathrm{e}\dfrac{R\rho_l z}{\left(R^2+z^2\right)^{3/2}}\oint\mathrm{d}\phi'$ $=k_\mathrm{e}\dfrac{\left(2\pi R\rho_l\right)z}{\left(R^2+z^2\right)^{3/2}}$ $=k_\mathrm{e}\dfrac{qz}{\left(R^2+z^2\right)^{3/2}}$	$\boldsymbol{E}_z=2\pi\rho_S k_\mathrm{e}z\int_0^R\dfrac{r'\mathrm{d}r'}{\left(r'^2+z^2\right)^{3/2}}$ $=2\pi\rho_S k_\mathrm{e}\left(\dfrac{z}{\lvert z\rvert}-\dfrac{z}{\sqrt{z^2+R^2}}\right)$

例 2.1 真空中有一电偶极子，如图 2.18 所示。电偶极子由一对点电荷组成，一个是正电荷 $q_1=q$，另一个是负电荷 $q_2=-q$，正负点电荷之间的距离非常小，是一段微分线元 $\boldsymbol{l}$，试求电偶极子在远处产生的电场强度。

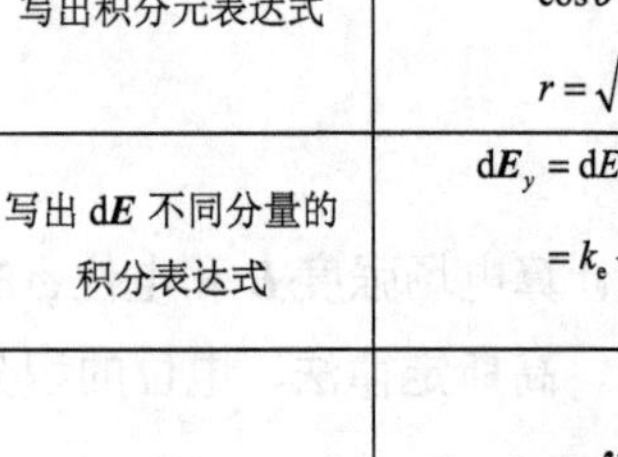

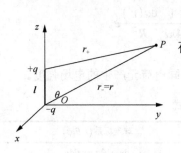

图 2.18 电偶极子示意图

解： 选用球坐标系，利用 $\dfrac{\boldsymbol{e}_R}{R^2}=\nabla'\dfrac{1}{R}=-\nabla\dfrac{1}{R}$ 关系，点电荷的电场强度为

$$\boldsymbol{E}(\boldsymbol{r})=\frac{1}{4\pi\varepsilon_0}\frac{q}{R^2}\boldsymbol{e}_R=\frac{q}{4\pi\varepsilon_0}\frac{\boldsymbol{R}}{R^3}=-\frac{q}{4\pi\varepsilon_0}\nabla\frac{1}{R}$$

电偶极子在 P 点产生的电场强度为

$$\boldsymbol{E}(\boldsymbol{r})=-\frac{q}{4\pi\varepsilon_0}\left(\nabla\frac{1}{r_+}-\nabla\frac{1}{r_-}\right)$$

式中，$r_+=\left(r^2+l^2-2rl\cos\theta\right)^{1/2}$；$r_-=r$；$l\leqslant r$。利用幂级数展开式

$$\frac{1}{(1+x)^{1/2}}=1-\frac{1}{2}x+\frac{3}{8}x^2-\cdots,\quad -1<x\leqslant 1$$

可以写出

$$\frac{1}{r^+}\approx\frac{1}{\left(r^2-2rl\cos\theta\right)^{1/2}}=\frac{1}{r\left(1-\dfrac{2l\cos\theta}{r}\right)^{1/2}}\approx\frac{1}{r}\left(1+\frac{l\cos\theta}{r}\right)$$

把上式代入电场强度表达式，可得

$$\boldsymbol{E}(\boldsymbol{r})=-\frac{q}{4\pi\varepsilon_0}\nabla\left(\frac{l\cos\theta}{r^2}\right)=\frac{ql\cos\theta}{2\pi\varepsilon_0 r^3}\boldsymbol{e}_r+\frac{ql\sin\theta}{4\pi\varepsilon_0 r^3}\boldsymbol{e}_\theta$$

采用电偶极子的电矩矢量 $\boldsymbol{p}$ 表示，可以写为

$$\boldsymbol{E}(\boldsymbol{r})=-\frac{1}{4\pi\varepsilon_0}\nabla\left(\frac{\boldsymbol{p}\cdot\boldsymbol{r}}{r^3}\right)=\frac{p\cos\theta}{2\pi\varepsilon_0 r^3}\boldsymbol{e}_r+\frac{p\sin\theta}{4\pi\varepsilon_0 r^3}\boldsymbol{e}_\theta$$

例 2.2 真空中长度为 l 的直线上的线电荷密度为 ρ_l，如图 2.19 所示，求此线电荷周围的电场。

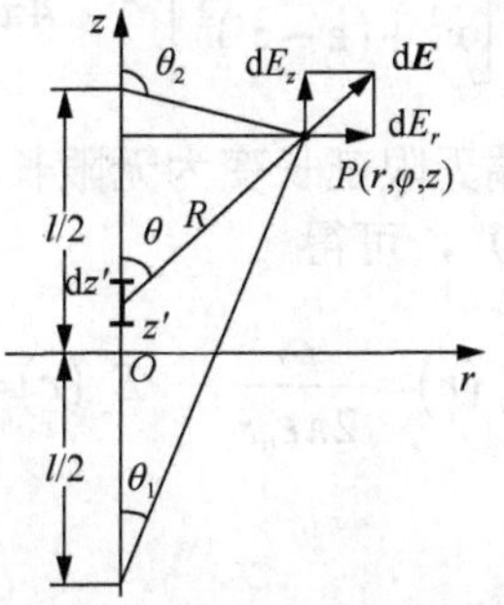

图 2.19 有限长导线示意图

解：采用圆柱坐标系，使线电荷与 z 轴重合，原点位于线电荷的中点。电荷及电场的分布具有轴对称性，可以只在 φ 为常数的平面内计算电场的分布。直线上线元 $\rho_l\mathrm{d}z'$ 在 P 点产生的电场强度为

$$\mathrm{d}\boldsymbol{E}(\boldsymbol{r})=\frac{1}{4\pi\varepsilon_0}\frac{\rho_l\mathrm{d}z'}{R^2}\boldsymbol{e}_R=\frac{1}{4\pi\varepsilon_0}\frac{\rho_l\mathrm{d}z'}{R^3}\boldsymbol{R}$$

其中，P 点处的位置矢量为 $\boldsymbol{r}=r\boldsymbol{e}_r+z\boldsymbol{e}_z$，线元 $\rho_l\mathrm{d}z'$ 的位置矢量为 $z'\boldsymbol{e}_z$，所以 $\boldsymbol{R}=r\boldsymbol{e}_r+(z-z')\boldsymbol{e}_z$，代入上式可得

$$\mathrm{d}\boldsymbol{E}(\boldsymbol{r})=\frac{1}{4\pi\varepsilon_0}\frac{\rho_l\mathrm{d}z'\left[r\boldsymbol{e}_r+(z-z')\boldsymbol{e}_z\right]}{\left[r^2+(z-z')^2\right]^{3/2}}=\mathrm{d}E_r(r)\boldsymbol{e}_r+\mathrm{d}E_z(r)\boldsymbol{e}_z$$

上式可以分解为两个标量积分，$\boldsymbol{e}_r$ 分量的积分为

$$E_r(r)=\frac{1}{4\pi\varepsilon_0}\int_{-l/2}^{l/2}\frac{r\rho_l\mathrm{d}z'}{\left[r^2+(z-z')^2\right]^{3/2}}=\frac{\rho_l}{4\pi\varepsilon_0 r}\left\{\frac{z+\dfrac{l}{2}}{\left[r^2+\left(z+\dfrac{l}{2}\right)^2\right]^{1/2}}-\frac{z-\dfrac{l}{2}}{\left[r^2+\left(z-\dfrac{l}{2}\right)^2\right]^{1/2}}\right\}$$

由

$$\cos\theta_1=\frac{z+\dfrac{l}{2}}{\left[r^2+\left(z+\dfrac{l}{2}\right)^2\right]^{1/2}},\quad \cos\theta_2=\frac{z-\dfrac{l}{2}}{\left[r^2+\left(z-\dfrac{l}{2}\right)^2\right]^{1/2}}$$

所以

$$E_r(r)=\frac{\rho_l}{4\pi\varepsilon_0 r}(\cos\theta_1-\cos\theta_2)$$

$\boldsymbol{e}_z$ 分量的积分为

$$E_z(r)=\frac{1}{4\pi\varepsilon_0}\int_{-l/2}^{l/2}\frac{\rho_l(z-z')\mathrm{d}z'}{\left[r^2+(z-z')^2\right]^{3/2}}=\frac{\rho_l}{4\pi\varepsilon_0 r}(\sin\theta_2-\sin\theta_1)$$

如果该均匀带电的直线在两端无限延长变为无限长线电荷，其周围的电场可以利用上述结果，只要令 $\theta_1\to 0$，$\theta_2\to 180°$，可得

$$E_r(r)=\frac{\rho_l}{2\pi\varepsilon_0 r},\quad E_z(r)=0$$

写成矢量形式为

$$\boldsymbol{E}(\boldsymbol{r})=\frac{\rho_l}{2\pi\varepsilon_0 r}\boldsymbol{e}_r$$

2.6.2 电位函数叠加法

由于这种方法是利用标量场的叠加或积分，计算比较简单。若场的分布不是对称的，求解电位和电场强度只能采用一般方法。

第一步：利用点电荷电位的公式和电位的叠加原理求 φ。

第二步：分别求出线电荷、面电荷、体电荷产生的电位的表达式，为 $\varphi(\boldsymbol{r})=\dfrac{1}{4\pi\varepsilon_0}\displaystyle\int_{l'}\dfrac{\rho_l(\boldsymbol{r}')\mathrm{d}\boldsymbol{l}'}{R}$、$\varphi(\boldsymbol{r})=\dfrac{1}{4\pi\varepsilon_0}\displaystyle\int_{S'}\dfrac{\rho_S(\boldsymbol{r}')\mathrm{d}\boldsymbol{S}'}{R}$、$\varphi(\boldsymbol{r})=\dfrac{1}{4\pi\varepsilon_0}\displaystyle\int_{V'}\dfrac{\rho(\boldsymbol{r}')\mathrm{d}V'}{R}$。

第三步：利用电位梯度求电场强度，为 $\boldsymbol{E}=-\nabla\varphi$。

例 2.3 求电偶极子在远处产生的电位和电场强度。

解：选用球坐标系，如图 2.18 所示，场点 P 处的电位等于两个点电荷在 P 处电位的叠加

$$\varphi=\frac{q}{4\pi\varepsilon_0}\left(\frac{1}{r_+}-\frac{1}{r_-}\right)$$

从图 2.18 中可看出 $r_+=\left(r^2+l^2-2rl\cos\theta\right)^{1/2}$，$r_-=r$，$l\leqslant r$，利用幂级数展开式可写为

$$\frac{1}{r_+}\approx\frac{1}{\left(r^2-2rl\cos\theta\right)^{1/2}}\approx\frac{1}{r}\left(1+\frac{l\cos\theta}{r}\right)$$

代入电位函数公式可得

$$\varphi=\frac{1}{4\pi\varepsilon_0}\frac{ql\cos\theta}{r^2}=\frac{1}{4\pi\varepsilon_0}\frac{\boldsymbol{p}\cdot\boldsymbol{r}}{r^3}$$

电偶极子在远处产生的电场强度为

$$\boldsymbol{E}=-\nabla\varphi=\frac{\boldsymbol{p}\cos\theta}{2\pi\varepsilon_0 r^3}+\frac{\boldsymbol{p}\sin\theta}{4\pi\varepsilon_0 r^3}=-\frac{1}{4\pi\varepsilon_0}\nabla\left(\frac{\boldsymbol{p}\cdot\boldsymbol{r}}{r^3}\right)$$

2.6.3 高斯定律法

当电荷分布具有对称性时，包括球对称、面对称、轴对称，可以采用高斯定律先求解电通密度，再求解电场强度和电位函数。这种方法计算比较简单，只要电场的分布具有对称性，应当首选这种方法。

第一步：利用高斯定律求电场 $\boldsymbol{E}$ 的大小，方向根据对称情况进行判断确定。

第二步：$\varphi(r)=\int_P^Q\boldsymbol{E}\cdot\mathrm{d}\boldsymbol{l}$。

例 2.4 已知球坐标系中电荷的分布 $\rho(\boldsymbol{r})=\rho_0\dfrac{r}{R}$，$0\leqslant r\leqslant R$，求球体内外电场强度和电位的分布。

解：题中电荷的分布为球对称的，所以电场的分布也为球对称的，可以利用高斯定律求 $\boldsymbol{E}$。

在 $r<R$ 的区域中，过待求电场强度的 P_1 点作一个与球体同心的球形高斯面，半径为 r，如图 2.20 所示。利用高斯定律，有

$$\oint_S\boldsymbol{D}\cdot\mathrm{d}\boldsymbol{S}=q=\int_V\rho(\boldsymbol{r})\cdot\mathrm{d}V$$

等式左边

$$\oint_S\boldsymbol{D}\cdot\mathrm{d}\boldsymbol{S}=\varepsilon_0\oint_S\boldsymbol{E}\cdot\mathrm{d}\boldsymbol{S}=\varepsilon_0 E\cdot4\pi r^2$$

等式右边

$$q=\int_V\rho(\boldsymbol{r})\cdot\mathrm{d}V=\int_0^r\int_0^\pi\int_0^{2\pi}\frac{\rho_0}{R}r\cdot r^2\sin\theta\cdot\mathrm{d}r\mathrm{d}\theta\mathrm{d}\phi=\frac{4\pi\rho_0}{R}\int_0^r r^3\cdot\mathrm{d}r=\frac{\pi\rho_0 r^4}{R}$$

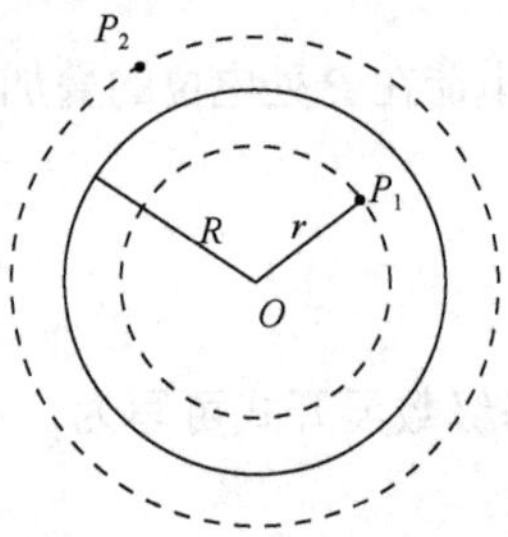

图 2.20 同心球体示意图

把以上两式代入高斯定律（2.64）可得

$$E \cdot 4\pi r^2 = \frac{1}{\varepsilon_0}\frac{\pi\rho_0 r^4}{R}$$

所以在 $r < R$ 的区域中的电场强度为

$$\boldsymbol{E}_1 = \frac{\rho_0 r^2}{4\varepsilon_0 R}\boldsymbol{e}_r$$

在 $r > R$ 的区域中，过待求电场强度的 P_2 点作一个与球体同心的球形高斯面，半径为 r，如图 2.20 所示。可以求出高斯定律（2.64）的左边为 $E \cdot 4\pi r^2$，等式的右边为

$$\int_V \rho(\boldsymbol{r}) \cdot \mathrm{d}V = \frac{4\pi\rho_0}{R}\int_0^R r^3 \mathrm{d}r = \pi\rho_0 R^3$$

代入高斯定律（2.64）可得

$$E \cdot 4\pi r^2 = \frac{1}{\varepsilon_0}\pi\rho_0 R^3$$

所以在 $r > R$ 的区域中的电场强度为

$$\boldsymbol{E}_2 = \frac{\rho_0 R^3}{4\varepsilon_0 r^2}\boldsymbol{e}_r$$

下面计算电位 φ，在 $r < R$ 的区域中

$$\varphi(\boldsymbol{r}) = \int_r^\infty \boldsymbol{E} \cdot \mathrm{d}\boldsymbol{r} = \int_r^R E_1 \mathrm{d}r + \int_R^\infty E_2 \mathrm{d}r = \frac{\rho_0}{4\varepsilon_0 R} \cdot \frac{1}{3}(R^3 - r^3) + \frac{\rho_0 R^2}{4\varepsilon_0}$$

在 $r > R$ 的区域中

$$\varphi(\boldsymbol{r}) = \int_r^\infty \boldsymbol{E} \cdot \mathrm{d}\boldsymbol{r} = \frac{\rho_0 R^3}{4\varepsilon_0 r}$$

例 2.5 半径为 a 的圆平面上均匀分布面密度为 ρ_S 的面电荷，求圆平面中心垂直轴线上任意点处的电位和电场强度。

解：由于圆平面是有限大的，不能用高斯定律，需要用电位的叠加原理和微积分的方法来解。首先把圆平面无限分割，比较简单的方法是分割成无数个同心的细圆环，如图 2.21 所示。任取一半径 r' 的细圆环，圆环上任一面元上的电量为 $\rho_S r'\mathrm{d}r'\mathrm{d}\phi'$，该面元与 P 点的距离为 $R = \sqrt{z^2 + r'^2}$，细圆环上的电荷在 P 点产生的电位为

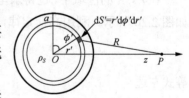

图 2.21 圆平面示意图

$$\mathrm{d}\varphi = \int_0^{2\pi} \frac{\rho_S r'\mathrm{d}r'\mathrm{d}\phi'}{4\pi\varepsilon_0\sqrt{z^2 + r'^2}} = \frac{\rho_S r'\mathrm{d}r'}{2\varepsilon_0\sqrt{z^2 + r'^2}}$$

整个圆平面上的电荷在 P 点产生的电位为

$$\varphi(z)=\frac{\rho_S}{2\varepsilon_0}\int_0^a\frac{r'\mathrm{d}r'}{\sqrt{z^2+r'^2}}=\frac{\rho_S}{2\varepsilon_0}\left[\sqrt{z^2+a^2}-|z|\right]$$

从图 2.21 中可以看出，由于对称性，P 点的电场强度 $\boldsymbol{E}$ 沿 z 方向，所以

$$\boldsymbol{E}(z)=-\nabla\varphi(z)=-\frac{\partial\varphi(z)}{\partial z}\boldsymbol{e}_z=\begin{cases}\dfrac{\rho_S}{2\varepsilon_0}\left[1-\dfrac{z}{\sqrt{z^2+a^2}}\right]\boldsymbol{e}_z, & z>0\\ -\dfrac{\rho_S}{2\varepsilon_0}\left[1+\dfrac{z}{\sqrt{z^2+a^2}}\right]\boldsymbol{e}_z, & z<0\end{cases}$$

例 2.6 证明 $\rho_{SP}=\boldsymbol{P}\cdot\boldsymbol{e}_n$ 和 $\rho_P=-\nabla\cdot\boldsymbol{P}$。

证明：电偶极子的电位为

$$\varphi=\frac{1}{4\pi\varepsilon_0}\frac{\boldsymbol{p}\cdot\boldsymbol{e}_r}{r^2}$$

把电介质分割成许多个小体积元，如图 2.22 所示。介质内的极化强度矢量为 $\boldsymbol{P}$，则任一小体积元 $\mathrm{d}V'$ 内分子电矩的矢量和为

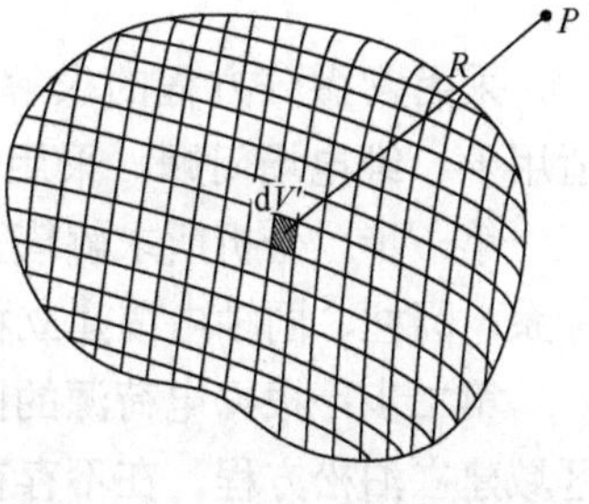

图 2.22 有限体积的剖分示意图

$$\sum\boldsymbol{p}=\boldsymbol{P}\cdot\mathrm{d}V'$$

将此式代入电偶极子电位表达式，$\mathrm{d}V'$ 内的分子电矩在电介质外任意点 P 产生的电位为

$$\mathrm{d}\varphi(\boldsymbol{R})=\frac{1}{4\pi\varepsilon_0}\frac{\boldsymbol{P}\cdot\boldsymbol{e}_R}{R^2}\mathrm{d}V'$$

整块电介质在 P 点产生的电位为

$$\varphi(\boldsymbol{R})=\frac{1}{4\pi\varepsilon_0}\int_{V'}\frac{\boldsymbol{P}(\boldsymbol{r}')\cdot\boldsymbol{e}_R}{R^2}\mathrm{d}V'$$

由于 $\dfrac{\boldsymbol{e}_R}{R^2}=\nabla'\dfrac{1}{R}$，有

$$\varphi(\boldsymbol{R})=\frac{1}{4\pi\varepsilon_0}\int_{V'}\boldsymbol{P}(\boldsymbol{r}')\nabla'\frac{1}{R}\mathrm{d}V'$$

利用矢量恒等式

$$\boldsymbol{A}\cdot\nabla\psi=\nabla\cdot(\psi\boldsymbol{A})-\psi\nabla\cdot\boldsymbol{A}$$

所以

$$\varphi(\boldsymbol{r})=\frac{1}{4\pi\varepsilon_0}\int_{V'}-\frac{1}{R}\nabla'\cdot\boldsymbol{P}(\boldsymbol{r}')\mathrm{d}V'+\frac{1}{4\pi\varepsilon_0}\int_{V'}\nabla'\cdot\frac{\boldsymbol{P}(\boldsymbol{r}')}{R}\mathrm{d}V'$$

利用矢量散度定理

$$\varphi(\boldsymbol{r})=\frac{1}{4\pi\varepsilon_0}\int_{V'}-\frac{\nabla'\cdot\boldsymbol{P}(\boldsymbol{r}')}{R}\mathrm{d}V'+\frac{1}{4\pi\varepsilon_0}\oint_S\frac{\boldsymbol{P}(\boldsymbol{r}')}{R}\cdot\boldsymbol{e}_n\mathrm{d}S'$$

由于电介质外 P 点处的电位是由电介质内的体极化电荷和电介质表面的面极化电荷产生的，上式可以写为

$$\varphi(\boldsymbol{r})=\frac{1}{4\pi\varepsilon_0}\int_{V'}-\frac{\rho_P}{R}\mathrm{d}V'+\frac{1}{4\pi\varepsilon_0}\oint_S\frac{\rho_{SP}}{R}\cdot\mathrm{d}S'$$

可得

$$\rho_{SP}=\boldsymbol{P}\cdot\boldsymbol{e}_n,\quad \rho_P=-\nabla\cdot\boldsymbol{P}$$

2.6.4 电位的积分方程法

采用常微分方程的求解方法，通过两次积分求解泊松方程，称为直接积分法，主要适用于一维电场问题。采用拉普拉斯方程或泊松方程计算电位 φ 时，主要步骤如下。

第一步：分析所求解模型的空间特征，建立相应的坐标系，如平行板电容建立直角坐标系，圆柱、同轴电缆建立柱坐标系，球形电容器建立球坐标系。

第二步：根据电荷源的区域建立对应坐标系下电位标量方程，在电荷密度 ρ 不为零的区域建立泊松方程，在不存在电荷的区域建立拉普拉斯方程。

第三步：对于电荷密度 $\rho(\boldsymbol{r}')$ 为空间函数时，需要先将 $\rho(\boldsymbol{r}')$ 代入泊松方程，再通过二次积分变换，写出相应坐标系下的通解表达式；对于电荷密度 ρ 为常数时，直接利用表 2.5 中相应坐标系下的通解表达式。

表 2.5 一维拉普拉斯方程或泊松方程通解形式

对象	泊松方程	拉普拉斯方程
直角坐标系下的平行板电容器	$\nabla^2\varphi=-\frac{\rho}{\varepsilon_0}$ $\varphi=-\frac{\rho}{2\varepsilon_0}x^2+Bx+C$ $\boldsymbol{E}(x)=-\nabla\varphi=-\frac{\mathrm{d}\varphi}{\mathrm{d}x}\boldsymbol{e}_x$	$\nabla^2\varphi=0$ $\varphi=Ax+B$ $\boldsymbol{E}(x)=-\nabla\varphi=-\frac{\mathrm{d}\varphi}{\mathrm{d}x}\boldsymbol{e}_x$
圆柱坐标系下的圆柱、同轴电缆	$\nabla^2\varphi=\frac{1}{r}\frac{\mathrm{d}}{\mathrm{d}r}\left(r\frac{\mathrm{d}\varphi}{\mathrm{d}r}\right)=-\frac{\rho}{\varepsilon_0}$ $\varphi=-\frac{\rho}{4\varepsilon_0}r^2+B\ln r+C$ $\boldsymbol{E}(r)=-\nabla\varphi=-\frac{\mathrm{d}\varphi}{\mathrm{d}r}\boldsymbol{e}_r$	$\nabla^2\varphi=\frac{1}{r}\frac{\mathrm{d}}{\mathrm{d}r}\left(r\frac{\mathrm{d}\varphi}{\mathrm{d}r}\right)=0$ $\varphi=B\ln r+C$ $\boldsymbol{E}(r)=-\nabla\varphi=-\frac{\mathrm{d}\varphi}{\mathrm{d}r}\boldsymbol{e}_r$
球坐标系下的扇形平面电容器	$\nabla^2\varphi=\frac{1}{r^2}\frac{\mathrm{d}^2\varphi}{\mathrm{d}\theta^2}=-\frac{\rho}{\varepsilon_0}$ $\varphi=-\frac{\rho r^2}{2\varepsilon_0}\theta^2+B\theta+C$ $\boldsymbol{E}(r)=-\nabla\varphi=-\frac{\mathrm{d}\varphi}{\mathrm{d}r}\boldsymbol{e}_r$	$\nabla^2\varphi=\frac{1}{r^2}\frac{\mathrm{d}^2\varphi}{\mathrm{d}\theta^2}=0$ $\varphi=B\theta+C$ $\boldsymbol{E}(r)=-\nabla\varphi=-\frac{\mathrm{d}\varphi}{\mathrm{d}r}\boldsymbol{e}_r$

续表

对象	泊松方程	拉普拉斯方程
球坐标下的电容器	$\nabla^2\varphi=\frac{1}{r^2}\frac{\mathrm{d}}{\mathrm{d}r}\left(r^2\frac{\mathrm{d}\varphi}{\mathrm{d}r}\right)=-\frac{\rho}{\varepsilon_0}$ $\varphi=-\frac{\rho}{6\varepsilon_0}r^2+B\frac{1}{r}+C$ $\boldsymbol{E}(r)=-\nabla\varphi=-\frac{\mathrm{d}\varphi}{\mathrm{d}r}\boldsymbol{e}_r$	$\nabla^2\varphi=\frac{1}{r^2}\frac{\mathrm{d}}{\mathrm{d}r}\left(r^2\frac{\mathrm{d}\varphi}{\mathrm{d}r}\right)=0$ $\varphi(r)=A\frac{1}{r}+B$ $\boldsymbol{E}(r)=-\nabla\varphi=-\frac{\mathrm{d}\varphi}{\mathrm{d}r}\boldsymbol{e}_r$

第四步：根据分界面衔接条件$\varphi_1=\varphi_2$和$\varepsilon_1\frac{\partial\varphi_1}{\partial n}-\varepsilon_2\frac{\partial\varphi_2}{\partial n}=\rho_S$，确定待定系数或积分常数。

第五步：将待定系数代入电位φ的表达式中，再利用$\boldsymbol{E}$和φ的微分形式，求出$\boldsymbol{E}$。

例 2.7 一平行板电容器，两极板间的电位差是U_0，其间充满体电荷密度为ρ的电荷，如图 2.23 所示，求电容器内电位φ和电场强度$\boldsymbol{E}$的分布。

解：题中电位φ仅为x的函数，所以在直角坐标系中，泊松方程可以写为

$$\nabla^2\varphi=\frac{\mathrm{d}^2\varphi}{\mathrm{d}x^2}=-\frac{\rho}{\varepsilon}$$

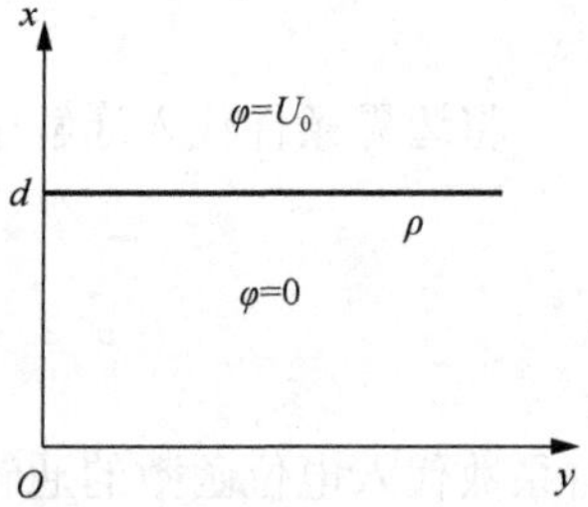

图 2.23 平行板电容器示意图

积分一次

$$\frac{\mathrm{d}\varphi}{\mathrm{d}x}=-\frac{\rho}{\varepsilon}x+C_1$$

再积分一次

$$\varphi=-\frac{\rho}{2\varepsilon}x^2+C_1x+C_2$$

下面利用边界条件确定积分常数C_1和C_2。由图 2.23 可以看出，本题的边界条件是

$$x=0,\quad \varphi=0$$

$$x=d,\quad \varphi=U_0$$

把边界条件代入可得$C_2=0$，并有

$$U_0=-\frac{\rho}{2\varepsilon}d^2+C_1d$$

可以解出

$$C_1=\frac{U_0}{d}+\frac{\rho}{2\varepsilon}d$$

进而可得电位的分布为

$$\varphi=-\frac{\rho}{2\varepsilon}x^2+\left(\frac{U_0}{d}+\frac{\rho}{2\varepsilon}d\right)x$$

利用电位梯度可以得出电场强度

$$\boldsymbol{E}=-\nabla\varphi=-\frac{\mathrm{d}\varphi}{\mathrm{d}x}\boldsymbol{e}_x=\left(\frac{\rho}{\varepsilon}x-\frac{U_0}{d}-\frac{\rho d}{2\varepsilon}\right)\boldsymbol{e}_x$$

例 2.8 单芯电缆有两层绝缘，如图 2.24 所示，内外半径分别为 a、b，中间填充的绝缘介质的介电常数为 ε，内外导体间电压为 U，求电场的分布。

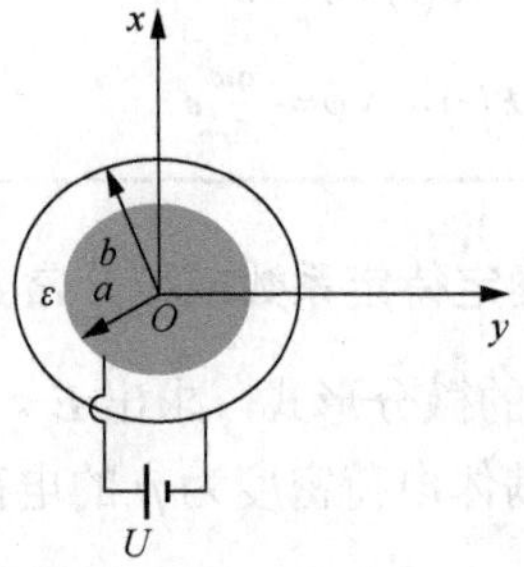

图 2.24 单芯电缆截面示意图

解：采用圆柱坐标系，建立拉普拉斯方程，写为

$$\nabla^2\varphi=\frac{1}{r}\frac{\mathrm{d}}{\mathrm{d}r}\left(r\frac{\mathrm{d}\varphi}{\mathrm{d}r}\right)=0$$

其通解为

$$\varphi=B\ln r+C$$

根据边界条件，写为 $r=a$，$\varphi=U$，$r=b$，$\varphi=0$。

将边界条件代入通解中，确定待定系数

$$B=\frac{U}{\ln\dfrac{a}{b}},\quad C=-\frac{U}{\ln\dfrac{a}{b}}\ln b$$

将系数代入电位函数的通解，写为

$$\varphi=\frac{U}{\ln\dfrac{a}{b}}\ln r-\frac{U}{\ln\dfrac{a}{b}}\ln b=\frac{U}{\ln\dfrac{a}{b}}\ln\frac{r}{b}$$

根据电场强度和电位的微分关系，计算得到电场强度：

$$\boldsymbol{E}(\boldsymbol{r})=-\nabla\varphi=-\frac{\mathrm{d}\varphi}{\mathrm{d}r}\boldsymbol{e}_r=-\frac{U}{r\ln\dfrac{a}{b}}\boldsymbol{e}_r$$

例 2.9 半径分别为 a 和 b 的同轴电缆，外加电压 U，如图 2.25 所示。圆柱面电极间在图示 θ_0 角部分充满介电常数为 ε 的电介质，其余部分为空气，求介质与空气中的电场分布，以及分界面的电荷密度。

解：显然，介质与空气中的电位 φ_1 和 φ_2 必须既满足拉普拉斯方程，又满足导体表面的边界条件和介质分界面的衔接条件。根据唯一性定理，采用试探法求解，即假定电位的解是圆柱坐标下一维坐标 r 的对数函数，然后检验它们是否满足所有的边界条件。设两个区域的电位函数为

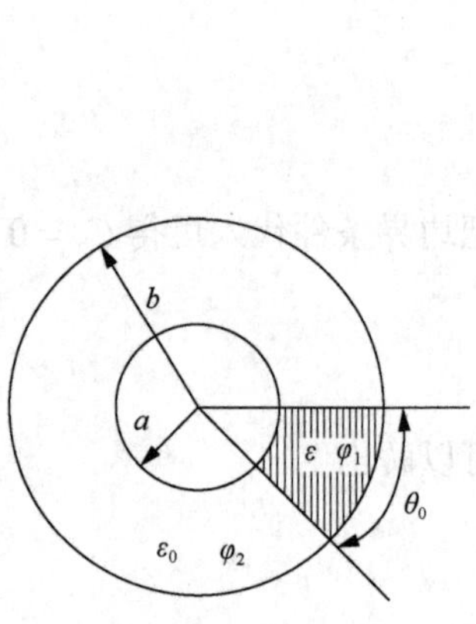

图 2.25 同轴电缆的截面示意图

$$\nabla^2\varphi_1(r)=0,\quad 0<\theta<\theta_0$$

$$\nabla^2\varphi_2(r)=0,\quad \theta_0<\theta<2\pi-\theta_0$$

所以可以求两个区域内的电位函数分别为

$$\varphi_1(r) = A\ln r + B$$
$$\varphi_2(r) = C\ln r + D$$

已知边界条件为 $r=a$ 时，$\varphi_1(a)=\varphi_2(a)=U$，$r=b$ 时，$\varphi_1(b)=\varphi_2(b)=0$，所以一定有 $A=C$，$B=D$，因此，两个区域内电位的分布相同

$$\varphi_1(r) = \varphi_2(r) = A\ln r + B$$

利用边界条件可得

$$\varphi(a) = A\ln a + B = U$$
$$\varphi(b) = A\ln b + B = 0$$

联立求解以上方程，可得

$$A = \frac{U}{\ln\frac{a}{b}},\quad B = -\frac{U}{\ln\frac{a}{b}}\ln b$$

所以有

$$\varphi_1 = \varphi_2 = \frac{U}{\ln\frac{a}{b}}\ln\frac{r}{b}$$

利用 $\boldsymbol{E} = -\nabla\varphi$ 可以求出场强的分布：

$$\boldsymbol{E}_1 = \boldsymbol{E}_2 = -\nabla\varphi_1 = -\nabla\varphi_2 = \frac{U}{\ln\frac{a}{b}}\left(\frac{1}{r}\right)\boldsymbol{e}_r$$

从本例题中可以看出：两个区域内的电位都满足拉普拉斯方程；给定外加电压 U，电荷的分布是一定的；在 $r=a$，$r=b$ 的边界上给定了电位的分布，在介质与空气的分界面上满足边界条件 $E_{1t}=E_{2t}$，$D_{1n}=D_{2n}$，所以满足唯一性定理中的条件，解是唯一的。

先根据 $r=a$ 处的边界条件，求得内导体表面单位长度上的电荷量为

$$\begin{aligned} q_l &= \rho_{l1}a\theta + \rho_{l2}a(2\pi-\theta) = \varepsilon E_{1r}a\theta + \varepsilon E_{2r}a(2\pi-\theta) \\ &= \frac{\varepsilon Ua\theta}{a\ln\frac{a}{b}} + \frac{\varepsilon_0 Ua(2\pi-\theta)}{a\ln\frac{a}{b}} = \frac{\varepsilon U\theta}{\ln\frac{a}{b}} + \frac{\varepsilon_0 U(2\pi-\theta)}{\ln\frac{a}{b}} \end{aligned}$$

因此，同轴电缆单位长度上的电容为

$$C_0 = \frac{q_l}{U} = \frac{\varepsilon\theta + \varepsilon_0(2\pi-\theta)}{\ln\frac{a}{b}}$$

例 2.10 已知空间电位的分布为$\varphi = Ar^2\sin\phi + Brz$，求电场强度$\boldsymbol{E}$和体电荷密度的$\rho$分布。

解：选用圆柱坐标系，根据电场与电位函数关系，有

$$\boldsymbol{E} = -\nabla\varphi = -\left(\frac{\partial\varphi}{\partial r}\boldsymbol{e}_r + \frac{1}{r}\frac{\partial\varphi}{\partial\phi}\boldsymbol{e}_\phi + \frac{\partial\varphi}{\partial z}\boldsymbol{e}_z\right) = -\left[(2Ar\sin\phi + Bz)\boldsymbol{e}_r + Ar\cos\phi\boldsymbol{e}_\phi + Br\boldsymbol{e}_r\right]$$

$$\rho = -\varepsilon\nabla^2\varphi = -\varepsilon\left[\frac{1}{r}\frac{\partial}{\partial r}\left(r\frac{\partial\varphi}{\partial r}\right) + \frac{1}{r^2}\frac{\partial^2\varphi}{\partial\phi^2} + \frac{\partial^2\varphi}{\partial z^2}\right] = -\varepsilon\left(3A\sin\phi + \frac{Bz}{r}\right)$$

2.7 电参数的求解方法

1. 电容

例 2.11 同轴电缆内导体半径为a，外导体半径为b。内外充满介电常数分别为ε_1和ε_2的两种理想介质，分界面半径为c。已知外导体接地，内导体电压为U（图 2.26）。求导体间的$\boldsymbol{E}$和$\boldsymbol{D}$分布，以及同轴电缆单位长度的电容。

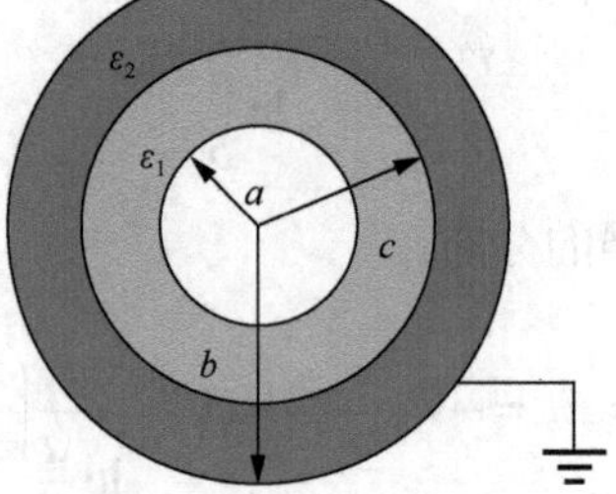

图 2.26 不同介电常数的同轴电缆截面示意图

解：设内导体单位长度带电量为q_l，由高斯定律，可以求得两边媒质中

$$\boldsymbol{D} = \frac{q_l}{2\pi r}\boldsymbol{e}_r \Rightarrow \begin{cases} \boldsymbol{E}_1 = \boldsymbol{D}/\varepsilon_1 \\ \boldsymbol{E}_2 = \boldsymbol{D}/\varepsilon_2 \end{cases}$$

$$U = \int_a^c \boldsymbol{E}_1 \cdot \mathrm{d}\boldsymbol{r} + \int_c^b \boldsymbol{E}_2 \cdot \mathrm{d}\boldsymbol{r} = \frac{q_l}{2\pi\varepsilon_1}\ln\frac{c}{a} + \frac{q_l}{2\pi\varepsilon_2}\ln\frac{b}{c} \Rightarrow q_l = \frac{2\pi\varepsilon_1\varepsilon_2 U}{\varepsilon_2\ln\frac{c}{a} + \varepsilon_1\ln\frac{b}{c}}$$

$$\boldsymbol{D} = \frac{\varepsilon_1\varepsilon_2 U}{\left(\varepsilon_2\ln\frac{c}{a} + \varepsilon_1\ln\frac{b}{c}\right)\cdot r}\boldsymbol{e}_r \Rightarrow \boldsymbol{E} = \begin{cases} \dfrac{\varepsilon_2 U}{\left(\varepsilon_2\ln\frac{c}{a} + \varepsilon_1\ln\frac{b}{c}\right)\cdot r}\boldsymbol{e}_r, & a < r < c \\ \dfrac{\varepsilon_1 U}{\left(\varepsilon_2\ln\frac{c}{a} + \varepsilon_1\ln\frac{b}{c}\right)\cdot r}\boldsymbol{e}_r, & c < r < b \end{cases}$$

单位长度电容为

$$C=\frac{q_l}{U}=\frac{2\pi\varepsilon_1\varepsilon_2}{\varepsilon_2\ln\frac{c}{a}+\varepsilon_1\ln\frac{b}{c}}$$

例 2.12 某一对称的三芯电缆结构如图 2.27 所示，若将三根芯线相连，测得其与铅皮间的电容为 0.051μF，若将两根芯线与铅皮相连，测得其与另一芯线间的电容为 0.037μF，求电缆的各部分电容。

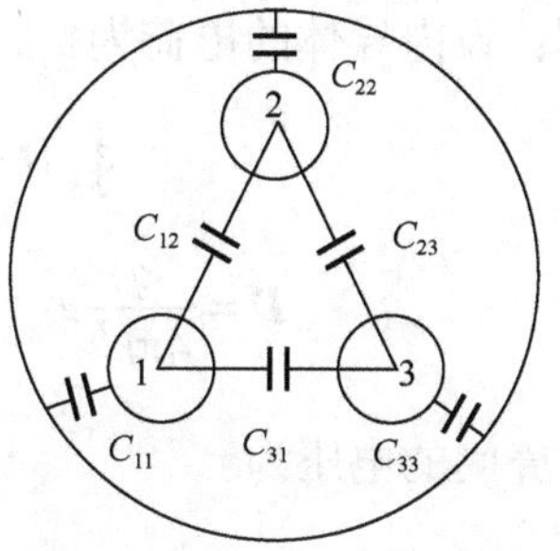

图 2.27 对称的三芯电缆的分布电容示意图

解：由于三芯线对称，所以

$$C_{11}=C_{22}=C_{33}，\quad C_{12}=C_{23}=C_{31}$$

当三芯线相连，$C_{12}=C_{23}=C_{31}$ 被短路，$C_{11}=C_{22}=C_{33}$ 并联，当两导体与铅皮相连（如导体 2、3 与铅皮相连），$C_{22}=C_{33}=C_{23}$ 被短路，$C_{11}=C_{12}=C_{31}$ 并联，所以

$$C_{11}+C_{12}+C_{31}=0.037\mu\text{F}$$

所以

$$C_{12}=C_{31}=\frac{0.037-C_{11}}{2}=0.01\mu\text{F}$$

$$C_{23}=0.01\mu\text{F}$$

例 2.13 两平行长直导线的半径为 a，相距 $2h$（$2h\gg a$），如图 2.28 所示，计算两导线间单位长度的电容。

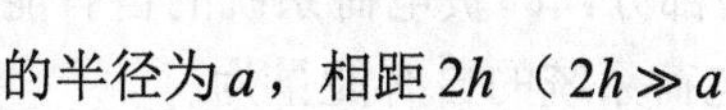

图 2.28 两平行长直导线示意图

解：两导线连线上任一点 P 的电场强度可由高斯定律求出：

$$\boldsymbol{E}=\frac{q_l}{2\pi\varepsilon_0 r}-\frac{q_l}{2\pi\varepsilon_0(2h-r)}$$

方向沿 $-x$ 轴方向。两导线之间的电位差为

$$\varphi_1-\varphi_2=\int_a^{2h-a}\boldsymbol{E}\cdot \mathrm{d}\boldsymbol{l}=\frac{q_l}{\pi\varepsilon_0}\ln\frac{2h-a}{a}\approx\frac{q_l}{\pi\varepsilon_0}\ln\frac{2h}{a}$$

两导线间单位长度的电容为

$$C_0=\frac{q_l}{\varphi_1-\varphi_2}=\frac{\pi\varepsilon_0}{\ln\dfrac{2h}{a}}$$

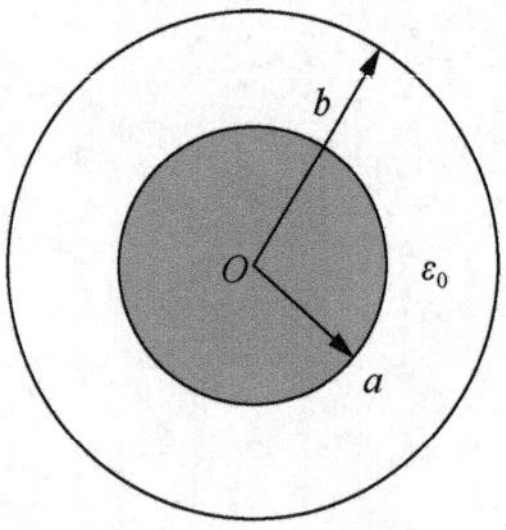

图 2.29 球壳电容器示意图

例 2.14 如图 2.29 所示，计算通信球壳电容器的电容。

解： 设内导体的电荷为q，则

$$\oint_S \boldsymbol{D}\cdot \mathrm{d}\boldsymbol{S}=q$$

$$\boldsymbol{D}=\frac{q}{4\pi r^2}\boldsymbol{e}_r,\quad \boldsymbol{E}=\frac{q}{4\pi\varepsilon_0 r^2}\boldsymbol{e}_r$$

同心球壳间的电压为

$$U=\int_a^b \boldsymbol{E}\cdot \mathrm{d}\boldsymbol{r}=\frac{q}{4\pi\varepsilon_0}\left(\frac{1}{a}-\frac{1}{b}\right)$$

球形电容器的电容为

$$C=\frac{q}{U}=\frac{4\pi\varepsilon_0 ab}{b-a}$$

当$b\to\infty$时，有

$$C=4\pi\varepsilon_0 a\quad（孤立导体球的电容）$$

2. 静电能量

例 2.15 按照卢瑟福模型，一个原子可以看成是由一个带正电荷q的原子核被总量等于q且均匀分布于球形体积内的负电荷所包围，如图 2.30 所示，求原子的结合能。

解： 原子的结合能包括两部分，即负电荷系统的自有能量和正电荷与负电荷系统的相互作用能。由式（2.46），负电荷系统的自有能量为

$$W_1=\frac{1}{2}\int_V \rho\varphi \mathrm{d}V$$

负电荷系统的体电荷密度为

$$\rho=\frac{-q}{\dfrac{4}{3}\pi R^3}$$

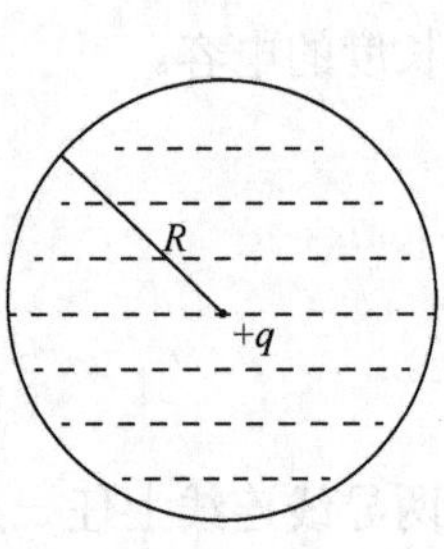

图 2.30 卢瑟福模型等效的点电荷示意图

利用高斯定律可以求出只有负电荷系统存在时，球形区域内外电场强度的分布：

$$E_1 = \frac{\rho r}{3\varepsilon_0} e_r, \quad r < R$$

$$E_2 = \frac{\rho R^3}{3\varepsilon_0 r^2} e_r, \quad r > R$$

只有负电荷系统存在时球形区域电位的分布为

$$\varphi = \int_r^{\infty} E \cdot dl = \int_r^R E_1 \cdot dl + \int_R^{\infty} E_2 \cdot dl = \frac{\rho}{2\varepsilon_0}\left(R^2 - \frac{r^2}{3}\right)$$

代入能量表达式可得

$$W_1 = \frac{\rho^2}{4\varepsilon_0}\int_0^R \left(R^2 - \frac{r^2}{3}\right) 4\pi r^2 dr = \frac{4\pi R^5 \rho^2}{15\varepsilon_0} = \frac{3q^2}{20\pi\varepsilon_0 R}$$

正电荷与负电荷系统的相互作用能就是正电荷在负电荷电场中的电位能，可以写为

$$W_2 = q\varphi_-(0)$$

式中，$\varphi_-(0)$ 是负电荷在 $r = 0$ 处产生的电位，计算可得

$$\varphi_-(0) = \frac{\rho R^2}{2\varepsilon_0} = \frac{-3q}{8\pi\varepsilon_0 R}$$

正电荷与负电荷系统的相互作用能为

$$W_2 = -\frac{3q^2}{8\pi\varepsilon_0 R}$$

原子的结合能为

$$W = W_1 + W_2 = -\frac{9q^2}{40\pi\varepsilon_0 R}$$

例 2.16 对于例 2.9 中部分填充介质的同轴电缆，求单位长度内的电场能量。

解：例 2.9 中已经解出介质内和空气中的电场强度相等，即

$$E_1 = E_2 = \frac{U}{\ln\frac{b}{a}}\left(\frac{1}{r}\right) e_r$$

介质内和空气中的能量密度分别为

$$w_{e1} = \frac{1}{2}\varepsilon E_1^2, \quad w_{e2} = \frac{1}{2}\varepsilon_0 E_2^2$$

单位长度内的电场能量为

$$W_e = \frac{1}{2}\int_a^b \int_0^{\theta} \varepsilon E_1^2 r dr d\phi + \frac{1}{2}\int_a^b \int_0^{2\pi-\theta} \varepsilon_0 E_2^2 r dr d\phi = \frac{1}{2}U_0^2\left[\frac{\varepsilon\theta_1}{\ln\frac{b}{a}} + \frac{\varepsilon_0(2\pi - \theta_1)}{\ln\frac{b}{a}}\right]$$

3. 静电力

例 2.17 一平行板电容器，极板面积为 S，板间距离为 x，极板间充满空气，两极板间的电压为 U，如图 2.31 所示，求两极板间的能量和每个极板受的力。

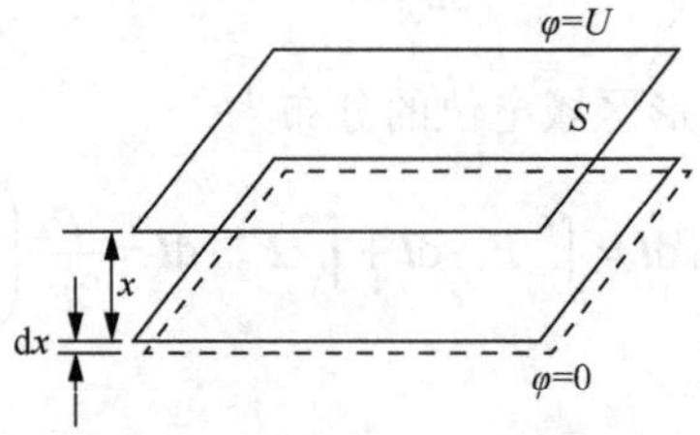

图 2.31 平行板电容器示意图

解：两极板间的电场强度为 $E = U/x$，能量密度为

$$w_{\mathrm{e}} = \frac{1}{2}\varepsilon E^2$$

两极板间的电场能量为

$$W_{\mathrm{e}} = w_{\mathrm{e}} \cdot Sx = \frac{\varepsilon U^2 S}{2x}$$

根据法拉第观点，每个极板单位面积上受的电场力为

$$f = \frac{1}{2}\boldsymbol{D} \cdot \boldsymbol{E} = \frac{1}{2}\frac{\varepsilon U}{x}\frac{U}{x} = \frac{\varepsilon U^2}{2x^2}$$

对于面积为 S 的每个极板上受的电场力为

$$f_S = \frac{1}{2}\boldsymbol{D} \cdot \boldsymbol{E}S = \frac{1}{2}\frac{\varepsilon U}{x}\frac{U}{x}S = \frac{\varepsilon U^2 S}{2x^2}$$

借用虚位移原理，利用虚位移原理计算电场力，为

$$f = -\frac{\partial W_{\mathrm{e}}}{\partial x}\bigg|_{\varphi=0} = \frac{\varepsilon U^2 S}{2x^2}$$

采用虚位移原理计算电场力与采用法拉第观点计算的结果一致，需要注意的是法拉第观点求解的电场力为单位面积上的侧张力。

例 2.18 已知 $y=0$ 的平面为两种电介质的分界面，介质 2 一侧的电场强度为 $\boldsymbol{E}_2 = 10\boldsymbol{e}_x + 20\boldsymbol{e}_y$（V/m），分界面两侧的介电常数分别为 $\varepsilon_1 = 5\varepsilon_0$ 和 $\varepsilon_2 = 3\varepsilon_0$。求 $\boldsymbol{D}_2$、$\boldsymbol{D}_1$ 和 $\boldsymbol{E}_1$。

解：先由 $\boldsymbol{E}_2$ 求出 $\boldsymbol{D}_2$，有

$$\boldsymbol{D}_2 = \varepsilon_2 \boldsymbol{E}_2 = \varepsilon_0 \left(30\boldsymbol{e}_x + 60\boldsymbol{e}_y\right)$$

利用两种电介质的分界面衔接条件可得

$$D_{1n} = D_{2n} = 60\varepsilon_0$$

进而可以求出 E_{1n} 为

$$E_{1n} = \frac{D_{1n}}{\varepsilon_1} = 12$$

利用边界条件式可得

$$E_{1t} = E_{2t} = 10$$

可以求出

$$D_{1t} = \varepsilon_1 E_{1t} = 50\varepsilon_0$$

所以

$$\boldsymbol{D}_1 = \varepsilon_0 \left(50\boldsymbol{e}_x + 60\boldsymbol{e}_y\right) \quad (\mathrm{C/m^2})$$

$$\boldsymbol{E}_1 = 10\boldsymbol{e}_x + 12\boldsymbol{e}_y \quad (\mathrm{V/m})$$

2.8 静电场的仿真案例

2.8.1 基于 MATLAB 的点电荷电位和电场强度分布仿真

1. 仿真要求

已知静电场中，点电荷位于坐标原点，求空间中任一点的电势及电场强度。并用 MATLAB 语言编写程序绘出等位线及电场分布图。

用电磁场理论求出点电荷在空间中任一点产生的电势 φ 及电场强度 $\boldsymbol{E}$ 为

$$\varphi(x,y) = \frac{q}{4\pi\varepsilon_0\sqrt{x^2+y^2}} = \frac{q}{4\pi\varepsilon_0 R}$$

$$\boldsymbol{E} = -\nabla\varphi = \frac{q}{4\pi\varepsilon_0 R^2}\boldsymbol{e}_R$$

2. MATLAB 编写的 m 语言程序

建立数学模型，应用 MATLAB 提供的矢量场图指令 quiver、二维等高线指令 contour 及计算梯度指令 gradient 等，用 m 语言编写出绘制电位函数和电场强度矢量图形的程序。

```
clear, clf
C0=4*pi;E0=1/(36*pi);K0=1/(C0*E0*1e-9);
q=input('请输入正电荷 q=');
xMax=10; yMax=10;
NGrid=8;  %在绘图区设置网格数
xPlot=linspace(-xMax,xMax,NGrid);  %划分 x 区间
[x,y]=meshgrid(xPlot); %x，y 取同样范围，生成二维网格
r=sqrt(x.^2+y.^2); V=K0*q*r.^-1;
[px,py]=gradient(-V);
axis([-xMax xMax -yMax yMax]);
```

```
cs=contour(x,y,V);
hold on;
xlabel('x');ylabel('y');
quiver(x,y,px,py), axis image
figure
meshc(V); %绘制带等高线的三维网格线
xlabel('x');ylabel('y');zlabel('电位');
```

3. 结果分析

按提示输入点电荷值 $q=-1$，即可得到如图 2.32 所示的等位线及电场分布图。其中，箭头方向代表电场强度矢量线，半径不同的圆代表等位线。

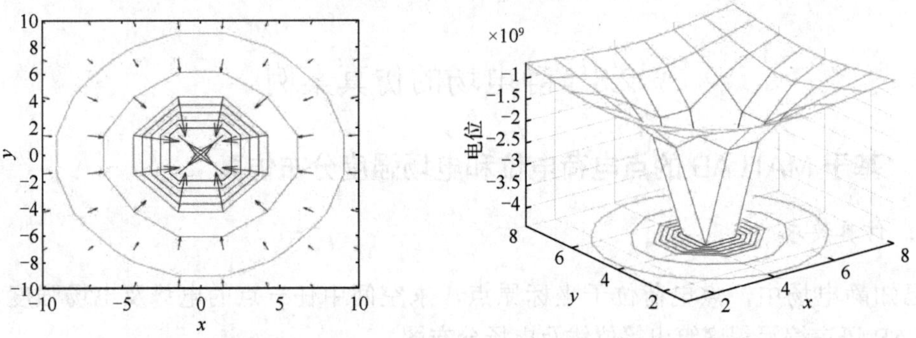

（a）等位线　　（b）电场分布图

图 2.32　点电荷的等位线及电场分布图

2.8.2　基于 MATLAB 的电偶极子电位和电场强度分布仿真

1. 仿真要求

根据电偶极子的电位函数和电场强度函数，基于 MATLAB 编程，绘制空间任意一点的位置坐标，算出这一点的电位和电场分布。

设在(a,b)处点电荷为$+q$，$(-a,-b)$处点电荷为$-q$，其中 $q=2\times10^{-6}\text{C}$，$a=2$，$b=0$。

2. MATLAB 编写的 m 语言程序

```
clear;clf;
q=2e-6;k=9e9;
a=2;b=0;
x=-6:0.6:6;y=x;
[X,Y]=meshgrid(x,y); % 设置坐标网点
rp=sqrt((X-a).^2+(Y-b).^2);
rm=sqrt((X+a).^2+(Y+b).^2);
V=q*k*(1./rp-1./rm); % 计算电势
[Ex,Ey]=gradient(-V); % 计算场强
```

```
AE=sqrt(Ex.^2+Ey.^2);Ex=Ex./AE;Ey=Ey./AE;% 场强归一化，使箭头等长
cv=linspace(min(min(V)),max(max(V)),49);% 产生 49 个电位值
contourf(X,Y,V,cv,'k-')% 用黑实线画填色等位线图
axis('square')% 在 Notebook 中，此指令不用
title('电偶极子的场');hold on
quiver(X,Y,Ex,Ey,0.7)% 第五个参数输入 0.7 使场强箭头长短适中
plot(a,b,'wo',a,b,'w+')% 用白线画正电荷位置
plot(-a,-b,'wo',-a,-b,'w-')% 用白线画负电荷位置
xlabel('x');ylabel('y')
```

通过运行 MATLAB 程序，得到如图 2.33 所示的电位分布和电场分布。

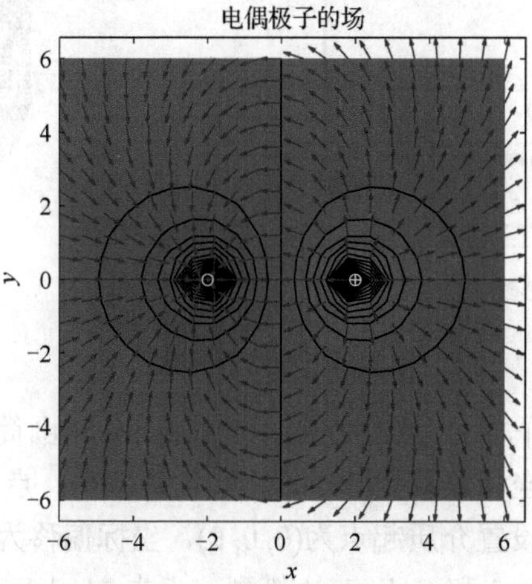

图 2.33 电偶极子的输出图形

2.8.3 基于 Ansoft Maxwell 的静电场中同轴电缆 3D 仿真

1. *仿真要求*

单芯同轴电缆有两层绝缘体，分界面为同轴圆柱面，如图 2.34 所示。已知 $R_1=10\text{mm}$，$R_2=20\text{mm}$，$R_3=30\text{mm}$，$R_4=31\text{mm}$，内导体材料为 Copper（铜），外导体材料为 Lead（铅），中间的介质 $\varepsilon_1=5\varepsilon_0$，$\varepsilon_2=3\varepsilon_0$，内导体电压为 $U=100\text{V}$，外导体电压为 0V。求电位、电场强度，分析电位移随半径的变化，计算单位长度电容。

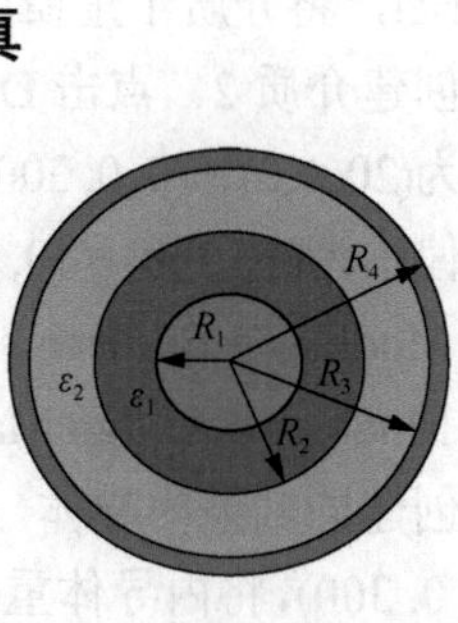

图 2.34 单芯同轴电缆截面图

2. *仿真步骤*

1）建模

建立三维工程并命名为 Coaxial Cable，操作过程为点击 Project > Insert Maxwell 3D Design 和 File>Save as>Coaxial Cable。选择求解器类型为静电类型，点击 Maxwell 3D > Solution Type> Electric> Electrostatic。

创建同轴电缆外导体，点击 Draw > Cylinder，将其命名为 Cylinder1，设置外导体起点坐标(X, Y, Z)为(0, 0, 0)，坐标偏移(dX, dY, dZ)为(31, 0, 0)和(0, 0, 300)。再创建一个圆筒状外导体，点击 Draw > Cylinder，将其命名为 Cylinder2，设置外导体起点为(0, 0, 0)，坐标偏移为(30, 0, 0)和(0, 0, 300)。按住 CTRL，用鼠标选中 Cylinder1 和 Cylinder2 模型，点击 Modeler > Boolean > Subtract，设置 Blank Parts 为 Cylinder1，Tool Parts 为 Cylinder2。设置外导体，将外导体命名为 Outermost，点击 Modeler > Assign Material > Lead，如图 2.35 所示。

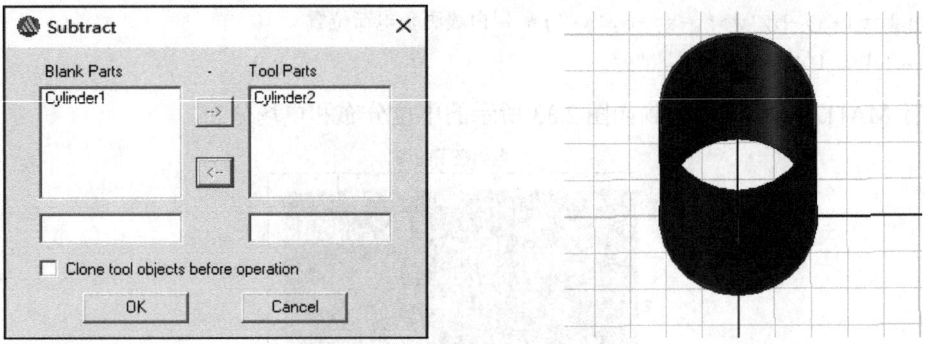

(a) 设置介质参数　　(b) 构建模型

图 2.35　创建圆筒状模型

创建同轴电缆的内层介质 1，点击 Draw > Cylinder，将圆筒状电介质命名为 Cylinder3，设置介质起点为(0, 0, 0)，坐标偏移为(30, 0, 0)和(0, 0, 300)。点击 Draw > Cylinder，将圆筒状介质命名为 Cylinder4，设置介质起点为(0, 0, 0)，坐标偏移为(20, 0, 0)和(0, 0, 300)。按住 CTRL，用鼠标选中 Cylinder3 和 Cylinder4 模型，点击 Modeler > Boolean > Subtract，设置 Blank Parts 为 Cylinder3，Tool Parts 为 Cylinder4。点击 Modeler > Assign Material > Add Material，将介质 1 重命名为 Medium1，将 Relative Permittivity（介电常数）设为 3。

创建介质 2，点击 Draw > Cylinder，命名为 Cylinder5，设置导体起点为(0, 0, 0)，坐标偏移为(20, 0,0)和(0, 0, 300)。点击 Draw > Cylinder，命名为 Cylinder6，设置导体起点为(0, 0, 0)，坐标偏移为(10, 0,0)和(0, 0, 300)。按住 CTRL，用鼠标选中 Cylinder5 和 Cylinder6 两个模型，点击 Modeler > Boolean > Subtract，设置 Blank Parts 为 Cylinder5，Tool Parts 为 Cylinder6。点击 Modeler > Assign Material > Add Material，将其重命名为 Medium2，将介电常数设为 5。

创建同轴缆内导体，点击 Draw > Cylinder，设置导体起点为(0, 0, 0)，坐标偏移为(10, 0,0)和(0, 0, 300)，将内导体重命名为 Cable Core。设置材料为铜，点击 Modeler > Assign Material > Copper。创建电压观测线，点击 Draw > Line，设置观测线起点为(0, 0, 300)，终点为(31, 0, 300)，将观测线命名为 Polyline1。

2）设置激励

选中外导体 Outermost，点击 Maxwell 3D> Excitations > Assign>Voltage > 0V。选中缆芯 Cable Core，点击 Maxwell 3D> Excitations > Assign >Voltage > 100V。

3）设置计算参数

点击 Maxwell 3D > Parameters > Assign > Matrix> 选中 Voltage1 和 Voltage2。

4）设置自适应计算参数

点击 Maxwell 3D > Analysis Setup > Add Solution Setup。设置最大迭代次数，点击 Maximum Number of Passes，设置为 10。误差要求 Percent Error 设置为 1%。每次迭代加密剖分单元比例，点击 Refinement per Pass，设置为 50。

5）检查和运行

先点击 Check 按钮，检查无误后点击 Run 按钮运行。

6）查看结果

选中所有目标体，点击 Maxwell 3D > Fields > Fields > E > Mag_E，点击工具栏 Hide/Show Overlaid 隐藏所有目标体，观察电缆的电场分布，如图 2.36 所示。选中所有目标体，点击 Maxwell 3D > Fields > Fields > D > Mag_D，点击 Hide/Show Overlaid 隐藏所有目标体，观察电缆的电通密度分布，如图 2.37 所示。

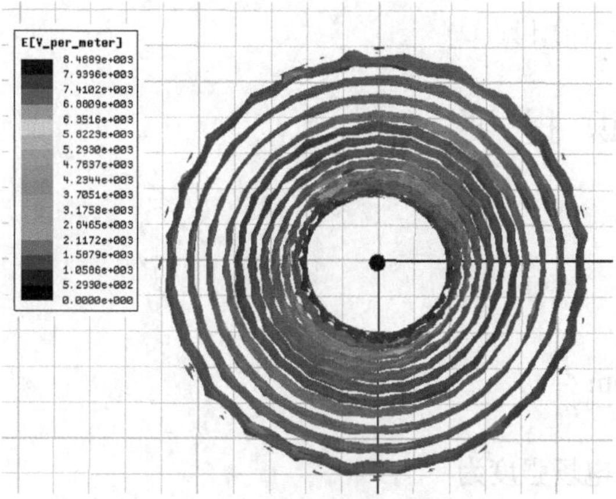

图 2.36 ***E*** 分布图形

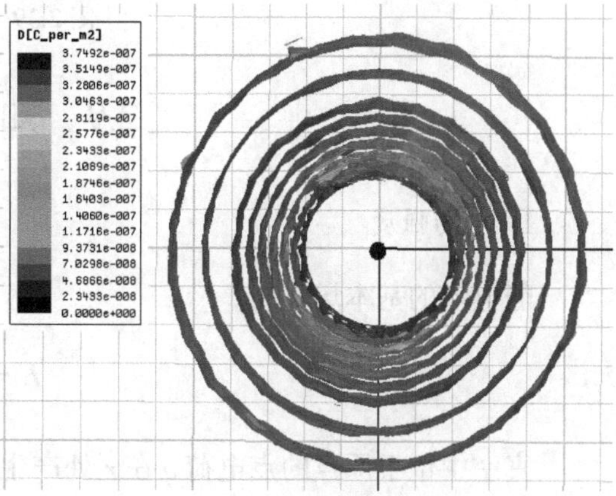

图 2.37 ***D*** 分布图形

点击 Maxwell 3D > Results > Create Fields Report > Rectangular Plot，设置相关参数，点击 New Report，观察电缆的电位分布，如图 2.38 所示。

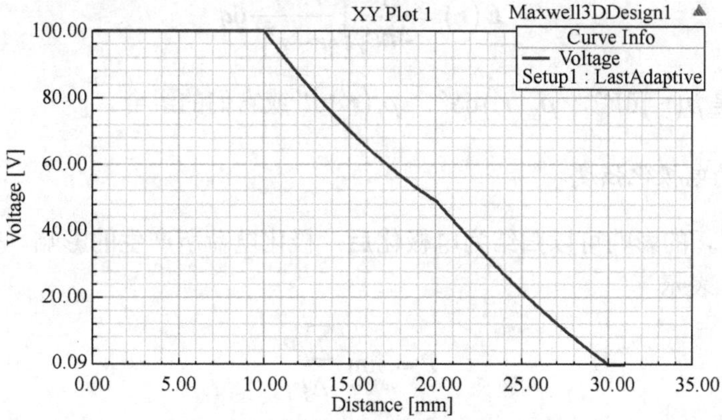

图 2.38 电位沿半径分布曲线

点击 Maxwell 3D > Results > Solution Data > Matrix，如图 2.39 所示。

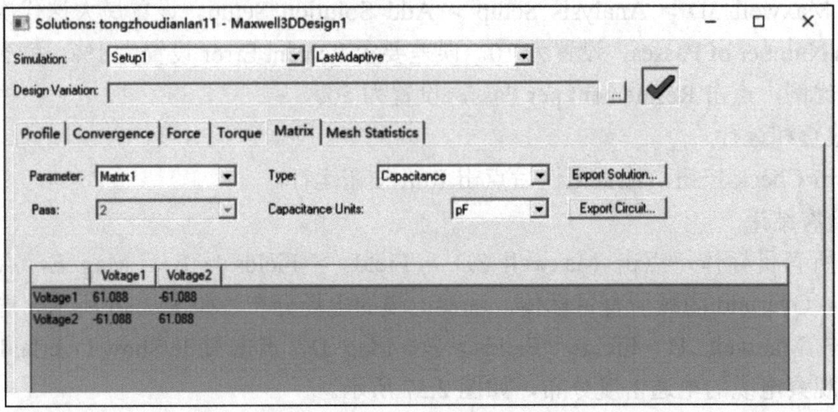

图 2.39 电容的计算

2.9 知 识 提 要

1. 电场强度

静电场的基本场量为

$$\boldsymbol{E}=\lim_{q_0\to 0}\frac{\boldsymbol{f}}{q_0}$$

真空中位于原点的点电荷 q 在 $\boldsymbol{r}$ 处产生的电场强度为

$$\boldsymbol{E}(\boldsymbol{r})=\frac{1}{4\pi\varepsilon_0}\frac{q}{r^2}\boldsymbol{e}_r$$

连续分布的电荷产生的电场可表示为

$$\boldsymbol{E}(\boldsymbol{r})=\frac{1}{4\pi\varepsilon_0}\int\frac{\boldsymbol{r}-\boldsymbol{r}'}{\left|\boldsymbol{r}-\boldsymbol{r}'\right|^3}\mathrm{d}q$$

式中的 $\mathrm{d}q$ 可以是 $\rho(\boldsymbol{r}')\mathrm{d}V'$，$\rho_S(\boldsymbol{r}')\mathrm{d}S'$，$\rho_l(\boldsymbol{r}')\mathrm{d}l'$ 或它们的组合。

2. 电介质的电极化强度

电介质对电场的影响可以归结为电极化后，极化电荷所产生的影响。介质极化的程度用电极化强度 $\boldsymbol{P}$ 表示

$$\boldsymbol{P}=\lim_{\Delta V\to 0}\frac{\sum\boldsymbol{p}}{\Delta V}$$

极化电荷的体密度 ρ_P 和面密度 ρ_{SP} 与电极化强度 $\boldsymbol{P}$ 间的关系分别为

$$\rho_P=-\nabla\cdot\boldsymbol{P}\quad 和\quad \rho_{SP}=\boldsymbol{P}\cdot\boldsymbol{e}_n$$

3. 静电场基本方程的积分和微分形式

$$\oint_l \boldsymbol{E}\cdot \mathrm{d}\boldsymbol{l}=0,\quad \nabla\times\boldsymbol{E}=0$$

$$\oint_S \boldsymbol{D}\cdot \mathrm{d}\boldsymbol{S}=q,\quad \nabla\cdot\boldsymbol{D}=\rho$$

电通密度为$\boldsymbol{D}=\varepsilon_0\boldsymbol{E}+\boldsymbol{P}$。在各向同性的线性介质中，

$$\boldsymbol{P}=\chi\varepsilon_0\boldsymbol{E}$$

$$\boldsymbol{D}=\varepsilon\boldsymbol{E}$$

4. 电位函数与电场强度的关系

由静电场的无旋性，引入标量电位

$$\varphi=\int_P^Q \boldsymbol{E}\cdot \mathrm{d}\boldsymbol{l}$$

或

$$\boldsymbol{E}=-\nabla\varphi$$

5. 电位函数的基本方程

在各向同性的线性均匀电介质中，电位满足泊松方程或拉普拉斯方程

$$\nabla^2\varphi=-\rho/\varepsilon,\quad \nabla^2\varphi=0$$

6. 分界面上场量的衔接条件

静电场问题都可归结为在给定边界条件的情况下，求解泊松方程或拉普拉斯方程的边值问题。在不同媒质的分界面上，场量的衔接条件为

$$D_{2n}-D_{1n}=\rho_S,\quad E_{2t}=E_{1t}$$

或者

$$\varepsilon_2\frac{\partial\varphi_2}{\partial n}-\varepsilon_1\frac{\partial\varphi_1}{\partial n}=-\rho_S,\quad \varphi_1=\varphi_2$$

只要满足给定的边界条件，泊松方程或拉普拉斯方程的解是唯一的。

7. 镜像法

点电荷对于无限大接地导体平面的镜像特点是：等量异号、位置对称，镜像电荷位于边界外。点电荷对两种无限大电介质分界面平面的镜像计算如下：

$$q'=\frac{\varepsilon_1-\varepsilon_2}{\varepsilon_1+\varepsilon_2}q\quad（适用区域\varepsilon_1）$$

$$q''=\frac{2\varepsilon_2}{\varepsilon_1+\varepsilon_2}q \quad （适用区域\varepsilon_2）$$

在点电荷对接地金属球问题中，如点电荷在球外，则镜像电荷$q'=\frac{R}{d}q$，它与球心相距$b=R^2/d$。

对于带等量异号电荷的两平行圆柱导体间的静电场问题，可通过电轴法进行求解以确定电轴的位置，电轴位置为$h^2-a^2=b^2$。

8. 静电能量

采用场源形式计算，为

$$W_e=\frac{1}{2}\int_V\rho\varphi dV+\frac{1}{2}\int_S\sigma\varphi dS$$

或

$$W_e=\sum_{i=1}^{n}\frac{1}{2}\varphi_i\int_{S_i}\rho_{S_i}dS=\sum_{i=1}^{n}\frac{1}{2}\varphi_i q_i$$

采用场量形式计算，为

$$W_e=\frac{1}{2}\int_V\boldsymbol{D}\cdot\boldsymbol{E}dV$$

其中，静电能量的体密度为

$$w_e=\frac{1}{2}\boldsymbol{D}\cdot\boldsymbol{E}$$

9. 静电力

采用定义式计算静电力，为

$$\boldsymbol{F}=\boldsymbol{E}q$$

利用法拉第观点分析，带电体通量管单位面积上受到的侧压力和纵张力为

$$\boldsymbol{f}=\frac{1}{2}\boldsymbol{D}\cdot\boldsymbol{E}$$

习　题

2-1 两个电荷q和$-q$分别位于$+y$轴和$+x$轴上距原点为a处。求：

（1）z轴上任一点处电场强度的方向；

（2）平面$y=x$上任一点的电场强度。

2-2 已知空间电场分布如下，求空间各点的电荷分布：

（1）$\boldsymbol{E}=\begin{cases}E_0\left(\dfrac{\rho}{a}\right)^3\boldsymbol{e}_\rho, & 0\leqslant\rho\leqslant a\\ 0, & a<\rho\end{cases}$；

（2）$E_r=2A\cos\theta/r^3$，$E_\theta=A\sin\theta/r^3$，$E_\phi=0$，$r>0$。

2-3　均匀极化的一大块介质极化强度为$\boldsymbol{P}$，内部有一半径为a的球形空腔，求球心处的电场强度。

2-4　半径为a的圆盘，均匀带电，电荷面密度为ρ_S。求圆盘轴线上到圆心距离为b的场点的电位和电场强度。

2-5　有一半径为a的均匀带电无限长圆柱体，其单位长度上带电荷量为ρ_l，求空间的电场强度。

2-6　两块无限大接地导体平板分别置于$x=0$和$x=a$处，在两板之间的$x=b$处有一面密度为ρ_S的均匀电荷分布，如图2.40所示，求两导体平板之间的电位和电场强度。

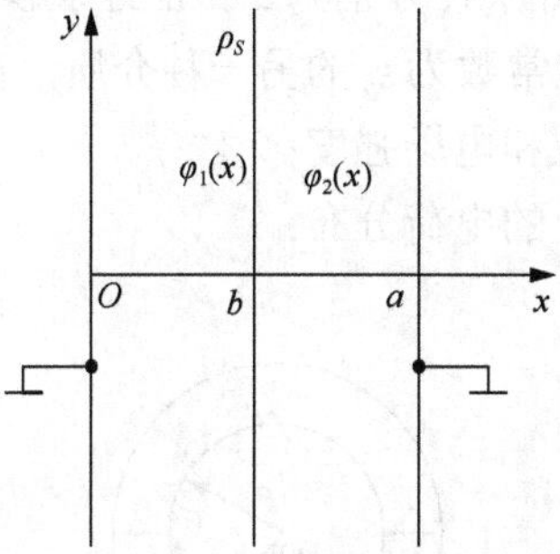

图2.40　习题2-6

2-7　电场中有一半径为a的圆柱体，已知圆柱内外的电位分布为

$$\varphi=0,\qquad \rho\leqslant a$$

$$\varphi=A\left(\rho-\frac{a^2}{\rho}\right)\cos\phi,\qquad \rho>a$$

（1）求圆柱内外的电场强度；

（2）这个圆柱是用什么材料制成的？表面有电荷吗？试求之。

2-8　两种电介质的分界面为$z=0$的平面，已知$\varepsilon_{r1}=2$，$\varepsilon_{r2}=3$，若介质1中的电场为

$$\boldsymbol{E}=2y\boldsymbol{e}_x-3x\boldsymbol{e}_y+(5+z)\boldsymbol{e}_z$$

求介质2中分界面处的$\boldsymbol{E}$和$\boldsymbol{D}$。

2-9　匀强电场E_0中放入一个半径为a的介质球，介电常数为ε，球内外的电场分布变为

$$\varphi_1=-\frac{3\varepsilon_0}{\varepsilon+2\varepsilon_0}E_0r\cos\theta,\quad r\leqslant a$$

$$\varphi_2 = -E_0 r\cos\theta + \frac{\varepsilon-\varepsilon_0}{\varepsilon+2\varepsilon_0}a^3 E_0 \frac{1}{r^2}\cos\theta,\quad r \geqslant a$$

（1）验证球表面的边界条件；

（2）计算球表面的束缚电荷密度；

（3）计算球内外的电场强度。

2-10 两个同心金属球壳组成一组电容器。内外壳半径分别为a、b，在两壳之间一半的空间填充介质ε（介质分界面是过球心的平面），求此电容器的电容。

2-11 同轴电缆的内导体半径为a，外导体半径为b，外导体接地，内外导体间电压为U，其间填充相对介电常数为$\varepsilon_r = 2$。

（1）求介质中的$\boldsymbol{E}$和$\boldsymbol{D}$；

（2）求介质中的极化电荷分布；

（3）求同轴电缆单位长度的电容。

2-12 如图 2.41 所示，内外半径分别为a和b的球形电容器，上半部分填充介电常数为ε_1的介质，下半部分填充介电常数为ε_2的另一种介质，在两极板上加电压U，试求：

（1）球形电容器内部的电位和电场强度；

（2）极板上和介质分界面上的电荷分布；

（3）电容器的电容。

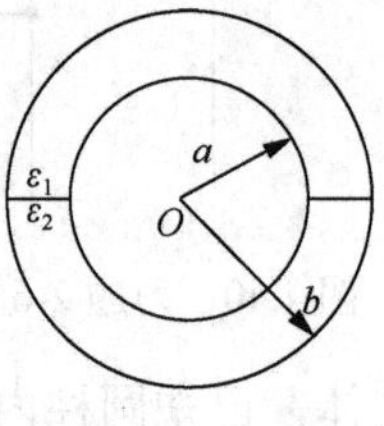

图 2.41 习题 2-12

3　恒定电场及其仿真

本章主要讨论导电媒质中的恒定电场。在恒定电场中电荷的运动产生了恒定电流，但电场的分布不随时间变化。恒定电场的主要场量为电流密度 $\boldsymbol{J}$ 和电场强度 $\boldsymbol{E}$ 。本章首先介绍不同形式的电流密度及其元电流，给出欧姆定律和焦耳定律的微分形式、导电媒质中恒定电场（电源外）的矢量和标量基本方程、不同媒质分界面的衔接条件，并对无电荷分布区域的静电场与电源外导电媒质中恒定电场进行了对比分析，给出了静电比拟条件，以及电导与接地电阻、跨步电压和危险区半径的计算方法。本章主要知识结构如表 3.1 所示。

表 3.1　恒定电场的知识结构

<table>
<tr><td colspan="4">基本定律为欧姆定律</td></tr>
<tr><td colspan="4">基本物理量主要包括电场强度 $\boldsymbol{E}$ 、电流密度 $\boldsymbol{J}$ 、电位 φ （矢量分析方法）</td></tr>
<tr><td colspan="2">矢量 $\boldsymbol{E}$ 、 $\boldsymbol{J}$ 的基本方程
$\begin{cases}\oint_l \boldsymbol{E}\cdot \mathrm{d}\boldsymbol{l}=0\\ \oint_S \boldsymbol{J}\cdot \mathrm{d}\boldsymbol{S}=0\end{cases}$
分界面衔接条件
$\begin{cases}E_{1t}=E_{2t}\\ J_{1n}=J_{2n}\end{cases}$</td><td>矢量 $\boldsymbol{E}$ 和标量 φ 之间关系
$\begin{cases}\varphi=\int_l \boldsymbol{E}\cdot \mathrm{d}\boldsymbol{l}\\ \boldsymbol{E}=-\nabla\varphi\end{cases}$</td><td>标量 φ 的基本方程
$\nabla^2\varphi=0$
分界面衔接条件
$\begin{cases}\varphi_1=\varphi_2\\ \gamma_1\dfrac{\partial\varphi_1}{\partial n}=\gamma_2\dfrac{\partial\varphi_2}{\partial n}\end{cases}$</td></tr>
<tr><td colspan="4">已知电流源求解场量分布 $\boldsymbol{E}$ 和 φ 的计算方法
场源主要包括线电流、面电流、体电流三种元电流</td></tr>
<tr><td colspan="3">解析法</td><td>数值法</td></tr>
<tr><td>$\boldsymbol{E}$ 、 φ 的定义式
或直接积分公式</td><td>欧姆定律</td><td>直接积分法</td><td>积分方程法</td></tr>
<tr><td colspan="4">电路与电场之间的联系</td></tr>
<tr><td colspan="2">电位与电场强度关系式
$U=\varphi_{PQ}=\int_P^Q \boldsymbol{E}\cdot \mathrm{d}\boldsymbol{l}$</td><td>欧姆定律的微分形式 $\boldsymbol{J}=\gamma\boldsymbol{E}$
焦耳定律的微分形式 $p=\boldsymbol{J}\cdot\boldsymbol{E}$
有功功率 $P=\int_V \boldsymbol{J}\cdot\boldsymbol{E}\,\mathrm{d}V$
基尔霍夫电压定律的电场形式 $\oint_l \boldsymbol{E}\cdot \mathrm{d}\boldsymbol{l}=0$
基尔霍夫电流定律的电流密度形式 $\oint_S \boldsymbol{J}\cdot \mathrm{d}\boldsymbol{S}=0$</td><td>电导定义式
$G=\dfrac{I}{U}$</td></tr>
</table>

3.1 恒定电场的基本概念

1. 电流

将单位时间内通过某一横截面的电荷量称为电流强度，简称电流，记作I：

$$I = \frac{dq}{dt} \tag{3.1}$$

电流为标量。在 SI 中，单位为安，符号为 A。从场的观点来看，电流强度为一个具有通量概念的物理量。电流按分布情况可分为体电流、面电流和线电流。

2. 体电流密度

体电流密度$\boldsymbol{J}$定义为穿过某点单位垂直截面的电流强度，其主要描述导体内电流的分布，数学表达式为

$$\boldsymbol{J} = \frac{dI}{d\boldsymbol{S}_{\perp}} \tag{3.2}$$

式中，$d\boldsymbol{S}_{\perp}$为正电荷运动时穿过某点的单位垂直截面，是垂直于电荷运动方向的，体电流密度的方向为沿该点处电流的方向。

设导体内的体电荷密度为ρ，电荷以速度$\boldsymbol{v}$垂直穿过截面$d\boldsymbol{S}_{\perp}$，如图 3.1 所示，则Δt内通过$d\boldsymbol{S}_{\perp}$的电荷量为$\Delta q = \rho\Delta t\boldsymbol{v}\cdot d\boldsymbol{S}_{\perp}$。

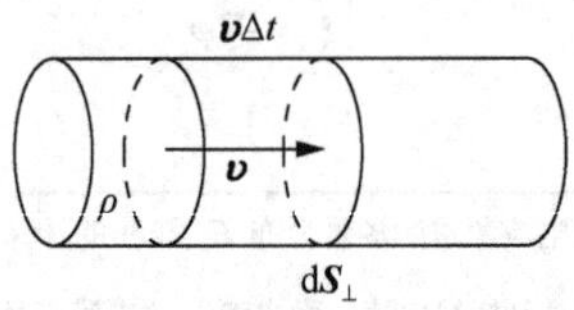

图 3.1 体电流密度示意图

通过截面$d\boldsymbol{S}_{\perp}$的电流强度为

$$I = \frac{\Delta q}{\Delta t} = \rho\boldsymbol{v}\cdot d\boldsymbol{S}_{\perp} \tag{3.3}$$

通过某点的体电流密度用矢量形式可以表示为

$$\boldsymbol{J} = \rho\boldsymbol{v} \tag{3.4}$$

单位为安/米^2，符号为 A/m^2，它描述了某点处通过垂直于电流方向的单位截面积上的电流。

3. 体电流

电荷在空间某一体积内流动形成的电流称为体电流。已知体电流密度$\boldsymbol{J}$，可以根据面积分计算通过某一截面的体电流强度为

$$I = \int_S \boldsymbol{J} \cdot \mathrm{d}\boldsymbol{S} \tag{3.5}$$

4. 面电流密度

如果电流分布在导体表面厚度趋近于零的薄层内，与电流方向垂直的横截面的面积趋近于零，无法用体电流密度描述导体表面电流的分布，所以引入面电流密度。

面电流密度 $\boldsymbol{J}_S$ 定义为穿过某点表面单位垂直长度的电流强度，如图 3.2 所示。面电流密度矢量的数值为

$$J_S = \frac{\mathrm{d}I}{\mathrm{d}l_\perp} \tag{3.6}$$

式中，线元 $\mathrm{d}\boldsymbol{l}_\perp$ 为穿过某点表面单位垂直长度，面电流密度方向为沿该点处面电流的方向。

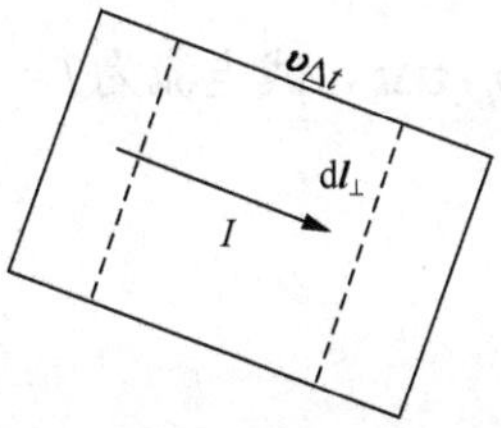

图 3.2 面电流密度示意图

设导体表面的面电荷密度为 ρ_S，电荷平均移动速度为 $\boldsymbol{v}$，在导体表面通过某一点选一个与 $\boldsymbol{v}$ 垂直的线元 $\mathrm{d}\boldsymbol{l}_\perp$，则 Δt 内通过 $\mathrm{d}\boldsymbol{l}_\perp$ 的电荷量为 $\Delta q = \rho_S \Delta t \boldsymbol{v} \cdot \mathrm{d}\boldsymbol{l}_\perp$。

通过线元 $\mathrm{d}\boldsymbol{l}_\perp$ 的电流强度为

$$I = \frac{\Delta q}{\Delta t} = \rho_S \boldsymbol{v} \cdot \mathrm{d}\boldsymbol{l}_\perp \tag{3.7}$$

通过某点的面电流密度可以表示为

$$\boldsymbol{J}_S = \frac{I}{\mathrm{d}\boldsymbol{l}_\perp} = \rho_S \boldsymbol{v} \tag{3.8}$$

面电流密度的单位为安/米，符号为 A/m。

5. 面电流

电荷在某一面积上流动形成的电流称为面电流。已知面电流密度 $\boldsymbol{J}_S$，可以根据线积分计算通过某一细导线的面电流为

$$I = \int_l \boldsymbol{J}_S \mathrm{d}\boldsymbol{l}_\perp = \int_l \boldsymbol{J}_S \cdot (\boldsymbol{e}_n \times \mathrm{d}\boldsymbol{l}) \tag{3.9}$$

式中，$\boldsymbol{e}_n$ 为面电流密度 $\boldsymbol{J}_S$ 与线元 $\mathrm{d}\boldsymbol{l}$ 构成的面元 $\boldsymbol{S}$ 表面外法线方向单位矢量。

下面证明面电流密度 $\boldsymbol{J}_S$ 与面电流之间的矢量关系。图 3.3 给出了面电流分解示意图，图中 α 为有方向的线元 $\mathrm{d}\boldsymbol{l}$ 与电流面密度 $\boldsymbol{J}_S$ 的夹角，$\mathrm{d}\boldsymbol{l}_\perp$ 为线元 $\mathrm{d}\boldsymbol{l}$ 在与 $\boldsymbol{J}_S$ 垂直方向的投影。

设$\boldsymbol{e}_l$为线元$\mathbf{d}\boldsymbol{l}$的单位矢量，$\boldsymbol{e}_J$为电流面密度$\boldsymbol{J}_S$的单位矢量。流过面元$\boldsymbol{S}$上某点线元$\mathbf{d}\boldsymbol{l}$的面电流元为

$$\mathrm{d}I = \boldsymbol{J}_S \cdot \mathrm{d}\boldsymbol{l}_\perp = J_S \mathrm{d}l \sin\alpha \tag{3.10}$$

利用矢量运算，整理有$\sin\alpha = \boldsymbol{e}_n \cdot (\boldsymbol{e}_l \times \boldsymbol{e}_J)$，将$\sin\alpha$代入$\mathrm{d}I$，再将$\mathrm{d}I$的矢量形式$\mathrm{d}I = \boldsymbol{e}_n \cdot (\mathrm{d}\boldsymbol{l} \times \boldsymbol{J}_S)$代入式（3.9）中，有

$$I = \int_l \boldsymbol{J}_S \cdot \mathrm{d}\boldsymbol{l}_\perp = \int_l \boldsymbol{e}_n \cdot (\mathrm{d}\boldsymbol{l} \times \boldsymbol{J}_S) = \int_l \boldsymbol{J}_S \cdot (\boldsymbol{e}_n \times \mathrm{d}\boldsymbol{l}) \tag{3.11}$$

6. 线电流

电荷沿一根截面积等于零的几何曲线流动时形成的电流，或沿一细导线流动的电流称为线电流。设线电荷密度为ρ_l，电荷以速度$\boldsymbol{v}$进行移动形成线电流I，如图 3.4 所示。在Δt内通过某一点P的电荷量为$\Delta q = \rho_l \cdot \boldsymbol{v}\Delta t$，线电流为$I = \dfrac{\Delta q}{\Delta t} = \rho_l \cdot \boldsymbol{v}$。

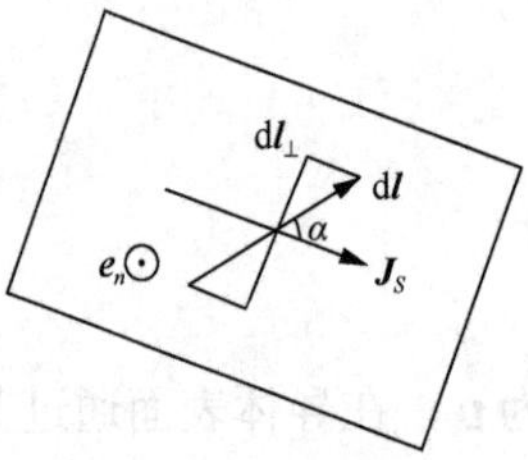

图 3.3　面电流分解示意图

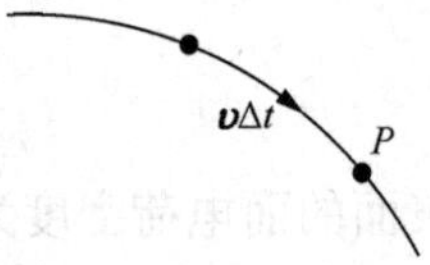

图 3.4　线电流示意图

定义线电流密度为

$$\boldsymbol{J}_l = \rho_l \boldsymbol{v} \tag{3.12}$$

细导线的线电流写成积分形式为

$$I = \int_l \boldsymbol{J}_l \cdot \mathrm{d}\boldsymbol{l} \tag{3.13}$$

由上式可知，线电流密度矢量$\boldsymbol{J}_l = \rho_l \boldsymbol{v}$的值与线电流$I = \dfrac{\Delta q}{\Delta t}$相等，线电流元可以表示为$I\mathrm{d}\boldsymbol{l}$。

7. 恒定电流

一般把电流密度矢量在各处都不随时间变化的电流称为恒定电流。

8. 传导电流

若在外电场的作用下，自由电荷定向运动则形成电流。在导电媒质（如导体、电解液等）中，电荷的运动形成的电流称为传导电流。

9. 运流电流

电荷在不导电的空间，例如真空、极稀薄气体或液体中的有规则运动所形成的电流称为运流电流（convection current）。真空电子管中由阴极发射到阳极的电子流、带电的雷云运动所形成的电流都是运流电流。通过某一截面的运流电流为 $I=\int_S \boldsymbol{J}\cdot \mathrm{d}\boldsymbol{S}$ 。

运流电流和传导电流一般不会同时存在。运流电流产生的磁场与传导电流产生的磁场性质相同，都满足高斯定律和安培环路定律。

10. 电流元

电荷定向运动形成电流，电荷元 $\mathrm{d}q$ 以平均速度 $\boldsymbol{v}$ 运动，$\boldsymbol{v}\mathrm{d}q$ 称为电流元。常用的有体电流元、面电流元和线电流元。

体电流元为

$$\boldsymbol{v}\mathrm{d}q=\boldsymbol{v}\rho \mathrm{d}V=\boldsymbol{J}\mathrm{d}V \tag{3.14}$$

面电流元为

$$\boldsymbol{v}\mathrm{d}q=\boldsymbol{v}\rho_S \mathrm{d}S=\boldsymbol{J}_S\mathrm{d}S \tag{3.15}$$

线电流元为

$$\boldsymbol{v}\mathrm{d}q=\boldsymbol{v}\rho_l \mathrm{d}\boldsymbol{l}=I\mathrm{d}\boldsymbol{l} \tag{3.16}$$

11. 电源电动势

在电源的外部，在电场力的作用下正电荷从电源的正极出发，经过外电路和负载到达负极。图 3.5 为一个简单的恒定场电路。为了维持电路中的恒定电流，必须把正电荷经电源内部再从负极搬运到正极，这个过程需要克服电场力做功，这种做功的力只能是非静电力。电源的作用就是提供这种非静电力，如化学力、洛伦兹力、感应电场力等。

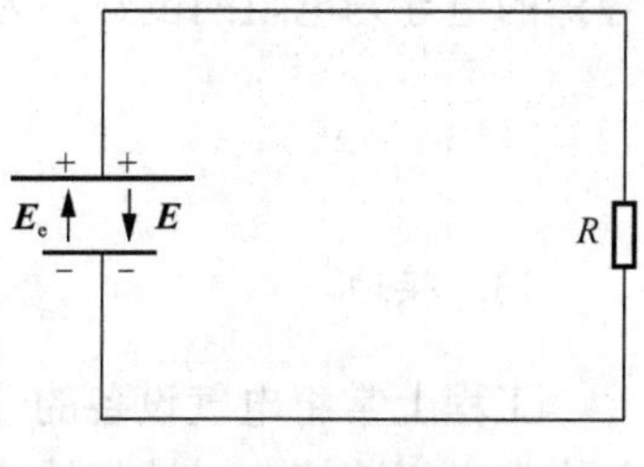

图 3.5　简单的恒定场回路

电源电动势定义为非静电力把单位正电荷从电源内的负极移到正极所做的功，表示为

$$\mathscr{E}_{\mathrm{e}}=\int_l \boldsymbol{E}_{\mathrm{e}}\cdot \mathrm{d}\boldsymbol{l} \tag{3.17}$$

式中，$\boldsymbol{E}_{\mathrm{e}}$ 为单位正电荷受到的非静电力，称为非静电场强，也称为局外场强。例如，对于洛伦兹力

$$\boldsymbol{f}=q\boldsymbol{v}\times\boldsymbol{B} \tag{3.18}$$

非静电场强为

$$\boldsymbol{E}_{\mathrm{e}}=\frac{\boldsymbol{f}}{q}=\boldsymbol{v}\times\boldsymbol{B} \tag{3.19}$$

电源电动势为

$$\mathscr{E}_{\mathrm{e}}=\int_l(\boldsymbol{v}\times\boldsymbol{B})\cdot\mathrm{d}\boldsymbol{l} \tag{3.20}$$

这就是动生电动势的表达式，$\boldsymbol{B}$ 称为磁感应强度或磁通密度，它是用于表征磁场特性的基本场量，其单位为特斯拉，符号为 T。

12. 电阻和电导

对于均匀横截面的导体，电阻的表达式为

$$R=\rho\frac{l}{S}=\frac{l}{\gamma S} \tag{3.21}$$

式中，ρ 为导体的电阻率；γ 为电导率；l 为导体的长度；S 为横截面积。对于横截面不均匀的导体，如图 3.6 所示，$\mathrm{d}l$ 长度的电阻表达式为 $\mathrm{d}R=\rho\dfrac{\mathrm{d}l}{S}$，进行积分可得电阻表达式为

$$R=\int_l\rho\frac{\mathrm{d}l}{S}=\int_l\frac{\mathrm{d}l}{\gamma S} \tag{3.22}$$

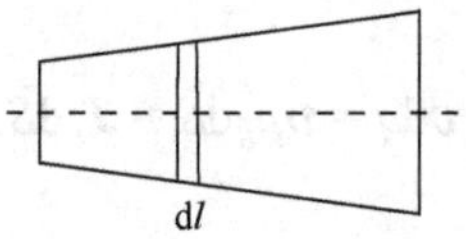

图 3.6 横截面不均匀的导体

导体的电导为电阻的倒数，为

$$G=\frac{1}{R} \tag{3.23}$$

13. 接地

工程上常将电气设备的一部分和大地连接，这就叫接地。接地就是要保证电路和设备与大地良好连接，对地保持零电位。如果是为了保护工作人员及电气设备的安全而接地，称为保护接地。如果是以大地为导线或为消除电气设备导电部分的对地电压而接地，称为工作接地。接地通常是将金属导体埋入地下，将设备中需要接地的部分与该导体连接，这种埋在地下的导体或导体系统称为接地体。连接电力设备与接地体的导体称为接地线。接地体与接地线总称为接地装置。

（1）保护接地，包括安全用电接地和防止雷击接地。

例如，由于线路故障（如绝缘损坏等），设备机壳带电，可能造成触电事故，如图 3.7（a）所示。在皮肤干燥、无破损的条件下，人体电阻可达 40～100 kΩ；人体出汗、潮湿时，降至1kΩ 左右。若设备接地，接地电阻<10Ω，通过人体的电流很小，是安全的，如图 3.7（b）所示。

防止雷击接地是将雷电电流由避雷针经地线引入大地，保护建筑物、设备和人身的安全。

（2）工作接地，使设备可靠地工作，包括电路接地、电源接地、屏蔽接地等。

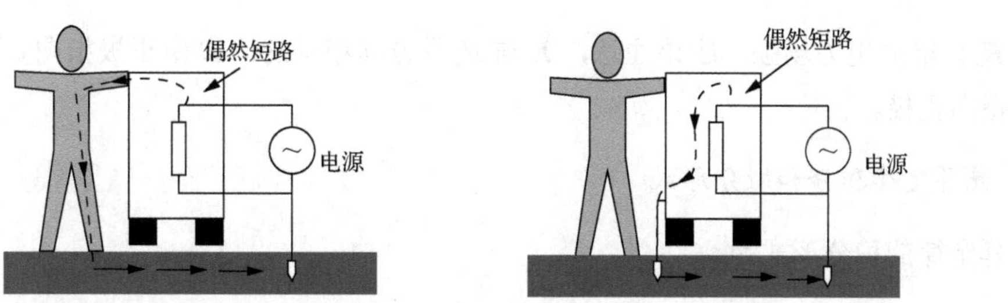

（a）机壳不接地，短路电流流经人体后入地 （b）机壳有保护接地、工作接地，短路电流不经人体入地

图 3.7 设备保护接地

14. 接地电阻

接地电阻就是电流由接地装置流入大地再经大地流向另一接地体或向远处扩散所遇到的电阻，它包括接地线的电阻和接地体自身的电阻、接地体与大地之间的接触电阻、两接地体之间大地的电阻，以及接地体到无限远处的大地电阻。其中前三部分电阻值比最后部分要小得多，因此，接地电阻主要是指接地体到无限远处的大地电阻，即大地的电阻。

15. 跨步电压

通常将人在地面行走时两足间的电压称为跨步电压。在电力系统中的接地体附近，由于接地电阻的存在，当有大电流在土壤中流动时，就可能使地面上行走的人跨步电压很高，超过安全值 36～40V 可达到对人致命的程度。将跨步电压超过安全值达到对生命产生危险程度的范围称为危险区。应该指出，实际上直接危及生命的不是电压，而是通过人体的电流。当通过人体的工频电流超过 8mA 时，有可能发生危险，超过 30mA 时将危及生命。

3.2 恒定电场基本定律

1. 欧姆定律积分和微分形式

欧姆定律的积分形式为

$$I = \frac{U}{R} \tag{3.24}$$

欧姆定律的积分形式仅适用于一段导体，式中 I 、U 、R 都为积分量，分别为 $I = \int_S \boldsymbol{J} \cdot \mathrm{d}\boldsymbol{S}$，$U = \int_l \boldsymbol{E} \cdot \mathrm{d}\boldsymbol{l}$，$R = \int_l \rho \frac{\mathrm{d}l}{S}$。

欧姆定律的微分形式为

$$\boldsymbol{J} = \gamma \boldsymbol{E} \tag{3.25}$$

欧姆定律的微分形式给出了某一点处体电流密度与电场强度的关系。

在包含电源的区域，通过导电媒质的电流为

$$\boldsymbol{J} = \gamma\left(\boldsymbol{E} + \boldsymbol{E}_{\mathrm{e}}\right) \tag{3.26}$$

式中，$\boldsymbol{E}_e$为非静电力场强。应该注意，$\boldsymbol{E}$与$\boldsymbol{E}_e$是方向相反的，$\boldsymbol{E}$由正极指向负极，$\boldsymbol{E}_e$则由负极指向正极。

2. 焦耳定律积分和微分形式

焦耳定律的积分形式为

$$P = I^2 R \tag{3.27}$$

式中，P、I和R都为积分量。

通过欧姆定律的微分形式可以推导焦耳定律的微分形式。在恒定电场中，沿电流方向截取一段元电流管，如图3.8所示。在元电流管中的电流密度$\boldsymbol{J}$可认为是均匀的，其两端面分别为两个等位面。设导体单位体积有N个自由电荷，平均运动速度为$\boldsymbol{v}$，则体电流密度可以写为$\boldsymbol{J}=\rho\boldsymbol{v}=Nq\boldsymbol{v}$。其中$q$为每个电荷的电量，每个电荷受的力为$\boldsymbol{f}=q\boldsymbol{E}$。

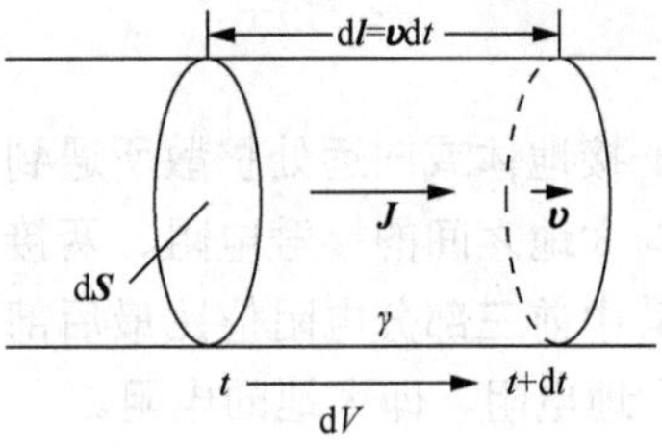

图3.8 通电的元电流管示意图

在电场力作用下，在dt时间内有q电荷自元电流管的左端面移至右端面，则电场力做功等于在dt内电场力对每个电荷做的功，为

$$\mathrm{d}W = \boldsymbol{f}\cdot \mathrm{d}\boldsymbol{l} = q\boldsymbol{E}\cdot\boldsymbol{v}\mathrm{d}t$$

在dt内电场力对dV内所有电荷做的功为

$$\mathrm{d}W = N\mathrm{d}V\cdot q\boldsymbol{E}\cdot\boldsymbol{v}\mathrm{d}t = \boldsymbol{J}\cdot\boldsymbol{E}\mathrm{d}V\mathrm{d}t$$

在dt内电场力对dV内所有电荷做的功率为

$$\mathrm{d}P = \frac{\mathrm{d}W}{\mathrm{d}t} = \boldsymbol{J}\cdot\boldsymbol{E}\mathrm{d}V$$

在dt内外电源提供的电场力对dV内所有电荷做功的功率密度为

$$p = \frac{\mathrm{d}P}{\mathrm{d}V} = \boldsymbol{J}\cdot\boldsymbol{E} \tag{3.28}$$

上式为焦耳定律的微分形式。

3.3 恒定电场基本方程

3.3.1 矢量场方程

1. 电流连续性方程

$$\oint_S \boldsymbol{J}\cdot\mathrm{d}\boldsymbol{S} = -\frac{\partial q}{\partial t} \tag{3.29}$$

电流连续性方程的实质是电荷守恒定律，式（3.29）左边为从闭合$\boldsymbol{S}$面内流出的电流，

即单位时间内流出的电荷量，右边为 $\boldsymbol{S}$ 面内单位时间内减少的电荷量。利用散度定理，式（3.29）可以写为

$$\int_V \nabla\cdot \boldsymbol{J}\mathrm{d}V = -\int_V \frac{\partial\rho}{\partial t}\mathrm{d}V \tag{3.30}$$

所以，电流连续性方程的微分形式为

$$\nabla\cdot \boldsymbol{J} + \frac{\partial\rho}{\partial t} = 0 \tag{3.31}$$

对于恒定电场电荷的分布不变，有 $\frac{\partial q}{\partial t}=0$，电流连续性方程的积分形式为

$$\oint_S \boldsymbol{J}\cdot \mathrm{d}\boldsymbol{S} = 0 \tag{3.32}$$

微分形式为

$$\nabla\cdot \boldsymbol{J} = 0 \tag{3.33}$$

电流连续性方程表明，在恒定电场中对于任一闭合曲面（可小到只包围一个点），单位时间内流入的电量总是等于流出的电量。恒定电场中电荷虽然是运动的，但是电荷的分布不变。

对于直流电路中的恒定电场或低频电路的尺寸远远小于波长时，作一个闭合曲面包围一个电路节点，如图 3.9 所示，根据电流连续方程 $\oint_S \boldsymbol{J}\cdot \mathrm{d}\boldsymbol{S}=0$，节点处电流可以写为

$$\sum_{k=1}^{n} I_k = 0 \tag{3.34}$$

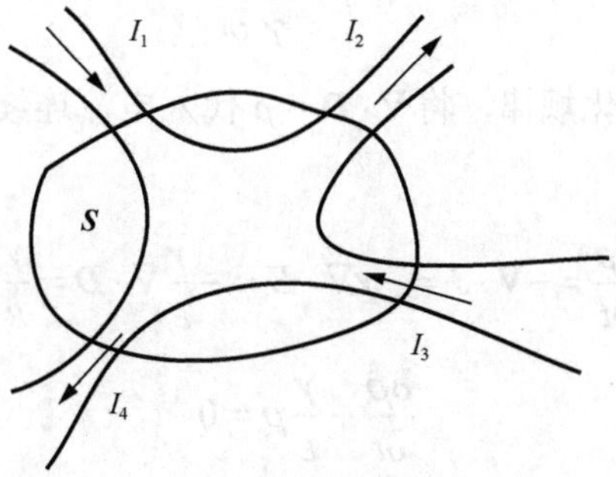

图 3.9　节点处的流入和流出电流示意图

根据恒定电场中电流连续性方程，可以推导出电路理论中基尔霍夫节点电流定律。

2. 环路定律

恒定电场的环路定律与静电场相同

$$\oint_l \boldsymbol{E}\cdot \mathrm{d}\boldsymbol{l} = 0 \tag{3.35}$$

当电路中外电源 $\boldsymbol{E}_\mathrm{e}\neq 0$ 时，有 $\oint_l(\boldsymbol{E}+\boldsymbol{E}_\mathrm{e})\cdot \mathrm{d}\boldsymbol{l} = \mathscr{E}_\mathrm{e}$ 成立，根据恒定电场的环路定律可以

得到电路理论中的基尔霍夫环路电压定律。

微分形式为

$$\nabla \times \boldsymbol{E} = 0 \tag{3.36}$$

由式（3.36）和$\nabla \times \nabla \varphi = 0$，在恒定电场中引入电位为

$$\boldsymbol{E} = -\nabla \varphi \tag{3.37}$$

3.3.2 标量场方程

1. 电位的拉普拉斯方程

在电场恒定区域，由电流连续性方程$\nabla \cdot \boldsymbol{J} = 0$、欧姆定律$\boldsymbol{J} = \gamma \boldsymbol{E}$和$\boldsymbol{E} = -\nabla \varphi$关系，得

$$\nabla \cdot \boldsymbol{J} = \nabla \cdot (\gamma \boldsymbol{E}) = \gamma \nabla \cdot (-\nabla \varphi) = -\gamma \nabla^2 \varphi = 0 \tag{3.38}$$

所以

$$\nabla^2 \varphi = 0 \tag{3.39}$$

恒定电场中的电位满足拉普拉斯方程，一维边值问题也可以用直接积分法求解。

2. 电位的泊松方程

对于给导体进行充电时，导体内的电荷运动过程还没有达到稳定状态时，根据电流连续性方程$\nabla \cdot \boldsymbol{J} + \dfrac{\partial \rho}{\partial t} = 0$，进行整理有

$$\nabla^2 \varphi = \frac{1}{\gamma} \frac{\partial \rho}{\partial t} \tag{3.40}$$

为了分析电荷随时间变化规律，将$\nabla \cdot \boldsymbol{D} = \rho$代入电流连续性方程中，得到电荷密度方程为

$$\frac{\partial \rho}{\partial t} = -\nabla \cdot \boldsymbol{J} = -\gamma \nabla \cdot \boldsymbol{E} = -\frac{\gamma}{\varepsilon} \nabla \cdot \boldsymbol{D} = \frac{\gamma}{\varepsilon} \rho \tag{3.41}$$

$$\frac{\partial \rho}{\partial t} + \frac{\gamma}{\varepsilon} \rho = 0 \tag{3.42}$$

可以解得

$$\rho = \rho_0 \mathrm{e}^{-\frac{\gamma}{\varepsilon} t} = \rho_0 \mathrm{e}^{-\frac{t}{\tau}} \tag{3.43}$$

式中，$\tau = \varepsilon / \gamma$称为弛豫时间，表示导体内体电荷密度$\rho$衰减的快慢。经过$\tau$时间后，体电荷密度衰减为

$$\rho = \rho_0 \mathrm{e}^{-1} = \frac{\rho_0}{\mathrm{e}} \tag{3.44}$$

从上式可以看出，在经过τ时间的衰减后，导体内体电荷密度ρ衰减到$t=0$时刻的$1/e$。例如，对于铜$\gamma=5.8\times10^7\text{S/m}$，$\varepsilon=\varepsilon_0$，可以算出$\tau\approx10^{-19}\text{s}$。当给导体进行充电时，经过极短的时间后电荷都扩散到导体表面，最终导体内部没有净余电荷，所以，在恒定电场中一般不研究泊松方程。

3.4 恒定电场的分界面衔接条件

1. 两种不同导电媒质分界面衔接条件

恒定电场中两种不同导电媒质分界面衔接条件的推导与静电场中推导的方法相似。在两种不同导电媒质的分界面处，设区域1的电导率为γ_1和介电常数为ε_1，区域2的电导率为γ_2和介电常数为ε_2，如图3.10所示。

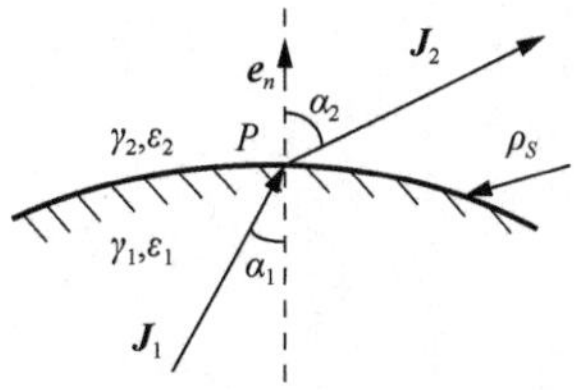

图3.10 两种导电媒质的分界面

利用恒定电场的环路定律$\oint_l \boldsymbol{E}\cdot d\boldsymbol{l}=0$，可以导出$\boldsymbol{E}$的切向分量满足的衔接条件，为

$$E_{2t}=E_{1t} \tag{3.45}$$

写成矢量形式为

$$\boldsymbol{e}_n\times(\boldsymbol{E}_2-\boldsymbol{E}_1)=0 \tag{3.46}$$

利用电流连续性方程$\oint_S \boldsymbol{J}\cdot d\boldsymbol{S}=0$，可以导出$\boldsymbol{J}$的法向分量满足的衔接条件

$$J_{2n}=J_{1n} \tag{3.47}$$

写成矢量形式为

$$\boldsymbol{e}_n\cdot(\boldsymbol{J}_2-\boldsymbol{J}_1)=0 \tag{3.48}$$

媒质分界面法线方向单位矢量$\boldsymbol{e}_n$为媒质1指向媒质2。对于线性且各向同性的两种导电媒质，可以得到类似于静电场的折射定律。如果媒质是各向同性的，即$\boldsymbol{J}$与$\boldsymbol{E}$的方向一致，$\boldsymbol{E}$切向和$\boldsymbol{J}$法向则可分别写成

$$E_1\sin\alpha_1=E_2\sin\alpha_2 \tag{3.49}$$

$$\gamma_1E_1\cos\alpha_1=\gamma_2E_2\cos\alpha_2 \tag{3.50}$$

可以导出电流场线在两种导电媒质界面发生折射的关系式，为

$$\frac{\tan\alpha_1}{\tan\alpha_2}=\frac{\gamma_1}{\gamma_2} \tag{3.51}$$

根据电通密度和电流密度的法分量衔接条件，将$\gamma_2E_{2n}=\gamma_1E_{1n}$代入$\rho_S=\varepsilon_2E_{2n}-\varepsilon_1E_{1n}$中，得出分界面上的面电荷密度为

$$\rho_S = \left(\varepsilon_2 - \varepsilon_1 \frac{\gamma_2}{\gamma_1}\right) E_{2n} = \left(\varepsilon_2 \frac{\gamma_1}{\gamma_2} - \varepsilon_1\right) E_{1n} \tag{3.52}$$

由此可见，只有当两种媒质参数满足$\varepsilon_2\gamma_1 = \varepsilon_1\gamma_2$或者$\dfrac{\gamma_2}{\gamma_1} = \dfrac{\varepsilon_2}{\varepsilon_1}$条件时，其分界面上的自由电荷才为零，即$\rho_S = 0$。

根据经典电子理论，在恒定场情况下，可以近似地认为金属导体的介电常数$\varepsilon \approx \varepsilon_0$。因此，两种不同金属导体分界面上的面电荷密度为

$$\rho_S = \left(1 - \frac{\gamma_2}{\gamma_1}\right) \varepsilon_0 E_{2n} = \left(\frac{\gamma_1}{\gamma_2} - 1\right) \varepsilon_0 E_{1n} \tag{3.53}$$

$$\rho_S = \frac{\varepsilon_0\gamma_1 - \varepsilon_0\gamma_2}{\gamma_1\gamma_2} J_{2n} \tag{3.54}$$

2. 理想导电媒质与理想介质分界面衔接条件

现在分析理想导电媒质与理想介质分界面的衔接条件时，假设理想导电媒质为 1、理想介质为 2，如图 3.11 所示。

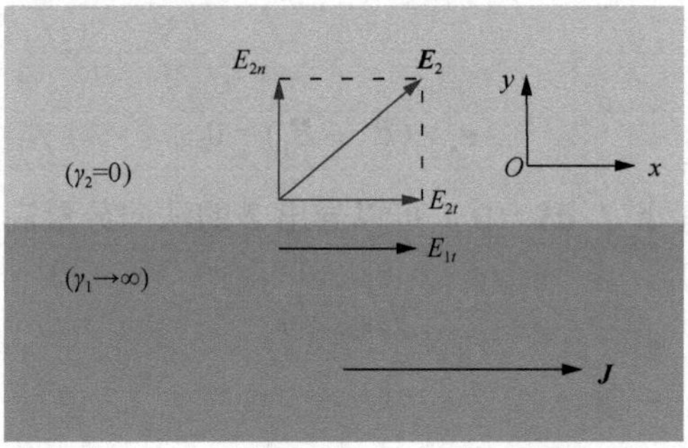

图 3.11 理想导电媒质与理想介质分界面

通常认为空气为理想介质，其电导率为 $\gamma_2 = 0$，因此理想介质内不存在恒定电流，$\boldsymbol{J}_2 = 0$，故有

$$J_{2n} = J_{1n} = 0 \tag{3.55}$$

由于理想导电媒质侧$J_{1n} = 0$，有$E_{1n} = \dfrac{J_{1n}}{\gamma_1} = 0$和$D_{1n} = \varepsilon_1 E_{1n} = 0$成立。因此，电介质侧有

$$D_{2n} = \varepsilon_2 E_{2n} = \rho_S \tag{3.56}$$

$$E_{2n} = \frac{J_{2n}}{\gamma_2} = \frac{\rho_S}{\varepsilon_2} \tag{3.57}$$

在分界面处电场强度的切向分量具有连续性，满足$E_{2t} = E_{1t}$，在理想介质侧有

$$E_{2t} = E_{1t} = J_{1t}/\gamma_1 \tag{3.58}$$

理想导电媒质内电导率 $\gamma_1 \to \infty$，因此，在理想介质侧有 E_{2t} 很小，由于 $E_{2n}=\dfrac{\rho_S}{\varepsilon_2}\neq 0$，$E_{2t}$ 和 E_{2n} 相比幅值小很多，有 $E_{2t}\ll E_{2n}$ 成立。说明理想介质内的电场切向分量 E_{2t} 和法向分量 E_{2n} 相比是极其微小的。将使得理想介质内且在理想导电媒质外表面处的电场强度 $\boldsymbol{E}_2$ 与理想导电媒质表面不相垂直。因此，在研究理想导电媒质外表面附近介质的电场时，可以略去切向分量 E_{2t} 的影响。图 3.12 给出了传输线表面的电场各分量情况。

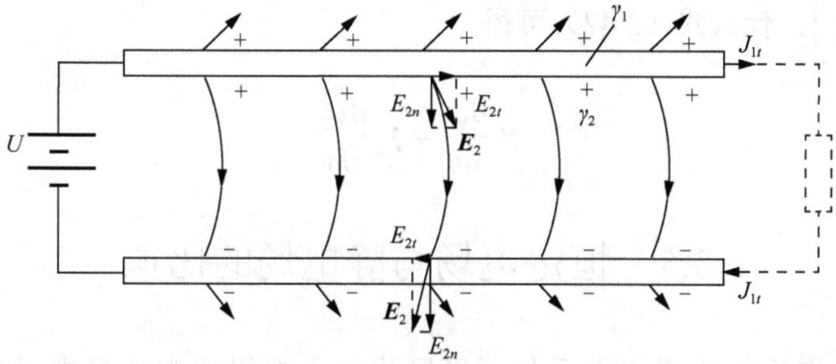

图 3.12　输电线电场分量分解示意图

在理想导电媒质内的电流密度 $\boldsymbol{J}_1$ 为有限值，由于 $J_{1n}=0$，所以有 $E_{1n}=\dfrac{J_{1n}}{\gamma_1}=0$ 和 $D_{1n}=\varepsilon_1 E_{1n}=0$ 成立。说明理想导电媒质一侧只能存在切向分量的电场强度和电流密度，即 $\boldsymbol{E}_1=E_{1t}=\dfrac{J_{1t}}{\gamma_1}=\dfrac{\boldsymbol{J}_1}{\gamma_1}$。通过分析表明：在理想导电媒质侧分界面的电流一定与媒质表面平行，且在与理想介质分界面上必有面电荷，电场切向分量不为零，理想导电媒质非等位体，理想导电媒质表面非等位面。

3. 良导电媒质与不良导电媒质分界面衔接条件

当电流从良导电媒质流向不良导电媒质时，如图 3.13 所示。设 $\gamma_1\gg\gamma_2$，由折射定律可知 $\tan\alpha_2=\dfrac{\gamma_2}{\gamma_1}\tan\alpha_1$，除了 $\alpha_1=90^\circ$ 以外的任何入射角，α_2 都很小，近似为 $\alpha_2\to 0$。这表明，当电流由良导电媒质流向不良导电媒质时，电流线总是垂直于不良导电媒质表面。换句话说，这时可以忽略良导电媒质内部的电压降，可将良导电媒质表面近似看作等位面。

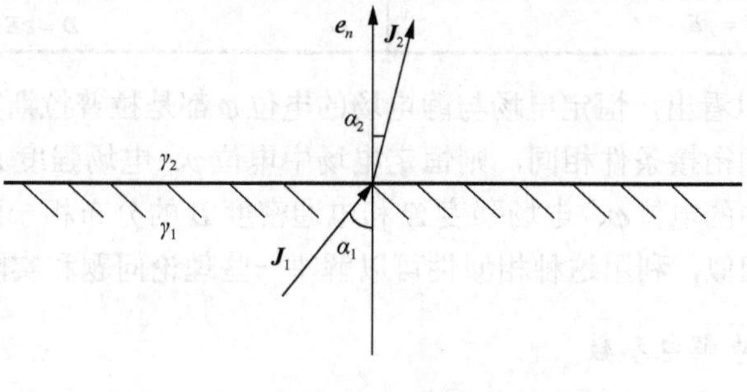

图 3.13　良导电媒质与不良导电媒质分界面

4. 电位的分界面衔接条件

在恒定电场中可以获得电位满足的分界面衔接条件，与静电场中表达式相同，为

$$\varphi_1 = \varphi_2 \tag{3.59}$$

另外，根据电流密度满足的分界面衔接条件，得出 $J_{1n} = \gamma_1 E_{1n} = \gamma_1\left(-\frac{\partial \varphi_1}{\partial n}\right)$ 和 $J_{2n} = \gamma_2 E_{2n} = \gamma_2\left(-\frac{\partial \varphi_2}{\partial n}\right)$，代入式（3.47）可得

$$\gamma_1 \frac{\partial \varphi_1}{\partial n} = \gamma_2 \frac{\partial \varphi_2}{\partial n} \tag{3.60}$$

3.5 恒定电场与静电场的比拟

将均匀导电媒质中的恒定电场与无源区均匀导电媒质中的静电场相比较，可以看出，恒定电场与静电场的基本方程相似，只要把 $\boldsymbol{J} \to \boldsymbol{D}$，$I \to q$，$\gamma \to \varepsilon$，$G \to C$ 进行互换，恒定电场的方程即可以写为静电场的方程。两种场有如表 3.2 所示的对应关系。

表 3.2 恒定电场和静电场对应关系表

均匀导电媒质中的恒定电场	无源区均匀导电媒质中的静电场
$\nabla \cdot \boldsymbol{J} = 0$	$\nabla \cdot \boldsymbol{D} = 0$
$\nabla \times \boldsymbol{E} = 0$, $\boldsymbol{E} = -\nabla\varphi$	$\nabla \times \boldsymbol{E} = 0$, $\boldsymbol{E} = -\nabla\varphi$
$\nabla^2\varphi = 0$	$\nabla^2\varphi = 0$
$I = \int_S \boldsymbol{J} \cdot \mathrm{d}\boldsymbol{S}$	$q = \int_S \boldsymbol{D} \cdot \mathrm{d}\boldsymbol{S}$
$J_{1n} = J_{2n}$ $E_{1t} = E_{2t}$ $\varphi_1 = \varphi_2$ $\gamma_1 \frac{\partial \varphi_1}{\partial n} = \gamma_2 \frac{\partial \varphi_2}{\partial n}$	$D_{1n} = D_{2n}$ $E_{1t} = E_{2t}$ $\varphi_1 = \varphi_2$ $\varepsilon_1 \frac{\partial \varphi_1}{\partial n} = \varepsilon_2 \frac{\partial \varphi_2}{\partial n}$
$I = \int_S \boldsymbol{J} \cdot \mathrm{d}\boldsymbol{S}$ $U = \int_l \boldsymbol{E} \cdot \mathrm{d}\boldsymbol{l}$ $G = I/U$	$q = \int_S \boldsymbol{D} \cdot \mathrm{d}\boldsymbol{S}$ $U = \int_l \boldsymbol{E} \cdot \mathrm{d}\boldsymbol{l}$ $C = q/U$
$\boldsymbol{J} = \gamma \boldsymbol{E}$	$\boldsymbol{D} = \varepsilon \boldsymbol{E}$

从表 3.2 中可以看出，恒定电场与静电场的电位 φ 都是拉普拉斯方程的解。显然，只要两者对应的分界面衔接条件相同，则恒定电场中电位 φ、电场强度 $\boldsymbol{E}$ 和电流密度 $\boldsymbol{J}$ 的分布将分别与静电场中的电位 φ、电场强度 $\boldsymbol{E}$ 和电通密度 $\boldsymbol{D}$ 的分布相一致。所以，恒定电场与静电场的性质也相似，利用这种相似性可以解决一些理论问题和实际问题。

1. 静电比拟法求解电参数

静电场中一些结论可以推广到恒定电场中。例如，求解静电场的一些基本方法，如直

接积分法、分离变量法、镜像法等，都可以用来求解恒定电场的问题。如果场中两种媒质分区均匀，当恒定电场与静电场两者分界面衔接条件相似，且两者对应的电导率与介电常数之间满足如下物理参数相似的条件时：

$$\frac{\gamma_1}{\gamma_2}=\frac{\varepsilon_1}{\varepsilon_2} \tag{3.61}$$

两种场在分界面上的 $\boldsymbol{J}$ 线与对应的 $\boldsymbol{D}$ 线折射情况相同。根据式（3.61）可以把一种场的计算和实验结果推广应用于另一种场，这就是静电比拟法。

根据静电比拟法，得

$$\frac{G}{C}=\frac{\gamma}{\varepsilon} \tag{3.62}$$

具体证明如下：电导为

$$G=\frac{I}{U}=\frac{\int_S \boldsymbol{J}\cdot \mathrm{d}\boldsymbol{S}}{\int_l \boldsymbol{E}\cdot \mathrm{d}\boldsymbol{l}}=\frac{\gamma\int_S \boldsymbol{E}\cdot \mathrm{d}\boldsymbol{S}}{\int_l \boldsymbol{E}\cdot \mathrm{d}\boldsymbol{l}}$$

电容为

$$C=\frac{q}{U}=\frac{\int_S \boldsymbol{D}\cdot \mathrm{d}\boldsymbol{S}}{\int_l \boldsymbol{E}\cdot \mathrm{d}\boldsymbol{l}}=\frac{\varepsilon\int_S \boldsymbol{E}\cdot \mathrm{d}\boldsymbol{S}}{\int_l \boldsymbol{E}\cdot \mathrm{d}\boldsymbol{l}}$$

将电导 G 和电容 C 进行比值计算，即可以获得两者之间关系式。因此，可以利用电容的计算方法计算电导或电阻，反之亦然。

2. 恒定电场模拟静电场

直接测量静电场很困难：其一，测量仪器只能采用静电仪表，一般用的磁电式仪表有电流才有反应，而静电场中没有电流，自然不起作用；其二，仪表本身是导体或导电媒质，一旦把仪表放入静电场中，原来的静电场将被改变。

一般采用装有电极的水槽或导电纸进行模拟测量，利用导电性能好的金属做成各种形状的电极。在两电极间加上稳定的电压时，会有电流在水中或沿导电纸表面流过，来表征恒定电场的分布。理论和实验可以证明，只要水或导电纸的电导率比电极的电导率小得多，电极的表面就可以看作是一个等位面，水中或导电纸上的电位分布就与被模拟的静电系统完全类似。

3.6 场量和电参数的求解方法

3.6.1 静电比拟法

例 3.1 有两层媒质的同轴电缆，内导体的半径为 a，两层媒质分界面的半径为 b，外导体的内半径为 c，两层媒质的介电常数分别为 ε_1、ε_2，漏电导率分别为 γ_1、γ_2，如

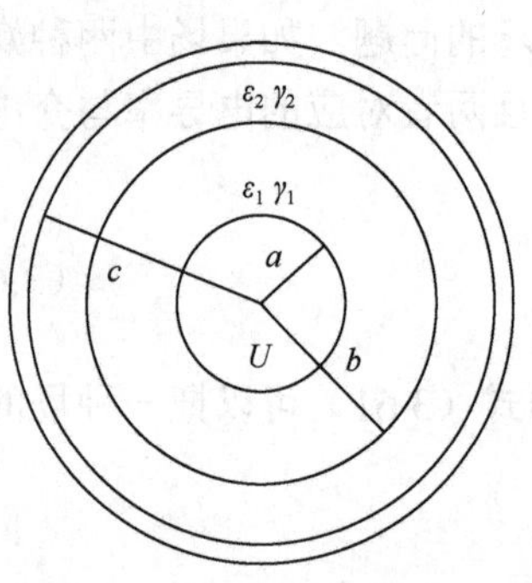

图 3.14 两层媒质的同轴电缆截面图

图 3.14 所示。外加电压 U 时，求两层媒质中的电场强度、分界面上的自由电荷密度、单位长度的电容和漏电导。

解： 先求单位长度的电容，设同轴电缆单位长度上带有电荷 ρ_l，由高斯定律可以求出两层媒质中的电场强度分别为 $\boldsymbol{E}_1=\dfrac{\rho_l}{2\pi\varepsilon_1 r}\boldsymbol{e}_r$ 和 $\boldsymbol{E}_2=\dfrac{\rho_l}{2\pi\varepsilon_2 r}\boldsymbol{e}_r$。

同轴电缆内外导体之间的电位差为

$$U=\int_a^b \boldsymbol{E}_1\cdot \mathrm{d}\boldsymbol{r}+\int_b^c \boldsymbol{E}_2\cdot \mathrm{d}\boldsymbol{r}=\frac{\rho_l}{2\pi}\left(\frac{1}{\varepsilon_1}\ln\frac{b}{a}+\frac{1}{\varepsilon_2}\ln\frac{c}{b}\right)$$

同轴电缆单位长度的电容为

$$C_0=\frac{\rho_l}{U}=\frac{2\pi\varepsilon_1\varepsilon_2}{\varepsilon_2\ln\dfrac{b}{a}+\varepsilon_1\ln\dfrac{c}{b}}$$

可得单位长度的电导为

$$G_0=\frac{2\pi\gamma_1\gamma_2}{\gamma_2\ln\dfrac{b}{a}+\gamma_1\ln\dfrac{c}{b}}$$

同轴电缆中单位长度的漏电流为

$$I_0=UG_0=\frac{2\pi\gamma_1\gamma_2 U}{\gamma_2\ln\dfrac{b}{a}+\gamma_1\ln\dfrac{c}{b}}$$

漏电流密度为

$$\boldsymbol{J}=\frac{I_0}{2\pi r}\boldsymbol{e}_r=\frac{\gamma_1\gamma_2 U}{r\left(\gamma_2\ln\dfrac{b}{a}+\gamma_1\ln\dfrac{c}{b}\right)}\boldsymbol{e}_r$$

两层媒质中的电场强度分别为

$$\boldsymbol{E}_1=\frac{\boldsymbol{J}}{\gamma_1}=\frac{\gamma_2 U}{r\left(\gamma_2\ln\dfrac{b}{a}+\gamma_1\ln\dfrac{c}{b}\right)}\boldsymbol{e}_r$$

$$\boldsymbol{E}_2=\frac{\boldsymbol{J}}{\gamma_2}=\frac{\gamma_1 U}{r\left(\gamma_2\ln\dfrac{b}{a}+\gamma_1\ln\dfrac{c}{b}\right)}\boldsymbol{e}_r$$

由高斯定律可以求出两层媒质分界面上的自由电荷密度

$$\rho_S=D_{2n}-D_{1n}=\varepsilon_2E_{2n}-\varepsilon_1E_{1n}$$

$$=\frac{U\left(\varepsilon_2\gamma_1-\varepsilon_1\gamma_2\right)}{b\left(\gamma_2\ln\dfrac{b}{a}+\gamma_1\ln\dfrac{c}{b}\right)}$$

例 3.2　一半球形接地电极，半径为a，大地电导率为γ，如图 3.15 所示，求接地电阻和跨步电压。

解：设接地电流为I，则半球形接地体中的电流密度为

$$\boldsymbol{J}=\frac{I}{2\pi r^2}\boldsymbol{e}_r$$

大地中的场强为

$$\boldsymbol{E}=\frac{\boldsymbol{J}}{\gamma}=\frac{I}{2\pi\gamma r^2}\boldsymbol{e}_r$$

接地电极表面的电位为

$$U=\int_a^\infty \boldsymbol{E}\cdot\mathrm{d}\boldsymbol{l}=\int_a^\infty \frac{I\mathrm{d}r}{2\pi\gamma r^2}=\frac{I}{2\pi\gamma a}$$

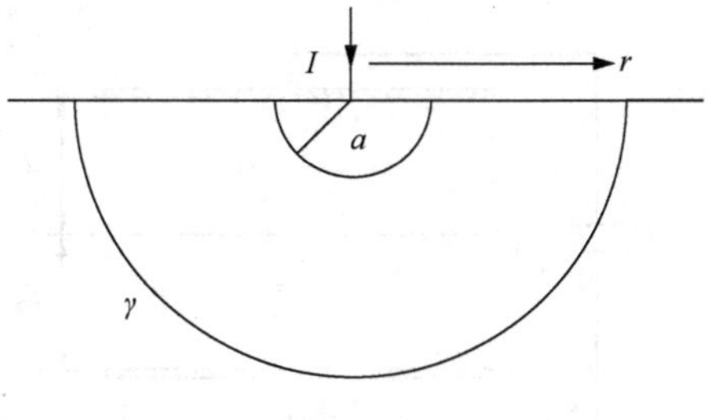

图 3.15　半球形接地电极示意图

接地电阻为

$$R=\frac{U}{I}=\frac{1}{2\pi\gamma a}$$

可以看出电导率γ增大，接地电阻R减小。可以采用在接地电极附近灌盐水、埋木炭或其他降阻剂等方法减小接地电阻。

由电位U表达式，可以将接地电极附近地面上任一点的电位写为

$$\varphi=\int_r^\infty \boldsymbol{E}\cdot\mathrm{d}\boldsymbol{l}=\int_r^\infty \frac{I\mathrm{d}r}{2\pi\gamma r^2}=\frac{I}{2\pi\gamma r} \tag{3.63}$$

根据上式可以绘出沿地面电位φ随距离r变化的曲线，如图 3.16 所示。可以看出，如果入地电流比较大（如电力系统的接地电极和防雷系统的接地电极），在接地电极附近地面上的电位梯度很大，跨步电压将很大，可能超过人体的安全电压。由式（3.63）可以计算图 3.16 中A、B两点之间的跨步电压为

$$U_{AB}=\int_A^B \boldsymbol{E}\cdot\mathrm{d}\boldsymbol{l}=\int_r^{r+b}\frac{I\mathrm{d}r}{2\pi\gamma r^2}=\frac{I}{2\pi\gamma}\left(\frac{1}{r}-\frac{1}{r+b}\right)\approx\frac{Ib}{2\pi\gamma r^2} \tag{3.64}$$

设人体的安全电压为U_0（一般取为交流 30V，直流 50V），由式（3.64）可以求出危险区的半径为

$$r_0=\sqrt{\frac{Ib}{2\pi\gamma U_0}} \tag{3.65}$$

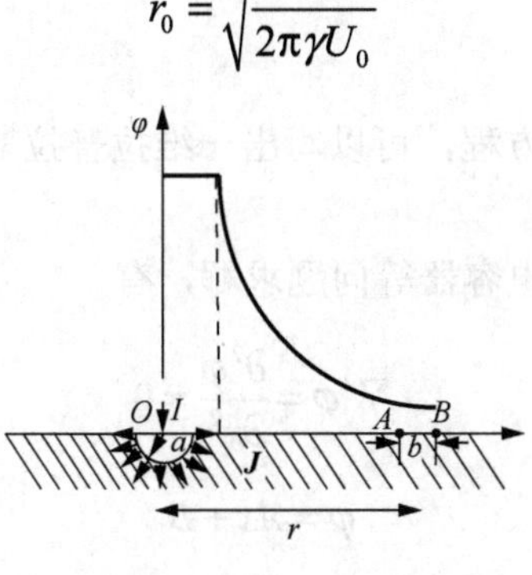

图 3.16　跨步电压

3.6.2 分界面衔接条件法

例 3.3 设一平板电容器由两层非理想介质串联构成，如图 3.17 所示。其介电常数和电导率分别为ε_1、ε_2和γ_1、γ_2，厚度分别为d_1和d_2，外施恒定电压U_0，忽略边缘效应。试求：

（1）两层非理想介质中的电场强度；

（2）单位体积中电场能量密度及功率损耗密度；

（3）两层非理想介质分界面上的自由电荷面密度。

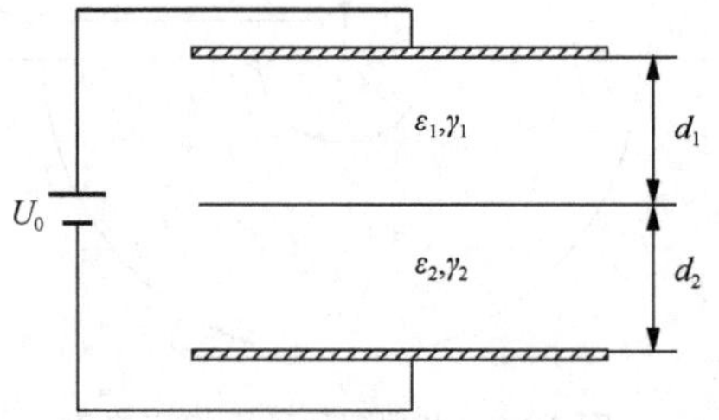

图 3.17　非理想介质平板电容器中的恒定电场

解：（1）忽略边缘效应，假设垂直极板方向为$\boldsymbol{e}_x$，可以认为电容器中电流线与两媒质交界面相垂直，用分界面衔接条件

$$\gamma_1 E_1 = \gamma_2 E_2$$

又有电压关系

$$E_1 d_1 + E_2 d_2 = U_0$$

联立求解两式，得

$$\boldsymbol{E}_1 = \frac{\gamma_2 U_0}{\gamma_1 d_2 + \gamma_2 d_1}\boldsymbol{e}_x, \quad \boldsymbol{E}_2 = \frac{\gamma_1 U_0}{\gamma_1 d_2 + \gamma_2 d_1}\boldsymbol{e}_x$$

（2）两种非理想介质中的电场能量密度分别为

$$w_{e1} = \frac{1}{2}\varepsilon_1 E_1^2, \quad w_{e2} = \frac{1}{2}\varepsilon_2 E_2^2$$

相应的单位体积中的功率损耗密度分别为

$$p_1 = \gamma_1 E_1^2, \quad p_2 = \gamma_2 E_2^2$$

（3）分界面上的自由电荷面密度为

$$\rho_S = \frac{\varepsilon_2\gamma_1 - \varepsilon_1\gamma_2}{\gamma_1\gamma_2}J_{2n} = \frac{\varepsilon_2\gamma_1 - \varepsilon_1\gamma_2}{\gamma_1 d_2 + \gamma_2 d_1}U_0$$

3.6.3 电位的积分方程法

根据恒定电场的拉普拉斯方程，可以写出一维拉普拉斯方程在各坐标系中的通解，如以下公式所示。

直角坐标系适用于平行板电容器等问题求解，有

$$\nabla^2\varphi = \frac{\partial^2\varphi}{\partial x^2} = 0 \tag{3.66}$$

$$\varphi = Ax + B \tag{3.67}$$

$$\boldsymbol{E}(x)=-\nabla\varphi=-\frac{\mathrm{d}\varphi}{\mathrm{d}x}\boldsymbol{e}_x \tag{3.68}$$

圆柱坐标系适用于圆柱、同轴电缆等问题求解，有

$$\nabla^2\varphi=\frac{1}{r}\frac{\mathrm{d}}{\mathrm{d}r}\left(r\frac{\mathrm{d}\varphi}{\mathrm{d}r}\right)=0 \tag{3.69}$$

$$\varphi=B\ln r+C \tag{3.70}$$

$$\boldsymbol{E}(r)=-\nabla\varphi=-\frac{\mathrm{d}\varphi}{\mathrm{d}r}\boldsymbol{e}_r \tag{3.71}$$

圆柱坐标系适用于扇形平面电容器等问题求解，有

$$\nabla^2\varphi=\frac{1}{r^2}\frac{\mathrm{d}^2\varphi}{\mathrm{d}\phi^2}=0 \tag{3.72}$$

$$\varphi=B\phi+C \tag{3.73}$$

球坐标适用于球形电容器等问题求解，有

$$\nabla^2\varphi=\frac{1}{r^2}\frac{\mathrm{d}}{\mathrm{d}r}\left(r^2\frac{\mathrm{d}\varphi}{\mathrm{d}r}\right)=0 \tag{3.74}$$

$$\varphi(r)=A\frac{1}{r}+B \tag{3.75}$$

$$\boldsymbol{E}(\boldsymbol{r})=-\nabla\varphi=-\frac{\mathrm{d}\varphi}{\mathrm{d}r}\boldsymbol{e}_r \tag{3.76}$$

例 3.4 如图 3.18 所示，同轴电缆的内外半径分别为 a 和 b，填充的媒质 $\gamma\neq0$，有漏电现象。同轴电缆外加电压为 U，求漏电媒质内的 φ、$\boldsymbol{E}$、$\boldsymbol{J}$，以及单位长度上的漏电导和电容。

解： 同轴电缆的内外导体中有轴向流动的电流，由 $\boldsymbol{J}=\gamma\boldsymbol{E}$，对于良导体构成的同轴电缆，$\gamma\to\infty$，所以导体内的轴向电场 E_z 很小。内外导体表面有面电荷分布，内导体表面为正的面电荷，外导体内表面为负的面电荷，是电源充电时扩散且稳定分布在导体表面的，故在漏电媒质中存在径向电场分量 E_r。

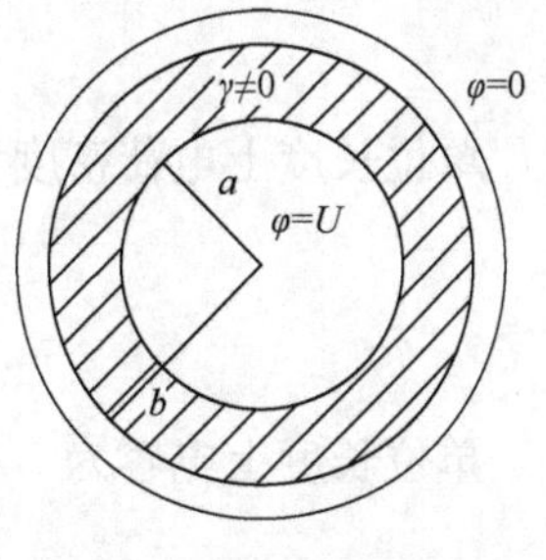

图 3.18 同轴电缆的截面示意图

建立柱坐标系，设内外导体是理想导体，则 $E_z=0$，内外导体表面为等位面，漏电媒质中电位只是 r 的函数，拉普拉斯方程为

$$\frac{1}{r}\frac{\mathrm{d}}{\mathrm{d}r}\left(r\frac{\mathrm{d}\varphi}{\mathrm{d}r}\right)=0$$

分界面衔接条件为：$r=a$，$\varphi=U$；$r=b$，$\varphi=0$。

利用直接积分法可以解出

$$\varphi(r)=\frac{U}{\ln\frac{b}{a}}\cdot\ln\frac{b}{r}$$

电场强度为

$$\boldsymbol{E}(\boldsymbol{r})=-\frac{\mathrm{d}\varphi}{\mathrm{d}r}\boldsymbol{e}_r=\frac{U}{r\ln\frac{b}{a}}\boldsymbol{e}_r$$

漏电媒质中的电流密度为

$$\boldsymbol{J}=\gamma\boldsymbol{E}=\frac{\gamma U}{r\ln\frac{b}{a}}\boldsymbol{e}_r$$

同轴电缆内单位长度的漏电流为

$$I_0=2\pi r\cdot\frac{\gamma U}{r\ln\frac{b}{a}}=\frac{2\pi\gamma U}{\ln\frac{b}{a}}$$

单位长度的漏电导为

$$G_0=\frac{I_0}{U}=\frac{2\pi\gamma}{\ln\frac{b}{a}}$$

设漏电媒质的介电常数为ε，则内导体表面上的面电荷密度为

$$\rho_S=\varepsilon\left.\frac{U}{r\ln\frac{b}{a}}\right|_{r=a}$$

单位长度上电荷密度为

$$\rho_l=2\pi a\cdot 1\cdot\rho_S=\frac{2\pi\varepsilon U}{\ln\frac{b}{a}}$$

单位长度上电容为

$$C_0=\frac{\rho_l}{U}=\frac{2\pi\varepsilon}{\ln\frac{b}{a}}$$

例 3.5 设一扇形导电片如图 3.19 所示，给定两端面电位差为U_0。试求导电片内电流密度分布及其两端面间的电阻。

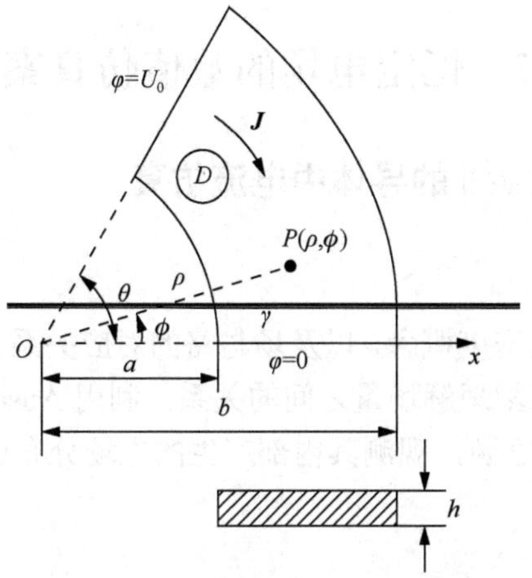

图 3.19 扇形导电片中的恒定电场

解：建立圆柱坐标系，设待求场量电位为 φ，电位只与扇形角度 ϕ 有关，一维拉普拉斯方程为

$$\begin{cases}\nabla^2\varphi(\rho,\phi,z)=\dfrac{1}{\rho^2}\cdot\dfrac{\partial^2\varphi}{\partial\phi^2}=0, & (\rho,\phi)\in D\\ \varphi|_{\phi=0}=0\\ \varphi|_{\phi=\theta}=U_0\end{cases}$$

进行积分写出通解，有

$$\varphi=C_1\phi+C_2$$

由分界面衔接条件，得

$$C_1=\frac{U_0}{\theta},\quad C_2=0$$

故导电片内的电位为

$$\varphi=\left(\frac{U_0}{\theta}\right)\phi$$

电流密度分布为

$$\boldsymbol{J}=\gamma\boldsymbol{E}=-\gamma\nabla\varphi=-\frac{\gamma}{\rho}\cdot\frac{\partial}{\partial\phi}\left(\frac{U_0\phi}{\theta}\right)\boldsymbol{e}_\phi=-\frac{\gamma U_0}{\rho\theta}\boldsymbol{e}_\phi$$

对于图示厚度为 h 的导电片两端面的电阻为

$$R=\frac{U_0}{I}=\frac{U_0}{\int_S\boldsymbol{J}\cdot\mathrm{d}\boldsymbol{S}}$$

$$=\frac{U_0}{-\int_a^b\dfrac{\gamma U_0}{\rho\theta}\boldsymbol{e}_\phi\cdot h\mathrm{d}\rho(-\boldsymbol{e}_\phi)}=\frac{\theta}{\gamma h\ln\left(\dfrac{b}{a}\right)}$$

3.7 恒定电场的数值仿真案例

3.7.1 基于 Ansoft Maxwell 的导体中电流仿真

1. 仿真要求

掌握不同电流元的电流密度概念，以及场与路的对应关系。理解各种电流密度的概念，通过欧姆定律和焦耳定律深刻理解场量之间的关系。利用 Ansoft Maxwell 软件构建一个多导体模型，加入 1A 电流激励源，观测其内部产生的电场分布图。

2. 仿真步骤

1）建模

首先建立三维工程，点击 Project > Insert Maxwell 3D Design。工程命名为 Planar Cap，点击 File>Save as>Planar Cap。DC Conduction（直流传导电场求解器）求解主要计算导体内的电场，因此不考虑材料介电常数参数，选择 DC Conduction 求解器类型，点击 Maxwell 3D> Solution Type> Electric> DC Conduction。

创建导体，点击 Draw > Box。设置起点(X, Y, Z)为(1, −0.6, 0)，坐标偏移$(\mathrm{d}X, \mathrm{d}Y, \mathrm{d}Z)$为(1, 0.2, 0.2)，将其重命名为 Conductor。设置材料为铜，点击 Modeler>Assign Material > Copper。另创建 3 个并列的导体，选中 Conductor，沿线方式复制，点击 Edit > Duplicate>Along Line。输入 line 矢量的第 1 个点为(0, 0, 0)，输入 line 矢量的第 2 个点为(0, 0.4, 0)，输入复制总数为 4（包括原导体）。

创建导体 5，点击 Draw > Box。设置起点为(0.8, −1, 0)，设置坐标偏移为(0.2, 2.2,0.2)，将其重命名为 Conductor_5，设置材料为铜。

创建导体 6，点击 Draw > Box，设置起点为(0.8, −0.4, 0)，坐标偏移为(−1.2, 0.2,0.2)，将其重命名为 Conductor_6，设置材料为铜。

创建导体 7，选中 Conductor_6，镜像复制 Edit > Duplicate > Mirror，输入对称镜像平面法向量在平面中的第 1 点坐标(0,0,0)，输入对称镜像平面法向量在平面外的第 2 点坐标(0,1,0)，上述设置表示镜像平面为 *XOZ* 平面，并将其重命名为 Conductor_7。

创建导体 8，点击 Draw > Box，设置起点为(−0.4,0.6,0)，设置坐标偏移为(−0.4, −1.2,0.2)，将其重命名为 Conductor_sink，设置材料为铜。

创建计算区域，点击 Draw>Region，即设置 Value 为 10。

2）设置激励

导体中的激励主要通过加载电流和电流阱两种方式。电流激励加载时需要在导体表面上施加电流。电流阱（current sink）是一种电流吸收器，确保每个导体流入的电流等于流出的电流，保证在某个节点处电流连续性方程成立。

设置电流注入源时，先将体选择改为面选择，选中如图 3.20 所示的 6 个面，操作过程为点击 Maxwell 3D> Excitations > Assign >Current > 1A，即可实现在 6 个面上产生 6 个输入为 1A 电流的激励源。接下来设置电流阱，选中如图 3.21 所示的 Current_sink 导体 2 个侧面，操作过程为点击 Maxwell 3D> Excitations > Assign > Sink。

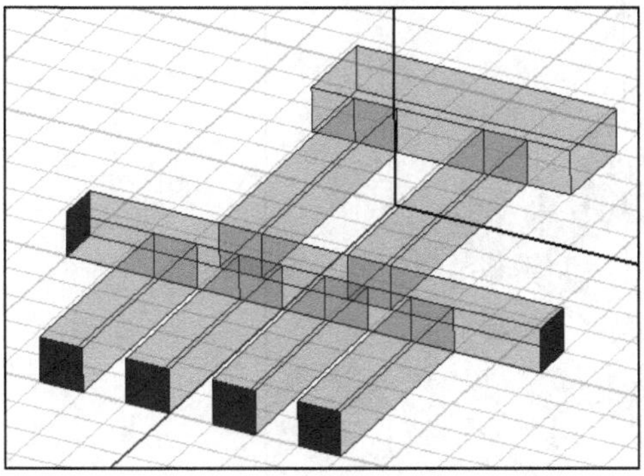

图 3.20 激励源设置

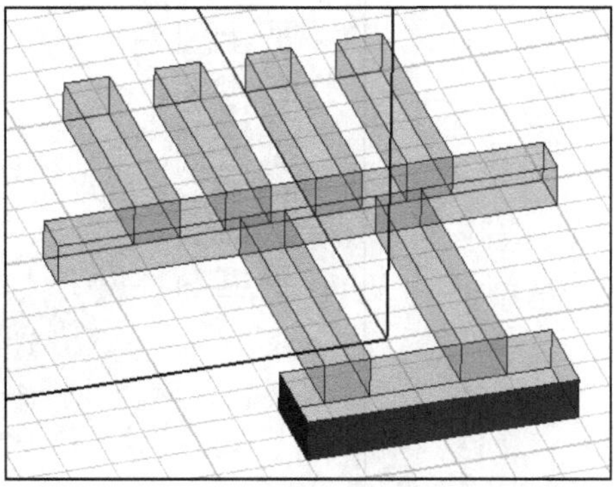

图 3.21 电流导体设置

3）设置剖分操作

选中所有物体，按 Ctrl+A 键，操作过程为点击 Maxwell 3D> Mesh Operations> Assign> Inside Selection> Length Based，取消选中 Restrict Length of Elements，并选中 Restrict the Number of Elements，设置 Maximum Number of Elements 为 10000，即可设置剖分单元的最大数量。

4）设置自适应计算参数

点击 Maxwell 3D > Analysis Setup > Add Solution Setup。

5）检查和运行

先点击 Check 按钮，检查无误后点击 Run 按钮运行。

6）查看结果

绘出导体中的电流流向图，选中所有导体进行电流设置，并调节矢量箭头尺寸，点击 Maxwell 3D > Fields > Fields >J > J_Vector，点击 Maxwell 3D > Fields > Fields >E > Mag_E。图 3.22 和图 3.23 给出了电流源电流流向和导体内部电场分布仿真结果。

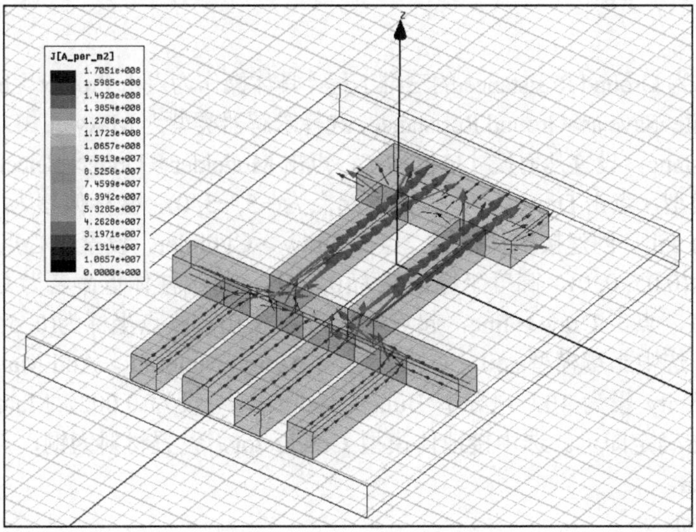

图 3.22 电流源电流流向图

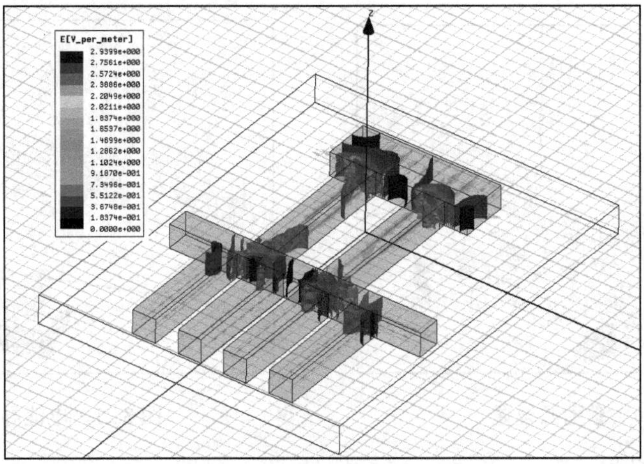

图 3.23 导体内部电场分布图

3.7.2 基于 Ansoft Maxwell 接地电极的跨步电压计算

1. 仿真要求

设计一个导线与土壤相连的接地体模型，并在与设备连接的导线上添加电位值模拟设备外壳电压，设备长为 1m，直径 0.1m，设备外壳电压 1000V，则导线上的电压为 1000V，设导线材料为铜，与之接触的土壤相对介电常数为 10，电导率为 0.002S/m。如果人体安全电压为 38V，确定危险区域的范围。

由于无法建一个无穷大的土壤模型，假设与接地电极的距离为接地电极尺寸 100 倍以上时，土壤对接地电阻值的影响可忽略。因此，建立一个长、宽、高分别为 10m、10m、20m 的长方体土壤块，基本满足精度要求。

2. 仿真步骤

1）建模

首先建立名为 Ground Resistance 的三维工程，具体操作为点击 Project > Insert Maxwell 3D Design 和点击 File>Save as>Ground Resistance。选择求解器类型为 Maxwell 3D > Solution Type> Electric> Electrostatic。设置几何尺寸单位为米，点击 Modelder > Units > Select Units > Meter。

创建土壤模型，点击 Draw > Box，设置起点为(−5, −5, 0)，坐标偏移为(10, 10, −20)，将六面体重命名为 soil。创建接地体模型，点击 Draw > Cylinder，设置中心点坐标为(0, 0, 0)，半径坐标偏移为(0.05, 0, 0)，高度坐标偏移为(0, 0, 1)，将圆柱体重命名为 Conductor。创建观测线 Polyline1，点击 Draw > line，起点坐标为(0, 0, 0)，终点坐标为(0, 5, 0)。

添加材料：选中土壤模型 soil，点击右键 > Assign Material > Add Material，介电常数 Relative Permittivity 设为 10，电导率 Bulk Conductivity 设为 0.002，Material Name 设为 Material-1，点击确定即可。选中接地体模型 Conductor，设置材料为铜，点击右键>Assign Material > Copper。

2）设置激励

按快捷键 F，将体选择改为面选择，选中接地体模型 Conductor 的上表面，点击 Maxwell

3D> Excitations > Assign >Voltage > 1000V，名称设置为 Voltage1。选中土壤模型 soil 的四个侧表面，不包括土壤模型与接地体的接触面及其对面，点击 Maxwell 3D> Excitations > Assign >Voltage > 0V，名称分别设置为 Voltage2。

3）设置自适应计算参数

点击 Maxwell 3D > Analysis Setup > Add Solution Setup。设置最大迭代次数 Maximum Number of Passes 为 10，误差要求 Percent Error 为 1%，每次迭代加密剖分单元比例 Convergence>Refinement per Pass 为 30%。

4）检查和运行

先点击 Check 按钮，检查无误后点击 Run 按钮运行。

5）查看结果

点击 Maxwell 3D > Results > Create Fields Report > Rectangular Plot，按照图 3.24 设置相关参数，点击 New Report，观察观测线上的电位变化曲线，如图 3.25 所示。可知，电压衰减很快，38V 对应的点距离中心点约为 0.8m，所以危险区域范围是接地体中心 0.8m 之内的范围。选中土壤与接地体接触的上表面，点击 Maxwell 3D > Fields > Fields > E > Mag_E，观察电场的分布，如图 3.26 所示。

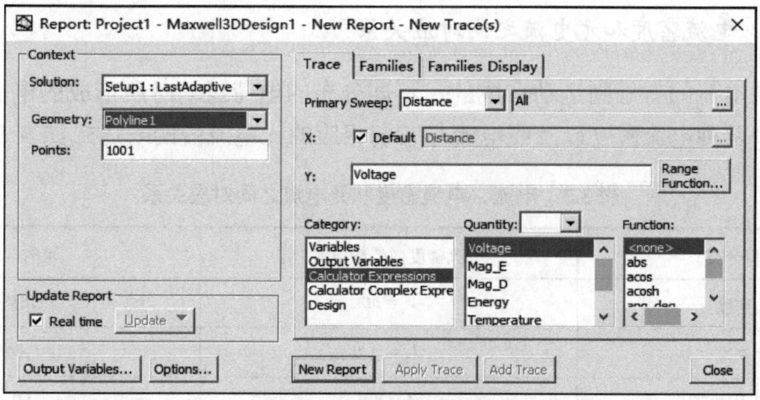

图 3.24 观测线参数设置

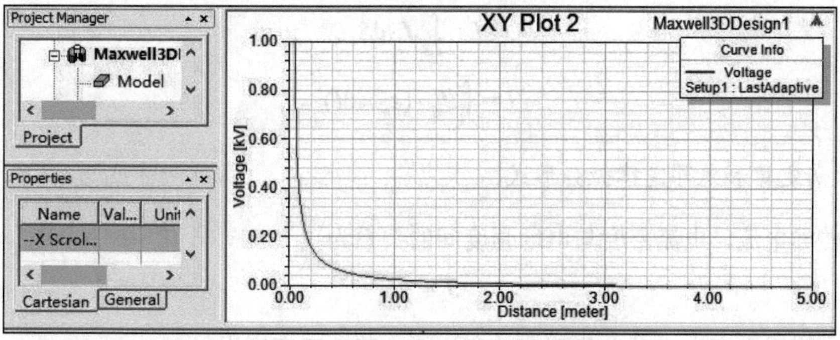

图 3.25 圆柱导体接地体沿 Y 轴方向的电位分布图

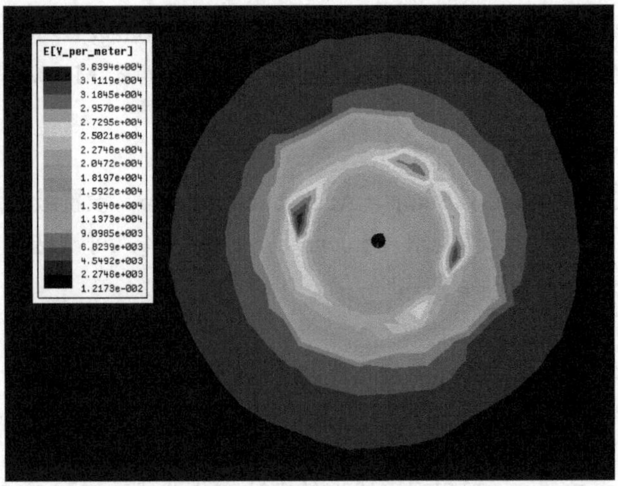

图 3.26 圆柱导体接地体的电场分布图

3.8 知 识 提 要

1. 电流、电流密度和元电流之间对应关系

电流是由电荷的有规则运动形成的，不同分布的电荷运动时所形成的电流密度具有不同的表达式。两种电流密度以及线电流与它们相应的元电流段的表达式如表 3.3 所示。

表 3.3 电流、电流密度和元电流之间对应关系

电荷分布	电流密度（或线电流）	元电流段
体密度	$\boldsymbol{J} = \rho \boldsymbol{v}$	$\boldsymbol{J}\mathrm{d}V$
面密度	$\boldsymbol{J}_S = \rho_S \boldsymbol{v}$	$\boldsymbol{J}_S \mathrm{d}\boldsymbol{S}$
线电流	$\boldsymbol{I} = \rho_l \boldsymbol{v}$	$I\mathrm{d}\boldsymbol{l}$

电流密度与相应的电流之间有下列关系：

$$I = \int_S \boldsymbol{J} \cdot \mathrm{d}\boldsymbol{S}$$

$$I = \int_l \boldsymbol{J}_S \cdot (\boldsymbol{e}_n \times \mathrm{d}\boldsymbol{l})$$

2. 欧姆定律和焦耳定律微分形式

对于传导电流，电流密度与电场强度间的关系为

$$\boldsymbol{J} = \gamma \boldsymbol{E}$$

当导电媒质中有电流时必伴随有功率损耗，其功率密度为

$$p = \boldsymbol{J} \cdot \boldsymbol{E}$$

3. 局外场强和电源电动势的关系

在导电媒质中为了维持恒定电流，必须有电源存在。电源的特性可用它的局外场强 $\boldsymbol{E}_{\mathrm{e}}$ 表示，$\boldsymbol{E}_{\mathrm{e}}$ 与电源的电动势 $\mathscr{E}_{\mathrm{e}}$ 间的关系为

$$\mathscr{E}_{\mathrm{e}}=\int \boldsymbol{E}_{\mathrm{e}}\cdot \mathrm{d}\boldsymbol{l}$$

4. 场量基本方程的积分形式和微分形式

导电媒质中恒定电场（电源外）场量基本方程的积分形式和微分形式分别为

$$\oint_S \boldsymbol{J}\cdot \mathrm{d}\boldsymbol{S}=0,\quad \oint_l \boldsymbol{E}\cdot \mathrm{d}\boldsymbol{l}=0$$

$$\nabla\cdot\boldsymbol{J}=0,\quad \nabla\times\boldsymbol{E}=0$$

5. 电位基本方程

导电媒质中恒定电场（电源外）标量基本方程，即拉普拉斯方程为

$$\nabla^2\varphi=0$$

6. 两种不同媒质分界面上的衔接条件

两种不同媒质分界面上的衔接条件标量形式为

$$E_{2t}=E_{1t} \text{ 和 } J_{2n}=J_{1n}$$

矢量形式为

$$\boldsymbol{e}_n\times(\boldsymbol{E}_2-\boldsymbol{E}_1)=0 \text{ 和 } \boldsymbol{e}_n\cdot(\boldsymbol{J}_2-\boldsymbol{J}_1)=0$$

7. 静电场和恒定电场的场量对应关系

导电媒质中恒定电场在电源外即 $\boldsymbol{E}_{\mathrm{e}}=0$ 处和静电场在无电荷分布即 $\rho=0$ 处有相似的关系，其场量对应关系如表 3.4 所列。

表 3.4 静电场和恒定电场的场量对应关系

静电场（$\rho=0$ 处）	恒定电场（$\boldsymbol{E}_{\mathrm{e}}=0$ 处）	静电场（$\rho=0$ 处）	恒定电场（$\boldsymbol{E}_{\mathrm{e}}=0$ 处）
$\boldsymbol{E}$	$\boldsymbol{E}$	q	ε
φ	φ	I	γ
$\boldsymbol{D}$	$\boldsymbol{J}$	—	—

习　题

3-1 长度为 L 的线电荷，线电荷密度为常数 ρ_l。计算线电荷垂直平分面上的电位 φ，并采用 $\boldsymbol{E}=-\nabla\varphi$ 求解 $\boldsymbol{E}$。

3-2 一个半径为 a 的球内均匀分布着总量为 q 的电荷，若其以角速度 ω 绕一直径匀速旋转，求球内的电流密度。

3-3 一个半径为 R 的媒质球内极化强度 $\boldsymbol{P}=K/r\boldsymbol{e}_r$ 其中 K 为一个常数。试求：

（1）计算极化电荷的体密度和面密度；

（2）计算自由电荷密度；

（3）计算球内外的电位分布。

3-4 有恒定电流流过两种不同导电媒质，介电常数和电导率分别为 ε_1、γ_1 和 ε_2、γ_2 的分界面。问若要使两种导电媒质分界面处的电荷面密度 $\rho_S=0$，则 ε_1、γ_1 和 ε_2、γ_2 应满足什么条件？

3-5 若恒定电场中有非均匀的导电媒质，其电导率 $\gamma=\gamma(x,y,z)$，介电常数 $\varepsilon=\varepsilon(x,y,z)$，求媒质中自由电荷的体密度。

3-6 同轴电缆的内导体半径为 a，外导体半径为 b，其间填充相对介电常数为 $\varepsilon_r=r/a$，试求：

（1）媒质中的 $\boldsymbol{E}$ 和 $\boldsymbol{D}$；

（2）媒质中的极化电荷分布；

（3）同轴电缆单位长度的电容。

3-7 一个同心球电容器的内外半径分别为 a、b，其间媒质的电导率为 γ，求该电容器的漏电导。

3-8 一电磁铁由圆柱铁芯外缠绕 200 匝铜线而成，铜线直径为 0.45mm，线匝的平均半径为 8mm，导线电阻是多少？

3-9 长 10m、半径 0.5mm 的导线，两段电位差为 12V，运载电流为 2A，导线电阻是多少？电导率是多少？

3-10 高压电缆线的直径为 4cm，长度为 200km，运载电流为 1.2kA，若电缆电阻为 $4.5\,\Omega$，试求：

（1）电缆两端的电位差；

（2）电场强度；

（3）电流密度；

（4）材料的电阻率。能判定它是什么材料吗？

3-11 长直同轴电缆中充满电导率为 γ、介电常数为 ε 的媒质，若内外导体半径分别为 a 和 b，求导体间单位长度的电阻。

3-12 同轴电缆的内导体半径为 a，外导体半径为 c；内外导体之间填充两层有损耗媒质，其介电常数分别为 ε_1 和 ε_2，电导率分别为 γ_1 和 γ_2，两层媒质的分界面为同轴圆柱面，分界面半径为 b。当外加电压为 U_0，试求：

（1）媒质中的电流密度和电场强度分布；

（2）同轴电缆单位长度的电容及漏电阻。

3-13 半径为 0.5m 的导体球当作接地电极深埋地下，土壤的电导率 $\gamma=10^{-2}$ S/m，求此接地体的接地电阻。

3-14 如图 3.27 所示，半球形导体接地电极，半径为 a，大地电导率为 γ。若在接地电极周围半径为 b 的范围内把电导率提高到 γ_1（如灌盐水），求接地电阻。

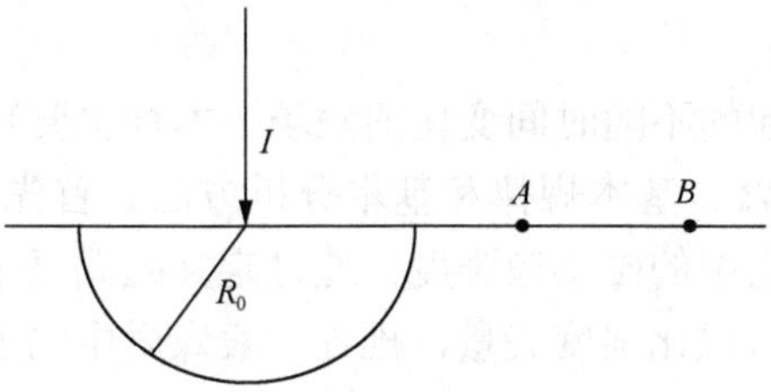

图 3.27 习题 3-14

3-15 平行板电容器板间距离为 d，其中媒质的电导率为 γ，两板接有电流为 I 的电流源，测得媒质的功率损耗为 P。如将板间距离扩大到 $2d$，其间仍充满电导率为 γ 的媒质，则此电容器的功率损耗是多少？

3-16 同轴电缆内外导体半径分别为 a 和 b，其间填充媒质的电导率为 γ，内外导体间的电压为 U_0。求此同轴电缆单位长度的功率损耗。

3-17 媒质 1（$z\geqslant 0$）的相对介电常数为 2，电导率为 40μS/m，媒质 2（$z\leqslant 0$）的相对介电常数为 5，电导率为 50nS/m。如果 $\boldsymbol{J}_2$ 大小为 2A/m^2，与分界面法线方向夹角 $\theta_2=60°$，计算 $\boldsymbol{J}_1$ 和 θ_1。

4 恒定磁场及其仿真

本章讨论恒定电流引起的不随时间变化的磁场。本章主要知识结构如表 4.1 所示，重点阐述恒定磁场的基本概念、基本规律和基本分析方法。首先从安培（力）定律和毕奥-萨伐尔定律出发，定义真空中的磁感应强度，通过定义磁偶极子，讨论磁媒质磁化后产生的磁化电流的作用，并引入磁化强度矢量，推导一般媒质中的安培环路定律，导出磁场强度的散度和旋度，得到恒定磁场的基本方程和不同媒质分界面上磁场的衔接条件；根据基本方程的微分形式分别引入磁矢量位和磁标量位，从而导出泊松方程和拉普拉斯方程。在此基础上，介绍利用磁链和磁场能量计算电感的方法。从场的角度，讨论磁场能量、磁能密度以及它们的计算公式。

表 4.1　恒定磁场的知识结构

<table>
<tr><td colspan="12">基本实验定律为毕奥-萨伐尔定律
（适用条件：无限大真空中的两个细导线回路之间的受力，线电流为理想的物理模型）</td></tr>
<tr><td colspan="12">基本物理量主要包括磁感应强度 $\boldsymbol{B}$ 、磁场强度 $\boldsymbol{H}$ 、磁化强度 $\boldsymbol{M}$ 、磁标量位 φ_{m} 和磁矢量位 $\boldsymbol{A}$ （矢量分析方法）</td></tr>
<tr><td colspan="4">矢量 $\boldsymbol{B}$ 、$\boldsymbol{H}$ 的基本方程
$\begin{cases}\oint_S \boldsymbol{B}\cdot \mathrm{d}\boldsymbol{S}=0\\ \oint_l \boldsymbol{H}\cdot \mathrm{d}\boldsymbol{l}=I\end{cases}$
$\begin{cases}\nabla\cdot \boldsymbol{B}=0\\ \nabla\times \boldsymbol{H}=\boldsymbol{J}\end{cases}$
分界面衔接条件
$\begin{cases}B_{2n}=B_{1n}\\ H_{2t}-H_{1t}=J_S\end{cases}$</td><td colspan="4">矢量 $\boldsymbol{H}$ 和磁标量位 φ_{m} 之间关系
$\begin{cases}\varphi_{\mathrm{m}}=\int_l \boldsymbol{H}\cdot \mathrm{d}\boldsymbol{l}\\ \boldsymbol{H}=-\nabla\varphi_{\mathrm{m}}\end{cases}$
矢量 $\boldsymbol{B}$ 和磁矢量位 $\boldsymbol{A}$ 之间关系
$\begin{cases}\nabla\times \boldsymbol{A}=\boldsymbol{B}\\ \nabla\cdot \boldsymbol{A}=0\end{cases}$</td><td colspan="4">磁标量位 φ_{m} 的基本方程
$\nabla^2\varphi_{\mathrm{m}}=0$
分界面衔接条件
$\begin{cases}\varphi_{\mathrm{m1}}=\varphi_{\mathrm{m2}}\\ \mu_1\dfrac{\partial\varphi_{\mathrm{m1}}}{\partial n}=\mu_2\dfrac{\partial\varphi_{\mathrm{m2}}}{\partial n}\end{cases}$
磁矢量位 $\boldsymbol{A}$ 的基本方程
$\nabla^2\boldsymbol{A}=-\mu\boldsymbol{J}$
分界面衔接条件
$\begin{cases}\boldsymbol{A}_1=\boldsymbol{A}_2\\ \left(\dfrac{1}{\mu_2}(\nabla\times\boldsymbol{A}_2)-\dfrac{1}{\mu_1}(\nabla\times\boldsymbol{A}_1)\right)\times\boldsymbol{e}_n=\boldsymbol{J}_S\end{cases}$</td></tr>
<tr><td colspan="12">已知场源求解场量分布 $\boldsymbol{B}$ 、 $\boldsymbol{H}$ 、 φ_{m} 和 $\boldsymbol{A}$ 的计算方法
场源主要包括电流（线电流、面电流、体电流）和磁偶极子两种</td></tr>
<tr><td colspan="12">解析法</td></tr>
<tr><td colspan="3">$\boldsymbol{B}$ 、 $\boldsymbol{A}$ 定义式</td><td colspan="3">安培环路定律
（真空和导电媒质中）</td><td colspan="3">叠加原理</td><td colspan="3">直接积分法</td></tr>
<tr><td colspan="12">场特征量（能量、力、电感）的分析计算问题</td></tr>
<tr><td colspan="4">恒定磁场能量场量形式
$W_{\mathrm{m}}=\dfrac{1}{2}\int_V \boldsymbol{B}\cdot\boldsymbol{H}\mathrm{d}V$
场源形式
$W_{\mathrm{m}}=\dfrac{1}{2}\sum_{k=1}^{n}I_k\varPsi_k$</td><td colspan="4">磁场力定义式
$\boldsymbol{F}_{\mathrm{m}}=\oint_l I\mathrm{d}\boldsymbol{l}\times\boldsymbol{B}$</td><td colspan="4">自感与互感定义式
自感　$L=\dfrac{\varPsi_{\mathrm{L}}}{I}$
互感　$M_{21}=\dfrac{\varPsi_{21}}{I_1}$</td></tr>
</table>

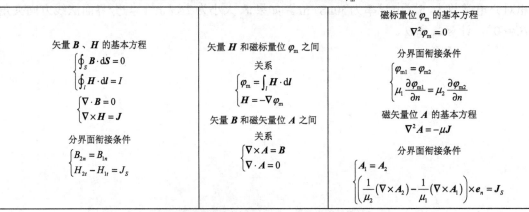

4.1 安 培 定 律

在奥斯特电流磁效应实验及其他一系列实验的启发下，安培认识到磁现象的本质是电流，把涉及电流、磁体的各种相互作用归结为电流之间的相互作用，提出了寻找电流元相互作用规律的基本问题。安培又进一步做了大量实验，研究了电流和电流激发的磁场方向之间的关系，并总结出安培定律，也称为右手螺旋定则。

设$\boldsymbol{l}$、$\boldsymbol{l}'$为真空中由细导线组成的两个回路，分别通以恒定电流I、I'。在两回路上任选元电流$I\mathrm{d}\boldsymbol{l}$、$I'\mathrm{d}\boldsymbol{l}'$，$\mathrm{d}\boldsymbol{l}$和$\mathrm{d}\boldsymbol{l}'$的方向分别对应于$I$和$I'$流动的方向，如图 4.1 所示。$\boldsymbol{r}$、$\boldsymbol{r}'$为元电流的位置矢量，$\boldsymbol{R}=\boldsymbol{r}-\boldsymbol{r}'$为它们的相对位置矢量。通过大量实验证明，载流回路$\boldsymbol{l}'$对载流回路$\boldsymbol{l}$的作用力为

$$\boldsymbol{F}=\frac{\mu_0}{4\pi}\oint_l\oint_{l'}\frac{I\mathrm{d}\boldsymbol{l}\times\left(I'\mathrm{d}\boldsymbol{l}'\times\boldsymbol{e}_R\right)}{R^2} \tag{4.1}$$

上式为真空中的安培（力）定律，它表述了两个载流回路之间的作用力。式中，μ_0是真空中的磁导率，在 SI 中μ_0为$4\pi\times10^{-7}\,\mathrm{H/m}$，单位为亨/米，符号为$\mathrm{H/m}$。假设每一条导线都通有 1A 的电流，两导线相隔 1m，则作用于每一条导线的每单位长度的磁力为$2\times10^{-7}\,\mathrm{N/m}$。

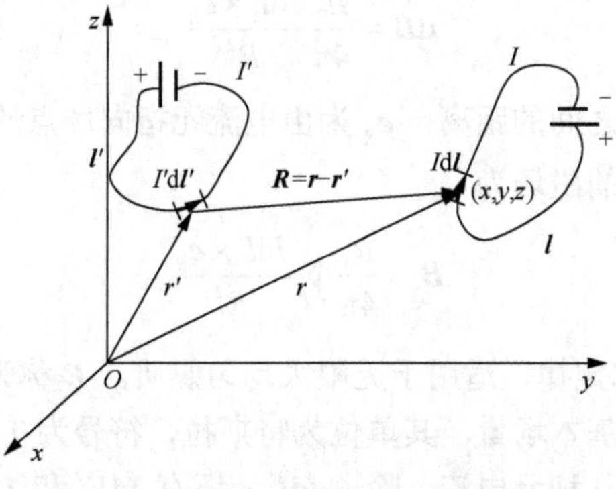

图 4.1 两载流回路间的相互作用力

4.2 恒定磁场的基本概念

恒定磁场中的基本概念主要包括场源和场量两大类。表征场源的有电流、电流密度及磁偶极子，电流I与电流密度$\boldsymbol{J}$物理量的定义描述参考第 3 章内容；表征场量的有磁感应强度、磁场强度、磁标量位和磁矢量位。

假设平面载流线圈半径为a，如果观测场点到线圈的距离满足$|\boldsymbol{r}|\gg a$条件，则任意形状的平面载流线圈可以称为磁偶极子，如图 4.2 所示。

磁偶极子的磁矩定义为

$$\boldsymbol{m}=I\boldsymbol{S} \tag{4.2}$$

式中，I 为线圈中电流；$\boldsymbol{S}$ 为线圈围成的面。并且电流 I 与面 $\boldsymbol{S}$ 构成右手螺旋关系，单位为安·米^2，符号为 $\mathrm{A\cdot m^2}$。

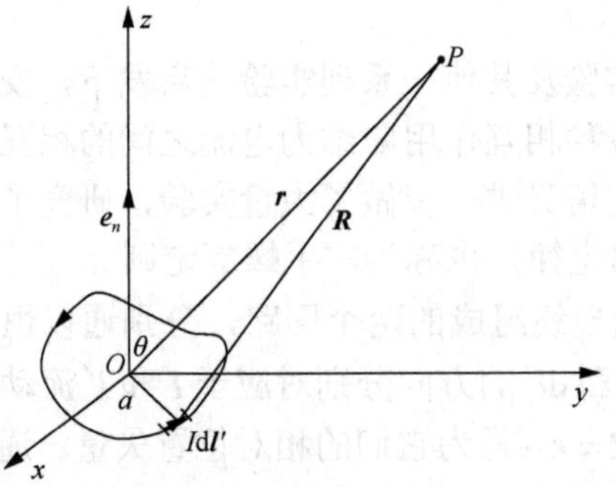

图 4.2 磁偶极子的示意图

4.2.1 磁感应强度及磁感线方程

1. *磁感应强度*

根据安培定律，从场的观点考虑，安培力中包含了一个载流为 I 的回路在 $I'\mathrm{d}\boldsymbol{l}'$ 处产生的磁场效应，为此，定义一个电流元产生的磁场为

$$\mathrm{d}\boldsymbol{B}=\frac{\mu_0}{4\pi}\frac{I\mathrm{d}\boldsymbol{l}'\times\boldsymbol{e}_R}{R^2} \tag{4.3}$$

式中，R 为电流元与场点之间的距离；$\boldsymbol{e}_R$ 为由电流元指向场点的单位矢量。

一个线电流回路产生的磁场为

$$\boldsymbol{B}=\frac{\mu_0}{4\pi}\oint_{l'}\frac{I\mathrm{d}\boldsymbol{l}'\times\boldsymbol{e}_R}{R^2} \tag{4.4}$$

上式称为毕奥-萨伐尔定律，适用于无限大均匀媒质。$\boldsymbol{B}$ 称为磁感应强度或磁通密度，它是用于表征磁场特性的基本场量，其单位为特斯拉，符号为 T。

结合第 3 章中提到的几种元电流，除了 $I\mathrm{d}\boldsymbol{l}'$，还有 $\boldsymbol{J}\mathrm{d}V'$ 和 $\boldsymbol{J}_S\mathrm{d}\boldsymbol{S}'$ 等，根据毕奥-萨伐尔定律，面电流和体电流产生的磁场分别为

$$\boldsymbol{B}=\frac{\mu_0}{4\pi}\int_{S'}\frac{\boldsymbol{J}_S\mathrm{d}\boldsymbol{S}'\times\boldsymbol{e}_R}{R^2} \tag{4.5}$$

$$\boldsymbol{B}=\frac{\mu_0}{4\pi}\int_{V'}\frac{\boldsymbol{J}\mathrm{d}V'\times\boldsymbol{e}_R}{R^2} \tag{4.6}$$

2. *磁感线方程*

按照电场线方程推导思路，可写出磁感线方程，在直角坐标系中为

$$\frac{\mathrm{d}x}{B_x}=\frac{\mathrm{d}y}{B_y}=\frac{\mathrm{d}z}{B_z} \tag{4.7}$$

圆柱坐标系中的磁感线方程为

$$\frac{\mathrm{d}r}{B_r}=\frac{r\mathrm{d}\phi}{B_\phi}=\frac{\mathrm{d}z}{B_z} \tag{4.8}$$

球坐标系中的磁感线方程为

$$\frac{\mathrm{d}r}{B_r}=\frac{r\mathrm{d}\theta}{B_\theta}=\frac{r\sin\theta\mathrm{d}\phi}{B_\phi} \tag{4.9}$$

4.2.2 磁化强度

在没有外磁场作用时，由于热运动，分子磁矩排列为随机的，因此整块物质对外不显磁性，即总的磁矩等于零。但是，若把物体放入外磁场中，外磁场将对分子磁矩有转矩作用 $\boldsymbol{T}=\boldsymbol{M}\times\boldsymbol{B}$（$\boldsymbol{T}$ 为分子磁矩在外磁场 $\boldsymbol{B}$ 作用下受到的转矩）。可见分子磁矩总是力图让自己的方向与外磁场的方向一致，使得分子磁矩的排列比较有序化，这样物质整体便呈现磁性，总的磁矩不再等于零，将这种现象称为物质的磁化，亦称媒质的磁化。

为了描述媒质磁化的状态，定义磁化强度矢量 $\boldsymbol{M}$。它表示媒质中每单位体积内所有分子磁矩的矢量和，即

$$\boldsymbol{M}=\lim_{\Delta V\to 0}\frac{\sum \boldsymbol{m}_i}{\Delta V} \tag{4.10}$$

$\boldsymbol{M}$ 的单位为安/米，符号为 A/m。

定义穿过 $\boldsymbol{S}$ 面的总磁化电流 I_{m} 为

$$I_{\mathrm{m}}=\oint_l \boldsymbol{M}\cdot\mathrm{d}\boldsymbol{l} \tag{4.11}$$

媒质内通过任意面 $\boldsymbol{S}$ 的磁化电流为磁化强度沿该面周界的线积分。

将 $\boldsymbol{S}$ 面的磁化电流采用磁化电流密度 $\boldsymbol{J}_{\mathrm{m}}$ 表示，则

$$\int_S \boldsymbol{J}_{\mathrm{m}}\cdot\mathrm{d}\boldsymbol{S}=\oint_l \boldsymbol{M}\cdot\mathrm{d}\boldsymbol{l} \tag{4.12}$$

利用斯托克斯定理，则

$$\int_S \boldsymbol{J}_{\mathrm{m}}\cdot\mathrm{d}\boldsymbol{S}=\int_S \nabla\times\boldsymbol{M}\cdot\mathrm{d}\boldsymbol{S} \tag{4.13}$$

由于 $\boldsymbol{S}$ 面为任意选取的，上式要成立只有被积函数相等，即

$$\boldsymbol{J}_{\mathrm{m}}=\nabla\times\boldsymbol{M} \tag{4.14}$$

因此，媒质内任一点的磁化电流密度为该点磁化强度的旋度。均匀磁媒质内部的分子电流相互抵消，媒质表面出现磁化电流，如图 4.3 所示。

考察两种不同导磁媒质的分界面，如图 4.4 所示，由于磁化强度不同，分界面上存在

面磁化电流。为此，在媒质分界面上任一点 P 处，取一矩形回路 $abcda$，ab 和 cd 两边平行于分界面，长度 Δl_1 足够小，使得磁化强度在 Δl_1 上各处可视为相同。令 $\Delta l_2 \to 0$，根据 $\oint_l \boldsymbol{M} \cdot \mathrm{d}\boldsymbol{l} = I_{\mathrm{m}}$，当分界面上存在面磁化电流时，则有

$$M_{2t} - M_{1t} = J_{l\mathrm{m}} \tag{4.15}$$

式中，$J_{l\mathrm{m}}$ 为磁化电流线密度，磁化电流线密度的正负要看它的方向与 M_{2t} 绕行方向是否符合右手螺旋关系而定。写成矢量形式为

$$\boldsymbol{e}_n \times (\boldsymbol{M}_2 - \boldsymbol{M}_1) = \boldsymbol{J}_{l\mathrm{m}} \tag{4.16}$$

式（4.16）中，$\boldsymbol{e}_n$ 为分界面上从媒质 1 指向媒质 2 的法线方向单位矢量。$\boldsymbol{J}_{l\mathrm{m}}$ 表示分界面上垂直于电流方向单位长度横截线上流过的磁化电流。当媒质 1 为真空时，$\boldsymbol{M}_1 = 0$，用 $\boldsymbol{M}$ 表示媒质 2 的磁化强度时，写为

$$\boldsymbol{J}_{l\mathrm{m}} = \boldsymbol{e}_n \times \boldsymbol{M} \tag{4.17}$$

这样计算导磁媒质存在时的磁感应强度需要考虑磁化电流和自由电流共同作用。

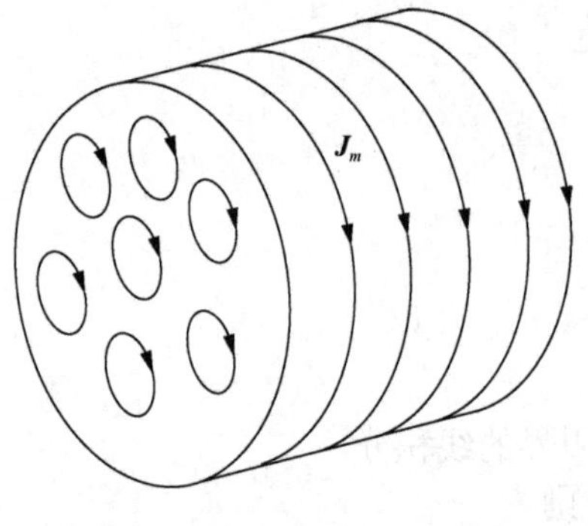

图 4.3 磁媒质表面的磁化电流

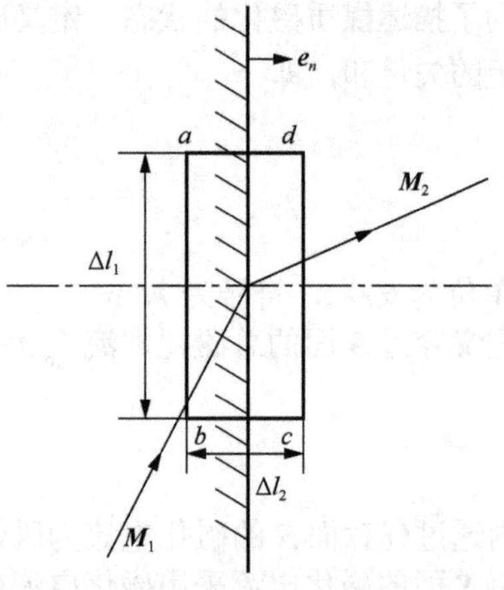

图 4.4 不同媒质分界面的磁化电流

4.2.3 磁场强度

根据磁荷的库仑定律，将单位磁荷在磁场中所受的力称为磁场强度 $\boldsymbol{H}$。磁场强度为表征磁场性质的物理量，其与磁感应强度 $\boldsymbol{B}$ 和磁化强度 $\boldsymbol{M}$ 的关系为

$$\boldsymbol{H} = \frac{\boldsymbol{B}}{\mu_0} - \boldsymbol{M} \tag{4.18}$$

在 SI 中磁场强度 $\boldsymbol{H}$ 单位为安/米，符号为 A/m。适用于各向同性的线性媒质，磁化强度与磁场强度间有正比关系，有 $\boldsymbol{M} = \chi_{\mathrm{m}} \boldsymbol{H}$ 成立，其中 χ_{m} 为媒质的磁化率，是一个无量纲的纯数。

对于各向同性的线性媒质，磁感应强度与磁场强度成正比关系，有

$$\boldsymbol{B}=\mu_0\left(\boldsymbol{H}+\boldsymbol{M}\right)=\mu_0\left(1+\chi_{\mathrm{m}}\right)\boldsymbol{H}=\mu_0\mu_{\mathrm{r}}\boldsymbol{H} \tag{4.19}$$

或

$$\boldsymbol{B}=\mu\boldsymbol{H} \tag{4.20}$$

式中，μ 为媒质的磁导率。在 SI 中，μ 的单位为亨/米，符号为 H/m，μ_{r} 称为相对磁导率，为一个纯实数。

磁导率和磁化率的关系可以写为

$$\mu=\mu_0\mu_{\mathrm{r}} \tag{4.21}$$

$$\mu_{\mathrm{r}}=1+\chi_{\mathrm{m}} \tag{4.22}$$

根据 μ_{r} 和 χ_{m} 的取值，可以把磁媒质分为非铁磁质（顺磁质和抗磁质的统称）和铁磁质两类。铝、锰、氧等顺磁质的 $\chi_{\mathrm{m}}>0$，铜、银、氢等抗磁质的 $\chi_{\mathrm{m}}<0$，真空中的 $\chi_{\mathrm{m}}=0$。顺磁质和抗磁质的 χ_{m} 都非常接近于 0，所以 μ_{r} 都非常接近于 1。因此，工程上对于非铁磁质的 μ_{r} 都取为 1。铁磁质为非线性媒质，铁、钴、镍等铁磁质的 $\mu_{\mathrm{r}}\gg 1$，并且不是常数。

4.2.4 磁矢量位

根据磁场的无散性，有 $\nabla\cdot\boldsymbol{B}=0$ 成立，结合矢量恒等式 $\nabla\cdot(\nabla\times\boldsymbol{A})=0$，可以引入一个矢量函数 $\boldsymbol{A}$ 使得磁感应强度满足

$$\boldsymbol{B}=\nabla\times\boldsymbol{A} \tag{4.23}$$

将 $\boldsymbol{A}$ 称为磁矢量位，单位为特斯拉·米或韦伯/米，符号为 T·m 或 Wb/m。

由于式（4.23）定义的 $\boldsymbol{A}$ 不是唯一的，对于给定的 $\boldsymbol{B}$，可引入无数个 $\boldsymbol{A}$。根据亥姆霍兹定理，一个矢量场的性质由该矢量场的散度和旋度唯一地确定。因此，为了使 $\boldsymbol{A}$ 是唯一的，令

$$\nabla\cdot\boldsymbol{A}=0 \tag{4.24}$$

所以，磁矢量位 $\boldsymbol{A}$ 是由式（4.23）和式（4.24）共同确定的，将式（4.24）称为库仑规范。

4.2.5 磁标量位

恒定磁场中，一般地说不能通过一个标量位函数来表征磁场的特性。但在没有电流分布的区域内，电流密度 $\boldsymbol{J}=0$ 时，可假设

$$\boldsymbol{H}=-\nabla\varphi_{\mathrm{m}} \tag{4.25}$$

式中，φ_{m} 表示磁位，亦称磁标量位。在 SI 中 φ_{m} 的单位为安，符号为 A。引入磁位的概念完全是为了使某些情况下磁场的计算简化，它并无物理意义。

磁位相等的各点形成的曲面称为等磁位面，等磁位面方程为 φ_{m} 等于常数。等磁位面与

磁场强度线相互垂直，因此，磁导率很大的材料表面是近似的“等磁位面”。

磁场中磁压定义为两点间的磁位差，表达式写为

$$U_{mAB}=\int_A^B \boldsymbol{H}\cdot \mathrm{d}\boldsymbol{l}=-\int_{\varphi_{mA}}^{\varphi_{mB}}\mathrm{d}\varphi_m=\varphi_{mA}-\varphi_{mB} \tag{4.26}$$

4.2.6 电感

在各向同性的线性媒质中，如磁场由某一电流回路产生，则穿过此回路所限定面积的磁通与回路中的电流有正比关系，也就是与回路相交链的磁链$\varPsi_L$和电流成正比，即

$$\varPsi_L=LI \tag{4.27}$$

或

$$L=\frac{\varPsi_L}{I} \tag{4.28}$$

式中，$\varPsi_L$为自感磁链；L为自感系数，简称自感。自感的单位为亨，符号为H。自感仅与回路的尺寸、几何形状及媒质的分布有关，而与通过回路的电流及磁链无关。

磁链定义为导电线圈或电流回路所链环的磁通量。磁链等于导电线圈匝数N与穿过该线圈各匝的平均磁通量$\boldsymbol{\varPhi}$的乘积，故又称磁通匝链。在SI单位制中磁链的单位为韦伯，符号为Wb。

导线回路的自感一般可分为外自感和内自感两部分。在计算自感时，常用到内磁链和内自感的概念。在导线内部，仅与部分电流相交链的磁通称为内磁通，相应的磁链为内磁链，用$\varPsi_i$表示，则内自感写为

$$L_i=\frac{\varPsi_i}{I} \tag{4.29}$$

同样，完全在导线外部闭合的磁通称为外磁通，相应的磁链为外磁链，用$\varPsi_o$表示。对应外自感为

$$L_o=\frac{\varPsi_o}{I} \tag{4.30}$$

因而自感为内自感与外自感之和，即

$$L=L_i+L_o \tag{4.31}$$

4.2.7 互感

在线性媒质中，回路1的电流I_1产生的且与回路2相交链的磁链$\varPsi_{21}$与I_1成正比，即

$$\varPsi_{21}=M_{21}I_1 \tag{4.32}$$

或

$$M_{21} = \frac{\Psi_{21}}{I_1} \tag{4.33}$$

式中，M_{21} 即回路 1 对回路 2 的互感。在 SI 中，互感的单位为亨，符号为 H。

同理，回路 2 对回路 1 的互感可表示为

$$M_{12} = \frac{\Psi_{12}}{I_2} \tag{4.34}$$

式中的 Ψ_{21} 和 Ψ_{12} 都表示互感磁链，它们下标的第一个数字表示与磁通交链的回路，第二个数字表示产生磁通的电流回路。可以证明，有

$$M_{12} = M_{21} \tag{4.35}$$

互感不仅和线圈及导线的形状、尺寸和周围媒质及导线材料的磁导率有关，还和两回路的相互位置有关。

在计算自感和互感时还可应用磁矢量位的线积分来计算磁通，从而求磁链。对于细导线构成的两个回路，如图 4.5 所示。设导线及周围媒质的磁导率为 μ_0，令回路 1 中通有电流 I_1，因导线是线性的，故电流的对外作用中心可看作集中在导线的几何轴线上，回路 2 也可看成由图中点画线组成横截面积为零的回路。

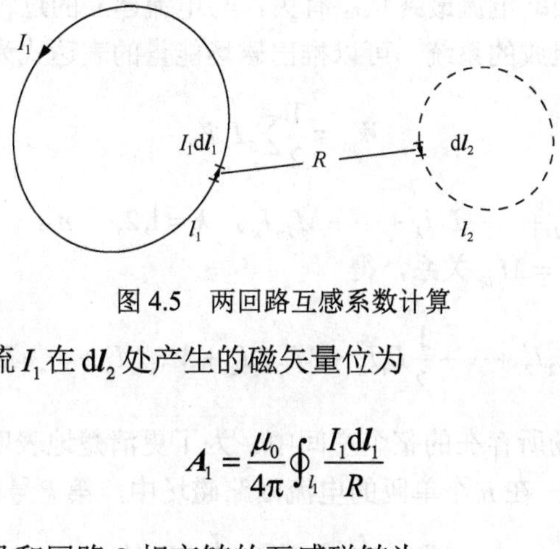

图 4.5 两回路互感系数计算

因此，回路 1 中电流 I_1 在 $\mathrm{d}\boldsymbol{l}_2$ 处产生的磁矢量位为

$$\boldsymbol{A}_1 = \frac{\mu_0}{4\pi}\oint_{l_1}\frac{I_1\mathrm{d}\boldsymbol{l}_1}{R} \tag{4.36}$$

由回路 1 中电流 I_1 产生且和回路 2 相交链的互感磁链为

$$\Psi_{21} = \Phi_{\mathrm{m21}} = \oint_{l_2}\boldsymbol{A}_1\cdot\mathrm{d}\boldsymbol{l}_2 = \frac{\mu_0 I_1}{4\pi}\oint_{l_2}\oint_{l_1}\frac{\mathrm{d}\boldsymbol{l}_2\cdot\mathrm{d}\boldsymbol{l}_1}{R} \tag{4.37}$$

可见，两细导线回路间的互感为

$$M_{21} = \frac{\Psi_{21}}{I_1} = M_{12} = \frac{\mu_0}{4\pi}\oint_{l_2}\oint_{l_1}\frac{\mathrm{d}\boldsymbol{l}_1\cdot\mathrm{d}\boldsymbol{l}_2}{R} \tag{4.38}$$

若回路 1、2 分别由 N_1 和 N_2 匝的细导线紧密绕制而成，则互感为

$$M_{21}=M_{12}=\frac{N_1N_2\mu_0}{4\pi}\oint_{l_2}\oint_{l_1}\frac{\mathrm{d}\boldsymbol{l}_1\cdot\mathrm{d}\boldsymbol{l}_2}{R} \tag{4.39}$$

式中，$\boldsymbol{l}_1$、$\boldsymbol{l}_2$分别表示两个回路单匝细导线。上式是通过磁矢量位来计算电感的一般公式，称为诺伊曼公式。

4.2.8 磁场能量

假设磁场和电流的建立过程都缓慢进行，周围均为线性媒质，且没有电磁能量辐射及其他损耗。这样，外源所做的功都转变为磁场中储存的能量。为简单起见，下面先讨论单个电流回路的情况。

设有一个回路$\boldsymbol{l}$，通入电流时，由于电流的变化，穿过回路的磁通发生变化，会在回路中产生感应电动势。感应电动势在回路中产生感应电流，感应电流产生的磁通要阻碍原磁通的变化，因此，电流从零变化到I的过程中，外源要克服感应电动势做功。在$\mathrm{d}t$时间间隔内，外源所做的功$\mathrm{d}\boldsymbol{W}=ui\mathrm{d}t$。因为电压$u=\dfrac{\mathrm{d}\Psi}{\mathrm{d}t}=L\dfrac{\mathrm{d}i}{\mathrm{d}t}$，所以$\mathrm{d}\boldsymbol{W}=Li\mathrm{d}i$，整个过程中外源所做的功全部转化为磁场中储存的能量，故

$$W_{\mathrm{m}}=\int_V\mathrm{d}\boldsymbol{W}=\int_0^I Li\mathrm{d}i=\frac{1}{2}LI^2 \tag{4.40}$$

上式表明磁场能量只与回路电流最终状态有关，与电流建立的过程无关。

对于n个电流回路组成的系统，可以推出磁场能量的表达式为

$$W_{\mathrm{m}}=\frac{1}{2}\sum_{k=1}^{n}I_k\Psi_k \tag{4.41}$$

式中，$\Psi_k=M_{k1}I_1+M_{k2}I_2+\cdots+L_kI_k+\cdots+M_{kn}I_n$，$k=1,2,\cdots,n$。

进行整理，利用$M_{kj}=M_{jk}$关系，得

$$W_{\mathrm{m}}=\frac{1}{2}L_1I_1^2+\frac{1}{2}L_2I_2^2+\cdots+\frac{1}{2}L_nI_n^2+M_{12}I_1I_2+M_{13}I_1I_3+\cdots+M_{(n-1)n}I_{n-1}I_n \tag{4.42}$$

磁场能量分布于磁场所存在的整个空间中。为了更清楚地表明这一点，建立磁场能量W_{m}与场量$\boldsymbol{B}$、$\boldsymbol{H}$的关系。在n个单匝的电流回路磁场中，第k号回路的磁链可表示为

$$\Psi_k=\int_{S_k}\boldsymbol{B}\cdot\mathrm{d}\boldsymbol{S}=\oint_{l_k}\boldsymbol{A}\cdot\mathrm{d}\boldsymbol{l} \tag{4.43}$$

代入式（4.41），可得

$$W_{\mathrm{m}}=\frac{1}{2}\sum_{k=1}^{n}\oint_{l_k}I_k\boldsymbol{A}\cdot\mathrm{d}\boldsymbol{l} \tag{4.44}$$

对于更普遍的情况，电流不是限制在线性导体内，而是分布在导电媒质内，即用$\boldsymbol{J}\mathrm{d}V$代替$I\mathrm{d}\boldsymbol{l}$，用体积分代替线积分，并将体积分范围扩大到包含所有载流回路，这样式（4.44）即可写成

$$W_{\mathrm{m}} = \frac{1}{2}\int_{V} \boldsymbol{A}\cdot\boldsymbol{J}\mathrm{d}V \tag{4.45}$$

利用$\boldsymbol{J}=\nabla\times\boldsymbol{H}$ 的关系，上式还可写为

$$W_{\mathrm{m}} = \frac{1}{2}\int_{V} \boldsymbol{A}\cdot\nabla\times\boldsymbol{H}\mathrm{d}V \tag{4.46}$$

利用矢量恒等式$\nabla\cdot(\boldsymbol{H}\times\boldsymbol{A})=\boldsymbol{A}\cdot\nabla\times\boldsymbol{H}-\boldsymbol{H}\cdot\nabla\times\boldsymbol{A}$，式（4.46）成为

$$W_{\mathrm{m}} = \frac{1}{2}\int_{V} \nabla\cdot(\boldsymbol{H}\times\boldsymbol{A})\mathrm{d}V+\frac{1}{2}\int_{V}\boldsymbol{H}\cdot\nabla\times\boldsymbol{A}\mathrm{d}V \tag{4.47}$$

再应用散度定理以及$\boldsymbol{B}=\nabla\times\boldsymbol{A}$的关系，得

$$W_{\mathrm{m}} = \frac{1}{2}\oint_{S} \boldsymbol{H}\times\boldsymbol{A}\cdot\mathrm{d}\boldsymbol{S}+\frac{1}{2}\int_{V}\boldsymbol{H}\cdot\boldsymbol{B}\mathrm{d}V \tag{4.48}$$

式中，等号右端第一项中的闭合曲面$\boldsymbol{S}$是包围整个体积V的。假设所有电流回路都为有限分布，而把$\boldsymbol{S}$面取得离电流回路很远。这样$\boldsymbol{H}$随$\frac{1}{r^2}$变化，$\boldsymbol{A}$随$\frac{1}{r}$变化，面积$\boldsymbol{S}$随r^2变化，故当$r\to\infty$时，第一项的闭合曲面积分应等于零。因而

$$W_{\mathrm{m}} = \frac{1}{2}\int_{V} \boldsymbol{H}\cdot\boldsymbol{B}\mathrm{d}V \tag{4.49}$$

磁场能量与静电能量的表达式完全类似，可以推出磁场能量的体密度为

$$w_{\mathrm{m}} = \frac{1}{2}\boldsymbol{H}\cdot\boldsymbol{B} \tag{4.50}$$

对于各向同性的线性导磁媒质，还可写成

$$w_{\mathrm{m}} = \frac{1}{2}\mu H^2=\frac{1}{2}\frac{B^2}{\mu} \tag{4.51}$$

4.2.9 磁场力

载流导体或运动电荷在磁场中所受的力叫磁场力或电磁力，工程中许多仪表就是利用电磁力进行设计的。

磁场对运动电荷的作用力可用$\boldsymbol{F}_{\mathrm{m}}=q\boldsymbol{v}\times\boldsymbol{B}$进行计算。磁场作用于元电流段$I\mathrm{d}\boldsymbol{l}$的力为$\mathrm{d}\boldsymbol{f}=I\mathrm{d}\boldsymbol{l}\times\boldsymbol{B}$，磁场作用于载流回路的力为$\boldsymbol{F}=\oint_{l}I\mathrm{d}\boldsymbol{l}\times\boldsymbol{B}$。原则上磁场力都可归结为磁场作用于元电流段的力，但这样需用矢量积分式来计算，通常是很烦琐的。可以应用虚位移法求磁场力，则在很多问题中都可以简化计算。

按照法拉第提出的一种观点，认为在恒定磁场中沿通量线作一通量管，如图 4.6 所示，则每一段通量管上沿其轴向要受到纵张力，在垂直于轴向方向则要受到侧压力，其纵张力和侧压力的量值相等，单位面积上受到的力均可以写为

$$f=\frac{1}{2}\boldsymbol{B}\cdot\boldsymbol{H}=\frac{1}{2}\mu H^2=\frac{B^2}{2\mu} \tag{4.52}$$

磁场力的单位为牛/米^2，符号为 N/m^2。

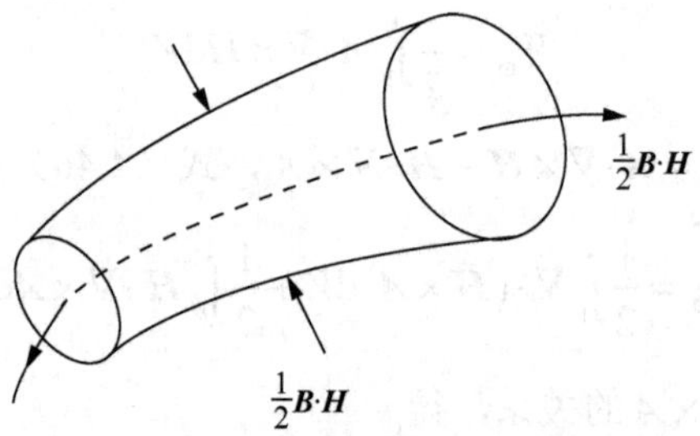

图 4.6　法拉第观点的通量管受力情况

4.3　恒定磁场的基本定律

恒定磁场的基本定律包括高斯定律和环路定律，主要表征磁感应强度的散度和磁场强度的旋度。

4.3.1　恒定磁场的高斯定律

在磁场中穿过任一面 $\boldsymbol{S}$ 的磁感应强度 $\boldsymbol{B}$ 的通量称为磁通 $\boldsymbol{\Phi}$ 。因此

$$\boldsymbol{\Phi}=\int_S \boldsymbol{B}\cdot \mathrm{d}\boldsymbol{S} \tag{4.53}$$

在 SI 中磁通的单位为韦伯，符号为 Wb。

实验表明：磁感线是闭合的，既无始端又无终端。与表征电场强度的电场线相比，说明自然界中不存在磁荷，因此，也就没有可以激发磁感应强度 $\boldsymbol{B}$ 线发出或终止的源。这样，对于任意闭合曲面，都有

$$\oint_S \boldsymbol{B}\cdot \mathrm{d}\boldsymbol{S}=0 \tag{4.54}$$

上式称为恒定磁场中的高斯定律，表明了磁场具有连续性质，因此，又称磁通连续性原理的积分形式。

利用散度定理，可得

$$\oint_S \boldsymbol{B}\cdot \mathrm{d}\boldsymbol{S}=\int_V \nabla\cdot \boldsymbol{B}\mathrm{d}V=0 \tag{4.55}$$

微分形式为

$$\nabla\cdot \boldsymbol{B}=0 \tag{4.56}$$

上式称为磁通连续性原理的微分形式，它表明恒定磁场为一个无散场。

下面来证明磁通连续性原理的微分形式。为了简化，只讨论无界真空中的磁场。在直流回路 $\boldsymbol{l}$ 的磁场中任取一闭合曲面 $\boldsymbol{S}$ ，穿过 $\boldsymbol{S}$ 面的磁通量为

$$\oint_S \boldsymbol{B}\cdot \mathrm{d}\boldsymbol{S}=\oint_S\left(\frac{\mu_0}{4\pi}\int_l \frac{I\mathrm{d}\boldsymbol{l}\times \boldsymbol{e}_R}{R^2}\right)\cdot \mathrm{d}\boldsymbol{S}=\oint_l \frac{\mu_0 I\mathrm{d}\boldsymbol{l}}{4\pi}\cdot\oint_S \frac{\boldsymbol{e}_R\times \mathrm{d}\boldsymbol{S}}{R^2}$$

$$=\oint_l \frac{\mu_0 I\mathrm{d}\boldsymbol{l}}{4\pi}\cdot\oint_S\left(-\nabla\frac{1}{R}\times \mathrm{d}\boldsymbol{S}\right) \tag{4.57}$$

利用矢量恒等式$\oint_S(\boldsymbol{e}_n\times \boldsymbol{A})\cdot \mathrm{d}\boldsymbol{S}=\int_V(\nabla\times \boldsymbol{A})\cdot \mathrm{d}V$，可得

$$\oint_S \boldsymbol{B}\cdot \mathrm{d}\boldsymbol{S}=\oint_l \frac{\mu_0 I\mathrm{d}\boldsymbol{l}}{4\pi}\int_V -\nabla\times\nabla\frac{1}{R}\mathrm{d}V \tag{4.58}$$

因为$\nabla\times\nabla\frac{1}{R}=0$，所以有$\oint_S \boldsymbol{B}\cdot \mathrm{d}\boldsymbol{S}=0$成立。

4.3.2 恒定磁场的环路定律

首先介绍真空中安培环路定律，再考虑媒质的磁化效应，得到一般形式的安培环路定律。

1. 真空中安培环路定律

在真空中，若磁场为一根无限长载流I的直导线产生的，距离导线r处的磁感应强度为$\boldsymbol{B}=\frac{\mu_0 I}{2\pi r}\boldsymbol{e}_\phi$。在垂直于导线的任一平面内取一闭合回路$\boldsymbol{l}$作为积分路径，如图 4.7 所示，如果积分回路没有与电流交链，如图 4.8 所示。积分路径$\boldsymbol{l}$上的元长度为$\mathrm{d}\boldsymbol{l}$，到导线的距离为r，对轴线所张的角为$\mathrm{d}\phi$，且与磁感应强度$\boldsymbol{B}$的夹角为α，则$r\mathrm{d}\phi=\cos\alpha\mathrm{d}l$。

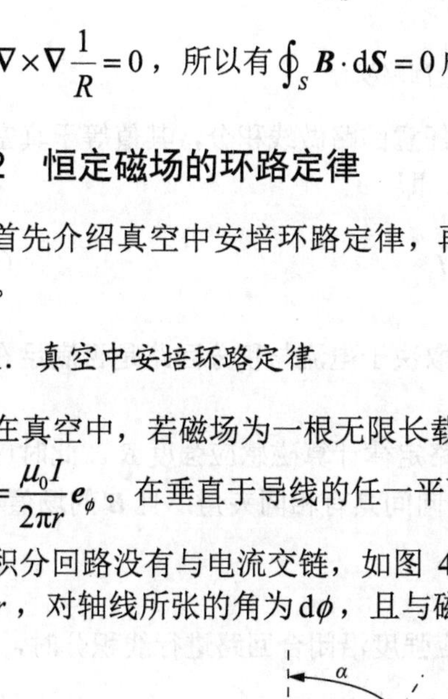

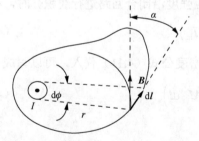

图 4.7 包围垂直导线的闭合回路积分

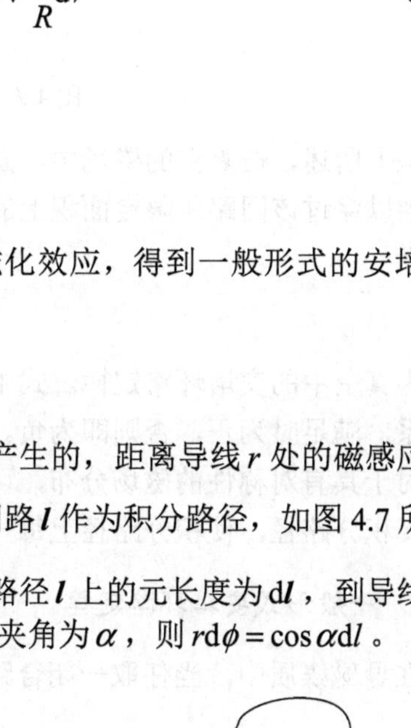

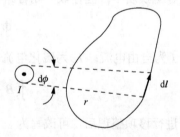

图 4.8 垂直导线外的闭合回路积分

这样，当积分回路与电流有交链时，磁感应强度沿闭合回路$\boldsymbol{l}$的积分为

$$\oint_l \boldsymbol{B}\cdot \mathrm{d}\boldsymbol{l}=\oint_l \frac{\mu_0 I}{2\pi r}\boldsymbol{e}_\phi\cdot \mathrm{d}\boldsymbol{l}=\oint_l \frac{\mu_0 I}{2\pi r}r\mathrm{d}\phi=\frac{\mu_0 I}{2\pi}\int_0^{2\pi}\mathrm{d}\phi=\mu_0 I \tag{4.59}$$

当积分回路与电流没有交链时，则$\int_0^{2\pi}\mathrm{d}\phi=0$，从而有

$$\oint_l \boldsymbol{B}\cdot \mathrm{d}\boldsymbol{l}=0 \tag{4.60}$$

当积分路径与多个电流交链时，如图 4.9 所示。磁感应强度沿闭合回路$\boldsymbol{l}$的积分为

$$\oint_l \boldsymbol{B}\cdot \mathrm{d}\boldsymbol{l}=\mu_0(I_1+I_2-I_3) \tag{4.61}$$

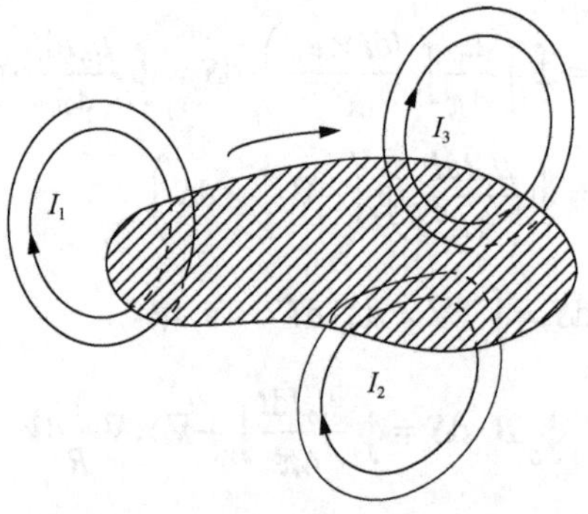

图 4.9 多电流交链的闭合回路积分

综上所述，在真空的磁场中，磁感应强度 $\boldsymbol{B}$ 沿任意回路做线积分，其值等于真空的磁导率乘以穿过该回路所限定面积上的电流的代数和。即

$$\oint_l \boldsymbol{B} \cdot \mathrm{d}\boldsymbol{l} = \mu_0 \sum_{k=1}^{n} I_k \tag{4.62}$$

上式为真空中的安培环路定律。式中电流 I_k 的正负取决于电流与积分回路是否满足右手螺旋关系，满足时为正，否则即为负。

对于具有对称性的磁场分布，可以采用安培环路定律计算磁感应强度 $\boldsymbol{B}$ 。此时应恰当地选择积分路径，使积分路径上每一点的 $\boldsymbol{B}$ 与 $\mathrm{d}\boldsymbol{l}$ 方向间具有相同夹角，且 $\boldsymbol{B}$ 的场值相等。

2. 一般形式安培环路定律

在导磁媒质中，当任取一闭合路径 $\boldsymbol{l}$ ，则磁感应强度沿闭合回路进行线积分时，有

$$\oint_l \boldsymbol{B} \cdot \mathrm{d}\boldsymbol{l} = \mu_0 \left(I + I_{\mathrm{m}}\right) \tag{4.63}$$

式中，I 为自由电流；I_{m} 为磁化电流。将磁化电流密度公式（4.11）代入，可以写成

$$\oint_l \boldsymbol{B} \cdot \mathrm{d}\boldsymbol{l} = \mu_0 \left(I + \oint_l \boldsymbol{M} \cdot \mathrm{d}\boldsymbol{l}\right) \tag{4.64}$$

将积分进行移项整理后，可改写为

$$\oint_l \left(\frac{\boldsymbol{B}}{\mu_0} - \boldsymbol{M}\right) \cdot \mathrm{d}\boldsymbol{l} = I \tag{4.65}$$

将磁场强度与磁化强度关系式 $\boldsymbol{H} = \dfrac{\boldsymbol{B}}{\mu_0} - \boldsymbol{M}$ 代入上式，则写为

$$\oint_l \boldsymbol{H} \cdot \mathrm{d}\boldsymbol{l} = I \tag{4.66}$$

式中，等号右边的 I 为穿过回路 $\boldsymbol{l}$ 所包围面积的自由电流，而不包括磁化电流。

如果穿过回路 $\boldsymbol{l}$ 所限定面积的自由电流有多个时，则有

$$\oint_l \boldsymbol{H} \cdot \mathrm{d}\boldsymbol{l} = \sum_{k=1}^{n} I_k \tag{4.67}$$

式（4.66）和式（4.67）为一般形式的安培环路定律的表达式。它们说明，在磁场中磁场强度 $\boldsymbol{H}$ 沿任一闭合路径的线积分等于穿过该回路所包围面积的自由电流的代数和。如电流的方向和积分回路的绕行方向满足右手螺旋关系，式中电流取正号，否则取负号。式（4.67）表明 $\boldsymbol{H}$ 的环路线积分只与自由电流有关，而与磁化电流无关，也就是说与导磁媒质的分布无关。但是，不能理解为 $\boldsymbol{H}$ 的分布与导磁媒质分布无关。

如果产生磁场的电流周围空间充满着无限的均匀各向同性导磁媒质，则磁场中各点的磁感应强度 $\boldsymbol{B}$ 的方向，将与同一电流置于无限大真空中同一位置时所产生的磁感应强度方向一致，而各点的 $\boldsymbol{B}$ 的场值则增大同一倍数，即增大 μ_r 倍。因此，计算导磁媒质中的磁感应强度时，只需要将导磁媒质的磁导率 μ 代替 μ_0 即可。

下面进行安培环路定律的证明。在直流闭合回路 C 的磁场中任取一个闭合回路 L，如图 4.10 所示，由毕奥-萨伐尔定律可以写出

$$\oint_l \boldsymbol{H}\cdot \mathrm{d}\boldsymbol{l}=\oint_L \frac{I}{4\pi}\oint_C \frac{\mathrm{d}\boldsymbol{l}'\times \boldsymbol{e}_R}{R^2}\cdot \mathrm{d}\boldsymbol{l}=\frac{I}{4\pi}\oint_L\oint_C \frac{(\mathrm{d}\boldsymbol{l}\times \mathrm{d}\boldsymbol{l}')\cdot \boldsymbol{e}_R}{R^2}$$
$$=-\frac{I}{4\pi}\oint_L\oint_C \frac{(-\mathrm{d}\boldsymbol{l}\times \mathrm{d}\boldsymbol{l}')\cdot \boldsymbol{e}_R}{R^2} \tag{4.68}$$

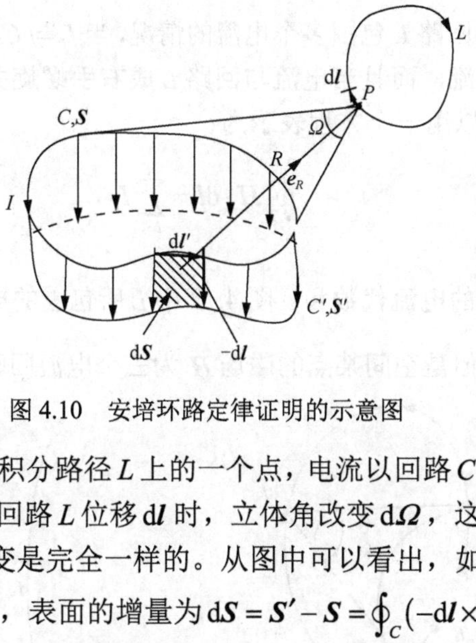

图 4.10 安培环路定律证明的示意图

图 4.10 中的场点 P 点为积分路径 L 上的一个点，电流以回路 C 所包围的表面对场点 P 构成的立体角为 Ω。P 点沿回路 L 位移 $\mathrm{d}\boldsymbol{l}$ 时，立体角改变 $\mathrm{d}\Omega$，这同保持 P 点不动，而回路 C 位移 $-\mathrm{d}\boldsymbol{l}$ 时立体角的改变是完全一样的。从图中可以看出，如果回路 C 位移 $-\mathrm{d}\boldsymbol{l}$，则回路包围的表面由 $\boldsymbol{S}$ 变为 $\boldsymbol{S}'$，表面的增量为 $\mathrm{d}\boldsymbol{S}=\boldsymbol{S}'-\boldsymbol{S}=\oint_C(-\mathrm{d}\boldsymbol{l}\times \mathrm{d}\boldsymbol{l}')$，即图中 $\boldsymbol{S}$ 与 $\boldsymbol{S}'$ 之间的环形表面，其中 $-\mathrm{d}\boldsymbol{l}\times \mathrm{d}\boldsymbol{l}'$ 为图中阴影部分平行四边形的面积，$\mathrm{d}\boldsymbol{S}$ 对 P 点的立体角为

$$\mathrm{d}\Omega=\frac{\mathrm{d}\boldsymbol{S}\cdot(-\boldsymbol{e}_R)}{R^2} \tag{4.69}$$

$\boldsymbol{S}$、$\boldsymbol{S}'$、$\mathrm{d}\boldsymbol{S}$ 构成的闭合曲面对 P 点的立体角为零，即 $-\Omega_1+\Omega_2+\mathrm{d}\Omega=0$，所以立体角的变化为

$$\Omega_2-\Omega_1=-\mathrm{d}\Omega=\oint_C \frac{(-\mathrm{d}\boldsymbol{l}\times \mathrm{d}\boldsymbol{l}')\cdot \boldsymbol{e}_R}{R^2} \tag{4.70}$$

这就是 P 点位移 $\mathrm{d}\boldsymbol{l}$ 时立体角的改变量。P 点沿着回路 L 移动一周时，立体角的变化为

$$-\Delta\Omega=\oint_L\oint_C\frac{(-\mathrm{d}\boldsymbol{l}\times\mathrm{d}\boldsymbol{l}')\cdot\boldsymbol{e}_R}{R^2} \tag{4.71}$$

比较式（4.68）和式（4.70）可得

$$\oint_L\boldsymbol{H}\cdot\mathrm{d}\boldsymbol{l}=\frac{I}{4\pi}\Delta\Omega \tag{4.72}$$

环路积分的结果取决于$\Delta\Omega$，一般分为两种情况：

（1）积分回路L不与电流回路C交链，如图 4.10 所示。可以看出，当从某点开始沿闭合回路L绕行一周并回到起点时，立体角又恢复到原来的值，即$\Delta\Omega=0$，则

$$\oint_L\boldsymbol{H}\cdot\mathrm{d}\boldsymbol{l}=0 \tag{4.73}$$

（2）积分回路L与电流回路C相交链，即L穿过C所包围的面$\boldsymbol{S}$，如图 4.11 所示。如果取积分回路的起点为$\boldsymbol{S}$面上侧的A点，终点为在$\boldsymbol{S}$面下侧的B点，由于面元对它上表面上的点所张的立体角为-2π，对B点的立体角为2π和$\Delta\Omega=2\pi-(-2\pi)=4\pi$，则

$$\oint_L\boldsymbol{H}\cdot\mathrm{d}\boldsymbol{l}=\frac{I}{4\pi}\cdot4\pi=I \tag{4.74}$$

图 4.12 给出了积分回路L包围多个电流的情况，当L与C相交链时，I则是穿过回路L所包围平面$\boldsymbol{S}$的所有电流，而且当电流与回路L成右手螺旋关系时I为正，反之I为负。综合上述两种情况，可以用一个方程表示为

$$\oint_L\boldsymbol{H}\cdot\mathrm{d}\boldsymbol{l}=\sum_{i=1}^{n}I_i \tag{4.75}$$

式中，$\sum_{i=1}^{n}I_i$为L所包围的电流代数和。图 4.12 中L所包围的电流为$\sum_{i=1}^{n}I_i=I_1-I_2$，磁场$\boldsymbol{H}$的环路积分与$I_3$无关，但是空间某点的磁场$\boldsymbol{H}$为三个电流回路产生的磁场强度矢量叠加。

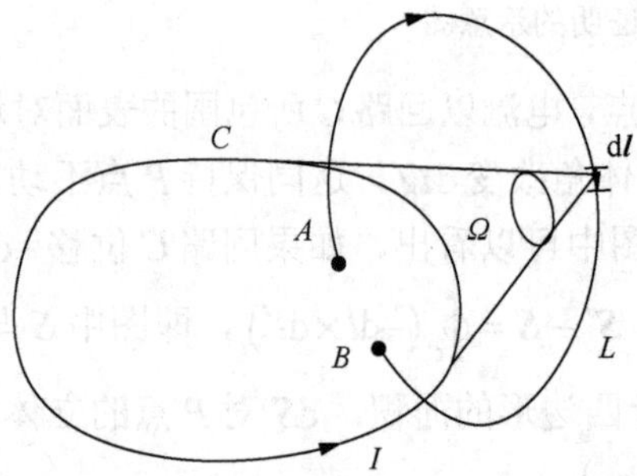

图 4.11 积分回路L与电流回路C相交链

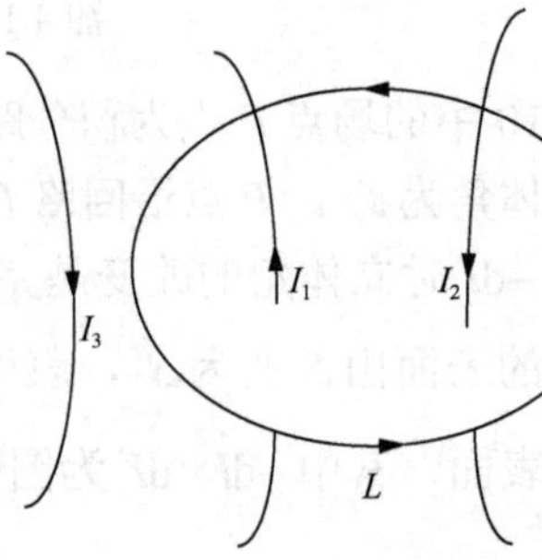

图 4.12 积分回路L包围多个电流

由斯托克斯定理，式（4.74）的微分形式可以写为

$$\nabla\times\boldsymbol{H}=\boldsymbol{J} \tag{4.76}$$

当式（4.56）和式（4.76）给定了恒定磁场的散度和旋度，根据亥姆霍兹定理，恒定磁场的性质是完全确定的。

4.4 恒定磁场的基本方程及衔接条件

4.4.1 矢量基本方程

1. 磁感应强度和磁场强度的基本方程

恒定磁场的基本方程包括高斯定律和环路定律，有微分和积分两种形式，其积分表达式为

$$\oint_S \boldsymbol{B}\cdot \mathrm{d}\boldsymbol{S}=0 \tag{4.77}$$

$$\oint_l \boldsymbol{H}\cdot \mathrm{d}\boldsymbol{l}=I \tag{4.78}$$

其微分表达式为

$$\nabla\cdot \boldsymbol{B}=0 \tag{4.79}$$

$$\nabla\times \boldsymbol{H}=\boldsymbol{J} \tag{4.80}$$

在各向同性的线性媒质中，磁感应强度和磁场强度两矢量之间的构成方程为

$$\boldsymbol{B}=\mu \boldsymbol{H} \tag{4.81}$$

2. 磁矢量位的基本方程

根据安培环路定律的微分形式$\nabla\times \boldsymbol{H}=\boldsymbol{J}$，同时考虑到各向同性的线性导磁媒质中$\boldsymbol{B}=\mu \boldsymbol{H}$，因此，有

$$\nabla\times \boldsymbol{B}=\mu \boldsymbol{J} \tag{4.82}$$

再把式（4.82）代入$\boldsymbol{B}=\nabla\times \boldsymbol{A}$中，可得

$$\nabla\times\nabla\times \boldsymbol{A}=\mu \boldsymbol{J} \tag{4.83}$$

应用矢量恒等式$\nabla\times\nabla\times \boldsymbol{A}=\nabla(\nabla\cdot \boldsymbol{A})-\nabla^2 \boldsymbol{A}$，则有

$$\nabla(\nabla\cdot \boldsymbol{A})-\nabla^2 \boldsymbol{A}=\mu \boldsymbol{J} \tag{4.84}$$

由库仑规范$\nabla\cdot \boldsymbol{A}=0$，式（4.84）可改写为

$$\nabla^2 \boldsymbol{A}=-\mu \boldsymbol{J} \tag{4.85}$$

磁矢量位$\boldsymbol{A}$满足矢量形式的泊松方程，它相当于三个标量形式的泊松方程。在直角坐标系中，它们为

$$\begin{cases}\nabla^2 A_x=-\mu J_x\\ \nabla^2 A_y=-\mu J_y\\ \nabla^2 A_z=-\mu J_z\end{cases} \tag{4.86}$$

这三个方程的形式和静电场电位的泊松方程完全一样。参照静电场中泊松方程的特解形式，当电流分布为有限体积空间内电流元$\boldsymbol{J}\mathrm{d}V'$且规定无限远处磁矢量位的值为零时，磁

矢量位的各分量的特解分别为

$$\begin{cases} A_x = \dfrac{\mu}{4\pi}\displaystyle\int_{V'}\dfrac{J_x\mathrm{d}V'}{R} \\ A_y = \dfrac{\mu}{4\pi}\displaystyle\int_{V'}\dfrac{J_y\mathrm{d}V'}{R} \\ A_z = \dfrac{\mu}{4\pi}\displaystyle\int_{V'}\dfrac{J_z\mathrm{d}V'}{R} \end{cases} \tag{4.87}$$

将以上三式合并，即得磁矢量位的特解矢量形式

$$\boldsymbol{A} = \frac{\mu}{4\pi}\int_{V'}\frac{\boldsymbol{J}\mathrm{d}V'}{R} \tag{4.88}$$

对于元电流段为$I\mathrm{d}\boldsymbol{l}'$和$\boldsymbol{J}_S\mathrm{d}\boldsymbol{S}'$形式时，这两种电流分布的整个电流引起的磁矢量位应为

$$\boldsymbol{A} = \frac{\mu}{4\pi}\int_{l'}\frac{I\mathrm{d}\boldsymbol{l}'}{R} \tag{4.89}$$

$$\boldsymbol{A} = \frac{\mu}{4\pi}\int_{S'}\frac{\boldsymbol{J}_S\mathrm{d}\boldsymbol{S}'}{R} \tag{4.90}$$

由式（4.88）、式（4.89）和式（4.90）可知，每个元电流产生的磁矢量位与元电流方向相同。

4.4.2 矢量的分界面衔接条件

1. 磁场强度的分界面衔接条件

图 4.13 为两种导磁媒质的分界面，磁导率分别为μ_1、μ_2，两种媒质中的磁场强度分别为$\boldsymbol{H}_1$、$\boldsymbol{H}_2$，与分界面法线的夹角分别为θ_1、θ_2，媒质分界面的法线单位矢量$\boldsymbol{e}_n$由媒质 1 指向媒质 2。在两种磁媒质的分界面上，作一个极窄的矩形回路$abcda$，其中$ab = cd = \Delta l$，$bc = da = \Delta h$，且$\Delta h \to 0$。$\boldsymbol{e}_{n1}$为矩形回路面元$\Delta\boldsymbol{S}$的外法线方向单位矢量，为垂直纸面向里。由图可见，$\Delta\boldsymbol{l}_2$和$\Delta\boldsymbol{l}_1$方向表示为$\Delta\boldsymbol{l}_2 = (\boldsymbol{e}_{n1}\times\boldsymbol{e}_n)\Delta l$和$\Delta\boldsymbol{l}_1 = (-\boldsymbol{e}_{n1}\times\boldsymbol{e}_n)\Delta l$。

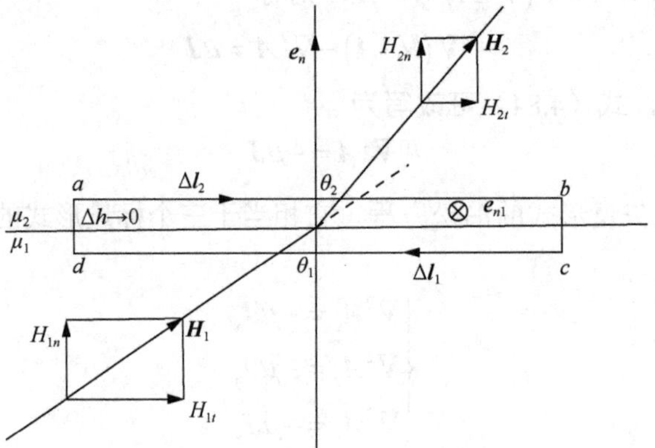

图 4.13 **H** 切向分量的分界面衔接条件

利用安培环路定律，有

$$\oint_l \boldsymbol{H}\cdot \mathrm{d}\boldsymbol{l} = I \tag{4.91}$$

上式等号左边可以写为

$$\oint_l \boldsymbol{H}\cdot \mathrm{d}\boldsymbol{l} = \int_{ab} \boldsymbol{H}\cdot \mathrm{d}\boldsymbol{l} + \int_{bc} \boldsymbol{H}\cdot \mathrm{d}\boldsymbol{l} + \int_{cd} \boldsymbol{H}\cdot \mathrm{d}\boldsymbol{l} + \int_{da} \boldsymbol{H}\cdot \mathrm{d}\boldsymbol{l} \tag{4.92}$$

由于矩形回路极窄，有 $\Delta h \to 0$，上式中第二项和第四项积分为零，将 $\Delta \boldsymbol{l}_2$ 和 $\Delta \boldsymbol{l}_1$ 代入式（4.92）等号右侧第一项和第三项，有

$$\oint_l \boldsymbol{H}\cdot \mathrm{d}\boldsymbol{l} = \boldsymbol{H}_2 \cdot \Delta \boldsymbol{l}_2 + \boldsymbol{H}_1 \cdot \Delta \boldsymbol{l}_1 = (\boldsymbol{H}_2 - \boldsymbol{H}_1)\cdot(\boldsymbol{e}_{n1} \times \boldsymbol{e}_n)\Delta l \tag{4.93}$$

利用矢量混合积变换公式进行整理后，可以写为

$$(\boldsymbol{H}_2 - \boldsymbol{H}_1)\cdot(\boldsymbol{e}_{n1} \times \boldsymbol{e}_n)\Delta l = \left[\boldsymbol{e}_n \times (\boldsymbol{H}_2 - \boldsymbol{H}_1)\right]\cdot \boldsymbol{e}_{n1}\Delta l \tag{4.94}$$

矩形回路包含的分界面处面电流可以根据式（3.6）进行计算，写为

$$I = \boldsymbol{J}_S \cdot \Delta \boldsymbol{l}_{\perp} = \boldsymbol{J}_S \cdot \boldsymbol{e}_{n1}\Delta l \tag{4.95}$$

将式（4.94）和式（4.95）代入安培环路定律（4.91）中，可得

$$\boldsymbol{e}_n \times (\boldsymbol{H}_2 - \boldsymbol{H}_1) = \boldsymbol{J}_S \tag{4.96}$$

$\boldsymbol{J}_S$ 为穿过矩形回路的电流密度，大小为 $\dfrac{I}{\Delta \boldsymbol{l}}$ 在 $\boldsymbol{e}_{n1}$ 方向的投影，正负号取决于 $\boldsymbol{H}_2$ 切向分量的方向与 $\boldsymbol{e}_n$ 方向是否符合右手螺旋关系，满足为正，否则为负。

磁场切向分量在媒质分界面上的衔接条件为

$$H_{2t} - H_{1t} = J_S \tag{4.97}$$

当媒质界面上无面电流时，有

$$\boldsymbol{e}_n \times (\boldsymbol{H}_2 - \boldsymbol{H}_1) = 0 \tag{4.98}$$

写成标量形式为

$$H_{2t} = H_{1t} \tag{4.99}$$

可见，在两种磁媒质的分界面上无面电流时 $\boldsymbol{H}$ 的切向分量是连续的。

2. *磁感应强度的分界面衔接条件*

在两种磁媒质的分界面上作一个极扁的圆柱形高斯面，且令圆柱的高度 $\Delta h \to 0$。根据恒定磁场的高斯定律 $\oint_S \boldsymbol{B}\cdot \mathrm{d}\boldsymbol{S} = 0$，可以推导出

$$B_{2n} = B_{1n} \tag{4.100}$$

写成矢量形式，为

$$\boldsymbol{e}_n \cdot (\boldsymbol{B}_2 - \boldsymbol{B}_1) = 0 \tag{4.101}$$

可见，在磁媒质分界面两侧的 $\boldsymbol{B}$ 法向分量连续。

3. 磁矢量位的分界面衔接条件

磁矢量位 $\boldsymbol{A}$ 的分界面衔接条件为

$$\boldsymbol{A}_1 = \boldsymbol{A}_2 \tag{4.102}$$

$$\boldsymbol{e}_n \times \left(\frac{1}{\mu_2}(\nabla \times \boldsymbol{A}_2) - \frac{1}{\mu_1}(\nabla \times \boldsymbol{A}_1) \right) = \boldsymbol{J}_S \tag{4.103}$$

当 $\boldsymbol{J}_S = 0$ 时，有

$$\frac{1}{\mu_1}(\nabla \times \boldsymbol{A}_1)_t = \frac{1}{\mu_2}(\nabla \times \boldsymbol{A}_2)_t \tag{4.104}$$

4. 分界面处磁感应强度与磁场强度的关系

仿照静电场中 $\boldsymbol{E}$ 、$\boldsymbol{D}$ 折射关系式的推导，可以导出 $\boldsymbol{B}$ 线和 $\boldsymbol{H}$ 线在分界面上发生折射的关系式

$$\frac{\tan \theta_1}{\tan \theta_2} = \frac{\mu_1}{\mu_2} \tag{4.105}$$

上式表明，磁场从第一种媒质进入到第二种媒质时，它的方向要发生改变。例如，当磁感应强度线由铁磁质进入非铁磁质时，由于铁磁质的磁导率较非铁磁质的磁导率大得多，故无论磁感线在铁磁质中与分界面的法线成什么角度（只要不是 90°），它在紧挨着分界面的非铁磁质中，都可认为是与分界面相垂直的。

4.4.3 标量基本方程及分界面衔接条件

1. 标量基本方程

根据磁通连续性原理 $\nabla \cdot \boldsymbol{B} = 0$ 和 $\boldsymbol{B} = \mu \boldsymbol{H}$，以及在无电流区域磁场强度和磁标量位之间关系 $\boldsymbol{H} = -\nabla \varphi_{\mathrm{m}}$，有

$$\nabla \cdot \boldsymbol{B} = \nabla \cdot (-\mu \nabla \varphi_{\mathrm{m}}) = -\mu \nabla^2 \varphi_{\mathrm{m}} = 0 \tag{4.106}$$

可以得到在无电流区域，磁标量位满足如下方程：

$$\nabla^2 \varphi_{\mathrm{m}} = 0 \tag{4.107}$$

所以，磁标量位满足拉普拉斯方程。

2. 磁标量位的分界面衔接条件

采用与讨论电位 φ 分界面衔接条件相类似的方法，可导出磁标量位的分界面衔接条件

$$\varphi_{m1}=\varphi_{m2} \tag{4.108}$$

$$\mu_1\frac{\partial\varphi_{m1}}{\partial n}=\mu_2\frac{\partial\varphi_{m2}}{\partial n} \tag{4.109}$$

4.5 场量的求解方法

根据磁感应强度的定义和恒定磁场中的基本定律、基本方程，计算磁感应强度 $\boldsymbol{B}$ 或磁场强度 $\boldsymbol{H}$ 主要有四种方法，分别为毕奥-萨伐尔定律法、环路定律法、磁矢量位法、微分方程法。

4.5.1 毕奥-萨伐尔定律法

根据毕奥-萨伐尔定律，可以写出线电流、面电流和体电流所产生的磁感应强度表达式，实现磁场计算。分别以有限长导线、圆环、扁平直导线为例进行求解。

例 4.1 计算长度为 l 的直线电流 I 的磁场，如图 4.14 所示。

解： 采用圆柱坐标系，直线电流与 z 轴重合，直线电流的中点位于坐标原点，如图 4.14 所示。显然磁场的分布具有轴对称性，直线产生的磁场与角度 ϕ 无关。从图 4.14 中可以看出，直线电流上的任一电流元 $I\mathrm{d}\boldsymbol{l}'=I\mathrm{d}z'\boldsymbol{e}_z$，场点 P 的位置矢量 $\boldsymbol{r}=r\boldsymbol{e}_r+z\boldsymbol{e}_z$，源点的位置矢量 $\boldsymbol{r}'=z'\boldsymbol{e}_z$，$I\mathrm{d}\boldsymbol{l}'$ 到场点 P 的距离矢量为 $\boldsymbol{R}=\boldsymbol{r}-\boldsymbol{r}'=r\boldsymbol{e}_r+(z-z')\boldsymbol{e}_z$，代入毕奥-萨伐尔定律 $\boldsymbol{B}=\frac{\mu_0}{4\pi}\oint_{l'}\frac{I\mathrm{d}\boldsymbol{l}'\times\boldsymbol{e}_R}{R^2}$ 中，可得

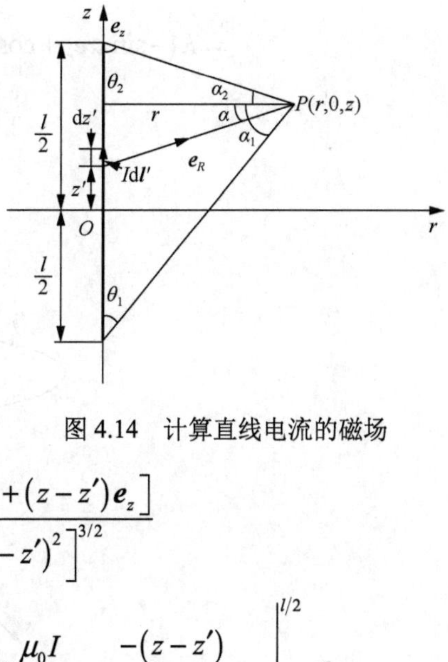

图 4.14 计算直线电流的磁场

$$\boldsymbol{B}(r)=\frac{\mu_0}{4\pi}\int_{-l/2}^{+l/2}\frac{I\mathrm{d}z'\boldsymbol{e}_z\times\left[r\boldsymbol{e}_r+(z-z')\boldsymbol{e}_z\right]}{\left[r^2+(z-z')^2\right]^{3/2}}$$

$$\boldsymbol{B}(r)=\frac{\mu_0 Ir}{4\pi}\int_{-l/2}^{+l/2}\frac{\mathrm{d}z'}{\left[r^2+(z-z')^2\right]^{3/2}}\boldsymbol{e}_\phi=\frac{\mu_0 I}{4\pi r}\frac{-(z-z')}{\left[r^2+(z-z')^2\right]^{1/2}}\Bigg|_{-l/2}^{l/2}\boldsymbol{e}_\phi$$

$$\begin{aligned}\boldsymbol{B}(r)&=\frac{\mu_0 Ir}{4\pi}\left[\frac{z+l/2}{\left[r^2+(z+l/2)^2\right]^{1/2}}-\frac{z-l/2}{\left[r^2+(z-l/2)^2\right]^{1/2}}\right]\boldsymbol{e}_\phi\\&=\frac{\mu_0 Ir}{4\pi}(\cos\theta_1-\cos\theta_2)\boldsymbol{e}_\phi\\&=\frac{\mu_0 Ir}{4\pi}(\sin\alpha_1-\sin\alpha_2)\boldsymbol{e}_\phi\end{aligned}$$

上式中θ_1、θ_2、α_1、α_2如图 4.14 所示。

当有限长直线电流的两端无限延长即得到无限电流，即$\alpha_1 \to \pi/2$、$\alpha_2 \to -\pi/2$，$\theta_1 \to 0$、$\theta_2 \to \pi$，可以求得无限电流所产生的磁场为

$$\boldsymbol{B}(r)=\frac{\mu_0 I}{2\pi r}\boldsymbol{e}_\phi$$

例 4.2 求半径为a的线电流圆环在其垂直轴线上的磁场，如图 4.15 所示。

解： 建立圆柱坐标系，设圆环轴线与z轴重合，圆环位于$z=z'$平面内，如图 4.15 所示。圆环上的任一电流元$I\mathrm{d}\boldsymbol{l}'=Ia\mathrm{d}\phi'\boldsymbol{e}_\phi$，场点$P$的位置矢量$\boldsymbol{r}=z\boldsymbol{e}_z$，源点的位置矢量$\boldsymbol{r}'=a\boldsymbol{e}_r+z'\boldsymbol{e}_z$，$I\mathrm{d}\boldsymbol{l}'$到场点$P$的距离矢量为$\boldsymbol{R}=\boldsymbol{r}-\boldsymbol{r}'=-a\boldsymbol{e}_r+(z-z')\boldsymbol{e}_z$，$\boldsymbol{R}$的模为$R=|\boldsymbol{R}|=\sqrt{a^2+(z-z')^2}$，有$\boldsymbol{e}_R=\dfrac{\boldsymbol{R}}{R}$，所以

$$\begin{aligned}\boldsymbol{R}=|\boldsymbol{R}|\boldsymbol{e}_R=R\boldsymbol{e}_R&=R\left[-\frac{a}{\sqrt{a^2+(z-z')^2}}\boldsymbol{e}_r+\frac{z-z'}{\sqrt{a^2+(z-z')^2}}\boldsymbol{e}_z\right]\\&=R(-\sin\alpha\boldsymbol{e}_r+\cos\alpha\boldsymbol{e}_z)\end{aligned}$$

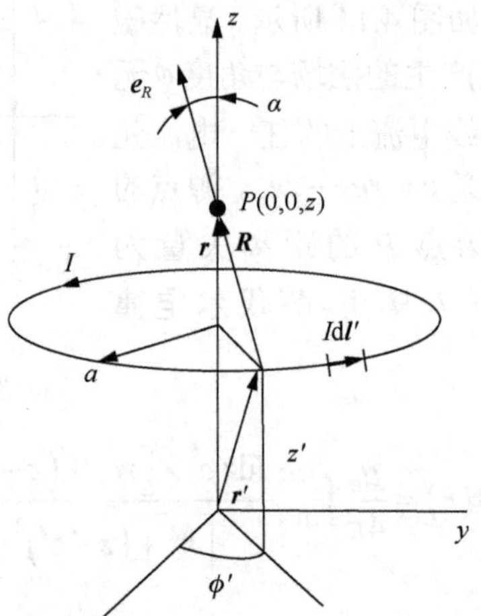

图 4.15 计算载流圆环轴线上的磁场

把$I\mathrm{d}\boldsymbol{l}'$和$\boldsymbol{R}$代入毕奥-萨伐尔定律可得

$$\begin{aligned}\boldsymbol{B}(z)&=\frac{\mu_0 I}{4\pi}\int_l\frac{\mathrm{d}\boldsymbol{l}'\times\boldsymbol{e}_R}{R^2}=\frac{\mu_0 I}{4\pi}\int_l\frac{\mathrm{d}\boldsymbol{l}'\times\boldsymbol{R}}{R^3}=\frac{\mu_0 Ia}{4\pi R^2}\int_0^{2\pi}\boldsymbol{e}_\phi\times(-\sin\alpha\boldsymbol{e}_r+\cos\alpha\boldsymbol{e}_z)\,\mathrm{d}\phi'\\&=\frac{\mu_0 Ia}{4\pi R^2}\left(\sin\alpha\int_0^{2\pi}\mathrm{d}\phi'\boldsymbol{e}_z+\cos\alpha\int_0^{2\pi}\mathrm{d}\phi'\boldsymbol{e}_r\right)\end{aligned}$$

上式中$\sin\alpha=\dfrac{a}{R}$，$\int_0^{2\pi}\mathrm{d}\phi'\boldsymbol{e}_r=0$。因此，有

$$\boldsymbol{B}(z)=\frac{\mu_0 Ia^2}{2R^3}\boldsymbol{e}_z=\frac{\mu_0 Ia^2}{2\left[a^2+(z-z')^2\right]^{3/2}}\boldsymbol{e}_z$$

在 $z=z'$ 时，圆环中心处的磁场为

$$\boldsymbol{B}(z')=\frac{\mu_0 I}{2a}\boldsymbol{e}_z$$

在采用毕奥-萨伐尔定律计算复杂形状线圈或平面所产生的磁场时，有时需要利用有限长导线产生的磁场结果，再利用叠加原理计算磁场。

例 4.3 一条扁平的直导体带，宽为 $2a$，流过电流 I，中心线与 z 轴重合，其中 a、r_1、r_2 如图 4.16 所示。证明在第一象限内 $B_x=-\dfrac{\mu_0 I}{4\pi a}\alpha$，$B_y=\dfrac{\mu_0 I}{4\pi a}\ln\dfrac{r_2}{r_1}$。

解： 利用微积分的方法求解，把导体带分割成许多条无限长载流直导线，第一象限内 P 点的磁场等于所有这些无限长载流直导线在 P 点产生的磁场的叠加。设分割出的任意一条无限长载流直导线的宽度为 $\mathrm{d}x$，其电流元为 $\mathrm{d}I=\dfrac{I}{2a}\mathrm{d}x$，在 P 点产生的磁场为

$$\mathrm{d}B=\frac{\mu_0\mathrm{d}I}{2\pi r}=\frac{\mu_0 I\mathrm{d}x}{4\pi ar}$$

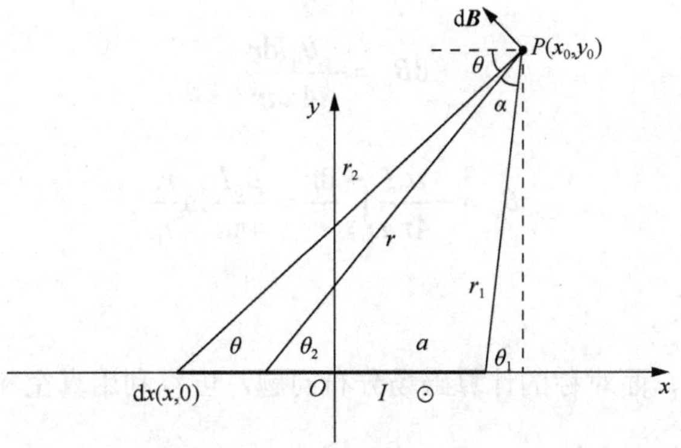

图 4.16 扁平直导线带示意图

x 分量为

$$\mathrm{d}B_x=\mathrm{d}B\cos\left(\frac{\pi}{2}-\theta\right)=\frac{\mu_0 I\mathrm{d}x}{4\pi ar}\sin\theta$$

式中含有三个变量 x、r、θ，进行变量代换，由

$$\sin\theta=\frac{y_0}{\sqrt{(x_0-x)^2+y_0^2}}$$

所以有

$$\mathrm{d}\theta=\frac{y_0\mathrm{d}x}{r^2},\quad \mathrm{d}x=\frac{r^2\mathrm{d}\theta}{y_0}$$

代入可得

$$\mathrm{d}B_x=\frac{\mu_0 I}{4\pi a}\mathrm{d}\theta$$

$$B_x=\frac{\mu_0 I}{4\pi a}\int_{\theta_2}^{\theta_1}\mathrm{d}\theta=\frac{\mu_0 I}{4\pi a}(\theta_1-\theta_2)=\frac{\mu_0 I}{4\pi a}\alpha$$

由图 4.16 中可以看出 $\theta_1=\alpha+\theta_2$，B_x 沿 $-x$ 方向。$\mathrm{d}\boldsymbol{B}$ 的 y 分量为

$$\mathrm{d}B_y=\mathrm{d}B\sin\left(\frac{\pi}{2}-\theta\right)=\frac{\mu_0 I\mathrm{d}x}{4\pi ar}\cos\theta$$

同样需要进行变量代换，由

$$r=\sqrt{y_0^2+(x_0-x)^2},\quad \mathrm{d}r=-\frac{(x_0-x)\mathrm{d}x}{r}$$

代入可得

$$\mathrm{d}B_y=-\frac{\mu_0 I\mathrm{d}r}{4\pi ar}$$

$$B_y=-\frac{\mu_0 I}{4\pi a}\int_{r_2}^{r_1}\frac{\mathrm{d}r}{r}=\frac{\mu_0 I}{4\pi a}\ln\frac{r_2}{r_1}$$

4.5.2 环路定律法

对于具有轴对称、面对称的计算磁场分布问题，可以利用真空和一般媒质中的安培环路定律进行求解。

例 4.4 长直圆柱导体中电流均匀分布，电流密度为 $\boldsymbol{J}$，其中有一平行的圆柱形空腔，如图 4.17 所示。计算空腔内的磁场，并证明空腔内的磁场为均匀分布。

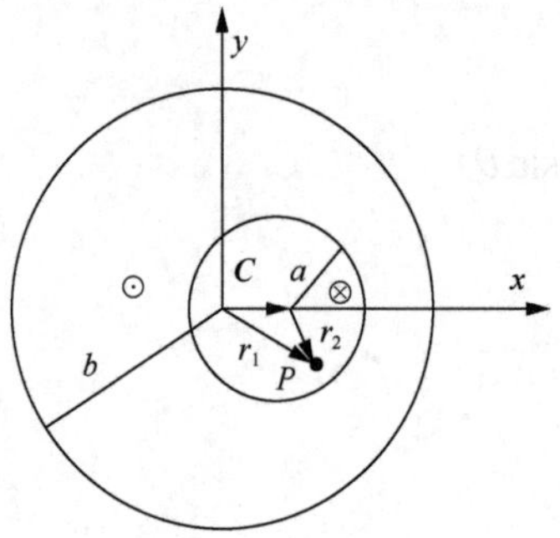

图 4.17 计算长直圆柱导体空腔内的磁场

解： 设半径为 b 实心导体中电流方向为指向纸面向外，用⊙表示，半径为 a 的实心圆柱电流方向为指向纸面向里，用⊗表示。半径为 b 带有空腔的导体中电流所产生的磁场可以看成是：由半径为 b 的实心导体圆柱与半径为 a 的实心导体圆柱的叠加作用。

半径为 b 的实心导体圆柱单独作用时，由安培环路定律计算得

$$\oint_l \boldsymbol{B}_1 \cdot \mathrm{d}\boldsymbol{l} = \mu_0 \sum_{i=1}^{k} I_i$$

$$B_1 \cdot 2\pi r_1 = \mu_0 J \pi r_1^2$$

可以解出

$$B_1 = \frac{\mu_0 J r_1}{2}$$

用矢量可以表示为

$$\boldsymbol{B}_1 = \frac{\mu_0 J r_1}{2} \boldsymbol{e}_z \times \boldsymbol{e}_{r1} = \frac{\mu_0 J}{2} \boldsymbol{e}_z \times \boldsymbol{r}_1$$

半径为a的实心导体圆柱单独作用时，由安培环路定律可以解出

$$B_2 = \frac{\mu_0 J r_2}{2} \boldsymbol{e}_z \times \boldsymbol{e}_{r2}, \quad \boldsymbol{B}_2 = \frac{\mu_0 J}{2} \boldsymbol{e}_z \times (-\boldsymbol{r}_2)$$

空腔内的磁场由两部分叠加为

$$\boldsymbol{B} = \boldsymbol{B}_1 + \boldsymbol{B}_2 = \frac{\mu_0 J}{2} \boldsymbol{e}_z \times (\boldsymbol{r}_1 - \boldsymbol{r}_2) = \frac{\mu_0 J}{2} \boldsymbol{e}_z \times \boldsymbol{C}$$

式中，$\boldsymbol{C}$ 为在如图 4.17 所示的横截面内，由半径为b的实心导体圆柱的轴线指向半径为a的实心导体圆柱轴线的一个常矢量，所以空腔内的磁场是均匀的。

例 4.5 铁质的无限长圆管中通有电流I，管的内外半径分别为a和b。已知铁的磁导率为μ，求管壁中、管内、管外的磁感应强度$\boldsymbol{B}$，并计算管壁中的体磁化电流密度$\boldsymbol{J}_{\mathrm{m}}$和面磁化电流密度$\boldsymbol{J}_{\mathrm{m}S}$。

解：设圆柱坐标系的z轴与圆管的轴线重合，场为轴对称的。电流沿z轴方向流动，磁场只有ϕ分量，管壁中，由安培环路定律

$$\oint_l \boldsymbol{H}_2 \cdot \mathrm{d}\boldsymbol{l} = H_2 \cdot 2\pi r = \frac{I}{\pi(b^2 - a^2)} \pi(r^2 - a^2)$$

所以

$$\boldsymbol{H}_2 = \frac{r^2 - a^2}{b^2 - a^2} \frac{I}{2\pi r} \boldsymbol{e}_\phi, \quad a \leqslant r \leqslant b$$

$$\boldsymbol{B}_2 = \mu \boldsymbol{H}_2 = \mu \frac{r^2 - a^2}{b^2 - a^2} \frac{I}{2\pi r} \boldsymbol{e}_\phi, \quad a \leqslant r \leqslant b$$

圆管外$b < r < \infty$，由安培环路定律

$$\oint_l \boldsymbol{H}_1 \cdot \mathrm{d}\boldsymbol{l} = H_1 \cdot 2\pi r = I$$

所以

$$\boldsymbol{H}_1 = \frac{I}{2\pi r} \boldsymbol{e}_\phi, \quad b < r < \infty$$

$$\boldsymbol{B}_1=\mu_0\boldsymbol{H}_1=\frac{\mu_0 I}{2\pi r}\boldsymbol{e}_\phi,\quad b<r<\infty$$

圆管内$0\leqslant r<a$，由安培环路定律

$$\oint_l \boldsymbol{H}_3\cdot \mathrm{d}\boldsymbol{l}=H_3\cdot 2\pi r=0$$

可得

$$H_3=0,\quad B_3=0,\quad 0\leqslant r<a$$

管壁中$(a\leqslant r\leqslant b)$的磁化强度为

$$\boldsymbol{M}_2=\left(\frac{\boldsymbol{B}_2}{\mu_0}-\boldsymbol{H}_2\right)\boldsymbol{e}_\phi=\left(\frac{\mu}{\mu_0}-1\right)\frac{r^2-a^2}{b^2-a^2}\frac{I}{2\pi r}\boldsymbol{e}_\phi$$

管壁中的体磁化电流密度为

$$\boldsymbol{J}_\mathrm{m}=\nabla\times\boldsymbol{M}_2=\frac{1}{r}\frac{\partial(rM_2)}{\partial r}\boldsymbol{e}_z=\left(\frac{\mu}{\mu_0}-1\right)\frac{I}{\pi(b^2-a^2)}\boldsymbol{e}_z$$

在$r=a$、$r=b$处的面磁化电流密度分别为

$$\boldsymbol{J}_{\mathrm{m}S}\big|_{r=a}=\boldsymbol{M}_2\times(-\boldsymbol{e}_r)=0$$

$$\boldsymbol{J}_{\mathrm{m}S}\big|_{r=b}=\boldsymbol{M}_2\times\boldsymbol{e}_r=\left[-\left(\frac{\mu}{\mu_0}-1\right)\frac{I}{2\pi b}\right]\boldsymbol{e}_z$$

4.5.3 磁矢量位法

利用磁矢量位$\boldsymbol{A}$计算磁场的基本思路为：先由电流的分布I计算电流密度$\boldsymbol{J}$和$\boldsymbol{J}_S$，利用磁矢量位的特解形式求出$\boldsymbol{A}$，再由$\boldsymbol{B}=\nabla\times\boldsymbol{A}$求出磁感应强度$\boldsymbol{B}$。

例 4.6 求通有电流的长直导线的磁矢量位$\boldsymbol{A}$和磁感应强度$\boldsymbol{B}$。

解： 设一长直导线的长度为l，如图 4.18 所示，长直导线电流上任一电流元$I\mathrm{d}z'$在P点产生的磁矢量位为

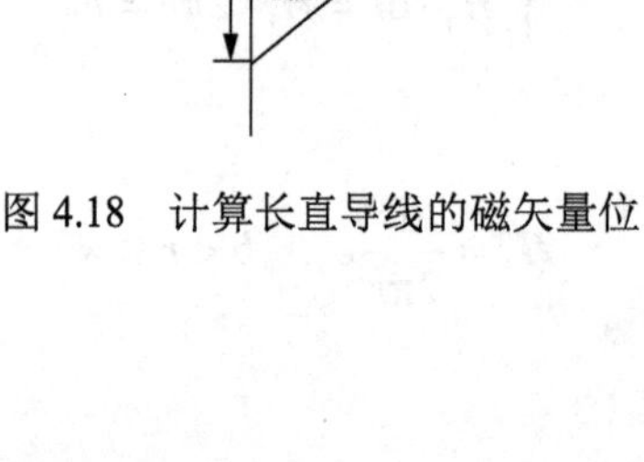

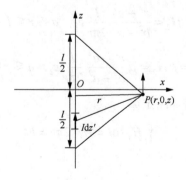

图 4.18 计算长直导线的磁矢量位

$$\mathrm{d}\boldsymbol{A}=\frac{\mu_0 I}{4\pi}\cdot\frac{\mathrm{d}z'}{\sqrt{r^2+\left(z-z'\right)^2}}\boldsymbol{e}_z$$

长直导线电流在 P 点产生的磁矢量位为

$$\begin{aligned}\boldsymbol{A}&=\frac{\mu_0 I}{4\pi}\int_{-l/2}^{l/2}\frac{\mathrm{d}z'}{\sqrt{r^2+\left(z-z'\right)^2}}\boldsymbol{e}_z\\&=\frac{\mu_0 I}{4\pi}\ln\left[-\left(z-z'\right)+\sqrt{r^2+\left(z-z'\right)^2}\right]\Bigg|_{-l/2}^{l/2}\boldsymbol{e}_z\\&=\frac{\mu_0 I}{4\pi}\left\{\ln\left[\left(-z+\frac{l}{2}\right)+\sqrt{\left(\frac{l}{2}-z\right)^2+r^2}\right]-\ln\left[\left(-z-\frac{l}{2}\right)+\sqrt{\left(\frac{l}{2}+z\right)^2+r^2}\right]\right\}\boldsymbol{e}_z\end{aligned}$$

当 $l\to\infty$ 时

$$\boldsymbol{A}\approx\frac{\mu_0 I}{4\pi}\ln\frac{\frac{l}{2}+\sqrt{\left(\frac{l}{2}\right)^2+r^2}}{-\frac{l}{2}+\sqrt{\left(\frac{l}{2}\right)^2+r^2}}\boldsymbol{e}_z\approx\frac{\mu_0 I}{4\pi}\ln\left(\frac{l}{r}\right)^2\boldsymbol{e}_z=\frac{\mu_0 I}{2\pi}\ln\left(\frac{l}{r}\right)\boldsymbol{e}_z$$

上式的近似计算中利用了泰勒级数。如果长直导线电流为无限长的，则 $\boldsymbol{A}$ 为无限大。原因是直线电流延伸到无穷远处，不能选无穷远处作磁矢量位的参考点。可以把参考点选在 $r=r_0$ 处，即令

$$\boldsymbol{A}=\frac{\mu_0 I}{2\pi}\ln\frac{l}{r_0}\boldsymbol{e}_z+\boldsymbol{C}=0$$

式中，$\boldsymbol{C}$ 是一个常矢量，$\boldsymbol{C}=-\frac{\mu_0 I}{2\pi}\ln\frac{l}{r_0}\boldsymbol{e}_z$。在 $\boldsymbol{A}$ 的表达式中附加一个常矢量 $\boldsymbol{C}$，不会影响 $\boldsymbol{B}$ 的计算。因此上式可以写为

$$\boldsymbol{A}=\frac{\mu_0 I}{2\pi}\ln\frac{l}{r}\boldsymbol{e}_z-\frac{\mu_0 I}{2\pi}\ln\frac{l}{r_0}\boldsymbol{e}_z=\frac{\mu_0 I}{2\pi}\ln\frac{r_0}{r}\boldsymbol{e}_z$$

无限电流产生的磁感应强度为

$$\boldsymbol{B}=\nabla\times\boldsymbol{A}=-\frac{\partial A_z}{\partial r}\boldsymbol{e}_\phi=\frac{\mu_0 I}{2\pi r}\boldsymbol{e}_\phi$$

例 4.7 半径为 a 的圆环载有电流 I，如图 4.19 所示，求空间磁矢量位 $\boldsymbol{A}$ 和磁感应强度 $\boldsymbol{B}$ 的分布。

解： 线电流产生的磁矢量位为

$$\boldsymbol{A}=\frac{\mu_0}{4\pi}\oint_l\frac{I\mathrm{d}\boldsymbol{l}}{R}$$

由电流分布的对称性可以看出：① $\boldsymbol{A}$ 只有 ϕ 分量 $A_\phi\boldsymbol{e}_\phi$；② A_ϕ 与 ϕ 无关，图 4.19（a）

中在虚线所示的环路上 A_ϕ 处处相等。选取 $\phi=0$ 平面上的一点 P 计算 A_ϕ，在导线圆环上任取一电流元 $I\mathrm{d}\boldsymbol{l}$ 与点 P 的距离为 R，电流元 $I\mathrm{d}\boldsymbol{l}$ 相对于 x 轴对称的另一个电流元 $I\mathrm{d}\boldsymbol{l}'$ 在 P 点产生的磁矢量位为 $\mathrm{d}\boldsymbol{A}'$，如图 4.19（b）所示。所以，电流元 $I\mathrm{d}\boldsymbol{l}$ 和 $I\mathrm{d}\boldsymbol{l}'$ 在 P 点产生的磁矢量位为 $2\mathrm{d}\boldsymbol{A}\cos\phi$，其中

$$\mathrm{d}\boldsymbol{A}=\frac{\mu_0}{4\pi}\frac{I\mathrm{d}\boldsymbol{l}}{R}$$

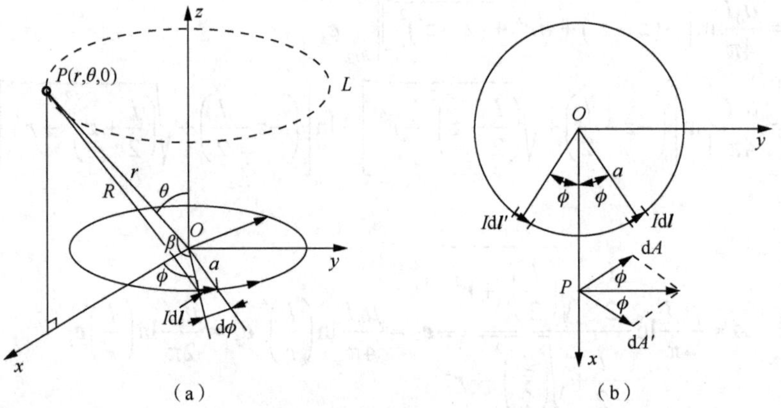

图 4.19　计算载流导线圆环的磁场

导线圆环在 P 点产生的磁矢量位为

$$\boldsymbol{A}=\boldsymbol{A}_\phi=2\int_0^{\pi}\mathrm{d}A\cos\phi=\frac{\mu_0 I}{2\pi}\int_0^{\pi}\frac{\mathrm{d}l\cos\phi}{R}\boldsymbol{e}_\phi$$

式中，$\mathrm{d}l=a\mathrm{d}\phi$；$R=\sqrt{r^2+a^2-2ra\cos\beta}$，其中 $\cos\beta=\dfrac{\boldsymbol{r}\cdot\boldsymbol{a}}{|\boldsymbol{r}||\boldsymbol{a}|}$，$\boldsymbol{r}=r\sin\theta+r\cos\theta$，$\boldsymbol{a}=a\cos\phi+a\sin\phi$。

所以有

$$\cos\beta=\frac{ra\sin\theta\cos\phi}{ra}=\sin\theta\cos\phi$$

整理可得

$$\boldsymbol{A}=\frac{\mu_0 Ia}{2\pi}\int_0^{\pi}\frac{\cos\phi\mathrm{d}\phi}{\sqrt{r^2+a^2-2ra\sin\theta\cos\phi}}\boldsymbol{e}_\phi$$

上式中的积分可以用以下几种方法求解：①变换成椭圆积分；②利用计算机进行数值计算；③利用近似计算。下面利用近似计算求解。

若远区场时 $r\gg a$，上式中被积函数可以写为

$$\frac{1}{\sqrt{r^2+a^2-2ra\sin\theta\cos\phi}}=\frac{1}{r\sqrt{1+\dfrac{a^2}{r^2}-\dfrac{2a}{r}\sin\theta\cos\phi}}\approx\frac{1}{r}\left(1+\frac{a}{r}\sin\theta\cos\phi\right)$$

上式中利用了泰勒级数展开，代入磁矢量位 $\boldsymbol{A}$ 表达式可得

$$\boldsymbol{A}=\frac{\mu_0 Ia}{2\pi r}\int_0^{\pi}\left(1+\frac{a}{r}\sin\theta\cos\phi\right)\cos\phi\mathrm{d}\phi\boldsymbol{e}_\phi=\frac{\mu_0\pi a^2 I\sin\theta}{4\pi r^2}\boldsymbol{e}_\phi$$

磁感应强度为

$$\boldsymbol{B}=\nabla\times\boldsymbol{A}=\frac{\mu_0\pi a^2 I}{2\pi r^3}\cos\theta\boldsymbol{e}_r+\frac{\mu_0\pi a^2 I}{4\pi r^3}\sin\theta\boldsymbol{e}_\theta$$

在近圆心处有 $r\ll a$ 或近轴时 $\sin\theta\ll 1$ 成立，可以证明 $r^2+a^2\gg 2ra\sin\theta$，磁矢量位 $\boldsymbol{A}$ 表达式中的被积函数为

$$\frac{1}{\sqrt{r^2+a^2-2ra\sin\theta\cos\phi}}=\frac{1}{\sqrt{r^2+a^2}}\cdot\frac{1}{\sqrt{1-\dfrac{2ra\sin\theta\cos\phi}{r^2+a^2}}}$$

$$\approx\frac{1}{\sqrt{r^2+a^2}}\left(1+\frac{ra\sin\theta\cos\phi}{r^2+a^2}\right)$$

代入磁矢量位 $\boldsymbol{A}$ 表达式可得

$$\boldsymbol{A}_\phi=\frac{\mu_0 Ia^2}{4}\frac{r\sin\theta}{\left(r^2+a^2\right)^{3/2}}\boldsymbol{e}_\phi$$

对于 $\sin\theta\ll 1$ 的情况，磁感应强度为

$$\boldsymbol{B}=\nabla\times\boldsymbol{A}=\frac{\mu_0 Ia^2\cos\theta}{2\left(r^2+a^2\right)^{3/2}}\boldsymbol{e}_r+\frac{\mu_0 Ia^2\left(r^2-2a^2\right)\sin\theta}{4\left(r^2+a^2\right)^{5/2}}\boldsymbol{e}_\theta$$

$$\approx\frac{\mu_0 Ia^2\cos\theta}{2\left(r^2+a^2\right)^{3/2}}\boldsymbol{e}_r$$

利用 $\boldsymbol{e}_z=\boldsymbol{e}_r\cos\theta-\boldsymbol{e}_\theta\sin\theta\approx\boldsymbol{e}_r\cos\theta$ 和 $r\approx z$，所以

$$\boldsymbol{B}=\frac{\mu_0 Ia^2}{2\left(z^2+a^2\right)^{3/2}}\boldsymbol{e}_z$$

对于 $r\ll a$ 的情况，磁矢量位和磁感应强度分别为

$$\boldsymbol{A}_\phi=\frac{\mu_0 Ir\sin\theta}{4a}\boldsymbol{e}_\phi$$

$$\boldsymbol{B}=\nabla\times\boldsymbol{A}=\frac{\mu_0 I}{2a}\left(\cos\theta\boldsymbol{e}_r-\sin\theta\boldsymbol{e}_\theta\right)=\frac{\mu_0 I}{2a}\boldsymbol{e}_z$$

4.5.4 磁矢量位的微分方程法

首先根据求解问题建立相应坐标系，结合不同区域电流密度 $\boldsymbol{J}$ 的有源和无源特点，列出矢量泊松方程和拉普拉斯方程，利用直接积分法写出通解形式，再通过边界条件和分界

面衔接条件，求出通解的待定系数，最后求出 $\boldsymbol{A}$ 的表达式，再由 $\boldsymbol{B}=\nabla\times\boldsymbol{A}$ 求出磁感应强度 $\boldsymbol{B}$ 。

例 4.8 空间有一半径为 a 的长直载流圆柱体，电流密度为 $\boldsymbol{J}=J_0 r\boldsymbol{e}_z\left(r<a\right)$，求空间任一点的磁矢量位 $\boldsymbol{A}$ 和磁感应强度 $\boldsymbol{B}$ 。

解： 因为长直载流圆柱体的电流密度 $\boldsymbol{J}$ 只有 $\boldsymbol{e}_z$ 分量，所以 $\boldsymbol{A}$ 也只有 $\boldsymbol{e}_z$ 分量。由于电流分布的轴对称性，$\boldsymbol{A}$ 只与坐标 r 有关。

设 $r<a$ 的区域内磁矢量位为 $\boldsymbol{A}_1$，$r>a$ 的区域内磁矢量位为 $\boldsymbol{A}_2$，则 $\boldsymbol{A}_1$、$\boldsymbol{A}_2$ 分别满足一维的泊松方程和拉普拉斯方程

$$\nabla^2 A_{1z}=\frac{1}{r}\frac{\partial}{\partial r}\left(r\frac{\partial A_{1z}}{\partial r}\right)=-\mu_0 J_0 r,\quad r<a$$

$$\nabla^2 A_{2z}=\frac{1}{r}\frac{\partial}{\partial r}\left(r\frac{\partial A_{2z}}{\partial r}\right)=0,\quad r>a$$

分别积分两次可得

$$A_{1z}=-\frac{\mu_0 J_0}{9}r^3+C_1\ln r+C_2$$

$$A_{2z}=D_1\ln r+D_2$$

在 $r<a$ 区域内的磁感应强度为

$$\boldsymbol{B}_1=\nabla\times\boldsymbol{A}_1=-\frac{\partial A_{1z}}{\partial r}\boldsymbol{e}_\phi=\left(\frac{1}{3}\mu_0 J_0 r^2-\frac{C_1}{r}\right)\boldsymbol{e}_\phi$$

因为 $r=0$ 时，$\boldsymbol{B}_1$ 的数值是有限的，所以 $C_1=0$，即

$$\boldsymbol{B}_1=\frac{1}{3}\mu_0 J_0 r^2\boldsymbol{e}_\phi,\quad r<a$$

在 $r>a$ 区域内的磁感应强度为

$$\boldsymbol{B}_2=\nabla\times\boldsymbol{A}_2=-\frac{\partial A_{2z}}{\partial r}\boldsymbol{e}_\phi=-\frac{D_1}{r}\boldsymbol{e}_\phi$$

由分界面衔接条件 $r=a$ 时，$H_{1t}=H_{2t}$，即 $\left.\frac{\boldsymbol{B}_1}{\mu_0}\right|_{r=a}=\left.\frac{\boldsymbol{B}_2}{\mu_0}\right|_{r=a}$，所以 $D_1=-\frac{1}{3}\mu_0 J_0 a^3$，代入上式可得

$$\boldsymbol{B}_2=\frac{\mu_0 J_0 a^3}{3r}\boldsymbol{e}_\phi,\quad r>a$$

把 C_1、D_1 代入上面的磁矢量位方程，可得

$$A_{1z}=-\frac{\mu_0 J_0}{9}r^3+C_2,\quad A_{2z}=-\frac{\mu_0 J_0}{3r}a^3\ln r+D_2$$

式中，C_2、D_2 与参考点的选取有关。

4.6 磁参数的求解方法

磁参数计算主要包括自感、互感、磁场能量，下面分别介绍。

4.6.1 自感计算

利用定义式计算自感系数的思路为

$$I \to \Psi_L \to L = \frac{\Psi_L}{I}$$

即由线圈中通入的电流I，求出所产生的穿过线圈本身的磁链Ψ_L，进而求出自感系数。

例 4.9 半径为a，长度为l的长直圆导线，求内自感。

解： 设导线载有电流I，电流在横截面上均匀分布，电流I和磁感应强度$\boldsymbol{B}_i$的方向如图 4.20 所示，利用安培环路定律可以计算导线内磁感应强度$\boldsymbol{B}_i$的分布。

$$\oint_l \boldsymbol{B}_i \cdot \mathrm{d}\boldsymbol{l} = \mu_0 \sum_{i=1}^{n} I_i$$

$$\boldsymbol{B}_i \cdot 2\pi r = \mu_0 \frac{I}{\pi a^2} \cdot \pi r^2$$

$$\boldsymbol{B}_i = \frac{\mu_0 I r}{2\pi a^2}$$

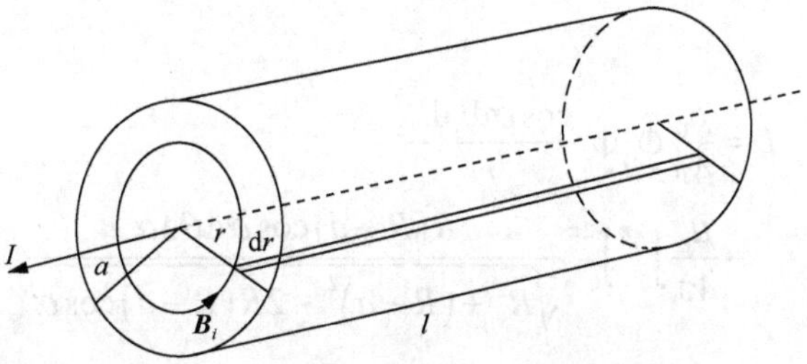

图 4.20 同轴电缆的内自感计算示意图

在与$\boldsymbol{B}_i$垂直的横截面上，穿过图 4.20 中一个窄条的磁通量为

$$\mathrm{d}\Phi_i = \boldsymbol{B}_i \cdot \mathrm{d}\boldsymbol{S} = \frac{\mu_0 I r}{2\pi a^2} l \mathrm{d}r$$

下面求穿过这个窄条的磁链$\mathrm{d}\Psi_i = \mathrm{d}\Phi_i \cdot N$，若$\mathrm{d}\Phi_i$环绕部分电流$I'$，则$\mathrm{d}\Psi_i = \frac{\mathrm{d}\Phi_i}{I} \cdot I'$，所以穿过这个窄条的磁链$\mathrm{d}\Psi_i$为

$$\mathrm{d}\Psi_i = \frac{r^2}{a^2} \mathrm{d}\Phi_i = \frac{\mu_0 I r^3}{2\pi a^4} l \mathrm{d}r$$

这段导线的内磁链为

$$\Psi_i = \frac{\mu_0 Il}{2\pi a^4}\int_0^a r^3 \mathrm{d}r = \frac{\mu_0 Il}{8\pi}$$

内自感为

$$L_i = \frac{\Psi_i}{I} = \frac{\mu_0 l}{8\pi}$$

可以看出导线的内自感仅与导线的长度 l 有关，与导线的半径 a 无关。

例 4.10 一个单匝线圈的导线横截面的半径为 a，线圈的平均半径为 R，如图 4.21 所示，求单匝线圈的自感。

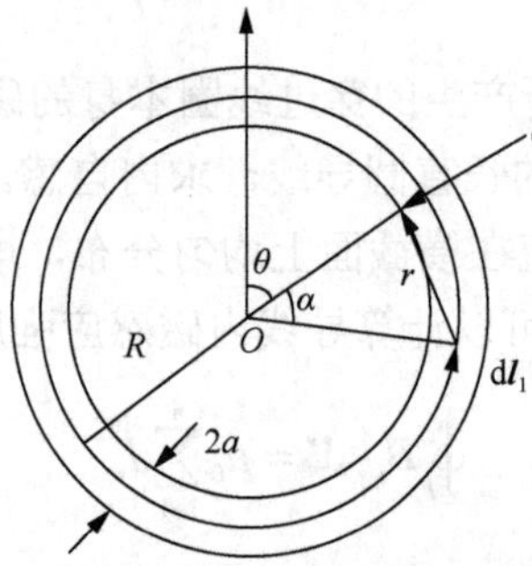

图 4.21 单匝线圈截面图

解：在线圈的中心轴线上取一线元 $\mathrm{d}l_1 = R\mathrm{d}\alpha$，在线圈的内侧边线上取一线元 $\mathrm{d}l_2 = (R-a)\mathrm{d}\theta$，两线元之间的距离 $r = \sqrt{R^2 + (R-a)^2 - 2R(R-a)\cos\alpha}$，代入式（4.38）可得

$$\begin{aligned} L &= \frac{\mu_0}{4\pi}\oint_{l_2}\oint_{l_1}\frac{\cos\alpha \mathrm{d}l_1 \mathrm{d}l_2}{r} \\ &= \frac{\mu_0}{4\pi}\int_0^{2\pi}\int_0^{2\pi}\frac{R(R-a)\cos\alpha \mathrm{d}\theta \mathrm{d}\alpha}{\sqrt{R^2 + (R-a)^2 - 2R(R-a)\cos\alpha}} \end{aligned}$$

给定导线的半径 a 和线圈的平均半径 R，由上式利用近似计算或数值方法，可以计算一个单匝圆线圈的自感系数。

4.6.2 互感计算

互感计算可以采用定义方式直接计算，也可以应用诺伊曼公式进行计算。直接计算时思路为

$$I_1 \to \Psi_{12} \to M = \frac{\Psi_{12}}{I_1} \text{ 或 } I_2 \to \Psi_{21} \to M = \frac{\Psi_{21}}{I_2}$$

即由线圈 1 或线圈 2 中通入的电流 I_1 或 I_2，计算所产生的穿过线圈 2 或线圈 1 的磁连 Ψ_{12} 或 Ψ_{21}，进而求出互感系数，可以根据问题中的条件选择简便的方法。

例 4.11 如图 4.22 所示，两个平行且共轴的单匝圆线圈，一个半径为 a，另一个半径为 b，求两个线圈间的互感。

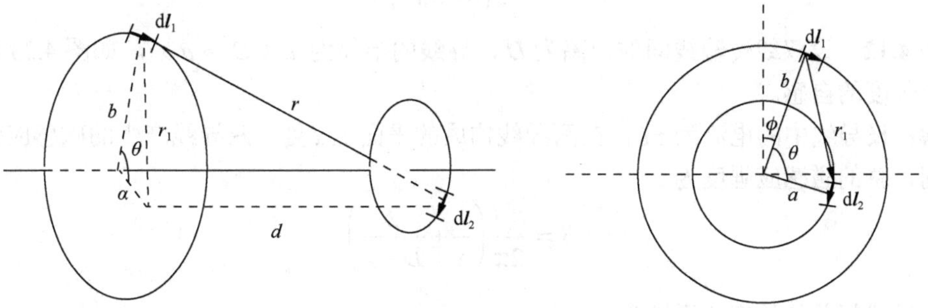

图 4.22 计算两个平行且共轴的圆线圈间互感

解：根据诺伊曼公式，两线圈间的互感为

$$M=\frac{\mu_0}{4\pi}\oint_{l_2}\oint_{l_1}\frac{\mathrm{d}\boldsymbol{l}_1\cdot\mathrm{d}\boldsymbol{l}_2}{r}$$

在两线圈上分别取线元 $\mathrm{d}\boldsymbol{l}_1$、$\mathrm{d}\boldsymbol{l}_2$，相距 r，从 $\mathrm{d}\boldsymbol{l}_2$ 向半径为 b 的大线圈平面作垂线 d，r 在大线圈平面上的投影为 r_1，如图 4.22 所示，可以算出

$$r=\sqrt{d^2+r_1^2},\quad r_1^2=a^2+b^2-2ab\cos\theta$$

$$\mathrm{d}l_1=b\mathrm{d}\phi,\quad \mathrm{d}l_2=a\mathrm{d}\theta$$

代入诺伊曼公式可得

$$M=\frac{\mu_0}{4\pi}\int_0^{2\pi}\int_0^{2\pi}\frac{ab\mathrm{d}\phi\mathrm{d}\theta\cos\theta}{\left(d^2+a^2+b^2-2ab\cos\theta\right)^{1/2}}=\frac{\mu_0 ab}{2}\int_0^{2\pi}\frac{\cos\theta\mathrm{d}\theta}{\left(d^2+a^2+b^2-2ab\cos\theta\right)^{1/2}}$$

上式中的积分可以用以下几种方法求解：①变换成椭圆积分；②利用近似计算。

$$M=\mu_0 a\frac{\sqrt{b^2+a^2+d^2+2ab}}{a}\left(\frac{b^2+a^2+d^2}{b^2+a^2+d^2+2ab}K-E\right)$$

式中，K 和 E 分别为第一类和第二类椭圆积分。

下面利用泰勒级数展开进行近似计算，求解 $a\ll\dfrac{d}{2}$ 的情况时被积函数可近似为

$$\begin{aligned}\frac{1}{\sqrt{d^2+a^2+b^2-2ab\cos\theta}}&=\frac{1}{\sqrt{d^2+a^2+b^2}\sqrt{1-\dfrac{2ab}{d^2+a^2+b^2}\cos\theta}}\\&=\frac{1}{\sqrt{d^2+a^2+b^2}}\left(1+\frac{ab}{d^2+a^2+b^2}\cos\theta+\cdots\right)\\&\approx\frac{1}{\sqrt{d^2+b^2-2ab\cos\theta}}\approx\frac{1}{\sqrt{d^2+b^2}}\left(1+\frac{ab\cos\theta}{d^2+b^2}\right)\end{aligned}$$

代入互感计算公式中，可得

$$M = \frac{\mu_0 \pi a^2 b^2}{2\left(b^2 + d^2\right)^{3/2}}$$

例 4.12 设双线传输线间的距离为 D，导线的半径为 a（$D \gg a$），如图 4.23 所示，求单位长度的自感。

解： 设导线中的电流为 $\pm I$，在两导线构成的平面上 x 处，两导线产生的磁感应强度方向相同，总的磁感应强度为

$$B = \frac{\mu_0 I}{2\pi}\left(\frac{1}{x} + \frac{2}{D - x}\right)$$

两导线间单位长度的磁链为

$$\Psi = \int_a^{D-a} \frac{\mu_0 I}{2\pi}\left(\frac{1}{x} + \frac{1}{D - x}\right)\mathrm{d}x = \frac{\mu_0 I}{\pi}\ln\frac{D - a}{a} \approx \frac{\mu_0 I}{\pi}\ln\frac{D}{a}$$

双线传输线单位长度的自感为

$$L_0 = \frac{\Psi}{I} = \frac{\mu_0}{\pi}\ln\frac{D}{a}$$

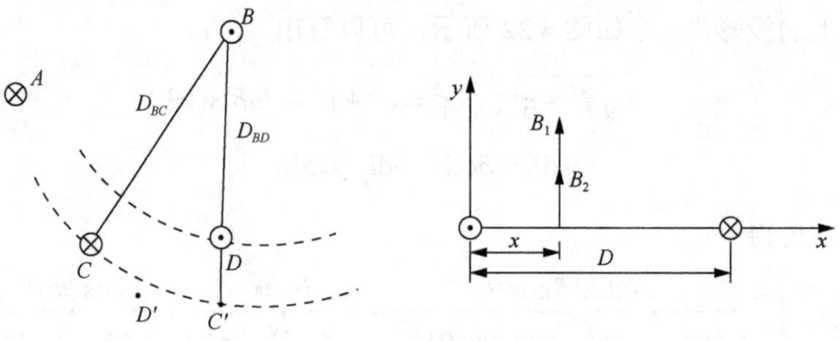

图 4.23 求双线传输线间的自感

4.6.3 磁场能量计算

例 4.13 长同轴电缆的横截面如图 4.24 所示，设内外导体的横截面上电流均匀分布，求单位长度内的磁场能量和电感。

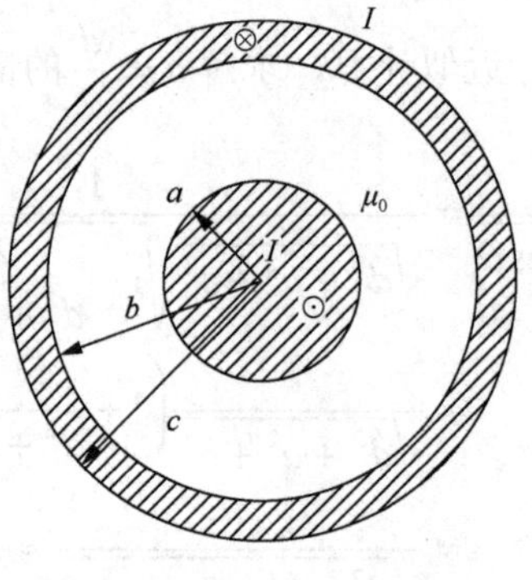

图 4.24 长同轴电缆横截面

解：先用安培环路定律求各区域内的磁场，在 $r \leqslant a$ 的区域内

$$\boldsymbol{B}_1 \cdot 2\pi r = \frac{\mu_0 I}{\pi a^2} \cdot \pi r^2 \ , \quad \boldsymbol{B}_1 = \frac{\mu_0 I r}{2\pi a^2} \boldsymbol{e}_\phi$$

在 $a \leqslant r \leqslant b$ 的区域内

$$\boldsymbol{B}_2 \cdot 2\pi r = \mu_0 I \ , \quad \boldsymbol{B}_2 = \frac{\mu_0 I}{2\pi r} \boldsymbol{e}_\phi$$

在 $b \leqslant r \leqslant c$ 的区域内

$$\boldsymbol{B}_3 \cdot 2\pi r = \mu_0 \left(I - I \frac{r^2 - b^2}{c^2 - b^2} \right) \ , \quad \boldsymbol{B}_3 = \frac{\mu_0 I}{2\pi r} \frac{c^2 - r^2}{c^2 - b^2} \boldsymbol{e}_\phi$$

在 $r > c$ 的区域内磁场为零。

由磁场的能量密度 $w_{\mathrm{m}} = \dfrac{1}{2} \dfrac{B^2}{\mu_0}$，可以计算出各区域单位长度内的磁场能量分别为

$$W_{\mathrm{m1}} = \frac{1}{2\mu_0} \int_0^a B_1^2 \cdot 2\pi r \mathrm{d}r = \frac{1}{2\mu_0} \int_0^a \left(\frac{\mu_0 I r}{2\pi a^2} \right)^2 \cdot 2\pi r \mathrm{d}r = \frac{\mu_0 I^2}{16\pi}$$

$$W_{\mathrm{m2}} = \frac{1}{2\mu_0} \int_a^b \left(\frac{\mu_0 I}{2\pi r} \right)^2 \cdot 2\pi r \mathrm{d}r = \frac{\mu_0 I^2}{4\pi} \ln \frac{b}{a}$$

$$W_{\mathrm{m3}} = \frac{1}{2\mu_0} \int_a^b \left(\frac{\mu_0 I}{2\pi r} \right)^2 \cdot \left(\frac{c^2 - r^2}{c^2 - b^2} \right)^2 \cdot 2\pi r \mathrm{d}r$$

$$= \frac{\mu_0 I^2}{4\pi} \left[\frac{c^4}{\left(c^2 - b^2\right)^2} \ln \frac{c}{b} - \frac{3c^2 - b^2}{4\left(c^2 - b^2\right)} \right]$$

同轴电缆单位长度内的总磁能 $W_{\mathrm{m}} = W_{\mathrm{m1}} + W_{\mathrm{m2}} + W_{\mathrm{m3}} = \dfrac{1}{2} L_0 I^2$，所以单位长度的电感为

$$L_0 = \frac{2W_{\mathrm{m}}}{I^2} = \frac{\mu_0}{8\pi} + \frac{\mu_0}{2\pi} \ln \frac{b}{a} + \frac{\mu_0}{2\pi} \left[\frac{c^4}{\left(c^2 - b^2\right)^2} \ln \frac{c}{b} - \frac{3c^2 - b^2}{4\left(c^2 - b^2\right)} \right]$$

式中，第一项是内导体单位长度的内自感；第二项是内外导体间单位长度的电感，称为主电感；最后两项是外导体单位长度的内自感。

4.7 恒定磁场的数值仿真案例

4.7.1 基于 MATLAB 的环形载流回路空间磁场分布仿真

1. 仿真要求

求如图 4.25 所示的半径为 a 的环形载流圆环，通有电流 I，设载流圆环在 x-y 平面上，其中圆心与坐标原点重合，中心轴线与 z 轴重合，在空间任取一点 $P(x_0, y_0, z_0)$，计算在该点所产生的磁场。

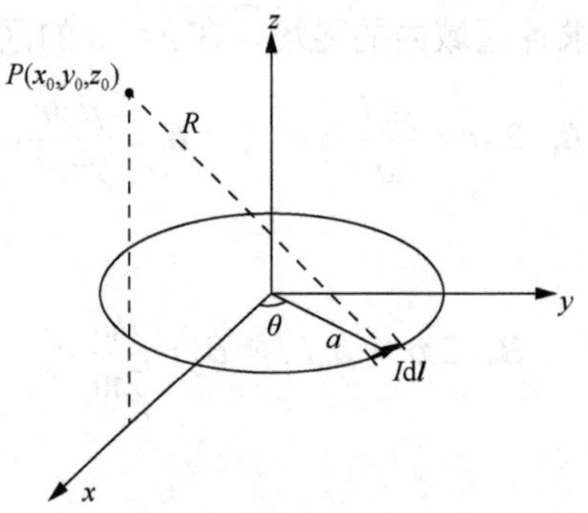

图 4.25 环形载流圆环

在圆环上任取电流元 $I\mathrm{d}\boldsymbol{l}$，应用毕奥-萨伐尔定律可求得 P 点产生的磁感应强度为

$$\mathrm{d}\boldsymbol{B}=\frac{\mu_0}{4\pi}\frac{I\mathrm{d}\boldsymbol{l}\times\boldsymbol{e}_r}{R^2}=\frac{\mu_0}{4\pi}\frac{I\mathrm{d}\boldsymbol{l}\times\boldsymbol{R}}{R^3}$$

式中，$\boldsymbol{R}$ 为电流元到 P 点的矢量。

根据磁场叠加原理，则

$$\boldsymbol{B}=\oint\mathrm{d}\boldsymbol{B}$$

由于直接求取积分过程复杂且易出错，因此简化计算过程，在空间直角坐标系中，先求取磁感应强度的 x 轴、y 轴、z 轴分量，再求矢量和得到 P 点的磁感应强度，通过绘制磁场分布图来分析载流圆环的空间磁场分布特点。

设电流元的坐标为 (x,y,z)，在直角坐标系下电流元 $I\mathrm{d}\boldsymbol{l}$ 到 P 点的距离 $\boldsymbol{R}$ 可表示为

$$\boldsymbol{R}=(x_0-x)\boldsymbol{e}_x+(y_0-y)\boldsymbol{e}_y+(z_0-z)\boldsymbol{e}_z$$

$$\mathrm{d}\boldsymbol{l}=\mathrm{d}x\boldsymbol{e}_x+\mathrm{d}y\boldsymbol{e}_y+\mathrm{d}z\boldsymbol{e}_z$$

$$x=a\cos\theta,\quad y=a\sin\theta,\quad z=0$$

$$\mathrm{d}\boldsymbol{l}\times\boldsymbol{R}=\begin{vmatrix}\boldsymbol{e}_x & \boldsymbol{e}_y & \boldsymbol{e}_z\\ \mathrm{d}x & \mathrm{d}y & \mathrm{d}z\\ x_0-x & y_0-y & z_0-z\end{vmatrix}=\left[(z_0-z)\mathrm{d}y-(y_0-y)\mathrm{d}z\right]\boldsymbol{e}_x$$

$$+\left[(x_0-x)\mathrm{d}z-(z_0-z)\mathrm{d}x\right]\boldsymbol{e}_y+\left[(y_0-y)\mathrm{d}x-(x_0-x)\mathrm{d}y\right]\boldsymbol{e}_z$$

P 点的磁感应强度为

$$B_x=\frac{\mu_0 I}{4\pi}\oint\frac{\left[(z_0-z)\mathrm{d}y-(y_0-y)\mathrm{d}z\right]}{R^3}=\frac{\mu_0 I}{4\pi}\int_0^{2\pi}\frac{z_0 a\cos\theta\mathrm{d}\theta}{\left[(x_0-a\cos\theta)^2+(y_0-a\sin\theta)^2+{z_0}^2\right]^{3/2}}$$

$$B_y=\frac{\mu_0 I}{4\pi}\oint\frac{\left[(x_0-x)\mathrm{d}z-(z_0-z)\mathrm{d}x\right]}{R^3}=\frac{\mu_0 I}{4\pi}\int_0^{2\pi}\frac{a z_0\sin\theta\mathrm{d}\theta}{\left[(x_0-a\cos\theta)^2+(y_0-a\sin\theta)^2+{z_0}^2\right]^{3/2}}$$

$$B_z = \frac{\mu_0 I}{4\pi}\oint\frac{[(y_0 - y)\mathrm{d}x - (x_0 - x)\mathrm{d}y]}{R^3} = \frac{\mu_0 I}{4\pi}\int_0^{2\pi}\frac{a(a - y_0\sin\theta - x_0\cos\theta)\mathrm{d}\theta}{[(x_0 - a\cos\theta)^2 + (y_0 - a\sin\theta)^2 + {z_0}^2]^{3/2}}$$

2. MATLAB 编写的 m 语言程序

```
clear all;%初始化，给定圆环半径、电流
mu0=4*pi*1e-7;%真空磁导率
I0=10; Rh=1; %圆环半径、电流
C0=mu0/(4*pi)*I0;%组合常数
NGx=21; NGy=21;NGz=21;%设定观测点网格数
x=linspace(-3,3,21); y=x; z=y;%设定观测点范围
Nh=20;%电流环分段数
theta0=linspace(0,2*pi,Nh+1);%环的圆周角分段
theta1=theta0(1:Nh);
x1=Rh*cos(theta1); y1=Rh*sin(theta1);%环各段向量的起点坐标
theta2=theta0(2:Nh+1);
x2=Rh*cos(theta2); y2=Rh*sin(theta2);%环各段向量的终点坐标
dlx=x2-x1; dly=y2-y1; dlz=0;%计算环各段向量 dl 的三个长度分量
xc=(x2+x1)/2; yc=(y2+y1)/2; zc=0;%计算环各段向量中点的三个坐标分量
for i=1:NGy %循环计算各网格点上的 B
    for j=1:NGx
       for k=1:NGz
        rx=x(j)-xc; ry=y(i)-yc; rz=z(k)-zc; %观测点
        r3=sqrt(rx.^2+ry.^2+rz.^2).^3; %计算 r^3
        dlXr_x=dly.*rz-dlz.*ry;  %计算叉乘
        dlXr_y=dlz.*rx-dlx.*rz;
        dlXr_z=dlx.*ry-dly.*rx;
        Bx(i,j,k)=sum(C0*dlXr_x./r3); %把环各段磁场累加
        By(i,j,k)=sum(C0*dlXr_y./r3);
        Bz(i,j,k)=sum(C0*dlXr_z./r3);
       end
    end
end
%圆环磁场分布
figure(1)
surfc(x,y,Bz(:,:,1));
xlabel('x 轴','FontSize',12);
ylabel('y 轴','FontSize',12);
zlabel('磁场 z 方向分量 Bz','FontSize',12);
title('磁场 z 方向分量 Bz 分布图','FontSize',10);
figure(2)
plot(x,Bz(:,:,1));
```

```
xlabel('x轴','FontSize',12);
ylabel('磁场z方向分量Bz','FontSize',12);
title('磁场z方向分量Bz沿x方向分布图','FontSize',10);
```

3. 计算结果

可以得到圆环电流的磁场分布图，如图 4.26 所示。

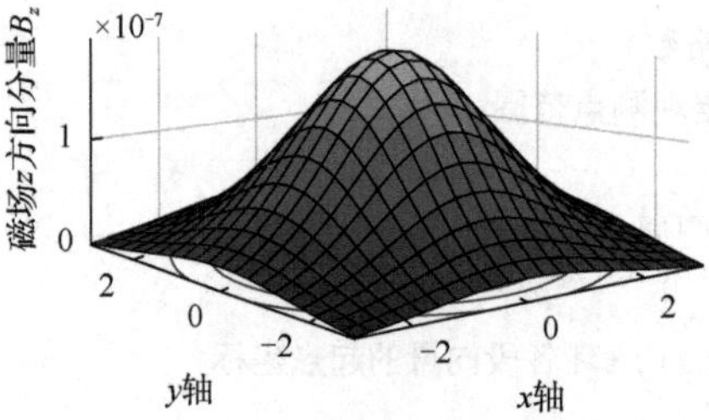

（a）磁场z方向分量B_z分布图

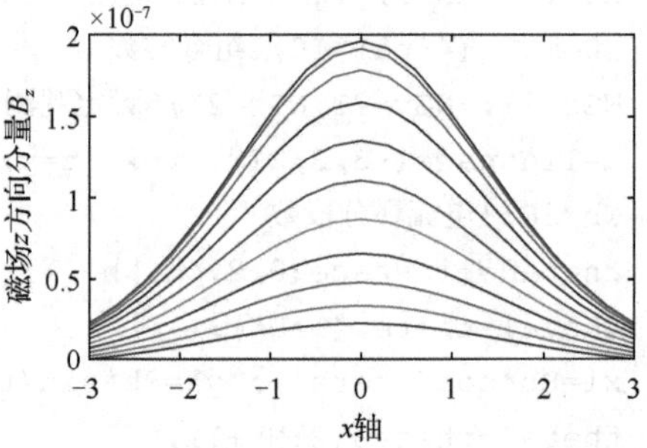

（b）磁场z方向分量B_z沿x方向分布图

图 4.26 圆环线圈的磁场三维平面图和沿 x 方向分布

4.7.2 基于 MATLAB 的亥姆霍兹线圈的磁场分布

1. 仿真要求

亥姆霍兹线圈为一对彼此平行且连通的共轴圆形线圈，如图 4.27 所示。两线圈内的电流方向一致，大小相同。线圈之间距离 d 正好等于圆形线圈的半径 a。亥姆霍兹线圈轴线附近的磁场大小分布十分均匀，而且都沿 z 方向。均匀磁场对于磁传感器的研制与标定具有重要作用，并且通过计算磁场，能够合理设计亥姆霍兹线圈的参数。

基于 MATLAB 计算线圈的半径均为 2mm，通过的电流均为 1A 的亥姆霍兹线圈磁场分布。

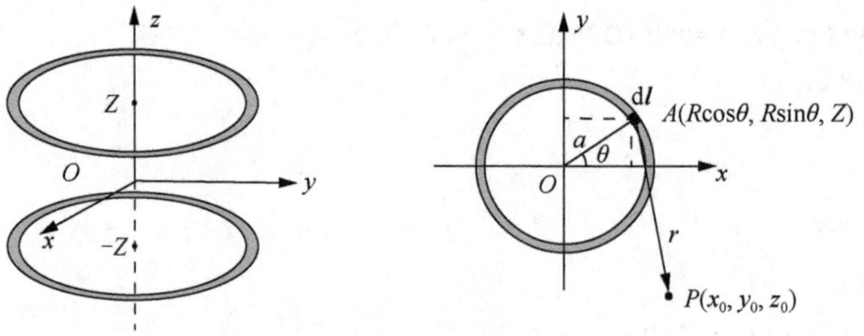

图 4.27 亥姆霍兹线圈示意图及线圈坐标系

为了便于分析，建立如图 4.27 所示的坐标系。线圈的半径为a，匝数为n，线圈平面垂直于 z 轴，线圈中心位于点$(0,0,\pm Z)$处，设 $\boldsymbol{r}$ 为线圈上任一点 $A(R\cos\theta, R\sin\theta, Z)$ 到空间任一点 $P(x_0, y_0, z_0)$ 的矢径，电流 I 的线元为 $\mathrm{d}\boldsymbol{l}$ 。由毕奥-萨伐尔定律可得单线圈下 P 点各方向磁感应强度为

$$B_x = \frac{\mu_0 nI}{4\pi}\oint \frac{(z_0-z)\mathrm{d}y-(y_0-y)\mathrm{d}z}{r^3} = \frac{\mu_0 nI}{4\pi}\int_0^{2\pi}\frac{(z_0-Z)a\cos\theta\mathrm{d}\theta}{[(x_0-a\cos\theta)^2+(y_0-a\sin\theta)^2+(z_0-Z)^2]^{3/2}}$$

$$B_y = \frac{\mu_0 nI}{4\pi}\oint \frac{(x_0-x)\mathrm{d}z-(z_0-z)\mathrm{d}x}{r^3} = \frac{\mu_0 nI}{4\pi}\int_0^{2\pi}\frac{(z_0-Z)a\sin\theta\mathrm{d}\theta}{[(x_0-a\cos\theta)^2+(y_0-a\sin\theta)^2+(z_0-Z)^2]^{3/2}}$$

$$B_z = \frac{\mu_0 nI}{4\pi}\oint \frac{(y_0-y)\mathrm{d}x-(x_0-x)\mathrm{d}y}{r^3} = \frac{\mu_0 nI}{4\pi}\int_0^{2\pi}\frac{a(a-y_0\sin\theta-x_0\cos\theta)\mathrm{d}\theta}{[(x_0-a\cos\theta)^2+(y_0-a\sin\theta)^2+(z_0-Z)^2]^{3/2}}$$

将上式通过坐标变换，可得亥姆霍兹线圈产生的各分量磁场为

$$B_x = \frac{\mu_0 nI}{4\pi}\int_0^{2\pi}\frac{(z_0-Z)a\cos\theta\mathrm{d}\theta}{[(x_0-a\cos\theta)^2+(y_0-a\sin\theta)^2+(z_0-Z)^2]^{3/2}} + \frac{\mu_0 nI}{4\pi}\int_0^{2\pi}\frac{(z_0+Z)a\cos\theta\mathrm{d}\theta}{[(x_0-a\cos\theta)^2+(y_0-a\sin\theta)^2+(z_0+Z)^2]^{3/2}}$$

$$B_y = \frac{\mu_0 nI}{4\pi}\int_0^{2\pi}\frac{(z_0-Z)a\sin\theta\mathrm{d}\theta}{[(x_0-a\cos\theta)^2+(y_0-a\sin\theta)^2+(z_0-Z)^2]^{3/2}} + \frac{\mu_0 nI}{4\pi}\int_0^{2\pi}\frac{(z_0+Z)a\sin\theta\mathrm{d}\theta}{[(x_0-a\cos\theta)^2+(y_0-a\sin\theta)^2+(z_0+Z)^2]^{3/2}}$$

$$B_z = \frac{\mu_0 nI}{4\pi}\int_0^{2\pi}\frac{a(a-y_0\sin\theta-x_0\cos\theta)\mathrm{d}\theta}{[(x_0-a\cos\theta)^2+(y_0-a\sin\theta)^2+(z_0-Z)^2]^{3/2}} + \frac{\mu_0 nI}{4\pi}\int_0^{2\pi}\frac{a(a-y_0\sin\theta-x_0\cos\theta)\mathrm{d}\theta}{[(x_0-a\cos\theta)^2+(y_0-a\sin\theta)^2+(z_0+Z)^2]^{3/2}}$$

2. MATLAB 编写的 m 语言程序

```
clear all;%初始化，给定圆环半径、电流
mu0=4*pi*1e-7;%真空磁导率
I0=1; Rh=2; %圆环半径、电流
C0=mu0/(4*pi)*I0;%组合常数
NGx=21; NGy=21;NGz=21;%设定观测点网格数
x=linspace(-3,3,21); y=x; z=y;%设定观测点范围
Nh=20;%电流环分段数
theta0=linspace(0,2*pi,Nh+1);%环的圆周角分段
theta1=theta0(1:Nh);
x1=Rh*cos(theta1); y1=Rh*sin(theta1);%环各段向量的起点坐标
theta2=theta0(2:Nh+1);
x2=Rh*cos(theta2); y2=Rh*sin(theta2);%环各段向量的终点坐标
dlx=x2-x1; dly=y2-y1; dlz=0;%计算环各段向量 dl 的三个长度分量
xc=(x2+x1)/2; yc=(y2+y1)/2; zc=Rh/2;%计算环各段向量中点的三个坐标分量
```

```
    for i=1:NGy %循环计算各网格点上的B
        for j=1:NGx
           for k=1:NGz
            rx=x(j)-xc; ry=y(i)-yc; rz1=z(k)-zc; rz2=z(k)+zc;%观测点
            r13=sqrt(rx.^2+ry.^2+rz1.^2).^3;r23=sqrt(rx.^2+ry.^2+rz2.
^2).^3;%计算 r^3
    dlXr_x1=dly.*rz1-dlz.*ry;  %计算 z 轴正方向圆环叉乘
    dlXr_y1=dlz.*rx-dlx.*rz1;
    dlXr_z1=dlx.*ry-dly.*rx;
    Bx1(i,j,k)=sum(C0*dlXr_x1./r13); %把 z 轴正方向圆环各段磁场累加
    By1(i,j,k)=sum(C0*dlXr_y1./r13);
    Bz1(i,j,k)=sum(C0*dlXr_z1./r13);
    dlXr_x2=dly.*rz2-dlz.*ry;   %计算 z 轴负方向圆环叉乘
    dlXr_y2=dlz.*rx-dlx.*rz2;
    dlXr_z2=dlx.*ry-dly.*rx;
    Bx2(i,j,k)=sum(C0*dlXr_x2./r23); %把 z 轴负方向圆环各段磁场累加
    By2(i,j,k)=sum(C0*dlXr_y2./r23);
    Bz2(i,j,k)=sum(C0*dlXr_z2./r23);
    Bx=Bx1+Bx2;
    By=By1+By2;
    Bz=Bz1+Bz2;
           end
        end
    end
    %圆环磁场分布
    figure(1)
    Bzz(:,:)=Bz(:,11,:);
    surfc(x,z,Bzz);
    xlabel('x 轴','FontSize',12);
    ylabel('z 轴','FontSize',12);
    zlabel('磁场 z 方向分量 Bz','FontSize',12);
    title('磁场 z 方向分量 Bz 分布图','FontSize',10);
    figure(2)
    Bzzz(:,:)=Bz(:,11,:);
    plot(z,Bzzz);
    xlabel('z 轴','FontSize',12);
    ylabel('磁场 z 方向分量 Bz','FontSize',12);
    title('磁场 z 方向分量 Bz 沿 z 方向分布图','FontSize',10);
```

3. 计算结果

从图 4.28 中可以看出，在亥姆霍兹线圈的轴线附近，沿 z 方向的磁场强度 B_z 是均匀分布的。

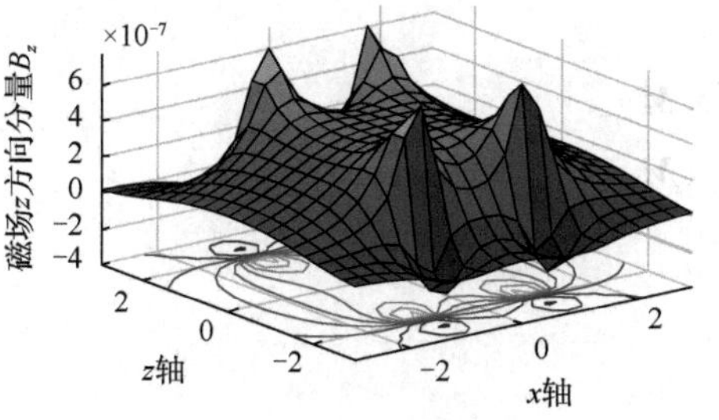

（a）磁场z方向分量B_z分布图

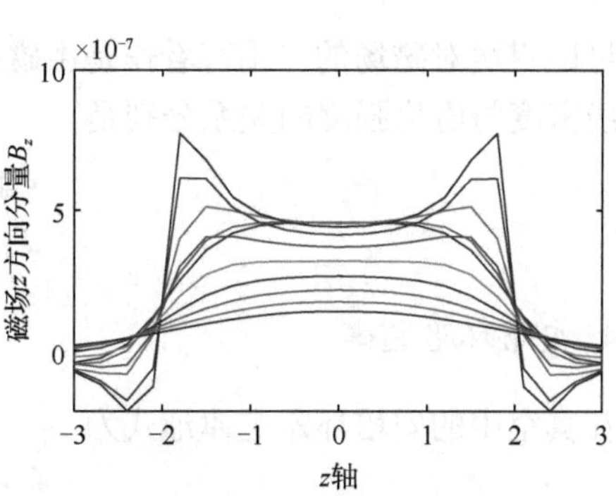

（b）磁场z方向分量B_z沿z方向分布图

图 4.28　磁场 B_z 沿 x、z 方向的网格曲面的空间分布和沿 z 轴的磁场曲线

4.8　知 识 提 要

1. 安培定律

真空中两个电流回路之间的相互作用力：

$$F=\frac{\mu_0}{4\pi}\oint_l\oint_{l'}\frac{I\mathrm{d}\boldsymbol{l}\times\left(I'\mathrm{d}\boldsymbol{l}'\times\boldsymbol{e}_R\right)}{R^2}$$

式中，$\mu_0=4\pi\times10^{-7}\,\mathrm{H/m}$。

2. 毕奥-萨伐尔定律

磁场的基本物理量是磁感应强度，由毕奥-萨伐尔定律可知，真空中线电流回路 $\boldsymbol{l}'$ 引起的磁感应强度为

$$\boldsymbol{B}=\frac{\mu_0}{4\pi}\oint_{l'}\frac{I\mathrm{d}\boldsymbol{l}'\times\boldsymbol{e}_R}{R^2}$$

体分布及面分布的电流引起的磁感应强度分别为

$$\boldsymbol{B}=\frac{\mu_0}{4\pi}\int_{V'}\frac{\boldsymbol{J}\left(x',y',z'\right)\times\boldsymbol{e}_R}{R^2}\mathrm{d}V'$$

$$\boldsymbol{B}=\frac{\mu_0}{4\pi}\int_{S'}\frac{\boldsymbol{J}_S\left(x',y',z'\right)\times\boldsymbol{e}_R}{R^2}\mathrm{d}\boldsymbol{S}'$$

3. 磁化强度

导磁媒质的磁化程度可用磁化强度 $\boldsymbol{M}$ 表示：

$$\boldsymbol{M}=\lim_{\Delta V\to0}\frac{\sum_{i=1}^{n}\boldsymbol{m}_i}{\Delta V}$$

导磁媒质对磁场的作用可看作是由磁化电流产生的磁感应强度所致。磁化电流的面密度和线密度与磁化强度的关系分别是

$$\boldsymbol{J}_{\mathrm{m}} = \nabla \times \boldsymbol{M}$$

$$\boldsymbol{J}_S = \boldsymbol{e}_n \times \boldsymbol{M}$$

4. 安培环路定律

在真空中的安培环路定律形式为

$$\oint_l \boldsymbol{B} \cdot \mathrm{d}\boldsymbol{l} = \mu_0 I$$

式中，I 是穿过回路 $\boldsymbol{l}$ 所限定面积 $\boldsymbol{S}$ 的电流。

导磁媒质中磁场强度为

$$\boldsymbol{H} = \frac{\boldsymbol{B}}{\mu_0} - \boldsymbol{M}$$

一般形式的安培环路定律为

$$\oint_l \boldsymbol{H} \cdot \mathrm{d}\boldsymbol{l} = I$$

式中，等号右边仅指自由电流。

5. 磁感应强度

对于线性媒质，磁化强度与磁场强度之间有 $\boldsymbol{M} = \chi_{\mathrm{m}} \boldsymbol{H}$，式中 χ_{m} 为磁化率。

磁感应强度为

$$\boldsymbol{B} = \mu \boldsymbol{H}$$

式中，磁导率为

$$\mu = \mu_{\mathrm{r}} \mu_0 = (1 + \chi_{\mathrm{m}}) \mu_0$$

6. 恒定磁场基本方程的积分形式和微分形式

$$\oint_S \boldsymbol{B} \cdot \mathrm{d}\boldsymbol{S} = 0, \quad \nabla \cdot \boldsymbol{B} = 0$$

$$\oint_l \boldsymbol{H} \cdot \mathrm{d}\boldsymbol{l} = I, \quad \nabla \times \boldsymbol{H} = \boldsymbol{J}$$

在两种不同的媒介分界面上，衔接条件为

$$B_{2n} - B_{1n} = 0 \text{ 和 } H_{2t} - H_{1t} = J_S$$

矢量形式为

$$\boldsymbol{e}_n \cdot (\boldsymbol{B}_2 - \boldsymbol{B}_1) = 0 \text{ 和 } \boldsymbol{e}_n \times (\boldsymbol{H}_2 - \boldsymbol{H}_1) = \boldsymbol{J}_S$$

7. 磁矢量位的定义和积分解

根据磁通的连续性，即 $\nabla \cdot \boldsymbol{B} = 0$，可以引入磁矢量位 $\boldsymbol{A}$，其旋度和散度分别为

$$\nabla \times \boldsymbol{A} = \boldsymbol{B}, \quad \nabla \cdot \boldsymbol{A} = 0$$

对于不同形式的元电流段，当电流分布在有限空间，磁矢量位的积分形式为

$$\boldsymbol{A} = \frac{\mu}{4\pi}\int_{l'} \frac{I\mathrm{d}\boldsymbol{l}'}{R}$$

$$\boldsymbol{A} = \frac{\mu}{4\pi}\int_{S'} \frac{\boldsymbol{J}_S(x',y',z')\mathrm{d}\boldsymbol{S}'}{R}$$

$$\boldsymbol{A} = \frac{\mu}{4\pi}\int_{V'} \frac{\boldsymbol{J}(x',y',z')\mathrm{d}V'}{R}$$

磁矢量位满足的泊松方程为

$$\nabla^2 \boldsymbol{A} = -\mu \boldsymbol{J}$$

8. *磁标量位*

在无电流（$\boldsymbol{J} = 0$）区域，可以通过下式定义磁标量位 φ_{m}：

$$\boldsymbol{H} = -\nabla \varphi_{\mathrm{m}}$$

和静电场中点位相仿，磁位也满足拉普拉斯方程：

$$\nabla^2 \varphi_{\mathrm{m}} = 0$$

9. *电感和互感*

电感有自感和互感之分，它们分别定义为

$$L = \frac{\Psi_L}{I} \text{和} M_{21} = \frac{\Psi_{21}}{I_1}$$

计算电感应先求磁通。磁通可以通过下列关系式之一求得：

$$\Phi_{\mathrm{m}} = \int_S \boldsymbol{B} \cdot \mathrm{d}\boldsymbol{S}, \quad \Phi_{\mathrm{m}} = \oint_l \boldsymbol{A} \cdot \mathrm{d}\boldsymbol{l}$$

10. *磁能密度和磁场能量*

在线性媒质中，电流回路系统的能量为

$$W_{\mathrm{m}} = \frac{1}{2}\sum_{k=1}^{n} I_k \Psi_k$$

对于连续的电流分布，磁场能量可写成

$$W_{\mathrm{m}} = \frac{1}{2}\int_V \boldsymbol{A} \cdot \boldsymbol{J} \mathrm{d}V$$

磁场能量还可表示成

$$W_{\mathrm{m}} = \frac{1}{2}\int_V \boldsymbol{H} \cdot \boldsymbol{B} \mathrm{d}V$$

磁场能量的体密度为

$$w_{\mathrm{m}} = \frac{1}{2}\boldsymbol{H}\cdot\boldsymbol{B}$$

11. *磁场力*

运动电荷在磁场中的受力可用 $\boldsymbol{F} = q\boldsymbol{v}\times\boldsymbol{B}$ 计算。载流导体在磁场中受力可用 $\boldsymbol{F} = \oint_l I\mathrm{d}\boldsymbol{l}\times\boldsymbol{B}$ 计算。

习　题

4-1 四条平行的载流为 I 的无限长直导线垂直地通过一边长为 a 的正方形顶点，求正方形中心点 P 处的磁感应强度值。

4-2 真空中，在 $z=0$ 平面上的 $0<x<10$ 和 $y>0$ 范围内，有以线密度 $\boldsymbol{J}_S=500\boldsymbol{e}_y\,\mathrm{A/m}$ 均匀分布的电流，求在点 $(0,0,5)$ 处产生的磁感应强度。

4-3 真空中，有一厚度为 d 的无限大载流（均匀密度 $J_0\boldsymbol{e}_z$）平板，在其中心位置有一半径等于 a 的圆柱形空洞，如图 4.29 所示。求各处的磁感应强度。

4-4 有一圆柱截面铁环，环的内外半径分别为 10cm 和 12cm，铁环的 $\mu_{\mathrm{r}}=500$，环上绕有 50 匝通有 2A 电流的线圈，求环的圆截面内外的磁场强度与磁感应强度（忽略漏磁，且环外磁导率为 μ_0）。

4-5 求图 4.30 所示两同轴导体壳系统中储存的磁场能量及自感。

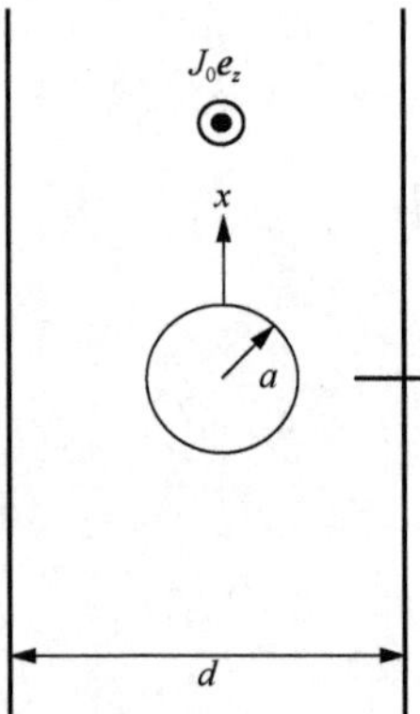

图 4.29　习题 4-3

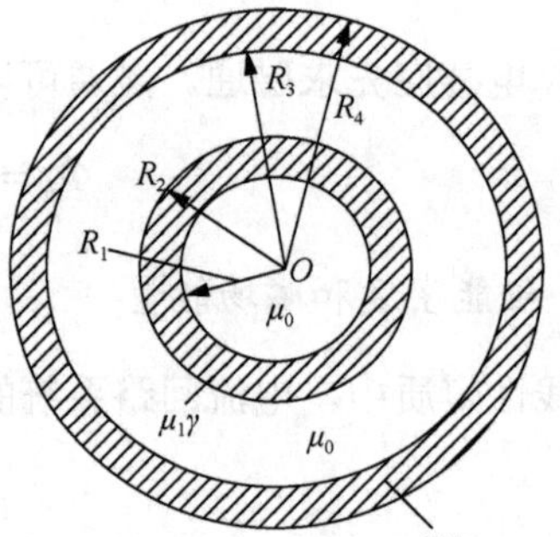

图 4.30　习题 4-5

4-6 如图 4.31 所示，计算两平行长直导线对中间线框的互感；当线框通有电流 I_2 且线框为不变形的刚体时，求长导线对它的作用力。

4-7 有用圆柱坐标系表示的电流分布 $\boldsymbol{J}(\rho)=\rho J_0\boldsymbol{e}_z\ (\rho\leqslant a)$，试求磁矢量位 $\boldsymbol{A}$ 和磁感应强度 $\boldsymbol{B}$。

4-8 证明：在不同磁媒质的分界面上，磁矢量位 $\boldsymbol{A}$ 的切向分量是连续的。

4-9 设磁矢量位的参考点为无限远处，计算半径为 R 的圆形导线回路通以电流 I 时，在其轴线上产生的磁矢量位。

4-10 在无限大磁媒质分界面上，有一无限长直线电流 I，如图 4.32 所示。求两种媒质中的磁感应强度和磁场强度。

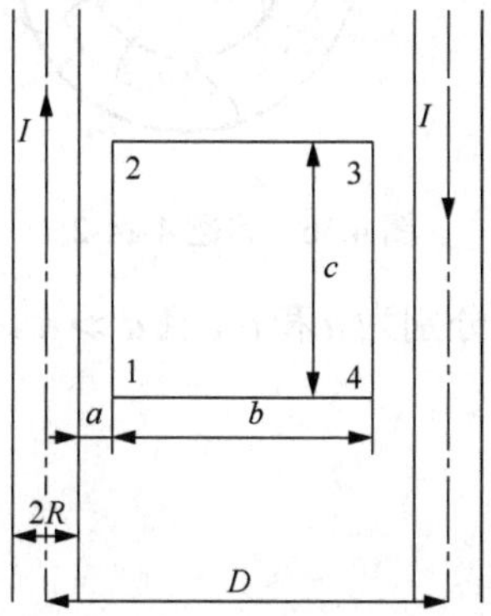

图 4.31 习题 4-6

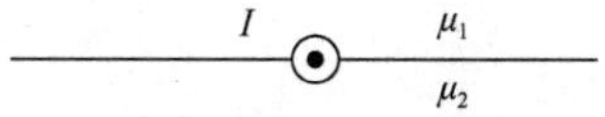

图 4.32 习题 4-10

4-11 半径为 a 的无限长圆柱，表面载有密度为 $J_0\boldsymbol{e}_z$ 的面电流，求空间的磁感应强度和磁矢量位。

4-12 如图 4.33 所示，内半径为 R_1、外半径为 R_2、厚度为 h、磁导率为 $\mu(\mu \gg \mu_0)$ 的圆环形铁芯，其上均匀紧密绕有 N 匝线圈，求此线圈的自感。若将铁芯切割掉一小段，形成空气隙，空气隙对应的圆心角为 $\Delta\alpha$，求线圈的自感。

4-13 有一磁导率为 μ、半径为 a 的无限长导磁圆柱，其轴线处有无限长的线电流 I，圆柱外是空气 μ_0，如图 4.34 所示。试求圆柱内外的 $\boldsymbol{B}$、$\boldsymbol{H}$ 与 $\boldsymbol{M}$ 的分布。

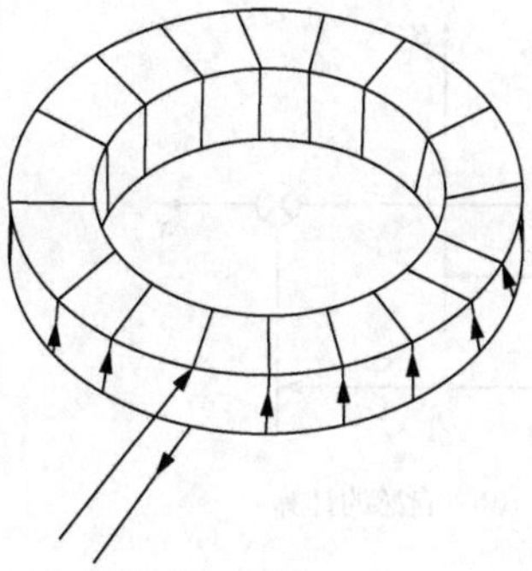

图 4.33 习题 4-12

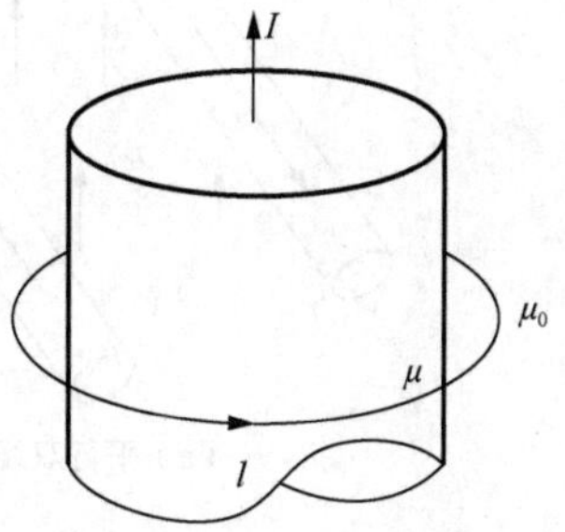

图 4.34 习题 4-13

4-14 环形铁芯螺线管半径 a 远小于环半径 R，环上均匀密绕 N 匝线圈，电流为 I，铁芯磁导率为 μ，如图 4.35 所示。

（1）计算螺线管中 $\boldsymbol{B}$ 和 $\boldsymbol{\Phi}$。

（2）如果在环上开一个宽度为 l 的小切口，如图 4.36 所示，电流及匝数都不变，求铁芯和空气隙中的 $\boldsymbol{B}$ 和 $\boldsymbol{H}$。

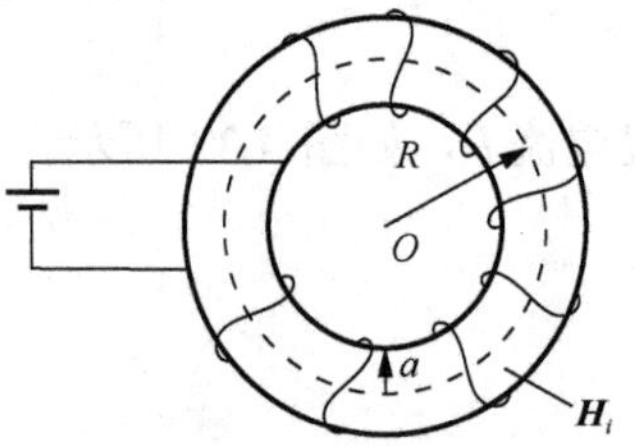

图 4.35　习题 4-14-1

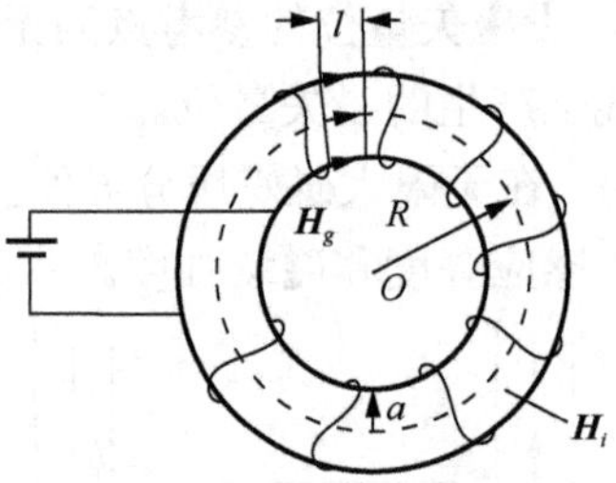

图 4.36　习题 4-14-2

4-15　两个共轴的、平行的一匝线圈相距为 d，半径分别为 a 和 b，且 $d \gg a$，如图 4.37 所示，求它们之间的互感。

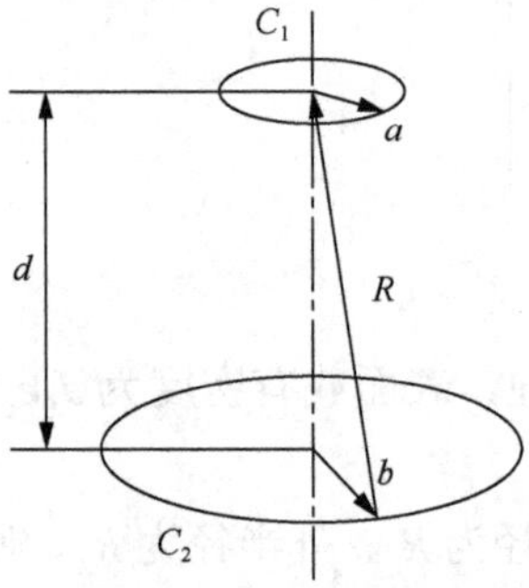

图 4.37　习题 4-15

4-16　求平行双线输电线单位长度的外自感。已知导线半径为 a，导线间距离 $D \gg a$，如图 4.38 所示，并设大地的影响可以忽略。

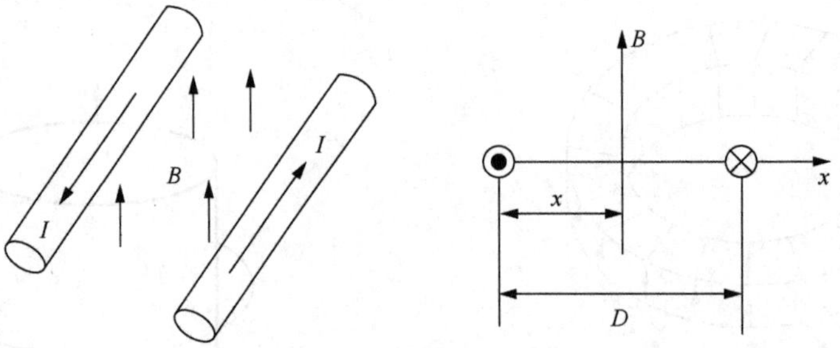

（a）平行双线　　（b）自感的计算

图 4.38　习题 4-16

4-17　两个相同的线圈各有 N 匝，半径为 b，同轴，相互隔开距离 d，电流 I 以相同的方向流过这两个线圈，如图 4.39 所示。

（1）求两个线圈中点处的 $\boldsymbol{B} = B_x \boldsymbol{e}_x$。

（2）证明在两线圈中点处 $\mathrm{d}B_x / \mathrm{d}x = 0$。

（3）求出 b 与 d 之间的关系，使中点 $\mathrm{d}^2 B_x / \mathrm{d}x^2 = 0$，并证明在中点处 $\mathrm{d}^3 B_x / \mathrm{d}x^3$ 也为零。

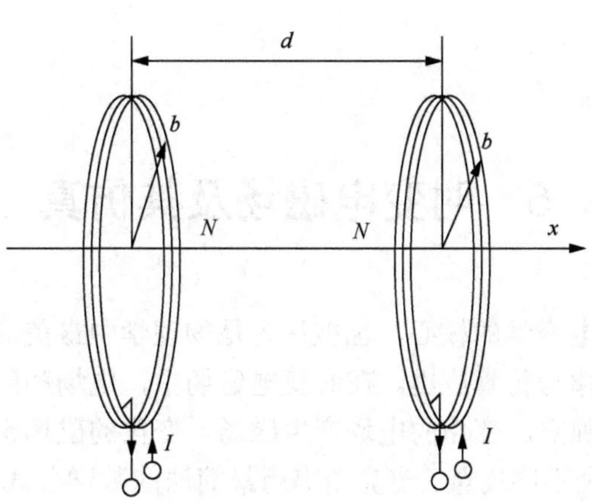

图 4.39 习题 4-17

5 时变电磁场及其仿真

麦克斯韦方程组是电磁学的核心，也被认为是物理学中最美的方程组之一。本章将讨论时变电磁场的传播规律与仿真应用。在时变电磁场中，电场和磁场均为时间、空间坐标的函数，它们不再相互独立。变化的电场产生磁场，变化的磁场也会产生电场，两者互为因果，构成电磁场的两个不同场量。麦克斯韦用最简洁的数学公式——电磁场基本方程组，高度概括了电磁场的基本特性，成为研究电磁现象的理论基础。本章首先从法拉第电磁感应定律引出感应电场的概念，然后介绍麦克斯韦关于位移电流的假设以及表征时变电磁场特性的电磁场基本方程组，并由此导出时变电磁场的能量守恒定律——坡印亭定理，同时介绍表征功率流密度的坡印亭矢量。为了便于计算电磁场，引入动态位函数及其方程，最后给出了空气中电偶极子和磁偶极子的电磁辐射场。

5.1 电磁场量的复数形式表示法

在时变电磁场中，场量和场源不仅为空间坐标的函数，同时也为时间的函数。在分析实际问题时，常采用正弦变化的时变信号来表示电磁场，其优点是对于脉冲波、方波等非正弦时变电磁场，仍可以采用傅里叶级数的方法分解为若干正弦信号的叠加。为此，将按照某一频率作正弦变化的电磁场称为正弦电磁场。正弦电磁场为电磁场的最基本形式，因此，研究正弦电磁场具有非常重要的意义。

1. 电场和磁场瞬时（实数）表示形式

在直角坐标系中，正弦变化的电场强度 $\boldsymbol{E}$ 可表示为

$$\boldsymbol{E}(x,y,z,t)=E_{\mathrm{xm}}(x,y,z)\cos(\omega t+\phi_x)\boldsymbol{e}_x+E_{\mathrm{ym}}(x,y,z)\cos(\omega t+\phi_y)\boldsymbol{e}_y+E_{\mathrm{zm}}(x,y,z)\cos(\omega t+\phi_z)\boldsymbol{e}_z \tag{5.1}$$

式中，E_{xm}、E_{ym}、E_{zm} 分别为电场在 x、y、z 三个坐标分量的最大值；ϕ_x、ϕ_y、ϕ_z 分别为电场在 x、y、z 三个坐标分量的初相位；ω 为角频率。

非正弦电磁场信号可以分解为若干个正弦电磁场信号相叠加的形式，例如

$$\boldsymbol{E}(x,y,z,t)=\sum_{n=1}^{\infty}E_n\sin(n\omega t+\phi_n) \tag{5.2}$$

式中，$n=1$ 的信号代表基波；$n\neq1$ 的信号表示各次谐波。

同样，磁场可以表示为

$$\boldsymbol{H}(x,y,z,t)=H_{xm}(x,y,z)\cos(\omega t+\phi_x)\boldsymbol{e}_x+H_{ym}(x,y,z)\cos(\omega t+\phi_y)\boldsymbol{e}_y$$
$$+H_{zm}(x,y,z)\cos(\omega t+\phi_z)\boldsymbol{e}_z \tag{5.3}$$

式中，H_{xm}、H_{ym}、H_{zm} 分别为电场在 x、y、z 三个坐标分量的最大值。

2. 电磁场量频率域（复数）表示形式

分析正弦时变电磁场的有效工具为交流电路分析中的复数方法。由于 $\mathrm{Re}\left[\mathrm{e}^{\mathrm{j}(\omega t+\phi)}\right]=\mathrm{Re}\left[\cos(\omega t+\phi)+\mathrm{j}\sin(\omega t+\phi)\right]=\cos(\omega t+\phi)$ 成立，根据复数和实数之间转换关系，电场瞬时表达式和复数形式之间满足如下关系：

$$\boldsymbol{E}(x,y,z,t)=\mathrm{Re}\left[\sqrt{2}\dot{\boldsymbol{E}}(x,y,z)\mathrm{e}^{\mathrm{j}\omega t}\right] \tag{5.4}$$

式中，$\mathrm{e}^{\mathrm{j}\omega t}$ 称为时谐因子；$\dot{\boldsymbol{E}}(x,y,z)$ 为电场强度 $\boldsymbol{E}(x,y,z,t)$ 的复数形式，写为

$$\begin{aligned}\dot{\boldsymbol{E}}(x,y,z)&=\dot{E}_x\boldsymbol{e}_x+\dot{E}_y\boldsymbol{e}_y+\dot{E}_z\boldsymbol{e}_z\\&=E_x\mathrm{e}^{\mathrm{j}\phi_x}\boldsymbol{e}_x+E_y\mathrm{e}^{\mathrm{j}\phi_y}\boldsymbol{e}_y+E_z\mathrm{e}^{\mathrm{j}\phi_z}\boldsymbol{e}_z\\&=\frac{1}{\sqrt{2}}E_{xm}\mathrm{e}^{\mathrm{j}\phi_x}\boldsymbol{e}_x+\frac{1}{\sqrt{2}}E_{ym}\mathrm{e}^{\mathrm{j}\phi_y}\boldsymbol{e}_y+\frac{1}{\sqrt{2}}E_{zm}\mathrm{e}^{\mathrm{j}\phi_z}\boldsymbol{e}_z\end{aligned} \tag{5.5}$$

其中，$\dot{E}_x$、$\dot{E}_y$、$\dot{E}_z$ 为有效值复振幅。根据式（5.4）瞬时形式和复数之间的转换关系，分量 $E_x(x,y,z,t)$ 和 $\dot{E}_x$ 之间的转换形式为

$$\begin{aligned}E_x(x,y,z,t)&=E_{xm}(x,y,z)\cos(\omega t+\phi_x)\\&=\mathrm{Re}\left[\sqrt{2}\dot{E}_x(x,y,z)\mathrm{e}^{\mathrm{j}\omega t}\right]=\mathrm{Re}\left[\dot{E}_{xm}\mathrm{e}^{\mathrm{j}\omega t}\right]\end{aligned} \tag{5.6}$$

式中，$\dot{E}_x=E_x(x,y,z)\mathrm{e}^{\mathrm{j}\phi_x}$ 称为 x 分量的有效值复振幅，同理 $\dot{E}_y=E_y(x,y,z)\mathrm{e}^{\mathrm{j}\phi_y}$ 和 $\dot{E}_z=E_z(x,y,z)\mathrm{e}^{\mathrm{j}\phi_z}$ 分别称为 y 分量和 z 分量的有效值复振幅；$\dot{E}_{xm}=E_{xm}(x,y,z)\mathrm{e}^{\mathrm{j}\phi_x}$ 称为 x 分量的最大值复振幅，同理 $\dot{E}_{ym}=E_{ym}(x,y,z)\mathrm{e}^{\mathrm{j}\phi_y}$ 和 $\dot{E}_{zm}=E_{zm}(x,y,z)\mathrm{e}^{\mathrm{j}\phi_z}$ 分别为 y 分量和 z 分量的最大值复振幅，下角标 m 表示最大值形式。

同样，磁场瞬时形式与复数形式之间转换关系为

$$\boldsymbol{H}(x,y,z,t)=\mathrm{Re}\left[\sqrt{2}\dot{\boldsymbol{H}}(x,y,z)\mathrm{e}^{\mathrm{j}\omega t}\right] \tag{5.7}$$

为了表示简便，通常将时谐因子 $\mathrm{e}^{\mathrm{j}\omega t}$ 和 Re 都省略，这样电场和磁场的复数形式分别采用 $\dot{\boldsymbol{E}}$ 和 $\dot{\boldsymbol{H}}$ 表示，甚至有时将表示复数的“•”也略去。

3. 复数场量的时间微分、积分运算

根据瞬时和复数形式之间的转换关系，当对场量进行微分和积分运算时，有

$$\frac{\partial\boldsymbol{E}(x,y,z,t)}{\partial t}=\mathrm{Re}\left[\mathrm{j}\omega\sqrt{2}\dot{\boldsymbol{E}}(x,y,z)\mathrm{e}^{\mathrm{j}\omega t}\right] \tag{5.8}$$

$$\frac{\partial^2 \boldsymbol{E}(x,y,z,t)}{\partial t^2}=\mathrm{Re}\left[(\mathrm{j}\omega)^2\sqrt{2}\dot{\boldsymbol{E}}(x,y,z)\mathrm{e}^{\mathrm{j}\omega t}\right] \tag{5.9}$$

$$\int_0^{\infty}\boldsymbol{E}(x,y,z,t)\mathrm{d}t=\mathrm{Re}\left[\frac{1}{\mathrm{j}\omega}\sqrt{2}\dot{\boldsymbol{E}}(x,y,z)\mathrm{e}^{\mathrm{j}\omega t}\right] \tag{5.10}$$

可以看出在时间域内电磁场量对时间的一阶导数等于在频率域内电磁场量乘上 $\mathrm{j}\omega$，对时间的二阶导数等于在频率域内乘上 $-\omega^2$，对时间的积分等于在频率域内乘上 $\frac{1}{\mathrm{j}\omega}$，这样就大大简化了运算过程。

5.2 时变电磁场的基本概念和基本定律

在时变电磁场中，随时间变化的电场在周围空间中激发变化的磁场，变化的磁场又会在其周围空间中激发变化的电场，为了准确建立时变电场和磁场之间的相互伴生和转换关系，需要引入感应（涡旋）电场、感应电流、感应电动势、位移电流和全电流等基本概念，完善电磁场的基本定律。

5.2.1 基本概念

1. 感应（涡旋）电场

麦克斯韦假设：除了电荷产生电场外，变化的磁场也会在空间产生电场，由变化磁场产生的电场称为感应电场，记为 $\boldsymbol{E}_{\mathrm{i}}$。按照感应电场的概念，任何随时间而变化的磁场，都要在邻近空间激发感应电场，一般说来，随时间变化的磁场所激发的电场也随时间变化。因此，充满变化磁场的空间，同时充满变化的电场。

2. 感应电流

不论什么原因，当穿过一闭合导体回路的磁通量发生变化时，在导体回路中就会出现电流，将这种电流称为感应电流。

3. 感应电动势

导体回路中出现感应电流表明导体回路中必然存在着某种电动势，这种由电磁感应引起的电动势叫作感应电动势。感应电动势的大小只与穿过回路磁通随时间的变化率有关，而与构成回路的材料特性无关。事实上，不论是在真空中还是在媒质中，也不论空间有无导体、有无回路，只要媒质中有随时间变化的磁通，感应电动势就存在。

4. 感生电动势

当导体回路不运动且磁场 $\boldsymbol{B}$ 随时间变化时，导体回路中产生的感应电动势称为感生电动势。产生感生电动势的非静电力为感应电场力。由感生电动势的定义，感生电动势可以写为

$$\mathscr{E}_i = \oint_l \boldsymbol{E}_{\mathrm{i}} \cdot \mathrm{d}\boldsymbol{l} \tag{5.11}$$

式中，$\boldsymbol{E}_{\mathrm{i}}$为感应电场的场强。

变压器正是基于这一原理设计的，所以也称这一感应电动势为变压器电动势。

5. 动生电动势

若磁场$\boldsymbol{B}$不随时间变化，导体回路在磁场中运动，此时产生的感应电动势称为动生电动势。洛伦兹力$\boldsymbol{f} = q\boldsymbol{v}\times\boldsymbol{B}$是产生动生电动势的非静电力，由电动势的定义，动生电动势的表达式为

$$\mathscr{E}_i = \oint_l (\boldsymbol{v}\times\boldsymbol{B}) \cdot \mathrm{d}\boldsymbol{l} \tag{5.12}$$

式中，$\boldsymbol{v}$为电荷运动速度。

发电机则是以动生电动势为工作原理设计的，故也称之为发电机电动势。

6. 位移电流

麦克斯韦关于位移电流假说的基本思想为：变化的电场在其周围空间激发涡旋磁场，可以将这种变化的电场等效于一种电流。将在固定不动的导体或非导体回路中，变化或涡旋电场产生的电流称为位移电流。位移电流记为$\boldsymbol{i}_{\mathrm{d}}$，数学表达式为

$$\boldsymbol{i}_{\mathrm{d}} = \int_S \frac{\partial \boldsymbol{D}}{\partial t} \cdot \mathrm{d}\boldsymbol{S} \tag{5.13}$$

位移电流为电通密度$\boldsymbol{D}$（电位移矢量）随时间的变化率对曲面的积分。

电容器充电或放电时，极板间变化的电场可以等效为位移电流。位移电流只表示电场的变化率，与传导电流不同，它不产生热效应、化学效应等。真空中位移电流仅为电场的变化所产生的，不伴随电荷的任何运动，且不产生焦耳热。

7. 全电流

一般情形下，通过空间某截面的电流应包括传导电流、运流电流和位移电流，三者之和称为全电流。其表达式为

$$\boldsymbol{i} = \boldsymbol{i}_{\mathrm{c}} + \boldsymbol{i}_{v} + \boldsymbol{i}_{\mathrm{d}} \tag{5.14}$$

式中，$\boldsymbol{i}_{\mathrm{c}}$为传导电流，指导体内自由电荷定向移动所形成的电流；$\boldsymbol{i}_{v}$为运流电流，指导体外自由电荷定向移动所形成的电流；$\boldsymbol{i}_{\mathrm{d}}$为位移电流，指变化的电场所等效的电流。

5.2.2 电磁感应定律

1. 电磁感应定律积分形式

大量的实验证实：当穿过导体回路的磁通量发生变化时，回路中会出现感应电动势，这种现象称为电磁感应现象。法拉第通过对电磁感应现象分析并总结出电磁感应定律，其数学表达式为

$$\mathscr{E}_i=\oint_l \boldsymbol{E}_\text{i}\cdot \mathrm{d}\boldsymbol{l}=-\frac{\mathrm{d}\psi}{\mathrm{d}t} \tag{5.15}$$

$$\mathscr{E}_i=\oint_l \boldsymbol{E}_\text{i}\cdot \mathrm{d}\boldsymbol{l}=-N\frac{\mathrm{d}\Phi}{\mathrm{d}t}=-N\frac{\mathrm{d}}{\mathrm{d}t}\left(\int_S \boldsymbol{B}\cdot \mathrm{d}\boldsymbol{S}\right) \tag{5.16}$$

式中，ψ 为穿过导体回路的磁链，对于 N 匝密绕的线圈，磁链为 $\psi=N\Phi$，Φ 为磁通。感应电动势 $\mathscr{E}_i$ 和 ψ 的正方向满足右手螺旋法则。首先由 ψ 的方向确定 $\mathscr{E}_i$ 的正方向，如果 $\frac{\mathrm{d}\psi}{\mathrm{d}t}>0$，则 $\mathscr{E}_i$ 为负，如果 $\frac{\mathrm{d}\psi}{\mathrm{d}t}<0$，则 $\mathscr{E}_i$ 为正。

根据引起穿过导体回路的磁通量发生变化的原因不同，感应电动势主要包括感生电动势和动生电动势两种，因此，导体回路中产生的感应电动势的积分形式写为

$$\mathscr{E}_i=-N\int_S \frac{\partial \boldsymbol{B}}{\partial t}\cdot \mathrm{d}\boldsymbol{S}+\oint_l (\boldsymbol{v}\times \boldsymbol{B})\cdot \mathrm{d}\boldsymbol{l} \tag{5.17}$$

2. 电磁感应定律微分形式

由感应电动势的积分形式可以发现，感应电场的环量不等于零，与静电场不同，感应电场为非保守场。一般情况下，空间中既存在电荷产生的电场，也存在感应电场。因此，对任何电磁场都有

$$\oint_l \boldsymbol{E}\cdot \mathrm{d}\boldsymbol{l}=-\int_S \frac{\partial \boldsymbol{B}}{\partial t}\cdot \mathrm{d}\boldsymbol{S}+\oint_l (\boldsymbol{v}\times \boldsymbol{B})\cdot \mathrm{d}\boldsymbol{l} \tag{5.18}$$

这里 $\boldsymbol{E}$ 表示空间的总场强。应用斯托克斯定理，得到电磁感应定律的微分形式：

$$\nabla\times \boldsymbol{E}=-\frac{\partial \boldsymbol{B}}{\partial t}+\nabla\times(\boldsymbol{v}\times \boldsymbol{B}) \tag{5.19}$$

若导体回路保持静止，则

$$\nabla\times \boldsymbol{E}=-\frac{\partial \boldsymbol{B}}{\partial t} \tag{5.20}$$

可以发现，变化的磁场也是产生电场的源。麦克斯韦将这一关系作为电磁场的基本方程之一，将电场与磁场紧密联系在一起。

5.2.3 全电流定律

1. 全电流定律的积分形式

恒定磁场的安培环路定律具有如下形式：

$$\oint_l \boldsymbol{H}\cdot \mathrm{d}\boldsymbol{l}=\int_S \boldsymbol{J}\cdot \mathrm{d}\boldsymbol{S}=I \tag{5.21}$$

含有电容的交变电流电路如图 5.1 所示，电路中电流为 $\boldsymbol{i}$，$\boldsymbol{J}$ 为传导电流密度。取一个闭合积分路径 $\boldsymbol{C}$ 包围导线，在回路上做两个不同的曲面 $\boldsymbol{S}_1$ 和 $\boldsymbol{S}_2$，其中 $\boldsymbol{S}_1$ 面未穿入电容器的两个极板，$\boldsymbol{S}_2$ 面穿过电容器的两个极板之间。

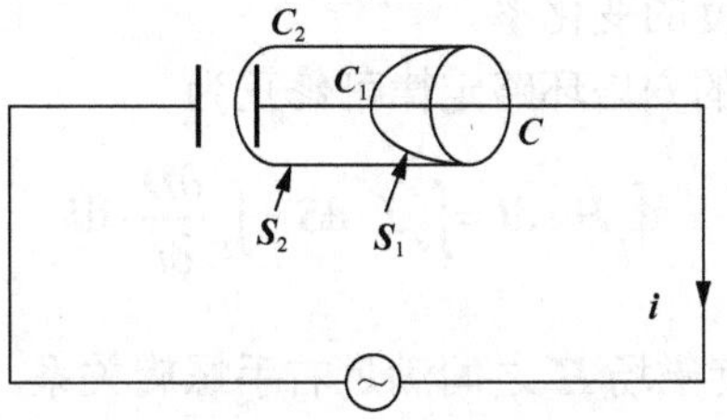

图 5.1　含有电容的交变电流电路

将安培环路定律应用于闭合曲线 $\boldsymbol{C}_1$ 所包围的曲面 $\boldsymbol{S}_1$，显然有

$$\oint_l \boldsymbol{H}\cdot \mathrm{d}\boldsymbol{l}=\int_{S_1}\boldsymbol{J}\cdot \mathrm{d}\boldsymbol{S}=i \tag{5.22}$$

而将安培环路定律应用于闭合曲线 $\boldsymbol{C}_2$ 所包围的曲面 $\boldsymbol{S}_2$，则有

$$\oint_l \boldsymbol{H}\cdot \mathrm{d}\boldsymbol{l}=\int_{S_2}\boldsymbol{J}\cdot \mathrm{d}\boldsymbol{S}=0 \tag{5.23}$$

从式（5.22）和式（5.23）可以看出，磁场 $\boldsymbol{H}$ 沿同一闭合路径的线积分却算出了两种不同的结果，积分结果相互矛盾，显然是不合理的。这说明安培环路定律直接应用于时变电流时受到了限制，其根本原因为传导电流不连续，电容器两端没有恒定电流流过，出现了“断开的开口”，因此，安培环路定律必须加以修正。

麦克斯韦深入研究了这一问题，他注意到电容器极板处传导电流的不连续引起极板上电荷量的变化，从而产生变化的电场，存在 $\partial\boldsymbol{D}/\partial t$。设想在电容器极板间亦有某种“电流”通过，它与电场的变化率 $\partial\boldsymbol{D}/\partial t$ 相联系，且在量值上与同时刻电路中传导电流相等，即保持“电流”连续和闭合，那么这个开口就能被“连接上”，不同积分回路出现不同计算结果的矛盾就可以解决。为此，麦克斯韦提出了位移电流的假说，把电通密度（电位移矢量）$\boldsymbol{D}$ 的变化率看作一种等效电流密度，这样，在电容器两端传导电流中断的地方就有位移电流来接续并保持电流流通。

麦克斯韦认为，磁场对任意闭合曲线的积分取决于通过该路径所包围面积的全电流。如果用 $\boldsymbol{J}_\mathrm{d}$ 表示位移电流密度，则有

$$\oint_l \boldsymbol{H}\cdot \mathrm{d}\boldsymbol{l}=\int_{S}\left(\boldsymbol{J}+\boldsymbol{J}_\mathrm{d}\right)\cdot \mathrm{d}\boldsymbol{S} \tag{5.24}$$

位移电流与传导电流量值相等，利用电流连续性方程和高斯定律，有 $\oint_S \boldsymbol{J}\cdot \mathrm{d}\boldsymbol{S}=-\dfrac{\partial q}{\partial t}$ 和 $\oint_S \boldsymbol{D}\cdot \mathrm{d}\boldsymbol{S}=q$。其中 q 为极板上的电荷量。利用以上两式可以导出

$$\oint_S \boldsymbol{J}\cdot \mathrm{d}\boldsymbol{S}=-\oint_S \frac{\partial \boldsymbol{D}}{\partial t}\cdot \mathrm{d}\boldsymbol{S}=-\oint_S \boldsymbol{J}_\mathrm{d}\cdot \mathrm{d}\boldsymbol{S} \tag{5.25}$$

其中，位移电流密度定义为

$$\boldsymbol{J}_\mathrm{d}=\frac{\partial \boldsymbol{D}}{\partial t} \tag{5.26}$$

即位移电流密度等于电通密度的变化率。

因此，时变电流所满足的安培环路定律可修正为

$$\oint_l \boldsymbol{H}\cdot \mathrm{d}\boldsymbol{l}=\int_S \boldsymbol{J}\cdot \mathrm{d}\boldsymbol{S}+\int_S \frac{\partial \boldsymbol{D}}{\partial t}\cdot \mathrm{d}\boldsymbol{S} \tag{5.27}$$

其中，变化的电场$\dfrac{\partial \boldsymbol{D}}{\partial t}$与涡旋磁场$\boldsymbol{H}$之间满足右手螺旋关系。

基于位移电流的假说，可知在传导电流中断的媒质会有位移电流接续上。全电流为传导电流与位移电流的总和，电流具有连续性，因此式（5.27）称为全电流定律。

$$\oint_S (\boldsymbol{J}+\boldsymbol{J}_{\mathrm{d}})\cdot \mathrm{d}\boldsymbol{S}=\oint_S\left(\boldsymbol{J}+\frac{\partial \boldsymbol{D}}{\partial t}\right)\cdot \mathrm{d}\boldsymbol{S}=0 \tag{5.28}$$

利用散度定理，写出时变电磁场中电流连续性方程为

$$\nabla\cdot\left(\boldsymbol{J}+\frac{\partial \boldsymbol{D}}{\partial t}\right)=0 \tag{5.29}$$

$$\nabla\cdot\boldsymbol{J}=-\nabla\cdot\frac{\partial \boldsymbol{D}}{\partial t}=-\frac{\partial \rho}{\partial t} \tag{5.30}$$

2. 全电流定律的微分形式

利用斯托克斯定理可以得到全电流定律的微分形式

$$\nabla\times\boldsymbol{H}=\boldsymbol{J}+\frac{\partial \boldsymbol{D}}{\partial t} \tag{5.31}$$

全电流定律揭示了一个新的物理现象，麦克斯韦将这一定律作为电磁场的基本方程之一，不但传导电流I能够激发磁场，而且位移电流I_{d}也以相同的方式激发磁场，进一步将电场与磁场紧密联系在一起。位移电流的概念反映了变化的电场与电流一样，也能激发磁场这一物理实质。

5.3 时变电磁场的基本方程和分界面衔接条件

5.3.1 麦克斯韦方程组

麦克斯韦方程组由四个定律构成，是时变电磁场基本方程，其时间域积分形式为

$$\oint_l \boldsymbol{H}\cdot \mathrm{d}\boldsymbol{l}=\int_S\left(\boldsymbol{J}+\frac{\partial \boldsymbol{D}}{\partial t}\right)\cdot \mathrm{d}\boldsymbol{S} \tag{5.32}$$

$$\oint_l \boldsymbol{E}\cdot \mathrm{d}\boldsymbol{l}=-\int_S \frac{\partial \boldsymbol{B}}{\partial t}\cdot \mathrm{d}\boldsymbol{S} \tag{5.33}$$

$$\oint_S \boldsymbol{B}\cdot \mathrm{d}\boldsymbol{S}=0 \tag{5.34}$$

$$\oint_S \boldsymbol{D} \cdot \mathrm{d}\boldsymbol{S} = q \tag{5.35}$$

麦克斯韦方程组中式（5.32）为全电流定律，亦为麦克斯韦第一方程，它表明不仅传导电流能产生磁场，而且变化的电场也能产生磁场。方程组中式（5.33）为推广的电磁感应定律，称为麦克斯韦第二方程，表明变化的磁场也会产生电场。方程组中式（5.34）为磁通连续性原理，说明磁力线是无头无尾的闭合曲线。这一方程原来是在恒定磁场中得到的，麦克斯韦把它推广到变化的磁场中。方程组中式（5.35）为高斯定律，它反映了电荷以发散的方式产生电场。这组方程表明变化的电场和变化的磁场相互激发、相互联系形成统一的电磁场。

麦克斯韦方程组的微分形式为

$$\nabla \times \boldsymbol{H} = \boldsymbol{J} + \frac{\partial \boldsymbol{D}}{\partial t} \tag{5.36}$$

$$\nabla \times \boldsymbol{E} = -\frac{\partial \boldsymbol{B}}{\partial t} \tag{5.37}$$

$$\nabla \cdot \boldsymbol{B} = 0 \tag{5.38}$$

$$\nabla \cdot \boldsymbol{D} = \rho \tag{5.39}$$

对于各向同性线性媒质，其构成关系式为

$$\boldsymbol{D} = \varepsilon \boldsymbol{E} \tag{5.40}$$

$$\boldsymbol{B} = \mu \boldsymbol{H} \tag{5.41}$$

$$\boldsymbol{J} = \gamma \boldsymbol{E} \tag{5.42}$$

式中，$\varepsilon = \varepsilon_0 \varepsilon_r$； $\mu = \mu_0 \mu_r$。

麦克斯韦方程组积分表达式的复数形式为

$$\oint_l \dot{\boldsymbol{H}} \cdot \mathrm{d}\boldsymbol{l} = \int_S \left(\dot{\boldsymbol{J}} + \frac{\partial \dot{\boldsymbol{D}}}{\partial t} \right) \cdot \mathrm{d}\boldsymbol{S} \tag{5.43}$$

$$\oint_l \dot{\boldsymbol{E}} \cdot \mathrm{d}\boldsymbol{l} = -\int_S \frac{\partial \dot{\boldsymbol{B}}}{\partial t} \cdot \mathrm{d}\boldsymbol{S} \tag{5.44}$$

$$\oint_S \dot{\boldsymbol{B}} \cdot \mathrm{d}\boldsymbol{S} = 0 \tag{5.45}$$

$$\oint_S \dot{\boldsymbol{D}} \cdot \mathrm{d}\boldsymbol{S} = q \tag{5.46}$$

麦克斯韦方程组微分表达式的复数形式为

$$\nabla \times \dot{\boldsymbol{H}} = \dot{\boldsymbol{J}} + \mathrm{j}\omega \dot{\boldsymbol{D}} \tag{5.47}$$

$$\nabla \times \dot{\boldsymbol{E}} = -\mathrm{j}\omega \dot{\boldsymbol{B}} \tag{5.48}$$

$$\nabla \cdot \dot{\boldsymbol{B}} = 0 \tag{5.49}$$

$$\nabla \cdot \dot{\boldsymbol{D}} = \dot{\rho} \tag{5.50}$$

同理，得到电磁场的构成关系的复数形式为 $\dot{\boldsymbol{D}} = \varepsilon \dot{\boldsymbol{E}}$ 、$\dot{\boldsymbol{B}} = \mu \dot{\boldsymbol{H}}$ 和 $\dot{\boldsymbol{J}} = \gamma \dot{\boldsymbol{E}}$ 。由于式（5.47）～式（5.50）中包含了表征正弦电磁场的频率项 ω，也称为麦克斯韦方程组的频率域复数形式。

麦克斯韦方程组全面地描述了电磁场的基本规律，是宏观电磁场理论的基础。利用这组方程加上构成关系原则上可以解决各种宏观电磁场问题。

5.3.2 准静态电磁场中麦克斯韦方程组

各种宏观电磁现象都可用特定条件下的麦克斯韦方程组来描述。例如，静电场和恒定磁场满足的条件是所有场量都不随时间变化。然而，实际还常常碰到这样的情况，电磁场虽随时间变化但变化很缓慢，此时麦克斯韦方程组中 $\frac{\partial \boldsymbol{B}}{\partial t}$ 或 $\frac{\partial \boldsymbol{D}}{\partial t}$ 可以忽略，这样一种随时间缓慢变化的电磁场称为准静态电磁场。

根据忽略 $\frac{\partial \boldsymbol{B}}{\partial t}$ 或 $\frac{\partial \boldsymbol{D}}{\partial t}$ 的不同，准静态电磁场分为磁准静态场和电准静态场两类。它们都属时变电磁场，但却具有静态场的一些性质。

1. *磁准静态场*

当时变电磁场中电场随时间变化很缓慢时 $\frac{\partial \boldsymbol{D}}{\partial t} \approx 0$，或者电磁波的频率较低时 $\omega \dot{\boldsymbol{D}} \approx 0$，此时，位移电流密度 $\boldsymbol{J}_{\mathrm{d}} = \frac{\partial \boldsymbol{D}}{\partial t}$ 的作用可以忽略，磁场的传播规律可以按恒定磁场中方程表征，麦克斯韦方程中第一方程全电流定律退化为

$$\nabla \times \boldsymbol{H} = \boldsymbol{J} + \frac{\partial \boldsymbol{D}}{\partial t} \approx \boldsymbol{J} \tag{5.51}$$

将这样变化的电磁场称为磁准静态场（magnetic quasi static field, MQS）。磁准静态场微分形式的基本方程组为

$$\nabla \times \boldsymbol{H} = \boldsymbol{J} \tag{5.52}$$

$$\nabla \times \boldsymbol{E} = -\frac{\partial \boldsymbol{B}}{\partial t} \tag{5.53}$$

$$\nabla \cdot \boldsymbol{B} = 0 \tag{5.54}$$

$$\nabla \cdot \boldsymbol{D} = \rho \tag{5.55}$$

在 MQS 近似下，可以看出方程组包含了电磁感应产生的电场，同静态情况相比，磁场的方程没有改变，只有电场的方程发生了变化。磁准静态场包括导体中电流流动、涡流和扩散过程。

2. 电准静态场

当时变电磁场中磁场随时间变化很缓慢时 $\frac{\partial \boldsymbol{B}}{\partial t} \approx 0$，或者电磁波的频率较低时 $\omega \dot{\boldsymbol{B}} \approx 0$，此时，麦克斯韦方程中忽略电磁感应项，或者说时变电磁场中各处感应电场 $\boldsymbol{E}_{\mathrm{i}}$ 远小于库仑电场 $\boldsymbol{E}_{\mathrm{e}}$，电场呈现无旋特征，法拉第电磁感应定律写为

$$\nabla \times \boldsymbol{E} = \nabla \times (\boldsymbol{E}_{\mathrm{e}} + \boldsymbol{E}_{\mathrm{i}}) \approx \nabla \times \boldsymbol{E}_{\mathrm{e}} = 0 \tag{5.56}$$

这样的电磁场称为电准静态场（electric quasi static field, EQS）。此时，电场可按静态场处理。电准静态场的微分形式的基本方程组为

$$\nabla \times \boldsymbol{H} = \boldsymbol{J} + \frac{\partial \boldsymbol{D}}{\partial t} \tag{5.57}$$

$$\nabla \times \boldsymbol{E} \approx 0 \tag{5.58}$$

$$\nabla \cdot \boldsymbol{B} = 0 \tag{5.59}$$

$$\nabla \cdot \boldsymbol{D} = \rho \tag{5.60}$$

在 EQS 近似下，方程组包含了位移电流引起的磁场，同静态情况相比，只有磁场的方程发生变化，而电场的方程没有改变。电场强度 $\boldsymbol{E}$ 和电通密度 $\boldsymbol{D}$ 的方程与静电场中对应的方程完全一样。所不同的是，现在 $\boldsymbol{E}$ 和 $\boldsymbol{D}$ 都是时间的函数，但它们和源 ρ 之间具有瞬时对应关系，即每一时刻，场和源之间关系类似于静电场中场和源的关系。这样只要知道电荷分布，就完全可以利用静电场的公式确定出 $\boldsymbol{E}$ 和 $\boldsymbol{D}$，磁场 $\boldsymbol{H}$ 则通过解式（5.57）和式（5.59）得到。

电准静态场包括自由电荷在导体中弛豫过程和自由电荷在分界面上的积累过程。低频交流情况下，平板电容器中电磁场属于电准静态场。应该指出，有时虽然感应电场 $\boldsymbol{E}_{\mathrm{i}}$ 不小，但其旋度 $\nabla \times \boldsymbol{E}_{\mathrm{i}}$ 很小时，式（5.56）成立，亦可按电准静态场考虑。例如低频交流电感线圈导线中电场可按恒定电场考虑，感应电场并不影响 $\boldsymbol{J}$ 的均匀分布。

5.3.3 媒质分界面衔接条件

1. 两种媒质分界面衔接条件

两种媒质的介电常数分别为 ε_1 和 ε_2，分界面法线方向单位矢量 $\boldsymbol{e}_n$ 由媒质 1 指向媒质 2，电场强度为 $\boldsymbol{E}_1$ 和 $\boldsymbol{E}_2$，与 $\boldsymbol{e}_n$ 的夹角分别为 θ_1 和 θ_2，图 5.2 为两种媒质的分界面示意图。在两种媒质的分界面上作一个宽度为 Δl、高为 Δh 的矩形回路 $abcda$，其中 $ab = cd = \Delta l$，$bc = da = \Delta h$，$\boldsymbol{e}_{n1}$ 为矩形回路所围面积的法线方向单位矢量，指向垂直纸面向里。

利用法拉第电磁感应定律 $\oint_l \boldsymbol{E} \cdot \mathrm{d}\boldsymbol{l} = -\int_S \frac{\partial \boldsymbol{B}}{\partial t} \cdot \mathrm{d}\boldsymbol{S}$，对电场进行闭合环路的积分，如图 5.2 所示。电场对四个边的线积分之和写为

$$\oint_l \boldsymbol{E} \cdot \mathrm{d}\boldsymbol{l} = \int_{ab} \boldsymbol{E} \cdot \mathrm{d}\boldsymbol{l} + \int_{bc} \boldsymbol{E} \cdot \mathrm{d}\boldsymbol{h} + \int_{cd} \boldsymbol{E} \cdot \mathrm{d}\boldsymbol{l} + \int_{da} \boldsymbol{E} \cdot \mathrm{d}\boldsymbol{h} \tag{5.61}$$

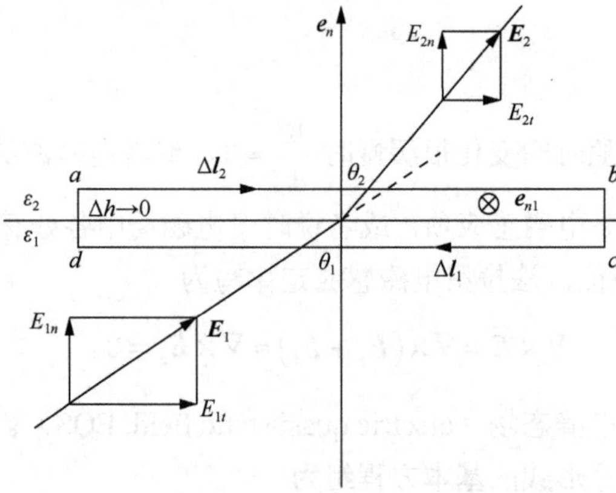

图 5.2 电场 $\boldsymbol{E}$ 的分界面衔接条件

由于矩形回路极窄，有 $\Delta h \to 0$，上式中第二项和第四项积分为零。$\Delta \boldsymbol{l}_2$ 和 $\Delta \boldsymbol{l}_1$ 可以表示为 $\Delta \boldsymbol{l}_2 = (\boldsymbol{e}_{n1} \times \boldsymbol{e}_n)\Delta l$ 和 $\Delta \boldsymbol{l}_1 = (-\boldsymbol{e}_{n1} \times \boldsymbol{e}_n)\Delta l$，第一项和第三项积分可以写为

$$\oint_l \boldsymbol{E} \cdot \mathrm{d}\boldsymbol{l} = \int_{ab} \boldsymbol{E}_2 \cdot \mathrm{d}\boldsymbol{l} + \int_{cd} \boldsymbol{E}_1 \cdot \mathrm{d}\boldsymbol{l} = \boldsymbol{E}_2 \cdot (\boldsymbol{e}_{n1} \times \boldsymbol{e}_n)\Delta l - \boldsymbol{E}_1 \cdot (\boldsymbol{e}_{n1} \times \boldsymbol{e}_n)\Delta l \tag{5.62}$$

矩形回路面积为 $\mathrm{d}\boldsymbol{S} = \Delta h \Delta l \cdot \boldsymbol{e}_{n1}$，由于 $\Delta h \to 0$，代入法拉第电磁感应定律的右边，整理可得

$$-\int_S \frac{\partial \boldsymbol{B}}{\partial t} \cdot \mathrm{d}\boldsymbol{S} = \lim_{\Delta h \to 0}\left[-\frac{\partial \boldsymbol{B}}{\partial t} \cdot \boldsymbol{e}_{n1} \Delta h \Delta l\right] = 0 \tag{5.63}$$

将式（5.62）和式（5.63）代入法拉第电磁感应定律，进行整理有

$$\boldsymbol{e}_n \times (\boldsymbol{E}_2 - \boldsymbol{E}_1) = 0 \tag{5.64}$$

可以得到 $\boldsymbol{E}$ 切向分量满足的分界面衔接条件

$$E_{2t} = E_{1t} \tag{5.65}$$

同理，由全电流定律推导磁场的分界面，如图 5.3 所示。在两种媒质的分界面上作一个宽度为 Δl、高为 Δh 的矩形回路 $abcda$，其中 $ab = cd = \Delta l$，$bc = da = \Delta h$，$\boldsymbol{e}_{n1}$ 为矩形回路所围平面的外法线方向单位矢量，指向为垂直纸面向里。

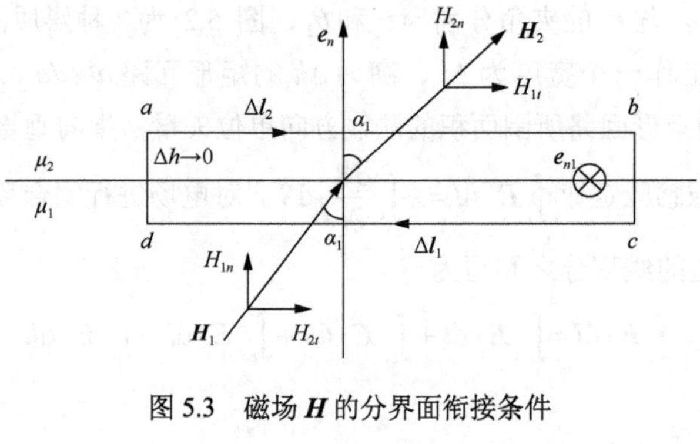

图 5.3 磁场 $\boldsymbol{H}$ 的分界面衔接条件

由全电流定律$\oint_l \boldsymbol{H}\cdot \mathrm{d}\boldsymbol{l}=\int_S\left(\boldsymbol{J}+\frac{\partial \boldsymbol{D}}{\partial t}\right)\cdot \mathrm{d}\boldsymbol{S}$，可知磁场的环路积分与电场的推导过程相同，可以写为

$$\oint_l \boldsymbol{H}\cdot \mathrm{d}\boldsymbol{l}=\boldsymbol{H}_1\Delta \boldsymbol{l}_1+\boldsymbol{H}_2\Delta \boldsymbol{l}_2=\boldsymbol{H}_2\cdot(\boldsymbol{e}_{n1}\times \boldsymbol{e}_n)\Delta l-\boldsymbol{H}_1\cdot(\boldsymbol{e}_{n1}\times \boldsymbol{e}_n)\Delta l \tag{5.66}$$

传导电流穿过矩形回路 $abcda$ 平面的体电流密度为$\boldsymbol{J}=\frac{I}{\mathrm{d}\boldsymbol{S}_\perp}=\frac{I}{\Delta h\Delta \boldsymbol{l}_\perp}$、面元为$\mathrm{d}\boldsymbol{S}=\Delta h\Delta l\cdot \boldsymbol{e}_{n1}$，代入全电流定律的右侧面积分，有

$$\begin{aligned}\int_S\left(\boldsymbol{J}+\frac{\partial \boldsymbol{D}}{\partial t}\right)\cdot \mathrm{d}\boldsymbol{S}&=\lim_{\Delta h\to 0}\left[\left(\frac{I}{\Delta h\Delta \boldsymbol{l}_\perp}\cdot \boldsymbol{e}_{n1}\right)\Delta h\Delta l+\left(\frac{\partial \boldsymbol{D}}{\partial t}\cdot \boldsymbol{e}_{n1}\right)\Delta h\Delta l\right]\\&=\lim_{\Delta h\to 0}\left[\frac{I}{\Delta \boldsymbol{l}_\perp}\cdot \boldsymbol{e}_{n1}\Delta l+\frac{\partial \boldsymbol{D}}{\partial t}\cdot \boldsymbol{e}_{n1}\Delta h\Delta l\right]\end{aligned} \tag{5.67}$$

当$\Delta h\to 0$时，有$\lim_{h\to 0}\frac{\partial \boldsymbol{D}}{\partial t}\Delta h=0$成立，代入上式有

$$\int_S\left(\boldsymbol{J}+\frac{\partial \boldsymbol{D}}{\partial t}\right)\cdot \mathrm{d}\boldsymbol{S}=\frac{I}{\Delta \boldsymbol{l}_\perp}\cdot \boldsymbol{e}_{n1}\Delta l \tag{5.68}$$

将式（5.66）和式（5.68）代入全电流定律中，整理有

$$\boldsymbol{H}_2\cdot(\boldsymbol{e}_{n1}\times \boldsymbol{e}_n)-\boldsymbol{H}_1\cdot(\boldsymbol{e}_{n1}\times \boldsymbol{e}_n)=\frac{I}{\Delta \boldsymbol{l}_\perp}\cdot \boldsymbol{e}_{n1} \tag{5.69}$$

结合面电流密度定义有$\frac{I}{\Delta \boldsymbol{l}_\perp}=\boldsymbol{J}_S$和矢量交换定律$\boldsymbol{A}\cdot(\boldsymbol{B}\times \boldsymbol{C})=\boldsymbol{B}\cdot(\boldsymbol{C}\times \boldsymbol{A})$可以得到磁场$\boldsymbol{H}$的分界面衔接条件矢量形式为

$$\boldsymbol{e}_n\times(\boldsymbol{H}_2-\boldsymbol{H}_1)=\boldsymbol{J}_S \tag{5.70}$$

式中，$\boldsymbol{J}_S$为传导电流穿过矩形回路平面的面电流密度，大小为$\left(\frac{I}{\Delta \boldsymbol{l}}\right)$在$\boldsymbol{e}_{n1}$方向的投影，正负号取决于$H_{2t}$方向与$\boldsymbol{e}_n$方向是否符合右手螺旋关系，满足为正，否则为负。

磁场的切向分量满足的分界面衔接条件为

$$H_{2t}-H_{1t}=J_S \tag{5.71}$$

如果分界面上不存在传导电流线密度，磁场分界面连续，可以写为

$$H_{2t}=H_{1t} \tag{5.72}$$

在时变电磁场中，磁场分界面衔接条件与恒定磁场中推导方法相同。在分界面处作一个高度$\Delta h\to 0$的高斯柱面，如图 5.4 所示，利用磁场的高斯定律$\oint_S \boldsymbol{B}\cdot \mathrm{d}\boldsymbol{S}=0$，在分界面处有$\boldsymbol{B}_1\cdot \mathrm{d}\boldsymbol{S}_1+\boldsymbol{B}_2\cdot \mathrm{d}\boldsymbol{S}_2=0$成立，可以导出$\boldsymbol{B}$的法向分量满足分界面衔接条件为

$$B_{2n}=B_{1n} \tag{5.73}$$

写成矢量形式为

$$\boldsymbol{e}_n\cdot\left(\boldsymbol{B}_2-\boldsymbol{B}_1\right)=0 \tag{5.74}$$

在时变电磁场中，电场的分界面衔接条件与静电场中推导方法相同。在分界面处作一个高度$\Delta h\to 0$的高斯柱面，如图5.5所示。由电场的高斯定律$\oint_S \boldsymbol{D}\cdot\mathrm{d}\boldsymbol{S}=q$，$\boldsymbol{D}_1\cdot\mathrm{d}\boldsymbol{S}_1+\boldsymbol{D}_2\cdot\mathrm{d}\boldsymbol{S}_2=q$，可以导出$\boldsymbol{D}$的法向分量满足分界面衔接条件为

$$D_{2n}-D_{1n}=\rho_S \tag{5.75}$$

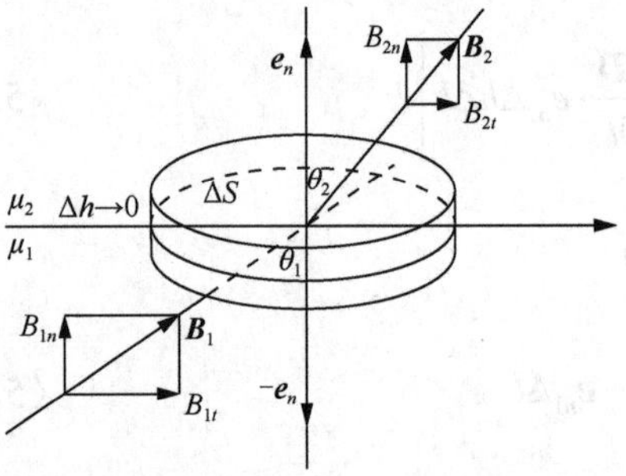

图5.4 磁感应强度$\boldsymbol{B}$的分界面衔接条件

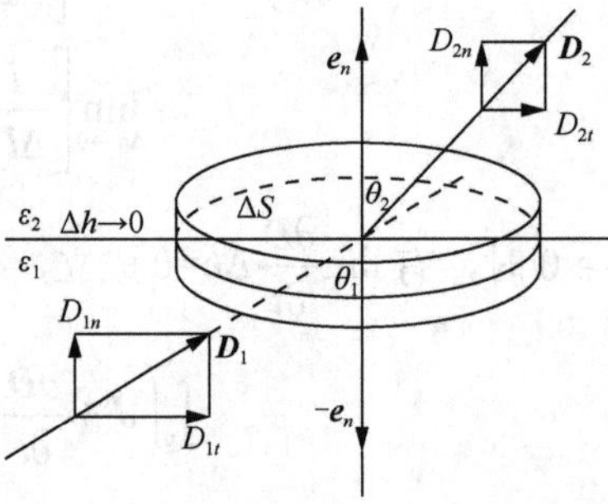

图5.5 电通密度$\boldsymbol{D}$的分界面衔接条件

如果媒质分界面上没有面电荷，上式可以写为

$$D_{2n}=D_{1n} \tag{5.76}$$

时变电磁场中两媒质分界面衔接条件的复数形式可以写为

$$\boldsymbol{e}_n\times\left(\dot{\boldsymbol{E}}_2-\dot{\boldsymbol{E}}_1\right)=0 \tag{5.77}$$

$$\boldsymbol{e}_n\times\left(\dot{\boldsymbol{H}}_2-\dot{\boldsymbol{H}}_1\right)=\boldsymbol{J}_S \tag{5.78}$$

$$\boldsymbol{e}_n\cdot\left(\dot{\boldsymbol{D}}_2-\dot{\boldsymbol{D}}_1\right)=\rho_S \tag{5.79}$$

$$\boldsymbol{e}_n\cdot\left(\dot{\boldsymbol{B}}_2-\dot{\boldsymbol{B}}_1\right)=0 \tag{5.80}$$

如果在媒质分界面上不存在自由电荷和传导电流，时变电磁场中电力线和磁力线在媒质分界面上发生的折射现象满足折射定律：

$$\frac{\tan\theta_1}{\tan\theta_2}=\frac{\varepsilon_1}{\varepsilon_2} \tag{5.81}$$

$$\frac{\tan\alpha_1}{\tan\alpha_2}=\frac{\mu_1}{\mu_2} \tag{5.82}$$

2. 理想导体与理想介质分界面衔接条件

设理想导体为1，理想介质为2，理想导体与理想介质的分界面如图5.6所示，$\boldsymbol{J}_S$为分

界面上的面电流密度，方向为$\boldsymbol{e}_{n1}$。由于理想导体内部的电导率$\gamma_1 \to \infty$，根据欧姆定律$\boldsymbol{J} = \gamma \boldsymbol{E}$，在理想导体内电流密度$\boldsymbol{J}_1$为有限值，有电场$\boldsymbol{E}_1 = 0$成立。

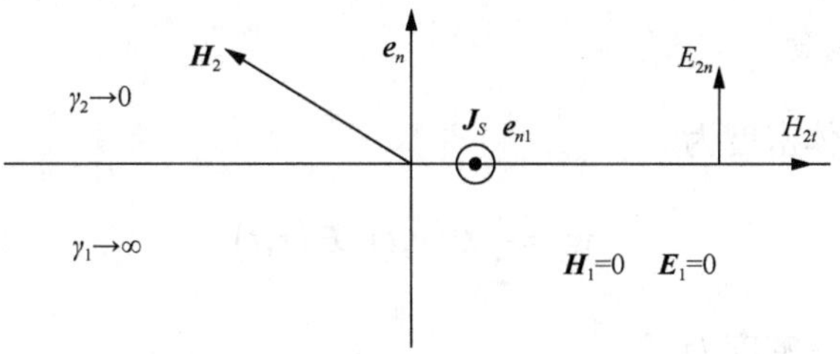

图 5.6　理想导体与理想介质分界面

再根据法拉第定律求磁场$\boldsymbol{B}_1$，有$\nabla \times \boldsymbol{E}_1 = -\dfrac{\partial \boldsymbol{B}_1}{\partial t} = 0$，进行积分后求得理想导体的磁场$\boldsymbol{B}_1$为常数或为0。在时变场中，如果磁场$\boldsymbol{B}_1$为常数$C$，则有磁场$\boldsymbol{B}_1$从0到常数$C$的建立过程，一定有$\dfrac{\partial \boldsymbol{B}_1}{\partial t} \neq 0$，因此磁场$\boldsymbol{B}_1$只能为0。所以在理想导体内$\boldsymbol{B}_1 = 0$，$\boldsymbol{H}_1 = 0$，$\boldsymbol{E}_1 = 0$，$\boldsymbol{D}_1 = 0$。因此，在理想导体内部无电磁场，在理想导体侧表面的分界面上电场切向分量、磁场法向分量均为零，有$B_{1n} = 0$，$E_{1t} = 0$，$H_{1t} = 0$，$D_{1n} = 0$。

下面讨论理想导体与理想介质在介质侧分界面上的衔接条件。由式（5.65）可以得到在理想介质一侧，电场切向分量满足分界面上连续，有$E_{1t} = E_{2t} = 0$成立。由式（5.75）可以得到在理想介质一侧$\boldsymbol{D}$法向分量满足的衔接条件，有$D_{2n} = \rho_S$成立。

由式（5.73）可以得到在理想导体表面（理想介质一侧），磁场法向和切向分量满足的衔接条件，有$B_{1n}=B_{2n}=0$，$H_{2t}=J_S$成立。利用$J_S=H_{2t}$可以计算导体表面的感应电流。

将理想导体与理想介质的分界面衔接条件写成矢量形式为

$$\boldsymbol{e}_n \times \boldsymbol{E}_2 = 0 \tag{5.83}$$

$$\boldsymbol{e}_n \cdot \boldsymbol{B}_2 = 0 \tag{5.84}$$

$$\boldsymbol{e}_n \cdot \boldsymbol{D}_2 = \rho_S \tag{5.85}$$

$$\boldsymbol{e}_n \times \boldsymbol{H}_2 = \boldsymbol{J}_S \tag{5.86}$$

式中，$\boldsymbol{e}_n$为法线方向单位矢量，由理想导体1指向理想介质2。

从分界面条件可知，在理想导体内部无电磁场，在导体表面上有感应面电荷和面电流，电磁波发生全反射。通常，在静电场中不考虑电荷弛豫情况时，才会认为媒质为理想导体。

5.4　坡印亭定理

时变电磁场与静电场、恒定磁场一样，也具有能量。当随时间变化的电磁场以恒定的速度传播时，同时伴随着能量的流动。在任一给定区域中，时变电磁场的能量变化同样遵循自然界物质最普遍、最基本的规律——能量守恒定律。本节将引入描述电磁能量流动的物理量——坡印亭矢量$\boldsymbol{S}$，介绍时变电磁场的能量流动现象以及电磁能量守恒定律——坡印亭定理。

1. 时变电磁场能量

时变电场能量的体密度为

$$w_{\mathrm{e}}=\frac{1}{2}\boldsymbol{D}(r,t)\cdot\boldsymbol{E}(r,t) \tag{5.87}$$

时变磁场能量的体密度为

$$w_{\mathrm{m}}=\frac{1}{2}\boldsymbol{H}(r,t)\cdot\boldsymbol{B}(r,t) \tag{5.88}$$

在时变电磁场中包括变化的电场和变化的磁场，假设电磁场能量的体密度等于电场能量的体密度与磁场能量的体密度之和，所以，时变电磁场能量的体密度写为

$$w=\frac{1}{2}\boldsymbol{D}(r,t)\cdot\boldsymbol{E}(r,t)+\frac{1}{2}\boldsymbol{H}(r,t)\cdot\boldsymbol{B}(r,t) \tag{5.89}$$

由于电场、磁场都随时间变化，所以空间每一点处能量的体密度w也随时间变化，时变电磁场中就出现能量的流动。

2. 坡印亭矢量时间域形式

电磁场能流密度定义为单位时间内穿过与能量流动方向垂直的单位截面的能量，也称为坡印亭矢量，其瞬时表达式为

$$\boldsymbol{S}(r,t)=\boldsymbol{E}(r,t)\times\boldsymbol{H}(r,t) \tag{5.90}$$

坡印亭矢量$\boldsymbol{S}$的单位为瓦/米²，符号为$\mathrm{W/m^2}$，方向表示该点能量流动的方向，为了简便，将$\boldsymbol{S}(r,t)$、$\boldsymbol{E}(r,t)$、$\boldsymbol{H}(r,t)$时间域形式简写为$\boldsymbol{S}$、$\boldsymbol{E}$、$\boldsymbol{H}$。

3. 坡印亭矢量复数形式

对于正弦时变电磁场，当x、y、z方向的初相位均相同时，坡印亭矢量的瞬时值为

$$\boldsymbol{E}_{\mathrm{m}}\cos(\omega t+\phi_E)\times\boldsymbol{H}_{\mathrm{m}}\cos(\omega t+\phi_H)=\sqrt{2}\boldsymbol{E}\cos(\omega t+\phi_E)\times\sqrt{2}\boldsymbol{H}\cos(\omega t+\phi_H) \tag{5.91}$$

其在一个周期T内的坡印亭矢量平均值为

$$\boldsymbol{S}_{\mathrm{av}}=\frac{1}{T}\int_0^T\boldsymbol{S}(t)\mathrm{d}t=(\boldsymbol{E}\times\boldsymbol{H})\cos(\phi_E-\phi_H) \tag{5.92}$$

式中，$\boldsymbol{S}_{\mathrm{av}}$称为平均坡印亭矢量或平均功率流密度，其数值表示在一个周期内沿$(\boldsymbol{E}\times\boldsymbol{H})$方向通过单位面积的平均功率，单位与坡印亭矢量$\boldsymbol{S}$方向一致。

坡印亭矢量的复数形式$\tilde{\boldsymbol{S}}$简称复坡印亭矢量，写为

$$\tilde{\boldsymbol{S}}=\dot{\boldsymbol{E}}\times\dot{\boldsymbol{H}}^* \tag{5.93}$$

式中，$\tilde{\boldsymbol{S}}$ 的实部就是坡印亭矢量的平均或有功功率流密度，表示能量的流动，而虚部为无功功率密度，表示电磁能量的交换。

平均功率流密度 $\boldsymbol{S}_{\mathrm{av}}$ 也可表示为

$$\boldsymbol{S}_{\mathrm{av}}=\mathrm{Re}\left[\tilde{\boldsymbol{S}}\right]=\frac{1}{2}\mathrm{Re}\left[\dot{\boldsymbol{E}}_{\mathrm{m}}\times\dot{\boldsymbol{H}}_{\mathrm{m}}^{*}\right]=\mathrm{Re}\left[\dot{\boldsymbol{E}}\times\dot{\boldsymbol{H}}^{*}\right]=\left(\boldsymbol{E}\times\boldsymbol{H}\right)\cos\left(\phi_{E}-\phi_{H}\right) \tag{5.94}$$

式中，$\dot{\boldsymbol{E}}$ 和 $\dot{\boldsymbol{H}}$ 为有效值复数形式；$\dot{\boldsymbol{E}}_{\mathrm{m}}$ 和 $\dot{\boldsymbol{H}}_{\mathrm{m}}$ 为最大值复数形式。

4. 坡印亭定理时间域形式

任一体积 V 内（体积 V 内无电源）储存的电磁场能量为

$$W=\int_{V}w\mathrm{d}V=\int_{V}\left[\frac{1}{2}\boldsymbol{E}\cdot\boldsymbol{D}+\frac{1}{2}\boldsymbol{B}\cdot\boldsymbol{H}\right]\mathrm{d}V \tag{5.95}$$

因为电磁场随时间变化，所以体积 V 内的能量将随时间变化。它的变化率为

$$\frac{\partial W}{\partial t}=\int_{V}\left[\frac{1}{2}\frac{\partial\left(\boldsymbol{E}\cdot\boldsymbol{D}\right)}{\partial t}+\frac{1}{2}\frac{\partial\left(\boldsymbol{B}\cdot\boldsymbol{H}\right)}{\partial t}\right]\mathrm{d}V \tag{5.96}$$

将其展开，并进行整理有

$$\begin{aligned}\frac{\partial W}{\partial t}&=\int_{V}\left(\frac{1}{2}\boldsymbol{E}\cdot\frac{\partial\boldsymbol{D}}{\partial t}+\frac{1}{2}\boldsymbol{D}\cdot\frac{\partial\boldsymbol{E}}{\partial t}+\frac{1}{2}\boldsymbol{H}\cdot\frac{\partial\boldsymbol{B}}{\partial t}+\frac{1}{2}\boldsymbol{B}\cdot\frac{\partial\boldsymbol{H}}{\partial t}\right)\mathrm{d}V\\&=\int_{V}\left(\boldsymbol{E}\cdot\frac{\partial\boldsymbol{D}}{\partial t}+\boldsymbol{H}\cdot\frac{\partial\boldsymbol{B}}{\partial t}\right)\mathrm{d}V\end{aligned}$$

将法拉第感应定律 $\dfrac{\partial\boldsymbol{B}}{\partial t}=-\nabla\times\boldsymbol{E}$ 和全电流定律 $\dfrac{\partial\boldsymbol{D}}{\partial t}=\nabla\times\boldsymbol{H}-\boldsymbol{J}$ 代入上式，有

$$\frac{\partial W}{\partial t}=\int_{V}\left[\boldsymbol{E}\cdot(\nabla\times\boldsymbol{H})-\boldsymbol{H}\cdot(\nabla\times\boldsymbol{E})\right]\mathrm{d}V-\int_{V}\boldsymbol{E}\cdot\boldsymbol{J}\mathrm{d}V$$

将 $\nabla\cdot(\boldsymbol{E}\times\boldsymbol{H})=\boldsymbol{H}\cdot(\nabla\times\boldsymbol{E})-\boldsymbol{E}\cdot(\nabla\times\boldsymbol{H})$ 代入上式，整理有

$$\frac{\partial W}{\partial t}=-\int_{V}\nabla\cdot(\boldsymbol{E}\times\boldsymbol{H})\mathrm{d}V-\int_{V}\boldsymbol{E}\cdot\boldsymbol{J}\mathrm{d}V$$

再根据散度定理 $\int_{V}\nabla\cdot(\boldsymbol{E}\times\boldsymbol{H})\cdot\mathrm{d}V=\oint_{A}(\boldsymbol{E}\times\boldsymbol{H})\cdot\mathrm{d}\boldsymbol{A}$，有

$$\frac{\partial W}{\partial t}=-\oint_{A}(\boldsymbol{E}\times\boldsymbol{H})\cdot\mathrm{d}\boldsymbol{A}-\int_{V}\boldsymbol{E}\cdot\boldsymbol{J}\mathrm{d}V$$

若体积内含有电源电动势，则 $\boldsymbol{J}=\gamma(\boldsymbol{E}+\boldsymbol{E}_{\mathrm{e}})$，$\boldsymbol{E}=\boldsymbol{J}/\gamma-\boldsymbol{E}_{\mathrm{e}}$，重新整理有

$$\oint_{A}(\boldsymbol{E}\times\boldsymbol{H})\cdot\mathrm{d}\boldsymbol{A}=\int_{V}\boldsymbol{E}_{\mathrm{e}}\cdot\boldsymbol{J}\mathrm{d}V-\int_{V}\frac{\boldsymbol{J}^{2}}{\gamma}\mathrm{d}V-\frac{\partial W}{\partial t} \tag{5.97}$$

式（5.97）为坡印亭定理的数学表达式，其中 $\dfrac{\partial W}{\partial t}$ 表示体积 V 内单位时间内电磁场能

量的增量，$\oint_A(\boldsymbol{E}\times\boldsymbol{H})\cdot\mathrm{d}\boldsymbol{A}$ 表示通过闭合 $\boldsymbol{A}$ 面流入的功率或单位时间内流入的能量，$\int_V \frac{\boldsymbol{J}^2}{\gamma}\mathrm{d}V$ 表示 V 内损耗的焦耳热功率或单位时间内损耗的能量，$\int_V \boldsymbol{E}_{\mathrm{e}}\cdot\boldsymbol{J}\mathrm{d}V$ 表示体积 V 内电源提供的功率。式（5.97）表示电源提供的能量减去电阻消耗的热功率、V 内增加的电场磁能量，等于穿出闭合曲面 $\boldsymbol{A}$ 的电磁功率。坡印亭定理描述了电磁场中能量的守恒和转换关系。

5. *坡印亭定理复数形式*

对复坡印亭矢量 $\tilde{\boldsymbol{S}}$ 取散度，并展开为

$$\nabla\cdot\left(\dot{\boldsymbol{E}}\times\dot{\boldsymbol{H}}^*\right)=\dot{\boldsymbol{H}}^*\cdot\left(\nabla\times\dot{\boldsymbol{E}}\right)-\dot{\boldsymbol{E}}\cdot\left(\nabla\times\dot{\boldsymbol{H}}^*\right) \tag{5.98}$$

利用式（5.47）和式（5.48），可得

$$\nabla\cdot\left(\dot{\boldsymbol{E}}\times\dot{\boldsymbol{H}}^*\right)=-\mathrm{j}\omega\mu\dot{\boldsymbol{H}}\cdot\dot{\boldsymbol{H}}^*-\dot{\boldsymbol{E}}\cdot\dot{\boldsymbol{J}}^*+\mathrm{j}\omega\varepsilon\dot{\boldsymbol{E}}\cdot\dot{\boldsymbol{E}}^* \tag{5.99}$$

将 $\dot{\boldsymbol{E}}=\frac{\dot{\boldsymbol{J}}}{\gamma}-\dot{\boldsymbol{E}}_{\mathrm{e}}$ 关系代入上式，对等式两边进行体积分，并利用散度定理，有

$$\begin{aligned}-\oint_A\left(\dot{\boldsymbol{E}}\times\dot{\boldsymbol{H}}^*\right)\cdot\mathrm{d}\boldsymbol{A}=&\int_V\frac{|\dot{\boldsymbol{J}}|^2}{\gamma}\mathrm{d}V+\mathrm{j}\omega\int_V\left(\mu|\dot{\boldsymbol{H}}|^2-\varepsilon|\dot{\boldsymbol{E}}|^2\right)\mathrm{d}V\\&-\int_V\dot{\boldsymbol{E}}_{\mathrm{e}}\cdot\dot{\boldsymbol{J}}^*\mathrm{d}V\end{aligned} \tag{5.100}$$

这就是坡印亭定理的复数形式。上式左边表示流入闭合曲面 $\boldsymbol{A}$ 内的复功率；右边第一项表示体积 V 内导电媒质消耗的功率，即有功功率 P；右边第二项表示体积 V 内电磁能量的平均值，即无功功率 Q；右边最后一项是体积 V 内电源提供的复功率。

若体积 V 内不包含有电源，式（5.100）可写为

$$-\oint_A\left(\dot{\boldsymbol{E}}\times\dot{\boldsymbol{H}}^*\right)\cdot\mathrm{d}\boldsymbol{A}=P+\mathrm{j}Q \tag{5.101}$$

有功功率为

$$P=\int_V\frac{\boldsymbol{J}^2}{\gamma}\mathrm{d}V \tag{5.102}$$

无功功率为

$$Q=\omega\int_V\left(\mu|\dot{\boldsymbol{H}}|^2-\varepsilon|\dot{\boldsymbol{E}}|^2\right)\mathrm{d}V \tag{5.103}$$

可用于求解电磁场问题的等效电路参数：

$$R=\frac{P}{I^2}=-\frac{1}{I^2}\mathrm{Re}\left[\oint_A\left(\dot{\boldsymbol{E}}\times\dot{\boldsymbol{H}}^*\right)\cdot\mathrm{d}\boldsymbol{A}\right]=\frac{1}{I^2}\int_V\frac{\boldsymbol{J}^2}{\gamma}\mathrm{d}V \tag{5.104}$$

$$X=\frac{Q}{I^2}=-\frac{1}{I^2}\mathrm{Im}\left[\oint_A\left(\dot{\boldsymbol{E}}\times\dot{\boldsymbol{H}}^*\right)\cdot\mathrm{d}\boldsymbol{A}\right]=\frac{1}{I^2}\omega\int_V\left(\mu|\dot{\boldsymbol{H}}|^2-\varepsilon|\dot{\boldsymbol{E}}|^2\right)\mathrm{d}V \tag{5.105}$$

5.5 达朗贝尔方程及其解

时变电磁场或电磁波在传播时，电场和磁场两个场量同时存在。为了便于计算与分析，通常需要引入中间变量作为辅助量，例如引入动态位 $\boldsymbol{A}$ 和 φ，将麦克斯韦方程组简化为一个物理量的方程，使时变电磁场的求解问题变得简单。将表征电磁场或电磁波的位或势函数所满足的微分方程组称为达朗贝尔方程。达朗贝尔方程为时变电磁场的动态矢量位 $\boldsymbol{A}$ 和动态标量位 φ 满足的微分方程，建立了动态位 $\boldsymbol{A}$ 和 φ 与激励源之间的映射关系。

1. 动态矢量位 $\boldsymbol{A}$

由于 $\nabla\cdot\boldsymbol{B}=0$ 恒成立，根据矢量恒定式，总有一个矢量满足关系式 $\nabla\cdot(\nabla\times\boldsymbol{A})=0$，为此，引入矢量 $\boldsymbol{A}$，使得磁场 $\boldsymbol{B}$ 和矢量 $\boldsymbol{A}$ 之间满足如下关系：

$$\boldsymbol{B}=\nabla\times\boldsymbol{A} \tag{5.106}$$

借鉴电位函数的定义方式，也称矢量 $\boldsymbol{A}$ 为矢量位函数。为了保证动态矢量位 $\boldsymbol{A}$ 具有唯一解，同时引入了 $\nabla\cdot\boldsymbol{A}=-\mu\varepsilon\dfrac{\partial\varphi}{\partial t}$ 作为约束条件，后面将进行详细说明。

2. 动态标量位 φ

将动态矢量位 $\boldsymbol{A}$ 的定义代入麦克斯韦方程组的法拉第电磁感应定律中，可得 $\nabla\times\left(\boldsymbol{E}+\dfrac{\partial\boldsymbol{A}}{\partial t}\right)=0$，再由矢量恒等式 $\nabla\times\nabla\varphi=0$，定义动态标量位函数为

$$\nabla\varphi=-\boldsymbol{E}-\frac{\partial\boldsymbol{A}}{\partial t} \tag{5.107}$$

从上式可以看出，动态标量位与标量电位不同，动态标量位 φ 不仅与电场 $\boldsymbol{E}$ 有关，还与动态矢量位 $\boldsymbol{A}$ 有关。所以，时变电磁场中不再区分电位和磁位，统一称为时变电磁场的动态矢量位和动态标量位。

3. 达朗贝尔方程时间域形式

为了简化麦克斯韦方程组，将 $\boldsymbol{B}=\nabla\times\boldsymbol{A}$ 和 $\boldsymbol{E}=-\nabla\varphi-\dfrac{\partial\boldsymbol{A}}{\partial t}$ 代入麦克斯韦方程组的全电流定律 $\nabla\times\boldsymbol{H}=\boldsymbol{J}+\varepsilon\dfrac{\partial\boldsymbol{E}}{\partial t}$ 中，同时引入 $\nabla^2\boldsymbol{A}=\nabla(\nabla\cdot\boldsymbol{A})-\nabla\times(\nabla\times\boldsymbol{A})$ 进行整理，则有

$$\nabla\times(\nabla\times\boldsymbol{A})=\mu\boldsymbol{J}-\mu\varepsilon\frac{\partial}{\partial t}(\nabla\varphi)-\mu\varepsilon\frac{\partial^2\boldsymbol{A}}{\partial t^2} \tag{5.108}$$

$$\nabla(\nabla\cdot\boldsymbol{A})-\nabla^2\boldsymbol{A}=\mu\boldsymbol{J}-\mu\varepsilon\frac{\partial}{\partial t}(\nabla\varphi)-\mu\varepsilon\frac{\partial^2\boldsymbol{A}}{\partial t^2} \tag{5.109}$$

经过整理可得

$$\nabla^2 \boldsymbol{A} - \mu\varepsilon \frac{\partial^2 \boldsymbol{A}}{\partial t^2} = \nabla(\nabla \cdot \boldsymbol{A}) - \mu \boldsymbol{J} + \nabla\left(\mu\varepsilon \frac{\partial \varphi}{\partial t}\right)$$

$$= \nabla\left(\nabla \cdot \boldsymbol{A} + \mu\varepsilon \frac{\partial \varphi}{\partial t}\right) - \mu \boldsymbol{J} \tag{5.110}$$

前面在定义动态矢量位时，只给出了 $\boldsymbol{A}$ 的散度表达式，并未说明散度定义的由来。从上式中可见，令 $\nabla \cdot \boldsymbol{A} + \mu\varepsilon \frac{\partial \varphi}{\partial t} = 0$ 成立后，动态矢量位方程形式变得简单，而且与恒定磁场中矢量泊松方程形式相类似。因此，为了简化动态矢量位方程，规定 $\boldsymbol{A}$、φ 满足洛伦兹条件，写为

$$\nabla \cdot \boldsymbol{A} + \mu\varepsilon \frac{\partial \varphi}{\partial t} = 0 \tag{5.111}$$

由此可得到动态矢量位方程：

$$\nabla^2 \boldsymbol{A} - \mu\varepsilon \frac{\partial^2 \boldsymbol{A}}{\partial t^2} = -\mu \boldsymbol{J} \tag{5.112}$$

再将 $\boldsymbol{E} = -\nabla\varphi - \frac{\partial \boldsymbol{A}}{\partial t}$ 和 $\boldsymbol{D} = \varepsilon \boldsymbol{E}$ 代入麦克斯韦方程的高斯定律 $\nabla \cdot \boldsymbol{D} = \rho$ 中，可得

$$\varepsilon \nabla \cdot \boldsymbol{E} = -\varepsilon \nabla \cdot \left(\nabla\varphi + \frac{\partial \boldsymbol{A}}{\partial t}\right) = \rho$$

即

$$\nabla^2 \varphi + \frac{\partial}{\partial t}(\nabla \cdot \boldsymbol{A}) = -\frac{\rho}{\varepsilon} \tag{5.113}$$

将洛伦兹条件 $\nabla \cdot \boldsymbol{A} = -\mu\varepsilon \frac{\partial \varphi}{\partial t}$ 代入上式，得到动态标量位方程，有

$$\nabla^2 \varphi - \mu\varepsilon \frac{\partial^2 \varphi}{\partial t^2} = -\frac{\rho}{\varepsilon} \tag{5.114}$$

将动态矢量位和标量位的方程统称为 $\boldsymbol{A}$、φ 的波动方程或达朗贝尔方程。式（5.112）和式（5.114）称为达朗贝尔方程的时间域形式，这两个公式不仅形式完全相同，而且 $\boldsymbol{A}$ 仅由 $\boldsymbol{J}$ 决定，φ 仅由 ρ 决定，给求解 $\boldsymbol{A}$、φ 带来方便。

4. 达朗贝尔方程复数形式

对于自由空间中的正弦电磁场，令 $k = \omega\sqrt{\mu\varepsilon}$，根据时间域与频率域复数形式变换关系，将达朗贝尔方程的时间域形式写为复数形式，为

$$\nabla^2 \dot{\boldsymbol{A}} + k^2 \dot{\boldsymbol{A}} = -\mu \dot{\boldsymbol{J}} \tag{5.115}$$

$$\nabla^2\dot{\varphi}+k^2\dot{\varphi}=-\frac{\dot{\rho}}{\varepsilon} \tag{5.116}$$

利用 $\dot{\boldsymbol{H}}=\frac{1}{\mu}\nabla\times\dot{\boldsymbol{A}}$ 和 $\dot{\boldsymbol{E}}=-\mathrm{j}\omega\dot{\boldsymbol{A}}+\frac{\nabla\left(\nabla\cdot\dot{\boldsymbol{A}}\right)}{\mathrm{j}\omega\mu\varepsilon_0}$ 关系式，可以计算电场和磁场。

5. 达朗贝尔方程通解

以时变点电荷 $q(t)$ 为例，求解达朗贝尔方程的时间域通解。在无源区域，因时变点电荷 $q(t)$ 激发的标量电位具有球对称性，记为 $\varphi=\varphi(r,t)$ 形式，动态标量位的波动方程退化为二阶齐次微分方程，写为

$$\nabla^2\varphi-\mu\varepsilon\frac{\partial^2\varphi}{\partial t^2}=0 \tag{5.117}$$

在真空中电磁波传播速度 $\upsilon=\frac{1}{\sqrt{\mu\varepsilon}}$，代入式（5.117），有

$$\nabla^2\varphi-\frac{1}{\upsilon^2}\frac{\partial^2\varphi}{\partial t^2}=0 \tag{5.118}$$

将标量位 $\dot{\varphi}$ 的齐次方程在球坐标系下展开，有

$$\frac{\partial^2(r\varphi)}{\partial r^2}=\frac{1}{\upsilon^2}\frac{\partial^2(r\varphi)}{\partial t^2} \tag{5.119}$$

其通解具有如下形式：

$$\varphi=\frac{1}{r}f_1\left(t-\frac{r}{\upsilon}\right)+\frac{1}{r}f_2\left(t+\frac{r}{\upsilon}\right) \tag{5.120}$$

这里 f_1 和 f_2 为具有二阶连续偏导数的两个任意函数，其特解形式由时变点电荷的变化规律及周围媒质的情况而定。通解中 $f_1\left(t-\frac{r}{\upsilon}\right)$ 表征从原点出发，以速度 υ 向 $+r$ 方向行进的波，称为入射波；$f_2\left(t+\frac{r}{\upsilon}\right)$ 表示向 $-r$ 方向行进的电磁波，称为反射波。

在无限大均匀媒质中，当点电荷随时间变化时，在原点处的时变元电荷 $q(t)$ 的动态标量位 φ 为

$$\varphi=\frac{q\left(t-\frac{r}{\upsilon}\right)}{4\pi\varepsilon r} \tag{5.121}$$

上式也能用于点电荷不位于原点的情况，只需把 r 视为场点到点电荷的距离 R 即可。对于体积 V 内任意体积电荷分布 $\rho(\boldsymbol{r}')$，其在空间所建立的标量位 φ 可由叠加原理求得：

$$\varphi(r,t)=\frac{1}{4\pi\varepsilon}\int_{V'}\frac{\rho\left(\boldsymbol{r}',t-\frac{R}{\upsilon}\right)}{R}\mathrm{d}V' \tag{5.122}$$

式中，$R=|\boldsymbol{r}-\boldsymbol{r}'|$是场点$\boldsymbol{r}$到元电荷$\rho(\boldsymbol{r}')\mathrm{d}V'$的距离。

元电荷在直角坐标系下，动态标量位时间域形式为

$$\varphi(x,y,z,t)=\frac{1}{4\pi\varepsilon}\int_{V'}\frac{\rho\left(x',y',z',t-\dfrac{R}{v}\right)}{R}\mathrm{d}V' \tag{5.123}$$

同理，可求得体积V'内任意体积元电流分布$\boldsymbol{J}(\boldsymbol{r}')$所形成的动态矢量位$\boldsymbol{A}$的时间域形式：

$$\boldsymbol{A}(\boldsymbol{r},t)=\frac{\mu}{4\pi}\int_{V'}\frac{\boldsymbol{J}\left(\boldsymbol{r}',t-\dfrac{R}{v}\right)}{R}\mathrm{d}V' \tag{5.124}$$

在直角坐标系下，元电流的动态矢量位时间域形式为

$$\boldsymbol{A}(x,y,z,t)=\frac{\mu}{4\pi}\int_{V'}\frac{\boldsymbol{J}\left(x',y',z',t-\dfrac{R}{v}\right)}{R}\mathrm{d}V' \tag{5.125}$$

从元电荷的动态标量位和元电流的动态矢量位的通解中可知，电磁波在自由空间中传播时，在时间域中相位滞后或推迟了$\phi_i=-\omega\dfrac{R}{v}=-\omega\sqrt{\mu\varepsilon}R$，$\beta=k=\omega\sqrt{\mu\varepsilon}$，$\beta$称为相位常数，相位为$\phi_i=-\beta R$。

当激励源为时间的正弦函数，具有$\mathrm{e}^{\mathrm{j}\phi_i}$形式时，根据时间域滞后位$\phi_i=-kR$，达朗贝尔方程的积分解为

$$\dot{\boldsymbol{A}}=\frac{\mu}{4\pi}\int_{V'}\frac{\dot{\boldsymbol{J}}(\boldsymbol{r}')\mathrm{e}^{-\mathrm{j}kR}}{R}\mathrm{d}V' \tag{5.126}$$

$$\dot{\varphi}=\frac{1}{4\pi\varepsilon}\int_{V'}\frac{\dot{\rho}(\boldsymbol{r}')\mathrm{e}^{-\mathrm{j}kR}}{R}\mathrm{d}V' \tag{5.127}$$

5.6 电偶极子时变场

麦克斯韦方程指出，由时变电荷或电流一类的源建立的时变电磁场，当在某一时刻切断源时，原来产生的时变电磁场仍然存在。这表明源已将电磁能量释放到空间，电磁能量脱离源而单独存在于空间中，这种现象称为电磁辐射。即当有随时间变化的电流、电荷时，就会产生电磁辐射。电磁辐射的过程形成了电磁波，电磁波以一定的速度在空间传播。

天线是一种专门的辐射器。单元偶极子天线为一种最简单的天线，在某些实际系统中，采用天线或天线阵将电磁能有效地、有目的地向外输送，如广播电视、雷达及无线电通信等。为了简单起见，先研究单元偶极子天线的辐射。实际的线形天线可以看成由许多单元偶极子天线串联而成，整个天线辐射的电磁场就是所有单元偶极子天线辐射电磁场的叠加。单元偶极子天线是指一段载流细导线，它的长度l和横截面尺寸都比电磁波的波长λ以及观察点距离小得多。因此，在单元偶极子上，可以忽略推迟效应，认为它上面的电流是均匀且同相的，另外任一观察点到细导线段上各点的距离近似相同。

对于一段通有高频电流的电偶极子，如图 5.7 所示，设细线电流段位于无限大的自由空间内，若单元偶极子中电流为

$$\boldsymbol{i}(t)=I_{\mathrm{m}}\cos(\omega t+\phi_i) \tag{5.128}$$

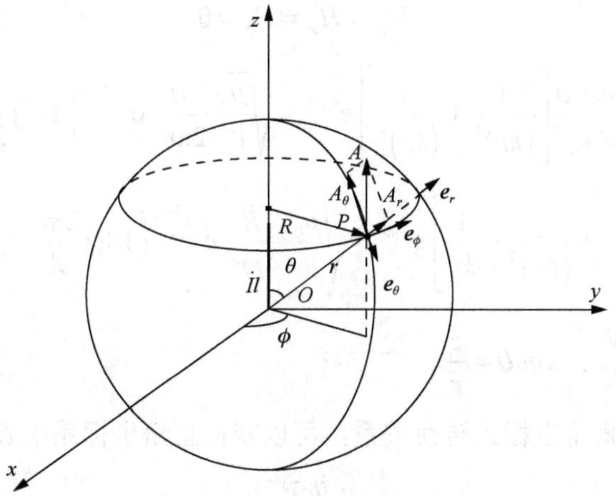

图 5.7 单元偶极子天线

电流对应的复数形式为

$$\dot{I}=I\mathrm{e}^{\mathrm{j}\phi_i} \tag{5.129}$$

根据达朗贝尔方程求解的磁矢量位特解的复数形式，在球坐标系中，当电磁波传播相位推迟 $\phi_i=-\omega\dfrac{R}{\upsilon}=-kR$ 且 $k=\omega\sqrt{\mu\varepsilon}$ 时，可以得到线电流 $\dot{I}l$ 产生的矢量位 $\dot{\boldsymbol{A}}$ 为

$$\dot{\boldsymbol{A}}(\boldsymbol{r})=\frac{\mu_0}{4\pi}\int_l\frac{\dot{I}\mathrm{e}^{-\mathrm{j}kR}}{R}\mathrm{d}\boldsymbol{l}' \tag{5.130}$$

在均匀无限大的自由空间内，有 $k^2=\omega^2\mu_0\varepsilon_0$，由于 $l\ll\lambda$ 和 $l\ll r$，可以认为上式中 $R\approx r$，又因电流仅有 z 方向分量，线积分元 $\mathrm{d}\boldsymbol{l}'=\mathrm{d}z\boldsymbol{e}_z$，故

$$\dot{\boldsymbol{A}}(\boldsymbol{r})=\frac{\mu_0\dot{I}l}{4\pi r}\mathrm{e}^{-\mathrm{j}kr}\boldsymbol{e}_z \tag{5.131}$$

在球坐标系中分解为

$$\dot{A}_r=A_z\cos\theta=\frac{\mu_0\dot{I}l\mathrm{e}^{-\mathrm{j}kr}}{4\pi r}\cos\theta \tag{5.132}$$

$$\dot{A}_\theta=-A_z\sin\theta=-\frac{\mu_0\dot{I}l\,\mathrm{e}^{-\mathrm{j}kr}}{4\pi r}\sin\theta \tag{5.133}$$

$$\dot{A}_\phi=0 \tag{5.134}$$

利用 $\dot{\boldsymbol{H}}=\dfrac{1}{\mu}\nabla\times\dot{\boldsymbol{A}}$ 和 $\dot{\boldsymbol{E}}=-\mathrm{j}\omega\dot{\boldsymbol{A}}+\mathrm{j}\omega\dfrac{1}{k^2}\nabla(\nabla\cdot\boldsymbol{A})$ 关系式，其中 $r=\sqrt{x^2+y^2+z^2}$，将电

磁波的波数 $k=\omega\sqrt{\mu\varepsilon}$ 和波长 $\lambda=2\pi/k$ 代入，求得电偶极子产生的电场和磁场，表达式如下：

$$\dot{H}_\phi=\frac{\dot{I}lk^2\sin\theta}{4\pi}\left[\frac{1}{(kr)^2}+\frac{\mathrm{j}}{kr}\right]\mathrm{e}^{-\mathrm{j}kr}=\frac{\dot{I}l}{4\pi r^2}\mathrm{e}^{-\mathrm{j}\frac{2\pi}{\lambda}r}\left(1+\mathrm{j}\frac{2\pi r}{\lambda}\right)\sin\theta \tag{5.135}$$

$$\dot{H}_\theta=\dot{H}_r=\dot{E}_\phi=0 \tag{5.136}$$

$$\dot{E}_r=\frac{\dot{I}lk^3\cos\theta}{\mathrm{j}2\pi\omega\varepsilon_0}\left[\frac{1}{(kr)^3}+\frac{\mathrm{j}}{(kr)^2}\right]\mathrm{e}^{-\mathrm{j}kr}=\sqrt{\frac{\mu_0}{\varepsilon_0}}\frac{\dot{I}l}{2\pi r^2}\mathrm{e}^{-\mathrm{j}\frac{2\pi}{\lambda}r}\left(1-\mathrm{j}\frac{\lambda}{2\pi r}\right)\cos\theta \tag{5.137}$$

$$\dot{E}_\theta=\frac{\dot{I}lk^3\sin\theta}{\mathrm{j}4\pi\omega\varepsilon_0}\left[\frac{1}{(kr)^3}+\frac{\mathrm{j}}{(kr)^2}-\frac{1}{kr}\right]\mathrm{e}^{-\mathrm{j}kr}=\sqrt{\frac{\mu_0}{\varepsilon_0}}\frac{\dot{I}l}{4\pi r^2}\mathrm{e}^{-\mathrm{j}\frac{2\pi}{\lambda}r}\left(1+\mathrm{j}\frac{2\pi r}{\lambda}-\mathrm{j}\frac{\lambda}{2\pi r}\right)\sin\theta \tag{5.138}$$

式中， $\sin\theta=\frac{\sqrt{x^2+y^2}}{r}$； $\cos\theta=\frac{z}{r}$。

利用球坐标系和直角坐标系转换关系，可以获得直角坐标系中表达式为

$$\dot{H}_x=-\frac{y}{r}\frac{\dot{I}l\mathrm{e}^{-\mathrm{j}kr}}{4\pi r^2}(\mathrm{j}kr+1) \tag{5.139}$$

$$\dot{H}_y=\frac{x}{r}\frac{\dot{I}l\mathrm{e}^{-\mathrm{j}kr}}{4\pi r^2}(\mathrm{j}kr+1) \tag{5.140}$$

$$\dot{E}_x=\frac{\dot{I}l\mathrm{e}^{-\mathrm{j}kr}}{\mathrm{j}4\pi\omega\varepsilon_0 r^3}\frac{zx}{r^2}\left(-k^2r^2+3\mathrm{j}kr+3\right) \tag{5.141}$$

$$\dot{E}_y=\frac{\dot{I}l\mathrm{e}^{-\mathrm{j}kr}}{\mathrm{j}4\pi\omega\varepsilon_0 r^3}\frac{zy}{r^2}\left(-k^2r^2+3\mathrm{j}kr+3\right) \tag{5.142}$$

$$\dot{E}_z=\frac{1}{\mathrm{j}\omega\varepsilon_0}\frac{\dot{I}l\mathrm{e}^{-\mathrm{j}kr}}{4\pi r^3}\frac{x^2+y^2}{r^2}\left(k^2r^2-\mathrm{j}kr-1\right)+\frac{1}{\mathrm{j}\omega\varepsilon_0}\frac{\dot{I}l\mathrm{e}^{-\mathrm{j}kr}}{4\pi r^3}\frac{z^2}{r^2}\left(-k^2r^2+3\mathrm{j}kr+3\right) \tag{5.143}$$

可见，单元偶极子天线的辐射电磁场是很复杂的。由于它们均含有 r/λ 不同次幂项的因子，随 r/λ 的变化，某些项将起主要作用，而另一些项则起次要作用。为了突出它的主要性质，把它分为近区场和远区场两种情况分别讨论，如图 5.8 所示。

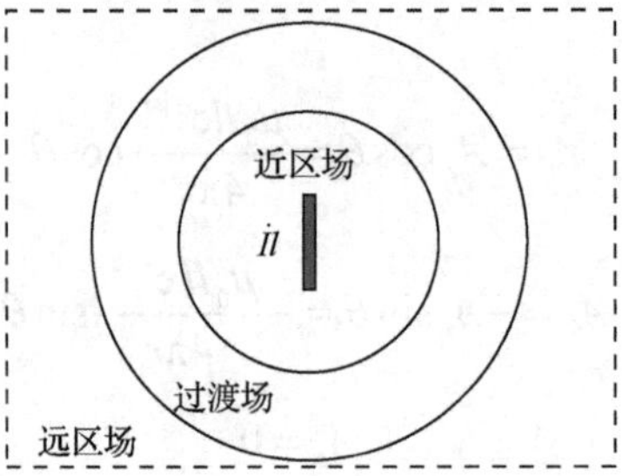

图 5.8 单元偶极子近区场和远区场的示意图

1. 近区场

当$r \ll \lambda$或者$kr \ll 1$时，含有r/λ的高次幂项可以忽略，且$e^{-j\frac{2\pi}{\lambda}r} \approx 1$。称满足条件$r \ll \lambda$的区域为近区场，简称近区。这时有

$$\dot{H}_\theta = \dot{H}_r = \dot{E}_\phi = 0 \tag{5.144}$$

$$\dot{H}_\phi = \frac{\dot{I}l}{4\pi r^2}\sin\theta \tag{5.145}$$

$$\dot{E}_r = \frac{1}{j\omega}\frac{\dot{I}l}{2\pi\varepsilon_0 r^3}\cos\theta = \frac{2\dot{p}}{4\pi\varepsilon_0 r^3}\cos\theta \tag{5.146}$$

$$\dot{E}_\theta = \frac{1}{j\omega}\frac{\dot{I}l}{4\pi\varepsilon_0 r^3}\sin\theta = \frac{\dot{p}}{4\pi\varepsilon_0 r^3}\sin\theta \tag{5.147}$$

式中，$\dot{p} = \frac{\dot{I}l}{j\omega}$。上式表明，近区磁场与由毕奥-萨伐尔定律求出的$\dot{I}l$的磁场相同，电场与由库仑定律求出的电偶极子$\dot{p}$的电场相同，而且场与源的相位完全相同。这些特点说明，虽然源随时间变化，但当场点与源点间的距离远小于波长时，推迟效应可以忽略，时变电磁场与恒定电磁场的特性近似相同。

在近区内通过近似计算后，从能量关系看，电场滞后于磁场 90°相位角，故复坡印亭矢量的实部为零，只有虚部。表明只有电能与磁能的交换和振荡，似乎不能通过近区向外辐射电磁能量。这一结论是在近似基础上得到的，是由于忽略了r/λ的高次项后所致的结果。实际上，单元偶极子天线向远处辐射电磁能量正是依赖于这些高次项。

2. 远区场

当$r \gg \lambda$或者$kr \gg 1$时，含有r/λ的低次幂项可以忽略，即把r/λ的零次项和负一次项略去，只保留一次项。称满足条件$r \gg \lambda$的区域为远区场（简称远区）。这时有

$$\dot{H}_\theta = \dot{H}_r = \dot{E}_r = \dot{E}_\phi = 0 \tag{5.148}$$

$$\dot{H}_\phi = j\frac{\dot{I}l\sin\theta}{2\lambda r}e^{-j\frac{2\pi}{\lambda}r} = j\frac{\dot{I}lk\sin\theta}{4\pi r}e^{-jkr} \tag{5.149}$$

$$\dot{E}_\theta = \sqrt{\frac{\mu_0}{\varepsilon_0}}\,j\frac{\dot{I}l\sin\theta}{2\lambda r}e^{-j\frac{2\pi}{\lambda}r} = j\frac{\dot{I}lk^2\sin\theta}{\omega 4\pi\varepsilon_0 r}e^{-jkr} \tag{5.150}$$

这就是单元偶极子天线在远区场的数学表达式，下面来分析它们所包含的物理意义。

（1）场量的相位随r的增大不断滞后，即推迟效应不能忽略，电场和磁场均具有波的性质。相位相同的面称为等相面。在距单元偶极子天线为r的球面上有相同的相位，即等相面为球面，故单元偶极子天线在远区产生的电磁波是球面波。

（2）在空间上电场、磁场和波传播方向三者相互垂直，且

$$Z_0 = \frac{\dot{E}_\theta}{\dot{H}_\phi} = \sqrt{\frac{\mu_0}{\varepsilon_0}} \tag{5.151}$$

人们常把$\dot{E}_\theta$与$\dot{H}_\phi$的比值定义为由它们组成的电磁波的波阻抗，记为Z_0。对在自由空

间传播的电磁波来说 Z_0 近似等于 377Ω 。

（3）在时间上电场与磁场同相位，故复坡印亭矢量只有实部。由 $\boldsymbol{S}=\boldsymbol{E}\times\boldsymbol{H}$ 可知，$\boldsymbol{S}$ 沿 $\boldsymbol{r}$ 方向，说明远区范围内只有不断向外辐射的能量，故远区又称为辐射区，电磁场又称为辐射场。

穿过半径为 r 的球面 $\boldsymbol{A}$ 向外辐射的总电磁功率为

$$P=\oint_A \mathrm{Re}\left[\tilde{\boldsymbol{S}}\right]\cdot \mathrm{d}\boldsymbol{A}=I^2\left[80\pi^2\left(\frac{l}{\lambda}\right)^2\right] \tag{5.152}$$

此式说明，P 与球面半径 r 的大小无关，即穿过以波源为中心的任一球面向外辐射的电磁功率是相同的。这表明能量没有在空间停留，而是不断地从波源处呈辐射状向外传播出去。

单元偶极子天线的辐射功率 P 不仅与电流 I 有关，还与 l/λ 的大小有关，把式（5.152）与 $P=I^2R_{\mathrm{e}}$ 相对照，辐射功率可看作是电源向电阻 R_{e} 输出的功率，令

$$R_{\mathrm{e}}=80\pi^2\left(\frac{l}{\lambda}\right)^2 \tag{5.153}$$

上式称为单元偶极子天线的辐射电阻，它表征了天线辐射电磁能量的能力。R_{e} 愈大，天线的辐射能力愈强。

（4）电场 $\boldsymbol{E}$ 和磁场 $\boldsymbol{H}$ 的振幅不仅与距离 r 有关，而且与观察点所处的方向也有关，它们与 θ 的关系是 $\sin\theta$ 。也就是说，在不同方向上，场强和坡印亭矢量的大小均不相同，这称为天线辐射的方向性，即单元偶极子天线辐射的电磁波具有一定的方向性。电磁场公式中与 θ 、ϕ 有关的因子称为方向性因子，以 $f(\theta,\phi)$ 表示。对于单元偶极天线，$f(\theta,\phi)=\sin\theta$ 。

5.7 磁偶极子时变场

一个通有高频电流的小电流环的等效模型称为磁偶极子。为求解磁偶极子产生的时变电磁场，首先建立直角坐标系或球坐标系，如图 5.9 所示。因磁偶极子具有 z 轴对称性，电流环的场强分布与方位角 ϕ 无关。设在无限大自由空间内的圆环中随时间按正弦规律变化的电流为

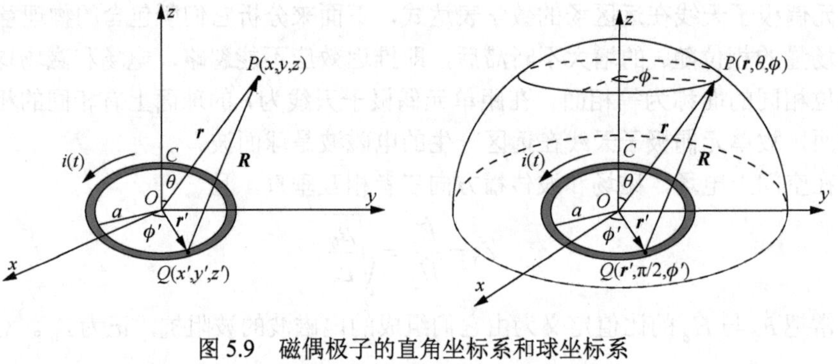

图 5.9　磁偶极子的直角坐标系和球坐标系

$$i(t)=I_{\mathrm{m}}\cos(\omega t+\phi_i) \tag{5.154}$$

其对应的复振幅或复数形式为

$$\dot{I}=I\mathrm{e}^{\mathrm{j}\phi_i} \tag{5.155}$$

建立直角坐标系，电磁波传播时相位滞后了 $\phi_i=-\omega\dfrac{R}{v}=-kR$。在圆环线圈 C 上任取一点 $Q(x',y',z')$，$z'=0$，在空间任取一点 $P(x,y,z)$，Q 的矢径为

$$x'=a\cos\phi',\quad y'=a\sin\phi',\quad z'=0 \tag{5.156}$$

$$\boldsymbol{r}'=a\cos\phi'\boldsymbol{e}_x+a\sin\phi'\boldsymbol{e}_y+z'\boldsymbol{e}_z \tag{5.157}$$

从而，有

$$\mathrm{d}\boldsymbol{r}'=\mathrm{d}\left(x'\boldsymbol{e}_x+y'\boldsymbol{e}_y\right)=\mathrm{d}x'\boldsymbol{e}_x+\mathrm{d}y'\boldsymbol{e}_y=a\left(-\sin\phi'\boldsymbol{e}_x+\cos\phi'\boldsymbol{e}_y\right)\mathrm{d}\phi'$$

已知 P、Q 两点间距离为 $R=|\boldsymbol{r}-\boldsymbol{r}'|=\sqrt{(x-x')^2+(y-y')^2+(z-z')^2}$，利用球坐标系和直角坐标系之间的转换关系 $x=r\sin\theta\cos\phi$，$y=r\sin\theta\sin\phi$，$z=r\cos\theta$，得到球坐标系中 R 的表达式为

$$R=|\boldsymbol{r}-\boldsymbol{r}'|=\sqrt{r^2+a^2-2ra\sin\theta\cos(\phi-\phi')} \tag{5.158}$$

当 $r\gg a$ 时，上式近似为

$$R\approx\sqrt{r^2-2ra\sin\theta\cos(\phi-\phi')}=r\sqrt{1-\frac{2a}{r}\sin\theta\cos(\phi-\phi')}$$

利用泰勒级数展开（以 a 为变量），在此基础上利用 $ka=2\pi(a/\lambda)\ll 1$（其中圆环的半径 a 远小于波长 λ），有

$$R\approx r-a\sin\theta\cos(\phi-\phi'),\quad \frac{1}{R}\approx\frac{1}{r}\left[1+\frac{a}{r}\sin\theta\cos(\phi-\phi')\right] \tag{5.159}$$

$$\begin{aligned}\mathrm{e}^{-\mathrm{j}kR}&\approx\mathrm{e}^{-\mathrm{j}k[r-a\sin\theta\cos(\phi-\phi')]}=\mathrm{e}^{-\mathrm{j}kr}\mathrm{e}^{\mathrm{j}ka\sin\theta\cos(\phi-\phi')}\\&=\mathrm{e}^{-\mathrm{j}kr}\left\{\cos\left[ka\sin\theta\cos(\phi-\phi')\right]+\mathrm{j}\sin\left[ka\sin\theta\cos(\phi-\phi')\right]\right\}\\&\approx\mathrm{e}^{-\mathrm{j}kr}\left[1+\mathrm{j}ka\sin\theta\cos(\phi-\phi')\right]\end{aligned} \tag{5.160}$$

$$\begin{aligned}\frac{\mathrm{e}^{-\mathrm{j}kR}}{R}&\approx\frac{1}{r}\left[1+\frac{a}{r}\sin\theta\cos(\phi-\phi')\right]\mathrm{e}^{-\mathrm{j}kr}\left[1+\mathrm{j}ka\sin\theta\cos(\phi-\phi')\right]\\&=\frac{\mathrm{e}^{-\mathrm{j}kr}}{r}\left[1+\left(\frac{1}{r}+\mathrm{j}k\right)a\sin\theta\cos(\phi-\phi')+\mathrm{j}k\frac{a^2}{r}\sin^2\theta\cos^2(\phi-\phi')\right]\\&\approx\frac{\mathrm{e}^{-\mathrm{j}kr}}{r}\left[1+\left(\frac{1}{r}+\mathrm{j}k\right)a\sin\theta\cos(\phi-\phi')\right]\end{aligned} \tag{5.161}$$

将$\frac{e^{-jkR}}{R}$代入线电流产生的动态矢量位表达式$\dot{\boldsymbol{A}}(r)=\frac{\mu}{4\pi}\oint_C \frac{\dot{I}d\boldsymbol{r}'e^{-jk(r-r')}}{|\boldsymbol{r}-\boldsymbol{r}'|}$中，得

$$\dot{\boldsymbol{A}}(r)=\frac{\mu}{4\pi}\int_{-\pi}^{\pi}\frac{e^{-jkr}\dot{I}d\boldsymbol{r}'}{r}\left[1+\left(\frac{1}{r}+jk\right)a\sin\theta\cos(\phi-\phi')\right] \tag{5.162}$$

$$\dot{\boldsymbol{A}}(r)=\frac{\mu}{4\pi}\int_{-\pi}^{\pi}\frac{e^{-jkr}\dot{I}a}{r}\left[1+\left(\frac{1}{r}+jk\right)a\sin\theta\cos(\phi-\phi')\right](-\sin\phi'\boldsymbol{e}_x+\cos\phi'\boldsymbol{e}_y)d\phi' \tag{5.163}$$

利用积分$\int_{-\pi}^{\pi}(-\sin\phi'\boldsymbol{e}_x+\cos\phi'\boldsymbol{e}_y)d\phi'=0$和$\int_{-\pi}^{\pi}\cos(\phi-\phi')(-\sin\phi'\boldsymbol{e}_x+\cos\phi'\boldsymbol{e}_y)d\phi'=\pi(-\sin\phi\boldsymbol{e}_x+\cos\phi\boldsymbol{e}_y)$，有

$$\dot{\boldsymbol{A}}(r)=\frac{\mu\dot{I}a}{4\pi r}e^{-jkr}\int_{-\pi}^{\pi}\left(\frac{1}{r}+jk\right)a\sin\theta\cos(\phi-\phi')(-\sin\phi'\boldsymbol{e}_x+\cos\phi'\boldsymbol{e}_y)d\phi' \tag{5.164}$$

圆环的磁矢量位写为

$$\dot{\boldsymbol{A}}(r)=\frac{\mu\dot{I}}{4\pi r}\pi a^2e^{-jkr}\left(\frac{1}{r}+jk\right)\sin\theta(-\sin\phi\boldsymbol{e}_x+\cos\phi\boldsymbol{e}_y) \tag{5.165}$$

利用$\boldsymbol{e}_\phi=(-\sin\phi\boldsymbol{e}_x+\cos\phi\boldsymbol{e}_y)$，有

$$\dot{\boldsymbol{A}}(r)=\frac{\mu\dot{I}S}{4\pi r}\left(\frac{1}{r}+jk\right)e^{-jkr}\sin\theta\boldsymbol{e}_\phi \tag{5.166}$$

式中，$S=\pi a^2$。由此可见，磁偶极子产生的磁矢量位仅有周向分量$\dot{A}_\phi$，且$\dot{A}_\phi$与ϕ无关。

根据几何关系及近似计算，求得

$$\dot{\boldsymbol{A}}(r)=\boldsymbol{e}_\phi\frac{k^2\mu\dot{I}S}{4\pi}\left(\frac{1}{k^2r^2}+\frac{j}{kr}\right)\sin\theta e^{-jkr} \tag{5.167}$$

利用$\dot{\boldsymbol{H}}=\frac{1}{\mu}\nabla\times\dot{\boldsymbol{A}}$，$\dot{\boldsymbol{H}}=\frac{1}{\mu}\left[\frac{1}{r\sin\theta}\frac{\partial}{\partial\theta}(\sin\theta\dot{A}_\phi)\boldsymbol{e}_r-\frac{1}{r}\frac{\partial}{\partial r}(r\dot{A}_\phi)\boldsymbol{e}_\theta\right]$，可以求得磁偶极子产生的磁场为

$$\dot{H}_r=\frac{ISk^3}{2\pi}\left(\frac{j}{k^2r^2}+\frac{1}{k^3r^3}\right)\cos\theta e^{-jkr} \tag{5.168}$$

$$\dot{H}_\theta=\frac{ISk^3}{4\pi}\left(-\frac{1}{kr}+j\frac{1}{k^2r^2}+\frac{1}{k^3r^3}\right)\sin\theta e^{-jkr} \tag{5.169}$$

$$\dot{H}_\phi=0 \tag{5.170}$$

利用$\dot{\boldsymbol{E}}=-j\omega\dot{\boldsymbol{A}}-j\omega\frac{1}{k^2}\nabla(\nabla\cdot\dot{\boldsymbol{A}})$，其中$\nabla\cdot\dot{\boldsymbol{A}}=\nabla\cdot(\dot{A}_\phi\boldsymbol{e}_\phi)=\frac{1}{r\sin\theta}\frac{\partial\dot{A}_\phi}{\partial\phi}=0$，$\dot{\boldsymbol{E}}=-j\omega\dot{\boldsymbol{A}}$，可以求得磁偶极子产生的电场为

$$\dot{E}_\phi = -\mathrm{j}\omega\frac{\mu\dot{I}Sk^2}{4\pi}\left(\frac{\mathrm{j}}{kr}+\frac{1}{k^2r^2}\right)\sin\theta \mathrm{e}^{-\mathrm{j}kr} = \omega\frac{\mu\dot{I}Sk^2}{4\pi}\left(\frac{1}{kr}-\frac{\mathrm{j}}{k^2r^2}\right)\sin\theta \mathrm{e}^{-\mathrm{j}kr} \tag{5.171}$$

$$\dot{E}_r = \dot{E}_\theta = 0 \tag{5.172}$$

1. 近区场

对于实际应用中，根据 $kr \gg 1$ 和 $kr \ll 1$ 将磁偶极子产生的电磁场分为远场区和近场区。当 $kr = \frac{2\pi}{\lambda}r \ll 1$ 时，且令 $\mathrm{e}^{-\mathrm{j}kr} \approx 1$，则可以忽略含有 kr 的高次幂项或者含有 $\frac{1}{kr}$ 的低次幂项，近场区时变电磁场分量分别写为

$$\dot{E}_\phi = -\mathrm{j}\omega\frac{\mu\dot{I}S}{4\pi r^2}\sin\theta \tag{5.173}$$

$$\dot{H}_\theta = \frac{IS}{4\pi r^3}\sin\theta \tag{5.174}$$

$$\dot{H}_r = \frac{IS}{2\pi r^3}\cos\theta \tag{5.175}$$

$$\dot{H}_\phi = \dot{E}_r = \dot{E}_\theta = 0 \tag{5.176}$$

上式表明，电流环的方向因子为 $f(\theta,\phi)=\sin\theta$，与坐标原点 z 方向的电流元方向性因子完全相同，如图 5.10 所示。磁偶极子所在平面内辐射最强，垂直于磁偶极子平面 z 轴方向为零辐射。

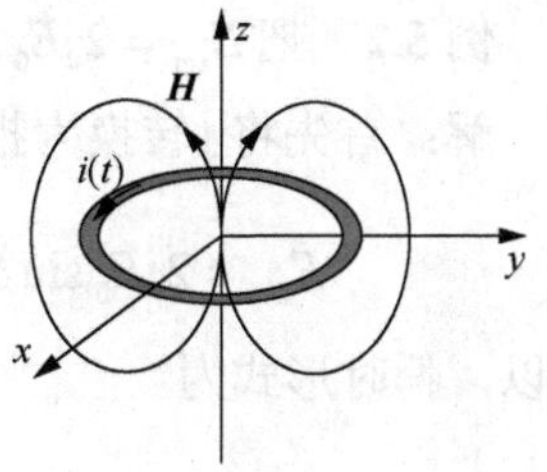

图 5.10　磁偶极子的平面内辐射图

与电偶极子相类似，磁偶极子的穿过半径为 r，可以求得球面 A 向外辐射的总电磁功率为

$$P = \oint_A \mathrm{Re}[\tilde{S}]\cdot \mathrm{d}\boldsymbol{A} = I^2\left[320\pi^6\left(\frac{a}{\lambda}\right)^4\right] \tag{5.177}$$

辐射电阻 R_e 为

$$R_\mathrm{e} = 320\pi^6\left(\frac{a}{\lambda}\right)^4 \tag{5.178}$$

比较电偶极子和磁偶极子的电磁场强表达式可见，两者非常类似，具有对偶关系。电偶极子的磁场分量 H_ϕ 相当于磁偶极子的电场分量 E_ϕ，电偶极子的电场分量 E_θ 相当于磁偶极子的磁场分量 H_θ。

2. 远区场

当 $kr \gg 1$ 时，含有 kr 的低次幂项可以忽略，即把 kr 的零次项、负一次项略去，只保留一次项。远场区时变电磁场仅有 H_θ 和 E_ϕ 分量，分别写为

$$\dot{H}_\theta = -\frac{ISk^2}{4\pi r}\sin\theta \mathrm{e}^{-\mathrm{j}kr} \tag{5.179}$$

$$\dot{E}_\phi = \frac{\omega\mu ISk}{4\pi r}\sin\theta \mathrm{e}^{-\mathrm{j}kr} \tag{5.180}$$

$$\dot{H}_r = \dot{H}_\phi = \dot{E}_r = \dot{E}_\theta = 0 \tag{5.181}$$

5.8 典 型 例 题

例 5.1 把 $\boldsymbol{E} = E_{\mathrm{ym}}\cos(\omega t - kx + \phi)\boldsymbol{e}_y + E_{\mathrm{zm}}\sin(\omega t - kx + \phi)\boldsymbol{e}_z$ 改写成复数形式。

解：首先进行三角函数变换，有

$$\begin{aligned}\boldsymbol{E} &= E_{\mathrm{ym}}\cos(\omega t - kx + \phi)\boldsymbol{e}_y + E_{\mathrm{zm}}\cos\left(\omega t - kx + \phi - \frac{\pi}{2}\right)\boldsymbol{e}_z \\ &= \mathrm{Re}\left[E_{\mathrm{ym}}\mathrm{e}^{\mathrm{j}(\omega t - kx + \phi)}\boldsymbol{e}_y + E_{\mathrm{zm}}\mathrm{e}^{\mathrm{j}\left(\omega t - kx + \phi - \frac{\pi}{2}\right)}\boldsymbol{e}_z\right]\end{aligned}$$

所以，矢量的复数表达形式为

$$\dot{\boldsymbol{E}}_{\mathrm{m}} = \frac{1}{\sqrt{2}}E_{\mathrm{ym}}\mathrm{e}^{\mathrm{j}(-kx+\phi)}\boldsymbol{e}_y + \frac{1}{\sqrt{2}}E_{\mathrm{zm}}\mathrm{e}^{\mathrm{j}\left(-kx+\phi-\frac{\pi}{2}\right)}\boldsymbol{e}_z = \dot{E}_y\boldsymbol{e}_y + \dot{E}_z\boldsymbol{e}_z$$

例 5.2 把 $\dot{E}_{x\mathrm{m}} = 2\mathrm{j}E_0\sin\theta\cos(kx\cos\theta)\mathrm{e}^{-\mathrm{j}kz\sin\theta}$ 改写成瞬时形式。

解：首先将 j 转换为指数形式，代入

$$\dot{E}_{x\mathrm{m}} = 2\mathrm{j}E_0\sin\theta\cos(kx\cos\theta)\mathrm{e}^{-\mathrm{j}kz\sin\theta} = 2E_0\sin\theta\cos(kx\cos\theta)\mathrm{e}^{\mathrm{j}\left(-kz\sin\theta+\frac{\pi}{2}\right)}$$

所以，瞬时形式为

$$E_x = 2E_0\sin\theta\cos(kx\cos\theta)\cos\left(\omega t - kz\sin\theta + \frac{\pi}{2}\right)$$

例 5.3 海水的电导率为 4S/m，相对介电常数为 81，求频率为 1MHz 时，位移电流与传导电流的比值。

解：设电场随时间做正弦变化，表示为 $\boldsymbol{E} = E_{\mathrm{m}}\cos\omega t\boldsymbol{e}_x$，则位移电流密度为 $\boldsymbol{J}_{\mathrm{d}} = \frac{\partial \boldsymbol{D}}{\partial t} = -\omega\varepsilon_0\varepsilon_r E_{\mathrm{m}}\sin\omega t\boldsymbol{e}_x$，其幅值为 $J_{\mathrm{dm}} = \omega\varepsilon_0\varepsilon_r E_{\mathrm{m}} = 4.5\times10^{-3}E_{\mathrm{m}}$，传导电流的幅值为 $J_{\mathrm{cm}} = \gamma E_{\mathrm{m}} = 4E_{\mathrm{m}}$，故 $\frac{J_{\mathrm{dm}}}{J_{\mathrm{cm}}} = 1.125\times10^{-3}$。

例 5.4 如图 5.11 所示，在两导体平板（$z=0$ 和 $z=d$）之间的空气中传播的电磁波，已知其电场强度为

$$\boldsymbol{E} = E_0\sin\left(\frac{\pi}{d}z\right)\cos(\omega t - k_x x)\boldsymbol{e}_y$$

式中，k_x 为常数。试求：

（1）磁场强度 $\boldsymbol{H}$；

（2）两导体表面的面电流密度 $\boldsymbol{J}_S$。

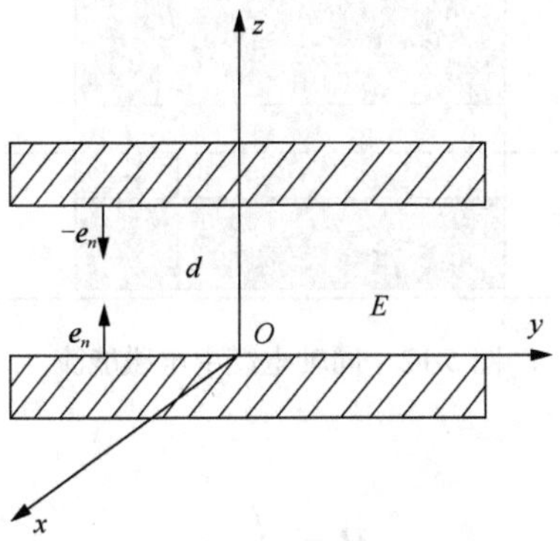

图 5.11 导体平板中的电磁场

解：（1）这是一个沿 x 方向传播的电磁波，电场沿 $\boldsymbol{e}_y$ 方向。取如图 5.11 所示的坐标系，由 $\nabla\times\boldsymbol{E}=-\mu_0\dfrac{\partial\boldsymbol{H}}{\partial t}$ 可得

$$-\frac{\partial E_y}{\partial z}\boldsymbol{e}_x+\frac{\partial E_y}{\partial x}\boldsymbol{e}_z=-\mu_0\frac{\partial\boldsymbol{H}}{\partial t}$$

所以

$$\begin{aligned}\boldsymbol{H}&=-\frac{1}{\mu_0}E_0\left[-\int\frac{\pi}{d}\cos\left(\frac{\pi}{d}z\right)\cos(\omega t-k_x x)\mathrm{d}t\boldsymbol{e}_x+\int k_x\sin\left(\frac{\pi}{d}z\right)\sin(\omega t-k_x x)\mathrm{d}t\boldsymbol{e}_z\right]\\&=\frac{\pi}{\omega\mu_0 d}E_0\cos\left(\frac{\pi}{d}z\right)\sin(\omega t-k_x x)\boldsymbol{e}_x+\frac{k_x}{\omega\mu_0}E_0\sin\left(\frac{\pi}{d}z\right)\cos(\omega t-k_x x)\boldsymbol{e}_z\end{aligned}$$

可以看出，$\boldsymbol{E}$ 和 $\boldsymbol{H}$ 都满足理想导体表面的分界面衔接条件，即在 $z=0$ 和 $z=d$ 处，$E_t=E_y=0$，$H_n=H_z=0$。

（2）导体表面的电流存在于两导体相向的一面，$\boldsymbol{e}_n$ 法线方向单位矢量为由理想导电媒质指向理想介质，在 $z=0$ 的表面上法线单位矢量 $\boldsymbol{e}_n=\boldsymbol{e}_z$，所以

$$\boldsymbol{J}_S=\boldsymbol{e}_n\times\boldsymbol{H}=\boldsymbol{e}_z\times H\big|_{z=0}=\frac{\pi}{\omega\mu_0 d}E_0\sin(\omega t-k_x x)\boldsymbol{e}_y$$

在 $z=d$ 的表面上，法线单位矢量 $\boldsymbol{e}_n=\boldsymbol{e}_z$，所以

$$\boldsymbol{J}_S=\boldsymbol{e}_n\times\boldsymbol{H}=-\boldsymbol{e}_z\times H\big|_{z=d}=\frac{\pi}{\omega\mu_0 d}E_0\sin(\omega t-k_x x)\boldsymbol{e}_y$$

例 5.5 用坡印亭矢量分析直流电源沿同轴电缆向负载传送能量的过程。设电缆为理想导体，内外半径分别为 a 和 b，如图 5.12 所示。

解：理想导体内部电磁场为零。

电场强度为

$$\boldsymbol{E}=\frac{U}{\rho\ln(b/a)}\boldsymbol{e}_\rho$$

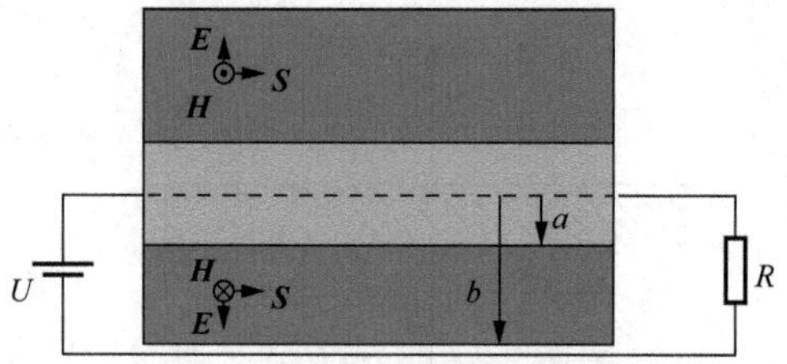

图 5.12　同轴电缆中电磁能流

磁场强度为

$$\boldsymbol{H}=\frac{I}{2\pi\rho}\boldsymbol{e}_{\phi}$$

坡印亭矢量为

$$\boldsymbol{S}=\boldsymbol{E}\times\boldsymbol{H}=\frac{U}{\rho\ln(b/a)}\cdot\frac{I}{2\pi\rho}\boldsymbol{e}_z$$

流入内外导体间的横截面 $\boldsymbol{A}$ 的功率为

$$P=-\int_A \boldsymbol{S}\cdot\mathrm{d}\boldsymbol{A}=\int_a^b\frac{UI}{2\pi\rho^2\ln(b/a)}2\pi\rho\mathrm{d}\rho=UI$$

电源提供的能量全部被负载吸收。

例 5.6　有一长直同轴电缆，内导体的半径为 a，外导体的半径为 b，电缆长为 h，电缆导线的电导率为 γ，内外导体间介电常数为 ε_0，今在长直同轴电缆的内外导体连接一直流电源 U，试分析能量沿同轴电缆向负载输送时的分布情况。

解：建立圆柱体坐标系，如图 5.13 所示。

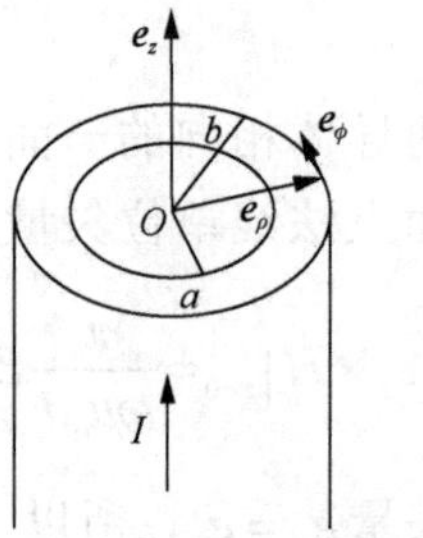

图 5.13　同轴电缆示意图

（1）$0<\rho<a$。

$$\boldsymbol{J}=\frac{I}{\pi a^2}\boldsymbol{e}_z,\quad \boldsymbol{E}(t)=J/\gamma=\frac{I}{\pi a^2\gamma}\boldsymbol{e}_z$$

$$\oint_l \boldsymbol{H}\cdot\mathrm{d}\boldsymbol{l}=I',\quad I'=\frac{I}{\pi a^2}\pi\rho^2=\frac{I\rho^2}{a^2}$$

$$2\pi\rho \boldsymbol{H} = I' = \frac{I\rho^2}{a^2} \Rightarrow \boldsymbol{H} = \frac{I\rho}{2\pi a^2}\boldsymbol{e}_\phi$$

$$\boldsymbol{S}(t) = \boldsymbol{E}(t)\times\boldsymbol{H}(t) = \frac{I}{\pi a^2\gamma}\boldsymbol{e}_z \times \frac{I\rho}{2\pi a^2}\boldsymbol{e}_\phi = \frac{I^2\rho}{2\pi^2 a^4\gamma}(-\boldsymbol{e}_\rho)$$

这说明导体内的能量都是从内导体的侧面垂直流入的。利用上式可得流入导体内部的功率为

$$P = \int_S \boldsymbol{S}(t)(-\mathrm{d}\boldsymbol{S}) = \int_0^{2\pi} a\mathrm{d}\varphi \int_0^h \frac{I^2\rho}{2\pi^2 a^4\gamma}\bigg|_{P=a} \mathrm{d}z = I^2 \cdot \frac{h}{\pi a^2\gamma} = I^2 R$$

由上式可见，通过内导体侧面流入的能量全部转化成了焦耳热。

（2）$a<\rho<b$。

$$\oint_S \boldsymbol{D}\cdot\mathrm{d}\boldsymbol{S} = q$$

设 $q=\tau l$

$$\boldsymbol{D}\cdot 2\pi\rho\cdot l = \tau l,\quad \boldsymbol{E} = \frac{\tau}{2\pi\rho\varepsilon}\boldsymbol{e}_\rho$$

$$\boldsymbol{E} = \frac{U}{\rho\ln\dfrac{b}{a}}\boldsymbol{e}_\rho$$

$$U = \int_a^b \boldsymbol{E}\mathrm{d}\rho = \int_a^b \frac{\tau}{2\pi\rho\varepsilon}\mathrm{d}\rho = \frac{\tau}{2\pi\varepsilon}\ln\frac{b}{a}$$

$$\tau = \frac{2\pi\varepsilon U}{\ln\dfrac{b}{a}}$$

利用分界面两侧电场强度的切向分量相等这一衔接条件，可写出内导体表面附近的电场强度

$$E_z = \frac{I}{\pi a^2\gamma}\boldsymbol{e}_z$$

这样，内导体表面附近介质中电场强度为

$$\boldsymbol{E} = E_\rho\boldsymbol{e}_\rho + E_z\boldsymbol{e}_z = \frac{U}{\rho\ln\dfrac{b}{a}}\boldsymbol{e}_\rho + \frac{I}{\pi a^2\gamma}\boldsymbol{e}_z$$

由安培环路定律可求出磁场强度为

$$\oint_l \boldsymbol{H}\cdot\mathrm{d}\boldsymbol{l} = I,\quad \boldsymbol{H} = \frac{I}{2\pi\rho}\boldsymbol{e}_\phi$$

这样，内表面附近的能流密度为

$$\boldsymbol{S}(t)=\boldsymbol{E}(t)\times\boldsymbol{H}(t)=\frac{I^2}{2\pi^2a^2\gamma\rho}\left(-\boldsymbol{e}_\rho\right)+\frac{UI}{2\pi\rho^2\ln\dfrac{b}{a}}\boldsymbol{e}_z$$

上式右端第一项表示进入内导体的能流密度，第二项表示介质内由电源流向负载的能流密度。

通过媒质中任意截面，由电源流向负载输出的有功功率为

$$P=\int_S\boldsymbol{S}(t)\cdot\mathrm{d}\boldsymbol{S}=UI$$

可见，负载上消耗的功率是通过同轴电缆内外导体间的介质传输的，而不是从导线内部传输的，导线的作用是建立空间电磁场并引导电磁能量定向传输。

例 5.7 已知无源的自由空间中，时变电磁场的电场强度为 $\boldsymbol{E}=\boldsymbol{e}_yE_0\cos(\omega t-kz)$（V/m），求：

（1）磁场强度；

（2）瞬时坡印亭矢量；

（3）平均坡印亭矢量。

解：（1）利用法拉第电磁感应定律的微分形式写出

$$\nabla\times\boldsymbol{E}=-\frac{\partial\boldsymbol{B}}{\partial t}\Rightarrow-\frac{\partial\boldsymbol{B}}{\partial t}=\frac{\partial E_y}{\partial x}\boldsymbol{e}_z-\frac{\partial E_y}{\partial z}\boldsymbol{e}_x=kE_0\sin(\omega t-kz)\boldsymbol{e}_x$$

$$\Rightarrow\boldsymbol{H}=\frac{1}{\mu_0}\int\frac{\partial\boldsymbol{B}}{\partial t}\mathrm{d}t=-\frac{kE_0}{\omega\mu_0}\cos(\omega t-kz)\boldsymbol{e}_x$$

（2）$\boldsymbol{S}(t)=\boldsymbol{E}(t)\times\boldsymbol{H}(t)=-E_0\cos(\omega t-kz)\boldsymbol{e}_y\times\dfrac{kE_0}{\omega\mu_0}\cos(\omega t-kz)\boldsymbol{e}_x=\dfrac{kE_0{}^2}{\omega\mu_0}\cos^2(\omega t-kz)\boldsymbol{e}_z$。

（3）$\boldsymbol{S}_{\mathrm{av}}=\dfrac{1}{T}\displaystyle\int_0^T\boldsymbol{E}(t)\times\boldsymbol{H}(t)\mathrm{d}t=\dfrac{kE_0{}^2}{\omega\mu_0T}\int_0^T\cos^2(\omega t-kz)\mathrm{d}t\boldsymbol{e}_z=\dfrac{kE_0{}^2}{\omega\mu_0T}\int_0^T\dfrac{\cos(2\omega t-2kz)+1}{2}\mathrm{d}t\boldsymbol{e}_z=$ $\dfrac{kE_0{}^2}{2\omega\mu_0}\boldsymbol{e}_z$（$\mathrm{W/m^2}$）。

5.9 时变电磁场数值仿真案例

5.9.1 基于 MATLAB 的电偶极子天线电磁辐射

1. 仿真要求

根据电偶极子的电场表达式，推导电力线方程，采用 MATLAB 绘制电偶极子在近场区、远场区的电场随时间动态分布图，分析电偶极子辐射特点。

电偶极子如图 5.7 所示，电场表达式有

$$\begin{cases}\dot{E}_r=\dfrac{2\dot{I}lk^3\cos\theta}{4\pi\omega\varepsilon_0}\left[\dfrac{1}{(kr)^2}-\dfrac{\mathrm{j}}{(kr)^3}\right]\mathrm{e}^{-\mathrm{j}kr}\\[2ex]\dot{E}_\theta=\dfrac{\dot{I}lk^3\sin\theta}{4\pi\omega\varepsilon_0}\left[\dfrac{\mathrm{j}}{kr}+\dfrac{1}{(kr)^2}-\dfrac{\mathrm{j}}{(kr)^3}\right]\mathrm{e}^{-\mathrm{j}kr}\end{cases}\tag{5.182}$$

可以看出，电偶极子产生的电磁场，电场强度只有 $\dot{E}_r$ 和 $\dot{E}_\theta$ 两个分量。为了动态仿真电磁场辐射现象，需要画出电荷源每个时刻的电力线，谐变电荷 $\dot{q}=q_0\mathrm{e}^{\mathrm{j}\omega t}$，$I=\dfrac{\mathrm{d}q}{\mathrm{d}t}=\mathrm{j}\omega q_0\mathrm{e}^{\mathrm{j}\omega t}$，将电场的复数形式乘上时谐项 $\mathrm{j}\omega q_0\mathrm{e}^{\mathrm{j}\omega t}$ 后取实部得

$$\begin{cases}E_r=\dfrac{2A\cos\theta\left[\cos(\omega t-kr)-kr\sin(\omega t-kr)\right]}{(kr)^3}\\[2ex]E_\theta=\dfrac{A\sin\theta\left[\left(1-k^2r^2\right)\cos(\omega t-kr)-kr\sin(\omega t-kr)\right]}{(kr)^3}\end{cases}\tag{5.183}$$

式中，$A=\dfrac{Q_0lk^3}{4\pi\varepsilon_0}$。

已知球坐标的电力线满足微分方程 $\dfrac{E_r}{E_\theta}\mathrm{d}\theta=\dfrac{1}{r}\mathrm{d}r$，整理得

$$\frac{2\mathrm{d}\sin\theta}{\sin\theta}=\frac{1}{r}\mathrm{d}r-\frac{\mathrm{d}\left[\cos(\omega t-kr)-kr\sin(\omega t-kr)\right]}{\cos(\omega t-kr)-kr\sin(\omega t-kr)}\tag{5.184}$$

对上式进行积分后得

$$2\ln|\sin\theta|+c=\ln|r|-\ln|\cos(\omega t-kr)-kr\sin(\omega t-kr)|\tag{5.185}$$

化简可得

$$\frac{\sin^2\theta\left[\cos(\omega t-kr)-kr\sin(\omega t-kr)\right]}{kr}=K\tag{5.186}$$

式中，c 为积分常数；K 为对应化简后的常数，K 取一个值表示一簇电力线。

2. MATLAB 编写的 m 语言程序

```
clear
N=input('输入 N=');
M=20; k=1;
K=[-2.0,-1.5,-0.8,-0.4,-0.2,0.2,0.4,0.8,1.5,2.0]; %设置电力线的数量和位置
wt=pi/4*N;
x=-M:0.5:M; z=-M:0.5:M;
[X,Z]=meshgrid(x,z);
r=sqrt(X.^2+Z.^2); a=acos(Z./r);%计算 r 和角度 theta
mabide=sin(a).^2.*(cos(wt-k.*r)-k.*r.*sin(wt-k.*r))./(k.*r);
%代入公式计算电力线
figure
[c,h]=contour(X, Z, mabide, K);%矩阵的等高线图(电力线图)
f = getframe(gcf);%捕获坐标区或图窗作为影片帧
imind = frame2im(f);%返回与影片帧关联的图像数据
[imind,cm] = rgb2ind(imind,256);%将 RGB 图像转换为索引图像
xlabel('x(m)');ylabel('z(m)');
```

输入 N 为 1 的 $\omega t=\pi/4$ 仿真结果如图 5.14 所示，输入 N 为 3 的 $\omega t=3\pi/4$ 仿真结果如图 5.15 所示。

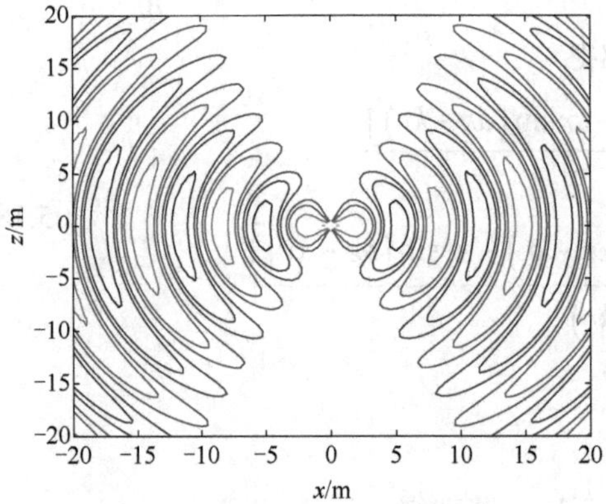

图 5.14　$\omega t=\pi/4$

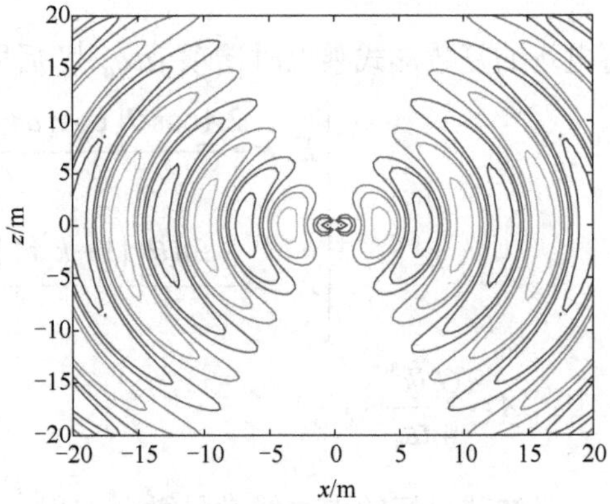

图 5.15　$\omega t=3\pi/4$

```
%绘制半振子天线方向图程序
clear;
delta=pi/100;%将自变量范围均分为 100 份
theta=0: delta:pi; phi=0:2* delta:2*pi;
[phi,theta]=meshgrid(phi,theta);
rho=(cos((pi/2)*cos(theta)))./(2*pi*sin(theta));
r=rho.*sin(theta); x=r.*cos(phi); y=r.*sin(phi); z=rho.*cos(theta);
%根据公式进行计算
li=find(y<0);%仅选取 y 大于等于 0 部分进行观测
x(li)=nan;
surf(x,y,z);%绘制曲面图
axis('square');
xlabel('x(m)');
ylabel('y(m)');
zlabel('z(m)');
title('半振子天线方向图');
```

仿真结果如图 5.16 所示。

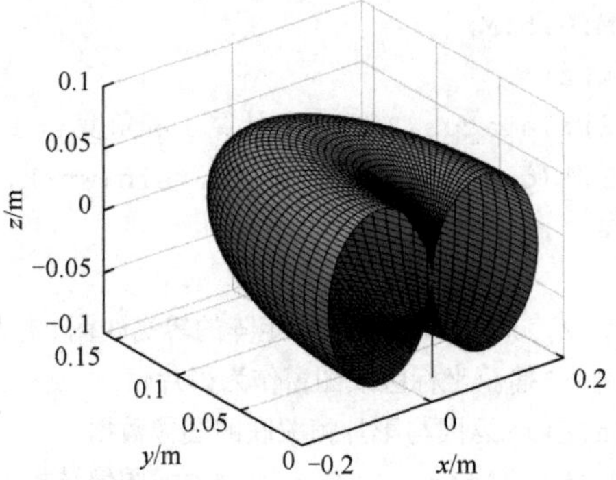

图 5.16　半波振子天线方向图

5.9.2 磁偶极子电磁场仿真

1. 仿真内容

设磁偶极子的半径为 1m，频率为 1.5GHz，采用 Ansoft Maxwell 仿真分析磁偶极子的电磁场分布。

2. 仿真步骤

1）建模

点击 Project > Insert Maxwell 3D Design，将工程重命名为 Dipole Antenna，点击 File>Save as> Dipole Antenna。选择求解器类型：Maxwell 3D > Solution Type>Magnetic> Eddy Current。设置几何尺寸单位为米，点击 Modeler > Units > Select Units > Meter。

创建线圈，点击 Draw>Torus，设置中心点(0, 0, 0)，输入线圈的内径为(0.0095, 0, 0)，输入线圈的外径为(0.001, 0, 0)，重命名为 Coil。将材料设置为铜，点击 Modeler>Assign Material>Copper。

创建计算区域，点击 Draw>Sphere，设置中心点为(0, 0, 0)，输入球形计算区域的半径为(0.06, 0, 0)，将材料设为 Vacuum，重命名为 Region。

创建激励电流加载面。在文件中点击 Coil，点击 Modeler > Surface > Section，在 Section Plane 面板中选择 YZ 平面，点击 Modeler > Boolean > Separate Bodies，分离两 Section 面，删除 1 个截面，将剩下的 1 个截面重命名为 Current，磁偶极子天线模型如图 5.17 所示。

2）设置激励

选中线圈截面 Current，点击 Maxwell 3D> Excitations > Assign > Current，设置 Value 为 1.414 A，Type 为 Solid。设置涡流效应和位移电流存在区域，点击 Maxwell 3D> Excitations > Set Eddy Effects，如图 5.18 所示。

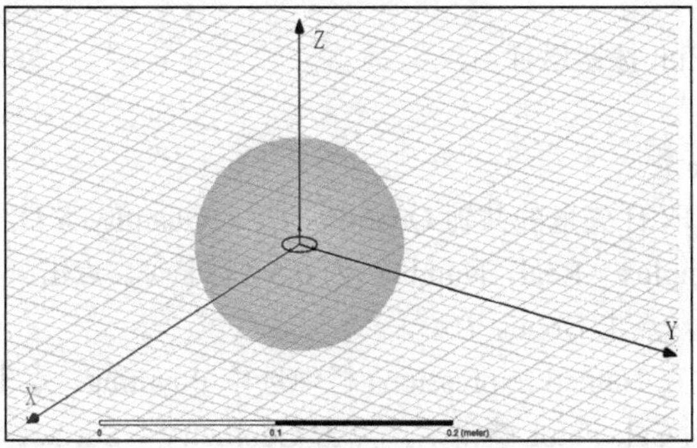

图 5.17　磁偶极子天线模型图

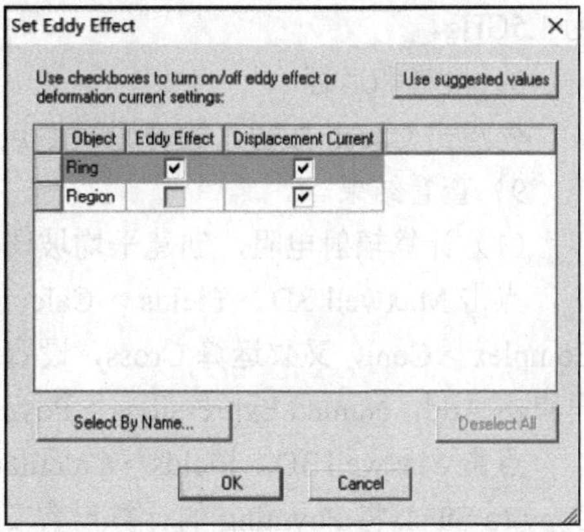

图 5.18　设置激励模式

3）设置辐射边界

在天线的辐射问题中，一般习惯将研究目标或区域的尺寸表示为电磁波波长（λ，lambda）的函数。将 Region 的半径表示为λ的函数，选中 Region 下的 Create Sphere，将半径 Radius 改为 lambda/4+0.01（m），添加变量 lambda 的定义为 c0/frequ，其中 c0 表示真空中光速，为3×10^8。添加变量 frequ 的定义为 1.5GHz，Unit Type 选择 Frequency，Unit 选择 GHz，Value 设置为 1.5。按 f 键，改为面选择。选中 Region 的外表面进行设置，Maxwell 3D> Boundaries > Assign > Radiation。

4）设置表面剖分的近似原则

选中 Region 的外表面，点击 Maxwell 3D> Mesh Operations > Assign > Surface Approximation。设置 Name 为 SurfApprox1，Maximum Surface Deviation 为 Ignore，Set Maximum Normal Deviation（angle）为 15 deg，Set Aspect Ratio 为 10，Surface Representation Priority for Tau Mesh 为 Normal。其中 Maximum Surface Deviation 表面偏差距离为模型的剖分三角平面与真实表面之间的距离，若模型真实表面是平面，则表面偏差距离为零。Maximum Normal Deviation 模型的剖分三角平面与真实表面的法向分量之间的夹角。Aspect Ratio 剖分三角单元的 Aspect Ratio 是指三角单元的外接圆半径与三角形内径的比值。若该参数为 1，表示三角单元为等边三角形。对于平面剖分，Aspect Ratio 的设置下限为 4，对于曲面剖分，Aspect Ratio 的设置下限为 1.2。

5）创建计算区域的外表面

选中 Region 区域的外表面，点击 Modeler > Surface > Create Object From Face，并将该面重命名为 Outside。

6）设置计算参数

点击 Maxwell 3D > Parameters > Assign > Matrix > Current1。

7）设置自适应计算参数

点击 Maxwell 3D > Analysis Setup > Add Solution Setup。设置最大迭代次数 Maximum Number of Passes 为 5，误差要求 Percent Error 为 10%，频率设置 Solver > Adaptive Frequency 为 1.5GHz。

8）检查和运行

先点击 Check 按钮，检查无误后点击 Run 按钮运行。

9）查看结果

（1）计算辐射电阻，创建平均坡印亭矢量。

点击 Maxwell 3D > Fields > Calculator 取 H 矢量的共轭 Quantity > E，Quantity > H，Complex > Conj，叉乘运算 Cross，设置 Complex > Real，Number 为 0.5（标量）。点击×，再点击 Add，Named Expressions > Poynting，点击 Done。

点击 Maxwell 3D > Fields > Calculator，在 Named Expressions 栏中选中 Poynting，点击 Copy to Stack 将 Poynting 的计算设置复制到 Calculator 堆栈中，点击 Geometry > Surface > Outside，点击 Normal 保留 Poynting 的法向分量，点击积分 ∫，点击 Eval 查看结果，设置界面如图 5.19 所示。

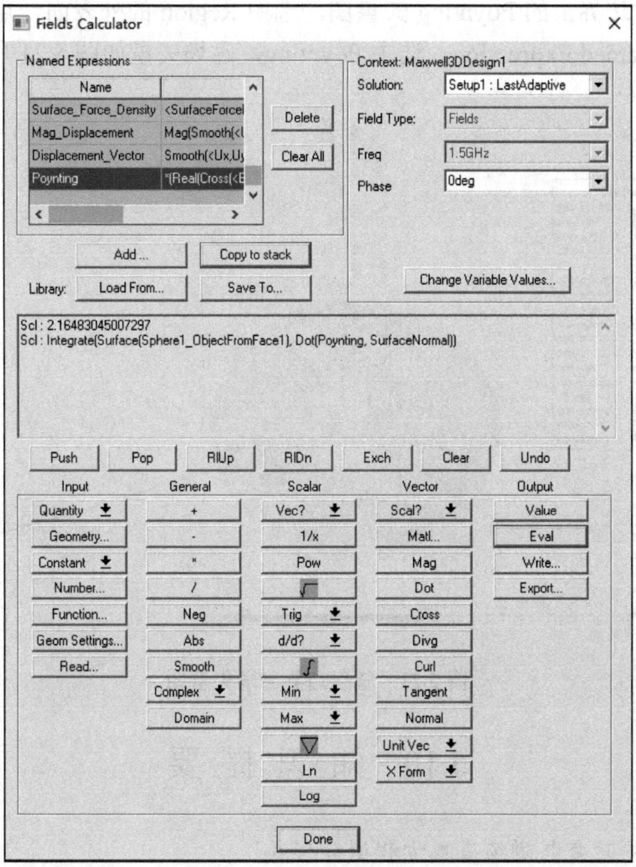

图 5.19　计算辐射电阻窗口

（2）查看阻抗矩阵，点击 Maxwell 3D > Results > Solution Data，结果如图 5.20 所示。

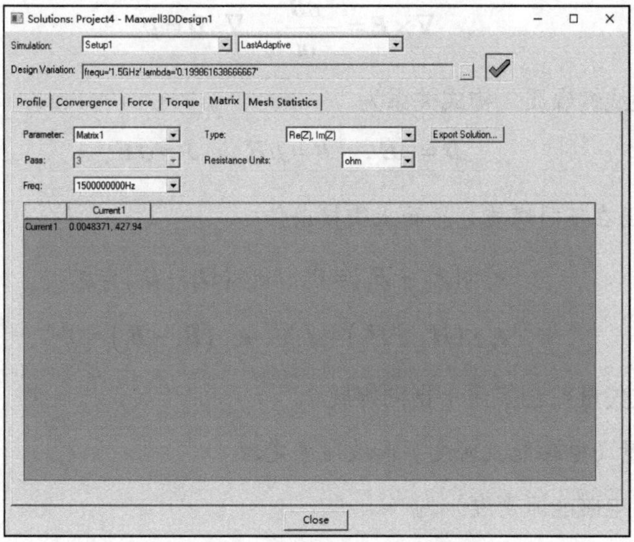

图 5.20　磁偶极子辐射电阻结果图

（3）查看辐射边界上的 Poynting 矢量图，选中 Region 的外表面，点击 Maxwell 3D > Fields > Fields > Named Expression，选中 Poynting，磁场矢量如图 5.21 所示。

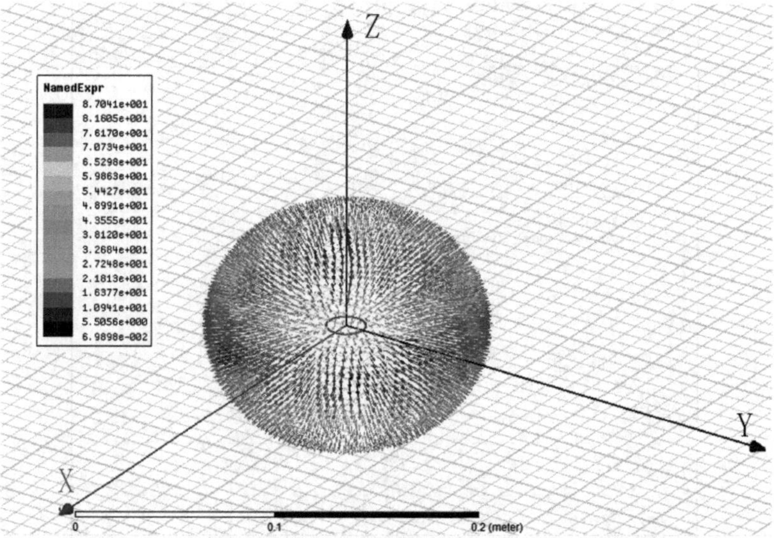

图 5.21　辐射边界磁场矢量图

5.10　知 识 提 要

1. 静止媒质中时变电磁场基本方程微分形式

$$\nabla\times\boldsymbol{H}=\boldsymbol{J}+\frac{\partial\boldsymbol{D}}{\partial t},\quad \nabla\cdot\boldsymbol{B}=0$$

$$\nabla\times\boldsymbol{E}=-\frac{\partial\boldsymbol{B}}{\partial t},\quad \nabla\cdot\boldsymbol{D}=\rho$$

对于各向同性线性媒质，构成关系为

$$\boldsymbol{D}=\varepsilon\boldsymbol{E},\quad \boldsymbol{B}=\mu\boldsymbol{H},\quad \boldsymbol{J}=\sigma\boldsymbol{E}$$

2. 时变电磁场在不同媒质分界面上衔接条件

$$\boldsymbol{e}_n\times(\boldsymbol{E}_2-\boldsymbol{E}_1)=0,\quad \boldsymbol{e}_n\cdot(\boldsymbol{D}_2-\boldsymbol{D}_1)=\rho_S$$

$$\boldsymbol{e}_n\times(\boldsymbol{H}_2-\boldsymbol{H}_1)=\boldsymbol{J}_S,\quad \boldsymbol{e}_n\cdot(\boldsymbol{B}_2-\boldsymbol{B}_1)=0$$

法线方向单位矢量 $\boldsymbol{e}_n$ 由媒质 1 指向媒质 2。

3. 坡印亭矢量（电磁能流密度）和坡印亭定理

坡印亭矢量（电磁能流密度）为

$$\boldsymbol{S}(r,t)=\boldsymbol{E}(r,t)\times\boldsymbol{H}(r,t)$$

坡印亭定理反映了电磁场中能量守恒和转换规律：

$$\oint_A (\boldsymbol{E}\times\boldsymbol{H})\cdot \mathrm{d}\boldsymbol{A} = \int_V \boldsymbol{E}_\mathrm{e}\cdot \boldsymbol{J}\mathrm{d}V - \int_V \boldsymbol{E}\cdot\boldsymbol{J}\mathrm{d}V - \frac{\partial W}{\partial t}$$

4. 正弦电磁场中坡印亭矢量和坡印亭定理复数形式

坡印亭矢量为

$$\tilde{\boldsymbol{S}} = \dot{\boldsymbol{E}}\times\dot{\boldsymbol{H}}^*$$

坡印亭定理为

$$-\oint_A \left(\dot{\boldsymbol{E}}\times\dot{\boldsymbol{H}}^*\right)\cdot\mathrm{d}\boldsymbol{A} = \int_V \frac{|\dot{\boldsymbol{J}}|^2}{\gamma}\mathrm{d}V + \mathrm{j}\omega\int_V \left(\mu|\boldsymbol{H}|^2 - \varepsilon|\boldsymbol{E}|^2\right)\mathrm{d}V - \int_V \dot{\boldsymbol{E}}_\mathrm{e}\cdot\dot{\boldsymbol{J}}^*\mathrm{d}V$$

5. 动态位与场量之间的关系

$$\boldsymbol{B} = \nabla\times\boldsymbol{A},\quad \boldsymbol{E} = -\nabla\varphi - \frac{\partial \boldsymbol{A}}{\partial t}$$

当 $\boldsymbol{A}$、φ 满足洛伦兹条件 $\nabla\cdot\boldsymbol{A} + \mu\varepsilon\dfrac{\partial\varphi}{\partial t} = 0$ 时，则都满足达朗贝尔方程

$$\nabla^2\boldsymbol{A} - \mu\varepsilon\frac{\partial^2\boldsymbol{A}}{\partial t^2} = \mu\boldsymbol{J},\quad \nabla^2\varphi - \mu\varepsilon\frac{\partial^2\varphi}{\partial t^2} = -\frac{\rho}{\varepsilon}$$

达朗贝尔方程的时间域积分解为

$$\boldsymbol{A}(r,t) = \frac{\mu}{4\pi}\int_{V'}\frac{\boldsymbol{J}\left(r',t-\dfrac{R}{\upsilon}\right)}{R}\mathrm{d}V',\quad \varphi(r,t) = \frac{1}{4\pi\varepsilon}\int_{V'}\frac{\rho\left(r',t-\dfrac{R}{\upsilon}\right)}{R}\mathrm{d}V'$$

达朗贝尔方程的频率域积分解形式为

$$\dot{\boldsymbol{A}}(r,t) = \frac{\mu}{4\pi}\int_{V'}\frac{\dot{\boldsymbol{J}}(r')\mathrm{e}^{-\mathrm{j}kR}}{R}\mathrm{d}V',\quad \dot{\varphi}(r,t) = \frac{1}{4\pi\varepsilon}\int_{V'}\frac{\dot{\rho}(r')\mathrm{e}^{-\mathrm{j}kR}}{R}\mathrm{d}V'$$

可以看出，时间上推迟 $\dfrac{R}{\upsilon}$，对于正弦函数的相位滞后 $\phi_i = -kR$，动态位又称为推迟位或滞后位。

6. 电偶极子近区场和远区场

在电偶极子和磁偶极子激发的电磁场中，满足 $r \ll \lambda$ 条件的区域为近区场或准静态场，满足 $r \gg \lambda$ 条件的区域为远区场或辐射场。

电偶极子近区场为

$$\dot{H}_\phi = \frac{\dot{I}l}{4\pi r^2}\sin\theta,\quad \dot{E}_r = \frac{2\dot{p}}{4\pi\varepsilon_0 r^3}\cos\theta,\quad \dot{E}_\theta = \frac{\dot{p}}{4\pi\varepsilon_0 r^3}\sin\theta$$

$$\dot{E}_r = -\mathrm{j}\frac{\dot{I}l\cos\theta}{\omega 2\pi\varepsilon_0 r^3},\quad \dot{E}_\theta = -\mathrm{j}\frac{\dot{I}l\sin\theta}{\omega 4\pi\varepsilon_0 r^3},\quad \dot{H}_\theta = \dot{H}_r = \dot{E}_\phi = 0$$

电偶极子远区场为

$$\dot{H}_\phi = \mathrm{j}\frac{\dot{I}l\sin\theta}{2\lambda r}\mathrm{e}^{-\mathrm{j}\frac{2\pi}{\lambda}r} = \mathrm{j}\frac{\dot{I}lk\sin\theta}{4\pi r}\mathrm{e}^{-\mathrm{j}kr},\quad \dot{E}_\theta = \sqrt{\frac{\mu_0}{\varepsilon_0}}\mathrm{j}\frac{\dot{I}l\sin\theta}{2\lambda r}\mathrm{e}^{-\mathrm{j}\frac{2\pi}{\lambda}r} = \mathrm{j}\frac{\dot{I}lk^2\sin\theta}{\omega 4\pi\varepsilon_0 r}\mathrm{e}^{-\mathrm{j}kr}$$

$$\dot{H}_\theta = \dot{H}_r = \dot{E}_r = \dot{E}_\phi = 0$$

磁偶极子近区场为

$$\dot{E}_\phi = -\mathrm{j}\omega\frac{\mu\dot{I}S}{4\pi r^2}\sin\theta,\quad \dot{H}_\theta = \frac{IS}{4\pi r^3}\sin\theta,\quad \dot{H}_r = \frac{IS}{2\pi r^3}\cos\theta,\quad \dot{H}_\phi = \dot{E}_r = \dot{E}_\theta = 0$$

磁偶极子远区场为

$$\dot{H}_\theta = -\frac{ISk^2}{4\pi r}\sin\theta\mathrm{e}^{-\mathrm{j}kr},\quad \dot{E}_\phi = \frac{\omega\mu ISk}{4\pi r}\sin\theta\mathrm{e}^{-\mathrm{j}kr},\quad \dot{H}_\theta = \dot{H}_r = \dot{E}_r = \dot{E}_\phi = 0$$

7. 电磁辐射基本参数

在辐射区电磁波为球面波，有推迟位。主要采用波阻抗、辐射电阻、辐射功率表征传播特征。

波阻抗为电场和磁场的比值，为

$$Z_0 = \frac{\dot{E}_\theta}{\dot{H}_\phi} = \sqrt{\frac{\mu_0}{\varepsilon_0}}$$

辐射电阻表示辐射能力，电偶极子辐射电阻为

$$R_\mathrm{e} = 80\pi^2\left(\frac{\Delta l}{\lambda}\right)^2$$

磁偶极子辐射电阻为

$$R_\mathrm{e} = 320\pi^6\left(\frac{a}{\lambda}\right)^4$$

辐射功率可以看作电源向电阻输出的功率。

电偶极子辐射功率为

$$P = \oint_A \mathrm{Re}[\tilde{\boldsymbol{S}}]\cdot\mathrm{d}\boldsymbol{A} = I^2\left[80\pi^2\left(\frac{\Delta l}{\lambda}\right)^2\right]$$

磁偶极子辐射功率为

$$P = \oint_A \mathrm{Re}[\tilde{\boldsymbol{S}}]\cdot\mathrm{d}\boldsymbol{A} = I^2\left[320\pi^6\left(\frac{a}{\lambda}\right)^4\right]$$

习　题

5-1 设平板电容器极间的距离为d，媒质的介电常数为ε_0，极板间接交流电源，电压为$u=U_{\mathrm{m}}\sin\omega t$。求极板间任意点的位移电流密度。

5-2 已知真空平板电容器的极板面积为S，间距为d，当外加电压$U=U_{\mathrm{m}}\sin\omega t$时，计算电容器中位移电流，证明它等于导线中传导电流。

5-3 真空中磁场强度的表达式为$\boldsymbol{H}=H_z\boldsymbol{e}_z=H_{\mathrm{m}}\sin(\omega t-\beta x)\boldsymbol{e}_z$，求空间的位移电流密度和电场强度。

5-4 一个圆柱形电容器，内导体半径和外导体内半径分别为a和b，长为l。设外加电压为$U_0\sin\omega t$，试计算电容器极板间的位移电流，证明该位移电流等于导线中的传导电流。

5-5 利用麦克斯韦方程证明：通过任意闭合曲面的传导电流与位移电流之和等于零。

5-6 已知在某一理想介质中的位移电流密度为$\boldsymbol{J}_{\mathrm{d}}=2\sin(\omega t-5z)\boldsymbol{e}_x$（$\mu\mathrm{A/m^2}$），媒质的介电常数为$\varepsilon_0$，磁导率为$\mu_0$。求媒质中的电场强度$\boldsymbol{E}$和磁场强度$\boldsymbol{H}$。

5-7 在一个无源媒质中的电场强度为$\boldsymbol{E}=C\cos(\omega t-\beta z)\boldsymbol{e}_x$（V/m），式中$C$为电场强度的幅值，$\omega$为角频率，$\beta$为常数。在什么条件下，此场才能存在？其他的场量是什么？

5-8 给定标量位$\varphi=x-ct$及矢量位$\boldsymbol{A}=\left(\dfrac{x}{c}-t\right)\boldsymbol{e}_x$，式中$c=\dfrac{1}{\sqrt{\mu_0\varepsilon_0}}$。

（1）试证明$\nabla\cdot\boldsymbol{A}=-\mu_0\varepsilon_0\dfrac{\partial\varphi}{\partial t}$；

（2）求$\boldsymbol{H}$、$\boldsymbol{B}$、$\boldsymbol{E}$和$\boldsymbol{D}$；

（3）证明上述结果满足自由空间的麦克斯韦方程。

5-9 设区域Ⅰ（$z<0$）的媒质参数$\varepsilon_{r1}=1$、$\mu_{r1}=1$、$\gamma_1=0$；区域Ⅱ（$z>0$）的媒质参数$\varepsilon_{r2}=5$、$\mu_{r2}=20$、$\gamma_2=0$；区域Ⅰ中的电场强度

$$\boldsymbol{E}_1=\left[60\cos(15\times10^8t-5z)+20\cos(15\times10^8t+5z)\right]\boldsymbol{e}_x\ (\mathrm{V/m})$$

区域Ⅱ中的电场强度

$$\boldsymbol{E}_2=\boldsymbol{E}_{\mathrm{m}}\cos(15\times10^8t-50z)\boldsymbol{e}_x\ (\mathrm{V/m})$$

求：

（1）常数$\boldsymbol{E}_{\mathrm{m}}$；

（2）磁场强度$\boldsymbol{H}_1$和$\boldsymbol{H}_2$；

（3）证明在$z=0$处$\boldsymbol{H}_1$和$\boldsymbol{H}_2$满足边界条件。

5-10 已知真空区域中时变电磁场的瞬时值为$\boldsymbol{H}(y,t)=\sqrt{2}\cos20x\sin(\omega t-k_yy)\boldsymbol{e}_x$，试求电场强度的复数形式、能量密度及能流密度矢量的平均值。

5-11 自由空间中的电磁场为

$$\boldsymbol{E}(z,t)=1000\cos(\omega t-kz)\boldsymbol{e}_x\ (\mathrm{V/m})$$

$$\boldsymbol{H}(z,t)=2.65\cos(\omega t-kz)\boldsymbol{e}_y \quad (\text{A/m})$$

式中，$k=\omega\sqrt{\mu_0\varepsilon_0}=0.42\text{rad/m}$。求：

（1）瞬时坡印亭矢量；

（2）平均坡印亭矢量；

（3）任一时刻流入如图 5.22 所示的平行六面体（长1m、横截面积为0.25m^2）中的净功率。

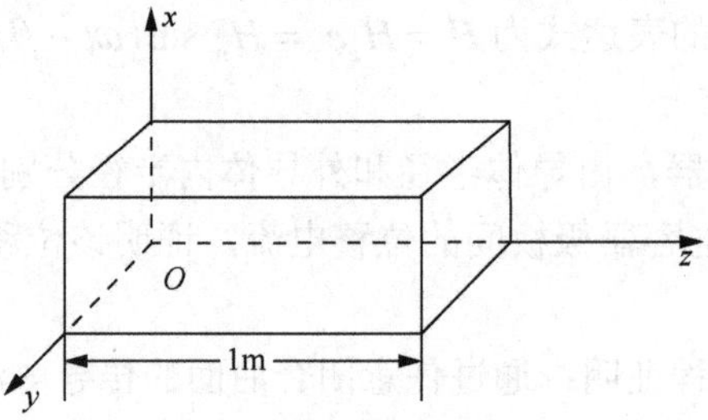

图 5.22　习题 5-11

5-12　已知某电磁场的复数形式为

$$\boldsymbol{E}(z)=\text{j}E_\text{m}\sin(k_0 z)\boldsymbol{e}_x \quad (\text{V/m})$$

$$\boldsymbol{H}(z)=\sqrt{\frac{\varepsilon_0}{\mu_0}}E_\text{m}\cos(k_0 z)\boldsymbol{e}_y \quad (\text{A/m})$$

式中$k_0=\dfrac{2\pi}{\lambda_0}=\dfrac{\omega}{c}$，$c$为真空中的光速，$\lambda_0$是波长。求：

（1）$z=0,\dfrac{\lambda_0}{8},\dfrac{\lambda_0}{4}$各点处的瞬时坡印亭矢量；

（2）以上各点处的平均坡印亭矢量。

5-13　设电场强度和磁场强度分别为

$$\boldsymbol{E}=E_\text{m}\cos(\omega t+\phi_E),\quad \boldsymbol{H}=H_\text{m}\cos(\omega t+\phi_H)$$

证明其坡印亭矢量的平均值为

$$\boldsymbol{S}_\text{av}=\frac{1}{2}E_0\times H_0\cos(\phi_E-\phi_H)$$

5-14　已知时变电磁场中矢量位$\boldsymbol{A}=A_\text{m}\sin(\omega t-kz)\boldsymbol{e}_x$，其中$A_\text{m}$、$k$为常数。求电场强度、磁场强度和瞬时坡印亭矢量。

5-15　已知在无源媒质中的电场强度为$\boldsymbol{E}=E_\text{m}\cos(\omega t-kz)\boldsymbol{e}_x$（V/m），其中$\boldsymbol{E}$为峰值，$k$为常数。试求：

（1）此区域的磁场强度；

（2）功率流的方向；

（3）平均功率密度。

附录 5.1 偶极子的时谐电磁场推导

1. 电偶极子

设电偶极子位于无限大媒质内，若单元偶极子中电流为

$$i(t)=I_{\mathrm{m}}\cos(\omega t+\phi_i) \tag{1}$$

在均匀无限大自由空间内，直角坐标系中磁场和电场的表达式为

$$\begin{aligned}\dot{\boldsymbol{H}}&=\frac{1}{\mu}\left(\frac{\partial A_z}{\partial y}\boldsymbol{e}_x-\frac{\partial A_z}{\partial x}\boldsymbol{e}_y\right)\\&=-\frac{\Delta l\dot{I}\mathrm{e}^{-\mathrm{j}kr}}{4\pi r^2}\frac{y}{r}\boldsymbol{e}_x-\mathrm{j}k\frac{\Delta l\dot{I}\mathrm{e}^{-\mathrm{j}kr}}{4\pi r}\frac{y}{r}\boldsymbol{e}_x+\frac{\Delta l\dot{I}\mathrm{e}^{-\mathrm{j}kr}}{4\pi r^2}\frac{x}{r}\boldsymbol{e}_y+\mathrm{j}k\frac{\Delta l\dot{I}\mathrm{e}^{-\mathrm{j}kr}}{4\pi r}\frac{x}{r}\boldsymbol{e}_y\end{aligned} \tag{2}$$

$$\dot{H}_x=-\frac{y}{r}\frac{\Delta l\dot{I}\mathrm{e}^{-\mathrm{j}kr}}{4\pi r^2}(\mathrm{j}kr+1)\boldsymbol{e}_x$$

$$\dot{H}_y=\frac{x}{r}\frac{\Delta l\dot{I}\mathrm{e}^{-\mathrm{j}kr}}{4\pi r^2}(\mathrm{j}kr+1)\boldsymbol{e}_y$$

$$\begin{aligned}\dot{\boldsymbol{E}}&=-\mathrm{j}\omega\dot{\boldsymbol{A}}+\frac{\nabla(\nabla\cdot\boldsymbol{A})}{\mathrm{j}\omega\mu\varepsilon_0}=-\mathrm{j}\omega\dot{\boldsymbol{A}}-\mathrm{j}\omega\frac{1}{k^2}\nabla(\nabla\cdot\boldsymbol{A})\\&=-\mathrm{j}\omega\frac{\mu_0\dot{I}\Delta l}{4\pi r}\mathrm{e}^{-\mathrm{j}kr}\boldsymbol{e}_z-\mathrm{j}\omega\frac{1}{k^2}\nabla\left(\frac{\partial A_z}{\partial z}\right)\\&=-\mathrm{j}\omega\frac{\mu_0\dot{I}\Delta l}{4\pi r}\mathrm{e}^{-\mathrm{j}kr}\boldsymbol{e}_z-\mathrm{j}\omega\frac{1}{k^2}\nabla\left(-\frac{\mu_0\Delta l\dot{I}\mathrm{e}^{-\mathrm{j}kr}}{4\pi r^2}\frac{z}{r}-\mathrm{j}k\frac{\mu_0\Delta l\dot{I}\mathrm{e}^{-\mathrm{j}kr}}{4\pi r}\frac{z}{r}\right)\\&=-\mathrm{j}\omega\frac{\mu_0\dot{I}\Delta l}{4\pi r}\mathrm{e}^{-\mathrm{j}kr}\boldsymbol{e}_z+\mathrm{j}\omega\frac{1}{k^2}\nabla\left(\frac{\mu_0\Delta l\dot{I}\mathrm{e}^{-\mathrm{j}kr}}{4\pi r^2}\frac{z}{r}+\mathrm{j}k\frac{\mu_0\Delta l\dot{I}\mathrm{e}^{-\mathrm{j}kr}}{4\pi r}\frac{z}{r}\right)\\&=-\mathrm{j}\omega\frac{\mu_0\dot{I}\Delta l}{4\pi r}\mathrm{e}^{-\mathrm{j}kr}\boldsymbol{e}_z\\&\quad+\mathrm{j}\omega\frac{1}{k^2}\left[\frac{\partial\left(\frac{\mu_0\Delta l\dot{I}\mathrm{e}^{-\mathrm{j}kr}}{4\pi r^2}\frac{z}{r}+\mathrm{j}k\frac{\mu_0\Delta l\dot{I}\mathrm{e}^{-\mathrm{j}kr}}{4\pi r}\frac{z}{r}\right)}{\partial x}\boldsymbol{e}_x+\frac{\partial\left(\frac{\mu_0\Delta l\dot{I}\mathrm{e}^{-\mathrm{j}kr}}{4\pi r^2}\frac{z}{r}+\mathrm{j}k\frac{\mu_0\Delta l\dot{I}\mathrm{e}^{-\mathrm{j}kr}}{4\pi r}\frac{z}{r}\right)}{\partial y}\boldsymbol{e}_y\right.\\&\quad\left.+\frac{\partial\left(\frac{\mu_0\Delta l\dot{I}\mathrm{e}^{-\mathrm{j}kr}}{4\pi r^2}\frac{z}{r}+\mathrm{j}k\frac{\mu_0\Delta l\dot{I}\mathrm{e}^{-\mathrm{j}kr}}{4\pi r}\frac{z}{r}\right)}{\partial z}\boldsymbol{e}_z\right]\end{aligned} \tag{3}$$

$$\dot{E}_x = \mathrm{j}\omega\frac{1}{k^2}\frac{\partial\left(\frac{\mu_0\Delta l\dot{I}\mathrm{e}^{-\mathrm{j}kr}}{4\pi r^2}\frac{z}{r}+\mathrm{j}k\frac{\mu_0\Delta l\dot{I}\mathrm{e}^{-\mathrm{j}kr}}{4\pi r}\frac{z}{r}\right)}{\partial x}\boldsymbol{e}_x$$
$$= \mathrm{j}\omega\frac{1}{k^2}\left(-3\frac{\mu_0\Delta l\dot{I}\mathrm{e}^{-\mathrm{j}kr}}{4\pi r^4}\frac{zx}{r}\boldsymbol{e}_x - \mathrm{j}k\frac{z}{r}\frac{\mu_0\Delta l\dot{I}\mathrm{e}^{-\mathrm{j}kr}}{4\pi r^2}\frac{x}{r}\boldsymbol{e}_x\right.$$
$$\left.-2\mathrm{j}k\frac{\mu_0\Delta l\dot{I}\mathrm{e}^{-\mathrm{j}kr}}{4\pi r^3}\frac{zx}{r}\boldsymbol{e}_x - \mathrm{j}k\mathrm{j}k\frac{\mu_0\Delta l\dot{I}\mathrm{e}^{-\mathrm{j}kr}}{4\pi r}\frac{z}{r}\frac{x}{r}\boldsymbol{e}_x\right)$$
$$= -\mathrm{j}\omega\frac{\mu_0\Delta l\dot{I}\mathrm{e}^{-\mathrm{j}kr}}{k^2 4\pi r^3}\frac{zx}{r^2}\left(-k^2r^2+3\mathrm{j}kr+3\right)\boldsymbol{e}_x \tag{4}$$

$$\dot{E}_y = \mathrm{j}\omega\frac{1}{k^2}\frac{\partial\left(\frac{\mu_0\Delta l\dot{I}\mathrm{e}^{-\mathrm{j}kr}}{4\pi r^2}\frac{z}{r}+\mathrm{j}k\frac{\mu_0\Delta l\dot{I}\mathrm{e}^{-\mathrm{j}kr}}{4\pi r}\frac{z}{r}\right)}{\partial y}\boldsymbol{e}_y$$
$$= \mathrm{j}\omega\frac{1}{k^2}\left(-3\frac{\mu_0\Delta l\dot{I}\mathrm{e}^{-\mathrm{j}kr}}{4\pi r^4}\frac{zy}{r}\boldsymbol{e}_y - \mathrm{j}k\frac{z}{r}\frac{\mu_0\Delta l\dot{I}\mathrm{e}^{-\mathrm{j}kr}}{4\pi r^2}\frac{y}{r}\boldsymbol{e}_y\right.$$
$$\left.-2\mathrm{j}k\frac{\mu_0\Delta l\dot{I}\mathrm{e}^{-\mathrm{j}kr}}{4\pi r^3}\frac{zy}{r}\boldsymbol{e}_y - \mathrm{j}k\mathrm{j}k\frac{\mu_0\Delta l\dot{I}\mathrm{e}^{-\mathrm{j}kr}}{4\pi r}\frac{z}{r}\frac{y}{r}\boldsymbol{e}_y\right)$$
$$= -\mathrm{j}\omega\frac{\mu_0\Delta l\dot{I}\mathrm{e}^{-\mathrm{j}kr}}{k^2 4\pi r^3}\frac{zy}{r^2}\left(-k^2r^2+3\mathrm{j}kr+3\right)\boldsymbol{e}_y \tag{5}$$

$$\dot{E}_z = -\mathrm{j}\omega\frac{\mu_0\dot{I}\Delta l}{4\pi r}\mathrm{e}^{-\mathrm{j}kr}\boldsymbol{e}_z + \mathrm{j}\omega\frac{1}{k^2}\frac{\partial\left(\frac{\mu_0\Delta l\dot{I}\mathrm{e}^{-\mathrm{j}kr}}{4\pi r^2}\frac{z}{r}+\mathrm{j}k\frac{\mu_0\Delta l\dot{I}\mathrm{e}^{-\mathrm{j}kr}}{4\pi r}\frac{z}{r}\right)}{\partial z}\boldsymbol{e}_z$$
$$= -\mathrm{j}\omega\frac{\mu_0\dot{I}\Delta l}{4\pi r}\mathrm{e}^{-\mathrm{j}kr} + \mathrm{j}\omega\frac{1}{k^2}\left(\frac{\mu_0\Delta l\dot{I}\mathrm{e}^{-\mathrm{j}kr}}{4\pi r^2}\frac{1}{r}+\mathrm{j}k\frac{\mu_0\Delta l\dot{I}\mathrm{e}^{-\mathrm{j}kr}}{4\pi r}\frac{1}{r}\right)$$
$$+\mathrm{j}\omega\frac{z}{k^2}\frac{\partial\left(\frac{\mu_0\Delta l\dot{I}\mathrm{e}^{-\mathrm{j}kr}}{4\pi r^3}+\mathrm{j}k\frac{\mu_0\Delta l\dot{I}\mathrm{e}^{-\mathrm{j}kr}}{4\pi r^2}\right)}{\partial z}$$
$$= -\mathrm{j}\omega\frac{\mu_0\dot{I}\Delta l}{4\pi r}\mathrm{e}^{-\mathrm{j}kr} + \mathrm{j}\omega\frac{1}{k^2}\left(\frac{\mu_0\Delta l\dot{I}\mathrm{e}^{-\mathrm{j}kr}}{4\pi r^2}\frac{1}{r}+\mathrm{j}k\frac{\mu_0\Delta l\dot{I}\mathrm{e}^{-\mathrm{j}kr}}{4\pi r}\frac{1}{r}\right)$$
$$+\mathrm{j}\omega\frac{1}{k^2}\left(-3\frac{\mu_0\Delta l\dot{I}\mathrm{e}^{-\mathrm{j}kr}}{4\pi r^4}\frac{zz}{r}-\mathrm{j}k\frac{z}{r}\frac{\mu_0\Delta l\dot{I}\mathrm{e}^{-\mathrm{j}kr}}{4\pi r^2}\frac{z}{r}-2\mathrm{j}k\frac{\mu_0\Delta l\dot{I}\mathrm{e}^{-\mathrm{j}kr}}{4\pi r^3}\frac{zz}{r}-\mathrm{j}k\mathrm{j}k\frac{\mu_0\Delta l\dot{I}\mathrm{e}^{-\mathrm{j}kr}}{4\pi r}\frac{z}{r}\frac{z}{r}\right)$$
$$= -\mathrm{j}\omega\frac{\mu_0\dot{I}\Delta l\mathrm{e}^{-\mathrm{j}kr}}{k^2 4\pi r^3}\left(k^2r^2-\mathrm{j}kr-1\right)-\mathrm{j}\omega\frac{\mu_0\Delta l\dot{I}\mathrm{e}^{-\mathrm{j}kr}}{k^2 4\pi r^3}\frac{z^2}{r^2}\left(-k^2r^2+3\mathrm{j}kr+3\right) \tag{6}$$

在球坐标系中其表达式为

$$\boldsymbol{H} = \frac{1}{\mu}\nabla\times\boldsymbol{A} = \frac{1}{\mu r^2\sin\theta}\begin{vmatrix}\boldsymbol{e}_r & r\boldsymbol{e}_\theta & r\sin\theta\boldsymbol{e}_\varphi \\ \frac{\partial}{\partial r} & \frac{\partial}{\partial\theta} & \frac{\partial}{\partial\varphi} \\ A_r & rA_\theta & r\sin\theta A_\varphi\end{vmatrix} \tag{7}$$

$$\dot{H}_\phi = \frac{1}{r}\left(\frac{\partial}{\partial r}(rA_\theta) - \frac{\partial A_r}{\partial \theta}\right) = \frac{\Delta l \dot{I} \mathrm{e}^{-\mathrm{j}kr}}{4\pi r^2}\sin\theta + \mathrm{j}k\sin\theta\frac{\Delta l\dot{I}\mathrm{e}^{-\mathrm{j}kr}}{4\pi r}$$

$$= \frac{\dot{I}\Delta l k^2 \sin\theta}{4\pi}\left[\frac{1}{(kr)^2} + \frac{\mathrm{j}}{kr}\right]\mathrm{e}^{-\mathrm{j}kr} = \frac{\dot{I}\Delta l}{4\pi r^2}\mathrm{e}^{-\mathrm{j}\frac{2\pi}{\lambda}R}\left(1 + \mathrm{j}\frac{2\pi r}{\lambda}\right)\sin\theta \tag{8}$$

$$\dot{H}_\theta = \dot{H}_r = 0 \tag{9}$$

$$\dot{E}_r = -\mathrm{j}\omega\dot{A}_r + \frac{1}{\mathrm{j}\omega\mu\varepsilon}\frac{\partial}{\partial r}\left[\frac{1}{r^2}\frac{\partial}{\partial r}(r^2 A_r) + \frac{1}{r\sin\theta}\frac{\partial}{\partial\theta}(\sin\theta A_\theta)\right]$$

$$= \frac{\dot{I}\Delta l k^3\cos\theta}{\mathrm{j}2\pi\omega\varepsilon_0}\left[\frac{1}{(kr)^3} + \frac{\mathrm{j}}{(kr)^2}\right]\mathrm{e}^{-\mathrm{j}kr}$$

$$= \sqrt{\frac{\mu_0}{\varepsilon_0}}\frac{\dot{I}\Delta l}{2\pi r^2}\mathrm{e}^{-\mathrm{j}\frac{2\pi}{\lambda}R}\left(1 - \mathrm{j}\frac{\lambda}{2\pi r}\right)\cos\theta \tag{10}$$

$$\dot{E}_\theta = -\mathrm{j}\omega\dot{A}_\theta + \frac{1}{\mathrm{j}\omega\mu\varepsilon}\frac{1}{r}\frac{\partial}{\partial\theta}\left[\frac{1}{r^2}\frac{\partial}{\partial r}(r^2 A_r) + \frac{1}{r\sin\theta}\frac{\partial}{\partial\theta}(\sin\theta A_\theta)\right]$$

$$= \frac{\dot{I}\Delta l k^3\sin\theta}{\mathrm{j}4\pi\omega\varepsilon_0}\left[\frac{1}{(kr)^3} + \frac{\mathrm{j}}{(kr)^2} - \frac{1}{kr}\right]\mathrm{e}^{-\mathrm{j}kr}$$

$$= \sqrt{\frac{\mu_0}{\varepsilon_0}}\frac{\dot{I}\Delta l}{4\pi r^2}\mathrm{e}^{-\mathrm{j}\frac{2\pi}{\lambda}r}\left(1 + \frac{2\pi r}{\lambda} - \mathrm{j}\frac{\lambda}{2\pi r}\right)\sin\theta \tag{11}$$

$$\dot{E}_\phi = 0 \tag{12}$$

利用坐标系之间的转换关系，其直角坐标分量表达式为

$$E_x = E_r\sin\theta\cos\phi + E_\theta\cos\theta\cos\phi \tag{13}$$

$$E_y = E_r\sin\theta + E_\theta\cos\theta\sin\phi \tag{14}$$

$$E_z = E_r\cos\theta - E_\theta\sin\theta \tag{15}$$

$$H_x = -H_\phi\sin\phi,\quad H_y = H_\phi\cos\phi,\quad H_z = H_\phi\cos\theta \tag{16}$$

$$\dot{E}_x = \frac{\dot{I}\Delta l k^3\cos\theta}{\mathrm{j}2\pi\omega\varepsilon_0}\left[\frac{1}{(kr)^3} + \frac{\mathrm{j}}{(kr)^2}\right]\mathrm{e}^{-\mathrm{j}kr}\sin\theta\cos\phi$$

$$+ \frac{\dot{I}\Delta l k^3\sin\theta}{\mathrm{j}4\pi\omega\varepsilon_0}\left[\frac{1}{(kr)^3} + \frac{\mathrm{j}}{(kr)^2} - \frac{1}{kr}\right]\mathrm{e}^{-\mathrm{j}kr}\cos\theta\cos\phi$$

$$= \frac{\dot{I}\Delta l k^3}{\mathrm{j}2\pi\omega\varepsilon_0}\left[\frac{1}{(kr)^3} + \frac{\mathrm{j}}{(kr)^2}\right]\mathrm{e}^{-\mathrm{j}kr}\frac{xz}{r^2} + \frac{\dot{I}\Delta l k^3}{\mathrm{j}4\pi\omega\varepsilon_0}\left[\frac{1}{(kr)^3} + \frac{\mathrm{j}}{(kr)^2} - \frac{1}{kr}\right]\mathrm{e}^{-\mathrm{j}kr}\frac{xz}{r^2}$$

$$= \frac{\dot{I}\Delta l k^3}{\mathrm{j}4\pi\omega\varepsilon_0}\mathrm{e}^{-\mathrm{j}kr}\frac{xz}{r^2}\left[\frac{3}{(kr)^3} + \frac{3\mathrm{j}}{(kr)^2} - \frac{1}{kr}\right]$$

$$= -\mathrm{j}\omega\frac{\mu_0\dot{I}\Delta l}{k^2 4\pi r^3}\mathrm{e}^{-\mathrm{j}kr}\frac{xz}{r^2}\left(3 + 3\mathrm{j}kr - k^2 r^2\right) \tag{17}$$

$$\begin{aligned}\dot{E}_y &= \frac{\dot{I}\Delta lk^3\cos\theta}{\mathrm{j}2\pi\omega\varepsilon_0}\left[\frac{1}{(kr)^3}+\frac{\mathrm{j}}{(kr)^2}\right]\mathrm{e}^{-\mathrm{j}kr}\sin\theta\sin\phi \\ &\quad+\frac{\dot{I}\Delta lk^3\sin\theta}{\mathrm{j}4\pi\omega\varepsilon_0}\left[\frac{1}{(kr)^3}+\frac{\mathrm{j}}{(kr)^2}-\frac{1}{kr}\right]\mathrm{e}^{-\mathrm{j}kr}\cos\theta\sin\phi \\ &=\frac{\dot{I}\Delta lk^3}{\mathrm{j}2\pi\omega\varepsilon_0}\left[\frac{1}{(kr)^3}+\frac{\mathrm{j}}{(kr)^2}\right]\mathrm{e}^{-\mathrm{j}kr}\frac{zy}{r^2}+\frac{\dot{I}\Delta lk^3}{\mathrm{j}4\pi\omega\varepsilon_0}\left[\frac{1}{(kr)^3}+\frac{\mathrm{j}}{(kr)^2}-\frac{1}{kr}\right]\mathrm{e}^{-\mathrm{j}kr}\frac{zy}{r^2} \\ &=\frac{\dot{I}\Delta lk^3}{\mathrm{j}4\pi\omega\varepsilon_0}\left[\frac{3}{(kr)^3}+\frac{3\mathrm{j}}{(kr)^2}-\frac{1}{kr}\right]\mathrm{e}^{-\mathrm{j}kr}\frac{zy}{r^2} \\ &=\frac{\dot{I}\Delta l}{\mathrm{j}\omega\varepsilon_0 4\pi r^3}\mathrm{e}^{-\mathrm{j}kr}\frac{zy}{r^2}\left(3+\mathrm{j}3kr-k^2r^2\right) \\ &=-\mathrm{j}\omega\frac{\mu_0\dot{I}\Delta l}{k^2 4\pi r^3}\mathrm{e}^{-\mathrm{j}kr}\frac{zy}{r^2}\left(3+\mathrm{j}3kr-k^2r^2\right)\end{aligned} \tag{18}$$

$$\begin{aligned}\dot{E}_z &= \frac{\dot{I}\Delta lk^3\cos^2\theta}{\mathrm{j}2\pi\omega\varepsilon_0}\left[\frac{1}{(kr)^3}+\frac{\mathrm{j}}{(kr)^2}\right]\mathrm{e}^{-\mathrm{j}kr}-\frac{\dot{I}\Delta lk^3\sin^2\theta}{\mathrm{j}4\pi\omega\varepsilon_0}\left[\frac{1}{(kr)^3}+\frac{\mathrm{j}}{(kr)^2}-\frac{1}{kr}\right]\mathrm{e}^{-\mathrm{j}kr} \\ &=\frac{z^2}{r^2}\frac{\dot{I}\Delta lk^3}{\mathrm{j}2\pi\omega\varepsilon_0}\left[\frac{1}{(kr)^3}+\frac{\mathrm{j}}{(kr)^2}\right]\mathrm{e}^{-\mathrm{j}kr}-\frac{x^2+y^2}{r^2}\frac{\dot{I}\Delta lk^3}{\mathrm{j}4\pi\omega\varepsilon_0}\left[\frac{1}{(kr)^3}+\frac{\mathrm{j}}{(kr)^2}-\frac{1}{kr}\right]\mathrm{e}^{-\mathrm{j}kr} \\ &=\frac{z^2}{r^2}\frac{\dot{I}\Delta lk^3}{\mathrm{j}4\pi\omega\varepsilon_0}\left[\frac{2}{(kr)^3}+\frac{2\mathrm{j}}{(kr)^2}\right]\mathrm{e}^{-\mathrm{j}kr}-\frac{x^2+y^2}{r^2}\frac{\dot{I}\Delta lk^3}{\mathrm{j}4\pi\omega\varepsilon_0}\left[\frac{1}{(kr)^3}+\frac{\mathrm{j}}{(kr)^2}-\frac{1}{kr}\right]\mathrm{e}^{-\mathrm{j}kr} \\ &=\frac{z^2}{r^2}\frac{\dot{I}\Delta lk^3}{\mathrm{j}4\pi\omega\varepsilon_0}\left[\frac{3}{(kr)^3}+\frac{3\mathrm{j}}{(kr)^2}-\frac{1}{kr}\right]\mathrm{e}^{-\mathrm{j}kr}+\frac{x^2+y^2}{r^2}\frac{\dot{I}\Delta lk^3}{\mathrm{j}4\pi\omega\varepsilon_0}\left[-\frac{1}{(kr)^3}-\frac{\mathrm{j}}{(kr)^2}+\frac{1}{kr}\right]\mathrm{e}^{-\mathrm{j}kr} \\ &=\frac{z^2}{r^2}\frac{\dot{I}\Delta l}{\mathrm{j}\omega\varepsilon_0 4\pi r^3}\left(-k^2r^2+3\mathrm{j}kr+3\right)\mathrm{e}^{-\mathrm{j}kr}+\frac{x^2+y^2}{r^2}\frac{\dot{I}\Delta l}{\mathrm{j}\omega\varepsilon_0 4\pi r^3}\left(k^2r^2-\mathrm{j}kr-1\right)\mathrm{e}^{-\mathrm{j}kr} \\ &=-\mathrm{j}\omega\frac{\mu_0\dot{I}\Delta l}{k^2 4\pi r^3}\frac{z^2}{r^2}\left(-k^2r^2+3\mathrm{j}kr+3\right)\mathrm{e}^{-\mathrm{j}kr}-\mathrm{j}\omega\frac{\mu_0\dot{I}\Delta l}{k^2 4\pi r^3}\frac{x^2+y^2}{r^2}\left(k^2r^2-\mathrm{j}kr-1\right)\mathrm{e}^{-\mathrm{j}kr}\end{aligned} \tag{19}$$

$$\dot{E}_\phi = 0 \tag{20}$$

当输入电流为阶跃波时 $I = I\cdot u(t)$，利用 $f(t)=L^{-1}\left[\dfrac{F(s)}{s}\right]$，并令 $s=\mathrm{j}\omega$，则阶跃响应只需要通过对正弦波电场和磁场的表达式作拉普拉斯逆变换即可得到。

其中，$k^2=\omega^2\mu\varepsilon-\mathrm{j}\omega\mu\gamma=-s^2\mu\varepsilon-s\mu\gamma$，当是理想介质时，$k^2=\omega^2\mu\varepsilon=-s^2\mu\varepsilon$，$\mathrm{j}kr=\mathrm{j}\omega\sqrt{\mu\varepsilon}r=s\sqrt{\mu\varepsilon}r$，经过拉普拉斯逆变换，得到理想均匀媒质中电场和磁场的时间域表达式。

$$L^{-1}\left[\frac{\mathrm{j}kr}{s}\mathrm{e}^{-\mathrm{j}kr}\right]=L^{-1}\left[\sqrt{\mu\varepsilon}r\,\mathrm{e}^{-s\sqrt{\mu\varepsilon}r}\right]=\sqrt{\mu\varepsilon}r\cdot\delta\left(t-\sqrt{\mu\varepsilon}r\right) \tag{21}$$

$$L^{-1}\left[\frac{1}{s}\mathrm{e}^{-\mathrm{j}kr}\right]=L^{-1}\left[\frac{1}{s}\mathrm{e}^{-s\sqrt{\mu\varepsilon}r}\right]=u\left(t-\sqrt{\mu\varepsilon}r\right) \tag{22}$$

$$L^{-1}\left[\frac{k^2r^2}{s^2}\mathrm{e}^{-\mathrm{j}kr}\right]=L^{-1}\left[\mu\varepsilon r^2\mathrm{e}^{-s\sqrt{\mu\varepsilon}r}\right]=\mu\varepsilon r^2\cdot\delta\left(t-\sqrt{\mu\varepsilon}r\right) \tag{23}$$

$$L^{-1}\left[\frac{1}{s^2}\mathrm{e}^{-\mathrm{j}kr}\right]=L^{-1}\left[\frac{1}{s^2}\mathrm{e}^{-s\sqrt{\mu\varepsilon}r}\right]=\left(t-\sqrt{\mu\varepsilon}r\right)u\left(t-\sqrt{\mu\varepsilon}r\right) \tag{24}$$

$$\dot{H}_\phi=\frac{\dot{I}\Delta lk^2\sin\theta}{4\pi}\left[\frac{1}{(kr)^2}+\frac{\mathrm{j}}{kr}\right]\mathrm{e}^{-\mathrm{j}kr}=\frac{\dot{I}\Delta l}{4\pi r^2}\sin\theta(1+\mathrm{j}kr)\,\mathrm{e}^{-\mathrm{j}kr} \tag{25}$$

$$\frac{H_\phi(s)}{s}=\frac{\dot{I}\Delta l}{4\pi r^2}\sin\theta L^{-1}\left[\frac{1}{s}\mathrm{e}^{-s\sqrt{\mu\varepsilon}r}+\sqrt{\mu\varepsilon}r\mathrm{e}^{-s\sqrt{\mu\varepsilon}r}\right] \tag{26}$$

$$H_\phi(t)=\frac{Iu(t)\Delta l}{4\pi r^2}\sin\theta\left[u\left(t-\sqrt{\mu\varepsilon}r\right)+\sqrt{\mu\varepsilon}r\cdot\delta\left(t-\sqrt{\mu\varepsilon}r\right)\right] \tag{27}$$

$$\dot{E}_r=\frac{\dot{I}\Delta lk^3\cos\theta}{\mathrm{j}2\pi\omega\varepsilon_0}\left[\frac{1}{(kr)^3}+\frac{\mathrm{j}}{(kr)^2}\right]\mathrm{e}^{-\mathrm{j}kr}=-\mathrm{j}\omega\frac{\mu_0\dot{I}\Delta l\cos\theta}{k^2 4\pi r^3}(2+2\mathrm{j}kr)\,\mathrm{e}^{-\mathrm{j}kr} \tag{28}$$

$$\frac{E_r(s)}{s}=-\frac{\mu_0\dot{I}\Delta l\cos\theta}{4\pi r^3}\left(-\frac{2}{\mu_0\varepsilon_0}\frac{1}{s^2}+\frac{1}{s}\frac{2r}{\sqrt{\mu_0\varepsilon_0}}\right)\mathrm{e}^{-s\sqrt{\mu\varepsilon}r} \tag{29}$$

$$\begin{aligned}E_r(t)&=-\frac{\mu_0Iu(t)\Delta l\cos\theta}{4\pi r^3}L^{-1}\left[-\frac{2}{\mu_0\varepsilon_0}\frac{1}{s^2}\mathrm{e}^{-s\sqrt{\mu\varepsilon}r}+\frac{1}{s}\frac{2r}{\sqrt{\mu_0\varepsilon_0}}\mathrm{e}^{-s\sqrt{\mu\varepsilon}r}\right]\\&=-\frac{\mu_0Iu(t)\Delta l\cos\theta}{4\pi r^3}\left[-\frac{2}{\mu_0\varepsilon_0}\left(t-\sqrt{\mu\varepsilon}r\right)u\left(t-\sqrt{\mu\varepsilon}r\right)+\frac{2r}{\sqrt{\mu_0\varepsilon_0}}u\left(t-\sqrt{\mu\varepsilon}r\right)\right]\end{aligned} \tag{30}$$

$$\dot{E}_\theta=\frac{\dot{I}\Delta lk^3\sin\theta}{\mathrm{j}4\pi\omega\varepsilon_0}\left[\frac{1}{(kr)^3}+\frac{\mathrm{j}}{(kr)^2}-\frac{1}{kr}\right]\mathrm{e}^{-\mathrm{j}kr}=-\mathrm{j}\omega\frac{\mu_0\dot{I}\Delta l\sin\theta}{k^2 4\pi r^3}\left(1+\mathrm{j}kr-k^2r^2\right)\mathrm{e}^{-\mathrm{j}kr} \tag{31}$$

$$\frac{E_\theta(s)}{s}=-\frac{\mu_0\dot{I}\Delta l\sin\theta}{4\pi r^3}\left(-\frac{1}{s^2\mu_0\varepsilon_0}\mathrm{e}^{-s\sqrt{\mu\varepsilon}r}+\frac{r}{s\sqrt{\mu_0\varepsilon_0}}\mathrm{e}^{-s\sqrt{\mu\varepsilon}r}-r^2\mathrm{e}^{-s\sqrt{\mu\varepsilon}r}\right) \tag{32}$$

$$\begin{aligned}E_\theta(t)&=-\frac{\mu_0\dot{I}\Delta l\sin\theta}{4\pi r^3}L^{-1}\left[-\frac{1}{s^2\mu_0\varepsilon_0}\mathrm{e}^{-s\sqrt{\mu\varepsilon}r}+\frac{\sqrt{\mu_0\varepsilon_0}r}{s}\mathrm{e}^{-s\sqrt{\mu\varepsilon}r}-r^2\mathrm{e}^{-s\sqrt{\mu\varepsilon}r}\right]\\&=-\frac{\mu_0\dot{I}\Delta l\sin\theta}{4\pi r^3}\left[-\frac{1}{\mu_0\varepsilon_0}\left(t-\sqrt{\mu\varepsilon}r\right)u\left(t-\sqrt{\mu\varepsilon}r\right)+\sqrt{\mu_0\varepsilon_0}ru\left(t-\sqrt{\mu\varepsilon}r\right)-r^2\delta\left(t-\sqrt{\mu\varepsilon}r\right)\right]\end{aligned} \tag{33}$$

当媒质为导电媒质时，$k^2=-\mathrm{j}\omega\mu\gamma=-s\mu\gamma$，$\mathrm{j}kr=\mathrm{j}\sqrt{-\mathrm{j}\omega\mu\gamma}r=\sqrt{s}\sqrt{\mu\gamma}r$。

$$L^{-1}\left[\frac{k^2r^2}{s}\mathrm{e}^{-\mathrm{j}kr}\right]=L^{-1}\left[\frac{-s\mu\gamma r^2}{s}\mathrm{e}^{-\sqrt{s}\sqrt{\mu\gamma r}}\right]=L^{-1}\left[-\mu\gamma r^2\mathrm{e}^{-\sqrt{s}\sqrt{\mu\gamma r}}\right]=-\frac{\mu\gamma r^2\sqrt{\mu\gamma r}}{2\sqrt{\pi t^3}}\mathrm{e}^{\left(-\frac{\mu\gamma r^2}{4t}\right)} \tag{34}$$

$$L^{-1}\left[\frac{\mathrm{j}kr}{s}\mathrm{e}^{-\mathrm{j}kr}\right]=L^{-1}\left[\frac{\sqrt{s}\sqrt{\mu\gamma r}}{s}\mathrm{e}^{-\sqrt{s}\sqrt{\mu\gamma r}}\right]=L^{-1}\left[\frac{\sqrt{\mu\gamma r}}{\sqrt{s}}\mathrm{e}^{-\sqrt{s}\sqrt{\mu\gamma r}}\right]=\frac{\sqrt{\mu\gamma r}}{\sqrt{\pi t}}\mathrm{e}^{\left(-\frac{\mu\gamma r^2}{4t}\right)} \tag{35}$$

$$L^{-1}\left[\frac{1}{s}\mathrm{e}^{-\mathrm{j}kr}\right]=L^{-1}\left[\frac{1}{s}\mathrm{e}^{-\sqrt{s}\sqrt{\mu\gamma r}}\right]=\mathrm{erfc}\left(\frac{\sqrt{\mu\gamma r}}{2\sqrt{t}}\right) \tag{36}$$

$$\dot{H}_\phi=\frac{\dot{I}\Delta lk^2\sin\theta}{4\pi}\left[\frac{1}{(kr)^2}+\frac{\mathrm{j}}{kr}\right]\mathrm{e}^{-\mathrm{j}kr}=\frac{\dot{I}\Delta l}{4\pi r^2}\sin\theta(1+\mathrm{j}kr)\,\mathrm{e}^{-\mathrm{j}kr} \tag{37}$$

$$\frac{H_\phi(s)}{s}=\frac{\dot{I}\Delta l}{4\pi r^2}\sin\theta L^{-1}\left[\frac{1}{s}\mathrm{e}^{-\sqrt{s}\sqrt{\mu\gamma r}}+\frac{\sqrt{s}}{s}\sqrt{\mu\gamma r}\cdot\mathrm{e}^{-\sqrt{s}\sqrt{\mu\gamma r}}\right] \tag{38}$$

$$\dot{H}_\phi(t)=\frac{Iu(t)\Delta l}{4\pi r^2}\sin\theta\left[\mathrm{erfc}\left(\frac{\sqrt{\mu\gamma r}}{2\sqrt{t}}\right)+\frac{\sqrt{\mu\gamma r}}{\sqrt{\pi t}}\mathrm{e}^{\left(-\frac{\mu\gamma r^2}{4t}\right)}\right] \tag{39}$$

令 $\frac{\sqrt{\mu\gamma r}}{2\sqrt{t}}=\sqrt{\frac{\mu\gamma}{4t}}r=\theta r$，有

$$\dot{E}_r=\frac{\dot{I}\Delta lk^3\cos\theta}{\mathrm{j}2\pi\omega\varepsilon_0}\left[\frac{1}{(kr)^3}+\frac{\mathrm{j}}{(kr)^2}\right]\mathrm{e}^{-\mathrm{j}kr}=-\mathrm{j}\omega\frac{\dot{I}\Delta l\cos\theta}{k^2 4\pi r^3}(2+2\mathrm{j}k\,r)\,\mathrm{e}^{-\mathrm{j}kr} \tag{40}$$

$$\begin{aligned}\frac{E_r(s)}{s}&=-\frac{\mu_0\dot{I}\Delta l\cos\theta}{4\pi r^3}\left(-\frac{2}{s\mu\gamma}-\frac{2}{s\mu\gamma}\sqrt{s}\sqrt{\mu\gamma r}\right)\mathrm{e}^{-\sqrt{s}\sqrt{\mu\gamma r}}\\&=\frac{\mu_0\dot{I}\Delta l\cos\theta}{4\pi r^3}\left(\frac{2}{s\mu\gamma}+\frac{2}{\sqrt{s}\mu\gamma}\sqrt{\mu\gamma r}\right)\mathrm{e}^{-\sqrt{s}\sqrt{\mu\gamma r}}\end{aligned} \tag{41}$$

$$\frac{E_r(s)}{s}=\frac{\mu_0\dot{I}\Delta l\cos\theta}{\mu\gamma 4\pi r^3}\left(\frac{2}{s}+2r\sqrt{\mu\gamma r}\frac{1}{\sqrt{s}}\right)\mathrm{e}^{-\sqrt{s}\sqrt{\mu\gamma r}} \tag{42}$$

$$\begin{aligned}E_r(t)&=\frac{Iu(t)\Delta l\cos\theta}{4\pi r^3\gamma}L^{-1}\left[\left(\frac{2}{s}+2r\sqrt{\mu\gamma r}\frac{1}{\sqrt{s}}\right)\mathrm{e}^{-\sqrt{s}\sqrt{\mu\gamma r}}\right]\\&=\frac{Iu(t)\Delta l\cos\theta}{4\pi r^3\gamma}\left[2\mathrm{erfc}\left(\frac{\sqrt{\mu\gamma r}}{2\sqrt{t}}\right)+2\sqrt{\mu\gamma r}\frac{1}{\sqrt{\pi t}}\mathrm{e}^{\left(-\frac{\mu\gamma r^2}{4t}\right)}\right]\end{aligned} \tag{43}$$

$$\dot{E}_\theta=\frac{\dot{I}\Delta lk^3\sin\theta}{\mathrm{j}4\pi\omega\varepsilon_0}\left[\frac{1}{(kr)^3}+\frac{\mathrm{j}}{(kr)^2}-\frac{1}{kr}\right]\mathrm{e}^{-\mathrm{j}kr}=-\mathrm{j}\omega\frac{\mu_0\dot{I}\Delta l\sin\theta}{k^2 4\pi r^3}\left(1+\mathrm{j}kr-k^2r^2\right)\mathrm{e}^{-\mathrm{j}kr} \tag{44}$$

$$\frac{E_\theta(s)}{s}=-\frac{\mu_0\dot{I}\Delta l\sin\theta}{k^2 4\pi r^3}\left(e^{-\sqrt{s}\sqrt{\mu\gamma}r}+\sqrt{s}\sqrt{\mu\gamma}re^{-\sqrt{s}\sqrt{\mu\gamma}r}+s\mu\gamma r^2e^{-\sqrt{s}\sqrt{\mu\gamma}r}\right) \tag{45}$$

$$\begin{aligned}E_\theta(t)&=\frac{\mu_0\dot{I}\Delta l\sin\theta}{\mu\gamma 4\pi r^3}L^{-1}\left[\frac{1}{s}e^{-\sqrt{s}\sqrt{\mu\gamma}r}+\frac{1}{\sqrt{s}}\sqrt{\mu\gamma}re^{-\sqrt{s}\sqrt{\mu\gamma}r}+\mu\gamma r^2e^{-\sqrt{s}\sqrt{\mu\gamma}r}\right]\\&=\frac{\dot{I}\Delta l\sin\theta}{4\pi r^3\gamma}\left[\operatorname{erfc}\left(\frac{\sqrt{\mu\gamma}r}{2\sqrt{t}}\right)+\frac{\sqrt{\mu\gamma}r}{\sqrt{\pi t}}e^{\left(-\frac{\mu\gamma r^2}{4t}\right)}-\frac{\mu\gamma r^2\sqrt{\mu\gamma}r}{2\sqrt{\pi t^3}}e^{\left(-\frac{\mu\gamma r^2}{4t}\right)}\right]\end{aligned} \tag{46}$$

2. 磁偶极子

为了求解磁偶极子产生的时变电磁场，首先建立直角坐标系或球坐标系，如图 5.9 所示。

设在无限大自由空间内的圆环中，当输入电流为阶跃波时 $I=I\cdot u(t)$，利用 $f(t)=L^{-1}\left[\frac{F(s)}{s}\right]$，并令 $s=\mathrm{j}\omega$，则阶跃响应只需要通过对正弦波电场和磁场的表达式作拉普拉斯逆变换即可得到。其中 $k^2=\omega^2\mu\varepsilon-\mathrm{j}\omega\mu\gamma=-s^2\mu\varepsilon-s\mu\gamma$，当是理想介质时，$k^2=\omega^2\mu\varepsilon=-s^2\mu\varepsilon$，$\mathrm{j}kr=\mathrm{j}\omega\sqrt{\mu\varepsilon}r=s\sqrt{\mu\varepsilon}r$，经过拉普拉斯逆变换，得到理想均匀媒质中电场和磁场的时间域表达式。

$$L^{-1}\left[e^{-\mathrm{j}kr}\right]=L^{-1}\left[e^{-s\sqrt{\mu\varepsilon}r}\right]=\delta\left(t-\sqrt{\mu\varepsilon}r\right) \tag{47}$$

$$L^{-1}\left[\frac{\mathrm{j}kr}{s}e^{-\mathrm{j}kr}\right]=L^{-1}\left[\sqrt{\mu\varepsilon}r\,e^{-s\sqrt{\mu\varepsilon}r}\right]=\sqrt{\mu\varepsilon}r\cdot\delta\left(t-\sqrt{\mu\varepsilon}r\right) \tag{48}$$

$$L^{-1}\left[\frac{1}{s}e^{-\mathrm{j}kr}\right]=L^{-1}\left[\frac{1}{s}e^{-s\sqrt{\mu\varepsilon}r}\right]=u\left(t-\sqrt{\mu\varepsilon}r\right) \tag{49}$$

$$L^{-1}\left[\frac{k^2r^2}{s^2}e^{-\mathrm{j}kr}\right]=L^{-1}\left[\mu\varepsilon r^2e^{-s\sqrt{\mu\varepsilon}r}\right]=\mu\varepsilon r^2\cdot\delta\left(t-\sqrt{\mu\varepsilon}r\right) \tag{50}$$

$$L^{-1}\left[\frac{1}{s^2}e^{-\mathrm{j}kr}\right]=L^{-1}\left[\frac{1}{s^2}e^{-s\sqrt{\mu\varepsilon}r}\right]=\left(t-\sqrt{\mu\varepsilon}r\right)u\left(t-\sqrt{\mu\varepsilon}r\right) \tag{51}$$

$$\dot{H}_r=\frac{\dot{I}Sk^3}{2\pi}\left(\frac{1}{k^3r^3}+\frac{\mathrm{j}}{k^2r^2}\right)\cos\theta\,e^{-\mathrm{j}kr}=\frac{\dot{I}S\cos\theta}{2\pi r^3}(1+\mathrm{j}kr)e^{-\mathrm{j}kr} \tag{52}$$

$$\frac{H_r(s)}{s}=\frac{\dot{I}S\cos\theta}{2\pi r^3}L^{-1}\left[\frac{1}{s}e^{-s\sqrt{\mu\varepsilon}r}+\sqrt{\mu\varepsilon}re^{-s\sqrt{\mu\varepsilon}r}\right] \tag{53}$$

$$H_r(t)=\frac{Iu(t)S\cos\theta}{2\pi r^3}\left[u\left(t-\sqrt{\mu\varepsilon}r\right)+\sqrt{\mu\varepsilon}r\cdot\delta\left(t-\sqrt{\mu\varepsilon}r\right)\right] \tag{54}$$

$$\dot{H}_\theta=\frac{\dot{I}Sk^3}{4\pi}\left(-\frac{1}{kr}+\mathrm{j}\frac{1}{k^2r^2}+\frac{1}{k^3r^3}\right)\sin\theta e^{-\mathrm{j}kr}=\frac{\dot{I}S\sin\theta}{4\pi r^3}\left(-k^2r^2+\mathrm{j}kr+1\right)e^{-\mathrm{j}kr} \tag{55}$$

$$\frac{H_\theta(s)}{s^2}=\frac{\dot{I}S\sin\theta}{4\pi r^3}L^{-1}\left[r^2\mu\varepsilon e^{-s\sqrt{\mu\varepsilon}r}+\frac{\mathrm{j}r\sqrt{\mu\varepsilon}}{s}e^{-s\sqrt{\mu\varepsilon}r}+\frac{1}{s^2}e^{-s\sqrt{\mu\varepsilon}r}\right] \tag{56}$$

$$H'_\theta(t)=\frac{Iu(t)S\sin\theta}{4\pi r^3}\left[r^2\mu\varepsilon\cdot\delta\left(t-\sqrt{\mu\varepsilon}r\right)+\mathrm{j}r\sqrt{\mu\varepsilon}u\left(t-\sqrt{\mu\varepsilon}r\right)+\left(t-\sqrt{\mu\varepsilon}r\right)u\left(t-\sqrt{\mu\varepsilon}r\right)\right] \tag{57}$$

$$\begin{aligned}H_\theta(t)&=\frac{\partial H'_\theta(t)}{\partial t}\\&=\frac{I\delta(t)S\sin\theta}{4\pi r^3}\left[r^2\mu\varepsilon\cdot\delta\left(t-\sqrt{\mu\varepsilon}r\right)+\mathrm{j}r\sqrt{\mu\varepsilon}u\left(t-\sqrt{\mu\varepsilon}r\right)+\left(t-\sqrt{\mu\varepsilon}r\right)u\left(t-\sqrt{\mu\varepsilon}r\right)\right]\\&+\frac{Iu(t)S\sin\theta}{4\pi r^3}\left[r^2\mu\varepsilon\cdot\delta'\left(t-\sqrt{\mu\varepsilon}r\right)+\mathrm{j}r\sqrt{\mu\varepsilon}\cdot\delta\left(t-\sqrt{\mu\varepsilon}r\right)\right.\\&\left.+u\left(t-\sqrt{\mu\varepsilon}r\right)+\left(t-\sqrt{\mu\varepsilon}r\right)\cdot\delta\left(t-\sqrt{\mu\varepsilon}r\right)\right]\end{aligned} \tag{58}$$

$$\dot{E}_\phi=-\mathrm{j}\omega\frac{\mu\dot{I}Sk^2}{4\pi}\left(\frac{\mathrm{j}}{kr}+\frac{1}{k^2r^2}\right)\sin\theta e^{-\mathrm{j}kr}=-\mathrm{j}\omega\frac{\mu\dot{I}S\sin\theta}{4\pi r^2}(\mathrm{j}kr+1)e^{-\mathrm{j}kr} \tag{59}$$

$$\frac{E_\phi(s)}{s^2}=-\frac{\mu\dot{I}S\sin\theta}{4\pi r^2}L^{-1}\left[\frac{\mathrm{j}kr}{s}e^{-s\sqrt{\mu\varepsilon}r}+\frac{1}{s}e^{-s\sqrt{\mu\varepsilon}r}\right] \tag{60}$$

$$E'_\phi(t)=-\frac{\mu Iu(t)S\sin\theta}{4\pi r^2}\left[\sqrt{\mu\varepsilon}r\cdot\delta\left(t-\sqrt{\mu\varepsilon}r\right)+u\left(t-\sqrt{\mu\varepsilon}r\right)\right] \tag{61}$$

$$\begin{aligned}E_\phi(t)&=\frac{\partial E'_\phi(t)}{\partial t}=-\frac{\mu I\delta(t)S\sin\theta}{4\pi r^2}\left[\sqrt{\mu\varepsilon}r\cdot\delta\left(t-\sqrt{\mu\varepsilon}r\right)+u\left(t-\sqrt{\mu\varepsilon}r\right)\right]\\&-\frac{\mu Iu(t)S\sin\theta}{4\pi r^2}\left[\sqrt{\mu\varepsilon}r\cdot\delta'\left(t-\sqrt{\mu\varepsilon}r\right)+\delta\left(t-\sqrt{\mu\varepsilon}r\right)\right]\end{aligned} \tag{62}$$

当媒质为导电媒质时，$k^2=-\mathrm{j}\omega\mu\gamma=-s\mu\gamma$，$\mathrm{j}kr=\mathrm{j}\sqrt{-\mathrm{j}\omega\mu\gamma}r=\sqrt{s}\sqrt{\mu\gamma}r$。

$$L^{-1}\left[\frac{k^2r^2}{s}e^{-\mathrm{j}kr}\right]=L^{-1}\left[\frac{-s\mu\gamma r^2}{s}e^{-\sqrt{s}\sqrt{\mu\gamma}r}\right]=L^{-1}\left[-\mu\gamma r^2e^{-\sqrt{s}\sqrt{\mu\gamma}r}\right]=-\frac{\mu\gamma r^2\sqrt{\mu\gamma}r}{2\sqrt{\pi t^3}}e^{\left(-\frac{\mu\gamma r^2}{4t}\right)} \tag{63}$$

$$L^{-1}\left[\frac{\mathrm{j}kr}{s}e^{-\mathrm{j}kr}\right]=L^{-1}\left[\frac{\sqrt{s}\sqrt{\mu\gamma}r}{s}e^{-\sqrt{s}\sqrt{\mu\gamma}r}\right]=L^{-1}\left[\frac{\sqrt{\mu\gamma}r}{\sqrt{s}}e^{-\sqrt{s}\sqrt{\mu\gamma}r}\right]=\frac{\sqrt{\mu\gamma}r}{\sqrt{\pi t}}e^{\left(-\frac{\mu\gamma r^2}{4t}\right)} \tag{64}$$

$$L^{-1}\left[\frac{1}{s}e^{-\mathrm{j}kr}\right]=L^{-1}\left[\frac{1}{s}e^{-\sqrt{s}\sqrt{\mu\gamma}r}\right]=\mathrm{erfc}\left(\frac{\sqrt{\mu\gamma}r}{2\sqrt{t}}\right) \tag{65}$$

$$\dot{H}_r=\frac{\dot{I}Sk^3}{2\pi}\left(\frac{1}{k^3r^3}+\frac{\mathrm{j}}{k^2r^2}\right)\cos\theta e^{-\mathrm{j}kr}=\frac{\dot{I}S\cos\theta}{2\pi r^3}(1+\mathrm{j}kr)e^{-\mathrm{j}kr} \tag{66}$$

$$\frac{H_r(s)}{s}=\frac{\dot{I}S\cos\theta}{2\pi r^3}L^{-1}\left[\frac{1}{s}e^{-\sqrt{s}\sqrt{\mu\gamma}r}+\frac{\mathrm{j}kr}{s}e^{-\sqrt{s}\sqrt{\mu\gamma}r}\right] \tag{67}$$

$$H_r(t)=\frac{Iu(t)S\cos\theta}{2\pi r^3}\left[\operatorname{erfc}\left(\frac{\sqrt{\mu\gamma r}}{2\sqrt{t}}\right)+\frac{\sqrt{\mu\gamma r}}{\sqrt{\pi t}}e^{\left(-\frac{\mu\gamma r^2}{4t}\right)}\right] \tag{68}$$

$$\dot{H}_\theta=\frac{\dot{I}Sk^3}{4\pi}\left(-\frac{1}{kr}+j\frac{1}{k^2r^2}+\frac{1}{k^3r^3}\right)\sin\theta e^{-jkr}=\frac{\dot{I}S\sin\theta}{4\pi r^3}\left(-k^2r^2+jkr+1\right)e^{-jkr} \tag{69}$$

$$\frac{H_\theta(s)}{s}=\frac{\dot{I}S\sin\theta}{4\pi r^3}L^{-1}\left[-\frac{k^2r^2}{s}e^{-\sqrt{s}\sqrt{\mu\gamma r}}+\frac{jkr}{s}e^{-\sqrt{s}\sqrt{\mu\gamma r}}+\frac{1}{s}e^{-\sqrt{s}\sqrt{\mu\gamma r}}\right] \tag{70}$$

$$H_\theta(t)=\frac{Iu(t)S\sin\theta}{4\pi r^3}\left[\frac{\mu\gamma r^2\sqrt{\mu\gamma r}}{2\sqrt{\pi t^3}}e^{\left(-\frac{\mu\gamma r^2}{4t}\right)}+\frac{\sqrt{\mu\gamma r}}{\sqrt{\pi t}}e^{\left(-\frac{\mu\gamma r^2}{4t}\right)}+\operatorname{erfc}\left(\frac{\sqrt{\mu\gamma r}}{2\sqrt{t}}\right)\right] \tag{71}$$

$$\dot{E}_\phi=-j\omega\frac{\mu\dot{I}Sk^2}{4\pi}\left(\frac{j}{kr}+\frac{1}{k^2r^2}\right)\sin\theta e^{-jkr}=-j\omega\frac{\mu\dot{I}S\sin\theta}{4\pi r^2}(jkr+1)e^{-jkr} \tag{72}$$

$$\frac{E_\phi(s)}{s^2}=-\frac{\mu\dot{I}S\sin\theta}{4\pi r^2}L^{-1}\left[\frac{jkr}{s}e^{-\sqrt{s}\sqrt{\mu\gamma r}}+\frac{1}{s}e^{-\sqrt{s}\sqrt{\mu\gamma r}}\right] \tag{73}$$

$$E'_\phi(t)=-\frac{\mu Iu(t)S\sin\theta}{4\pi r^2}\left[\frac{\sqrt{\mu\gamma r}}{\sqrt{\pi t}}e^{\left(-\frac{\mu\gamma r^2}{4t}\right)}+\operatorname{erfc}\left(\frac{\sqrt{\mu\gamma r}}{2\sqrt{t}}\right)\right] \tag{74}$$

$$E_\phi(t)=\frac{\partial E'_\phi(t)}{\partial t}=-\frac{\mu I\delta(t)S\sin\theta}{4\pi r^2}\left[\frac{\sqrt{\mu\gamma r}}{\sqrt{\pi t}}e^{\left(-\frac{\mu\gamma r^2}{4t}\right)}+\operatorname{erfc}\left(\frac{\sqrt{\mu\gamma r}}{2\sqrt{t}}\right)\right]$$
$$-\frac{\mu Iu(t)S\sin\theta}{4\pi r^2}\left[\frac{3\sqrt{\mu\gamma r}}{2\sqrt{\pi}}t^{-\frac{3}{2}}e^{\left(-\frac{\mu\gamma r^2}{4t}\right)}+\frac{(\sqrt{\mu\gamma r})^3}{\sqrt{\pi}}t^{-\frac{5}{2}}e^{\left(-\frac{\mu\gamma r^2}{4t}\right)}\right] \tag{75}$$

式中，$\delta'(t)$ 为单位冲击函数，是 $\delta(t)$ 的导数。

6 平面电磁波及其仿真

本章从均匀平面电磁波的概念出发，基于麦克斯韦方程组，推导出电场 $\boldsymbol{E}$ 和磁场 $\boldsymbol{H}$ 的波动方程，讨论无界均匀媒质中电磁波动方程的时间域和频率域解及其物理意义。从电磁波的基本参数、传播常数和波阻抗等物理量出发，重点分析理想介质和导电媒质中平面电磁波的传播特性；在平面电磁波极化概念的基础上，重点分析均匀理想介质和导电媒质中平面电磁波的反射、折射和全反射。均匀平面电磁波为电磁波最简单的形态，可以表征电磁波传播的重要性质，是研究复杂电磁波的基础。

6.1 赫 兹 实 验

按照麦克斯韦理论，电扰动能辐射电磁波。若将电磁波发射出去，必须有一个能够产生变化电磁场的振荡电路，如 RLC 电路。同时，为了有效发射电磁波，电路需要具备两个条件：①振荡频率必须足够高；②电路需要开放。

赫兹利用感应线圈连接一个没有闭合的电路作为振荡器，这个电路中包括两根金属放电杆，每根金属杆的一端安上一个金属球，作为放电器。再将装在莱顿瓶中的电荷进行放电，这样就在两个金属球之间激起了火花，并且发现在 10m 远的开路金属环的两个金属球之间也有火花闪现。图 6.1 为电磁波检测装置示意图。当莱顿瓶进行放电时，突然增大的电流就像蛇一样来回振动起来，这就说明有变化的电磁场向四周传播，电磁波弥漫在了整个空间，进而引发在较远处的开路金属环的两个金属球之间产生了火花。这样，赫兹终于通过实验的方法成功捕捉到了电磁波，从而证明了麦克斯韦预言电磁波存在的正确性。赫兹在实验中指出，电磁波可以被反射、折射，可以和可见光、热波一样发生偏振。他设计的振荡器所发出的电磁波是平面偏振波，电场平行于振荡器的导线，而磁场垂直于电场，且两者均垂直于传播方向。

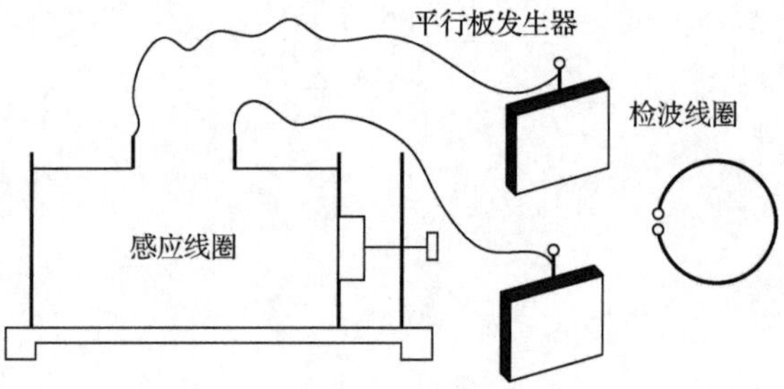

图 6.1 电磁波检测装置示意图

6.2 基本概念

1. 理想介质

理想介质是指不导电的物质，即电导率为零（$\gamma=0$），或者电导率与频率和介电常数乘积之比趋近于零，$\frac{\gamma}{\omega\varepsilon}\to 0$。实际上理想介质是不存在的，它只是绝缘体的一种近似模型，用它分析问题能带来不少便利。

2. 导电媒质

导电媒质是指导电的物质，电导率不为零，即$\gamma\neq 0$。

3. 良导媒质

良导媒质一般是指电导率较大或者$\frac{\gamma}{\omega\varepsilon}\gg 1$的媒质。

4. 电磁波

电磁波是由方向相同且互相垂直的电场与磁场在空间中衍生发射的震荡粒子波，是以波动形式传播的电磁场，具有波粒二象性。由同相振荡且互相垂直的电场与磁场在空间中以波的形式移动，其传播方向垂直于电场与磁场构成的平面。电磁波不依靠媒质传播，在真空中传播速率固定，速度为光速。

5. 横电磁波

电场与磁场都在垂直于传播方向的平面上的电磁波，称为横电磁波（transverse electromagnetic wave），简称 TEM 波。

6. 横电波

在垂直于波的传播方向平面上只含电场的电磁波称为横电波(transverse electric wave)，简称 TE 波。

7. 横磁波

在垂直于波的传播方向的平面上只含磁场的电磁波称为横磁波（transverse magnetic wave），简称 TM 波。

8. 等相位面

在电磁波传播过程中，对应于每一时刻 t，空间电磁场中电场 $\boldsymbol{E}$ 和磁场 $\boldsymbol{H}$ 具有相同相位的点所构成的相位面或波阵面，称为等相位面。

9. 平面电磁波

平面电磁波包括横电磁波、横电波与横磁波三种。等相位面为平面的电磁波称为平面电磁波。

10. 均匀平面电磁波

等相位面为平面，且在等相位面上，电场和磁场的振幅、方向、相位处处相等的电磁波，称为均匀平面电磁波，如图 6.2 所示。

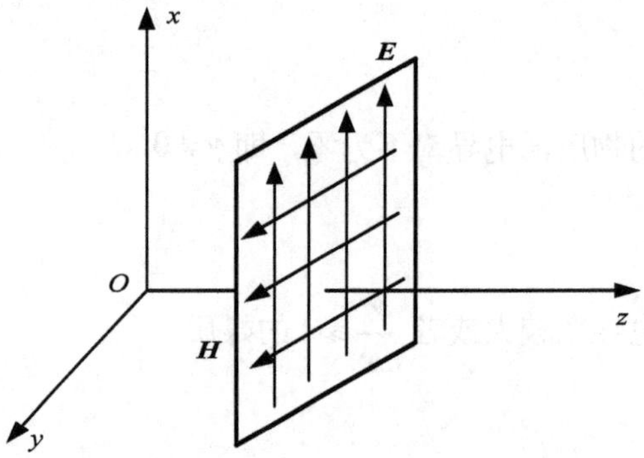

图 6.2 向 z 方向传播的均匀平面波

例如，远离单元偶极子处的电磁波在小范围内就可近似地看成均匀平面电磁波。实际中存在的各种较复杂的电磁波都可看成由多个均匀平面电磁波叠加而成，所以分析它有着重要的意义。

11. 电磁波极化

如果极化电磁波的电场强度始终在垂直于传播方向的横平面内取向，其电场矢量的端点沿一闭合轨迹移动，则这一极化电磁波称为平面极化波。电场的矢径或位置矢量端点轨迹称为极化曲线，并按极化曲线的形状对极化波命名。

12. 行波

电磁波在媒质中传播时不断向前推进。

13. 驻波

空间各点的电磁场以不同的振幅随时间做正弦振动，而沿传播方向没有波的移动。

14. 相速度

电磁波的相位传播速度，即电磁波的波峰和波谷等特定位置移动的速度，在无限大理想介质中，相速度和波速度相等，且与频率无关。

15. 入射波

在某一时刻，不断向媒质分界面进行传递的电磁波，称为入射波。电磁波的变化可以按照正弦波变化。均匀平面电磁波在无限大均匀媒质中传播时是沿直线方向前进的。

16. 反射波

电磁波在传播的路径或过程中，当到达两种媒质的分界面时，因媒质的本征参数ε、γ和μ发生突变，这时一部分电磁波的传播路径或过程将被改变，朝着相反方向反射回去，这部分波称为反射波。

17. 折射波

电磁波在传播的路径或过程中到达两种媒质分界面时，因媒质的本征参数ε、γ和μ发生突发，有一部分电磁波将穿（透）过媒质分界面，沿新的方向继续传播，这部分波称为折射波。

6.3 电磁波动方程

电磁场基本方程组表明，变化的电场和变化的磁场之间存在着耦合，这种耦合以波动的形式存在于空间，即在空间有电磁场的传播。变化的电磁场在空间的传播称为电磁波，它是由场源辐射出来的。无线电波、电视信号、雷达波束、X射线和γ射线都是电磁波的例子。研究电磁波在空间的传播规律和特性，就是讨论由电磁场基本方程组推导出的电磁波动方程在给定条件下的解。

本节将由电磁场基本方程推导电磁波动方程，并讨论平面电磁波的基本特性。

6.3.1 电磁波动方程的时间域和频率域形式

由第 5 章可知，已发射出去的电磁波，即使激发它的源消失后，仍将继续存在并向前传播。本章重点分析这种已脱离场源的电磁波在无源空间中的传播规律和特点。

在无源空间中，传导电流和自由电荷都为零，即$\boldsymbol{J}=0$、$\rho=0$。再假设无源空间中媒质为各向同性、线性和均匀的，$\boldsymbol{D}=\varepsilon\boldsymbol{E}$，$\boldsymbol{B}=\mu\boldsymbol{H}$，$\boldsymbol{J}=\gamma\boldsymbol{E}$，则由电磁场基本方程组得

$$\nabla\times\boldsymbol{H}=\gamma\boldsymbol{E}+\varepsilon\frac{\partial\boldsymbol{E}}{\partial t} \tag{6.1}$$

$$\nabla\times\boldsymbol{E}=-\mu\frac{\partial\boldsymbol{H}}{\partial t} \tag{6.2}$$

$$\nabla\cdot\boldsymbol{H}=0 \tag{6.3}$$

$$\nabla\cdot\boldsymbol{E}=0 \tag{6.4}$$

对式（6.1）两边同时取旋度运算，并将式（6.2）代入，得

$$\nabla\times\nabla\times\boldsymbol{H}=-\mu\gamma\frac{\partial\boldsymbol{H}}{\partial t}-\mu\varepsilon\frac{\partial^2\boldsymbol{H}}{\partial t^2} \tag{6.5}$$

利用矢量恒等式$\nabla\times\nabla\times\boldsymbol{H}=\nabla(\nabla\cdot\boldsymbol{H})-\nabla^2\boldsymbol{H}$，并将$\nabla\cdot\boldsymbol{H}=0$代入式（6.5），写为

$$\nabla^2\boldsymbol{H}-\mu\gamma\frac{\partial\boldsymbol{H}}{\partial t}-\mu\varepsilon\frac{\partial^2\boldsymbol{H}}{\partial t^2}=0 \tag{6.6}$$

类似地，可得电场方程

$$\nabla^2\boldsymbol{E}-\mu\gamma\frac{\partial\boldsymbol{E}}{\partial t}-\mu\varepsilon\frac{\partial^2\boldsymbol{E}}{\partial t^2}=0 \tag{6.7}$$

式中，γ为媒质的电导率；μ为媒质的磁导率；ε为媒质的介电常数。式（6.6）和式（6.7）为无源空间中$\boldsymbol{H}$和$\boldsymbol{E}$满足的方程，称为电磁波动方程的时间域形式。电磁波动方程是研究电磁波问题的基础。

以直角坐标系为例，写出波动方程的标量形式。假设电场为

$$\boldsymbol{E}(x,y,z,t)=E_x(x,y,z,t)\boldsymbol{e}_x+E_y(x,y,z,t)\boldsymbol{e}_y+E_z(x,y,z,t)\boldsymbol{e}_z \tag{6.8}$$

磁场为

$$\boldsymbol{H}(x,y,z,t)=H_x(x,y,z,t)\boldsymbol{e}_x+H_y(x,y,z,t)\boldsymbol{e}_y+H_z(x,y,z,t)\boldsymbol{e}_z \tag{6.9}$$

电磁波的波动方程可以写成6个标量方程，如下：

$$\frac{\partial^2 E_x(x,y,z,t)}{\partial x^2}+\frac{\partial^2 E_x(x,y,z,t)}{\partial y^2}+\frac{\partial^2 E_x(x,y,z,t)}{\partial z^2}-\mu\gamma\frac{\partial E_x(x,y,z,t)}{\partial t}-\mu\varepsilon\frac{\partial^2 E_x(x,y,z,t)}{\partial t^2}=0 \tag{6.10}$$

$$\frac{\partial^2 E_y(x,y,z,t)}{\partial x^2}+\frac{\partial^2 E_y(x,y,z,t)}{\partial y^2}+\frac{\partial^2 E_y(x,y,z,t)}{\partial z^2}-\mu\gamma\frac{\partial E_y(x,y,z,t)}{\partial t}-\mu\varepsilon\frac{\partial^2 E_y(x,y,z,t)}{\partial t^2}=0 \tag{6.11}$$

$$\frac{\partial^2 E_z(x,y,z,t)}{\partial x^2}+\frac{\partial^2 E_z(x,y,z,t)}{\partial y^2}+\frac{\partial^2 E_z(x,y,z,t)}{\partial z^2}-\mu\gamma\frac{\partial E_z(x,y,z,t)}{\partial t}-\mu\varepsilon\frac{\partial^2 E_z(x,y,z,t)}{\partial t^2}=0 \tag{6.12}$$

$$\frac{\partial^2 H_x(x,y,z,t)}{\partial x^2}+\frac{\partial^2 H_x(x,y,z,t)}{\partial y^2}+\frac{\partial^2 H_x(x,y,z,t)}{\partial z^2}-\mu\gamma\frac{\partial H_x(x,y,z,t)}{\partial t}-\mu\varepsilon\frac{\partial^2 H_x(x,y,z,t)}{\partial t^2}=0 \tag{6.13}$$

$$\frac{\partial^2 H_y(x,y,z,t)}{\partial x^2}+\frac{\partial^2 H_y(x,y,z,t)}{\partial y^2}+\frac{\partial^2 H_y(x,y,z,t)}{\partial z^2}-\mu\gamma\frac{\partial H_y(x,y,z,t)}{\partial t}-\mu\varepsilon\frac{\partial^2 H_y(x,y,z,t)}{\partial t^2}=0 \tag{6.14}$$

$$\frac{\partial^2 H_z(x,y,z,t)}{\partial x^2}+\frac{\partial^2 H_z(x,y,z,t)}{\partial y^2}+\frac{\partial^2 H_z(x,y,z,t)}{\partial z^2}-\mu\gamma\frac{\partial H_z(x,y,z,t)}{\partial t}-\mu\varepsilon\frac{\partial^2 H_z(x,y,z,t)}{\partial t^2}=0 \tag{6.15}$$

利用场量的复数形式对时间的微分运算，可以得到如下对应关系：

$$\frac{\partial\boldsymbol{E}}{\partial t}\Leftrightarrow\frac{1}{\sqrt{2}}\mathrm{j}\omega\dot{\boldsymbol{E}}_{\mathrm{m}}=\mathrm{j}\omega\dot{\boldsymbol{E}} \tag{6.16}$$

$$\frac{\partial^2\boldsymbol{E}}{\partial t^2}\Leftrightarrow-\frac{1}{\sqrt{2}}\omega^2\dot{\boldsymbol{E}}_{\mathrm{m}}=-\omega^2\dot{\boldsymbol{E}} \tag{6.17}$$

从上两式中可以看出，场量对时间的一阶导数等于复数形式乘以$\mathrm{j}\omega$，对时间的二阶导

数等于复数形式乘以 $-\omega^2$，这样就大大简化了运算过程。为了表示更方便，表示复数形式的“·”也可以略去。

电磁波动方程的复数或频率形式为

$$\nabla^2 \dot{\boldsymbol{E}} + (\omega^2 \mu\varepsilon - \mathrm{j}\omega\mu\gamma)\dot{\boldsymbol{E}} = 0 \tag{6.18}$$

$$\nabla^2 \dot{\boldsymbol{H}} + (\omega^2 \mu\varepsilon - \mathrm{j}\omega\mu\gamma)\dot{\boldsymbol{H}} = 0 \tag{6.19}$$

令 $k^2 = \omega^2\mu\varepsilon - \mathrm{j}\omega\mu\gamma$，上式简化为

$$\nabla^2 \dot{\boldsymbol{E}} + k^2 \dot{\boldsymbol{E}} = 0 \tag{6.20}$$

$$\nabla^2 \dot{\boldsymbol{H}} + k^2 \dot{\boldsymbol{H}} = 0 \tag{6.21}$$

式（6.20）和式（6.21）称为矢量亥姆霍兹方程。式中电场和磁场的复数展开形式分别为 $\dot{\boldsymbol{E}}(x,y,z) = \dot{E}_x\boldsymbol{e}_x + \dot{E}_y\boldsymbol{e}_y + \dot{E}_z\boldsymbol{e}_z$ 和 $\dot{\boldsymbol{H}}(x,y,z) = \dot{H}_x\boldsymbol{e}_x + \dot{H}_y\boldsymbol{e}_y + \dot{H}_z\boldsymbol{e}_z$，$\omega$ 为电磁波的角频率，k 为波传播常数，令 $k = \beta - \mathrm{j}\alpha$，$\beta$ 为相位常数，α 为衰减常数。

以直角坐标系为例，电场和磁场的波动方程标量形式为

$$\begin{cases} \nabla^2 \dot{E}_x + k^2 \dot{E}_x = 0 \\ \nabla^2 \dot{E}_y + k^2 \dot{E}_y = 0 \\ \nabla^2 \dot{E}_z + k^2 \dot{E}_z = 0 \end{cases} \tag{6.22}$$

$$\begin{cases} \nabla^2 \dot{H}_x + k^2 \dot{H}_x = 0 \\ \nabla^2 \dot{H}_y + k^2 \dot{H}_y = 0 \\ \nabla^2 \dot{H}_z + k^2 \dot{H}_z = 0 \end{cases} \tag{6.23}$$

6.3.2 一维平面电磁波的波动方程

为了更容易掌握平面电磁波传播特性，以一维电磁波动方程为例，假设均匀平面电磁波的波阵面与 xOy 平面平行，如图 6.3 所示。根据均匀平面电磁波的定义，电场 $\boldsymbol{E}$ 或磁场 $\boldsymbol{H}$ 的值在波阵面上处处相等，只与坐标 z 有关，而与坐标 x 和 y 无关。

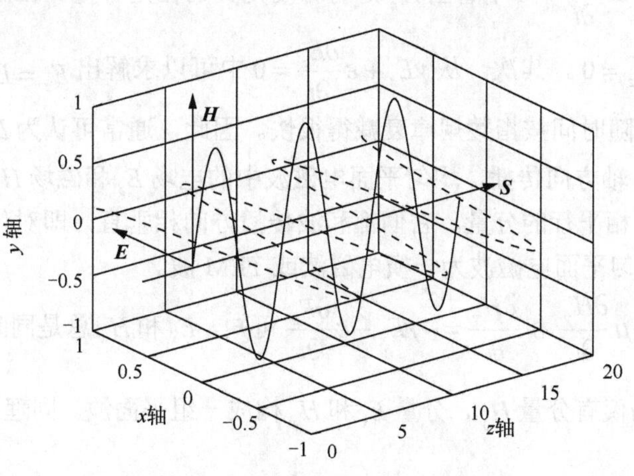

图 6.3 电场和磁场在波阵面示意图

设电场为

$$\boldsymbol{E}(z,t)=E_x(z,t)\boldsymbol{e}_x+E_y(z,t)\boldsymbol{e}_y+E_z(z,t)\boldsymbol{e}_z \tag{6.24}$$

磁场为

$$\boldsymbol{H}(z,t)=H_x(z,t)\boldsymbol{e}_x+H_y(z,t)\boldsymbol{e}_y+H_z(z,t)\boldsymbol{e}_z \tag{6.25}$$

式中，电场$\boldsymbol{E}$和磁场$\boldsymbol{H}$除了与时间t有关外，仅与空间坐标z有关，可简化为$\boldsymbol{E}=\boldsymbol{E}(z,t)$和$\boldsymbol{H}=\boldsymbol{H}(z,t)$形式，这时电场$\boldsymbol{E}$和磁场$\boldsymbol{H}$的波动方程（6.6）和（6.7）简化为

$$\frac{\partial^2\boldsymbol{E}}{\partial z^2}-\mu\gamma\frac{\partial\boldsymbol{E}}{\partial t}-\mu\varepsilon\frac{\partial^2\boldsymbol{E}}{\partial t^2}=0 \tag{6.26}$$

$$\frac{\partial^2\boldsymbol{H}}{\partial z^2}-\mu\gamma\frac{\partial\boldsymbol{H}}{\partial t}-\mu\varepsilon\frac{\partial^2\boldsymbol{H}}{\partial t^2}=0 \tag{6.27}$$

式（6.26）和式（6.27）被称为电场$\boldsymbol{E}$和磁场$\boldsymbol{H}$关于z的一维波动方程。

把$\boldsymbol{E}=\boldsymbol{E}(z,t)$和$\boldsymbol{H}=\boldsymbol{H}(z,t)$分别代入方程（6.1）～方程（6.4），并在直角坐标系中展开，可得下列方程组：

$$\begin{cases}\gamma E_z+\varepsilon\dfrac{\partial E_z}{\partial t}=0, & \dfrac{\partial E_x}{\partial z}=-\mu\dfrac{\partial H_y}{\partial t}\\ \dfrac{\partial H_x}{\partial z}=\gamma E_y+\varepsilon\dfrac{\partial E_y}{\partial t}, & \dfrac{\partial E_y}{\partial z}=\mu\dfrac{\partial H_x}{\partial t}\\ \dfrac{\partial H_y}{\partial z}=-\gamma E_x-\varepsilon\dfrac{\partial E_x}{\partial t}, & \mu\dfrac{\partial H_z}{\partial t}=0\end{cases} \tag{6.28}$$

现在分析一维波动方程的标量展开形式，进而获得一维均匀平面电磁波的传播特性。

（1）首先，从$\mu\dfrac{\partial H_z}{\partial t}=0$中看出$H_z$是与时间无关的恒定分量。在波动问题中，常量没有意义，故可取$H_z=0$。其次，从$\gamma E_z+\varepsilon\dfrac{\partial E_z}{\partial t}=0$中可以求解出$E_z=E_{z0}\mathrm{e}^{-\frac{\gamma}{\varepsilon}t}$，考虑到一般情况下$\gamma\gg\varepsilon$，$E_z$随时间按指数规律衰减得很快。因此，通常可认为$E_z$为零，即$E_z=0$。

当电磁波沿z轴方向传播，均匀平面电磁波中的电场E_z和磁场H_z幅值均为零，都没有和波传播方向z相平行的分量，它们都和波传播方向相垂直，即对传播方向来说它们是横向的。为此，均匀平面电磁波为一横电磁波或TEM波。

（2）从$\dfrac{\partial E_x}{\partial z}=-\mu\dfrac{\partial H_y}{\partial t}$和$\dfrac{\partial H_y}{\partial z}=-\gamma E_x-\varepsilon\dfrac{\partial E_x}{\partial t}$可知，$E_x$和$H_y$总是同时存在，若电场$\boldsymbol{E}$只有分量$E_x$，则磁场仅有分量$H_y$，分量$E_x$和$H_y$构成一组平面波。同理，从$\dfrac{\partial E_y}{\partial z}=\mu\dfrac{\partial H_x}{\partial t}$和$\dfrac{\partial H_x}{\partial z}=\gamma E_y+\varepsilon\dfrac{\partial E_y}{\partial t}$展开式可知，$E_y$和$H_x$总是同时存在，若电场$\boldsymbol{E}$只有分量$E_y$，则磁场

仅有分量H_x，即分量E_y和H_x构成另一组平面波。这两组分量电磁波彼此独立，由这两组分量电磁波可以合成总的电场$\boldsymbol{E}$和磁场$\boldsymbol{H}$。

(3)从E_x和H_y或E_y和H_x所构成的两组平面波可知，一维均匀平面电磁波的电场$\boldsymbol{E}$和磁场$\boldsymbol{H}$总是对应为直角坐标系中不同的x或y分量，电场$\boldsymbol{E}$和磁场$\boldsymbol{H}$不仅都和波传播方向相互垂直，而且$\boldsymbol{E}$和$\boldsymbol{H}$两者之间也是相垂直的。为此，电磁波的电场$\boldsymbol{E}$的方向、磁场$\boldsymbol{H}$的方向和波的传播方向三者相互垂直，且满足右手螺旋关系。

本章后面的讨论中，采用沿z方向传播的E_x和H_y构成一组平面波，以揭示均匀平面波的传播特性。$\boldsymbol{E}=E_x(z,t)\boldsymbol{e}_x$、$\boldsymbol{H}=H_y(z,t)\boldsymbol{e}_y$，则一维波动方程简化为

$$\frac{\partial^2 E_x}{\partial z^2}-\mu\gamma\frac{\partial E_x}{\partial t}-\mu\varepsilon\frac{\partial^2 E_x}{\partial t^2}=0 \tag{6.29}$$

$$\frac{\partial^2 H_y}{\partial z^2}-\mu\gamma\frac{\partial H_y}{\partial t}-\mu\varepsilon\frac{\partial^2 H_y}{\partial t^2}=0 \tag{6.30}$$

6.4 理想介质中均匀平面电磁波

理想介质实际中并不存在，但真空和空气的电导率很小，有$\gamma\to 0$，可近似为理想介质。

6.4.1 一维波动方程的时间域通解及其物理意义

1. 一维波动方程的时间域通解

为了分析理想介质中一维波动方程的电磁波传播特性，以E_x和H_y分量构成的平面电磁波为例，设$\boldsymbol{E}=E_x(z,t)\boldsymbol{e}_x$、$\boldsymbol{H}=H_y(z,t)\boldsymbol{e}_y$，则一维波动方程简化为

$$\frac{\partial^2 E_x}{\partial z^2}-\mu\varepsilon\frac{\partial^2 E_x}{\partial t^2}=0 \tag{6.31}$$

$$\frac{\partial^2 H_y}{\partial z^2}-\mu\varepsilon\frac{\partial^2 H_y}{\partial t^2}=0 \tag{6.32}$$

电场和磁场的一维波动方程的时间域通解可以写为如下形式：

$$E_x(z,t)=E_x^+(z,t)+E_x^-(z,t)=f_1\left(t-\frac{z}{\upsilon}\right)+f_2\left(t+\frac{z}{\upsilon}\right) \tag{6.33}$$

$$H_y(z,t)=H_y^+(z,t)+H_y^-(z,t)=g_1\left(t-\frac{z}{\upsilon}\right)+g_2\left(t+\frac{z}{\upsilon}\right) \tag{6.34}$$

式中，E_x^+和E_x^-分别表示沿$+z$和$-z$方向传播的均匀平面波；传播速度为$\upsilon=\dfrac{1}{\sqrt{\mu\varepsilon}}$。

如果电场和磁场随时间做正弦变化，其瞬时表达式分别为

$$E_x(z,t)=\sqrt{2}E_x^+\cos\left[\omega\left(t-\frac{z}{\upsilon}\right)+\phi_E\right]+\sqrt{2}E_x^-\cos\left[\omega\left(t+\frac{z}{\upsilon}\right)+\phi_E\right] \tag{6.35}$$

$$H_y(z,t)=\sqrt{2}H_y^+\cos\left[\omega\left(t-\frac{z}{\upsilon}\right)+\phi_H\right]+\sqrt{2}H_y^-\cos\left[\omega\left(t+\frac{z}{\upsilon}\right)+\phi_H\right] \tag{6.36}$$

一维波动方程的时间域通解的物理意义：电场或磁场分量是由沿 $+z$ 和 $-z$ 方向传播的均匀平面波所合成的电磁波。$E_x^+(z,t)=f_1\left(t-\frac{z}{\upsilon}\right)$ 和 $H_y^+(z,t)=g_1\left(t-\frac{z}{\upsilon}\right)$ 分别是沿 $+z$ 方向前进的波的电场分量和磁场分量，称为入射波；而 $E_x^-(z,t)=f_2\left(t+\frac{z}{\upsilon}\right)$ 和 $H_y^-(z,t)=g_2\left(t+\frac{z}{\upsilon}\right)$ 则分别是沿 $-z$ 方向前进的波的电场分量和磁场分量，称为反射波。函数 f_1、f_2、g_1 和 g_2 的具体形式与产生该波的激励方式有关。

2. 传播特征的主要物理量

为了表征均匀平面电磁波的传播特性，常用的基本参数有角频率 ω、周期 T、频率 f、波长 λ、相速度 υ、传播常数 k、衰减常数 α、相位常数 β 和波阻抗 Z。

1）周期

定义在同一场点相位改变 2π 所需要的时间为周期。

$$T=\frac{1}{f}=\frac{2\pi}{\omega} \tag{6.37}$$

2）相速度

电磁波的相位传播速度，表示电磁波的恒定相位点的移动速度：

$$\upsilon=\frac{\omega}{\beta}=\frac{1}{\sqrt{\mu\varepsilon}} \tag{6.38}$$

在理想介质中，均匀平面波的传播速度 υ 为一常数，在真空中相速度为 $\upsilon=c=3\times10^8$ m/s，理想介质中波的传播速度还可以表示为

$$\upsilon=\frac{1}{\sqrt{\mu\varepsilon}}=\frac{c}{\sqrt{\varepsilon_r\mu_r}}=\frac{c}{n} \tag{6.39}$$

式中，n 为介质的折射率。可见电磁波在理想介质中的传播速度小于在真空中的传播速度。

3）传播常数

波动方程中的 k 称为传播常数，在理想介质中有 $k^2=\omega^2\mu\varepsilon$，为了具有普适性，令 $k=\beta-\mathrm{j}\alpha$，其中 α 称为衰减常数，β 称为相位常数，可解得 $k=\omega\sqrt{\mu\varepsilon}$，则有 $\beta=k=\omega\sqrt{\mu\varepsilon}$。

4）衰减常数

衰减常数 α 表示电磁波在传播过程中振幅衰减的参数。在理想介质中衰减常数为零，即 $\alpha=0$。

5）相移常数

相移常数 β 表示电磁波沿均匀线路传播一个单位距离时相位的变化量。对于平面电磁波来说，电磁波传播一个波长 λ 的距离时，或者说在同一时刻当距离为 λ 时，相位改变了 2π。当波长已知时，相移常数可以按下式计算：

$$\beta = \frac{2\pi}{\lambda} \tag{6.40}$$

6）波长

波长定义为正弦电磁波在一个周期内前进的距离。也就是沿着波的传播方向，相邻两个等相位面之间相位差为2π时的距离：

$$\lambda = \frac{2\pi}{\beta} \tag{6.41}$$

7）波阻抗

波阻抗定义为电场和磁场的幅值比，用Z表示。均匀平面电磁波中，电场和磁场的幅值之比为一定值，与媒质的本征参数有关，波阻抗的具体推导如下。

根据$\frac{\partial E_x}{\partial z} = -\mu \frac{\partial H_y}{\partial t}$，将$E_x^+(z,t) = f_1\left(t - \frac{z}{\upsilon}\right)$和$\upsilon = \frac{1}{\sqrt{\mu\varepsilon}}$代入，进行整理后，有

$$\frac{\partial H_y^+}{\partial t} = -\frac{1}{\mu}\frac{\partial E_x^+}{\partial z} = \sqrt{\frac{\varepsilon}{\mu}} f_1'\left(t - \frac{z}{\upsilon}\right) \tag{6.42}$$

对磁场进行时间积分，并略去恒定磁场分量的积分常数，可得

$$H_y^+(z,t) = \sqrt{\frac{\varepsilon}{\mu}} f_1\left(t - \frac{z}{\upsilon}\right) = \sqrt{\frac{\varepsilon}{\mu}} E_x^+(z,t) \tag{6.43}$$

同理，可以求得

$$H_y^-(z,t) = -\sqrt{\frac{\varepsilon}{\mu}} f_1\left(t + \frac{z}{\upsilon}\right) = -\sqrt{\frac{\varepsilon}{\mu}} E_x^-(z,t) \tag{6.44}$$

式（6.43）和式（6.44）分别反映了入射波和反射波中电场与磁场间的关系。电场和磁场之间满足下列关系：

$$Z = \frac{E_x^+(z,t)}{H_y^+(z,t)} = -\frac{E_x^-(z,t)}{H_y^-(z,t)} = \sqrt{\frac{\mu}{\varepsilon}} \tag{6.45}$$

式中，Z称为波阻抗，单位为Ω。

6.4.2 理想介质中正弦均匀平面波的复数通解

1. 一维波动方程的复数通解

工程中通常采用正弦均匀平面电磁波进行分析，如图6.4所示。电场$\boldsymbol{E}$和磁场$\boldsymbol{H}$采用复数形式来表示，一维波动方程表达式为

$$\frac{\partial^2 \dot{E}_x}{\partial z^2} - (\mathrm{j}\omega)^2 \mu\varepsilon \dot{E}_x = 0 \tag{6.46}$$

$$\frac{\partial^2 \dot{H}_y}{\partial z^2} - (\mathrm{j}\omega)^2 \mu\varepsilon \dot{H}_y = 0 \tag{6.47}$$

这里$\dot{E}_x$和$\dot{H}_y$仅为z的函数，即$\dot{E}_x(z)$和$\dot{H}_y(z)$。令$k^2=-(\mathrm{j}\omega)^2\mu\varepsilon=\omega^2\mu\varepsilon$，上面两方程可改写成

$$\frac{\partial^2\dot{E}_x}{\partial z^2}+k^2\dot{E}_x=0 \tag{6.48}$$

$$\frac{\partial^2\dot{H}_y}{\partial z^2}+k^2\dot{H}_y=0 \tag{6.49}$$

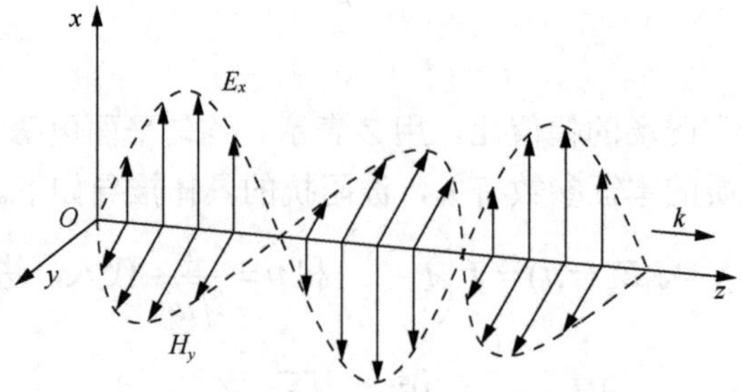

图 6.4 沿 z 方向传播的均匀平面波

在电磁场理论中，形如式（6.48）和式（6.49）的方程被称为矢量形式的亥姆霍兹方程，是两个二阶的常微分方程，它们的通解为

$$\dot{E}_x(z)=\dot{E}_x^+\mathrm{e}^{-\mathrm{j}kz}+\dot{E}_x^-\mathrm{e}^{\mathrm{j}kz}=\dot{E}_x^+\mathrm{e}^{-\mathrm{j}\beta z}+\dot{E}_x^-\mathrm{e}^{\mathrm{j}\beta z} \tag{6.50}$$

$$\dot{H}_y(z)=\dot{H}_y^+\mathrm{e}^{-\mathrm{j}kz}+\dot{H}_y^-\mathrm{e}^{\mathrm{j}kz}=\dot{H}_y^+\mathrm{e}^{-\mathrm{j}\beta z}+\dot{H}_y^-\mathrm{e}^{\mathrm{j}\beta z} \tag{6.51}$$

其中，$\dot{E}_x^+$、$\dot{E}_x^-$、$\dot{H}_y^+$和$\dot{H}_y^-$都是复振幅常数，一般指有效值，其幅值和相位由具体的场源和边界条件来确定。$\dot{E}_x^+$、$\dot{H}_y^+$表示入射波，$\dot{E}_x^-$、$\dot{H}_y^-$表示反射波。

在无限大的均匀媒质中不存在反射波，故有

$$\dot{E}_x(z)=\dot{E}_x^+\mathrm{e}^{-\mathrm{j}kz}=\dot{E}_x^+\mathrm{e}^{-\mathrm{j}\beta z} \tag{6.52}$$

$$\dot{H}_y(z)=\dot{H}_y^+\mathrm{e}^{-\mathrm{j}kz}=\dot{H}_y^+\mathrm{e}^{-\mathrm{j}\beta z} \tag{6.53}$$

将电场和磁场写为瞬时表达式，即正弦稳态形式为

$$E_x(z,t)=\sqrt{2}E_x^+\cos(\omega t-\beta z+\phi_E) \tag{6.54}$$

$$H_y(z,t)=\sqrt{2}H_y^+\cos(\omega t-\beta z+\phi_H) \tag{6.55}$$

2. 通解的物理意义

现在研究理想介质均匀平面波的正弦稳态解的物理意义，从正弦稳态解式（6.54）和式（6.55），可见电场和磁场既是时间的周期函数，又是空间坐标的周期函数。

为了使分析不失一般性，且方便起见，令相位因子$(\omega t-\beta z+\phi)$中初相位角$\phi=0$。即相位因子为$(\omega t-\beta z)$，在$t=0$时刻相位因子为$-\beta z$，在$z=0$处的相位为零，即在$z=0$的平面上电场和磁场都处在峰值。在任意时刻t，相位因子变为$(\omega t-\beta z)$，波峰平面处

$(\omega t-\beta z)=0$，即移至 $z_0=\dfrac{\omega}{\beta}t$ 处。因此，$\cos(\omega t-\beta z)$ 代表沿 $+z$ 方向传播的平面波。图 6.5 给出了式（6.54）在几个不同时刻的图形。

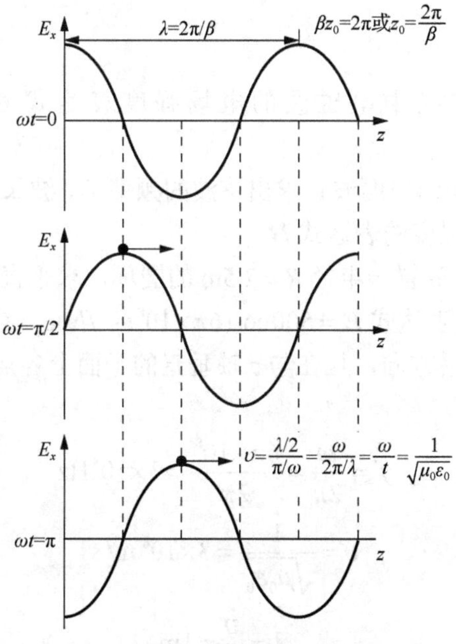

图 6.5　E_x 在几个不同时刻的图形

设 t 时刻的等相位 $\phi=(\omega t-\beta z)=C$ 为常数时，有 $z=\dfrac{\omega t-C}{\beta}$，对该式两边同时求导，整理后可以获得电磁波上恒定的相位点速度 υ，为

$$\upsilon=\frac{\mathrm{d}z}{\mathrm{d}t}=\frac{\omega}{\beta}=\frac{1}{\sqrt{\mu\varepsilon}} \tag{6.56}$$

上式表示电磁波沿 $+z$ 方向前进。υ 为电磁波的相速度，在无限大理想介质中，相速度和波速度相等，且与频率无关。

同理可知，$\cos(\omega t+\beta z)$ 代表一个以速度 $\upsilon=\dfrac{1}{\sqrt{\mu\varepsilon}}$ 沿 $-z$ 方向传播的平面波。

3. 理想介质中电磁波的传播特征

通过分析传播特征的主要参数，无界理想介质中均匀平面波的传播特性可以归纳为：

（1）均匀平面电磁波为 TEM 波，传播方向电场和磁场分量为零。

（2）在理想介质中，电磁波为无衰减的行波，α 为行波因子，因 $\alpha=0$，所以电场、磁场的振幅不随传播距离增加而衰减，传播的均匀平面波为等振幅波。

（3）电场和磁场在空间相互垂直，且都垂直于传播方向，电场、磁场、传播方向三者之间满足右手螺旋关系。

（4）电场、磁场相位相同，在 z 等于常数的平面上，各点的电场和磁场不仅相位相等而且量值也相等，波阻抗呈纯阻性，时空变化关系相同。

（5）在等相位面上电场和磁场均等幅，入射波和反射波空间任意点在任一时刻电场能量密度和磁场能量密度相等。

6.4.3 典型例题

例 6.1 已知自由空间中电磁波的电场强度表达式 $\boldsymbol{E}=500\cos(6\pi\times10^8 t-\beta z)\boldsymbol{e}_y$（V/m）。

（1）试问此波是否是均匀平面波？求出该波的频率 f、波长 λ、波速 υ、相位常数 β 和波传播方向，并写出磁场强度的表达式 $\boldsymbol{H}$。

（2）若在 $z=z_0$ 处水平放置一半径 $R=2.5\text{m}$ 的圆环，求垂直穿过圆环的平均电磁功率。

解：（1）从电场强度的表达式 $\boldsymbol{E}=500\cos(6\pi\times10^8 t-\beta z)\boldsymbol{e}_y$ 看出，该波的传播方向为 $+z$ 方向，电场垂直于波的传播方向，且在与 z 轴垂直的平面上各点 $\boldsymbol{E}$ 的大小相等，故此波是均匀平面波。其各参数是

$$f=\frac{\omega}{2\pi}=\frac{6\pi\times10^8}{2\pi}=3\times10^8\,\text{Hz}$$

$$\upsilon=\frac{1}{\sqrt{\mu_0\varepsilon_0}}=3\times10^8\,\text{m/s}$$

$$\lambda=\frac{\upsilon}{f}=1\text{m}$$

$$\beta=\frac{2\pi}{\lambda}=2\pi=6.28\,\text{rad/m}$$

因为自由空间的波阻抗 $Z=\sqrt{\dfrac{\mu_0}{\varepsilon_0}}=377\Omega$，所以磁场强度 $\boldsymbol{H}$ 的表达式为

$$\boldsymbol{H}=\frac{500}{Z}\cos(6\pi\times10^8 t-\beta z)(-\boldsymbol{e}_x)=\frac{500}{377}\cos(6\pi\times10^8 t-\beta z)(-\boldsymbol{e}_x)\ \text{（A/m）}$$

（2）坡印亭矢量 $\boldsymbol{S}$ 的平均值为

$$\boldsymbol{S}_{\text{av}}=\text{Re}\left[\dot{\boldsymbol{E}}\times\dot{\boldsymbol{H}}^*\right]=E\cdot H\boldsymbol{e}_z=\frac{125000}{377}\boldsymbol{e}_z\ \text{（W/m}^2\text{）}$$

则穿过圆环的平均功率为

$$P=\int_A \boldsymbol{S}_{\text{av}}\cdot\text{d}\boldsymbol{A}=\frac{125000}{377}\times\pi R^2=6510\text{W}$$

例 6.2 一频率为100 MHz 的正弦均匀平面波，$\dot{\boldsymbol{E}}=\dot{E}_y\boldsymbol{e}_y$，在 $\varepsilon_r=4$，$\mu_r=1$ 的理想介质中朝 $+x$ 方向传播。当 $t=0$，$x=1/8\,\text{m}$ 时，电场 $\boldsymbol{E}$ 的最大值为 $10^{-4}\,\text{V/m}$，求：

（1）求波长、相速和相位常数；

（2）写出 $\boldsymbol{E}$ 和 $\boldsymbol{H}$ 的瞬时表达式；

（3）$t=10^{-8}\,\text{s}$ 时，$\boldsymbol{E}$ 为最大正值的位置。

解：(1)

$$\upsilon=\frac{1}{\sqrt{\mu\varepsilon}}=\frac{c}{\sqrt{\varepsilon_{\mathrm{r}}\mu_{\mathrm{r}}}}=\frac{c}{2}=1.5\times10^{8}\ \mathrm{m/s}$$

$$\beta=\omega\sqrt{\mu\varepsilon}=\frac{\omega}{c}\sqrt{\varepsilon_{\mathrm{r}}\mu_{\mathrm{r}}}=\frac{2\pi\times10^{8}}{3\times10^{8}}\sqrt{4}=\frac{4\pi}{3}\ \mathrm{rad/m}$$

$$\lambda=\frac{2\pi}{\beta}=\frac{3}{2}\mathrm{m}$$

(2) 根据已知条件，当 $t=0$，$x=1/8\ \mathrm{m}$ 时 $E_{\mathrm{m}}=10^{-4}$，所以有 $-\frac{4\pi}{3}\times\frac{1}{8}+\phi=0$，得到

$$\phi=\frac{\pi}{6}$$

电场 $\boldsymbol{E}$ 的瞬时表达式为

$$\boldsymbol{E}(x,t)=10^{-4}\cos\left(2\pi\times10^{8}t-\frac{4\pi}{3}x+\frac{\pi}{6}\right)\boldsymbol{e}_y\ (\mathrm{V/m})$$

由于

$$Z=\sqrt{\frac{\mu}{\varepsilon}}=\frac{120\pi}{\sqrt{\varepsilon_{\mathrm{r}}}}=60\pi\ \Omega$$

磁场 $\boldsymbol{H}$ 的瞬时表达式为

$$\boldsymbol{H}(x,t)=\frac{10^{-4}}{60\pi}\cos\left(2\pi\times10^{8}t-\frac{4\pi}{3}x+\frac{\pi}{6}\right)\boldsymbol{e}_z\ (\mathrm{A/m})$$

(3) 当 $t=10^{-8}\mathrm{s}$ 时，为了使 $\boldsymbol{E}$ 是最大正值，应有

$$\omega t-\beta x+\phi=2\pi\times10^{8}\times10^{-8}-\frac{4\pi}{3}x+\frac{\pi}{6}=\pm2n\pi$$

解得 $\boldsymbol{E}$ 的最大正值的位置在

$$x=\frac{13}{8}\pm\frac{3}{2}n=\frac{13}{8}\pm n\lambda,\quad n=0,1,2,\cdots$$

例 6.3 已知自由空间传播的平面电磁波电场为

$$E_x=100\cos(\omega t-2\pi z)\ (\mathrm{V/m})$$

试求此波的平均功率流密度矢量。

解：磁场强度

$$\boldsymbol{H}=\frac{1}{Z}\boldsymbol{e}_z\times\boldsymbol{e}_x100\cos(\omega t-2\pi z)=\boldsymbol{e}_y0.265\cos(\omega t-2\pi z)\ (\mathrm{A/m})$$

平均功率流密度矢量为

$$\boldsymbol{S}_{\mathrm{av}}=\frac{1}{2}\mathrm{Re}[\dot{\boldsymbol{E}}\times\dot{\boldsymbol{H}}^{*}]=13.26\cdot\boldsymbol{e}_z\ (\mathrm{W/m^2})$$

6.5 导电媒质中均匀平面电磁波

导电媒质与理想介质的区别在于媒质的电导率$\gamma \neq 0$。在导电媒质中存在电磁波时，必伴随着出现传导电流$\boldsymbol{J} = \gamma \boldsymbol{E}$，由于媒质具有不同的导电性，电磁波传播也呈现了不同特性。本节仅讨论一维正弦均匀平面波在导电媒质中的传播特性。

6.5.1 导电媒质中正弦均匀平面电磁波的传播特性

1. 一维波动方程的频率域通解

假设导电媒质为各向同性、线性和均匀的，即$\boldsymbol{D} = \varepsilon \boldsymbol{E}$、$\boldsymbol{B} = \mu \boldsymbol{H}$和$\boldsymbol{J} = \gamma \boldsymbol{E}$，正弦均匀平面波的波动方程的复数表达式为

$$\frac{\partial^2 \dot{E}_x}{\partial z^2} - \mathrm{j}\omega\mu\gamma \dot{E}_x - (\mathrm{j}\omega)^2 \mu\varepsilon \dot{E}_x = 0 \tag{6.57}$$

$$\frac{\partial^2 \dot{H}_y}{\partial z^2} - \mathrm{j}\omega\mu\gamma \dot{H}_y - (\mathrm{j}\omega)^2 \mu\varepsilon \dot{H}_y = 0 \tag{6.58}$$

令$k^2 = -\mathrm{j}\omega\mu\gamma - (\mathrm{j}\omega)^2 \mu\varepsilon = \omega^2\mu\varepsilon - \mathrm{j}\omega\mu\gamma$，$k$称为导电媒质中传播常数，则电场和磁场方程整理为

$$\frac{\partial^2 \dot{E}_x}{\partial z^2} + k^2 \dot{E}_x = 0 \tag{6.59}$$

$$\frac{\partial^2 \dot{H}_y}{\partial z^2} + k^2 \dot{H}_y = 0 \tag{6.60}$$

式中，$k^2 = \omega^2 \mu \varepsilon_{\mathrm{c}}$，开根号后$k = \omega\sqrt{\mu\varepsilon\left(1 + \dfrac{\gamma}{\mathrm{j}\omega\varepsilon}\right)}$，令$\varepsilon_{\mathrm{c}} = \varepsilon + \dfrac{\gamma}{\mathrm{j}\omega}$，则有

$$k = \omega\sqrt{\mu\varepsilon_{\mathrm{c}}} \tag{6.61}$$

上式中ε_{c}称为等效复介电常数。

电场和磁场的一维波动方程（6.59）和（6.60）为二阶的常微分方程，它们的通解为

$$\dot{E}_x(z) = \dot{E}_x^+ \mathrm{e}^{-\mathrm{j}kz} + \dot{E}_x^- \mathrm{e}^{\mathrm{j}kz} \tag{6.62}$$

$$\dot{H}_y(z) = \dot{H}_y^+ \mathrm{e}^{-\mathrm{j}kz} + \dot{H}_y^- \mathrm{e}^{\mathrm{j}kz} \tag{6.63}$$

为了写出通解的瞬时表达式，需要确定传播常数k。在导电媒质中，传播常数k为一复数，可以表示为

$$k = \beta - \mathrm{j}\alpha \tag{6.64}$$

式中，α和β均为常数，α为衰减常数，β为相位常数。

对式$k = \beta - \mathrm{j}\alpha$两边同时平方后代入$k^2 = \omega^2\mu\varepsilon - \mathrm{j}\omega\mu\gamma$，令等式两边实部、虚部分别相等，可以得到两个方程为

$$\begin{cases}\omega^2\mu\varepsilon=\beta^2-\alpha^2\\ \omega\mu\gamma=2\alpha\beta\end{cases} \tag{6.65}$$

联立方程，可以得到α和β的表达式。

将$k=\beta-\mathrm{j}\alpha$、α和β代入电场和磁场的通解中，有

$$\dot{E}_x(z)=\dot{E}_x^+\mathrm{e}^{-\mathrm{j}kz}+\dot{E}_x^-\mathrm{e}^{\mathrm{j}kz}=\dot{E}_x^+\mathrm{e}^{-\alpha z}\mathrm{e}^{-\mathrm{j}\beta z}+\dot{E}_x^-\mathrm{e}^{\alpha z}\mathrm{e}^{\mathrm{j}\beta z} \tag{6.66}$$

$$\dot{H}_y(z)=\dot{H}_y^+\mathrm{e}^{-\mathrm{j}kz}+\dot{H}_y^-\mathrm{e}^{\mathrm{j}kz}=\dot{H}_y^+\mathrm{e}^{-\alpha z}\mathrm{e}^{-\mathrm{j}\beta z}+\dot{H}_y^-\mathrm{e}^{\alpha z}\mathrm{e}^{\mathrm{j}\beta z} \tag{6.67}$$

将电场和磁场写为瞬时表达式，即正弦稳态形式为

$$E_x(z,t)=\sqrt{2}E_x^+\mathrm{e}^{-\alpha z}\cos(\omega t-\beta z+\phi_E)+\sqrt{2}E_x^-\mathrm{e}^{\alpha z}\cos(\omega t+\beta z+\phi_E) \tag{6.68}$$

$$H_y(z,t)=\sqrt{2}H_y^+\mathrm{e}^{-\alpha z}\cos(\omega t-\beta z+\phi_H)+\sqrt{2}H_y^-\mathrm{e}^{\alpha z}\cos(\omega t+\beta z+\phi_H) \tag{6.69}$$

显然，导电媒质与理想介质中波动方程的复数表达式具有相似形式，导电媒质中波传播矢量k与理想介质中波传播矢量k也具有相似形式，因此，方程特解的形式也相同。两种不同媒质中仅有介电常数不同，理想介质中介电常数ε为实数，导电媒质中介电常数为复数形式，为等效介电常数ε_c。这样，如果将理想介质中正弦均匀平面电磁波各公式中的ε用ε_c代换，则得出导电媒质中正弦均匀平面电磁波的各相应表达式。

2. 导电媒质中通解的物理意义

从瞬时解式（6.68）和式（6.69）可见，在某一时刻t，电场或磁场分量是由沿$+z$和$-z$方向传播的均匀平面波所合成的。电场和磁场的振幅沿波传播方向$+z$和$-z$按指数规律衰减，衰减的快慢取决于α的大小，这与理想介质中电磁波传播有着本质区别，电磁波在传播过程中相位依次落后，相位改变的快慢则由相位常数β决定，如图 6.6 所示。

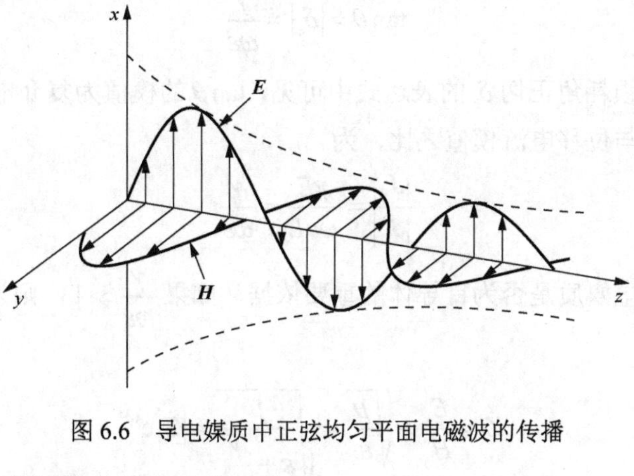

图 6.6 导电媒质中正弦均匀平面电磁波的传播

3. 导电媒质中传播特性的主要物理量

1）衰减常数

$$\alpha=\omega\sqrt{\frac{\mu\varepsilon}{2}\left(\sqrt{1+\left(\frac{\gamma}{\omega\varepsilon}\right)^2}-1\right)} \tag{6.70}$$

衰减常数的单位为奈培/米，符号为Np/m。

2）相位常数

$$\beta=\omega\sqrt{\frac{\mu\varepsilon}{2}\left(\sqrt{1+\left(\frac{\gamma}{\omega\varepsilon}\right)^{2}}+1\right)}\tag{6.71}$$

相位常数的单位为弧度/米，符号为rad/m。

3）相速度

$$\upsilon=\frac{\omega}{\beta}=\frac{1}{\sqrt{\frac{\mu\varepsilon}{2}\left(\sqrt{1+\left(\frac{\gamma}{\omega\varepsilon}\right)^{2}}+1\right)}}\tag{6.72}$$

这表明，在导电媒质中波的相速度小于在理想介质中波的相速度。另外，相速度不仅与媒质的参数μ、ε和γ有关，而且还与频率f有关，即在同一媒质中，不同频率的波的传播速度及波长是不同的，它们是频率的函数，这种现象称为色散，相应的媒质称为色散媒质。因此，导电媒质是色散媒质，理想介质是非色散媒质。色散会引起信号传递的失真，所以在实际中对色散现象应给予足够的认识。

4）复介电常数

$$\varepsilon_{\mathrm{c}}=\varepsilon-\mathrm{j}\frac{\gamma}{\omega}\tag{6.73}$$

5）导电媒质的损耗角正切δ_{c}

$$\tan\theta=\left|\delta_{\mathrm{c}}\right|=\frac{\gamma}{\omega\varepsilon}\tag{6.74}$$

从导电媒质的损耗角正切δ_{c}的表达式中可见，$\tan\theta$的模值为复介电常数虚部与实部之比，也为传导电流与位移电流模值之比，为

$$\frac{\left|\boldsymbol{J}_{\mathrm{c}}\right|}{\left|\boldsymbol{J}_{\mathrm{d}}\right|}=\frac{\gamma E}{\omega\varepsilon E}=\frac{\gamma}{\omega\varepsilon}\tag{6.75}$$

这个值也是判断导电媒质是否为良导体的重要依据，如果$\frac{\gamma}{\omega\varepsilon}\gg1$，则为良导体。

6）波阻抗

$$\dot{Z}=\frac{\dot{E}_x}{\dot{H}_y}=\sqrt{\frac{\mu}{\varepsilon_{\mathrm{c}}}}=\sqrt{\frac{\mu}{\varepsilon+\frac{\gamma}{\mathrm{j}\omega}}}=\left|\dot{Z}\right|\mathrm{e}^{\mathrm{j}\phi}\tag{6.76}$$

可见波阻抗是一复矢量，它表明电场、磁场在空间同一位置存在着相位差，在时间上磁场$\boldsymbol{H}$比电场$\boldsymbol{E}$落后的相位为ϕ。即在式（6.68）和式（6.69）中，有$\phi_E-\phi_H=\phi$。

7）趋肤深度

电磁波穿入良导体中，当电磁波的幅度下降为表面处振幅的1/e时，波在良导体中传播

的距离 d 称为趋肤深度。

$$d = \frac{1}{\alpha} \tag{6.77}$$

8）坡印亭矢量的平均值

$$\boldsymbol{S}_{\text{av}} = \text{Re}\left[\dot{\boldsymbol{E}} \times \dot{\boldsymbol{H}}^*\right] = E_x^+ \cdot H_y^+ \text{e}^{-2\alpha z} \cos\phi \boldsymbol{e}_z = \frac{1}{|\dot{Z}|}\left(E_x^+\right)^2 \text{e}^{-2\alpha z} \cos\phi \boldsymbol{e}_z \tag{6.78}$$

此式表明，由于 $\alpha \neq 0$，波在前进过程中还伴随着能量的不断损耗，这表现为电场和磁场振幅的减小，损耗是由于传导电流所消耗的焦耳热。

4. 导电媒质中电磁波的传播特征

通过分析，导电媒质中均匀平面波的传播特性可以归纳为：

（1）均匀平面电磁波为 TEM 波，在传播方向上的电场和磁场分量为零。

（2）在导电媒质中电磁波为衰减的行波，由于 $\alpha \neq 0$，所以电场、磁场的振幅随传播距离增加而不断减小。

（3）电场和磁场在空间上相互垂直且都垂直于传播方向，电场和磁场、传播方向三者之间满足右手螺旋关系。

（4）电场、磁场的相位不相同，波阻抗为复数，电场相位超前于磁场相位，为 $\Delta\phi = \arctan\frac{\gamma}{\omega\varepsilon}$。

（5）导电媒质（损耗媒质）中的电磁波为色散波，波的相速度与频率相关。

6.5.2 良导体媒质中电磁波的传播特性

当导电媒质的损耗角正切值 $\frac{\gamma}{\omega\varepsilon} \gg 1$ 时，可以近似认为是良导体媒质。为了分析良导体媒质中的电磁波传播特性，根据 $\frac{\gamma}{\omega\varepsilon} \gg 1$ 条件重新整理传播参数表达式。损耗角正切值主要影响传播常数、衰减常数、相位常数和波阻抗等参数。

当 $\frac{\gamma}{\omega\varepsilon} \gg 1$ 时进行近似，有 $\sqrt{1+\left(\frac{\gamma}{\omega\varepsilon}\right)^2} \approx \frac{\gamma}{\omega\varepsilon}$ 成立，代入导电媒质的传播常数和波阻抗一般形式中，获得传播参数的近似计算公式。

1. 衰减常数

$$\alpha = \sqrt{\frac{\omega\mu\gamma}{2}} = \sqrt{\pi f \mu\gamma} \tag{6.79}$$

2. 相位常数

$$\beta = \alpha = \sqrt{\frac{\omega\mu\gamma}{2}} = \sqrt{\pi f \mu\gamma} \tag{6.80}$$

3. 传播常数

$$k=\beta-\mathrm{j}\alpha\approx(1-\mathrm{j})\sqrt{\frac{\omega\mu\gamma}{2}} \tag{6.81}$$

4. 波阻抗

$$Z=\sqrt{\frac{\omega\mu}{2\gamma}}(1+\mathrm{j})\approx\sqrt{\frac{\omega\mu}{\gamma}}\angle 45^\circ \tag{6.82}$$

5. 波长

$$\lambda=\frac{2\pi}{\beta}\approx 2\pi\sqrt{\frac{2}{\omega\mu\gamma}} \tag{6.83}$$

6. 相速度

$$\upsilon=\frac{\omega}{\beta}\approx\sqrt{\frac{2\omega}{\mu\gamma}} \tag{6.84}$$

7. 趋肤深度

$$d=\frac{1}{\alpha}=\sqrt{\frac{2}{\omega\mu\gamma}} \tag{6.85}$$

通过分析上述公式，总结良导体中电磁波的传播特征如下：

（1）高频电磁波在良导体中的衰减常数α变得非常大。

（2）在良导体媒质中电场、磁场的振幅随传播距离增加而快速衰减。

（3）电场与磁场相位不同，磁场的相位滞后于电场相位45°。

（4）良导体媒质的γ很大，波阻抗的值很小，磁场能量密度远远大于电场能量密度，有$\frac{w_\mathrm{m}}{w_\mathrm{e}}=\frac{\gamma}{\omega\varepsilon}\gg 1$，良导体媒质中以传导电流作用为主，电磁波以磁场传播为主。

（5）良导体媒质中电磁波的相速度υ和波长λ都较小。

（6）良导体媒质中电场$\boldsymbol{E}$和磁场$\boldsymbol{H}$的振幅都发生了快速衰减，使得电磁波无法进入良导体深处，仅存在于其导体表面附近，趋肤效应非常明显。

6.5.3 低损耗媒质中电磁波的传播特性

当媒质的损耗角正切值$\frac{\gamma}{\omega\varepsilon}\ll 1$时，可以近似认为是半导体和弱导电体，统称为低损耗媒质。理想介质的电导率为零只是一种理想的假设情况，实际媒质都具有一定的导电性和某一电导率值，媒质都是有损耗的，如大地土壤、石墨、铅锌矿等都为常见的有损耗媒质。有关导电媒质中正弦均匀平面电磁波的分析方法和公式，对有损耗媒质中均匀平面电磁波传播特性的分析是完全适用的。

为了简化分析低损耗媒质中电磁波传播特性，当$\frac{\gamma}{\omega\varepsilon}\ll 1$时进行近似，有$\sqrt{1+\left(\frac{\gamma}{\omega\varepsilon}\right)^2}\approx 1+\frac{1}{2}\left(\frac{\gamma}{\omega\varepsilon}\right)^2$成立，将其代入导电媒质的传播常数和波阻抗的一般形式中，获得传播参数的近似计算公式。

1. 衰减常数

$$\alpha\approx\frac{\gamma}{2}\sqrt{\frac{\mu}{\varepsilon}} \tag{6.86}$$

2. 相位常数

$$\beta\approx\omega\sqrt{\mu\varepsilon} \tag{6.87}$$

3. 传播常数

$$k=\beta-\mathrm{j}\alpha\approx\omega\sqrt{\mu\varepsilon}-\mathrm{j}\frac{\gamma}{2}\sqrt{\frac{\mu}{\varepsilon}} \tag{6.88}$$

4. 波阻抗

$$Z\approx\sqrt{\frac{\mu}{\varepsilon}} \tag{6.89}$$

5. 波长

$$\lambda=\frac{2\pi}{\beta}\approx\frac{2\pi}{\omega\sqrt{\mu\varepsilon}} \tag{6.90}$$

6. 相速度

$$\upsilon=\frac{\omega}{\beta}\approx\frac{1}{\sqrt{\mu\varepsilon}} \tag{6.91}$$

7. 趋肤深度

$$d=\frac{1}{\alpha}=\frac{2}{\gamma}\sqrt{\frac{\varepsilon}{\mu}} \tag{6.92}$$

通过分析可知，当$\frac{\gamma}{\omega\varepsilon}\ll 1$近似后，低损耗媒质中的相位常数和波阻抗与理想介质中的完全相同，不同的只是电磁波的衰减常数，衰减常数α为与频率无关的正常数。总结低损耗媒质中电磁波的传播特征如下：

（1）低损耗媒质中电磁波为衰减的行波，电场、磁场的振幅随传播距离增加而衰减。

（2）低损耗媒质中衰减常数α主要与电导率相关，与频率无关。

（3）电场、磁场相位相同，波阻抗呈纯阻性，时空变化关系相同。

（4）电场和磁场在空间相互垂直，且都垂直于传播方向，电场、磁场、传播方向三者之间满足右手螺旋关系。

（5）低损耗媒质中电磁波的相速度与频率无关，为常数。

6.5.4 典型例题

例 6.4 一均匀平面电磁波从海水表面（$x=0$）向海水中（$+x$ 方向）传播，已知 $\boldsymbol{E}=100\cos\left(10^7\pi t\right)\boldsymbol{e}_y$，海水的 $\varepsilon_{\mathrm{r}}=80$，$\mu_{\mathrm{r}}=1$，$\gamma=4\mathrm{S/m}$，求：

（1）求衰减常数、相位常数、波阻抗、相位速度、波长、趋肤深度；

（2）$\boldsymbol{E}$ 的振幅衰减至表面值的1%时，波传播的距离；

（3）$x=0.8\mathrm{m}$ 时，$\boldsymbol{E}(x,t)$ 和 $\boldsymbol{H}(x,t)$ 的表达式。

解：根据题意，有

$$\omega=10^7\pi\ \mathrm{rad/s},\quad f=\frac{\omega}{2\pi}=5\times10^6\,\mathrm{Hz}$$

$$\frac{\gamma}{\omega\varepsilon}=\frac{4}{10^7\pi\times\left(\dfrac{1}{36\pi}\times10^{-9}\right)\times80}=180\gg1$$

因此海水可视作良导体。

（1）衰减常数为

$$\alpha=\sqrt{\pi f\mu\gamma}=\sqrt{5\pi\times10^6\times4\pi\times10^{-7}\times4}=8.89\,\mathrm{Np/m}$$

相位常数为

$$\beta=\alpha=8.89\,\mathrm{rad/m}$$

波阻抗为

$$Z=\sqrt{\frac{\omega\mu}{\gamma}}\angle45^\circ=\sqrt{\frac{10^7\pi\times4\pi\times10^{-7}}{4}}=\pi\angle45^\circ\Omega$$

相位速度为

$$v=\frac{\omega}{\beta}=\frac{10^7\pi}{8.89}=3.53\times10^6\,\mathrm{m/s}$$

波长为

$$\lambda=\frac{2\pi}{\beta}=\frac{2\pi}{8.89}=0.707\mathrm{m}$$

趋肤深度为

$$d=\frac{1}{\alpha}=\frac{1}{8.89}=0.112\mathrm{m}$$

（2）设 x_1 为波振幅衰减至1%时所移动的距离，有

$$e^{-\alpha x_1}=0.01,\quad x_1=\frac{1}{\alpha}\ln 100=\frac{4.605}{8.89}=0.518\text{m}$$

（3）$\boldsymbol{E}$ 的瞬时表达式为

$$\boldsymbol{E}(x,t)=100e^{-\alpha x}\cos(\omega t-\beta x)\boldsymbol{e}_y$$

在 $x=0.8\text{m}$ 时

$$\boldsymbol{E}(0.8,t)=100e^{-0.8\alpha}\cos(\omega t-0.8\beta)\boldsymbol{e}_y=0.082\cos(10^7\pi t-7.11)\boldsymbol{e}_y\ （\text{V/m}）$$

所以

$$\boldsymbol{H}(0.8,t)=\frac{100e^{-0.8a}}{|\dot{Z}|}\cos\left(\omega t-0.8\beta-\frac{\pi}{4}\right)\boldsymbol{e}_z=0.026\cos(10^7\pi t-1.61)\boldsymbol{e}_z\ （\text{A/m}）$$

可见5MHz平面电磁波在海水中衰减很快，以致在离开波源很短距离处，波的强度就变得非常弱了。因此，海水中的无线电通信必须使用低频无线电波。但即使在低频情况下，海底的远距离无线电通信仍然很困难。如 $f=50\text{Hz}$ 时，可计算得 $d=35.6\text{m}$。这就给潜水艇之间的无线电通信带来了很大困难，不能直接利用海水中的直达波进行无线电通信，必须将它们的收发天线移至海水表面附近，利用沿海水表面传播的表面波作传输媒介。

例 6.5 求如图 6.7 所示的半径为 a 的圆柱导线单位长度的交流电阻（设趋肤深度 $d\ll a$）。

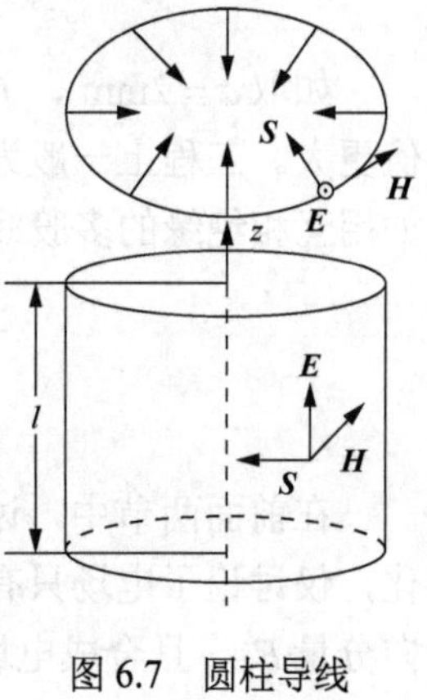

图 6.7 圆柱导线

解： 由于 $d\ll a$，导线中的电磁场可以看成是一平面电磁波。

设导线中的电场和磁场为

$$\dot{\boldsymbol{E}}=\dot{E}_0e^{-k(a-\rho)}\boldsymbol{e}_z$$

$$\dot{\boldsymbol{H}}=\frac{\dot{E}_0}{Z}e^{-k(a-\rho)}\boldsymbol{e}_\phi$$

进入导体表面的坡印亭矢量的有功分量为

$$\boldsymbol{S}_{\text{av}}=\text{Re}\left(\dot{\boldsymbol{E}}\times\dot{\boldsymbol{H}}^*\right)\Big|_{\rho=a}=\frac{E_0^2}{|\dot{Z}|}\cos 45^\circ(-\boldsymbol{e}_\rho)$$

因而单位长度导线消耗的有功功率为

$$P=|\boldsymbol{S}_{\text{av}}|\times 2\pi a\times 1=\frac{2\pi aE_0^2}{|\dot{Z}|}\cos 45^\circ$$

导线中的电流密度为

$$\dot{\boldsymbol{J}}=\gamma\dot{\boldsymbol{E}}=\gamma\dot{E}_0e^{-k(a-\rho)}\boldsymbol{e}_z$$

导线中的总电流为

$$\dot{I}=\int\dot{\boldsymbol{J}}\cdot\mathrm{d}\boldsymbol{S}=\int_0^a\gamma\dot{E}_0\mathrm{e}^{-k(a-\rho)}2\pi\rho\mathrm{d}\rho=2\pi\gamma\dot{E}_0\left(\frac{a}{k}-\frac{1}{k^2}+\frac{\mathrm{e}^{-ka}}{k^2}\right)$$

略去 k 的高次项为

$$\dot{I}\approx2\pi\gamma\dot{E}_0\frac{a}{k}$$

$$I^2\approx\left(2\pi\gamma E_0\right)^2\frac{a^2}{|k|^2}$$

交流电阻为

$$R=\frac{P}{I^2}=\frac{2\pi aE_0^2}{|\dot{Z}|}\cos45^\circ\frac{|k|^2}{\left(2\pi\gamma E_0a\right)^2}=\frac{1}{2\pi a\gamma d}$$

单位长度导线的直流电阻为

$$R_\mathrm{d}=\frac{1}{\pi a^2\gamma}$$

高频电阻与直流电阻的比值为

$$\frac{R}{R_\mathrm{d}}=\frac{a}{2d}$$

如取 $a=2\mathrm{mm}$ 、 $f=3\times10^6\mathrm{Hz}$ 、 $\gamma=5.8\times10^7\mathrm{S/m}$ 时，比值为 26.21。频率升高，上述比值更大。工程上一般为减小高频电阻，即趋肤效应的影响，采用增大导线表面积的方法，如用互相绝缘的多股线代替单根导线及在导线表面镀以银层。

6.6 平面电磁波的极化

在前面两节中，讨论了沿 z 方向传播的均匀平面电磁波的传播特性，且为了将问题简化，仅讨论了电场只有 x 方向分量的情况。实际上，电场不仅有 x 方向分量 E_x ，也有 y 方向分量 E_y ，且合成电场的方向也不一定是固定的。因此，通常采用波的极化或偏振来描述沿相同方向传播的若干个正弦均匀平面电磁波中电场强度的组成情况。波的极化或偏振是通过电场矢量 $\boldsymbol{E}$ 的端点随着时间变化在空间的轨迹来描述的。若轨迹是直线，就称为直线极化波；若轨迹是圆，则称为圆极化波；若轨迹是椭圆，则称为椭圆极化波。下面分别加以讨论。

为不失一般性，假设沿 z 方向传播的正弦均匀平面电磁波的电场由下式给出：

$$\boldsymbol{E}=E_{xm}\cos\left(\omega t-\beta z+\phi_1\right)\boldsymbol{e}_x+E_{ym}\cos\left(\omega t-\beta z+\phi_2\right)\boldsymbol{e}_y \tag{6.93}$$

式中， E_{xm} 、 E_{ym} 为幅值； ϕ_1 、 ϕ_2 为初相位。这可以看作是沿 x 轴和 y 轴的两个场矢量的叠加。

6.6.1　直线极化

若式（6.93）中的$\phi_1=\phi_2=\phi$，即E_x和E_y同相，则在$z=0$平面上，合成电场的量值为

$$E=\sqrt{E_{xm}^2+E_{ym}^2}\cos(\omega t+\phi) \tag{6.94}$$

它与x轴的夹角为$\alpha=\arctan\left(\dfrac{E_{ym}}{E_{xm}}\right)$。由于$E_{xm}$、$E_{ym}$为常数，$\alpha$不随时间变化，因此，合成电场矢量的端点轨迹为一条与x轴成α角的直线，如图 6.8 所示。

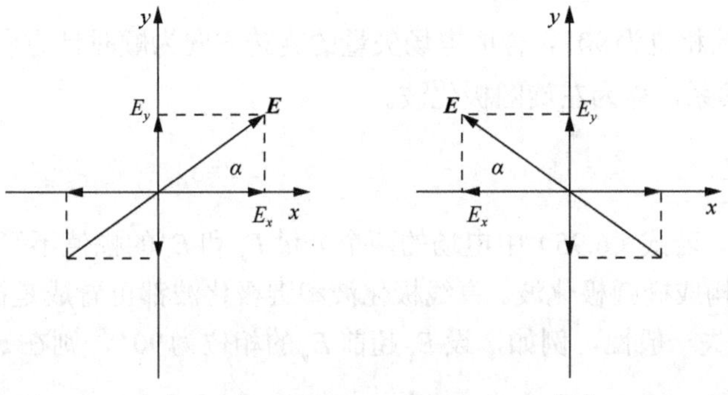

图 6.8　线极化波

若ϕ_1和ϕ_2不相等，而是相差π，即E_x和E_y反相，此时的合成波仍为直线极化波，只是合成电场矢量$\boldsymbol{E}$与y轴的夹角$\alpha=\arctan\left(-E_{ym}/E_{xm}\right)$。

工程上，常将垂直于地面的直线极化波称为垂直极化波，将平行于地面的直线极化波称为水平极化波。

6.6.2　圆极化

若式（6.94）中电场的两个分量E_x和E_y幅值相等，而且相位差为$\pm\dfrac{\pi}{2}$，即$E_{xm}=E_{ym}=E_m$，$\phi_1-\phi_2=\pm\dfrac{\pi}{2}$。考虑$z=0$的平面，其上合成电场的大小为

$$E=\sqrt{E_x^2+E_y^2}=E_m \tag{6.95}$$

合成电场与x轴的夹角为α，且有

$$\tan\alpha=\frac{E_y}{E_x}=\pm\tan(\omega t+\phi_1) \tag{6.96}$$

因此，有$\alpha=\pm(\omega t+\phi_1)$成立。式（6.95）和式（6.96）表明，合成电场的大小不随时间变化，但方向随时间以角度ω改变，即合成电场矢量的端点在一圆周上并以角速度ω旋转，故称为圆极化波，如图 6.9 所示。

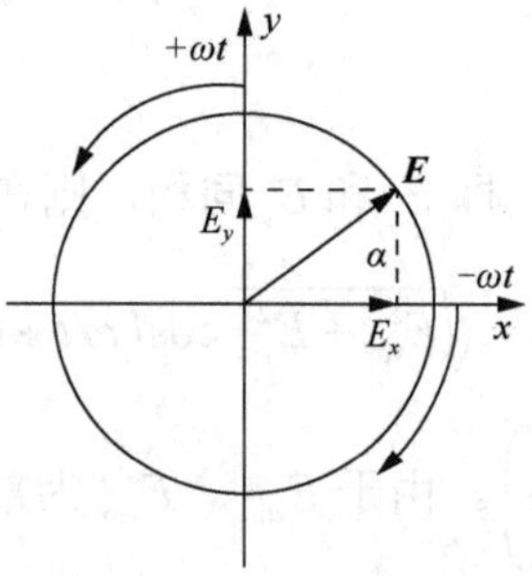

图 6.9　圆极化的平面电磁波

若 E_y 超前 E_x 的相位为90°，合成电场矢量的旋转方向为顺时针方向，与波的传播方向 $+z$ 构成左手螺旋关系，称为左旋圆极化波。

6.6.3　椭圆极化

在一般情况下，若式（6.95）中电场的两个分量 E_x 和 E_y 的幅值不等，而且初相 ϕ_1 和 ϕ_2 之差为任意值，则构成椭圆极化波。直线极化波和圆极化波都可看成是椭圆极化波的特例。

为简单而又不失一般性，例如，设 E_x 超前 E_y 的相位为90°，则在 $z=0$ 的平面上，有

$$E_x = -E_{xm}\sin(\omega t+\phi_1) \tag{6.97}$$

$$E_y = E_{ym}\cos(\omega t+\phi_1) \tag{6.98}$$

从上面两式中消去参数 t 后，得

$$\left(\frac{E_x}{E_{xm}}\right)^2+\left(\frac{E_y}{E_{ym}}\right)^2=1 \tag{6.99}$$

这是一个长短半轴分别为 E_{xm} 和 E_{ym} 的椭圆方程，如图 6.10 所示。合成电场矢量的端点在这个椭圆上旋转，故称为椭圆极化波。

椭圆极化波也有左旋、右旋之分。如果合成电场矢量的旋转方向与波传播方向构成右手螺旋关系，称为右旋椭圆极化波；反之，构成左手螺旋关系则称为左旋椭圆极化波。图 6.11 所示就是一个右旋椭圆极化波。

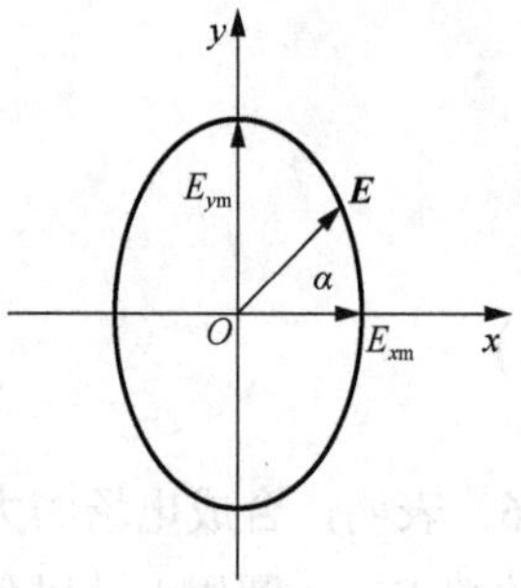

图 6.10　椭圆极化波（$\Delta\phi=\pi/2$）

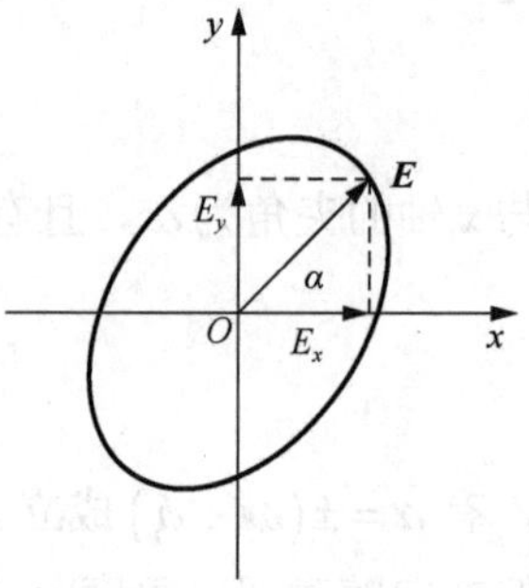

图 6.11　椭圆极化波（$\Delta\phi\neq\pi/2$）

总之，可以用极化波来描述电磁波中电场的组成情况，不仅可以了解整个电磁波的特性，而且可以分析电磁波在自由空间或有限区域内的传播特性，尤其在分析天线的相关问题时，波的极化有着广泛的应用。工程上，对如何应用波的极化技术进行了较深入的研究。例如，调幅电台发射出的电磁波中的电场 $\boldsymbol{E}$ 是与地面垂直的，所以收听者想得到最佳的收音效果，就应将收音机的天线调整到与电场 $\boldsymbol{E}$ 平行的位置，即与大地垂直。电视台发射出的电磁波中电场 $\boldsymbol{E}$ 是与地面平行的，这时，电视接收天线应调整到与地面平行的位置。在卫星通信系统和电子对抗系统中，大多数都是采用圆极化波进行工作的。

例 6.6 证明两个振幅相同，旋向相反的圆极化波可合成为一直线极化波。

解： 考虑沿 $+z$ 方向传播的两个旋向不同的圆极化波，左旋和右旋圆极化波的电场 $\boldsymbol{E}_1$ 和 $\boldsymbol{E}_2$ 的表达式分别为

$$\boldsymbol{E}_1 = E_{\mathrm{m}}\cos(\omega t-\beta z+\phi)\boldsymbol{e}_x + E_{\mathrm{m}}\cos\left(\omega t-\beta z+\phi+\frac{\pi}{2}\right)\boldsymbol{e}_y$$

$$\boldsymbol{E}_2 = E_{\mathrm{m}}\cos(\omega t-\beta z+\phi)\boldsymbol{e}_x + E_{\mathrm{m}}\cos\left(\omega t-\beta z+\phi-\frac{\pi}{2}\right)\boldsymbol{e}_y$$

则合成波的电场为

$$\boldsymbol{E} = \boldsymbol{E}_1+\boldsymbol{E}_2 = 2E_{\mathrm{m}}\cos(\omega t-\beta z+\phi)\boldsymbol{e}_x$$

由上式可知，合成波是一沿 x 方向的直线极化波，因而上述问题得证。与此相反，任一个直线极化波可分解为两个振幅相同、旋向相反的圆极化波的叠加。

6.7 平面电磁波在理想介质分界面上的反射与折射

本节将从电磁波传播的普遍规律出发，讨论均匀平面电磁波斜入射、正入射到平面分界面时出现的反射与折射情况。为简单起见，这里假设分界面是无限大的平面。

6.7.1 正入射时平面电磁波的反射与折射

设两个无限大理想介质分界面为 $z=0$ 的 xOy 平面，其法线方向单位矢量 $\boldsymbol{e}_n$ 与 z 轴重合。将入射波的入射线与分界面的法线矢量 $\boldsymbol{e}_n$ 构成的平面称为入射面，如图 6.12 中 xOz 平面。同时假设入射波的传播方向 $\boldsymbol{k}_{\mathrm{i}}$ 与 $\boldsymbol{e}_n$ 间的夹角为 θ_{i}，相速度为 v_1；反射波的传播方向 $\boldsymbol{k}_{\mathrm{r}}$ 与 $\boldsymbol{e}_n$ 间的夹角为 θ_{r}，相速度为 v_1'；折射波的传播方向 $\boldsymbol{k}_{\mathrm{t}}$ 与 $\boldsymbol{e}_n$ 间的夹角为 θ_{t}，相速度为 v_2。θ_{i}、θ_{r} 和 θ_{t} 分别称为入射角、反射角和折射角。理想介质 1 和 2 的参数分别为 ε_1、μ_1 和 ε_2、μ_2。

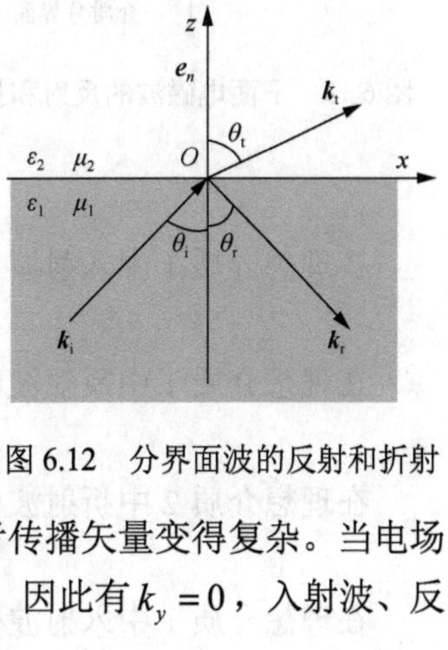

图 6.12 分界面波的反射和折射

由于平面电磁波入射到两媒质分界面上，其传播方向或者传播矢量变得复杂。当电场垂直于入射面 xOz 平面（又称正入射），传播矢量没有 k_y 分量，因此有 $k_y=0$，入射波、反

射波、折射波方向的单位矢量分别为

$$\begin{cases}\boldsymbol{k}_{\mathrm{i}} = k_1 \sin\theta_{\mathrm{i}} \boldsymbol{e}_x + k_1 \cos\theta_{\mathrm{i}} \boldsymbol{e}_z \\ \boldsymbol{k}_{\mathrm{r}} = k_1 \sin\theta_{\mathrm{r}} \boldsymbol{e}_x - k_1 \cos\theta_{\mathrm{r}} \boldsymbol{e}_z \\ \boldsymbol{k}_{\mathrm{t}} = k_2 \sin\theta_{\mathrm{t}} \boldsymbol{e}_x + k_2 \cos\theta_{\mathrm{t}} \boldsymbol{e}_z\end{cases} \tag{6.100}$$

场点的矢径 $\boldsymbol{r}$ 写为 $\boldsymbol{r} = x\boldsymbol{e}_x + y\boldsymbol{e}_y + z\boldsymbol{e}_z$。

斜入射时入射波电场为

$$\dot{\boldsymbol{E}}_{\mathrm{i}}(\boldsymbol{r}) = \dot{\boldsymbol{E}}_{\mathrm{i}} \mathrm{e}^{-\mathrm{j}\boldsymbol{k}_{\mathrm{i}}\cdot\boldsymbol{r}}$$

斜入射时反射波电场为

$$\dot{\boldsymbol{E}}_{\mathrm{r}}(\boldsymbol{r}) = \dot{\boldsymbol{E}}_{\mathrm{r}} \mathrm{e}^{-\mathrm{j}\boldsymbol{k}_{\mathrm{r}}\cdot\boldsymbol{r}}$$

斜入射时折射波电场为

$$\dot{\boldsymbol{E}}_{\mathrm{t}}(\boldsymbol{r}) = \dot{\boldsymbol{E}}_{\mathrm{t}} \mathrm{e}^{-\mathrm{j}\boldsymbol{k}_{\mathrm{t}}\cdot\boldsymbol{r}}$$

1. 合成电磁场求解

设上下半空间均为理想介质，电导率 $\gamma_1 = \gamma_2 = 0$。平面电磁波沿 $+z$ 正入射，两媒质分界面在 $z=0$ 的 xOy 平面，电磁波在媒质分界面上将发生反射和折射。平面电磁波正入射时，传播方向仅为坐标轴的某一方向。设平面电磁波入射波的传播方向矢量为 $\boldsymbol{k}_{\mathrm{i}}$，反射波的传播方向矢量为 $\boldsymbol{k}_{\mathrm{r}}$，折（透）射波的传播方向矢量为 $\boldsymbol{k}_{\mathrm{t}}$，设电场的入射波、反射波和折射波方向平行于纸面，磁场的入射波和反射波方向垂直于纸面穿出，折射波垂直于纸面穿入，如图 6.13 所示。入射波、反射波、折射波传播方向的矢量分别为 $\boldsymbol{k}_{\mathrm{i}} = k_1\boldsymbol{e}_z$，$\boldsymbol{k}_{\mathrm{r}} = -k_1\boldsymbol{e}_z$，$\boldsymbol{k}_{\mathrm{t}} = k_2\boldsymbol{e}_z$。其中理想介质 1 和 2 中传播常数为 $k_1 = \omega\sqrt{\mu_1\varepsilon_1}$ 和 $k_2 = \omega\sqrt{\mu_2\varepsilon_2}$，波阻抗为 $Z_1 = \sqrt{\dfrac{\mu_1}{\varepsilon_1}}$ 和 $Z_2 = \sqrt{\dfrac{\mu_2}{\varepsilon_2}}$。

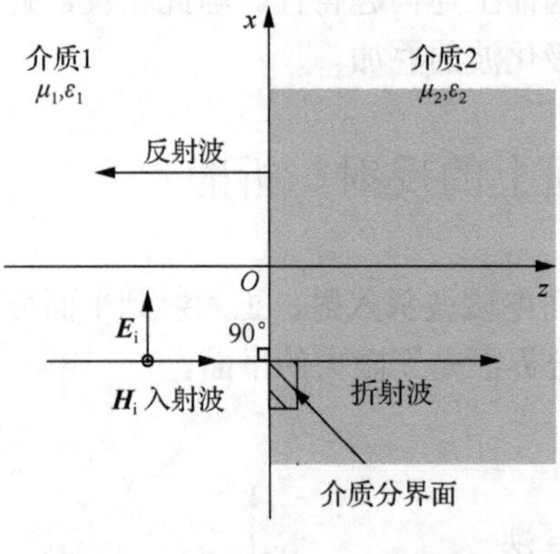

图 6.13 平面电磁波的反射和折射

在理想介质 1 中入射波电场为

$$\dot{\boldsymbol{E}}_{\mathrm{i}}(\boldsymbol{r}) = \dot{E}_{\mathrm{i}} \mathrm{e}^{-\mathrm{j}k_1 z} \boldsymbol{e}_x$$

在理想介质 1 中反射波电场为

$$\dot{\boldsymbol{E}}_{\mathrm{r}}(\boldsymbol{r}) = \dot{E}_{\mathrm{r}} \mathrm{e}^{\mathrm{j}k_1 z} \boldsymbol{e}_x$$

在理想介质 2 中折射波电场为

$$\dot{\boldsymbol{E}}_{\mathrm{t}}(\boldsymbol{r}) = \dot{E}_{\mathrm{t}} \mathrm{e}^{-\mathrm{j}k_2 z} \boldsymbol{e}_x$$

在理想介质 1 中入射波磁场为

$$\dot{\boldsymbol{H}}_{\mathrm{i}}(\boldsymbol{r})=\dot{H}_{\mathrm{i}}\mathrm{e}^{-\mathrm{j}k_1z}\boldsymbol{e}_y=\frac{\dot{E}_{\mathrm{i}}}{Z_1}\mathrm{e}^{-\mathrm{j}k_1z}\boldsymbol{e}_y$$

在理想介质 1 中反射波磁场为

$$\dot{\boldsymbol{H}}_{\mathrm{r}}(\boldsymbol{r})=\dot{H}_{\mathrm{r}}\mathrm{e}^{\mathrm{j}k_1z}\boldsymbol{e}_y=-\frac{\dot{E}_{\mathrm{r}}}{Z_1}\mathrm{e}^{\mathrm{j}k_1z}\boldsymbol{e}_y$$

在理想介质 2 中折射波磁场为

$$\dot{\boldsymbol{H}}_{\mathrm{t}}(\boldsymbol{r})=\dot{H}_{\mathrm{t}}\mathrm{e}^{-\mathrm{j}k_2z}\boldsymbol{e}_y=\frac{\dot{E}_{\mathrm{t}}}{Z_2}\mathrm{e}^{-\mathrm{j}k_2z}\boldsymbol{e}_y$$

式中，$\dot{E}_{\mathrm{i}}=E_{\mathrm{i}}\mathrm{e}^{\mathrm{j}\phi_E}$、$\dot{E}_{\mathrm{r}}=E_{\mathrm{r}}\mathrm{e}^{\mathrm{j}\phi_E}$ 和 $\dot{E}_{\mathrm{t}}=E_{\mathrm{t}}\mathrm{e}^{\mathrm{j}\phi_E}$ 为电场的入射波和反射波、折射波的复振幅；$\dot{H}_{\mathrm{i}}=H_{\mathrm{i}}\mathrm{e}^{\mathrm{j}\phi_H}$、$\dot{H}_{\mathrm{r}}=H_{\mathrm{r}}\mathrm{e}^{\mathrm{j}\phi_H}$ 和 $\dot{H}_{\mathrm{t}}=H_{\mathrm{t}}\mathrm{e}^{\mathrm{j}\phi_H}$ 为磁场的入射波和反射波、折射波的复振幅。

当平面电磁波从一种理想介质正入射到另一种理想介质表面时，理想介质表面没有电流存在。因此，电磁波在媒质分界面上电场和磁场两者满足切向分量均连续的条件。

在 $z=0$ 的 xOy 分界平面内，将理想介质 1 和 2 中电场和磁场、波阻抗代入分界面衔接条件 $E_{1\mathrm{t}}=E_{2\mathrm{t}}$ 和 $H_{1\mathrm{t}}=H_{2\mathrm{t}}$ 中，有

$$\begin{cases}\dot{\boldsymbol{E}}_{\mathrm{i}}+\dot{\boldsymbol{E}}_{\mathrm{r}}=\dot{\boldsymbol{E}}_{\mathrm{t}}\\ \dfrac{1}{Z_1}\left(\dot{\boldsymbol{E}}_{\mathrm{i}}-\dot{\boldsymbol{E}}_{\mathrm{r}}\right)=\dfrac{1}{Z_2}\dot{\boldsymbol{E}}_{\mathrm{t}}\end{cases}\tag{6.101}$$

进行整理后，得到反射和折射系数为

$$\begin{cases}\varGamma=\dfrac{\dot{E}_{\mathrm{r}}}{\dot{E}_{\mathrm{i}}}=\dfrac{Z_2-Z_1}{Z_1+Z_2}\\ T=\dfrac{\dot{E}_{\mathrm{t}}}{\dot{E}_{\mathrm{i}}}=\dfrac{2Z_2}{Z_1+Z_2}\end{cases}\tag{6.102}$$

式中，$\varGamma$ 表示反射系数；T 表示折射系数。

电场和磁场的反射波为

$$\dot{\boldsymbol{E}}_{\mathrm{r}}=\varGamma\dot{E}_{\mathrm{i}}\mathrm{e}^{\mathrm{j}k_1z}\boldsymbol{e}_x$$

$$\dot{\boldsymbol{H}}_{\mathrm{r}}=\dot{H}_{\mathrm{r}}\mathrm{e}^{\mathrm{j}k_1z}\boldsymbol{e}_y=-\varGamma\frac{\dot{E}_{\mathrm{i}}}{Z_1}\mathrm{e}^{\mathrm{j}k_1z}\boldsymbol{e}_y$$

在理想介质 2 中电场和磁场的折射波为

$$\dot{\boldsymbol{E}}_{\mathrm{t}}=T\dot{E}_{\mathrm{i}}\mathrm{e}^{-\mathrm{j}k_2z}\boldsymbol{e}_x$$

$$\dot{\boldsymbol{H}}_{\mathrm{t}}=T\dot{H}_{\mathrm{i}}\mathrm{e}^{-\mathrm{j}k_2z}\boldsymbol{e}_y=T\frac{\dot{E}_{\mathrm{i}}}{Z_2}\mathrm{e}^{-\mathrm{j}k_2z}\boldsymbol{e}_y$$

理想介质 1 中总电场、总磁场的复数形式为

$$\dot{\boldsymbol{E}}_1=\dot{\boldsymbol{E}}_{\mathrm{i}}+\dot{\boldsymbol{E}}_{\mathrm{r}}=\dot{E}_{\mathrm{i}}\mathrm{e}^{-\mathrm{j}k_1z}\boldsymbol{e}_x+\dot{E}_{\mathrm{r}}\mathrm{e}^{\mathrm{j}k_1z}\boldsymbol{e}_x=\dot{E}_{\mathrm{i}}[(1+\varGamma)\mathrm{e}^{-\mathrm{j}k_1z}+\mathrm{j}2\varGamma\sin k_1z]\boldsymbol{e}_x\tag{6.103}$$

$$\dot{\boldsymbol{H}}_1=\dot{\boldsymbol{H}}_{\mathrm{i}}+\dot{\boldsymbol{H}}_{\mathrm{r}}=\dot{H}_{\mathrm{i}}\mathrm{e}^{-\mathrm{j}k_1z}\boldsymbol{e}_y+\dot{H}_{\mathrm{r}}\mathrm{e}^{\mathrm{j}k_1z}\boldsymbol{e}_y=\frac{\dot{E}_{\mathrm{i}}}{Z_1}\mathrm{e}^{-\mathrm{j}k_1z}\boldsymbol{e}_y-\frac{\dot{E}_{\mathrm{r}}}{Z_1}\mathrm{e}^{\mathrm{j}k_1z}\boldsymbol{e}_y$$

$$=\frac{\dot{E}_{\mathrm{i}}}{Z_1}[(1-\Gamma)\mathrm{e}^{-\mathrm{j}k_1z}-\mathrm{j}2\Gamma\sin k_1z]\boldsymbol{e}_y \tag{6.104}$$

理想介质 1 中总电场、总磁场的合成量的瞬时表达式为

$$\boldsymbol{E}_1=\mathrm{Re}\left[\left\{\dot{E}_{\mathrm{i}}\left[(1+\Gamma)\mathrm{e}^{-\mathrm{j}k_1z}+\mathrm{j}2\Gamma\sin k_1z\right]\right\}\mathrm{e}^{\mathrm{j}\omega t}\boldsymbol{e}_x\right] \tag{6.105}$$

$$\boldsymbol{H}_1=\mathrm{Re}\left[\left\{\frac{\dot{E}_{\mathrm{i}}}{Z_1}\left[(1-\Gamma)\mathrm{e}^{-\mathrm{j}k_1z}-\mathrm{j}2\Gamma\sin k_1z\right]\right\}\mathrm{e}^{\mathrm{j}\omega t}\boldsymbol{e}_y\right] \tag{6.106}$$

2. 反射和折射系数

反射系数为

$$\Gamma=\frac{Z_2-Z_1}{Z_1+Z_2}$$

折射系数为

$$T=\frac{2Z_2}{Z_1+Z_2}$$

3. 传播特性

通过分析可知：

（1）在理想介质 1 中合成电场包含行波和驻波两部分，称为行驻波，相当于一个行波叠加在一个驻波上，电场的中心值不再是零，出现波节点，但波节点场值不为零。

（2）在理想介质 1 中，行波幅值为$(1+\Gamma)|\dot{E}|$，驻波幅值为$2\Gamma|\dot{E}|$。当$Z_1>Z_2$时，合成波的行波部分大于入射波幅值；当$Z_1<Z_2$时，合成波的行波部分小于入射波幅值。

（3）当$\Gamma>0$，当入射波和反射波两者相位相同时，电场达到最大值。电场最大值为$|\dot{E}|(1+\Gamma)$，位于$2\beta_1z_{\max}=-2n\pi(n=0,1,2,\cdots)$或$z_{\max}=-\frac{n\lambda_1}{2}(n=0,1,2,\cdots)$处。当入射波和反射波两者相位相反时，电场最小值为$|\dot{E}|(1-\Gamma)$，位于$2\beta_1z_{\max}=-(2n+1)\pi(n=0,1,2,\cdots)$或$z_{\max}=-\frac{(2n+1)\lambda_1}{4}(n=0,1,2,\cdots)$处。当$\Gamma<0$时，电场最大值为$|\dot{E}|(1-\Gamma)$，位于$2\beta_1z_{\max}=-(2n+1)\pi(n=0,1,2,\cdots)$或$z_{\max}=-\frac{(2n+1)\lambda_1}{4}(n=0,1,2,\cdots)$处，电场最小值为$|\dot{E}|(1+\Gamma)$，位于$2\beta_1z_{\max}=-2n\pi(n=0,1,2,\cdots)$或$z_{\max}=-\frac{n\lambda_1}{2}(n=0,1,2,\cdots)$处。

（4）理想介质 2 中的电磁波为等幅行波，传播特性满足平面电磁波在理想介质中的传播特性。

6.7.2 三层理想介质分界面上的反射与折射

本节讨论三层理想介质分界面上的反射与折射，平面电磁波沿 $+x$ 方向垂直入射，如图 6.14 所示。理想介质 1 为均匀半空间，波阻抗为 Z_1，理想介质 2 的波阻抗为 Z_2 及厚度为 d，理想介质 3 为均匀半空间，波阻抗为 Z_3，分析当理想介质 1 中的均匀平面电磁波正入射到理想介质 2 的界面时，不发生反射的 d 及 Z_2。

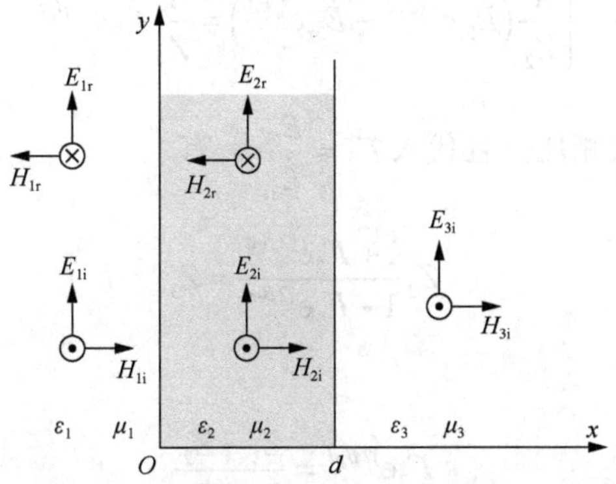

图 6.14 平面电磁波对多层理想介质分界面的正入射

理想介质 1 中无反射波时，电磁场为

$$\begin{cases}\dot{\boldsymbol{E}}_1=\dot{E}_{1\mathrm{i}}\mathrm{e}^{-\mathrm{j}\beta_1 x}\boldsymbol{e}_y\\[2mm] \dot{\boldsymbol{H}}_1=\dfrac{\dot{E}_{1\mathrm{i}}}{Z_1}\mathrm{e}^{-\mathrm{j}\beta_1 x}\boldsymbol{e}_z\end{cases}\tag{6.107}$$

理想介质 2 中的电磁场为

$$\begin{cases}\dot{\boldsymbol{E}}_2=\dot{E}_{2\mathrm{i}}\mathrm{e}^{-\mathrm{j}\beta_2 x}\boldsymbol{e}_y+\dot{E}_{2\mathrm{r}}\mathrm{e}^{\mathrm{j}\beta_2 x}\boldsymbol{e}_y\\[2mm] \dot{\boldsymbol{H}}_2=\dfrac{\dot{E}_{2\mathrm{i}}}{Z_2}\mathrm{e}^{-\mathrm{j}\beta_2 x}\boldsymbol{e}_z-\dfrac{\dot{E}_{2\mathrm{r}}}{Z_2}\mathrm{e}^{\mathrm{j}\beta_2 x}\boldsymbol{e}_z\end{cases}\tag{6.108}$$

在 $x=0$ 处的理想介质分界面，电场和磁场的切向分量必须连续，所以有

$$\begin{cases}\dot{E}_{1\mathrm{i}}=\dot{E}_{2\mathrm{i}}+\dot{E}_{2\mathrm{r}}\\[2mm] \dfrac{\dot{E}_{1\mathrm{i}}}{Z_1}=\dfrac{\dot{E}_{2\mathrm{i}}}{Z_2}-\dfrac{\dot{E}_{2\mathrm{r}}}{Z_2}\end{cases}\tag{6.109}$$

把式（6.109）中两式相比，且令 $\varGamma_2=\dfrac{\dot{E}_{2\mathrm{r}}}{\dot{E}_{2\mathrm{i}}}$，可得

$$\begin{cases}Z_1=Z_2\dfrac{1+\varGamma_2}{1-\varGamma_2}\\[2mm] \varGamma_2=\dfrac{Z_1-Z_2}{Z_1+Z_2}\end{cases}\tag{6.110}$$

在 $x=d$ 处

$$\begin{cases} \dot{E}_{2i}+\dot{E}_{2r}=\dot{E}_{3i} \\ \dfrac{\dot{E}_{1i}}{Z_1}=\dfrac{\dot{E}_{2i}}{Z_2}-\dfrac{\dot{E}_{2r}}{Z_2} \\ \dot{E}_{2i}e^{-j\beta_2 d}+\dot{E}_{2r}e^{j\beta_2 d}=\dot{E}_{3i}e^{-j\beta_3 d} \\ \dfrac{1}{Z_2}\left(\dot{E}_{2i}e^{-j\beta_2 d}-\dot{E}_{2r}e^{j\beta_2 d}\right)=\dfrac{1}{Z_3}\dot{E}_{3i}e^{-j\beta_3 d} \end{cases} \tag{6.111}$$

把式（6.111）中下面两式相比，且代入 $\Gamma_2=\dfrac{\dot{E}_{2r}}{\dot{E}_{2i}}$，有

$$Z_2\frac{1+\Gamma_2 e^{j2\beta_2 d}}{1-\Gamma_2 e^{j2\beta_2 d}}=Z_3 \tag{6.112}$$

因此有

$$\Gamma_2 e^{j2\beta_2 d}=\frac{Z_3-Z_2}{Z_3+Z_2} \tag{6.113}$$

式中，$e^{j\beta_2 d}=\cos(2\beta_2 d)+j\sin(2\beta_2 d)=\dfrac{1}{\Gamma_2}\dfrac{Z_3-Z_2}{Z_2+Z_3}=\dfrac{Z_1+Z_2}{Z_1-Z_2}\cdot\dfrac{Z_3-Z_2}{Z_3+Z_2}$。

由于理想介质的波阻抗都是实数，所以式（6.113）左端也为实数，故必有

$$\sin(2\beta_2 d)=0 \quad 或 \quad 2\beta_2 d=n\pi$$

另外，如 n 等于奇数，则

$$\cos(2\beta_2 d)=\frac{(Z_1+Z_2)(Z_3-Z_2)}{(Z_1-Z_2)(Z_3+Z_2)} \tag{6.114}$$

解得

$$Z_2=\sqrt{Z_1 Z_3} \tag{6.115}$$

以上说明当理想介质 1 和理想介质 3 不同时，理想介质 1 中无反射波的条件为 Z_2 必须等于 Z_1 和 Z_3 的几何平均值，且 d 必须是四分之一波长的奇整数倍。光学透镜表面上的介质覆层就是利用了这一原理，消除光波通过透镜时的反射。

如果 n 等于偶数，则

$$\cos(2\beta_2 d)=1=\frac{(Z_1+Z_2)(Z_3-Z_2)}{(Z_1-Z_2)(Z_3+Z_2)} \tag{6.116}$$

解得

$$Z_1=Z_3 \tag{6.117}$$

表明，当 $Z_1 = Z_3$ 时，理想介质 1 中无反射波的条件是理想介质 2 的厚度必须为半波长的整数倍。所以半波长厚度的介质片称为“半波窗”，它对给定波长的电磁波犹如一个无反射的窗口。

6.7.3　斜入射时平面电磁波的反射与折射

1. 反射定律和折射定律

根据两种理想介质分界面上的衔接条件，电场和磁场的切向分量都应满足连续。这意味着入射波、反射波和折射波应满足以下三个条件：①在分界面 z=0 的 xOy 平面内所有 x 处，入射波、反射波和折射波的电场与磁场对时间 t 的函数关系应具有相同形式；②当入射波为平面电磁波时，反射波和折射波也一定是均匀平面电磁波，入射波、反射波、折射波的传播方向矢量都在入射面内，且三者的传播矢量在分界面的切向分量相等，即沿 x 方向的传播方向矢量 $\boldsymbol{k}$ 相等；③入射波、反射波和折射波三者在分界面沿 x 方向的相速度相等，并且由于入射波、反射波在同一种媒质中传播，因此传播速度相同。

反射定律表征了反射角等于入射角，具体表达式为

$$\theta_{\mathrm{i}} = \theta_{\mathrm{r}} \tag{6.118}$$

折射定律也是光学中的斯奈尔定律，表征了电磁波从一种理想介质传播到另一种理想介质时，相速度的改变情况，因相速度数值发生改变，电磁波产生了折射现象。表达式为

$$\frac{v_2}{v_1} = \frac{\sin\theta_{\mathrm{t}}}{\sin\theta_{\mathrm{i}}} = \sqrt{\frac{\mu_1\varepsilon_1}{\mu_2\varepsilon_2}} = \frac{Z_1}{Z_2} \tag{6.119}$$

对于理想介质的磁导率，可以近似为 $\mu_1 \approx \mu_2 \approx \mu_0$，则

$$\frac{\sin\theta_{\mathrm{t}}}{\sin\theta_{\mathrm{i}}} = \sqrt{\frac{\varepsilon_1}{\varepsilon_2}} \tag{6.120}$$

媒质的折射率 n 为自由空间中电磁波相速度与媒质中电磁波相速度之比，写为

$$n = \frac{c}{v} = \sqrt{\mu_{\mathrm{r}}\varepsilon_{\mathrm{r}}} \tag{6.121}$$

式中，n 是无量纲量，一般媒质 $\mu_r \approx 1$，则有

$$\frac{\sin\theta_{\mathrm{t}}}{\sin\theta_{\mathrm{i}}} = \sqrt{\frac{\varepsilon_{\mathrm{r1}}\varepsilon_0}{\varepsilon_{\mathrm{r2}}\varepsilon_0}} = \frac{n_1}{n_2} \tag{6.122}$$

其中，n_1 和 n_2 分别是理想介质 1 和 2 的折射率。

2. 菲涅耳公式

当平面电磁波从一种理想介质传播到另一种理想介质时，电磁波会发生反射和折射现象。为了研究反射和折射后的电场和磁场传播特性，将平面电磁波的场量分解为垂直极化波和平行极化波相叠加。当电场方向垂直于入射面时，磁场平行于入射面，称为电场垂直

极化波；当电场方向平行于入射面时，磁场垂直于入射面，称为电场平行极化波，也可称为磁场垂直极化波。任意方向的电场 $\boldsymbol{E}$ 都可以分解为垂直入射的电场分量 $\dot{\boldsymbol{E}}_{\perp}$ 和水平入射的电场分量 $\dot{\boldsymbol{E}}_{//}$，有 $\dot{\boldsymbol{E}}=\dot{\boldsymbol{E}}_{\perp}+\dot{\boldsymbol{E}}_{//}$。任意方向的磁场 $\dot{\boldsymbol{H}}$ 都可以分解为垂直入射的磁场分量 $\dot{\boldsymbol{H}}_{\perp}$ 和水平入射的磁场分量 $\dot{\boldsymbol{H}}_{//}$，有 $\dot{\boldsymbol{H}}=\dot{\boldsymbol{H}}_{\perp}+\dot{\boldsymbol{H}}_{//}$。电场和磁场、传播方向矢量之间满足右手螺旋关系。当求出电场或磁场的垂直和平行这两个分量的反射波和折射波，通过叠加，可以获得电场或磁场矢量任意取向的入射波、反射波和折射波，如图 6.15、图 6.16 所示。

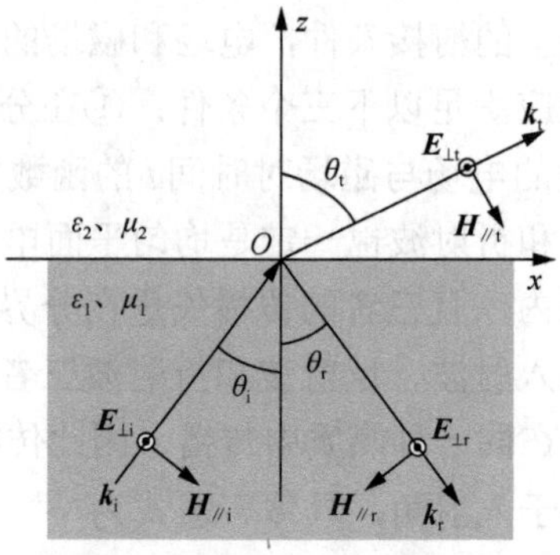

图 6.15 电场垂直极化波

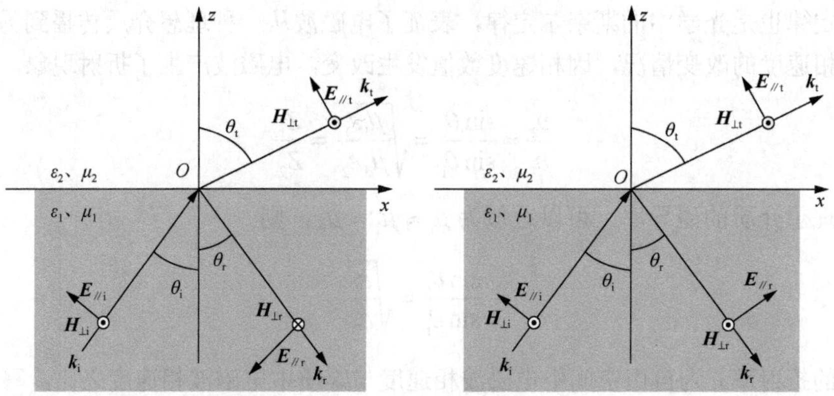

图 6.16 磁场反射波方向不同时的两种电场平行极化波

1）电场方向垂直于入射面

先讨论电场垂直极化波，建立直角坐标系，设入射面为 xOz 平面，入射波、反射波和折射波的电场传播方向都垂直于入射面且穿出纸面，穿出纸面为正 y 方向。对于电场 $\dot{\boldsymbol{E}}$，因垂直于入射面 xOz，采用 $\dot{\boldsymbol{E}}_{\perp}$ 表示，$\dot{\boldsymbol{E}}_{\perp i}$ 分量仅有 y 分量，而磁场 $\dot{\boldsymbol{H}}$ 平行于入射面，采用 $\dot{\boldsymbol{H}}_{//}$ 表示，分量 $\dot{\boldsymbol{H}}_{//i}$ 则有 x 和 z 分量。

电场垂直入射时，在入射面内建立直角坐标系，电场的入射波、反射波、折射波传播方向矢量分别采用 $\boldsymbol{k}_i$、$\boldsymbol{k}_r$ 和 $\boldsymbol{k}_t$ 表示，分别为

$$\begin{cases}\boldsymbol{k}_i=k_x\boldsymbol{e}_x+k_z\boldsymbol{e}_z=k_1\sin\theta_i\boldsymbol{e}_x+k_1\cos\theta_i\boldsymbol{e}_z\\ \boldsymbol{k}_r=k_x\boldsymbol{e}_x-k_z\boldsymbol{e}_z=k_1\sin\theta_r\boldsymbol{e}_x-k_1\cos\theta_r\boldsymbol{e}_z\\ \boldsymbol{k}_t=k_x\boldsymbol{e}_x+k_z\boldsymbol{e}_z=k_2\sin\theta_t\boldsymbol{e}_x+k_2\cos\theta_t\boldsymbol{e}_z\end{cases}\tag{6.123}$$

式中，k_1 和 k_2 分别为媒质 1 和媒质 2 的传播常数，$k_y=0$，矢径 $\boldsymbol{r}$ 写为 $\boldsymbol{r}=x\boldsymbol{e}_x+y\boldsymbol{e}_y+z\boldsymbol{e}_z$。当分界面为 $z=0$ 平面时，$\boldsymbol{r}\big|_{z=0}=x\boldsymbol{e}_x+y\boldsymbol{e}_y$。它们组成这种入射平面电磁波，如图 6.17 所示。

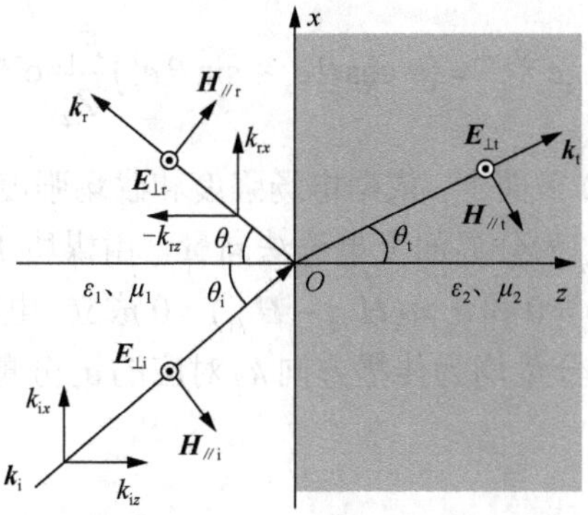

图 6.17 电场垂直极化的入射波、反射波和折射波

电场入射波表达式为

$$\dot{\boldsymbol{E}}_{\perp\mathrm{i}}(\boldsymbol{r})=\dot{\boldsymbol{E}}_{\perp\mathrm{i}}\mathrm{e}^{-\mathrm{j}\boldsymbol{k}_\mathrm{i}\cdot\boldsymbol{r}}=\dot{E}_{\perp\mathrm{i}}\mathrm{e}^{-\mathrm{j}k_1(x\sin\theta_\mathrm{i}+z\cos\theta_\mathrm{i})}\boldsymbol{e}_y \tag{6.124}$$

假设反射波电场的参考方向仍然为 $\boldsymbol{e}_y$ 方向，将 $\theta_\mathrm{r}=\theta_\mathrm{i}$ 代入，电场反射波表达式为

$$\dot{\boldsymbol{E}}_{\perp\mathrm{r}}(\boldsymbol{r})=\dot{\boldsymbol{E}}_{\perp\mathrm{r}}\mathrm{e}^{-\mathrm{j}\boldsymbol{k}_\mathrm{r}\cdot\boldsymbol{r}}=\dot{E}_{\perp\mathrm{r}}\mathrm{e}^{-\mathrm{j}k_1(x\sin\theta_\mathrm{i}-z\cos\theta_\mathrm{i})}\boldsymbol{e}_y \tag{6.125}$$

电场折射波表达式为

$$\dot{\boldsymbol{E}}_{\perp\mathrm{t}}(\boldsymbol{r})=\dot{\boldsymbol{E}}_{\perp\mathrm{t}}\mathrm{e}^{-\mathrm{j}\boldsymbol{k}_\mathrm{t}\cdot\boldsymbol{r}}=\dot{E}_{\perp\mathrm{t}}\mathrm{e}^{-\mathrm{j}k_2(x\sin\theta_\mathrm{t}+z\cos\theta_\mathrm{t})}\boldsymbol{e}_y$$

磁场入射波表达式为

$$\boldsymbol{H}_{//\mathrm{i}}(\boldsymbol{r})=\dot{\boldsymbol{H}}_{//\mathrm{i}}\mathrm{e}^{-\mathrm{j}\boldsymbol{k}_\mathrm{i}\cdot\boldsymbol{r}}=\frac{1}{Z_1}\frac{\boldsymbol{k}_\mathrm{i}}{|\boldsymbol{k}_\mathrm{i}|}\times\dot{\boldsymbol{E}}_{\perp\mathrm{i}}\mathrm{e}^{-\mathrm{j}\boldsymbol{k}_\mathrm{i}\cdot\boldsymbol{r}}=(-\cos\theta_\mathrm{i}\boldsymbol{e}_x+\sin\theta_\mathrm{i}\boldsymbol{e}_z)\frac{\dot{E}_{\perp\mathrm{i}}}{Z_1}\mathrm{e}^{-\mathrm{j}k_1(x\sin\theta_\mathrm{i}+z\cos\theta_\mathrm{i})} \tag{6.126}$$

磁场反射波表达式为

$$\dot{\boldsymbol{H}}_{//\mathrm{r}}(\boldsymbol{r})=\dot{\boldsymbol{H}}_{//\mathrm{r}}\mathrm{e}^{-\mathrm{j}\boldsymbol{k}_\mathrm{r}\cdot\boldsymbol{r}}=\frac{1}{Z_1}\frac{\boldsymbol{k}_\mathrm{r}}{|\boldsymbol{k}_\mathrm{r}|}\times\dot{\boldsymbol{E}}_{\perp\mathrm{r}}\mathrm{e}^{-\mathrm{j}\boldsymbol{k}_\mathrm{r}\cdot\boldsymbol{r}}=(\cos\theta_\mathrm{i}\boldsymbol{e}_x+\sin\theta_\mathrm{i}\boldsymbol{e}_z)\frac{\dot{E}_{\perp\mathrm{r}}}{Z_1}\mathrm{e}^{-\mathrm{j}k_1(x\sin\theta_\mathrm{i}-z\cos\theta_\mathrm{i})} \tag{6.127}$$

磁场折射波表达式为

$$\dot{\boldsymbol{H}}_{//\mathrm{t}}(\boldsymbol{r})=\dot{\boldsymbol{H}}_{//\mathrm{t}}\mathrm{e}^{-\mathrm{j}k_\mathrm{t}\cdot\boldsymbol{r}}=\frac{1}{Z_2}\frac{\boldsymbol{k}_\mathrm{t}}{|\boldsymbol{k}_\mathrm{t}|}\times\dot{\boldsymbol{E}}_{\perp\mathrm{t}}\mathrm{e}^{-\mathrm{j}\boldsymbol{k}_\mathrm{t}\cdot\boldsymbol{r}}=(-\cos\theta_\mathrm{t}\boldsymbol{e}_x+\sin\theta_\mathrm{t}\boldsymbol{e}_z)\frac{\dot{E}_{\perp\mathrm{t}}}{Z_2}\mathrm{e}^{-\mathrm{j}k_2(x\sin\theta_\mathrm{t}+z\cos\theta_\mathrm{t})} \tag{6.128}$$

在媒质 1 中合成波电场和磁场表达式分别为

$$\dot{\boldsymbol{E}}_1(\boldsymbol{r})=\dot{\boldsymbol{E}}_{\perp\mathrm{i}}\mathrm{e}^{-\mathrm{j}\boldsymbol{k}_\mathrm{i}\cdot\boldsymbol{r}}+\dot{\boldsymbol{E}}_{\perp\mathrm{r}}\mathrm{e}^{-\mathrm{j}\boldsymbol{k}_\mathrm{r}\cdot\boldsymbol{r}}=\dot{E}_{\perp\mathrm{i}}\mathrm{e}^{-\mathrm{j}k_1(x\sin\theta_\mathrm{i}+z\cos\theta_\mathrm{i})}\boldsymbol{e}_y+\dot{E}_{\perp\mathrm{r}}\mathrm{e}^{-\mathrm{j}k_1(x\sin\theta_\mathrm{i}-z\cos\theta_\mathrm{i})}\boldsymbol{e}_y \tag{6.129}$$

$$\begin{aligned}\dot{\boldsymbol{H}}_1(\boldsymbol{r})&=\dot{\boldsymbol{H}}_{//\mathrm{i}}\mathrm{e}^{-\mathrm{j}\boldsymbol{k}_\mathrm{i}\cdot\boldsymbol{r}}+\dot{\boldsymbol{H}}_{//\mathrm{r}}\mathrm{e}^{-\mathrm{j}\boldsymbol{k}_\mathrm{r}\cdot\boldsymbol{r}}\\&=(-\cos\theta_\mathrm{i}\boldsymbol{e}_x+\sin\theta_\mathrm{i}\boldsymbol{e}_z)\frac{\dot{E}_{\perp\mathrm{i}}}{Z_1}\mathrm{e}^{-\mathrm{j}k_1(x\sin\theta_\mathrm{i}+z\cos\theta_\mathrm{i})}\\&\quad+(\cos\theta_\mathrm{i}\boldsymbol{e}_x+\sin\theta_\mathrm{i}\boldsymbol{e}_z)\frac{\dot{E}_{\perp\mathrm{r}}}{Z_1}\mathrm{e}^{-\mathrm{j}k_1(x\sin\theta_\mathrm{i}-z\cos\theta_\mathrm{i})}\end{aligned} \tag{6.130}$$

媒质 2 中折射波电场和磁场表达式为

$$\dot{\boldsymbol{E}}_2(\boldsymbol{r})=\dot{\boldsymbol{E}}_{\perp t}\mathrm{e}^{-\mathrm{j}\boldsymbol{k}_t\cdot\boldsymbol{r}}=\dot{E}_{\perp t}\mathrm{e}^{-\mathrm{j}k_2(x\sin\theta_t+z\cos\theta_t)}\boldsymbol{e}_y \tag{6.131}$$

$$\dot{\boldsymbol{H}}_2(\boldsymbol{r})=\dot{\boldsymbol{H}}_{//t}\mathrm{e}^{-\mathrm{j}\boldsymbol{k}_t\cdot\boldsymbol{r}}=\left(-\cos\theta_t\boldsymbol{e}_x+\sin\theta_t\boldsymbol{e}_z\right)\frac{\dot{E}_{\perp t}}{Z_2}\mathrm{e}^{-\mathrm{j}k_2(x\sin\theta_t+z\cos\theta_t)} \tag{6.132}$$

在两种媒质分界面 $z=0$ 平面上，依据电场强度和磁场强度两者的切向分量均连续的条件，有 $\boldsymbol{e}_n\times(\dot{\boldsymbol{E}}_2-\dot{\boldsymbol{E}}_1)=0$，$\boldsymbol{e}_n$ 为分界面上单位法向量，由媒质 1 指向媒质 2。对电场垂直极化波来说，有 $\boldsymbol{e}_z\times(\dot{\boldsymbol{E}}_{\perp 2}-\dot{\boldsymbol{E}}_{\perp 1})=0$ 和 $\boldsymbol{e}_z\times(\dot{\boldsymbol{H}}_{//2}-\dot{\boldsymbol{H}}_{//1})=0$ 成立。电场的切向分量为传播方向 $\boldsymbol{k}_x$ 对应的 $\boldsymbol{e}_y$ 分量，磁场的切向分量均为传播方向 $\boldsymbol{k}_x$ 对应的 $\boldsymbol{e}_x$ 分量，可以根据这一特点写出分界面的电磁场条件。

入射波电场切向分量为

$$\dot{\boldsymbol{E}}_{\perp i}(\boldsymbol{r})=\dot{\boldsymbol{E}}_{\perp i}\mathrm{e}^{-\mathrm{j}k_{ix}x}=\dot{E}_{\perp i}\mathrm{e}^{-\mathrm{j}k_1x\sin\theta_i}\boldsymbol{e}_y$$

反射波电场切向分量为

$$\dot{\boldsymbol{E}}_{\perp r}(\boldsymbol{r})=\dot{\boldsymbol{E}}_{\perp r}\mathrm{e}^{-\mathrm{j}k_{rx}x}=\dot{E}_{\perp r}\mathrm{e}^{-\mathrm{j}k_1x\sin\theta_r}\boldsymbol{e}_y$$

折射波电场切向分量为

$$\dot{\boldsymbol{E}}_{\perp t}(\boldsymbol{r})=\dot{\boldsymbol{E}}_{\perp t}\mathrm{e}^{-\mathrm{j}k_{tx}x}=\dot{E}_{\perp t}\mathrm{e}^{-\mathrm{j}k_2x\sin\theta_t}\boldsymbol{e}_y$$

利用反射和折射定律 $\theta_i=\theta_r$ 和 $\dfrac{\sin\theta_t}{\sin\theta_i}=\dfrac{n_1}{n_2}=\dfrac{k_2}{k_1}$，传播矢量的各分量分别为 $k_{ix}x=k_1x\sin\theta_i$、$k_{rx}x=k_1x\sin\theta_r=k_1x\sin\theta_i$ 和 $k_{tx}x=k_2x\sin\theta_t=k_2x\dfrac{Z_i}{Z_t}\sin\theta_i=k_1x\sin\theta_i$。由于 $k_{iy}=k_{ry}=k_{ty}=0$，所以，在媒质分界面 $z=0$ 平面上，$k_{ix}|_{z=0}=k_{rx}|_{z=0}=k_{tx}|_{z=0}$，代入电场的切向分量衔接条件中，有

$$\dot{E}_{\perp i}\mathrm{e}^{-\mathrm{j}k_1x\sin\theta_i}+\dot{E}_{\perp r}\mathrm{e}^{-\mathrm{j}k_1x\sin\theta_r}=\dot{E}_{\perp t}\mathrm{e}^{-\mathrm{j}k_2x\sin\theta_t} \tag{6.133}$$

$$\dot{E}_{\perp i}+\dot{E}_{\perp r}=\dot{E}_{\perp t} \tag{6.134}$$

对磁场平行分量来说，根据 $\boldsymbol{e}_z\times(\boldsymbol{H}_{//2}-\boldsymbol{H}_{//1})=0$ 可知，磁场切向分量为 $\boldsymbol{k}_x$ 传播方向的磁场分量，入射波、反射波和折射波分别如下。

入射波磁场切向分量为

$$\dot{\boldsymbol{H}}_{//i}(\boldsymbol{r})=\dot{\boldsymbol{H}}_{//i}\mathrm{e}^{-\mathrm{j}k_{ix}\cdot\boldsymbol{r}}=-\cos\theta_i\frac{\dot{E}_{\perp i}}{Z_1}\mathrm{e}^{-\mathrm{j}k_1x\sin\theta_i}\boldsymbol{e}_x$$

反射波磁场切向分量为

$$\dot{\boldsymbol{H}}_{//r}(\boldsymbol{r})=\dot{\boldsymbol{H}}_{//r}\mathrm{e}^{-\mathrm{j}k_{rx}\cdot\boldsymbol{r}}=\cos\theta_i\frac{\dot{E}_{\perp r}}{Z_1}\mathrm{e}^{-\mathrm{j}k_1x\sin\theta_i}\boldsymbol{e}_x$$

折射波磁场切向分量为

$$\dot{\boldsymbol{H}}_{//\mathrm{t}}(\boldsymbol{r})=\dot{\boldsymbol{H}}_{//\mathrm{t}}\mathrm{e}^{-\mathrm{j}k_{\mathrm{tx}}\cdot\boldsymbol{r}}=-\cos\theta_{\mathrm{t}}\frac{\dot{E}_{\perp\mathrm{t}}}{Z_2}\mathrm{e}^{-\mathrm{j}k_2x\sin\theta_{\mathrm{t}}}\boldsymbol{e}_x$$

根据分界面衔接条件和反射定律，有 $\dot{\boldsymbol{H}}_{//\mathrm{i}}+\dot{\boldsymbol{H}}_{//\mathrm{r}}=\dot{\boldsymbol{H}}_{//\mathrm{t}}$，将上面三式代入可列出关系式，得

$$\begin{cases}-\cos\theta_{\mathrm{i}}\dfrac{\dot{E}_{\perp\mathrm{i}}}{Z_1}\mathrm{e}^{-\mathrm{j}k_1x\sin\theta_{\mathrm{i}}}+\cos\theta_{\mathrm{i}}\dfrac{\dot{E}_{\perp\mathrm{r}}}{Z_1}\mathrm{e}^{-\mathrm{j}k_1x\sin\theta_{\mathrm{i}}}=-\cos\theta_{\mathrm{t}}\dfrac{\dot{E}_{\perp\mathrm{t}}}{Z_2}\mathrm{e}^{-\mathrm{j}k_2x\sin\theta_{\mathrm{t}}}\\-\cos\theta_{\mathrm{i}}\dfrac{\dot{E}_{\perp\mathrm{i}}}{Z_1}+\cos\theta_{\mathrm{i}}\dfrac{\dot{E}_{\perp\mathrm{r}}}{Z_1}=-\cos\theta_{\mathrm{t}}\dfrac{\dot{E}_{\perp\mathrm{t}}}{Z_2}\end{cases}$$

$$\cos\theta_{\mathrm{i}}\frac{\dot{E}_{\perp\mathrm{i}}}{Z_1}-\cos\theta_{\mathrm{i}}\frac{\dot{E}_{\perp\mathrm{r}}}{Z_1}=\cos\theta_{\mathrm{t}}\frac{\dot{E}_{\perp\mathrm{t}}}{Z_2} \tag{6.135}$$

整理式（6.134）和式（6.135），可以获得电场的反射系数和折射系数为

$$\varGamma_{\perp}=\frac{\dot{E}_{\perp\mathrm{r}}}{\dot{E}_{\perp\mathrm{i}}}=\frac{Z_2\cos\theta_{\mathrm{i}}-Z_1\cos\theta_{\mathrm{t}}}{Z_2\cos\theta_{\mathrm{i}}+Z_1\cos\theta_{\mathrm{t}}} \tag{6.136}$$

$$T_{\perp}=\frac{\dot{E}_{\perp\mathrm{t}}}{\dot{E}_{\perp\mathrm{i}}}=\frac{2Z_2\cos\theta_{\mathrm{i}}}{Z_2\cos\theta_{\mathrm{i}}+Z_1\cos\theta_{\mathrm{t}}} \tag{6.137}$$

这里 Z_1 和 Z_2 分别是媒质 1 和 2 的波阻抗。而 $\varGamma_{\perp}$ 和 $T_{\perp}$ 分别为电场垂直极化波的反射系数和折射系数，由于电场只有平行分界面的 y 分量，$\varGamma_{\perp}$ 和 $T_{\perp}$ 为电场切向分量之比。式（6.136）和式（6.137）为垂直极化波的菲涅耳公式。

2）电场方向平行于入射面

对于电场平行极化波，磁场垂直入射，磁场的反射可以分为两种情况讨论。

第一种情况，假设磁场入射波方向为 $\boldsymbol{e}_y$ 和磁场反射波方向为 $-\boldsymbol{e}_y$。取电场 $\dot{\boldsymbol{E}}$ 的平行于入射面的分量 $\dot{\boldsymbol{E}}_{//\mathrm{i}}$ 和磁场 $\dot{\boldsymbol{H}}$ 垂直于入射面的分量 $\dot{\boldsymbol{H}}_{\perp\mathrm{i}}$，它们组成电场平行入射平面电磁波，如图 6.18 所示。当磁场 $\dot{\boldsymbol{H}}$ 垂直于入射面，$\dot{\boldsymbol{H}}_{\perp\mathrm{i}}$ 分量仅有 y 分量；电场 $\dot{\boldsymbol{E}}$ 平行于入射面 xOz，分量 $\dot{\boldsymbol{E}}_{//\mathrm{i}}$ 则有 x 和 z 分量。

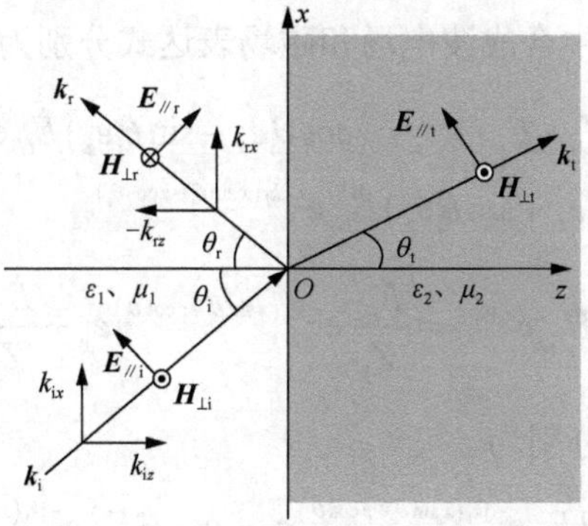

图 6.18　电场平行极化的入射波、反射波和折射波

磁场垂直入射时，在入射面内建立直角坐标系，磁场的入射波、反射波、折射波传播方向的单位矢量分别为

$$\begin{cases} \boldsymbol{k}_{\mathrm{i}} = k_x \boldsymbol{e}_x + k_z \boldsymbol{e}_z = k_1 \sin\theta_{\mathrm{i}} \boldsymbol{e}_x + k_1 \cos\theta_{\mathrm{i}} \boldsymbol{e}_z \\ \boldsymbol{k}_{\mathrm{r}} = k_x \boldsymbol{e}_x + k_z \boldsymbol{e}_z = k_1 \sin\theta_{\mathrm{r}} \boldsymbol{e}_x - k_1 \cos\theta_{\mathrm{r}} \boldsymbol{e}_z \\ \boldsymbol{k}_{\mathrm{t}} = k_x \boldsymbol{e}_x + k_z \boldsymbol{e}_z = k_2 \sin\theta_{\mathrm{t}} \boldsymbol{e}_x + k_2 \cos\theta_{\mathrm{t}} \boldsymbol{e}_z \end{cases} \tag{6.138}$$

磁场入射波表达式为

$$\dot{\boldsymbol{H}}_{\perp\mathrm{i}} = \dot{\boldsymbol{H}}_{\perp\mathrm{i}} \mathrm{e}^{-\mathrm{j}\boldsymbol{k}_{\mathrm{i}}\cdot\boldsymbol{r}} = \frac{\dot{E}_{//\mathrm{i}}}{Z_1} \mathrm{e}^{-\mathrm{j}\boldsymbol{k}_{\mathrm{i}}\cdot\boldsymbol{r}} \boldsymbol{e}_y = \frac{\dot{E}_{//\mathrm{i}}}{Z_1} \mathrm{e}^{-\mathrm{j}k_1(x\sin\theta_{\mathrm{i}} + z\cos\theta_{\mathrm{i}})} \boldsymbol{e}_y \tag{6.139}$$

假设磁场反射波的参考方向为 $-\boldsymbol{e}_y$ 方向，代入波阻抗 $Z_1 = -\dfrac{\dot{E}_{\perp\mathrm{r}}}{\dot{H}_{//\mathrm{r}}}$ 即可，其表达式为

$$\dot{\boldsymbol{H}}_{\perp\mathrm{r}} = \dot{\boldsymbol{H}}_{\perp\mathrm{r}} \mathrm{e}^{-\mathrm{j}\boldsymbol{k}_{\mathrm{r}}\cdot\boldsymbol{r}} = -\frac{\dot{E}_{//\mathrm{r}}}{Z_1} \mathrm{e}^{-\mathrm{j}\boldsymbol{k}_{\mathrm{r}}\cdot\boldsymbol{r}} \boldsymbol{e}_y = -\frac{\dot{E}_{//\mathrm{r}}}{Z_1} \mathrm{e}^{-\mathrm{j}k_1(x\sin\theta_{\mathrm{r}} - z\cos\theta_{\mathrm{r}})} \boldsymbol{e}_y \tag{6.140}$$

磁场折射波表达式为

$$\dot{\boldsymbol{H}}_{\perp\mathrm{t}} = \dot{\boldsymbol{H}}_{\perp\mathrm{t}} \mathrm{e}^{-\mathrm{j}\boldsymbol{k}_{\mathrm{t}}\cdot\boldsymbol{r}} = \frac{\dot{E}_{//\mathrm{t}}}{Z_2} \mathrm{e}^{-\mathrm{j}\boldsymbol{k}_{\mathrm{t}}\cdot\boldsymbol{r}} \boldsymbol{e}_y = \frac{\dot{E}_{//\mathrm{t}}}{Z_2} \mathrm{e}^{-\mathrm{j}k_2(x\sin\theta_{\mathrm{t}} + z\cos\theta_{\mathrm{t}})} \boldsymbol{e}_y \tag{6.141}$$

电场入射波表达式为

$$\dot{\boldsymbol{E}}_{//\mathrm{i}} = Z_1 \dot{\boldsymbol{H}}_{\perp\mathrm{i}} \mathrm{e}^{-\mathrm{j}\boldsymbol{k}_{\mathrm{i}}\cdot\boldsymbol{r}} \boldsymbol{e}_y \times \frac{\boldsymbol{k}_{\mathrm{i}}}{|\boldsymbol{k}_{\mathrm{i}}|} = (\cos\theta_{\mathrm{i}} \boldsymbol{e}_x - \sin\theta_{\mathrm{i}} \boldsymbol{e}_z) \dot{E}_{//\mathrm{i}} \mathrm{e}^{-\mathrm{j}k_1(x\sin\theta_{\mathrm{i}} + z\cos\theta_{\mathrm{i}})} \tag{6.142}$$

电场反射波表达式为

$$\dot{\boldsymbol{E}}_{//\mathrm{r}} = -Z_1 \dot{\boldsymbol{H}}_{\perp\mathrm{r}} \mathrm{e}^{-\mathrm{j}\boldsymbol{k}_{\mathrm{r}}\cdot\boldsymbol{r}} \boldsymbol{e}_y \times \frac{\boldsymbol{k}_{\mathrm{r}}}{|\boldsymbol{k}_{\mathrm{r}}|} = (\cos\theta_{\mathrm{i}} \boldsymbol{e}_x + \sin\theta_{\mathrm{i}} \boldsymbol{e}_z) \dot{E}_{//\mathrm{r}} \mathrm{e}^{-\mathrm{j}k_1(x\sin\theta_{\mathrm{i}} - z\cos\theta_{\mathrm{i}})} \tag{6.143}$$

电场折射波表达式为

$$\dot{\boldsymbol{E}}_{//\mathrm{t}} = \dot{\boldsymbol{E}}_{//\mathrm{t}} \mathrm{e}^{-\mathrm{j}\boldsymbol{k}_{\mathrm{t}}\cdot\boldsymbol{r}} = Z_2 \dot{\boldsymbol{H}}_{\perp\mathrm{t}} \mathrm{e}^{-\mathrm{j}\boldsymbol{k}_{\mathrm{t}}\cdot\boldsymbol{r}} \boldsymbol{e}_y \times \frac{\boldsymbol{k}_t}{|\boldsymbol{k}_{\mathrm{t}}|} = (\cos\theta_{\mathrm{t}} \boldsymbol{e}_x - \sin\theta_{\mathrm{t}} \boldsymbol{e}_z) \dot{E}_{//\mathrm{t}} \mathrm{e}^{-\mathrm{j}k_2(x\sin\theta_{\mathrm{t}} + z\cos\theta_{\mathrm{t}})} \tag{6.144}$$

利用 $\theta_{\mathrm{i}} = \theta_{\mathrm{r}}$，在媒质 1 中合成波电场和磁场表达式分别为

$$\begin{aligned} \dot{\boldsymbol{E}}_1 = \dot{\boldsymbol{E}}_{//\mathrm{i}} \mathrm{e}^{-\mathrm{j}\boldsymbol{k}_{\mathrm{i}}\cdot\boldsymbol{r}} + \dot{\boldsymbol{E}}_{//\mathrm{r}}{}^{-\mathrm{j}\boldsymbol{k}_{\mathrm{r}}\cdot\boldsymbol{r}} &= (\cos\theta_{\mathrm{i}} \boldsymbol{e}_x - \sin\theta_{\mathrm{i}} \boldsymbol{e}_z) \dot{E}_{//\mathrm{i}} \mathrm{e}^{-\mathrm{j}k_1(x\sin\theta_{\mathrm{i}} + z\cos\theta_{\mathrm{i}})} \\ &+ (\cos\theta_{\mathrm{i}} \boldsymbol{e}_x + \sin\theta_{\mathrm{i}} \boldsymbol{e}_z) \dot{E}_{//\mathrm{r}} \mathrm{e}^{-\mathrm{j}k_1(x\sin\theta_{\mathrm{i}} - z\cos\theta_{\mathrm{i}})} \end{aligned} \tag{6.145}$$

$$\dot{\boldsymbol{H}}_1 = \dot{\boldsymbol{H}}_{\perp\mathrm{i}} \mathrm{e}^{-\mathrm{j}\boldsymbol{k}_{\mathrm{i}}\cdot\boldsymbol{r}} + \dot{\boldsymbol{H}}_{\perp\mathrm{r}} \mathrm{e}^{-\mathrm{j}\boldsymbol{k}_{\mathrm{r}}\cdot\boldsymbol{r}} = \frac{\dot{E}_{//\mathrm{i}}}{Z_1} \mathrm{e}^{-\mathrm{j}k_1(x\sin\theta_{\mathrm{i}} + z\cos\theta_{\mathrm{i}})} \boldsymbol{e}_y - \frac{\dot{E}_{//\mathrm{r}}}{Z_1} \mathrm{e}^{-\mathrm{j}k_1(x\sin\theta_{\mathrm{i}} - z\cos\theta_{\mathrm{i}})} \boldsymbol{e}_y \tag{6.146}$$

电场的 x 分量和 z 分量分别为

$$\dot{\boldsymbol{E}}_{1x} = \cos\theta_{\mathrm{i}} \dot{E}_{//\mathrm{i}} \mathrm{e}^{-\mathrm{j}k_1(x\sin\theta_{\mathrm{i}} + z\cos\theta_{\mathrm{i}})} \boldsymbol{e}_x + \cos\theta_{\mathrm{i}} \dot{E}_{//\mathrm{r}} \mathrm{e}^{-\mathrm{j}k_1(x\sin\theta_{\mathrm{i}} - z\cos\theta_{\mathrm{i}})} \boldsymbol{e}_x \tag{6.147}$$

$$\dot{\boldsymbol{E}}_{1z} = -\sin\theta_{\mathrm{i}} \dot{E}_{//\mathrm{i}} \mathrm{e}^{-\mathrm{j}k_1(x\sin\theta_{\mathrm{i}} + z\cos\theta_{\mathrm{i}})} \boldsymbol{e}_z + \sin\theta_{\mathrm{i}} \dot{E}_{//\mathrm{r}} \mathrm{e}^{-\mathrm{j}k_1(x\sin\theta_{\mathrm{i}} - z\cos\theta_{\mathrm{i}})} \boldsymbol{e}_z \tag{6.148}$$

磁场的 y 分量为

$$\begin{aligned}\dot{\boldsymbol{H}}_{1y} &= \dot{\boldsymbol{H}}_{\perp\mathrm{i}} \mathrm{e}^{-\mathrm{j}\boldsymbol{k}_{\mathrm{i}}\cdot\boldsymbol{r}} \boldsymbol{e}_y + \dot{\boldsymbol{H}}_{\perp\mathrm{r}} \mathrm{e}^{-\mathrm{j}\boldsymbol{k}_{\mathrm{r}}\cdot\boldsymbol{r}} \boldsymbol{e}_y \\ &= \frac{\dot{E}_{//\mathrm{i}}}{Z_1} \mathrm{e}^{-\mathrm{j}k_1(x\sin\theta_{\mathrm{i}} + z\cos\theta_{\mathrm{i}})} \boldsymbol{e}_y - \frac{\dot{E}_{//\mathrm{r}}}{Z_1} \mathrm{e}^{-\mathrm{j}k_1(x\sin\theta_{\mathrm{i}} - z\cos\theta_{\mathrm{i}})} \boldsymbol{e}_y\end{aligned} \tag{6.149}$$

媒质 2 中折射波电场和磁场为

$$\dot{\boldsymbol{E}}_{//\mathrm{t}} = \dot{\boldsymbol{E}}_{//\mathrm{t}} \mathrm{e}^{-\mathrm{j}\boldsymbol{k}_{\mathrm{t}}\cdot\boldsymbol{r}} = (\cos\theta_{\mathrm{t}} \boldsymbol{e}_x - \sin\theta_{\mathrm{t}} \boldsymbol{e}_z) \dot{E}_{//\mathrm{t}} \mathrm{e}^{-\mathrm{j}k_2(x\sin\theta_{\mathrm{t}} + z\cos\theta_{\mathrm{t}})} \tag{6.150}$$

$$\dot{\boldsymbol{E}}_{2x} = \cos\theta_{\mathrm{t}} \dot{E}_{//\mathrm{tx}} \mathrm{e}^{-\mathrm{j}k_2(x\sin\theta_{\mathrm{t}} + z\cos\theta_{\mathrm{t}})} \boldsymbol{e}_x \tag{6.151}$$

$$\dot{\boldsymbol{E}}_{2z} = -\sin\theta_{\mathrm{t}} \dot{E}_{//\mathrm{tz}} \mathrm{e}^{-\mathrm{j}k_2(x\sin\theta_{\mathrm{t}} + z\cos\theta_{\mathrm{t}})} \boldsymbol{e}_z \tag{6.152}$$

$$\dot{\boldsymbol{H}}_{\perp\mathrm{t}} = \dot{\boldsymbol{H}}_{\perp\mathrm{t}} \mathrm{e}^{-\mathrm{j}\boldsymbol{k}_{\mathrm{t}}\cdot\boldsymbol{r}} = \frac{\dot{E}_{\perp\mathrm{t}}}{Z_2} \mathrm{e}^{-\mathrm{j}k_2(x\sin\theta_{\mathrm{t}} + z\cos\theta_{\mathrm{t}})} \boldsymbol{e}_y \tag{6.153}$$

$$\dot{\boldsymbol{H}}_{2y} = \frac{\dot{E}_{\perp\mathrm{t}}}{Z_2} \mathrm{e}^{-\mathrm{j}k_2(x\sin\theta_{\mathrm{t}} + z\cos\theta_{\mathrm{t}})} \boldsymbol{e}_y \tag{6.154}$$

根据分界面衔接条件和反射定律可知，在两种媒质分界面 $z=0$ 平面上，电场强度和磁场强度两者的切向分量均连续。对电场平行极化波来说，$\boldsymbol{e}_z \times (\dot{\boldsymbol{E}}_{//2} - \dot{\boldsymbol{E}}_{//1})\big|_{z=0} = 0$，$\boldsymbol{e}_z \times (\dot{\boldsymbol{H}}_{\perp 2} - \dot{\boldsymbol{H}}_{\perp 1})\big|_{z=0} = 0$，电场的切向分量为传播方向 k_x 对应的 $\boldsymbol{e}_x$ 分量，磁场的切向分量均为传播方向 k_y 对应的 $\boldsymbol{e}_y$ 分量。因此，有 $\dot{E}_{1x} = \dot{E}_{2x}$，$\dot{H}_{1y} = \dot{H}_{2y}$。

根据媒质分界面上切向分量的衔接条件，平行极化波入射时电场和磁场在分界面的关系式为

$$\dot{E}_{//\mathrm{ix}} + \dot{E}_{//\mathrm{rx}} = \dot{E}_{//\mathrm{tx}} \tag{6.155}$$

$$\cos\theta_{\mathrm{i}} \dot{E}_{//\mathrm{i}} \mathrm{e}^{-\mathrm{j}k_1 x\sin\theta_{\mathrm{i}}} + \cos\theta_{\mathrm{i}} \dot{E}_{//\mathrm{r}} \mathrm{e}^{-\mathrm{j}k_1 x\sin\theta_{\mathrm{i}}} = \cos\theta_{\mathrm{t}} \dot{E}_{//\mathrm{t}} \mathrm{e}^{-\mathrm{j}k_2 x\sin\theta_{\mathrm{t}}} \tag{6.156}$$

$$\dot{H}_{\perp\mathrm{iy}} + \dot{H}_{\perp\mathrm{ry}} = \dot{H}_{\perp\mathrm{ty}} \tag{6.157}$$

$$\frac{\dot{E}_{//\mathrm{i}}}{Z_1} \mathrm{e}^{-\mathrm{j}k_1 x\sin\theta_{\mathrm{i}}} - \frac{\dot{E}_{//\mathrm{r}}}{Z_1} \mathrm{e}^{-\mathrm{j}k_1 x\sin\theta_{\mathrm{i}}} = \frac{\dot{E}_{\perp\mathrm{t}}}{Z_2} \mathrm{e}^{-\mathrm{j}k_2 x\sin\theta_{\mathrm{t}}} \tag{6.158}$$

$$\frac{\dot{E}_{//\mathrm{i}}}{Z_1} - \frac{\dot{E}_{//\mathrm{r}}}{Z_1} = \frac{\dot{E}_{\perp\mathrm{t}}}{Z_2} \tag{6.159}$$

考虑上述分界面衔接条件，在入射波以任何角度入射到分界面上的任何位置时都必须满足，所以等式的成立应该与角度变量 θ_{i}、θ_{r}、θ_{t} 和位置坐标 x 都无关，因此有 $k_1 x\sin\theta_{\mathrm{i}} = k_1 x\sin\theta_{\mathrm{r}} = k_2 x\sin\theta_{\mathrm{t}}$ 成立，则可得电场平行极化时的反射系数和折射系数为

$$\Gamma_{//} = \frac{\dot{E}_{//\mathrm{r}}}{\dot{E}_{//\mathrm{i}}} = \frac{Z_2\cos\theta_{\mathrm{t}} - Z_1\cos\theta_{\mathrm{i}}}{Z_1\cos\theta_{\mathrm{i}} + Z_2\cos\theta_{\mathrm{t}}} \tag{6.160}$$

$$T_{//}=\frac{\dot{E}_{//\mathrm{t}}}{\dot{E}_{//\mathrm{i}}}=\frac{2Z_2\cos\theta_\mathrm{i}}{Z_1\cos\theta_\mathrm{i}+Z_2\cos\theta_\mathrm{t}} \tag{6.161}$$

这就是平行极化波的菲涅耳公式，$\Gamma_{/\!/}$ 和 $T_{/\!/}$ 分别为平行极化波的反射系数和折射系数。

第二种情况，假设磁场入射波方向和磁场反射波方向均为 $\boldsymbol{e}_y$。电场和磁场的入射波、反射波、折射波的表达式按照上面的方法推导即可获得。根据媒质分界面上切向分量的衔接条件，得到平行极化波之间关系式

$$\begin{cases}\cos\theta_\mathrm{i}\dot{E}_{//\mathrm{i}}\mathrm{e}^{-\mathrm{j}k_1x\sin\theta_\mathrm{i}}-\cos\theta_\mathrm{i}\dot{E}_{//\mathrm{r}}\mathrm{e}^{-\mathrm{j}k_1x\sin\theta_\mathrm{i}}=\cos\theta_\mathrm{t}\dot{E}_{//\mathrm{t}}\mathrm{e}^{-\mathrm{j}k_2x\sin\theta_\mathrm{t}}\\ \dfrac{\dot{E}_{//\mathrm{i}}}{Z_1}\mathrm{e}^{-\mathrm{j}k_1x\sin\theta_\mathrm{i}}+\dfrac{\dot{E}_{//\mathrm{r}}}{Z_1}\mathrm{e}^{-\mathrm{j}k_1x\sin\theta_\mathrm{i}}=\dfrac{\dot{E}_{\perp\mathrm{t}}}{Z_2}\mathrm{e}^{-\mathrm{j}k_2x\sin\theta_\mathrm{t}}\end{cases} \tag{6.162}$$

$$\frac{\dot{E}_{//\mathrm{i}}}{Z_1}+\frac{\dot{E}_{//\mathrm{r}}}{Z_1}=\frac{\dot{E}_{\perp\mathrm{t}}}{Z_2} \tag{6.163}$$

磁场入射波和反射波方向相同时，电场平行极化的反射系数和折射系数为

$$\Gamma_{//}=\frac{\dot{E}_{//\mathrm{r}}}{\dot{E}_{//\mathrm{i}}}=\frac{Z_2\cos\theta_\mathrm{t}-Z_1\cos\theta_\mathrm{i}}{Z_1\cos\theta_\mathrm{i}+Z_2\cos\theta_\mathrm{t}} \tag{6.164}$$

$$T_{//}=\frac{\dot{E}_{//\mathrm{t}}}{\dot{E}_{//\mathrm{i}}}=\frac{2Z_2\cos\theta_\mathrm{i}}{Z_1\cos\theta_\mathrm{i}+Z_2\cos\theta_\mathrm{t}} \tag{6.165}$$

$\Gamma_{/\!/}$ 和 $T_{/\!/}$ 分别为平行极化波的反射系数和折射系数。注意，此时的反射系数与第一种情况的反射系数仅差一个负号。菲涅耳公式是与波的极化相关的。它反映了不同媒质分界面上反射波电场、折射波电场与入射波电场之间的关系。以垂直极化波为例，总结一下媒质 1 中的合成波传播特点：

（1）电场 $\dot{\boldsymbol{E}}_{1\perp}$ 和磁场 $\dot{\boldsymbol{H}}_{1//}$ 都为沿 x 方向传播的行波，其传播方向矢量的 x 分量为 $k_x=k_1\sin\theta_\mathrm{i}$，相位常数 $\upsilon_{px}=\dfrac{\omega}{k_1\sin\theta_\mathrm{i}}$。

（2）电场 $\dot{\boldsymbol{E}}_{1\perp}$ 和磁场 $\dot{\boldsymbol{H}}_{1//}$ 在沿 z 方向，电磁场的每一分量都为传播方向相反、幅值不相等的两个行波之和，电磁场沿 z 方向的分布为行波。传播方向矢量的 z 为分量 $k_z=k_1\cos\theta_\mathrm{i}$，相位常数 $\upsilon_{pz}=\dfrac{\omega}{k_1\cos\theta_\mathrm{i}}$。

媒质 1 中的合成电磁波为沿 x 方向的 TE 波，因为电场 $\boldsymbol{E}_{1\perp}$ 垂直于传播方向 x，而磁场的 $\boldsymbol{H}_{1//x}$ 分量不为零。同理，平行极化波为沿 x 方向的 TM 波。

6.7.4 理想介质分界面上的全反射与全折射

下面讨论斜入射中两个重要现象，即电磁波的全反射和全折射现象。

1. 全反射

当反射系数 $|\Gamma_\perp|=1$ 或 $|\Gamma_{//}|=1$ 时，电磁波在媒质分界面上发生全反射，即入射波被全反

射回媒质 1 中。如果入射角 $\theta_i \neq 90°$，由上述的菲涅尔公式可以看出，只有当 $\cos\theta_t = 0$ 时，才有 $|\Gamma_\perp| = 1$ 或 $|\Gamma_{/\!/}| = 1$，即折射角 $\theta_t = 90°$ 时，产生全反射。把使折射角 $\theta_t = 90°$ 的入射角称为临界入射角 θ_{c0}，把 $\theta_t = 90°$ 代入折射定律（6.122），得临界入射角 θ_c 满足关系

$$\theta_c = \arcsin\sqrt{\frac{\varepsilon_2}{\varepsilon_1}} \tag{6.166}$$

注意 ε_1 应大于 ε_2。这表明，电磁波只有由光密媒质射向光疏媒质，同时满足 $\theta_i \geqslant \theta_c$ 时，才会发生全反射现象。当发生全反射时，折射波沿分界面传播，在分界面上形成了表面波。

工程上选用介电常数 ε_1 大于周围媒质的介电常数 ε_2 的媒质棒或透明纤维，在入射角 θ_i 大于临界角 θ_c 时，将电磁波限制在媒质棒中或纤维中连续不断地在内壁上全反射，使携带信息的电磁波沿 Z 字形路径由发送端传播到接收端（如图 6.19 所示），达到通信的目的。这就是光波导或媒质波导的工作原理。

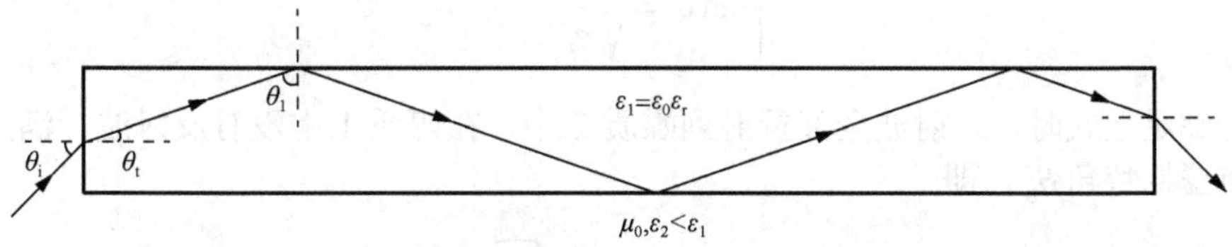

图 6.19 媒质棒中电磁波的传播

2. 全折射

当反射系数为零时，认为电磁波在分界面上发生了全折射。产生全折射的入射角 θ_B 称为布儒斯特角。对于垂直极化波，由式(6.165)知，当 $Z_2\cos\theta_i = Z_1\cos\theta_t$ 时，反射系数 $\Gamma_\perp = 0$。

$$\sqrt{\frac{\varepsilon_1}{\varepsilon_2}}\cos\theta_i = \sqrt{1-\sin^2\theta_t} \tag{6.167}$$

这里也考虑到一般媒质的 $\mu_1 \approx \mu_2 \approx \mu_0$。应用折射定律，上式可写成

$$\sqrt{\frac{\varepsilon_1}{\varepsilon_2}}\cos\theta_i = \sqrt{1-\frac{\varepsilon_1}{\varepsilon_2}\sin^2\theta_i} \tag{6.168}$$

所以

$$\cos\theta_i = \sqrt{\frac{\varepsilon_2}{\varepsilon_1}-\sin^2\theta_i} \tag{6.169}$$

显然，为满足上式，必有 $\varepsilon_1 = \varepsilon_2$。换句话说，只有当两种媒质相同的情况下，垂直极化波会产生全折射。这实际上是同一种媒质，不存在分界面。因此，对于垂直极化波，没有任何入射角能使反射系数等于零，在两种媒质分界面上总有反射。

然而对于平行极化波，当 $\Gamma_{/\!/} = 0$，有

$$Z_1\cos\theta_i - Z_2\cos\theta_t = 0$$

设$\mu_1 \approx \mu_2 \approx \mu_0$，并应用折射定律，则有

$$\sqrt{\frac{\varepsilon_2}{\varepsilon_1}}\cos\theta_{\mathrm{i}} = \sqrt{1-\sin^2\theta_{\mathrm{t}}} = \sqrt{1-\frac{\varepsilon_1}{\varepsilon_2}\sin^2\theta_{\mathrm{i}}} \tag{6.170}$$

或

$$\frac{\varepsilon_2}{\varepsilon_1}\sqrt{1-\sin^2\theta_{\mathrm{i}}} = \sqrt{\frac{\varepsilon_2}{\varepsilon_1}-\sin^2\theta_{\mathrm{i}}} \tag{6.171}$$

求解可得

$$\begin{cases} \sin\theta_{\mathrm{i}} = \sqrt{\dfrac{\varepsilon_2}{\varepsilon_1+\varepsilon_2}} \\ \tan\theta_{\mathrm{i}} = \sqrt{\dfrac{\varepsilon_2}{\varepsilon_1}} \end{cases} \tag{6.172}$$

当入射角满足上式时，入射波全部折射到媒质 2 中，在媒质 1 中没有反射波。满足上式的角就是布儒斯特角θ_{B}，即

$$\theta_{\mathrm{B}} = \arctan\sqrt{\frac{\varepsilon_2}{\varepsilon_1}} \tag{6.173}$$

可以得出结论，任意极化波以布儒斯特角θ_{B}入射到两种媒质的分界面时，反射波只包含垂直极化分量，而波的平行极化分量已全折射。布儒斯特角的一个重要用途是将任意极化波中的垂直分量和平行分量分离开来，起到了极化滤波作用。

6.7.5 典型例题

例 6.7 有一介电常数$\varepsilon > \varepsilon_0$的媒质棒，欲使波从棒的任一端以任何角度射入，都被限制在该棒之内，直到该波从另一端射出，试求该棒相对介电常数ε_{r}的最小值。

解： 参考图 6.19，波在媒质棒内发生了全反射，也就是入射角$\theta_1 \geqslant \theta_{\mathrm{c}}$，即

$$\sin\theta_1 \geqslant \sin\theta_{\mathrm{c}}$$

因为

$$\theta_1 = \frac{\pi}{2} - \theta_{\mathrm{t}}$$

所以

$$\cos\theta_{\mathrm{t}} \geqslant \sin\theta_{\mathrm{c}}$$

由斯奈尔定律（6.120），可得

$$\sin\theta_{\mathrm{t}} = \frac{1}{\sqrt{\varepsilon_{\mathrm{r}}}}\sin\theta_{\mathrm{i}}$$

结合以上各式，并考虑到

$$\sin\theta_c = \sqrt{\frac{\varepsilon_0}{\varepsilon}}$$

则有

$$\sqrt{1-\frac{1}{\varepsilon_r}\sin^2\theta} \geqslant \sqrt{\frac{\varepsilon_0}{\varepsilon}} = \frac{1}{\sqrt{\varepsilon_r}}$$

上式必须

$$\varepsilon_r \geqslant 1+\sin^2\theta_i$$

因为当 $\theta_i = \frac{\pi}{2}$ 时，上式右边将是最大值，所以该媒质棒的相对介电常数 ε_r 最小要等于 2。满足这个条件的媒质棒可为玻璃或石英。

例 6.8 纯水的相对介电常数为 80。

（1）确定平行极化波的布儒斯特角 θ_B 及对应的折射角；

（2）若一垂直极化的平面电磁波自空气中以 $\theta_i = \theta_B$ 射入水面，求反射系数和折射系数。

解：（1）由式（6.173）可计算，平行极化波不产生反射的布儒斯特角为

$$\theta_B = \arctan\sqrt{\varepsilon_{r2}} = \arctan\sqrt{80} = 81.0^\circ$$

对应的折射角由式（6.120）计算可得

$$\theta_t = \arcsin\left(\frac{\sin\theta_B}{\sqrt{\varepsilon_{r2}}}\right) = \arcsin\left(\frac{1}{\sqrt{\varepsilon_{r2}+1}}\right) = \arcsin\left(\frac{1}{\sqrt{81}}\right) = 6.38^\circ$$

（2）对垂直极化的入射波，在 $\theta_i = 81.0^\circ$ 及 $\theta_t = 6.38^\circ$，可计算得到

$$Z_1 = 377\Omega,\quad Z_1\cos\theta_2 = 374.67\Omega$$

$$Z_2 = 377/\sqrt{\varepsilon_{r1}} = 42.15\Omega,\quad Z_2\cos\theta_1 = 6.59\Omega$$

所以

$$\Gamma_\perp = \frac{6.59-374.67}{6.59+374.67} = -0.97$$

$$T_\perp = \frac{2\times 6.59}{6.59+374.67} = 0.035$$

6.8 平面电磁波在导电媒质分界面上的反射与折射

当平面电磁波的入射方向和两种媒质分界面相垂直时，称为正入射。这里，讨论正入射时反射波、折射波和入射波之间的关系及某些物理现象。

6.8.1 平面电磁波正入射到理想导体表面上的反射与折射

设左半空间媒质 1 为理想介质，右半空间媒质 2 为理想导体，电导率$\gamma \to \infty$，波阻抗为$Z_2 = 0$。设垂直入射方向为$+z$方向，两媒质分界面在$z = 0$的xOy平面，平面电磁波入射波方向为$\boldsymbol{k}_\mathrm{i}$，反射波方向为$\boldsymbol{k}_\mathrm{r}$，折射波方向为$\boldsymbol{k}_\mathrm{t}$，如图 6.20 所示。

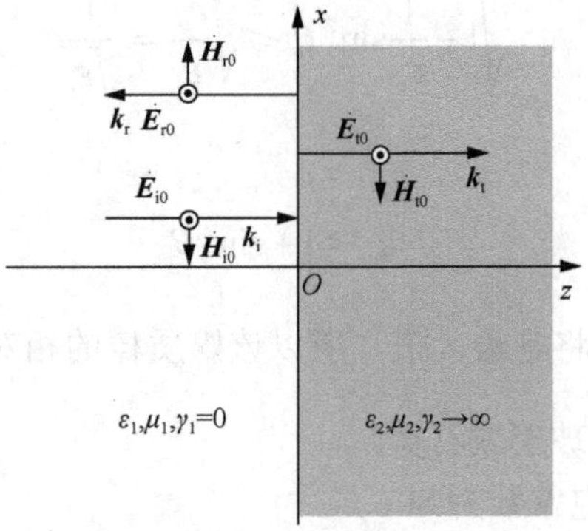

图 6.20 电磁波正入射到理想导体表面的反射和折射

入射波电场为

$$\dot{\boldsymbol{E}}_\mathrm{i}(\boldsymbol{r}) = \dot{E}_\mathrm{i}\mathrm{e}^{-\mathrm{j}kz}\boldsymbol{e}_x$$

反射波电场为

$$\dot{\boldsymbol{E}}_\mathrm{r}(\boldsymbol{r}) = \dot{E}_\mathrm{r}\mathrm{e}^{\mathrm{j}kz}\boldsymbol{e}_x$$

入射波磁场为

$$\dot{\boldsymbol{H}}_\mathrm{i}(\boldsymbol{r}) = \dot{H}_\mathrm{i}\mathrm{e}^{-\mathrm{j}kz}\boldsymbol{e}_y = \frac{\dot{E}_\mathrm{i}}{Z_1}\mathrm{e}^{-\mathrm{j}kz}\boldsymbol{e}_y$$

反射波磁场为

$$\dot{\boldsymbol{H}}_\mathrm{r}(\boldsymbol{r}) = \dot{H}_\mathrm{r}\mathrm{e}^{\mathrm{j}kz}\boldsymbol{e}_z = -\frac{\dot{E}_\mathrm{r}}{Z_1}\mathrm{e}^{\mathrm{j}kz}\boldsymbol{e}_y$$

当平面电磁波由理想介质正入射到理想导体表面时，理想导体内部电场和磁场为零。在媒质分界面上电场强度和磁场强度两者满足切向分量均连续的条件。根据理想导体衔接条件可知，理想介质表面有$E_\mathrm{t} = 0$成立，将入射波和反射波的电场幅值代入，则有$\dot{E}_{\mathrm{t}x} = \dot{E}_{\mathrm{i}x} + \dot{E}_{\mathrm{r}x}\Big|_{z=0} = 0$成立，可以推出$\dot{E}_{\mathrm{i}x} = -\dot{E}_{\mathrm{r}x}$。

反射波电场可以写为

$$\dot{\boldsymbol{E}}_\mathrm{r}(\boldsymbol{r}) = -\dot{E}_{\mathrm{i}x}\mathrm{e}^{\mathrm{j}kz}\boldsymbol{e}_x$$

理想介质中的合成电场为

$$\dot{\boldsymbol{E}}(\boldsymbol{r}) = \dot{E}_{\mathrm{i}x}\boldsymbol{e}_x + \dot{E}_{\mathrm{r}x}\boldsymbol{e}_x = \dot{E}_{\mathrm{i}x}\left(\mathrm{e}^{-\mathrm{j}kz} - \mathrm{e}^{\mathrm{j}kz}\right)\boldsymbol{e}_x = -\mathrm{j}2\dot{E}_{\mathrm{i}x}\sin kz\boldsymbol{e}_x \tag{6.174}$$

如果在理想介质中，设入射波的电场强度为

$$E_{ix}(z,t)=\sqrt{2}E\cos(\omega t-\beta z) \tag{6.175}$$

则反射波的电场强度为

$$E_{rx}(z,t)=\sqrt{2}E\cos(\omega t+\beta z+\pi) \tag{6.176}$$

那么，理想介质中的合成电场强度为

$$E_x(z,t)=E_{ix}(z,t)+E_{rx}(z,t)=2\sqrt{2}E\sin\beta z\cos(\omega t-90^\circ) \tag{6.177}$$

同理可得，理想介质中的合成磁场强度为

$$H_y(z,t)=\frac{2\sqrt{2}E_x}{Z_1}\cos\beta z\cos\omega t \tag{6.178}$$

从上面推导可见，波全部被反射，没有透入到理想导体内部。在分界面 $x=0$ 处，都有 $E_r=-E_i$ 和 $H_r=-H_i$。在理想介质中合成电场 $E_x(z,t)$、磁场 $H_y(z,t)$ 的传播特性和入射波电场和磁场的传播特性完全不同，但电场 $E_x(z,t)$ 和磁场 $H_y(z,t)$ 的传播特性相同。

分析式（6.177）和式（6.178）看出，理想介质中的合成场强有如下特点：

（1）在 x 轴上任意点，电场和磁场都随时间做正弦变化，各点的振幅不同，入射波和反射波合成的电场和磁场形成了驻波，如图 6.21 所示。

（2）在任意时刻，在理想导体表面位于 $\beta z=-n\pi$ 或 $z=\frac{n\lambda}{2}(n=0,1,2,\cdots)$ 处合成电场 $E_x(z,t)$ 为零，在理想导体表面位于 $\beta z=-(2n+1)\frac{\pi}{2}$ 或 $x=(2n+1)\frac{\lambda}{4}(n=0,1,2,\cdots)$ 处合成磁场 $H_y(z,t)$ 为零，如图 6.22 所示。

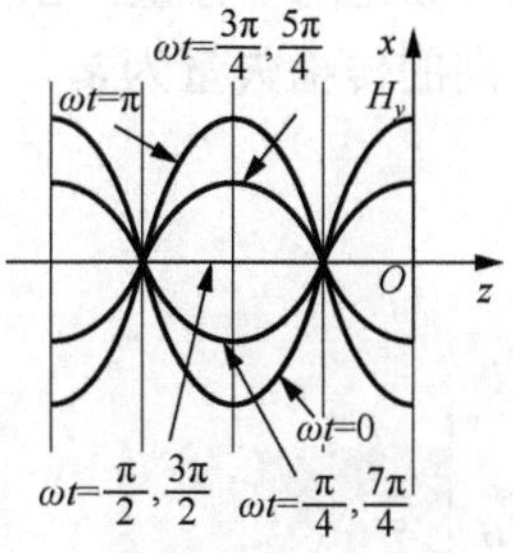

图 6.21 对应不同 ωt 的驻波

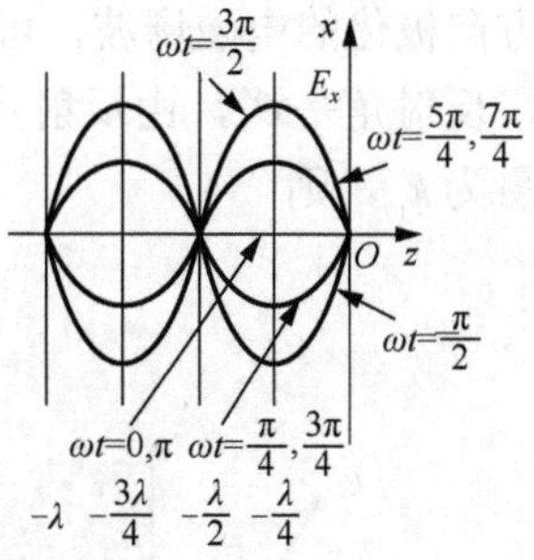

图 6.22 对理想导体的正入射图

（3）合成电场 $E_x(z,t)$ 和磁场 $H_y(z,t)$ 的相位差为 $\frac{\pi}{2}$，即在时间上有 $\frac{T}{4}$ 相移。

（4）电场（或磁场）的相邻波节点、波腹点之间距离为 $\lambda/2$，但波节点和相邻的波腹点之间的距离为 $\lambda/4$。磁场的波节点恰与电场的波腹点相重合，而电场的波节点恰是磁场的波腹点，说明电场和磁场在空间上错开了 $\lambda/4$，如图 6.23 所示。

（5）理想介质中总电磁波的平均功率流密度为零，理想介质中没有电磁波能量的传输，电场和磁场发生了振荡，只有电场能量和磁场能量间的互相交换。

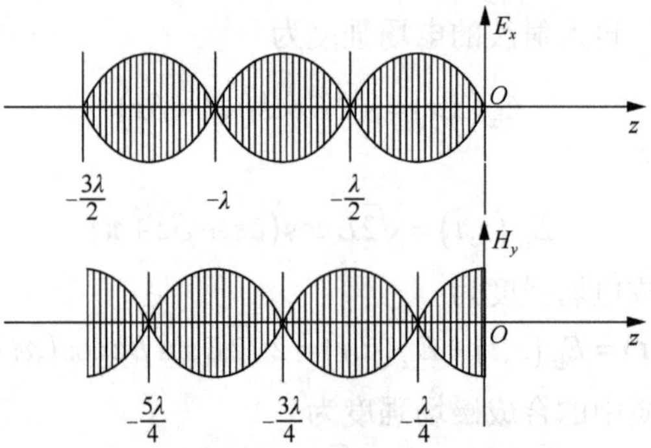

图 6.23　电磁波的传播

（6）由于在波节点处平均功率流密度恒为零，能量不能通过波节点传输，所以电场能量和磁场能量间的交换只能限于在波节点和相邻波腹点之间的 $\lambda/4$ 空间范围内进行。

（7）在理想导体表面上电场强度为零，磁场强度最大，有面电流存在，其密度为

$$\boldsymbol{J}_S = \boldsymbol{e}_n \times \boldsymbol{H}\big|_{z=0} = \frac{2E_{\rm i}}{Z_1}\cos\omega t\boldsymbol{e}_x \tag{6.179}$$

6.8.2　平面电磁波斜入射到理想导体表面上的反射与折射

电磁波由理想介质斜入射到理想导体表面，理想导体内部 $\boldsymbol{E}_2 = 0$ 和 $\boldsymbol{H}_2 = 0$，只需要讨论左半空间场的分布，如图 6.24 所示。入射波方向与分界面法线构成的平面称为入射面，图 6.24 中的入射面就是 xOz 平面。如果电场矢量平行于入射面，称为电场平行极化，如图 6.24（a）所示；如果电场矢量垂直于入射面，称为电场垂直极化，如图 6.24（b）所示。任意方向极化的电磁场波，可以分解为平行极化和垂直极化两个分量。在图 6.24 中入射角是 θ，反射角是 θ'，由反射定理 $\theta = \theta'$。设入射波方向的传播矢量为 $\boldsymbol{k}_{\rm i}$，反射波方向的传播矢量为 $\boldsymbol{k}_{\rm r}$，则

$$\begin{cases} \boldsymbol{k}_{\rm i} = \sin\theta\boldsymbol{e}_x + \cos\theta\boldsymbol{e}_z \\ \boldsymbol{k}_{\rm r} = \sin\theta\boldsymbol{e}_x - \cos\theta\boldsymbol{e}_z \end{cases} \tag{6.180}$$

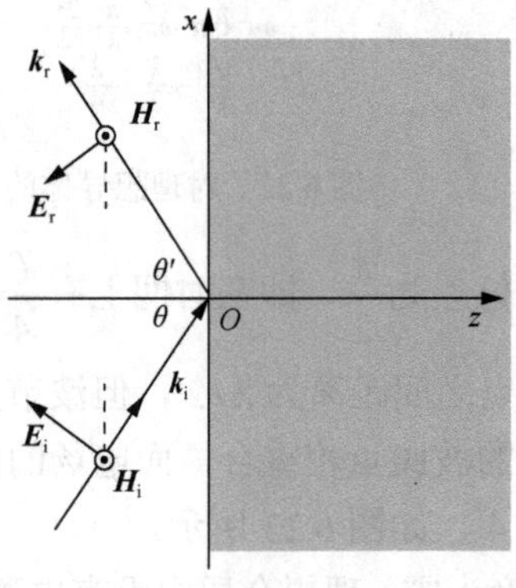

（a）电场平行极化波

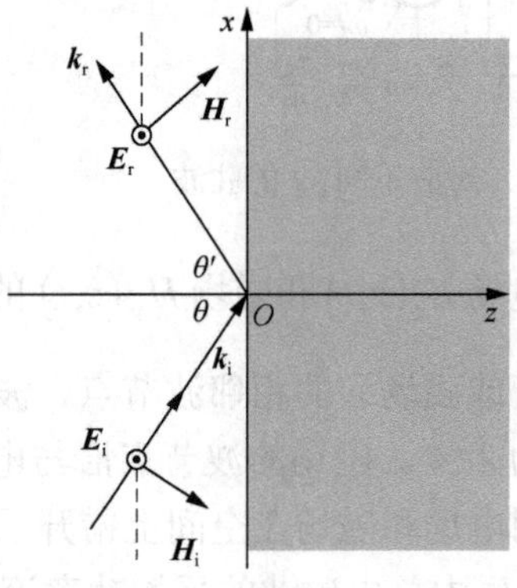

（b）电场垂直极化波

图 6.24　电场极化波的斜入射

1. 平行极化波的斜入射

1）入射端的合成总场

由图 6.24（a）中可以看出，入射端的合成电场为

$$\dot{\boldsymbol{E}}_{/\!/}(\boldsymbol{r})=\dot{\boldsymbol{E}}_{/\!/\mathrm{i}}\mathrm{e}^{-\mathrm{j}\boldsymbol{k}_\mathrm{i}\cdot\boldsymbol{r}}+\dot{\boldsymbol{E}}_{/\!/\mathrm{r}}\mathrm{e}^{-\mathrm{j}\boldsymbol{k}_\mathrm{r}\cdot\boldsymbol{r}} \tag{6.181}$$

式中，$\boldsymbol{r}=x\boldsymbol{e}_x+y\boldsymbol{e}_y+z\boldsymbol{e}_z$，再由式（6.180）和式（6.181）可得

$$\begin{cases}\boldsymbol{k}_\mathrm{i}\cdot\boldsymbol{r}=\beta x\sin\theta+\beta z\cos\theta\\ \boldsymbol{k}_\mathrm{r}\cdot\boldsymbol{r}=\beta x\sin\theta-\beta z\cos\theta\end{cases} \tag{6.182}$$

电场的 x 分量和 z 分量分别为

$$\dot{E}_x=\dot{E}_\mathrm{i}\cos\theta\mathrm{e}^{-\mathrm{j}\beta(x\sin\theta+z\cos\theta)}-\dot{E}_\mathrm{r}\cos\theta\mathrm{e}^{-\mathrm{j}\beta(x\sin\theta-z\cos\theta)} \tag{6.183}$$

$$\dot{E}_z=\dot{E}_\mathrm{i}\sin\theta\mathrm{e}^{-\mathrm{j}\beta(x\sin\theta+z\cos\theta)}-\dot{E}_\mathrm{r}\sin\theta\mathrm{e}^{-\mathrm{j}\beta(x\sin\theta-z\cos\theta)} \tag{6.184}$$

入射端的合成磁场为

$$\dot{H}_y=-\dot{H}_\mathrm{i}\mathrm{e}^{-\mathrm{j}\boldsymbol{k}_\mathrm{i}\cdot\boldsymbol{r}}+\dot{H}_\mathrm{r}\mathrm{e}^{-\mathrm{j}\boldsymbol{k}_\mathrm{r}\cdot\boldsymbol{r}}=\frac{\dot{E}_\mathrm{i}}{Z}\mathrm{e}^{-\mathrm{j}\beta(x\sin\theta+z\cos\theta)}+\frac{\dot{E}_\mathrm{r}}{Z}\mathrm{e}^{-\mathrm{j}\beta(x\sin\theta-z\cos\theta)} \tag{6.185}$$

由衔接条件，在 $z=0$ 处，$E_{1\mathrm{t}}=E_{2\mathrm{t}}=0$，$\dot{E}_x=0$，所以有

$$\dot{E}_\mathrm{i}\cos\theta\mathrm{e}^{-\mathrm{j}\beta x\sin\theta}-\dot{E}_\mathrm{r}\cos\theta\mathrm{e}^{-\mathrm{j}\beta x\sin\theta}=0 \tag{6.186}$$

所以 $\dot{E}_\mathrm{i}=\dot{E}_\mathrm{r}$，代入式（6.183）～式（6.185）可得

$$\dot{E}_x=\dot{E}_\mathrm{i}\cos\theta\mathrm{e}^{-\mathrm{j}\beta x\sin\theta}(\mathrm{e}^{-\mathrm{j}\beta z\cos\theta}-\mathrm{e}^{\mathrm{j}\beta z\cos\theta})=-2\mathrm{j}\dot{E}_\mathrm{i}\cos\theta\sin(\beta z\cos\theta)\mathrm{e}^{-\mathrm{j}\beta x\sin\theta} \tag{6.187}$$

$$\dot{E}_z=-\dot{E}_\mathrm{i}\sin\theta\mathrm{e}^{-\mathrm{j}\beta x\sin\theta}(\mathrm{e}^{-\mathrm{j}\beta z\cos\theta}-\mathrm{e}^{\mathrm{j}\beta z\cos\theta})=-2\dot{E}_\mathrm{i}\sin\theta\cos(\beta z\cos\theta)\mathrm{e}^{-\mathrm{j}\beta x\sin\theta} \tag{6.188}$$

$$\dot{H}_y=\frac{\dot{E}_\mathrm{i}}{Z}\mathrm{e}^{-j\beta x\sin\theta}(\mathrm{e}^{-\mathrm{j}\beta z\cos\theta}+\mathrm{e}^{\mathrm{j}\beta z\cos\theta})=2\frac{\dot{E}_\mathrm{i}}{Z}\cos(\beta z\cos\theta)\mathrm{e}^{-j\beta x\sin\theta} \tag{6.189}$$

2）讨论

由式（6.187）～式（6.189）可以看出：①电场平行极化波斜入射到理想导体表面时，在入射端沿 z 方向是驻波，沿 x 方向是行波；②其中沿 x 方向的行波有 $\dot{E}_x\neq 0$ 和 $\dot{H}_x=0$，$\dot{\boldsymbol{E}}$ 已经不再垂直于传播方向，$\dot{\boldsymbol{H}}$ 仍垂直于传播方向，这种波称为横磁波（TM 波），沿 x 方向的相速度为

$$\upsilon_x=\frac{\omega}{\beta_x}=\frac{\omega}{\beta\sin\theta}=\frac{\upsilon}{\sin\theta} \tag{6.190}$$

式中，$\upsilon=\dfrac{\omega}{\beta}$ 为入射波沿 $\boldsymbol{k}_\mathrm{i}$ 方向的相速度。

2. 垂直极化的合成总场

1）入射端的合成总场

由图 6.24（b）中可以看出，入射端的合成电场为

$$\dot{E}_y=\dot{E}_\mathrm{i}\mathrm{e}^{-\mathrm{j}\boldsymbol{k}_\mathrm{i}\cdot\boldsymbol{r}}+\dot{E}_\mathrm{r}\mathrm{e}^{-\mathrm{j}\boldsymbol{k}_\mathrm{r}\cdot\boldsymbol{r}}=\dot{E}_\mathrm{i}\mathrm{e}^{-\mathrm{j}\beta(x\sin\theta+z\cos\theta)}+\dot{E}_\mathrm{r}\mathrm{e}^{-\mathrm{j}\beta(x\sin\theta-z\cos\theta)} \tag{6.191}$$

在 $z=0$ 平面上，由分界面衔接条件，$E_{1\mathrm{t}}=E_{2\mathrm{t}}=0$，即 $\dot{E}_y=0$，可得 $\dot{E}_\mathrm{i}\mathrm{e}^{-\mathrm{j}\beta x\sin\theta}+$

$\dot{E}_{\mathrm{r}}\mathrm{e}^{-\mathrm{j}\beta x\sin\theta}=0$，所以$\dot{E}_{\mathrm{i}}=-\dot{E}_{\mathrm{r}}$，代入式（6.191）可得

$$\dot{E}_y=\dot{E}_{\mathrm{i}}\mathrm{e}^{-\mathrm{j}\beta x\sin\theta}(\mathrm{e}^{-\mathrm{j}\beta z\cos\theta}-\mathrm{e}^{\mathrm{j}\beta z\cos\theta})=-2\mathrm{j}\dot{E}_{\mathrm{i}}\sin(\beta z\cos\theta)\mathrm{e}^{-\mathrm{j}\beta x\sin\theta} \tag{6.192}$$

入射端磁场的 x 分量和 z 分量分别为

$$\begin{aligned}\dot{H}_x&=-\dot{H}_{\mathrm{i}}\cos\theta\mathrm{e}^{-\mathrm{j}\boldsymbol{k}_{\mathrm{i}}\cdot\boldsymbol{r}}+\dot{H}_{\mathrm{r}}\cos\theta\mathrm{e}^{-\mathrm{j}\boldsymbol{k}_{\mathrm{r}}\cdot\boldsymbol{r}}\\&=-\frac{\dot{E}_{\mathrm{i}}}{Z}\cos\theta\mathrm{e}^{-\mathrm{j}\beta(x\sin\theta+z\cos\theta)}-\frac{\dot{E}_{\mathrm{i}}}{Z}\cos\theta\mathrm{e}^{-\mathrm{j}\beta(x\sin\theta-z\cos\theta)}\\&=-2\frac{\dot{E}_{\mathrm{i}}}{Z}\cos\theta\cos(\beta z\cos\theta)\mathrm{e}^{-\mathrm{j}\beta x\sin\theta}\end{aligned} \tag{6.193}$$

$$\begin{aligned}\dot{H}_z&=\dot{H}_{\mathrm{i}}\sin\theta\mathrm{e}^{-\mathrm{j}\boldsymbol{k}_{\mathrm{i}}\cdot\boldsymbol{r}}+\dot{H}_{\mathrm{r}}\sin\theta\mathrm{e}^{-\mathrm{j}\boldsymbol{k}_{\mathrm{r}}\cdot\boldsymbol{r}}\\&=\frac{\dot{E}_{\mathrm{i}}}{Z}\sin\theta\mathrm{e}^{-\mathrm{j}\beta(x\sin\theta+z\cos\theta)}-\frac{\dot{E}_{\mathrm{i}}}{Z}\sin\theta\mathrm{e}^{-\mathrm{j}\beta(x\sin\theta-z\cos\theta)}\\&=-2\mathrm{j}\frac{\dot{E}_{\mathrm{i}}}{Z}\sin\theta\sin(\beta z\cos\theta)\mathrm{e}^{-\mathrm{j}\beta x\sin\theta}\end{aligned} \tag{6.194}$$

2）讨论

由式（6.193）和式（6.194）可以看出：①平行极化波斜入射到理想导体表面，在入射端沿 z 方向是驻波，沿 x 方向是行波；②沿 x 方向的行波，有 $\dot{H}_x\neq0$ 和 $\dot{E}_x=0$，$\dot{\boldsymbol{H}}$ 不垂直于传播方向，$\dot{\boldsymbol{E}}$ 仍垂直于传播方向，这种波称为横磁波（TE 波），沿 x 方向的相速度为

$$v_x=\frac{\omega}{\beta_x}=\frac{\omega}{\beta\sin\theta}=\frac{v}{\sin\theta} \tag{6.195}$$

式中，$v=\dfrac{\omega}{\beta}$ 为入射波沿 $\boldsymbol{k}_{\mathrm{i}}$ 方向的相速度。

6.8.3 平面电磁波斜入射到良导体表面上的反射与折射

现在研究平面电磁波斜入射到良导体表面上的反射和折射。假设电磁波从理想介质以入射角 θ_{i} 斜入射到良导体表面，理想介质介电常数为 ε_1，良导体的介电常数为 ε_2、电导率为 γ。那么，由折射定律可得，良导体内折射波的折射角 θ_{t} 满足关系式

$$\sin\theta_{\mathrm{t}}=\frac{v_2}{v_1}\sin\theta_{\mathrm{i}} \tag{6.196}$$

考虑到相速度 $v_1=\dfrac{1}{\sqrt{\mu_1\varepsilon_1}}$，及由斯奈尔定律（6.120）可知，良导体内波的相速度 $v_2=\sqrt{\dfrac{2\omega}{\mu_2\gamma}}$，因此，上式写为

$$\sin\theta_{\mathrm{t}}=\sqrt{\frac{\mu_1\varepsilon_1}{\mu_2}\frac{2\omega}{\gamma}}\sin\theta_{\mathrm{i}} \tag{6.197}$$

对于一般的非磁性媒质有 $\mu_1 \approx \mu_2 \approx \mu_0$，则

$$\sin\theta_t = \sqrt{\frac{2\omega\varepsilon_1}{\gamma}}\sin\theta_i \tag{6.198}$$

如果角频率 ω 较低，则 $\frac{2\omega\varepsilon_1}{\gamma} \ll 1$。此时，有

$$\sin\theta_t \approx 0 \quad 或 \quad \theta_t \approx 0 \tag{6.199}$$

这表明，对于良导体不管入射角 θ_i 如何，透入的电磁波都是近似地沿表面的法线方向传播。

对于良导体，其波阻抗

$$Z_2 \approx \sqrt{\frac{j\omega\mu_0}{\gamma}} \tag{6.200}$$

显然，$|Z_2| \ll |Z_1|$ 代入菲涅耳公式，得

$$T_\perp \ll 1, \quad T_{//} \ll 1 \quad 和 \quad \Gamma_{//} \approx -1, \quad \Gamma_\perp \approx -1 \tag{6.201}$$

无论垂直还是平行极化波在良导体内的折射波都是很小的，基本为全反射。

把 $\theta_i = 0$ 和 $Z_2 = 0$ 代入电场斜入射时的菲涅耳公式中，得

$$\Gamma_\perp = \Gamma_{//} = -1 和 T_\perp = T_{//} = 0 \tag{6.202}$$

6.8.4 典型例题

例 6.9 已知无界理想介质中正弦均匀平面电磁波的频率 $f = 10^8\,\text{Hz}$，参数为 $\varepsilon=9\varepsilon_0$、$\mu=\mu_0$、$\gamma=0$，电场强度为

$$\dot{\boldsymbol{E}} = 4e^{-jkz}\boldsymbol{e}_x + 3e^{-jkz+j\frac{\pi}{3}}\boldsymbol{e}_y \quad (\text{V/m})$$

试求：

（1）均匀平面电磁波的相速度 v_p、波长 λ、传播常数 k 和波阻抗 Z；

（2）电场强度和磁场强度的瞬时值表达式；

（3）与电磁波传播方向垂直的单位面积上通过的平均功率。

解：（1）均匀平面电磁波的相速度为

$$v_p = \frac{1}{\sqrt{\mu\varepsilon}} = \frac{c}{\sqrt{\mu_r\varepsilon_r}} = \frac{3\times10^8}{\sqrt{9}} = 10^8\,\text{m/s}$$

波长为

$$\lambda = \frac{v_p}{f} = 1\text{m}$$

传播常数为

$$k = \omega\sqrt{\mu\varepsilon} = \frac{\omega}{v_p} = 2\pi\,\text{rad/m}$$

波阻抗为

$$Z=\sqrt{\frac{\mu}{\varepsilon}}=Z_0\sqrt{\frac{\mu_r}{\varepsilon_r}}=120\pi\sqrt{\frac{1}{9}}=40\pi\Omega$$

（2）电场强度和磁场强度的瞬时值表达式为

$$\dot{\boldsymbol{H}}=\frac{\mathrm{j}}{\omega\mu}\nabla\times\dot{\boldsymbol{E}}=\frac{1}{Z}(4\mathrm{e}^{-\mathrm{j}kz}\boldsymbol{e}_y-3\mathrm{e}^{-\mathrm{j}kz+\mathrm{j}\frac{\pi}{3}}\boldsymbol{e}_x)\text{（A/m）}$$

$$\boldsymbol{E}(t)=\mathrm{Re}[\dot{\boldsymbol{E}}\mathrm{e}^{\mathrm{j}\omega t}]=4\cos(2\pi\times10^8t-2\pi z)\boldsymbol{e}_x+3\cos\left(2\pi\times10^8t-2\pi z+\frac{\pi}{3}\right)\boldsymbol{e}_y\text{（V/m）}$$

$$\boldsymbol{H}(t)=\mathrm{Re}[\dot{\boldsymbol{H}}\mathrm{e}^{\mathrm{j}\omega t}]=-\frac{3}{40\pi}\cos(2\pi\times10^8t-2\pi z+\frac{\pi}{3})\boldsymbol{e}_x+\frac{1}{10\pi}\cos\left(2\pi\times10^8t-2\pi z\right)\boldsymbol{e}_y\text{（A）}$$

（3）复坡印亭矢量为

$$\tilde{\boldsymbol{S}}=\dot{\boldsymbol{E}}\times\dot{\boldsymbol{H}}^*=\left[4\mathrm{e}^{-\mathrm{j}kz}\boldsymbol{e}_x+3\mathrm{e}^{-\mathrm{j}\left(kz-\frac{\pi}{3}\right)}\boldsymbol{e}_y\right]\times\left[-\frac{3}{40\pi}\mathrm{e}^{\mathrm{j}\left(kz-\frac{\pi}{3}\right)}\boldsymbol{e}_x+\frac{1}{10\pi}\mathrm{e}^{\mathrm{j}kz}\boldsymbol{e}_y\right]=\frac{5}{16\pi}\boldsymbol{e}_z\text{（W/m}^2\text{）}$$

坡印亭矢量的时间平均值为

$$\boldsymbol{S}_{\mathrm{av}}=\mathrm{Re}[\tilde{\boldsymbol{S}}]=\frac{5}{16\pi}\boldsymbol{e}_z\text{（W/m}^2\text{）}$$

与电磁波传播方向垂直的单位面积上通过的平均功率为

$$P_{\mathrm{av}}=\int_S\boldsymbol{S}_{\mathrm{av}}\cdot\mathrm{d}\boldsymbol{S}=\frac{5}{16\pi}\mathrm{W}$$

例 6.10 自由空间中 $\boldsymbol{B}=10^{-6}\cos(6\pi\times10^8t-2\pi z)(\boldsymbol{e}_x+\boldsymbol{e}_y)$，如图 6.25 所示，试求：

（1）f、υ、λ、β 及传播方向；

（2）$\boldsymbol{E}$ 和 $\boldsymbol{S}$。

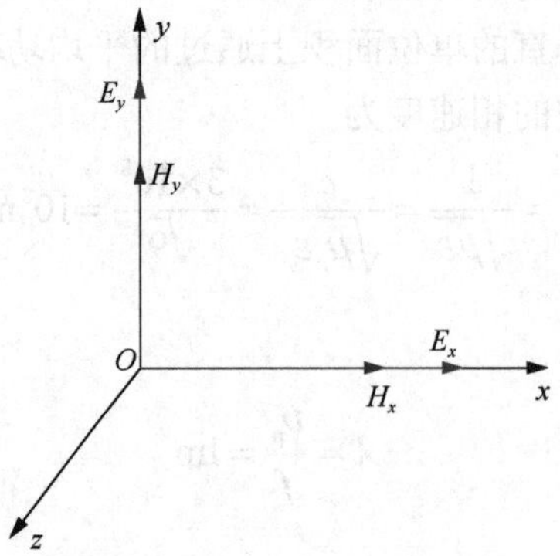

图 6.25 直角坐标系中的电场和磁场各分量

解：（1）波沿 z 轴方向传播，有

$$\beta = 2\pi \text{rad/m}$$

$$\lambda = 2\pi/\beta = 1\,\text{m}, \quad f = \omega/2\pi = 3\times10^8\,\text{Hz}$$

$$\upsilon = \omega/\beta = 3\times10^8\ \text{m/s}$$

（2）磁场为

$$\dot{\boldsymbol{H}} = \frac{1}{\mu_0}\dot{\boldsymbol{B}} = \frac{10^{-6}}{\mu_0}\text{e}^{-\text{j}2\pi z}(\boldsymbol{e}_x + \boldsymbol{e}_y)$$

$$Z_0 = \frac{\dot{E}_x}{\dot{H}_y} = -\frac{\dot{E}_y}{\dot{H}_x} = 377\ \Omega$$

$$\dot{\boldsymbol{H}} = \frac{1}{\mu_0}\dot{\boldsymbol{B}} = \frac{10^{-6}}{\mu_0}\text{e}^{-\text{j}2\pi z}(\boldsymbol{e}_x + \boldsymbol{e}_y)$$

$$\dot{E}_y = -Z_0\dot{H}_x = -\frac{B_x}{\mu_0}\sqrt{\frac{\mu_0}{\varepsilon_0}} = -\upsilon\dot{B}_x = -300\text{e}^{-\text{j}2\pi z}$$

$$\dot{E}_x = Z_0\dot{H}_y = \upsilon\dot{B}_y = 300\text{e}^{-\text{j}2\pi z}$$

$$\boldsymbol{E} = 300\cos(6\pi\times10^8 t - 2\pi z)(\boldsymbol{e}_x - \boldsymbol{e}_y)\ \text{（V/m）}$$

$$\boldsymbol{S} = \boldsymbol{E}\times\boldsymbol{H} = E\cdot H(\boldsymbol{e}_x + \boldsymbol{e}_y)\times(\boldsymbol{e}_x - \boldsymbol{e}_y) = 477.4\cos^2(6\pi\times10^8 t - 2\pi z)\boldsymbol{e}_z\ \text{（W/m}^2\text{）}$$

例 6.11 海水的电磁参数是 $\varepsilon_r = 81$、$\mu_r = 1$、γ=4S/m，频率为 3kHz 和 30MHz 的电磁波在紧切海平面下侧处的电场强度为 1V/m，求：

（1）电场强度衰减为 1μV/m 处的深度，应选择哪个频率进行潜水艇的水下通信；

（2）频率 3kHz 的电磁波从海平面下侧向海水中传播的平均功率流密度。

解：（1）$f = 3\text{kHz}$ 时，

$$\frac{\gamma}{\omega\varepsilon} = \frac{4\times36\pi\times10^9}{2\pi\times3\times10^3\times81} = 2.96\times10^5 \gg 1$$

$f = 30\text{MHz}$ 时，

$$\frac{\gamma}{\omega\varepsilon} = \frac{4\times36\pi\times10^9}{2\pi\times30\times10^6\times81} = 29.6$$

所以海水在此频率传播的电磁波呈现为良导体，故

$$\alpha_1 = \omega\sqrt{\frac{\mu\varepsilon}{2}\left[\sqrt{1+\left(\frac{\gamma}{\omega\varepsilon}\right)^2} - 1\right]} = 2\pi\times3\times10^3\sqrt{\frac{4\pi\times10^{-7}\times81}{2\times36\pi\times10^9}}\times2.96\times10^5 = 0.2177$$

$$l_2 = \frac{13.8}{\alpha_1} = 63.39\text{m}$$

$$\alpha_2=\omega\sqrt{\frac{\mu\varepsilon}{2}\left[\sqrt{1+\left(\frac{\gamma}{\omega\varepsilon}\right)^2}-1\right]}=2\pi\times 30\times 10^6\sqrt{\frac{4\pi\times 10^{-7}\times 81}{2\times 36\pi\times 10^9}}\times 29.6=21.8$$

$$l_2=\frac{\ln 10^{-6}}{\alpha_2}=0.633\text{m}$$

由此可见，选高频30MHz的电磁波衰减较大，应采用低频3kHz的电磁波。在具体的工程应用中，低频电磁波频率的选择还要全面考虑其他因素。

（2）平均功率密度为频率3kHz的电磁波，有

$$|\boldsymbol{S}_{\text{av}}|=P_\sigma=\frac{1}{2}E_0^2\sqrt{\frac{\gamma}{2\omega\mu}}=\frac{1}{2}E_{\text{m}}^2\sqrt{\frac{\gamma}{2\omega\mu}}=\frac{\gamma}{4\alpha}E_0^2=\frac{4}{4\times 0.218}\approx 4.6\text{W/m}^2$$

例 6.12 微波炉利用磁控管输出的2.45GHz的微波加热食品。在该频率上，牛排的等效复介电常数$\varepsilon'=40\varepsilon_0$，$\tan\delta_{\text{e}}=0.3$，求：

（1）微波传入牛排的趋肤深度δ，在牛排内8mm处的微波场强是表面处的百分之几；

（2）微波炉中盛牛排的盘子是用发泡聚苯乙烯制成的，其等效复介电常数的损耗角正切为$\varepsilon'=1.03\varepsilon_0$，$\tan\delta_{\text{e}}=0.3\times 10^{-4}$。说明为何用微波加热时牛排被烧熟而盘子并没有被烧毁。

解：（1）根据牛排的损耗角正切$\tan\delta_{\text{e}}=0.3$可知，牛排为有耗媒质，按一般导电媒质计算趋肤深度，为

$$d=\frac{1}{\omega}\sqrt{\frac{2}{\mu\varepsilon}}\left[\sqrt{1+\left(\frac{\gamma}{\omega\varepsilon}\right)^2}-1\right]^{-1/2}=0.0208\text{m}=20.8\text{mm}$$

$$\frac{|\boldsymbol{E}|}{|\boldsymbol{E}_0|}=\text{e}^{-z/\delta}=\text{e}^{-8/20.8}=68\%$$

（2）根据发泡聚苯乙烯的损耗角正切$\tan\delta_{\text{e}}=0.3\times 10^{-4}$，可知盘子是低耗媒质，计算趋肤深度为

$$d=\frac{2}{\gamma}\sqrt{\frac{\varepsilon}{\mu}}=\frac{2}{\omega\left(\frac{\gamma}{\omega\varepsilon}\right)}\sqrt{\frac{1}{\mu\varepsilon}}=\frac{2\times 3\times 10^8}{2\pi\times 2.45\times 10^9\times(0.3\times 10^{-4})\times\sqrt{1.03}}=1.28\times 10^3\text{m}$$

例 6.13 证明均匀平面电磁波在良导体中传播时，每波长内场强的衰减约为55dB。

证明：良导体中衰减常数和相位常数相等。因为良导体满足条件$\frac{\gamma}{\omega\varepsilon}\gg 1$，所以，衰减常数与相位常数相同，$\alpha=\beta=\sqrt{\frac{\omega\mu\gamma}{2}}$。

设均匀平面电磁波的电场强度矢量为$\dot{\boldsymbol{E}}=E_0\text{e}^{-\alpha z}\text{e}^{-\text{j}\beta z}\boldsymbol{e}_x$，那么$z=\lambda$处的电场强度与$z=0$处的电场强度振幅比为

$$\frac{\left|\dot{E}_{z=\lambda}\right|}{\left|\dot{E}_{z=0}\right|}=\mathrm{e}^{-az}\Big|_{z=\lambda}=\mathrm{e}^{-a\lambda}=\mathrm{e}^{-\beta\frac{2\pi}{\beta}}=\mathrm{e}^{-2\pi}$$

即

$$20\log\frac{\left|\dot{E}_{z=\lambda}\right|}{\left|\dot{E}_{z=0}\right|}=20\log\mathrm{e}^{-2\pi}=-54.575\text{dB}$$

例6.14 频率为100MHz的正弦均匀平面波在各向同性的均匀理想介质中沿$+z$方向传播，媒质的特性参数为$\varepsilon_r=4$、$\mu_r=1$、$\gamma=0$。设电场沿x方向，即$\boldsymbol{E}=E_x\boldsymbol{e}_x$。已知：当$t=0$、$z=1/8\text{m}$时，电场等于其振幅值$10^{-4}\text{V/m}$。试求：

（1）波的传播速度、波长、传播常数；

（2）电场和磁场的瞬时表达式；

（3）坡印亭矢量和平均坡印亭矢量。

解：由已知条件可知，频率为$f=100\text{MHz}$，振幅为$E_{x0}=10^{-4}\text{V/m}$。

（1）

$$\upsilon_p=\frac{1}{\sqrt{\mu\varepsilon}}=\frac{1}{\sqrt{\varepsilon_r\mu_r}}\cdot\frac{1}{\sqrt{\mu_0\varepsilon_0}}=\frac{3}{2}\times10^8\text{m/s}$$

$$k=\omega\sqrt{\mu\varepsilon}=2\pi\times10^8\cdot\frac{2}{3}\times10^{-8}=\frac{4}{3}\pi$$

$$\lambda=\frac{2\pi}{k}=1.5\text{m}$$

（2）设$\boldsymbol{E}=E_0\cos(\omega t-kz+\phi_0)\boldsymbol{e}_x$，由条件可知：

$$E_0=10^{-4},\quad \omega=2\pi\times10^8,\quad k=\frac{4}{3}\pi$$

即

$$\boldsymbol{E}=10^{-4}\cos(2\pi\times10^8t-\frac{4}{3}\pi z+\phi_0)\boldsymbol{e}_x$$

由已知条件$10^{-4}=10^{-4}\cos\left(-\frac{4}{3}\pi\cdot\frac{1}{8}+\phi_0\right)$，可得$\phi_0=\frac{\pi}{6}$，所以有

$$\boldsymbol{E}=10^{-4}\cos\left(2\pi\times10^8t-\frac{4\pi}{3}z+\frac{\pi}{6}\right)\boldsymbol{e}_x$$

$$\boldsymbol{H}=\sqrt{\frac{\varepsilon}{\mu}}\boldsymbol{k}\times\boldsymbol{E}=\frac{1}{60\pi}10^{-4}\cos\left(2\pi\times10^8t-\frac{4\pi}{3}z+\frac{\pi}{6}\right)\boldsymbol{e}_z\times\boldsymbol{e}_x$$
$$=\frac{1}{60\pi}10^{-4}\cos\left(2\pi\times10^8t-\frac{4\pi}{3}z+\frac{\pi}{6}\right)\boldsymbol{e}_y$$

（3）有

$$\boldsymbol{S}(t)=\boldsymbol{E}(t)\times\boldsymbol{H}(t)=\frac{1}{60\pi}10^{-8}\cos^2\left(2\pi\times10^8 t-\frac{4\pi}{3}z+\frac{\pi}{6}\right)\boldsymbol{e}_z$$

$$\boldsymbol{S}_{\mathrm{av}}=\frac{1}{T}\int_0^T\boldsymbol{S}(t)\mathrm{d}t=\frac{10^{-8}}{120\pi}\boldsymbol{e}_z\ （\mathrm{W/m^2}）$$

另一种求解方法，利用 $\dot{\boldsymbol{E}}=10^{-4}\mathrm{e}^{-\mathrm{j}\frac{4\pi}{3}z+\mathrm{j}\frac{\pi}{6}}\boldsymbol{e}_x$ 和 $\dot{\boldsymbol{H}}=\frac{1}{60\pi}10^{-4}\mathrm{e}^{-\mathrm{j}\frac{4\pi}{3}z+\mathrm{j}\frac{\pi}{6}}\boldsymbol{e}_y$ 直接代入平均坡印亭的复数形式，求得

$$\boldsymbol{S}_{\mathrm{av}}=\mathrm{Re}[\dot{\boldsymbol{E}}\times\dot{\boldsymbol{H}}^*]=\frac{10^{-8}}{120\pi}\boldsymbol{e}_z\ （\mathrm{W/m^2}）$$

例 6.15 均匀平面电磁波频率 $f=100\mathrm{MHz}$，从空气正入射到 $x=0$ 理想导体平面上，设入射波电场沿 y 方向，振幅 $E_{\mathrm{m}}=6\times10^{-3}\mathrm{V/m}$，试写出：

（1）入射波的电场和磁场；

（2）反射波的电场和磁场；

（3）在空气中合成波的电场和磁场；

（4）空气中理想导体表面第一个电场波腹点的位置。

解：（1）入射波的电场和磁场的瞬时表达式为

$$\boldsymbol{E}_{\mathrm{i}}(x,t)=E_{\mathrm{m}}\cos(\omega t-\beta x)\,\boldsymbol{e}_y$$

$$\boldsymbol{H}_{\mathrm{i}}(x,t)=\frac{E_{\mathrm{m}}}{Z_{01}}\cos(\omega t-\beta x)\,\boldsymbol{e}_z$$

式中，$E_{\mathrm{m}}=6\times10^{-3}\mathrm{V/m}$；$\beta=\omega\sqrt{\mu\varepsilon}=\frac{2\pi}{3}\mathrm{rad/m}$；$Z_0=377\Omega$；$\omega=2\pi\times10^8\mathrm{rad/s}$。

因此，有

$$\boldsymbol{E}_{\mathrm{i}}(x,t)=6\times10^{-3}\cos\left(2\pi\times10^8 t-\frac{2\pi}{3}x\right)\boldsymbol{e}_y\ （\mathrm{V/m}）$$

$$\boldsymbol{H}_{\mathrm{i}}(x,t)=\frac{6\times10^{-3}}{377}\cos\left(2\pi\times10^8 t-\frac{2\pi}{3}x\right)\boldsymbol{e}_z\ （\mathrm{A/m}）$$

（2）理想导体引起全反射，即在 $x=0$ 处有 $E_{\mathrm{r}}=-E_{\mathrm{i}}$ 和 $H_{\mathrm{r}}=H_{\mathrm{i}}$，所以，反射波的电场和磁场的瞬时表达式为

$$\boldsymbol{E}_{\mathrm{r}}(x,t)=-6\times10^{-3}\cos\left(2\pi\times10^8 t+\frac{2\pi}{3}x\right)\boldsymbol{e}_y\ （\mathrm{V/m}）$$

$$\boldsymbol{H}_{\mathrm{r}}(x,t)=\frac{6\times10^{-3}}{377}\cos\left(2\pi\times10^8 t-\frac{2\pi}{3}x\right)\boldsymbol{e}_z\ （\mathrm{A/m}）$$

（3）空气中合成波的电场和磁场的瞬时表达式为

$$\boldsymbol{E}(x,t)=\boldsymbol{E}_{\mathrm{i}}(x,t)+\boldsymbol{E}_{\mathrm{r}}(x,t)=12\times10^{-3}\sin\frac{2\pi}{3}x\sin\left(2\pi\times10^{8}t\right)\boldsymbol{e}_{y}\ （\mathrm{V/m}）$$

$$\boldsymbol{H}(x,t)=\boldsymbol{H}_{\mathrm{i}}(x,t)+\boldsymbol{H}_{\mathrm{r}}(x,t)=\frac{12\times10^{-3}}{377}\cos\frac{2\pi}{3}x\cos\left(2\pi\times10^{8}t\right)\boldsymbol{e}_{z}\ （\mathrm{A/m}）$$

（4）在空气中，理想导体表面第一个电场波腹点发生在

$$x=-\frac{\lambda}{4}=-\frac{3}{4}\mathrm{m}$$

例 6.16 设媒质 2 的参数为 $\varepsilon_{\mathrm{r2}}=8.5$、$\mu_{\mathrm{r2}}=1$、$\gamma_2=0$，媒质 1 为自由空间。波由自由空间正入射到媒质 2，在两区的平面分界面上入射波电场的振幅为 $E_{\mathrm{mi}}=2.0\times10^{-3}\,\mathrm{V/m}$，求反射波和折射波电场和磁场的复振幅。

解： 自由空间的波阻抗 $Z_1=\sqrt{\dfrac{\mu_0}{\varepsilon_0}}=120\pi\Omega$，媒质 2 的波阻抗 $Z_2=\sqrt{\dfrac{\mu_2}{\varepsilon_2}}=\dfrac{377}{\sqrt{8.5}}=129\Omega$。

于是反射波电场和磁场的复振幅值分别为

$$\dot{E}_{\mathrm{mr}}=\Gamma\dot{E}_{\mathrm{mi}}=\frac{Z_2-Z_1}{Z_2+Z_1}\dot{E}_{\mathrm{mi}}=0.693\times10^{-3}\,\mathrm{V/m}$$

$$\dot{H}_{\mathrm{mr}}=-\frac{\dot{E}_{\mathrm{mi}}}{Z_1}=-1.84\times10^{-6}\,\mathrm{A/m}$$

折射波电场和磁场的复振幅值分别为

$$\dot{E}_{\mathrm{mt}}=T\dot{E}_{\mathrm{mi}}=\frac{2Z_2}{Z_2+Z_1}\dot{E}_{\mathrm{mi}}=7.21\times10^{-4}\,\mathrm{V/m}$$

$$\dot{H}_{\mathrm{mt}}=\frac{\dot{E}_{\mathrm{mt}}}{Z_2}=5.58\times10^{-6}\,\mathrm{A/m}$$

例 6.17 一均匀平面电磁波从自由空间正入射到半无限大的理想介质表面上。已知在自由空间中，合成波的驻波比为 3，理想介质内波的波长是自由空间波长 1/6，且媒质表面上为合成电场最小点。求理想介质的相对磁导率 μ_{r} 和相对介电常数 ε_{r}。

解： 由驻波比计算反射系数为

$$S=\frac{1+|\Gamma|}{1-|\Gamma|}=3$$

由此解出

$$|\Gamma|=\frac{1}{2}$$

因为媒质表面上是合成电场最小点，故 $\Gamma=-\dfrac{1}{2}$。反射系数为

$$\Gamma=\frac{Z_2-Z_1}{Z_2+Z_1}$$

式中，$Z_1=\sqrt{\dfrac{\mu_0}{\varepsilon_0}}=120\pi$；$Z_2=\sqrt{\dfrac{\mu_2}{\varepsilon_2}}=120\pi\sqrt{\dfrac{\mu_r}{\varepsilon_r}}$。因而得

$$\sqrt{\frac{\mu_r}{\varepsilon_r}}=\frac{1+\Gamma}{1-\Gamma}=\frac{1}{3} \quad 和 \quad \frac{\mu_r}{\varepsilon_r}=\frac{1}{9}$$

理想介质内的波长为

$$\lambda_2=\frac{\lambda_0}{\sqrt{\mu_r\varepsilon_r}}=\frac{\lambda_0}{6}$$

得

$$\mu_r\varepsilon_r=36$$

因此，求得理想介质的相对磁导率和相对介电常数分别为$\mu_r=2$和$\varepsilon_r=18$。

6.9 水平电偶极子在层状媒质中的电磁场计算

层状媒质上方水平电偶极子模型如图 6.26 所示。设电偶极子长度为l，假定通有时谐电流$Ie^{j\omega t}$，电偶极子的偶极矩为$P=Il$。设大地为n层水平层，各层电导率和厚度分别为$\gamma_1,d_1,\gamma_2,d_2,\cdots,\gamma_n,d_n(d_n\to\infty)$，建立柱坐标系或直角坐标系，电偶极子位于$x$轴，原点$O$位于长度为$l$电流元的中点，设$z$坐标轴垂直地面，方向向下为正。本节中，表示复数形式的“·”均已省略。

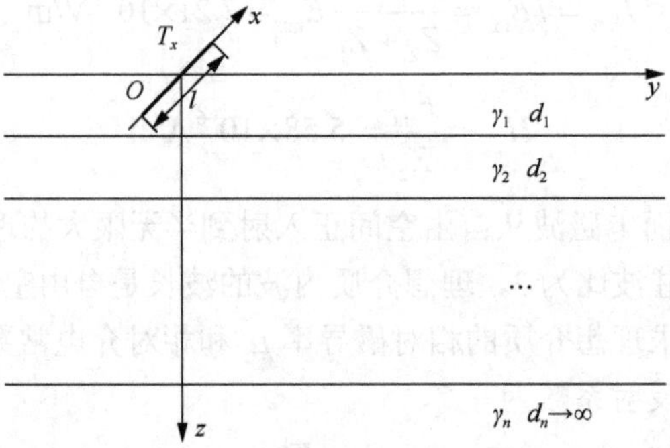

图 6.26 层状媒质上方水平电偶极子模型

根据谢昆诺夫势函数定义，在每一个电流源或磁流源均匀分布的区域或空间，其电场和磁场可以等效为电性源（电偶极子）和磁性源（磁偶极子）产生的场相叠加，对应时谐电流或磁流产生的电矢量位$\boldsymbol{A}^*$和磁矢量位$\boldsymbol{A}$。

时谐电流产生的电矢量位$\boldsymbol{A}^*$和磁矢量位$\boldsymbol{A}$满足如下亥姆霍兹方程和洛伦兹条件：

$$\nabla^2\cdot\boldsymbol{A}+k^2\boldsymbol{A}=-\boldsymbol{J}_m^S \tag{6.203}$$

$$\nabla^2\cdot\boldsymbol{A}^*+k^2\boldsymbol{A}^*=-\boldsymbol{J}_e^S \tag{6.204}$$

$$\nabla \cdot \boldsymbol{A} = -\hat{z}U \tag{6.205}$$

$$\nabla \cdot \boldsymbol{A}^* = -\hat{y}U^* \tag{6.206}$$

式中，k 为传播常数，$k = (\mu\varepsilon\omega^2 - \mathrm{j}\mu\gamma\omega)^{1/2} = \sqrt{-\mathrm{j}\omega\mu(\gamma + \mathrm{j}\omega\varepsilon)}$；$\hat{z} = \mathrm{j}\mu\omega$；$\hat{y} = \gamma + \mathrm{j}\omega\varepsilon$。

对于电偶极子或电性源激励，有

$$\boldsymbol{E}_{\mathrm{e}} = -\hat{z}\boldsymbol{A}^* + \frac{1}{\hat{y}}\nabla(\nabla \cdot \boldsymbol{A}^*) \tag{6.207}$$

$$\boldsymbol{H}_{\mathrm{e}} = \nabla \times \boldsymbol{A}^* \tag{6.208}$$

对于位于 x 轴的电偶极子，矢量位 $\boldsymbol{A}$、$\boldsymbol{A}^*$ 只含有 x 分量，得到 $\boldsymbol{A}^* = A_x^*\boldsymbol{e}_x$ 和 $\boldsymbol{A} = A_x\boldsymbol{e}_x$，式中 A_x^*、A_x 均为 x、y、z 的标量函数，$\boldsymbol{e}_x$ 为 x 方向的单位矢量。

对于水平放置的水平电偶极子产生的矢量位 $\boldsymbol{A}^*$ 为

$$\boldsymbol{A}^* = \frac{I\mathrm{d}l}{2u_0}\mathrm{e}^{-u_0(z+h)}\boldsymbol{e}_x \tag{6.209}$$

式中，I 为电偶极子中的电流；$\mathrm{d}l$ 为电偶极子的长度。电偶极子位于离地面高 h 处，在地面时 $h = 0$。

电偶极子在空间可以产生 TM 和 TE 模式的电场和磁场。根据矢量位与电场、磁场关系，可得到在不同极化模式下的电场和磁场各分量如下。

TM_x 极化模式：

$$\begin{cases} E_x = -\hat{z}A_x^* + \dfrac{1}{\hat{y}}\left(\dfrac{\partial^2}{\partial x^2} + k^2\right)A_x^*, \quad E_y = \dfrac{1}{\hat{y}}\dfrac{\partial^2}{\partial x \partial y}A_x^*, \quad E_z = \dfrac{1}{\hat{y}}\dfrac{\partial^2}{\partial x \partial z}A_x^* \\ H_x = 0, \quad H_y = \dfrac{\partial}{\partial z}A_x^*, \quad H_z = -\dfrac{\partial}{\partial y}A_x^* \end{cases} \tag{6.210}$$

TE_x 极化模式：

$$\begin{cases} E_x = 0, \quad E_y = -\dfrac{\partial}{\partial z}A_x, \quad E_z = \dfrac{\partial}{\partial y}A_x \\ H_x = -\hat{y}A_x + \dfrac{1}{\hat{z}}\left(\dfrac{\partial^2}{\partial x^2} + k^2\right)A_x, \quad H_y = \dfrac{1}{\hat{z}}\dfrac{\partial^2}{\partial y \partial x}A_x, \quad H_z = \dfrac{1}{\hat{z}}\dfrac{\partial^2}{\partial x \partial z}A_x \end{cases} \tag{6.211}$$

由式（6.210）和式（6.211）可知，电偶极子既产生垂直电场又产生垂直磁场，表达式为

$$\hat{E}_z^p = \frac{1}{\hat{y}}\frac{\partial^2}{\partial x \partial z}A_x^* = -\frac{I\mathrm{d}l}{2\hat{y}_0}\mathrm{j}k_x\mathrm{e}^{-u_0(z+h)} \tag{6.212}$$

$$\hat{H}_z^p = -\frac{\partial}{\partial y}A_x^* = -\frac{I\mathrm{d}l}{2}\frac{\mathrm{j}k_y\mathrm{e}^{-u_0(z+h)}}{u_0} \tag{6.213}$$

通过推导当忽略电偶极子的高度，得到水平电偶极子在地面以上（$z \geqslant 0$）的 TE 和

TM 时的表达式 A_0^* 和 A_0 为

$$\begin{cases} A_0^*(x,y,z) = -\dfrac{I\mathrm{d}l}{8\pi^2}\displaystyle\int_{-\infty}^{\infty}\int_{-\infty}^{\infty}\left(\mathrm{e}^{-u_0 z} + r_{\mathrm{TM0}}\mathrm{e}^{u_0 z}\right)\dfrac{\mathrm{j}k_x}{k_x^2+k_y^2}\mathrm{e}^{\mathrm{j}(k_x x + k_y y)}\mathrm{d}k_x\mathrm{d}k_y \\ A_0(x,y,z) = -\dfrac{\hat{z}I\mathrm{d}l}{8\pi^2}\displaystyle\int_{-\infty}^{\infty}\int_{-\infty}^{\infty}\left(\mathrm{e}^{-u_0 z} + r_{\mathrm{TE0}}\mathrm{e}^{u_0 z}\right)\dfrac{\mathrm{j}k_y}{u_0\left(k_x^2+k_y^2\right)}\mathrm{e}^{\mathrm{j}(k_x x + k_y y)}\mathrm{d}k_x\mathrm{d}k_y \end{cases} \tag{6.214}$$

在下半空间仅有折射电场，将水平电偶极子的 TE 和 TM 势用 A_1^* 和 A_1 表示，得到 A_1^* 和 A_1 的表达式为

$$\begin{cases} A_1^*(x,y,z) = -\dfrac{I\mathrm{d}l}{8\pi^2}\displaystyle\int_{-\infty}^{\infty}\int_{-\infty}^{\infty}\left(r_{\mathrm{TM1}}\mathrm{e}^{u_1 z}\right)\dfrac{\mathrm{j}k_x}{k_x^2+k_y^2}\mathrm{e}^{\mathrm{j}(k_x x + k_y y)}\mathrm{d}k_x\mathrm{d}k_y \\ A_1(x,y,z) = -\dfrac{\hat{z}I\mathrm{d}l}{8\pi^2}\displaystyle\int_{-\infty}^{\infty}\int_{-\infty}^{\infty}\left(r_{\mathrm{TE1}}\mathrm{e}^{u_1 z}\right)\dfrac{\mathrm{j}k_y}{u_0\left(k_x^2+k_y^2\right)}\mathrm{e}^{\mathrm{j}(k_x x + k_y y)}\mathrm{d}k_x\mathrm{d}k_y \end{cases} \tag{6.215}$$

式（6.214）和式（6.215）中，I 为偶极中的电流；$\mathrm{d}l$ 为偶极的长度；$\hat{z} = \mathrm{j}\mu\omega$；$\omega$ 和 μ 分别为角频率和磁导率；r_{TM0} 和 r_{TE0} 为反射系数；r_{TM1} 和 r_{TE1} 为折射系数。求解地下电场表达式的主要问题在于确定折射系数 r_{TM1} 和 r_{TE1}，在地表处（$z=0$），A_0^* 和 A_1^* 以及 A_0 和 A_1 分别满足如下的分界面衔接条件：

$$\begin{cases} A_0^* = A_1^* \\ \dfrac{1}{y_0}\dfrac{\partial A_0^*}{\partial z} = \dfrac{1}{y_1}\dfrac{\partial A_1^*}{\partial z} \end{cases} \tag{6.216}$$

$$\begin{cases} A_0 = A_1 \\ \dfrac{\partial A_0}{\partial z} = \dfrac{\partial A_1}{\partial z} \end{cases} \tag{6.217}$$

通过分界面衔接条件，计算出地下的折射系数 r_{TM1} 和 r_{TE1} 为

$$\begin{cases} r_{\mathrm{TE1}} = \dfrac{2u_0}{u_0 + u_1} \\ r_{\mathrm{TM1}} = \dfrac{2u_0}{u_0 + \dfrac{\hat{y}_0}{\hat{y}_1}u_1} \end{cases} \tag{6.218}$$

把所求得的 r_{TM1} 和 r_{TE1} 代入式（6.215），再经过变换得到

$$\begin{aligned} E_x = {} & \frac{I\,\mathrm{d}l}{4\pi}\left(\frac{1}{\rho} - \frac{2x^2}{\rho^3}\right)\int_0^{\infty}\left[(1-r_{\mathrm{TM}})\frac{u_0}{\hat{y}_0} - (1+r_{\mathrm{TE}})\frac{\hat{z}_0}{u_0}\right]J_1(\lambda\rho)\mathrm{d}\lambda \\ & - \frac{I\,\mathrm{d}l}{4\pi}\frac{x^2}{\rho^2}\int_0^{\infty}\left[(1-r_{\mathrm{TM}})\frac{u_0}{\hat{y}_0} - (1+r_{\mathrm{TE}})\frac{\hat{z}_0}{u_0}\right]\lambda J_0(\lambda\rho)\mathrm{d}\lambda \\ & - \frac{\hat{z}_0 I\,\mathrm{d}l}{4\pi}\int_0^{\infty}(1+r_{\mathrm{TE}})\frac{\lambda}{u_0}J_0(\lambda\rho)\,\mathrm{d}\lambda \end{aligned} \tag{6.219}$$

式中，$\hat{z}_0 = \mathrm{j}\mu_0\omega$；$\hat{y}_0 = \mathrm{j}\omega\varepsilon_0$；$\hat{y}_1 = \gamma_1 + \mathrm{j}\omega\varepsilon_1$。经过类似的推导可得

$$E_y = \frac{I\,\mathrm{d}l}{4\pi}\frac{2xy}{\rho^3}\int_0^{\infty}\left[(1-r_{\mathrm{TM}})\frac{u_0}{\hat{y}_0}-(1+r_{\mathrm{TE}})\frac{\hat{z}_0}{u_0}\right]J_1(\lambda\rho)\mathrm{d}\lambda$$
$$-\frac{I\,\mathrm{d}l}{4\pi}\frac{xy}{\rho^2}\int_0^{\infty}\left[(1-r_{\mathrm{TM}})\frac{u_0}{\hat{y}_0}-(1+r_{\mathrm{TE}})\frac{\hat{z}_0}{u_0}\right]\lambda J_0(\lambda\rho)\mathrm{d}\lambda \tag{6.220}$$

$$H_x = -\frac{I\,\mathrm{d}l}{4\pi}\frac{2xy}{\rho^3}\int_0^{\infty}(r_{\mathrm{TM}}+r_{\mathrm{TE}})\mathrm{e}^{u_0 z}J_1(\lambda\rho)\mathrm{d}\lambda-\frac{I\,\mathrm{d}l}{4\pi}\frac{xy}{\rho^2}\int_0^{\infty}(r_{\mathrm{TM}}+r_{\mathrm{TE}})\mathrm{e}^{u_0 z}\lambda J_0(\lambda\rho)\mathrm{d}\lambda \tag{6.221}$$

$$H_y = -\frac{I\,\mathrm{d}l}{4\pi}\left(\frac{1}{\rho}-\frac{2x^2}{\rho^3}\right)\int_0^{\infty}(r_{\mathrm{TM}}+r_{\mathrm{TE}})\mathrm{e}^{u_0 z}J_1(\lambda\rho)\mathrm{d}\lambda$$
$$-\frac{I\,\mathrm{d}l}{4\pi}\frac{x^2}{\rho^2}\int_0^{\infty}(r_{\mathrm{TM}}+r_{\mathrm{TE}})\mathrm{e}^{u_0 z}\lambda J_0(\lambda\rho)\mathrm{d}\lambda-\frac{I\,\mathrm{d}l}{4\pi}\int_0^{\infty}(1-r_{\mathrm{TE}})\mathrm{e}^{u_0 z}\lambda J_0(\lambda\rho)\mathrm{d}\lambda \tag{6.222}$$

$$H_z = \frac{I\mathrm{d}l}{4\pi}\frac{y}{\rho}\int_0^{\infty}(1+r_{\mathrm{TE}})\mathrm{e}^{u_0 z}\frac{\lambda^2}{u_0}J_1(\lambda\rho)\mathrm{d}\lambda \tag{6.223}$$

至此推导出均匀半空间地下水平电偶极子的电场和磁场各个方向的表达式，求得长接地导线的电场和磁场。

6.10 垂直磁偶极子在层状媒质上方的电磁场计算

本节将推导出水平层状大地上高度h处垂直磁偶极子电磁场各个分量的表达式。设大地为n层水平层，如图 6.27 所示，各层电导率和厚度分别为$\gamma_1, d_1, \gamma_2, \cdots, \gamma_n, d_n$，$d_n \to \infty$。设圆柱坐标系原点$O$位于发射线圈（小到可以看成磁偶极子）$T_x$正下方地面上，$z$坐标轴垂直地面向下，发射线圈$T_x$位于地面上空高度$h$处，接收线圈$R_x$位于空中任意一点$(x, y, z)$处。本节中，所有表示复数形式的“·”均已省略。

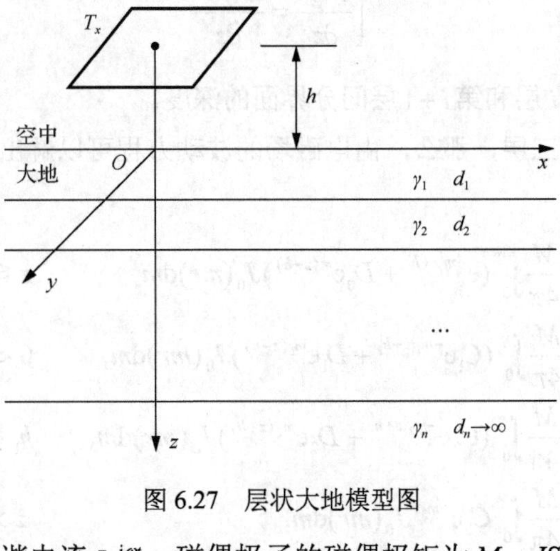

图 6.27 层状大地模型图

假定线圈中通有时谐电流$I\mathrm{e}^{\mathrm{j}\omega t}$，磁偶极子的磁偶极矩为$M = IS$。根据谢昆诺夫势，磁性源激励时，产生的电磁场仅有 TE 极化模式，有电场$\boldsymbol{E}$、磁场$\boldsymbol{H}$和矢量位$\boldsymbol{A}$之间关系为

$$\begin{cases} \boldsymbol{E} = -\nabla \times \boldsymbol{A} \\ \boldsymbol{H} = -\hat{y}\boldsymbol{A} + \dfrac{1}{z}\nabla(\nabla \cdot \boldsymbol{A}) \end{cases} \tag{6.224}$$

因为一次电场只有切向分量$E_\phi^{(0)}$，而该分量又和不同电导率地层的分界面不相交，所以不产生电荷积累。根据这种原因，感应电流都位于$z=-h$这个水平面内，由电磁场的柱对称性，仅有三个不为零的分量为$E=\{0,E_\phi,0\}$和$H=\{H_r,0,H_z\}$。

可推出电磁场各个分量的表达式为

$$\begin{cases} E_r = E_z = 0, \quad E_\phi = -\mathrm{j}\omega\mu \dfrac{\partial A_z}{\partial r} \\ H_r = \dfrac{\partial^2 A_z}{\partial r \partial z}, \quad H_z = k^2 A_z + \dfrac{\partial^2 A_z}{\partial z^2}, \quad H_\phi = 0 \end{cases} \tag{6.225}$$

矢量位在每一层中都应满足矢量方程$\nabla^2 \boldsymbol{A} + k^2 \boldsymbol{A} = 0$，并用上标$i$表示层位，有

$$\nabla^2 \boldsymbol{A}^{(i)} + k_i^2 \boldsymbol{A}^{(i)} = 0 \tag{6.226}$$

式中，$\boldsymbol{A}^{(i)}$为第i层的矢量位，当低频激励时，可忽略位移电流影响，传播常数可简化为$k_i^2 = i\gamma_i\mu\omega$，$\gamma_i$为第$i$层的电导率。

由于任一层中的电场分量只有水平分量，并考虑到$\boldsymbol{E} = -\nabla \times \boldsymbol{A}$，所以仅用$\boldsymbol{A}$的垂直分量求解。根据柱坐标的对称性，矢量位和电磁场各个分量仅是坐标r和z以及地电参数的函数，而与坐标ϕ无关。式（6.225）描述了除磁偶极子所在的平面$z=-h$以外的所有其他点的场。

根据分界面衔接条件，以及电磁场切向分量在每个分界面上的连续性，在每一个分界面$z=h_i$上，可以推导出由矢量位A_Z分量表示的γ条件

$$\begin{cases} A_Z^{(i)} = A_Z^{(i+1)} \\ \dfrac{\partial A_Z^{(i)}}{\partial z} = \dfrac{\partial A_Z^{(i+1)}}{\partial z} \end{cases} \tag{6.227}$$

式中，h_i为从地面到第i层和第$i+1$层间分界面的深度。

假设该层状媒质为三层，那么，由电磁场的波动方程可以解出各层中电磁场的矢量位A_Z分量表达式

$$\begin{cases} A_{0Z} = \dfrac{M}{4\pi}\displaystyle\int_0^\infty (\mathrm{e}^{-m|z+h|} + D_0 \mathrm{e}^{m(z-h)}) J_0(mr)\mathrm{d}m, & z \leqslant 0 \\ A_{1Z} = \dfrac{M}{4\pi}\displaystyle\int_0^\infty (C_1\mathrm{e}^{-m_1|z+h|} + D_1 \mathrm{e}^{m_1(z-h)}) J_0(mr)\mathrm{d}m, & 0 < z \leqslant h_1 \\ A_{2Z} = \dfrac{M}{4\pi}\displaystyle\int_0^\infty (C_2\mathrm{e}^{-m_2|z+h|} + D_2 \mathrm{e}^{m_2(z-h)}) J_0(mr)\mathrm{d}m, & h_1 < z \leqslant h_2 \\ A_{3Z} = \dfrac{M}{4\pi}\displaystyle\int_0^\infty C_3\mathrm{e}^{-m_3 z} J_0(mr)\mathrm{d}m, & z > h_2 \end{cases} \tag{6.228}$$

式中，$m_1 = \sqrt{m^2 - k_1^2}$；$m_2 = \sqrt{m^2 - k_2^2}$；$m_3 = \sqrt{m^2 - k_3^2}$；k_1、k_2、k_3分别为第一层、第二

层、第三层的传播常数。应当指出，因为 z 在任一单层中都保持有界，所以 A_{1Z} 和 A_{2Z} 的表达式中都包含有正负指数；只有当 z 无界时，才能应用指数条件。

由式（6.227）给定的分界面衔接条件就能得到一个代数方程组，以确定未知系数 D_0、C_1、D_1、C_2、D_2、C_3。利用汉克尔积分（含 Bessel 函数的积分）的正交性，得

$$\begin{cases} e^{-mh} + D_0 e^{-mh} = C_1 e^{-m_1 h} + D_1 e^{-m_1 h} \\ -m e^{-mh} + m D_0 e^{-mh} = -m_1 C_1 e^{-m_1 h} + m_1 D_1 e^{-m_1 h} \\ C_1 e^{-m_1(h_1+h)} + D_1 e^{m_1(h_1-h)} = C_2 e^{-m_2(h_1+h)} + D_2 e^{m_2(h_1-h)} \\ -m_1 C_1 e^{-m_1(h_1+h)} + m_1 D_1 e^{m_1(h_1-h)} = -m_2 C_2 e^{-m_2(h_1+h)} + m_2 D_2 e^{m_2(h_1-h)} \\ C_2 e^{-m_2(h_2+h)} + D_2 e^{m_2(h_2-h)} = C_3 e^{-m_3 h_2} \\ -m_2 C_2 e^{-m_2(h_2+h)} + m_2 D_2 e^{m_2(h_2-h)} = -m_3 C_3 e^{-m_3 h_2} \end{cases} \tag{6.229}$$

取式（6.229）中最后两个方程之比

$$\frac{C_2 e^{-m_2 h_2} + D_2 e^{m_2 h_2}}{C_2 e^{-m_2 h_2} - D_2 e^{m_2 h_2}} = \frac{m_2}{m_3} \tag{6.230}$$

由于 $(D_2 / C_2) = e^{\ln(D_2/C_2)}$，所以有

$$\frac{1+(D_2 / C_2)e^{2m_2 h_2}}{1-(D_2 / C_2)e^{2m_2 h_2}} = \frac{1+e^{2[m_2 h_2 + \frac{1}{2}\ln(D_2/C_2)]}}{1-e^{2[m_2 h_2 + \frac{1}{2}\ln(D_2/C_2)]}} = -\coth\left[m_2 h_2 + \frac{1}{2}\ln(D_2 / C_2)\right] = \frac{m_2}{m_3} \tag{6.231}$$

于是

$$m_2 h_2 + \frac{1}{2}\ln(D_2 / C_2) = -\coth^{-1}(m_2 / m_3) \tag{6.232}$$

这里 $\coth(x) = \dfrac{e^x + e^{-x}}{e^x - e^{-x}} = \dfrac{1+e^{-2x}}{1-e^{-2x}}$ 是双曲余切函数。

利用式（6.229）在 $z = h_1$ 界面上的衔接条件，有

$$\frac{C_1 e^{-m_1 h_1} + D_1 e^{m_1 h_1}}{C_1 e^{-m_1 h_1} - D_1 e^{m_1 h_1}} = \frac{m_1}{m_2}\frac{C_2 e^{-m_2 h_1} + D_2 e^{m_2 h_1}}{C_2 e^{-m_2 h_1} - D_2 e^{m_2 h_1}} \tag{6.233}$$

$$\coth\left[m_1 h_1 + \frac{1}{2}\ln(D_1 / C_1)\right] = (m_1 / m_2)\coth\left[m_2 h_1 + \frac{1}{2}\ln(D_2 / C_2)\right] \tag{6.234}$$

由式（6.232）移项变换得

$$\frac{1}{2}\ln(D_2 / C_2) = -m_2 h_2 - \coth^{-1}(m_2 / m_3) \tag{6.235}$$

把上式代入式（6.234），有

$$\coth\left[m_1 h_1 + \frac{1}{2}\ln(D_1 / C_1)\right] = (m_1 / m_2)\coth\left[m_2 h_1 - m_2 h_2 - \coth^{-1}(m_2 / m_3)\right] \tag{6.236}$$

$$\coth\left[m_1 d_1 + \frac{1}{2}\ln(D_1 / C_1)\right] = -(m_1 / m_2)\coth\left[m_2 d_2 + \coth^{-1}(m_2 / m_3)\right] \tag{6.237}$$

式中，$d_1 = h_1$、$d_2 = h_2 - h_1$ 代表了各层的厚度。

最后，由式（6.229）中的前两个方程式，得

$$\frac{1+D_0}{1-D_0}=-\frac{m}{m_1}\coth\left[\frac{1}{2}\ln\left(D_1/C_1\right)\right] \tag{6.238}$$

将式（6.237）整理代入式（6.238）得

$$\frac{1+D_0}{1-D_0}=-\frac{m}{m_1}\coth\left\{-m_1d_1-\coth^{-1}\left[\frac{m_1}{m_2}\coth\left(m_2d_2+\coth^{-1}\frac{m_2}{m_3}\right)\right]\right\} \tag{6.239}$$

式中，

$$R_3^*=\frac{m_1}{m}\frac{1+D_0}{1-D_0}=\coth\left\{m_1d_1+\coth^{-1}\left[\frac{m_1}{m_2}\coth\left(m_2d_2+\coth^{-1}\frac{m_2}{m_3}\right)\right]\right\} \tag{6.240}$$

这样，将式（6.240）代入式（6.228），则得在三层水平媒质组成的地层情况下，地面上空 $z=-h\left(z\leqslant 0\right)$ 处的矢量位表达式为

$$A_z=\frac{M}{4\,\pi}\int_0^{\infty}\left(\mathrm{e}^{-m|z+h|}+\frac{m_3^*-m_1}{mR_3^*+m_1}\mathrm{e}^{m(z-h)}\right)J_0\left(mr\right)\mathrm{d}m \tag{6.241}$$

当媒质为两层，$m_2=m_3$，$d_2\to\infty$ 时，可导出

$$R_2^*=\coth\left[m_1d_1+\coth^{-1}(m_1/m_2)\right] \tag{6.242}$$

当媒质为一层（如 $m_1=m_2=m_3$，$d_1\to\infty$）时，由于 $\coth(\infty)=1$，$\coth^{-1}(1)=\infty$，可导出

$$R_1^*=1 \tag{6.243}$$

对于三层模型，我们可以化为递推的形式

$$R_3^*=\coth\left[m_1d_1+\coth^{-1}(m_1/m_2)R_2^*(k_2,k_3,m)\right] \tag{6.244}$$

式中，

$$R_2^*(k_2,k_3,m)=\coth\left[m_2d_2+\coth^{-1}(m_2/m_3)\right] \tag{6.245}$$

根据数学归纳法，n 层媒质的表达式可写为

$$R_n^*=\coth\left\{m_1d_1+\coth^{-1}\left[(m_1/m_2)\cdot R_{n-1}^*\right]\right\} \tag{6.246}$$

式中，

$$\begin{cases}R_{n-1}^*=\coth\left\{m_2d_2+\coth^{-1}\left[(m_2/m_3)\cdot R_{n-2}^*\right]\right\}\\R_{n-2}^*=\coth\left\{m_3d_3+\coth^{-1}\left[(m_3/m_4)\cdot R_{n-3}^*\right]\right\}\\R_{n-3}^*=\coth\left\{m_4d_4+\coth^{-1}\left[(m_4/m_5)\cdot R_{n-4}^*\right]\right\}\end{cases} \tag{6.247}$$

依此类推。

这样，n 层媒质表面上方 $z=-h$ 矢量位表达式可写为

$$A_z=\frac{M}{4\pi}\int_0^{\infty}\left(\mathrm{e}^{-m(z+h)}+\frac{mR_n^*-m_1}{mR_n^*+m_1}\mathrm{e}^{m(z-h)}\right)J_0\left(mr\right)\mathrm{d}m \tag{6.248}$$

由式（6.225）和式（6.248）所得结果可知磁偶极子电流和水平层状媒质中感应电流在

地球表面上方（$z=-h$）产生的电场和磁场表达式。

电场切向分量（电场只有切向分量）为

$$E_\phi=\frac{i\omega M}{4\pi}\int_0^\infty m\left[\mathrm{e}^{-m(z+h)}+\frac{mR_n^*-m_1}{mR_n^*+m_1}\mathrm{e}^{m(z-h)}\right]J_1(mr)\mathrm{d}m \tag{6.249}$$

磁场径向分量为

$$H_r=\frac{M}{4\pi}\int_0^\infty m^2\left[\mathrm{e}^{-m(z+h)}-\frac{mR_n^*-m_1}{mR_n^*+m_1}\mathrm{e}^{m(z-h)}\right]J_0(mr)\mathrm{d}m \tag{6.250}$$

磁场垂直分量为

$$H_z=\frac{M}{4\pi}\int_0^\infty m^2\left[\mathrm{e}^{-m(z+h)}+\frac{mR_n^*-m_1}{mR_n^*+m_1}\mathrm{e}^{m(z-h)}\right]J_0(mr)\mathrm{d}m \tag{6.251}$$

至此，推导得到了水平层状大地上方垂直磁偶极子的电磁响应。

6.11 水平电偶极子的时变电磁场数值仿真案例

1. 仿真内容

在掌握电磁场基本原理基础上，画出垂直长接地导线源附近水平电场和垂直磁场平面等值线图。其中接地导线长500m，发射电流为10A，敷设于电阻率为30Ω·m的均匀半空间表面。

注： 电磁场表达式（6.219）和式（6.223）的内层积分中含有Bessel函数（J_0、J_1），不易直接求解，因此本节采用汉克尔变换的方法求解贝塞尔函数，对于一般形式的贝塞尔函数积分表达为

$$f(r)=\int_0^\infty K(m)J_i(rm)\mathrm{d}m \tag{6.252}$$

式中，J_i 是第 i 类贝塞尔函数。

以上积分形式可由数字滤波方法求出，具体公式如下：

$$f(r)=\frac{\sum_{i=1}^{n}K(m_i)W_i}{r} \tag{6.253}$$

式中，W_i 为滤波系数；$m_i=(1/r)\times10^{[a+(i-1)s]}$，$a$ 为位移，决定抽样起始点，s 为抽样间隔。

对频率域向时间域的转换，采用Guptasarma提出的线性滤波算法将频率域含有复频变量分数次幂的电压响应，转化为时间域阶跃电压响应。在时间域电磁探测中，阶跃激励下频率域电磁响应和时间域响应之间的转换公式为

$$H(t)=H_0-\frac{2}{\pi}\int_0^{+\infty}\mathrm{Re}[H(\omega)]\frac{\sin\omega t}{\omega}\mathrm{d}\omega \tag{6.254}$$

式中，$H(\omega)$ 为频率域电磁响应；$H(t)$ 为对应的时间域电磁响应；H_0 为零频电磁响应。应用 Guptasarma 滤波算法进行线性滤波计算，可以得出

$$H(t)=H_0-\sum_{i=1}^{21}G_i\,\mathrm{Re}[H(\omega_i)] \tag{6.255}$$

式中，$\omega_i=10^{a_i-\log_{10}t}$。

Guptasarma 滤波系数如表 6.1 所示。

表 6.1 Guptasarma 滤波系数

i	a_i	G_i	i	a_i	G_i	i	a_i	G_i
1	−3.827	3.49E-04	8	−2.00032	3.85E-03	15	−0.174	0.2345
2	−3.566	3.50E-04	9	−1.7396	6.81E-03	16	0.0874	0.3662
3	−3.30512	7.73E-05	10	−1.4784	1.30E-02	17	0.34832	0.366179
4	−3.04416	−1.71E-04	11	−1.2174	2.27E-02	18	0.6098	−0.2357
5	−2.7832	1.02E-03	12	−0.956	4.30E-02	19	0.87024	0.04699
6	−2.52224	8.98E-04	13	−0.6955	7.54E-02	20	1.1312	−0.0059
7	−2.26128	2.21E-03	14	−0.4346	0.13935	21	1.3922	5.70E-04

利用线性滤波算法进行层状大地模型电磁响应数值模拟，其流程如图 6.28 所示。

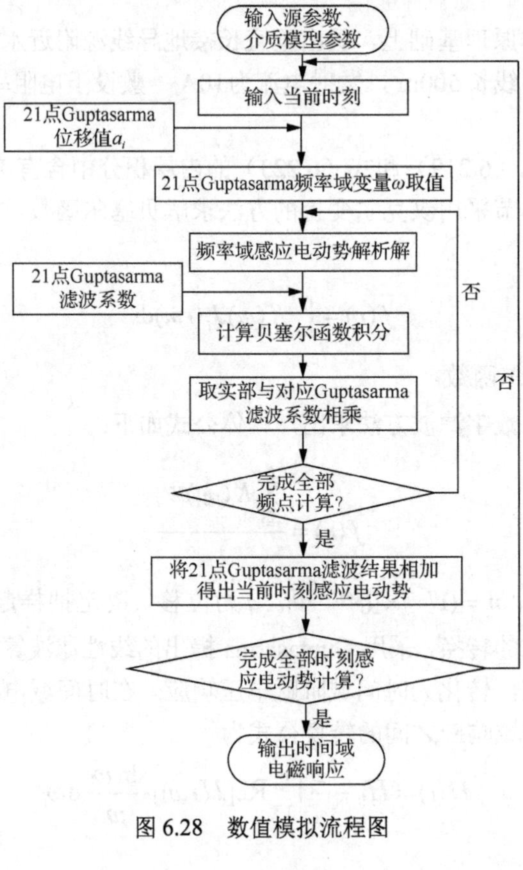

图 6.28 数值模拟流程图

2. 仿真程序

```
clc
clear all
load J1K241.dat   %加载241点求解贝塞尔函数积分的系数
load YBASE241.dat
load J0K241.dat
muu=4*pi*1e-7;%真空磁导率
fr=[0.000349998 -0.000418371 0.000772828 -0.000171356 0.001022172
0.000897638 0.002208974 0.003844944 0.00680904 0.013029162 0.022661391
0.042972904 0.075423603 0.139346367 0.234486236 0.366178323 0.284615486
-0.235691746 0.046994188 -0.005901946 0.000570165];
ar=[-3.82704 -3.56608 -3.30512 -3.04416 -2.7832 -2.52224 -2.26128
-2.00032 -1.73936 -1.4784 -1.21744 -0.95648 -0.69552 -0.43456 -0.1736 0.08736
0.34832 0.60928 0.87024 1.1312 1.39216];
%Guptasarma滤波系数
ds=500;  % 导线长;
bianchang_1=ds/2;%半导线长
I1=10;%发射电流
jie_z=1;
jie_x=[-2500:20:2520];
jie_y=[[-2700:20:-200],[200:20:2700]];
dert=1/30;%设置电导率
time=0.3;%设置时间
aa=-bianchang_1;bb=bianchang_1;
ta=(bb-aa)./2;tb=(aa+bb)./2;
xx=[ta.*0.9491079123+tb,-ta.*0.9491079123+tb,ta.*0.7415311856+tb,-ta.
*0.7415311856+tb,ta.*0.4058451514+tb,-ta.*0.4058451514+tb,tb];%Gauss积分节点
A=[0.1294849662,0.1294849662,0.2797053915,0.2797053915,0.3818300505,
0.3818300505,0.4179591837];%Gauss积分系数
%水平电场等值线
for m=1:length(jie_x)
    for n=1:length(jie_y)
r=sqrt((jie_x(m)-xx).^2+(jie_y(n)).^2);%r不能为0
ff0=0;ff1=0;ff2=0;
    for j=1:7
    q=power(10,ar)'; qq=1./time;
    w=q*qq; w1=w;
     kpj=(YBASE241./r(j));
     kpj=repmat(kpj',length(w),1);
        bb1=sqrt(1i*w*muu*dert); %波数
        bb1=reshape(bb1,[],1);
        bb1=repmat(bb1,1,241);
        dd1=sqrt(kpj.^2+bb1.^2);
        uu1=dd1;
```

```
        f0=-1i*w1.*muu.*(1+(kpj-uu1)./(kpj+uu1));
        f1=-1i*w1.*muu.*(1+(kpj-uu1)./(kpj+uu1))./kpj;
        f2=1+(kpj-uu1)./(kpj+uu1);
       sum0=0;
        [m0,n0]=size(f0);
        for k=1:m0
            sum0(k)=f0(k,1:241)*J0K241';
        end
        g0=sum0./r(j).^2;
        gg0_1=g0.*A(j);
        ff0=ff0+gg0_1;
        sum1=0;
        [m1,n1]=size(f1);
        for k=1:m1
            sum1(k)=f1(k,1:241)*J1K241';
        end
        g1=sum1./r(j).^2;
        gg1_1=g1.*A(j);
        ff1=ff1+gg1_1;
        sum2=0;
        [m2,n2]=size(f2);
        for k=1:m2
            sum2(k)=f2(k,1:241)*J0K241';
    end
        g2=sum2./r(j).^2;
        gg2_1=g2.*A(j);
        ff2=ff2+gg2_1;
    end
        snn20_1=ta.*ff0;%频时变换
        snn21_1=ta.*ff1;
        snn22_1=ta.*ff2;
        AA0=(jie_y(n)).*snn20_1;
        AA1=(jie_y(n)).*snn21_1;
        AA2=(jie_y(n)).*snn22_1;
       Ex=double(I1.*ds.*(1/r(j)-2.*jie_x(m).^2./r(j)^3).*(AA1)./
(4*pi)-1i.*w1.*muu.*I1.*ds.*(AA2)./(4*pi)-I1.*ds.*jie_x(m).^2.*(AA0)./
((4*pi)*r(j)^2)); %代入Ex公式
        Exx=[Ex(1,:)];
        ffff=reshape(Exx,21,1);
        dddd(:,n)=real(ffff(:,1)')*fr';
    end
    Vx(m,:)=-dddd;
end
%垂直磁场等值线:
for m=1:length(jie_x)
```

```
    for n=1:length(jie_y)
r=sqrt((jie_x(m)-xx).^2+(jie_y(n)).^2);
ff1=0;
    for j=1:7
    kpj=(YBASE241./r(j));
    kpj=repmat(kpj',length(w),1);
        f1=kpj.*exp(kpj.*jie_z).*(1+(kpj-uu1)./(kpj+uu1));
        sum1=0;
        [m1,n1]=size(f1);
        for k=1:m1
            sum1(k)=f1(k,1:241)*J1K241';
        end
        g1=sum1./r(j).^2;
        gg1_1=g1.*A(j);
        ff1=ff1+gg1_1;
    end
        snn21_1=ta.*ff1;%频时变换
        AA1=(jie_y(n)).*snn21_1;
        Hz=double(I1.*ds.*jie_y(n).*(AA1)./(4*pi*r(j)));%代入 Hz 公式
        ffff=reshape(Hz,21,1);
    dddd(:,n)=real(ffff(:,1)')*fr';
    end
    Vz(m,:)=-dddd;
end
[X1,Y1]=meshgrid(jie_x(1:126),jie_y);
[X2,Y2]=meshgrid(jie_x(127:252),jie_y);
figure(1)%绘制电场 x 分量(Ex)等值线图
contour(X1,Y1,Vx(:,1:126),20,'b--')%用虚线表示负值
hold on
contour(X2,Y2,Vx(:,127:252),20,'b')%用实线表示正值
title(['t=',num2str(time),'s 时 Ex 等值线图'])
xlabel('x(m)')
ylabel('y(m)')
figure(2)%绘制磁场 z 分量(Hz)等值线图
contour(X1,Y1,Vz(:,1:126),20,'b--')%用虚线表示负值
hold on
contour(X2,Y2,Vz(:,127:252),20,'b')%用实线表示正值
xlim([-1000,1000])
ylim([-1000,1000])
xlabel('x(m)')
ylabel('y(m)')
title(['t=',num2str(time),'s 时 Hz 等值线图'])
```

3. 仿真结果及分析

供电电流关断后，不同时刻水平电场等值线图如图 6.29 所示，不同时刻垂直磁场等值线图如图 6.30 所示。

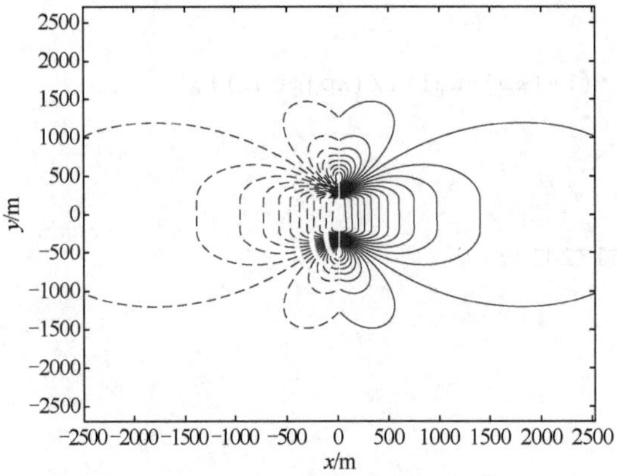

（a）t=0.001s时E_x等值线图

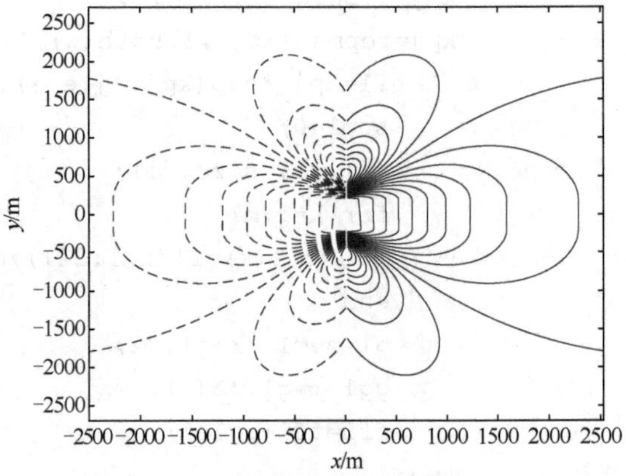

（b）t=0.003s时E_x等值线图

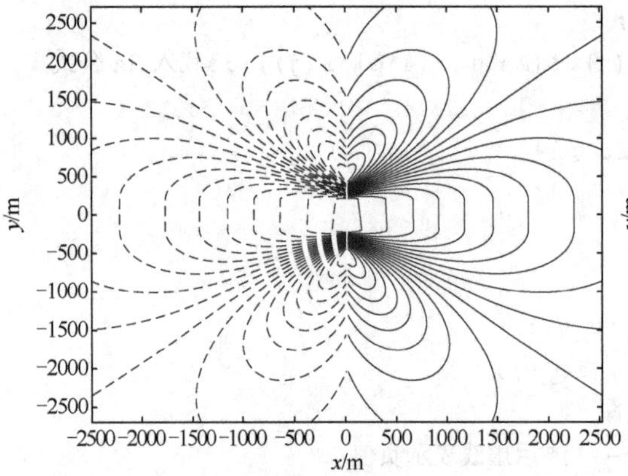

（c）t=0.01s时E_x等值线图

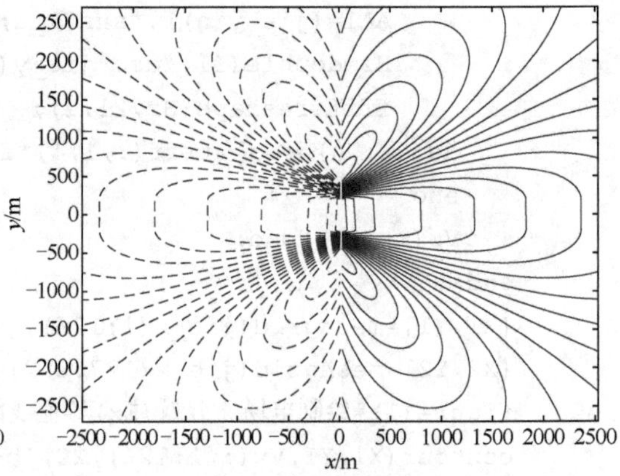

（d）t=0.03s时E_x等值线图

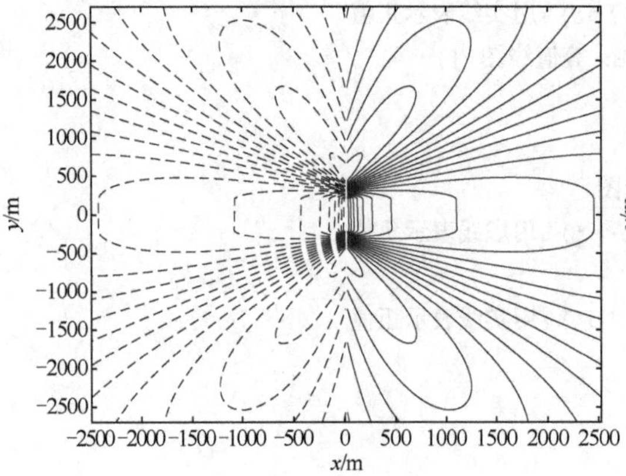

（e）t=0.1s时E_x等值线图

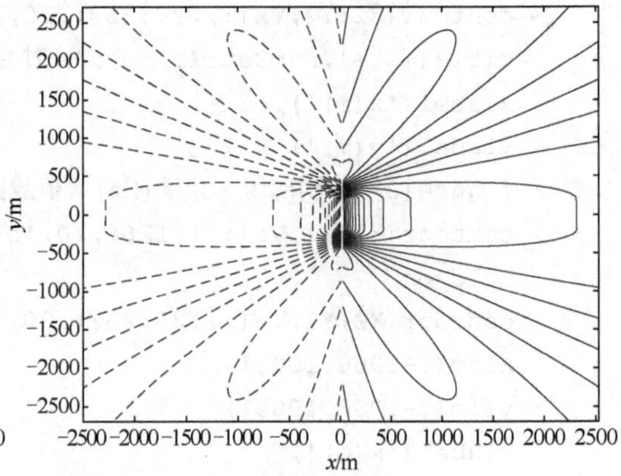

（f）t=0.3s时E_x等值线图

图 6.29 供电电流关断后不同时刻水平电场等值线图

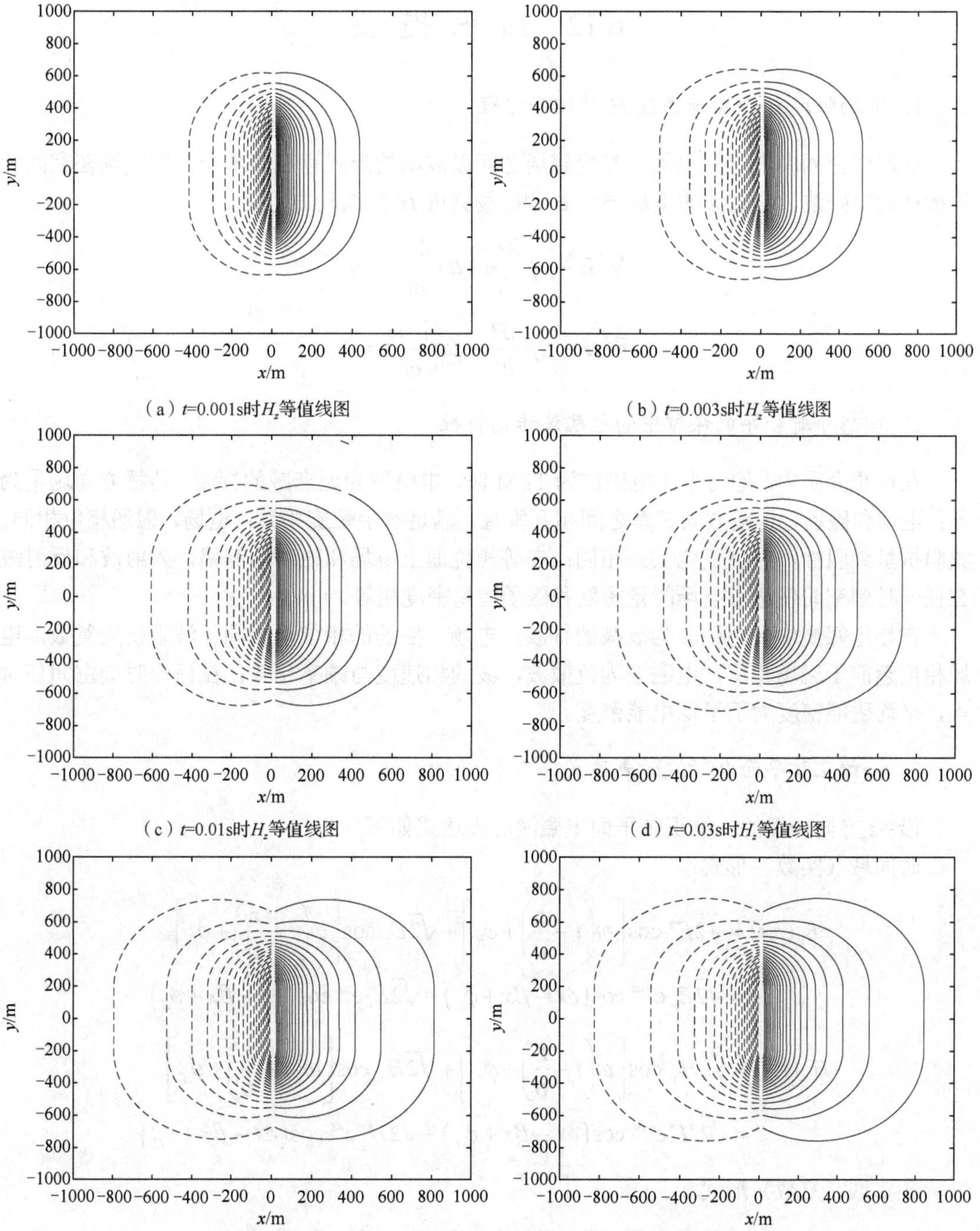

（a）t=0.001s时H_z等值线图　（b）t=0.003s时H_z等值线图

（c）t=0.01s时H_z等值线图　（d）t=0.03s时H_z等值线图

（e）t=0.1s时H_z等值线图　（f）t=0.3s时H_z等值线图

图 6.30　供电电流关断后不同时刻垂直磁场等值线图

6.12 知 识 提 要

1. 电场强度 *E* 和磁场强度 *H* 的波动方程

在媒质空间中，时变电场和时变磁场之间以波动的形式存在着耦合，电磁场在空间的传播称为电磁波。电磁波的电场强度 $\boldsymbol{E}$ 和磁场强度 $\boldsymbol{H}$ 的波动方程为

$$\nabla^2 \boldsymbol{E} - \mu\gamma \frac{\partial \boldsymbol{E}}{\partial t} - \mu\varepsilon \frac{\partial^2 \boldsymbol{E}}{\partial t^2} = 0$$

$$\nabla^2 \boldsymbol{H} - \mu\gamma \frac{\partial \boldsymbol{H}}{\partial t} - \mu\varepsilon \frac{\partial^2 \boldsymbol{H}}{\partial t^2} = 0$$

2. 理想介质和导电媒质中的电磁波传播特性

在理想介质中，均匀平面电磁波为 TEM 波，电磁波为无衰减的行波，传播方向场量为零；电场和磁场、传播方向三者之间相互垂直，满足右手螺旋关系；电场、磁场相位相同，波阻抗呈纯阻性，时空变化关系相同；在等相位面上电场和磁场均等幅，入射波和反射波在任一时刻空间任意点电场能量密度和磁场能量密度相等。

在导电媒质中，电磁波为衰减的行波，电场、磁场的相位不相同，波阻抗为复数，电场相位超前于磁场相位，电磁波为色散波，波的相速度与频率相关；在任一时刻空间任意点，平均磁能密度大于平均电能密度。

3. 一维正弦平面电磁波的表达式

沿 $+z$ 方向传播的一维正弦平面电磁波的表达式如下。

时间域（实数）形式：

$$\begin{aligned} E_x(z,t) &= \sqrt{2}E_x^+ \cos\left[\omega\left(t - \frac{z}{v}\right) + \phi_E\right] + \sqrt{2}E_x^- \cos\left[\omega\left(t + \frac{z}{v}\right) + \phi_E\right] \\ &= \sqrt{2}E_x^+ \mathrm{e}^{-\alpha x}\cos(\omega t - \beta x + \phi_E) + \sqrt{2}E_x^- \mathrm{e}^{\alpha x}\cos(\omega t - \beta x + \phi_E) \end{aligned}$$

$$\begin{aligned} H_y(z,t) &= \sqrt{2}H_y^+ \cos\left[\omega\left(t - \frac{z}{v}\right) + \phi_H\right] + \sqrt{2}H_y^- \cos\left[\omega\left(t + \frac{z}{v}\right) + \phi_H\right] \\ &= \sqrt{2}H_y^+ \mathrm{e}^{-\alpha x}\cos(\omega t - \beta x + \phi_H) + \sqrt{2}H_y^- \mathrm{e}^{\alpha x}\cos(\omega t - \beta x + \phi_H) \end{aligned}$$

频率域（复数）形式：

$$\dot{E}_x(z) = \dot{E}_x^+ \mathrm{e}^{-\mathrm{j}kz} + \dot{E}_x^- \mathrm{e}^{\mathrm{j}kz} = \dot{E}_x^+ \mathrm{e}^{-\alpha x}\mathrm{e}^{-\mathrm{j}\beta z} + \dot{E}_x^- \mathrm{e}^{\alpha x}\mathrm{e}^{\mathrm{j}\beta z}$$

$$\dot{H}_y(z) = \dot{H}_y^+ \mathrm{e}^{-\mathrm{j}kz} + \dot{H}_y^- \mathrm{e}^{\mathrm{j}kz} = \dot{H}_y^+ \mathrm{e}^{-\alpha x}\mathrm{e}^{-\mathrm{j}\beta z} + \dot{H}_y^- \mathrm{e}^{\alpha x}\mathrm{e}^{\mathrm{j}\beta z}$$

4. 理想介质、良导体、导电媒质中的均匀平面电磁波传播参数的比较

均匀平面波在不同媒质中的传播参数如表 6.2 所示。

表 6.2 均匀平面波在不同媒质中的传播参数

序号	参数	理想介质	导电媒质	良导体媒质 $\left(\dfrac{\gamma}{\omega\varepsilon}\geqslant 1\right)$
1	传播常数 k	$\omega\sqrt{\mu\varepsilon}$	$\mathrm{j}\omega\sqrt{\mu\varepsilon\left(1+\dfrac{\gamma}{\mathrm{j}\omega\varepsilon}\right)}$	$\sqrt{\dfrac{\omega\mu\gamma}{2}}(1+\mathrm{j})$
2	相位常数 β	$\omega\sqrt{\mu\varepsilon}$	$\omega\sqrt{\dfrac{\mu\varepsilon}{2}\left(\sqrt{1+\dfrac{\gamma^2}{\omega^2\varepsilon^2}}+1\right)}$	$\sqrt{\dfrac{\omega\mu\gamma}{2}}$
3	衰减常数 α	0	$\omega\sqrt{\dfrac{\mu\varepsilon}{2}\left(\sqrt{1+\dfrac{\gamma^2}{\omega^2\varepsilon^2}}-1\right)}$	$\sqrt{\dfrac{\omega\mu\gamma}{2}}$
4	相速度 υ	$1/\sqrt{\mu\varepsilon}$	$\left[\sqrt{\dfrac{\mu\varepsilon}{2}\left(\sqrt{1+\dfrac{\gamma^2}{\omega^2\varepsilon^2}}+1\right)}\right]^{-1}$	$\sqrt{\dfrac{2\omega}{\mu\gamma}}$
5	波长 λ	$T/\sqrt{\mu\varepsilon}$	$\left[f\sqrt{\dfrac{\mu\varepsilon}{2}\left(\sqrt{1+\dfrac{\gamma^2}{\omega^2\varepsilon^2}}+1\right)}\right]^{-1}$	$2\pi\sqrt{\dfrac{2}{\omega\mu\gamma}}$
6	波阻抗 Z	$\sqrt{\dfrac{\mu}{\varepsilon}}$	$\sqrt{\dfrac{\mu}{\varepsilon\left(1+\dfrac{\gamma}{\mathrm{j}\omega\varepsilon}\right)}}$	$\sqrt{\dfrac{\omega\mu}{\gamma}}\angle 45^\circ$

5. 理想介质、良导体、导电媒质中坡印亭矢量的实数和复数形式

坡印亭矢量在不同媒质中的形式如表 6.3 所示。

表 6.3 坡印亭矢量在不同媒质中的形式

序号	媒质	电场和磁场	坡印亭矢量
1	理想介质	实数表达式为 $E_x(z,t)=E_\mathrm{m}\cos(\omega t-\beta z+\phi_E)$ $H_y(z,t)=H_\mathrm{m}\cos(\omega t-\beta z+\phi_H)$	实数形式坡印亭矢量为 $\boldsymbol{S}(t)=E_x(z,t)\times H_y(z,t)=\dfrac{E_\mathrm{m}^2}{2\lvert Z\rvert}[\cos(\phi_E-\phi_H)+\cos(2\omega t-2\beta z+\phi_E+\phi_H)]$
		复数表达式为 $\dot{E}_x=\dfrac{1}{\sqrt{2}}E_\mathrm{m}\mathrm{e}^{-\mathrm{j}\beta z}\mathrm{e}^{\mathrm{j}\phi_E}=E_0\mathrm{e}^{-\mathrm{j}\beta z}$ $\dot{H}_y=\dfrac{1}{\sqrt{2}}H_\mathrm{m}\mathrm{e}^{-\mathrm{j}\beta z}\mathrm{e}^{\mathrm{j}\phi_H}=H_0\mathrm{e}^{-\mathrm{j}\beta z}$ 复振幅 $E_0=\dfrac{1}{\sqrt{2}}E_\mathrm{m}\mathrm{e}^{\mathrm{j}\phi_E}$，$H_0=\dfrac{1}{\sqrt{2}}H_\mathrm{m}\mathrm{e}^{\mathrm{j}\phi_H}$	复数形式坡印亭矢量为 $\tilde{\boldsymbol{S}}=\dot{\boldsymbol{E}}\times\dot{\boldsymbol{H}}^*=\dfrac{{E_\mathrm{m}}^2}{2\lvert Z\rvert}\mathrm{e}^{\mathrm{j}(\phi_E-\phi_H)}$ 平均坡印亭矢量为 $\boldsymbol{S}_\mathrm{av}=\dfrac{1}{2}\mathrm{Re}[\dot{\boldsymbol{E}}_\mathrm{m}\times\dot{\boldsymbol{H}}_\mathrm{m}^*]=\mathrm{Re}[\dot{\boldsymbol{E}}\times\dot{\boldsymbol{H}}^*]=\dfrac{E_\mathrm{m}^2}{2\lvert Z\rvert}$ 场量最大值复数形式为 $\dot{\boldsymbol{E}}_\mathrm{m}=E_\mathrm{m}\mathrm{e}^{\mathrm{j}\phi_E}$，$\dot{\boldsymbol{H}}_\mathrm{m}=H_\mathrm{m}\mathrm{e}^{\mathrm{j}\phi_H}$ 场量有效值复数形式为 $\dot{\boldsymbol{E}}=E\mathrm{e}^{\mathrm{j}\phi_E}$，$\dot{\boldsymbol{H}}=H\mathrm{e}^{\mathrm{j}\phi_H}$，$\dot{\boldsymbol{H}}^*$ 为磁场共轭形式

续表

序号	媒质	电场和磁场	坡印亭矢量
2	导电媒质	实数表达式为 $E_x(z,t)=E_m e^{-\alpha z}\cos(\omega t-\beta z+\phi_E)$ $H_y(z,t)=\dfrac{E_m}{\lvert Z_c\rvert}e^{-\alpha z}\cos(\omega t-\beta z+\phi_H-\theta)$	实数形式坡印亭矢量为 $\boldsymbol{S}(z,t)=\dfrac{E_m^2}{2\lvert Z_c\rvert}e^{-2\alpha z}\left[\cos\theta+\cos\left(2\omega t-2\beta z+2\phi_0-\theta\right)\right]$
		复数表达式为 $\dot{E}_x=E_0 e^{-\alpha z}e^{-j\beta z}$ $\dot{H}_y=\dfrac{E_0}{Z_c}e^{-\alpha z}e^{-j\beta z}=\dfrac{E_0}{\lvert Z_c\rvert}e^{-\alpha z}e^{-j\beta z}e^{-j\theta}$ $=\dfrac{E_m}{\lvert Z_c\rvert}e^{-\alpha z}e^{-j\beta z+j\phi_H-j\theta}$ $\theta=\arctan\dfrac{\gamma}{\omega\varepsilon}$	复数形式坡印亭矢量为 $\tilde{\boldsymbol{S}}=\dot{\boldsymbol{E}}\times\dot{\boldsymbol{H}}^*=\dfrac{E_m^2}{2\lvert Z_c\rvert}e^{-2\alpha z}e^{j\theta}$ 相位 $\theta=\arctan\dfrac{\gamma}{\omega\varepsilon}$ ， $\phi_E=\phi_H=\phi_0$ 为初相位 平均坡印亭矢量为 $\boldsymbol{S}_{av}=\mathrm{Re}\left[\dot{\boldsymbol{E}}\times\dot{\boldsymbol{H}}^*\right]=\dfrac{E_m^2}{2\lvert Z_c\rvert}e^{-2\alpha z}\cos\theta$
3	良导体媒质	实数表达式为 $E_x(z,t)=E_m e^{-\alpha z}\cos(\omega t-\alpha z+\phi_E)$ $H_y(z,t)=\dfrac{E_m}{\lvert Z_c\rvert}e^{-\alpha z}\cos(\omega t-\alpha z+\phi_H-\dfrac{\pi}{4})$ $\beta\approx\alpha$	实数形式坡印亭矢量为 $\boldsymbol{S}(t)=\boldsymbol{E}(t)\times\boldsymbol{H}(t)$ $=\dfrac{E_m{}^2}{\lvert Z_c\rvert}e^{-2\alpha z}\left[\cos\left(\dfrac{\pi}{4}\right)+\cos\left(2\omega t-2\alpha z-\dfrac{\pi}{4}+2\phi_0\right)\right]$
		复数表达式为 $E_x=E_0 e^{-\alpha z}e^{-j\alpha z}$ $H_y=\dfrac{E_x}{Z_c}=H_0 e^{-\alpha z}e^{-j\alpha z}$ 复振幅 $E_0=\dfrac{1}{\sqrt{2}}E_m e^{j\phi_E}$ ，$H_0=\dfrac{1}{\sqrt{2}}H_m e^{j\phi_H}$	复数形式坡印亭矢量为 $\tilde{\boldsymbol{S}}=\dot{\boldsymbol{E}}\times\dot{\boldsymbol{H}}^*=\dfrac{E_m{}^2}{2\lvert Z_c\rvert}e^{-2\alpha z}e^{j\frac{\pi}{4}}$ 平均坡印亭矢量为 $\boldsymbol{S}_{av}=\mathrm{Re}\left[\dot{\boldsymbol{E}}\times\dot{\boldsymbol{H}}^*\right]=\dfrac{\sqrt{2}}{2}\dfrac{E_m{}^2}{2\lvert Z_c\rvert}e^{-2\alpha z}$ 场量的最大值复数形式为 $\dot{\boldsymbol{E}}_m=E_m e^{j\phi_E}$ ， $\dot{\boldsymbol{H}}_m=H_m e^{j\phi_H}$ 有效值复数形式为 $\dot{\boldsymbol{E}}=Ee^{j\phi_E}$ ， $\dot{\boldsymbol{H}}=He^{j\phi_H}$ ， $\dot{\boldsymbol{H}}^*$ 为磁场共轭形式

6. 平面电磁波的极化

合成电磁波是由具有相同传播方向的平面电磁波组成，采用电磁波的极化或偏振来描述。按电场强度矢量 $\boldsymbol{E}$ 的端点随时间变化在空间的轨迹的不同，平面电磁波分为直线极化波、圆极化波和椭圆极化波。圆及椭圆极化波又分为左旋极化波和右旋极化波。

7. 均匀平面电磁波的反射和折射系数

均匀平面电磁波传播到不同媒质分界面处，发生了反射和折射现象，但仍然遵守分界面上的电场和磁场衔接条件，只是需要将电磁波分解为垂直极化波和平行极化波来分别研究。电磁波在两种不同媒质分界面处满足反射和折射定律。

反射定律为：入射角 θ_i = 反射角 θ_r 。

折射定律为：$\dfrac{\sin\theta_i}{\sin\theta_t}=\dfrac{\upsilon_1}{\upsilon_2}$ 。

在电磁波正入射情况下，反射系数和折射系数分别为

$$\Gamma=\frac{Z_2-Z_1}{Z_2+Z_1},\quad T=\frac{2Z_2}{Z_2+Z_1}$$

无反射时

$$\Gamma=0$$

全反射时

$$|\Gamma|=1$$

在电磁波斜入射情况下，电场垂直极化波的反射系数和折射系数分别为

$$\Gamma_{\perp}=\frac{E_{\perp\mathrm{r}}}{E_{\perp\mathrm{i}}}=\frac{Z_2\cos\theta_\mathrm{i}-Z_1\cos\theta_\mathrm{t}}{Z_2\cos\theta_\mathrm{i}+Z_1\cos\theta_\mathrm{t}},\quad T_{\perp}=\frac{E_{\perp\mathrm{t}}}{E_{\perp\mathrm{i}}}=\frac{2Z_2\cos\theta_\mathrm{i}}{Z_2\cos\theta_\mathrm{i}+Z_1\cos\theta_\mathrm{t}}$$

在电磁波斜入射情况下，电场平行极化波的反射系数和折射系数分别为

$$\Gamma_{//}=\frac{E_{//\mathrm{r}}}{E_{//\mathrm{i}}}=\frac{Z_2\cos\theta_\mathrm{t}-Z_1\cos\theta_\mathrm{i}}{Z_1\cos\theta_\mathrm{i}+Z_2\cos\theta_\mathrm{t}},\quad T_{//}=\frac{E_{//\mathrm{t}}}{E_{//\mathrm{i}}}=\frac{2Z_2\cos\theta_\mathrm{i}}{Z_1\cos\theta_\mathrm{i}+Z_2\cos\theta_\mathrm{t}}$$

习　题

6-1　已知无源的空气中的磁场强度为

$$\boldsymbol{H}=0.1\sin(10\pi x)\cos\left(6\pi\times10^9 t-kz\right)\boldsymbol{e}_y\ （\mathrm{A/m}）$$

利用波动方程求传播常数 k 的值。

6-2　理想媒质中的均匀平面波的电场和磁场分别为

$$\boldsymbol{E}=10\cos\left(6\pi\times10^7 t-0.8\pi z\right)\boldsymbol{e}_x\ （\mathrm{V/m}）$$

$$\boldsymbol{H}=\frac{1}{6\pi}\cos\left(6\pi\times10^7 t-0.8\pi z\right)\boldsymbol{e}_y\ （\mathrm{A/m}）$$

试求该媒质的相对磁导率 μ_r 和相对介电常数 ε_r。

6-3　理想介质中有一均匀平面波沿 x 方向传播，媒质参数为 $\mu=\mu_0$、$\varepsilon=\varepsilon_\mathrm{r}\varepsilon_0$、$\gamma=0$，已知其电场瞬时值表达式为

$$\boldsymbol{E}(x,t)=377\cos\left(10^9 t-5x\right)\boldsymbol{e}_y\ （\mathrm{V/m}）$$

试求：

（1）该理想介质的相对介电常数；

（2）与 $\boldsymbol{E}(x,t)$ 相伴的磁场 $\boldsymbol{H}(x,t)$；

（3）该平面波的平均功率密度。

6-4 有一均匀平面波在 $\mu=\mu_0$、$\varepsilon=4\varepsilon_0$、$\gamma=0$ 的媒介中传播，其电场强度 $\boldsymbol{E}=E_{\mathrm{m}}\sin\left(\omega t-kz+\dfrac{\pi}{3}\right)$。若已知平面波的频率 $f=150\mathrm{MHz}$，平均功率密度为 $0.265\mu\mathrm{W/m^2}$。

试求：

（1）电磁波的传播常数、相速度、波长和波阻抗；

（2）$t=0$，$z=0$ 时的电场 $E(0,0)$ 值；

（3）经过 $t=0.1\mu\mathrm{s}$ 后，电场 $E(0,0)$ 值出现在什么位置？

6-5 在自由空间传播的均匀平面波的电场强度为

$$\dot{\boldsymbol{E}}=10^{-4}\mathrm{e}^{-\mathrm{j}20\pi z}\boldsymbol{e}_x+10^{-4}\mathrm{e}^{-\mathrm{j}\left(20\pi z-\frac{\pi}{2}\right)}\boldsymbol{e}_y \text{（V/m）}$$

试求：

（1）平面波的传播方向和频率；

（2）波的极化方式；

（3）磁场强度 $\boldsymbol{H}$；

（4）流过与传播方向垂直的单位面积的平均功率。

6-6 在空气中，一均匀平面波沿 $\boldsymbol{e}_y$ 方向传播，其磁场强度的瞬时表达式为

$$\boldsymbol{H}(y,t)=4\times10^{-6}\cos\left(10^7\pi t-\beta y+\frac{\pi}{4}\right)\boldsymbol{e}_z \text{（A/m）}$$

（1）求相位常数 β 和 $t=3\mathrm{ms}$ 时，$H_z=0$ 的位置；

（2）求电场强度的瞬时表达式 $\boldsymbol{E}(y,t)$。

6-7 已知在自由空间传播的均匀平面波的磁场强度为

$$\boldsymbol{H}(z,t)=0.8\cos\left(6\pi\times10^8t-2\pi z\right)\cdot\left(\boldsymbol{e}_x+\boldsymbol{e}_y\right) \text{（A/m）}$$

（1）求该均匀平面波的频率、波长、相位常数和相速度；

（2）求与 $\boldsymbol{H}(z,t)$ 相伴的电场强度 $\boldsymbol{E}(z,t)$。

6-8 已知自由空间传播的均匀平面波的磁场强度为

$$\boldsymbol{H}=10^{-6}\cos\left[\omega t-\pi\left(-x+y+\frac{1}{2}z\right)\right]\left(\frac{3}{2}\boldsymbol{e}_x+\boldsymbol{e}_y+\boldsymbol{e}_z\right) \text{（A/m）}$$

试求：

（1）波的传播方向；

（2）波的频率和波长；

（3）电场 $\boldsymbol{E}$ 的瞬时表达式；

（4）平均坡印亭矢量。

6-9 有一线极化的均匀平面波在海水中沿 $+y$ 方向传播，海水的参数为 $\varepsilon_{\mathrm{r}}=81$、$\mu_{\mathrm{r}}=1$、$\gamma=4\mathrm{S/m}$，其磁场强度在 $y=0$ 处为

$$\boldsymbol{H}(0,t) = 0.1\sin\left(10^{10}\pi t - \pi/3\right)\boldsymbol{e}_x \text{（A/m）}$$

（1）求衰减常数、相位常数、波阻抗、相速度、波长及趋肤深度；

（2）求出 $\boldsymbol{H}$ 的振幅为0.01A/m时的位置；

（3）写出 $\boldsymbol{E}(y,t)$ 和 $\boldsymbol{H}(y,t)$ 的表示式。

6-10 证明圆极化波

$$\boldsymbol{E}(t) = \cos\omega t\boldsymbol{e}_x + \sin\omega t\boldsymbol{e}_y$$

$$\boldsymbol{H}(t) = -\frac{\sin\omega t}{Z}\boldsymbol{e}_x + \frac{\cos\omega t}{Z}\boldsymbol{e}_y$$

的坡印亭矢量 $\boldsymbol{S}(t)$ 是一个与 t 无关的常数。

6-11 在相对介电常数 $\varepsilon_{\mathrm{r}} = 2.5$、损耗角正切值为 10^{-2} 的非磁性媒质中，频率为3GHz、$\boldsymbol{e}_y$ 方向极化的均匀平面波沿 $\boldsymbol{e}_x$ 方向传播。

（1）求波的振幅衰减一半时，传播的距离；

（2）求媒质的本征阻抗、波的波长和相速度；

（3）设在 $x=0$ 处的 $\boldsymbol{E}(0,t) = 50\sin\left(6\pi\times10^9 t + \dfrac{\pi}{3}\right)\boldsymbol{e}_y$，写出 $\boldsymbol{H}(x,t)$ 的表达式。

6-12 如图 6.31 所示，均匀平面波电场为

$$\dot{\boldsymbol{E}} = \mathrm{e}^{-\mathrm{j}5\left(\sqrt{3}x+z\right)}\left(\boldsymbol{e}_x + 2\boldsymbol{e}_y - \sqrt{3}\boldsymbol{e}_z\right) \text{（V/m）}$$

从 $z<0$ 区域的媒质1入射到 $z>0$ 区域的媒质2，参数分别为 $\mu_{\mathrm{r}1}=1$、$\varepsilon_{\mathrm{r}1}=4$、$\mu_{\mathrm{r}2}=1$、$\varepsilon_{\mathrm{r}2}=16$。求：

（1）平面波的角频率；

（2）反射角和折射角及反射方向和折射方向；

（3）反射波和折射波的电场。

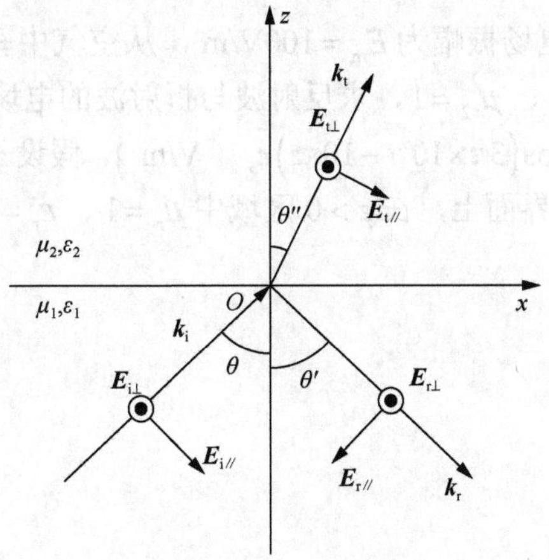

图 6.31 习题 6-12

6-13 已知在空气中传播的均匀平面波的电场强度为

$$E_x(y,t)=0.1\cos\left(3\times10^8+\beta y\right)\text{（V/m）}$$

试求：

（1）波的传播方向；

（2）相位常数β；

（3）磁场$\boldsymbol{H}(t)$。

6-14 有一频率$f=1\text{kHz}$的均匀平面波，垂直入射到海面上，设电场在海平面上的振幅值为1V/m，海水的电导率$\gamma=4\text{S/m}$，相对介电常数$\varepsilon_{\text{r}}=81$。在海平面下$0.6\text{m}$处，电场的振幅是多少？电磁波的功率损失了百分之几？

6-15 设空气中有一平面电磁波在坐标原点的电场强度为$\boldsymbol{E}=E_x(0,t)=E_{\text{m}}\cos\omega t$，电磁波以速度$\upsilon$沿$z$轴方向传播。求电场强度和磁场强度的表达式。

6-16 设空间某处的磁场强度为

$$\boldsymbol{H}=0.1\cos\left(2\pi\times10^7t-0.21x\right)\boldsymbol{e}_z\text{（A/m）}$$

求电磁波的传播方向、频率、传播常数、传播速度和波阻抗，并求电场强度的表达式。

6-17 一在真空中传播的电磁波电场强度为

$$\boldsymbol{E}=E_0\left[\cos(\omega t-ky)\boldsymbol{e}_x-\sin(\omega t-ky)\boldsymbol{e}_z\right]\text{（V/m）}$$

求磁场强度。

6-18 已知真空中有一均匀平面波的电场强度$\boldsymbol{E}=E_x\boldsymbol{e}_x+E_y\boldsymbol{e}_y$，其中

$$E_x=100\cos\left(2\pi\times10^8t-0.21z\right)\text{（V/m）}$$

$$E_y=100\cos\left(2\pi\times10^{-8}t-0.21z+\frac{\pi}{2}\right)\text{（V/m）}$$

求磁场强度的瞬时表达式。

6-19 均匀平面波的电场振幅为$E_{\text{m}}=100\text{V/m}$，从空气中垂直入射到无损耗媒质平面上，媒质的$\gamma_2=0$、$\varepsilon_{\text{r}2}=4$、$\mu_{\text{r}2}=1$，求反射波与折射波的电场振幅。

6-20 入射波$\boldsymbol{E}_{\text{i}}=10\cos\left(3\pi\times10^9t-10\pi z\right)\boldsymbol{e}_x$（V/m），假设$z<0$区域为空气，电场从空气中垂直入射到$z=0$的分界面上，在$z>0$区域中$\mu_{\text{r}}=1$、$\varepsilon_{\text{r}}=4$、$\gamma=0$。求$z>0$区域的电场$\boldsymbol{E}_2$和磁场$\boldsymbol{H}_2$。

7 电磁场仿真软件

在应用电磁场理论解决实际问题的过程中，常需要进行矢量计算、微积分运算、矩阵运算等，这些运算需要借助计算机编程软件来实现。目前电磁场数值分析的仿真软件有多种，以有限元法为主的软件有 ANSYS HFSS、Ansoft Maxwell 和 Comsol Multiphysics，以有限积分法为主的软件有 CST Microwave Studio，以矩量法为主的软件有 Advanced Design System（ADS）和 Sonnet 等。MATLAB 编程软件因具有广泛的数学计算函数，对于电磁场仿真分析具有明显的优势，读者容易掌握和实现电磁数值计算的编程。本章主要阐述 MATLAB 的基本编程方法和 Ansoft Maxwell 的操作流程，介绍电磁场仿真的方法和步骤。应用 MATLAB 和 Ansoft Maxwell 软件进行典型的电磁场问题仿真应用，通过绘制电磁场量的直观分布图观察电磁场分布规律，加深对电磁场基本概念和理论的理解。

7.1 MATLAB 基本介绍

MATLAB 是矩阵实验室（Matrix Laboratory）的简称，是 1982 年美国 MathWorks 公司开发并进行推广的一种软件包，能够进行高性能数值计算，具有可视化功能。它将数值分析、信号处理、物理和计算机图形学等多个领域融为一体，构成了一个方便、界面良好的用户环境。MATLAB 软件主要包括主包、工具箱、Simulink 三大组成部分，使其能够用于实现特定科学问题的求解。MATLAB 具有丰富的内置函数和库，函数和数据的图形展示以及图形用户接口，形象直观。用户通过自行建立指定功能的 m 文件，不仅可利用 MATLAB 所提供的函数及基本工具箱函数，还可方便地构造出专用的函数。

7.1.1 MATLAB 工作环境

MATLAB 的操作桌面包括 MATLAB 主窗口（Desktop）、命令窗口（Command Window）、工作间管理窗口（Workspace）、历史命令窗口（Command History）、当前目录窗口（Current Directory）。

命令窗口 Command Window：这是 MATLAB 交互使用的主窗口，默认显示 MATLAB 命令提示符，用>>表示。在提示符下，可以输入变量、表达式或命令，并且可以观察结果。

编辑器 Editor：这是程序被编写、编辑、调试和保存到脚本文件或 m 文件中的窗口，也可以通过在命令提示符处输入 edit 来打开它。

当前路径 Current Folder：这是当前目录中列出的所有文件和文件夹的窗口，可以通过右键单击进行管理，实现打开、重命名、删除等功能。

工作区 Workspace：在这个窗口中，列出了所有现有变量及其值、类型、大小和一些统计参数，每个变量都可以通过右键单击来查看。

详细信息面板 Details Panel：此面板辅助当前文件夹窗口。在当前文件夹窗口中选择文件时，文件的详细信息将在此面板中列出。

MATLAB 的基本操作流程如下：

（1）在打开 MATLAB 后先改变当前路径，确保保存的文件是在读者指定的位置。

（2）在功能区点击“新建”菜单项，选择需要建立的文件形式。

（3）在编辑器窗口区编写相应的程序。

（4）编写完程序后，在功能区选择编辑器中的“保存”图标，就可以将所编写的程序保存在所指定的路径中。保存后点击编辑器中的“运行”图标开始运行程序。

（5）程序运行结束后，命令窗口会显示数据结果，工作区会显示程序中的变量，程序中绘制图形结果会单独显示。

在进行 MATLAB 编程时，用户可以通过设计编写 MATLAB 语句来建立程序文件，称作 m 文件，其拓展名为.m。m 文件分为脚本文件和函数文件两种，脚本文件也称为主程序，函数文件也称为子程序。脚本（Script）是执行一系列命令汇集起来的文件。函数（Function）文件可以接收输入和返回输出，函数以关键字 function 开始。MATLAB 有几千个通用和专用的函数文件，可方便地利用它们解决自己专业领域中的问题。

7.1.2 MATLAB 常用命令

1. 常用操作命令

在运用 MATLAB 编写程序时，有一些常用的指令和语句。MATLAB 常用指令和场量计算的函数见表 7.1。

表 7.1 常用的操作命令及场量计算的函数

命令与函数	功能	命令与函数	功能
clc	清除工作窗	load	加载指定文件的变量
function	函数	sqrt(x)	求变量 x 的算术平方根
zero(m,n)	m 行 n 列的零矩阵	eye	单位矩阵
ones(m,n)	m 行 n 列的元素为 1 的矩阵	diag	对角矩阵
rand(m,n)	m 行 n 列的随机矩阵	length	矩阵最大维度的长度
log	以 e 为底的对数	size	矩阵各维的长度
sum	求各列元素的和	gradient	求矢量场的梯度函数
mean	求各列元素的平均值	cross	两个矢量的矢量积
linspace	均分计算	dot	两个矢量的数量积
real	显示复数的实部	imag	显示复数的虚部

2. 常用绘图指令

MATLAB 进行电磁场仿真分析时，需要采用基本绘图函数和绘图命令画出二维和三维图形，这些图形可以直观反映场量的分布规律。由于 MATLAB 的绘图函数和科学计算函数非常之多，本节只将电磁场数值分析中比较常用的绘图指令列于表 7.2 中。

表 7.2 常用的绘图指令

名称	功能	名称	功能
figure	创建图形对象	clf	清除当前图形对象
plot	直角坐标系中绘图	hold	保持当前图形
plot3	3D 空间直角坐标系中绘图	loglog	双对数直角坐标系中绘图
subplot	将图形窗口分为若干子图	semilogx	半对数 *X* 坐标中绘图
grid	在图形上加坐标网络	contour	等高线图
quiver	二维矢量场图	quiver3	三维矢量场图
xlabel	*X* 轴参量标注	ylabel	*Y* 轴参量标注
title	标注图形名称	meshgrid	创建网格坐标
axis	设置坐标值范围	mesh	3D 网格图
streamline	根据二维、三维矢量数据绘制流线	surf	3D 曲线图
surface	创建曲面	contour3	3D 等高线图

7.2 应用 MATLAB 进行电磁场仿真

应用 MATLAB 进行电磁场仿真分析，可以实现复杂的电磁学数值计算。本节给出静电场、恒定磁场中求解场分布的一些例子，帮助读者理解电场和磁场的分布规律。

7.2.1 真空中 *N* 个点电荷之间库仑力的计算

1. 基本要求

计算真空中 *N* 个点电荷之间的库仑力。

根据库仑定律，建立两个点电荷之间受力为 $\boldsymbol{F}_{12}=\dfrac{q_1q_2}{4\pi\varepsilon_0}\cdot\dfrac{\boldsymbol{e}_{12}}{R^2}$，其中当 q_1q_2 同号时，该力为斥力，否则为引力。建立直角坐标系，并放置 *N* 个电荷，将库仑力分解为 x、y、z 三个方向的分量，分别为

$$f_x=\frac{q_1q_2\left(x_2-x_1\right)}{4\pi\varepsilon_0R^3},\quad f_y=\frac{q_1q_2\left(y_2-y_1\right)}{4\pi\varepsilon_0R^3},\quad f_z=\frac{q_1q_2\left(z_2-z_1\right)}{4\pi\varepsilon_0R^3}$$

$$R=\sqrt{\left(x_2-x_1\right)^2+\left(y_2-y_1\right)^2+\left(z_2-z_1\right)^2}$$

2. MATLAB 编写的 m 语言程序

根据库仑力的三个分量表达式，应用 MATLAB 的 m 语言编写程序，主要通过输入参

数提示语句和双重循环语句来实现计算过程。运行时，首先输入电荷的数目、各个电荷的坐标及电荷量。最后选择一个电荷，求其他电荷对其作用力，通过符号即可判断是引力还是斥力。

```
clear all;
N=input('输入电荷数目 N=');
for ic=1:N %循环记录所有电荷的位置及电荷量
    fprintf('-----\n 对电荷#%g\n',ic);
    rc1(ic)=input('输入电荷位置 x(米): ');
    rc2(ic)=input('输入电荷位置 y(米): ');
    rc3(ic)=input('输入电荷位置 z(米): ');
    x(ic)=rc1(ic); y(ic)=rc2(ic); z(ic)=rc3(ic);
    q(ic)=input('输入电荷量(库仑):');
end
E0=8.85*1e-12; %真空介电常数
C0=1/(4*pi*E0); %合并常数
for ic=1:N %循环某一个选定电荷
    Fx=0.0;Fy=0.0;Fz=0.0; %初始化为 0
    for jc=1:N %循环除选定电荷的其他电荷
        if(ic~=jc)
            xij=x(ic)-x(jc);yij=y(ic)-y(jc);zij=z(ic)-z(jc);
                                    %选定电荷与其他电荷之间的 x, y 和 z 距离
            Rij=sqrt(xij^2+yij^2+zij^2);
                                    %两个电荷之间的径向距离
            Fx=Fx+C0*q(ic)*q(jc)*xij/Rij^3;
                                    %累加计算选定电荷与其他电荷之间 x 方向库仑力
            Fy=Fy+C0*q(ic)*q(jc)*yij/Rij^3;
                                    %累加计算选定电荷与其他电荷之间 y 方向库仑力
            Fz=Fz+C0*q(ic)*q(jc)*zij/Rij^3;
                                    %累加计算选定电荷与其他电荷之间 z 方向库仑力
        end
    end
    fprintf('其他电荷作用在电荷%g 上的合力为: \n',ic);
    fprintf('x 分量: %gN\n',Fx); fprintf('y 分量: %gN\n',Fy); fprintf('z
分量: %gN\n',Fz);
end
```

下面为输入一些参数进行模拟运行结果，可以看出这两个电荷之间所受的库仑力为吸引力。

输入电荷数目 N=2。

对电荷 1：输入电荷位置 x（米）为 0.4，输入电荷位置 y（米）为 0.4，输入电荷位置 z（米）为 0.2，输入电荷量（库仑）为 0.000001。

对电荷 2：输入电荷位置 x（米）为 0.6，输入电荷位置 y（米）为 0.6，输入电荷位置 z（米）为 0.4，输入电荷量（库仑）为-0.0000005。

其他电荷作用在电荷 1 上的合力为：x 分量为 0.0216309N，y 分量为 0.0216309N，z

分量为 0.0216309N。其他电荷作用在电荷 2 上的合力为：x 分量为-0.0216309N，y 分量为-0.0216309N，z 分量为-0.0216309N。

7.2.2 有限长直导线的电位分布

1. 基本要求

假设位于 z 轴上长度为 $2L$ 的直线段，线电荷密度为 ρ_l 在导线上均匀分布。试求垂直于该直线段的沿中心轴线上各点的电位分布。

建立直角坐标系，将线段 $2L$ 分成 N 段，每段长度为 $\mathrm{d}L'$，每段带电荷为 $q\mathrm{d}L'$，每段在 P 点产生的电位为

$$\mathrm{d}\varphi = \frac{\rho_l \mathrm{d}L'}{4\pi\varepsilon_0 r} = \frac{\rho_l \mathrm{d}L'}{4\pi\varepsilon_0\sqrt{(L')^2 + R^2}}$$

再用叠加原理，求出整个带电荷长直线段在 P 点产生的总电位为

$$\varphi = \int_{-L}^{L} \frac{\rho_l \mathrm{d}L'}{4\pi\varepsilon_0\sqrt{L^2 + R^2}}$$

2. MATLAB 编写的 m 语言程序

应用 m 语言进行编程时，因为在 xOy 平面计算电位时，需先将 xOy 平面进行剖分网格，电位仅取决于 P 点到原点的距离 R，只需要设置 R 为自变量。编程时确定 R 的距离，再等分为 N_1 段，对每一点计算电位最后叠加求出总电位。

```
clear all;
%输入线电荷半长度 L,分段数 N, N1 及线电荷密度ρl 等
ρl=input('ρl='); L=input('L='); N=input('N='); N1=input('N1=');
E0=8.85*1e-12;
K0=1/(4*pi*E0); %合并常数
L0=linspace(-L,L,N+1); %将线电荷分为 N 段
L1=L0(1:N); L2=L0(2:N+1); %确定每一线段的起点和终点
Ln=(L1+L2)/2; dL=2*L/N; %确定每一线段的中点坐标, Ln 是 N 元数组
R=linspace(0,10,N1+1); %将 R 长度取 10, 分为 N1+1 段
Uk=0;
for k=1:N1+1 %对 R 进行 N1+1 次循环计算
    Rk=sqrt(Ln.^2+R(k)^2); %求 P 点到各线段的径向长度
    Uk=K0*dL*ρl./Rk; %各带电荷线段在 P 点产生的电位
    U(k)=sum(Uk); %对各点电位数组求和
end
plot(R,U); xlabel('R(m)'); ylabel('电势 U(V)');grid on;
```

运行此程序，输入线电荷密度 ρ_l，线电荷半长度 L=20，分段数 N=50，N_1=50，即可显示如图 7.1 所示的电位随 R 变化的关系曲线。

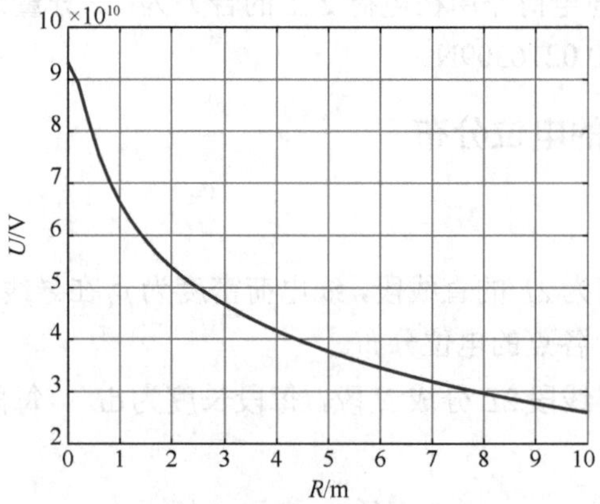

图 7.1 电位随 R 变化的关系曲线

7.2.3 三相输电线路的工频电场分布

1. 基本要求

根据无限长导线产生的电位函数和电磁场强度，计算三相架空线路的电场分布。对于 220kV 的三相输电线路，已知输电线水平排列，距地面 6.5m，线间距为 4m，求解地面上的工频电场分布。

三相架空交流输电线路运行时，导线（高电位）与大地（零电位）之间存在一定的电位差，导线上的电荷在空间产生工频电场，导线内的电流在空间产生工频磁场，电晕放电产生无线电干扰和电晕噪声，这些都将对高压输电线路周围的环境产生一定的影响。

已知三相电的线电荷密度 ρ_l 分别为 $(0.1191+\mathrm{j}0.0094)\times10^{-5}$ C、$(-0.0635-\mathrm{j}0.1100)\times10^{-5}$ C 和 $(-0.0514+\mathrm{j}0.1078)\times10^{-5}$ C，空间任意一点的电场强度可根据叠加原理计算得出，在 (x,y) 点的电场强度分量 E_x 和 E_y 可表示为

$$E_x=\frac{1}{2\pi\varepsilon_0}\sum_{i=1}^{m}Q_i\left(\frac{x-x_i}{L_i^2}-\frac{x-x_i}{(L_i')^2}\right)$$

$$E_y=\frac{1}{2\pi\varepsilon_0}\sum_{i=1}^{m}Q_i\left(\frac{y-y_i}{L_i^2}-\frac{y-y_i}{(L_i')^2}\right)$$

2. MATLAB 编写的 m 语言程序

```
% 三相架空输电线的电场计算
clc
y=input('输入观测点离地面的高度: ');
e0=8.85*1e-12;k0=1/(2*pi*e0);%常数
xa=-4;xaa=-4;ya=6.5;yaa=-6.5; %a 相及其镜像的坐标
xb=0;xbb=0;yb=6.5;ybb=-6.5; %b 相及其镜像的坐标
xc=4;xcc=4;yc=6.5;ycc=-6.5; %c 相及其镜像的坐标
ta=1.0e-005*(0.1191+0.0094i);tb=1.0e-005*(-0.0635-0.1100i);tc=1.0e-005*
(-0.0514+0.1078i); %各导线电荷
```

```
n=1;xx=-40:0.02:40; %测量范围-40~40
for x=-40:0.02:40
    ra=sqrt((x-xa).^2+(y-ya).^2);raa=sqrt((x-xaa).^2+(y-yaa).^2);
    rb=sqrt((x-xb).^2+(y-yb).^2);rbb=sqrt((x-xbb).^2+(y-ybb).^2);
    rc=sqrt((x-xc).^2+(y-yc).^2);rcc=sqrt((x-xcc).^2+(y-ycc).^2);
    Exa=k0*ta.*((x-xa)/ra.^2-(x-xaa)/raa.^2);
    Exb=k0*tb.*((x-xb)/rb.^2-(x-xbb)/rbb.^2);
    Exc=k0*tc.*((x-xc)/rc.^2-(x-xcc)/rcc.^2);
    Eya=k0*ta.*((y-ya)/ra.^2-(y-yaa)/raa.^2);
    Eyb=k0*tb.*((y-yb)/rb.^2-(y-ybb)/rbb.^2);
    Eyc=k0*tc.*((y-yc)/rc.^2-(y-ycc)/rcc.^2);
    Ex(n)=Exa+Exb+Exc;Ey(n)=Eya+Eyb+Eyc; %代入公式
    EX(n)=conj(Ex(n));EY(n)=conj(Ey(n)); %求共轭
    aa(n)=sqrt(sum(Ex(n).*EX(n)));bb(n)=sqrt(sum(Ey(n).*EY(n))); %求模
    n=n+1;
end
figure(1)
plot(xx,aa);xlabel('x(m)');ylabel('Ex(V/m)');
figure(2)
plot(xx,bb);xlabel('x/m');ylabel('Ey(V/m)');
```

运行此程序，输入观测点离地面的高度 3，得到如图 7.2 所示三相架空线路距地面 3m 时 E_x 和 E_y 电场分布图。

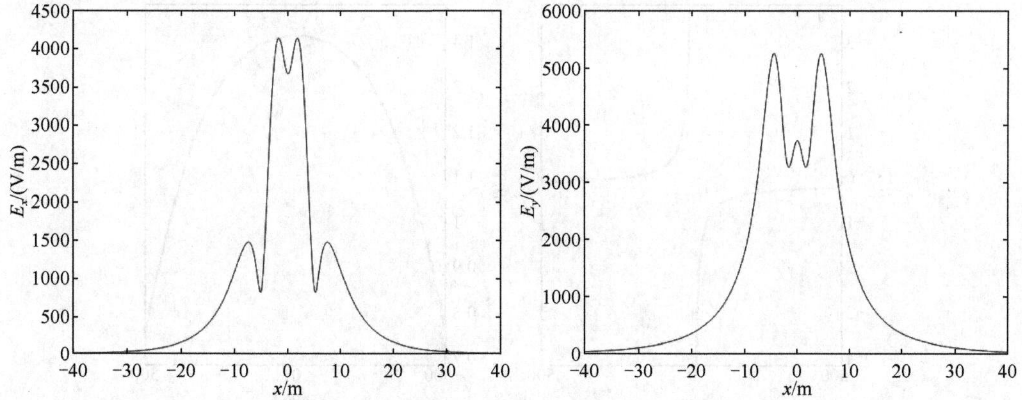

图 7.2 三相架空线路距地面 3m 时 E_x 和 E_y 电场分布

7.2.4 有限长载流细直导线的磁场分布

1. 基本要求

在真空中有一载电流 I=20A、长为 L=1000m 的直细导线，计算在导线外任一点所产生的磁感应强度。考虑对称性，建立圆柱坐标系，导线与 z 轴重合，坐标原点放在导线中点上，直导线产生的磁场与 ϕ 角无关，空间某 $P(\rho, z)$点的磁感应强度为

$$B=\frac{\mu_0 I}{4\pi\rho}\left[\frac{z+L}{\sqrt{\rho^2+(z+L)^2}}-\frac{z-L}{\sqrt{\rho^2+(z-L)^2}}\right]e_\phi$$

2. MATLAB 编写的 m 语言程序

```
clc;
u0=4*pi*1e-7;                        %磁导率
I=20;                                %电流
L=500;                               %直导线一半长度
C=u0*I/(4*pi);                       %合并常数
Nr=101;Nz=101;                       %测点离散个数
r=linspace(-500,500,Nr);             %ρ(程序中用 r 表示)从-500 到 500 均匀分布测点
z=linspace(-500,500,Nz)';            %z 从-500 到 500 均匀分布测点
b1=sqrt(r.^2+(z+L).^2);
b2=sqrt(r.^2+(z-L).^2);
B=C./r.*((z+L)./b1-(z-L)./b2);       %根据公式求 B
subplot(1,2,1);
plot(r,B(51,:));xlabel('r(m)');ylabel('B(T)');title('z=0m,B 随\rho 的变化');
subplot(1,2,2);
plot(z,B(:,76)); xlabel('z(m)'); ylabel('B(T)'); title('\rho=250m, B 随 z 的变化');
```

得到如图 7.3 所示的 P 点磁感应强度随 ρ 和随 z 变化的曲线。

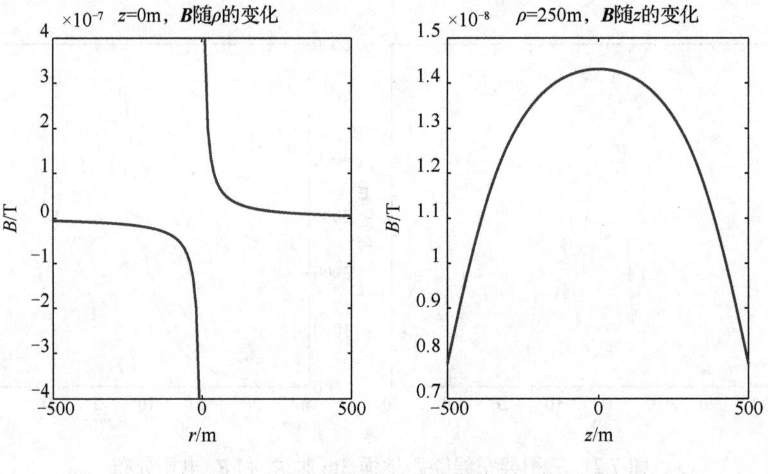

图 7.3　长直细导线外 P 点磁感应强度随 ρ 和随 z 变化的曲线

7.2.5　无限长载流圆柱内外的磁场分布

1. 基本要求

无限长导电圆柱，其磁导率为 μ，内部均匀通过电流 I，圆柱外为空气，试绘出圆柱内外的磁感应强度 $\boldsymbol{B}$ 随半径 r 的变化规律曲线。建立圆柱坐标系，由安培环路定律可求出圆柱内外磁感应强度的表达式为

$$\boldsymbol{B} = \frac{\mu r I}{2\pi a^2}\boldsymbol{e}_r, \quad 0 < r < a$$

$$\boldsymbol{B} = \frac{\mu_0 I}{2\pi r}\boldsymbol{e}_r, \quad r > a$$

2. MATLAB 编写的 m 语言程序

根据磁场表达式进行编程。先将 xOy 平面划分为网格，因为采用圆柱坐标系，$\boldsymbol{B}$ 只是自变量 r 的函数，所以将 r 分为 r_1、r_2 两段。然后对每一段的等分点求磁感应强度。

```
clear all
u=input('请输入媒质的磁导率：u=');
I=input('请输入流过媒质的电流：I=');
R1=input('请输入圆柱媒质的半径：R1=');
R2=input('请输入圆柱媒质外的半径：R2=');
u0=4*pi*1e-7; r1=linspace(0.1,R1,20);r2=linspace(R1,R2,20);%均匀分布各测点
for k=1:20
    Rk1=r1(k); Rk2=r2(k);
    B1(k)=u*Rk1*I/(2*pi*R1^2); B2(k)=u0*I/(2*pi*Rk2); %代入公式
end
plot(r1,B1,r2,B2);xlabel('r(m)');ylabel('|B|(T)');
legend('B1','B2'); grid on;
```

运行程序后，按提示输入各参数。

输入媒介的磁导率：μ=0.000002。

输入流入媒介的电流：I=1。

输入圆柱媒介的半径：R_1=0.6。

输入圆柱媒介外的半径：R_2=3。

得到如图 7.4 所示磁感应强度 $\boldsymbol{B}$ 随半径 r 的变化规律曲线。

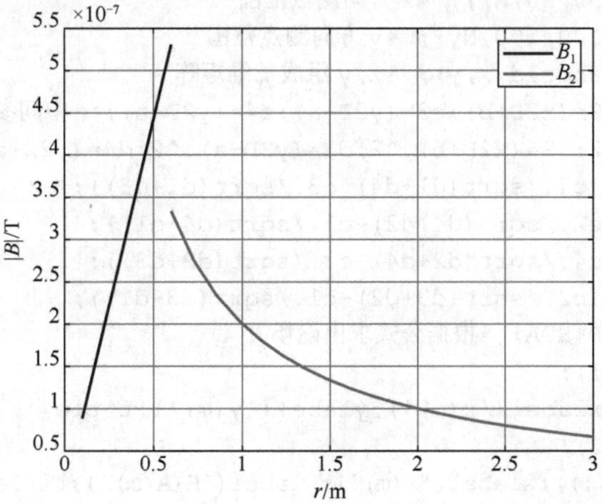

图 7.4 磁感应强度 $\boldsymbol{B}$ 随半径 r 的变化规律曲线

7.2.6 载流方形回线的磁场分布

1. 基本要求

不接地的方形回线长边为 $2a$，短边为 $2b$，计算通有恒定电流为 I=20A 的回线在地面的磁场分布。建立直角坐标系，地面上有 z=0。利用叠加原理，回线在地面任意一点 $P(x, y)$ 产生的磁场强度等于回线的四个边长在 P 点产生的磁场矢量和，其表达式为

$$
\begin{aligned}
H_1 &= H_{AB} + H_{BC} + H_{CD} + H_{DA} \\
&= \frac{-I_1}{4\pi(x-b)}\left[\frac{y+a}{\sqrt{(x-b)^2+(y+a)^2}} - \frac{y-a}{\sqrt{(x-b)^2+(y-a)^2}}\right]\boldsymbol{e}_\phi \\
&\quad + \frac{I_1}{4\pi(y+a)}\left[\frac{x+b}{\sqrt{(y+a)^2+(x+b)^2}} - \frac{x-b}{\sqrt{(y+a)^2+(x-b)^2}}\right]\boldsymbol{e}_\phi \\
&\quad + \frac{I_1}{4\pi(x+b)}\left[\frac{y+a}{\sqrt{(x+b)^2+(y+a)^2}} - \frac{y-a}{\sqrt{(x+b)^2+(y-a)^2}}\right]\boldsymbol{e}_\phi \\
&\quad + \frac{-I_1}{4\pi(y-a)}\left[\frac{x+b}{\sqrt{(y-a)^2+(x+b)^2}} - \frac{x-b}{\sqrt{(y-a)^2+(x-b)^2}}\right]\boldsymbol{e}_\phi
\end{aligned}
$$

2. MATLAB 编写的 m 语言程序

```
clc;
I=20; %电流
a=60; %沿 y 轴放置
b=30; %沿 x 轴放置
C=I/(4*pi); %合并常数
Nx=101;Ny=201; %离散点个数
x=linspace(-50,50,Nx); %x 方向测点范围
y=linspace(-100,100,Ny); %y 方向测点范围
[x2D,y2D]=meshgrid(x,y); %x,y 组成二维矩阵
c1=(x2D-b);c2=(x2D+b);c3=(y2D-a);c4=(y2D+a); %中间参数
d1=(x2D-b).^2;d2=(x2D+b).^2;d3=(y2D-a).^2;d4=(y2D+a).^2;
HAB=-C./c1.*(c4./sqrt(d1+d4)-c3./sqrt(d1+d3));
HBC=C./c4.*(c2./sqrt(d4+d2)-c1./sqrt(d4+d1));
HCD=C./c2.*(c4./sqrt(d2+d4)-c3./sqrt(d2+d3));
HDA=-C./c3.*(c2./sqrt(d3+d2)-c1./sqrt(d3+d1));
H=HAB+HBC+HCD+HDA; %根据公式求出磁场 H
subplot(1,3,1);
mesh(x,y,H);xlabel('x(m)');ylabel('y(m)');title('H 随 x, y 变化');
subplot(1,3,2);
plot(x,H(101,:));xlabel('x(m)');ylabel('H(A/m)');title('y=0m,H 随 x 的变化');
subplot(1,3,3);
plot(y,H(:,51));xlabel('y(m)');ylabel('H(A/m)');title('x=0m,H 随 y 的变化');
```

得到如图 7.5 所示的地面内 P 点的磁场分布。

（a）H随x，y变化　　（b）y=0m，H随x的变化　　（c）x=0m，H随y的变化

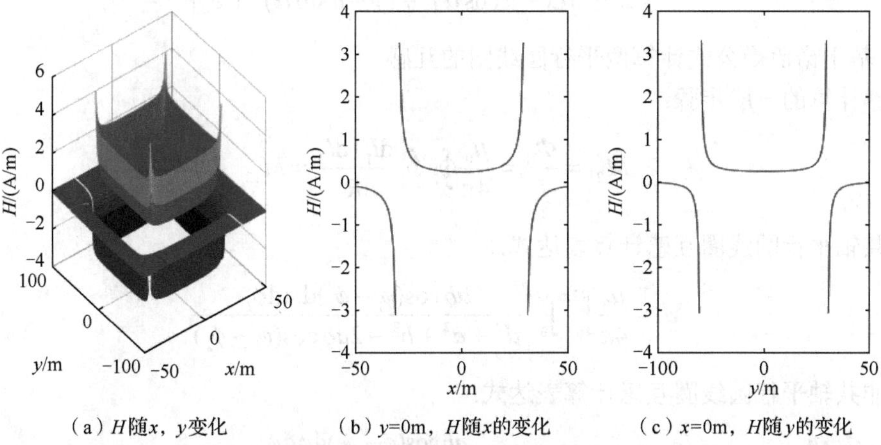

图 7.5　不接地回线地面上的磁场分布

7.2.7　载流圆线圈的磁场分布和互感计算

1. 基本要求

计算载流圆线圈空间磁场分布，并绘制出磁场一维、二维和三维分布图；基于诺伊曼公式，计算两共轴平行圆线圈的互感以及两非共轴平行圆线圈互感。图 7.6 给出了载流圆线圈空间任意一点磁场分布及两非共轴平行圆线圈互感示意图。

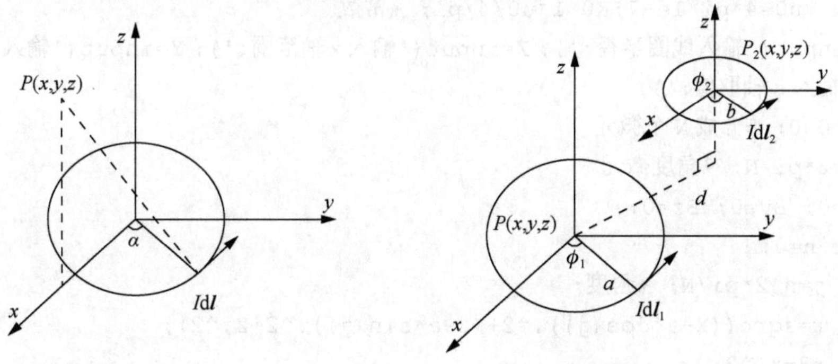

（a）载流圆线圈空间任意一点磁场分布　　（b）两非共轴平行圆线圈互感示意图

图 7.6

1）计算直角坐标系中载流圆线圈空间磁场

通过推导，求出 $\boldsymbol{B}$ 在 x、y、z 方向的分量分别为

$$B_x = \frac{\mu_0 I}{4\pi} \int_0^{2\pi} \frac{az\cos\alpha \mathrm{d}\alpha}{[(x-a\cos\alpha)^2 + (y-a\sin\alpha)^2 + z^2]^{3/2}}$$

$$B_y = \frac{\mu_0 I}{4\pi} \int_0^{2\pi} \frac{az\sin\alpha \mathrm{d}\alpha}{[(x-a\cos\alpha)^2 + (y-a\sin\alpha)^2 + z^2]^{3/2}}$$

$$B_z = \frac{\mu_0 I}{4\pi}\int_0^{2\pi}\frac{a(a - y\sin\alpha - x\cos\alpha)\mathrm{d}\alpha}{[(x - a\cos\alpha)^2 + (y - a\sin\alpha)^2 + z^2]^{3/2}}$$

2）基于诺伊曼公式计算两平行圆线圈的互感

互感计算的一般步骤：

$$M_{21} = \frac{\Phi_{21}}{I_1} = \frac{\mu_0}{4\pi}\oint_{l_2}\oint_{l_1}\frac{\mathrm{d}\boldsymbol{l}_1 \cdot \mathrm{d}\boldsymbol{l}_2}{R} = M_{12}$$

两共轴平行圆线圈互感计算表达式：

$$M = \frac{\mu_0}{4\pi}\int_0^{2\pi}\int_0^{2\pi}\frac{ab\cos(\phi_1 - \phi_2)\mathrm{d}\phi_1\mathrm{d}\phi_2}{d^2 + a^2 + b^2 - 2ab\cos(\phi_1 - \phi_2)}$$

两非共轴平行圆线圈互感计算表达式：

$$M = \frac{\mu_0}{4\pi}\int_0^{2\pi}\int_0^{2\pi}\frac{ab\cos(\phi_1 - \phi_2)\mathrm{d}\phi_1\mathrm{d}\phi_2}{\sqrt{a^2 + b^2 + x^2 + y^2 + d^2 - 2ab\cos(\phi_1 - \phi_2) + 2y(b\sin\phi_2 - a\sin\phi_1) + 2x(b\cos\phi_2 - a\cos\phi_1)}}$$

2. MATLAB 编写的 m 语言程序

1）一维磁场分布

当坐标中 x、y、z 有两个为常数时，即可得到一维磁场分布。以 y、z 为常数为例绘制磁场分布图。

```
clc
I=1; u0=4*pi*1e-7;K0=I*u0/4/pi; %常数
a=input('输入线圈半径:'); X=input('输入x轴范围:'); Y=input('输入y轴取值:');
Z=input('输入z轴取值:');
N=1000; %分成N个微元
dj=2*pi/N; %角度微元
Bx=0; By=0; Bz=0;
for n=0:N
    j=n*2*pi/N; %角度;
    r=sqrt((X-a*cos(j)).^2+(Y-a*sin(j)).^2+Z.^2);
    r3=r.^3;
    Bx=Bx+K0.*dj.*a.*Z.*cos(j)./r3;
    By=By+K0.*dj.*a.*Z.*sin(j)./r3;
    Bz=Bz+K0.*dj.*a.*(a-Y.*sin(j)-X.*cos(j))./r3;
end
plot(X,Bx);hold on;plot(X,By,':'); plot(X,Bz,'--');
xlabel('x(m)');ylabel('磁感应强度B(T)');
legend('Bx','By','Bz');title('磁感应强度B一维图');
```

线圈半径输入 0.5，x 轴范围输入 0:0.05:2，y 轴取值输入 2，z 轴取值输入 2。一维磁场分布图如图 7.7（a）所示。

2）磁场二维图

当坐标中 x、y、z 有一个为常数时，即可得到二维磁场分布，以 x 为常数为例绘制磁场分布图。

```
    clear all;
    figure(1)
    a=input('输入线圈半径:'); X=input('输入x轴取值:'); Y=input('输入y轴范围:');
Z=input('输入 z 轴范围:');
    the=0:pi/20:2*pi;I=1;u0=4*pi*1e-7;K0=I*u0/4/pi;
    [Y,Z,T]=meshgrid(Y,Z,the);
    r=sqrt((X-a*cos(T)).^2+Z.^2+(Y-a*sin(T)).^2);
    r3=r.^3; dby=a*Z.*sin(T)./r3;
    by=K0*trapz(dby,3); dbz=a*(a-Y.*sin(T)-X.*cos(T))./r3; bz=K0*trapz(dbz,3);
    [bSY,bSZ]=meshgrid([0:0.05:0.2],0);
    h1=streamline(Y(:,:,1),Z(:,:,1),by,bz,bSY,bSZ,[0.1,1000]);
    h2=copyobj(h1,gca); rotate(h2,[1,0,0],180,[0,0,0]);
    h3=copyobj(allchild(gca),gca); rotate(h3,[0,1,0],180,[0,0,0]);
    xlabel('y(m)');ylabel('z(m)');title('磁感应强度B二维流线图');
    for kk=1:4
        [bSY,bSZ]=meshgrid(0.2+kk*0.02,0);
        streamline(Y(:,:,1),Z(:,:,1),by,bz,bSY,bSZ,[0.02/(kk+1),4500]);
        streamline(-Y(:,:,1),Z(:,:,1),-by,bz,-bSY,bSZ,[0.02/(kk+1),4500]);
    end
```

线圈半径输入 0.5，x 轴取值输入 0.2，y 轴范围输入 0:0.05:0.2，z 轴范围输入 0:0.05:0.2。二维磁场分布图如图 7.7（b）所示。

3）磁场三维图

```
    clc;
    a=0.3;I=1; u0=4*pi*1e-7; K0=I*u0/4/pi; %常数
    [X,Y,Z]=meshgrid(-0.5:0.04:0.5);
    N=100; %分成N个微元
    dj=2*pi/N; %角度微元
    Bx=0; By=0; Bz=0;
    for n=0:N
        j=n*2*pi/N; %角度;
        r=sqrt((X-a*cos(j)).^2+(Y-a*sin(j)).^2+Z.^2);
        r3=r.^3;
        Bx=Bx+K0.*dj.*a.*Z.*cos(j)./r3;
        By=By+K0.*dj.*a.*Z.*sin(j)./r3;
        Bz=Bz+K0.*dj.*a.*(a-Y.*sin(j)-X.*cos(j))./r3;
    end
```

```
t=0:pi/100:2*pi;
v=[-0.2,-0.1,0,0.1,0.2];
[Vx,Vy,Vz]=meshgrid(v,v,0);
plot3(Vx(:),Vy(:),Vz(:),'r*');hold on; %磁感线穿过线圈平面的位置
streamline(X,Y,Z,Bx,By,Bz,Vx,Vy,Vz,[0.01,2000]);hold on;
plot(a*exp(1i*t),'r-','LineWidth',3);hold on; %画线圈
axis([-0.5,0.5,-0.5,0.5,-0.5,0.5]); %xyz 轴范围
view(-35,45);%转换视角
box on; %显示棱边
xlabel('x(m)');ylabel('y(m)');zlabel('z(m)');title('磁感应强度B三维流线图');
```

三维磁场分布图如图 7.7（c）所示。

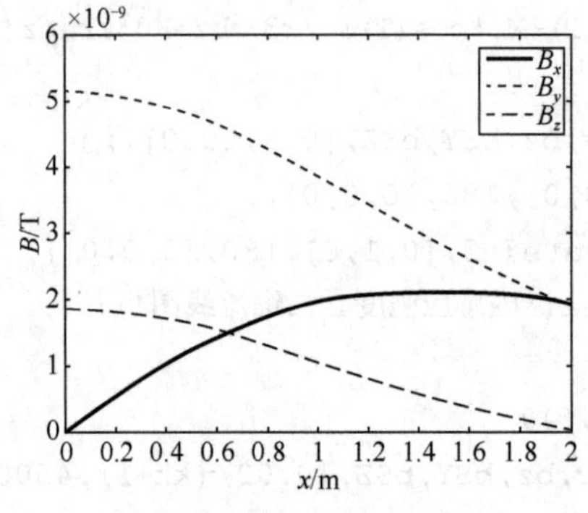

（a）磁感应强度***B***一维图

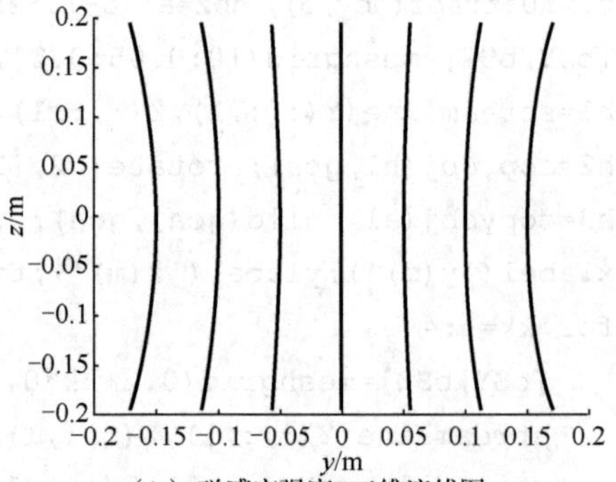

（b）磁感应强度***B***二维流线图

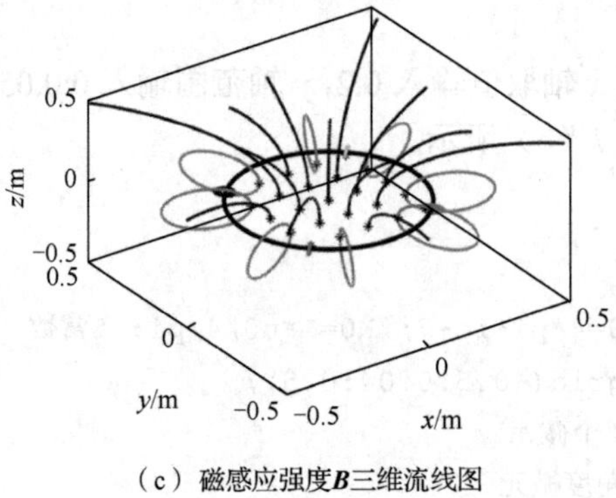

（c）磁感应强度***B***三维流线图

图 7.7　载流圆线圈空间磁场分布图

4）互感计算

```
clc;
a=input('输入 a 线圈半径:'); b=input('输入 b 线圈半径:'); x=input('输入 x 步长:');y=input('输入 y 步长:'); d=input('输入线圈距离:');
u=4*pi*10^-7;N=1000; M=1000;i=1; Q=0;
l=sqrt(x.^2+y.^2);
for n=0:N
```

```
        for m=0:M
            j=n*2*pi/N; k=m*2*pi/M;
            Q=Q+a.*b.*cos(j-k).*4.*pi.*pi./N./M./((a.^2+b.^2+d.^2+l.^2-2.
*a.*b.*cos(j-k)+2.*y.*(b.*sin(j)-a.*sin(k))+2.*x.*(b.*cos(j)-a.*cos(k)))).^
(1/2);
        end
    end
    w=Q*u/(4*pi)/1e-8
```

a 线圈半径输入 2，*b* 线圈半径输入 2，*x* 步长输入 1，*y* 步长输入 1，线圈距离按照表 7.3 输入 0:4:28。计算结果如表 7.3 所示。

表 7.3　互感值与距离关系

距离/m	互感值/（10^{-8}H）	距离/m	互感值/（10^{-8}H）
0	254.1	16	0.7
4	23.7	20	0.4
8	4.8	24	0.2
12	1.6	28	0.1

7.2.8　平行极化波反射系数和折射系数分布

1. 基本要求

平面电磁波在不同介质分界面会发生反射和折射现象，下面将分析平行极化波的反射波和折射波的幅值变化特征。图 7.8 为平行极化波的电场反射系数和折射系数。

2. MATLAB 编写的 m 语言程序

```
T1=0:0.1:pi/2; %入射角
T2=T1; %折射角
k=0.2; %介质 1 与介质 2 的阻抗比
[t1,t2]=meshgrid(T1,T2);
Taup=(k.*cos(t1)-cos(t2))./(k.*cos(t1)+cos(t2)); %反射系数公式
Tp=2.*cos(t1)./(k.*cos(t1)+cos(t2)); %折射系数公式
subplot(1,2,1),surf(t1,t2,Taup);
xlabel('t1(rad)'),ylabel('t2(rad)'),zlabel('Er/Ei');
title('平行极化波反射的费涅耳公式')
subplot(1,2,2),surf(t1,t2,Tp);
xlabel('t1(rad)'),ylabel('t2(rad)'),zlabel('Et/Ei');
title('平行极化波折射的费涅耳公式')
```

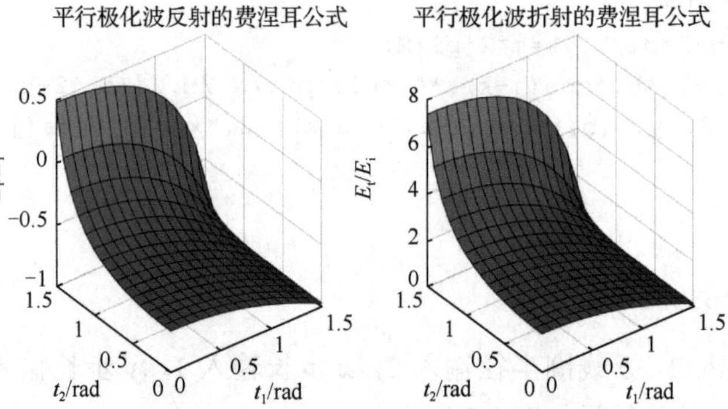

图 7.8 平行极化波的电场反射系数和折射系数

7.3 Ansoft Maxwell 基本介绍

Ansoft Maxwell（Ansoft Maxwell EM）软件发行于 2003 年，是一款电磁场工业应用的分析软件。它是一个功能强大、结果精确、易于使用的二维或三维电磁场有限元分析软件，包括静电场、静磁场、时变电场、时变磁场、涡流场、瞬态场和温度场计算等，可以用来分析电机、传感器、变压器、永磁设备、激励器等电磁装置的静态、稳态、瞬态、正常工况和故障工况的特性。Ansoft Maxwell 软件包含自适应网格剖分技术及用户定义材料库等，它有高性能矩阵求解器和多中央处理器（central processing unit, CPU）处理能力，能够进行快速求解。图 7.9 为 Ansoft Maxwell 操作流程图。

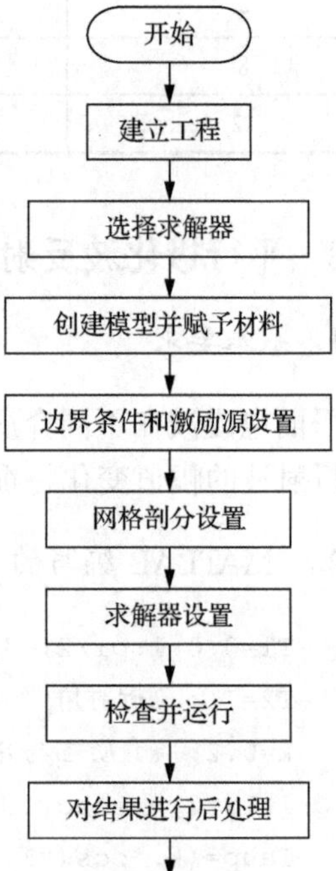

图 7.9 Ansoft Maxwell 操作流程图

1. 建立工程

先点击软件打开界面，再点击 File>New，建立并保存新工程。

当需要建立三维工程时，点击菜单 Project，选择下拉菜单的 Insert Maxwell 3D Design。当需要建立二维工程时，选择下拉菜单的 Insert Maxwell 2D Design。当需要建立电机模型时，选择下拉菜单的 Insert RMxprt Design。

2. 选择求解器

选择求解器类型步骤为 Maxwell 3D > Solution Type > Magnetostatic，求解类型包括：静磁场、涡流场、瞬态磁场、静电场、直流传导电场和瞬态电场。

1）磁场

静磁场求解器（Magnetostatic）用于分析由恒定电流、永磁体及外部基磁引起的磁场，适用于激励器、传感器、电机及永磁体等。该模块可自动计算磁场力、转矩、电感和储能。

涡流场求解器（Eddy Current）用于分析受涡流、集肤效应、邻近效应影响的系统，它求解的频率范围可以从 0 到数百兆赫，能够自动计算损耗、铁损、力、转矩、电感与储能。

瞬态磁场求解器（Transient）用于求解某些涉及运动和任意波形的电压、电流源激励，可获得精确的预测性能特性。该模块能同时求解磁场、电路及运动等强耦合的方程，从而得到电机的相关运行性能。

2）电场

静电场求解器（Electrostatic）用于分析由直流电压源、永久极化材料、高电压绝缘体中的电荷/电荷密度，以及套管、断路器及其他静态装置所引起的静电场，可分析材料类型包括绝缘体及理想导体，可自动计算力、转矩、电容及储能等参数。

直流传导电场求解器（DC Conduction）主要用来求解由恒定电压在导体中产生的传导电流及介电损耗问题。

瞬态电场求解器（Electric Transient）主要用来求解由时变电场在导体中产生的传导电流及介电损耗问题。

3. 创建模型

Draw 中可以绘制立方体、平面、线段、弧线等。以创建 10×10×10 立方体模型为例进行说明，点击 Draw > Box，在界面右下角弹出的坐标输入框中输入如下坐标值：“X”为“0”；“Y”为“0”；“Z”为“0”。之后按回车键，确定立方体的第一点坐标。然后在坐标输入框中输入如下坐标值：“dX”为“10”；“dY”为“10”；“dZ”为“0”。之后按回车键，确定立方体的第二点坐标。最后在坐标输入框中输入如下坐标值：“dX”为“0”；“dY”为“0”；“dZ”为“10”。之后按回车键，确定立方体的第三点坐标。此时 10×10×10 立方体模型就创建完成。Modeler 中可以对模型进行一些操作，如对立方体的边和面操作、切割、分离模型等。通过这两个步骤，在 Ansoft Maxwell 仿真软件中绘制想要仿真的模型，确定其形状和尺寸，建立模型。

4. 赋予材料

软件材料库自带了一些常用的材料，选中模型点击鼠标右键即可对模型材料进行设置，如图 7.10 所示。如果库中没有，可以自己新建一个材料，选择 Material > Add，输入材料名及相关的参数即可。新建的材料还可以设置为理想导体和各向异性的材料。双击属性栏中的模型，在弹出的界面中可以对模型名称、材料等进行修改、设置。

5. 边界条件设置

边界条件在 2D 模型中，按照不同的求解器添加不同的边界条件和激励源方式。主要边界条件有自然边界和纽曼条件（Default Boundary Conditions）、矢量磁位边界（Vector

Potential Boundary)、对称边界（Symmetry Boundary)、气球边界（Balloon Boundary)、阻抗边界（Impedance Boundary）和辐射边界（Radiation Boundary）等。

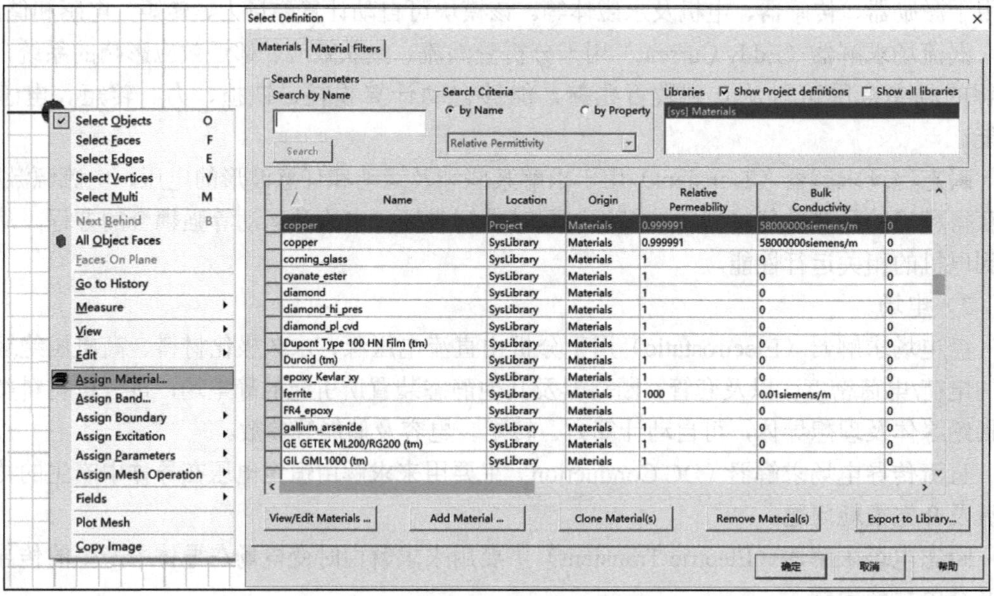

图 7.10 模型材料设置

6. 激励源设置

所有的计算模型都必须加载激励源，即所计算的系统其能量不能为零，不同的场其激励源形式或机理均不相同。激励源设置有静磁场、涡流场、瞬态磁场、静电场、交变电场、直流传导电场。关于激励源的设置，在加载电流时，最重要的一点是要将模型建立成一个回路，否则无法得到正确的结果。在回路中加电流源的位置建一个截面，在截面上加载电流，注意截面需要为平面，不能为曲面。设置电压激励源时，选中需要设置电压源的面，点击右键，选择 Assign Excitation > Voltage，输入电压值。查看左边 Project Manager 的属性框，工程树中的 Excitation 里出现了 Voltage1，说明电压源添加成功。

7. 网格剖分设置

网格剖分是有限元离散化最为关键的一步，合理设置的网格剖分可以使得在最小的计算资源下拥有最为准确的计算结果。设置网格剖分，在 Maxwell 3D 的下拉菜单中找到 Mesh Operations > Assign，然后选择自适应剖分选项，Ansoft Maxwell 软件自带的自适应剖分具有循环加密网格功能，分别为物体边界内指定剖分规则（On Selection)、物体内部指定剖分规则（Inside Selection）和对物体表层指定（Surface Approximation)。网格剖分可以手动设置，选择少量的自适应加密步骤，达到快速划分网格的目的。

8. 求解器设置

设置求解选项，在 Maxwell 3D 的下拉菜单中找到 Analysis Setup，进入求解器设置界面。针对不同的场求解器，设置各自的自适应计算参数。自适应计算参数一般包括最大迭代次数（Maximum Number of Passes）、误差要求（Percent Error）和每次迭代加密剖分单元比例（Refinement per Pass）。选择菜单项 Validation Check：Planar Cap 进行求解前检查，全部为对号时表示没问题，可以进行求解，若出现错误或警告，则需要对仿真内容进行检查修改。

9. 后处理

软件的后处理包括对场图的处理，对曲线、曲面路径的处理和场计算器应用三个部分。后处理主要是为了查看并记录分析仿真模型的运行结果，一般是看某一区域的电场或磁场的矢量或幅度分布图。

7.4 应用 Ansoft Maxwell 软件进行电磁场仿真

应用 Ansoft Maxwell 软件进行电磁场仿真分析时，只需根据操作步骤即可绘制二维和三维模型。本节只举例基于 Ansoft Maxwell V16 的电磁场中比较常用的场量分布，给出了平行板电容器电场分布、恒定磁场力矩计算、亥姆霍兹线圈的磁场分布、多边形线圈互感计算、涡流场分析、电偶极子的电磁辐射仿真等案例。

7.4.1 平行板电容器电场分布

1. 仿真要求

设置平板电容器模型上下两极板，尺寸为 30mm×30mm×2mm，材料为理想导体（pec），中间介质尺寸为30mm×30mm×1mm，材料为云母介质（mica），激励为电压源，上极板电压为 10V，下极板电压为 0V。求解电容器的电容值及电容器的电场分布。

2. 仿真步骤

1）建模

首先建立三维工程，点击 Project > Insert Maxwell 3D Design。工程命名为 Planar Cap，点击 File > Save as > Planar Cap。选择求解器类型 Maxwell 3D > Solution Type > Electric > Electrostatic。

创建下极板六面体，点击 Draw > Box，设置下极板起点(X, Y, Z)为(0, 0, 0)，坐标偏移(dX, dY, dZ)为(30, 30, 0)和(0, 0, 2)，将六面体重命名为 DownPlate。设置材料为理想导体，点击 Modeler > Assign Material > Pec。

创建上极板六面体，点击 Draw > Box，设置上极板起点为(0, 0, 3)，坐标偏移为(30, 30, 0)和(0, 0, 2)，将六面体重命名为 UpPlate，点击 Modeler > Assign Material > Pec。

创建中间介质六面体，点击 Draw > Box，设置介质板起点为(0, 0, 2)，坐标偏移为(30, 30, 0)和(0, 0, 1)，将六面体重命名为 Medium。设置材料为云母，点击 Modeler > Assign Material > Mica。

创建计算区域，点击 Draw > Region，设置 Value 为 0。

2）设置激励

选中上极板 UpPlate，点击 Maxwell 3D > Excitations > Assign> Voltage > 10V。选中下极板 DownPlate，点击 Maxwell 3D > Excitations > Assign > Voltage > 0V。

3）设置计算参数

点击 Maxwell 3D > Parameters > Assign > Matrix，选中 Voltage1、Voltage2。

4）设置自适应计算参数

点击 Maxwell 3D > Analysis Setup > Add Solution Setup，设置最大迭代次数 Maximum Number of Passes 为 10，误差要求 Percent Error 为 1%，每次迭代加密剖分单元比例 Refinement per Pass 为 50%。

5）检查和运行

先点击 Check 按钮，检查无误后点击 Run 按钮运行。

6）查看结果

点击 Maxwell 3D > Results > Solution Data 查看结果，如图 7.11 所示。

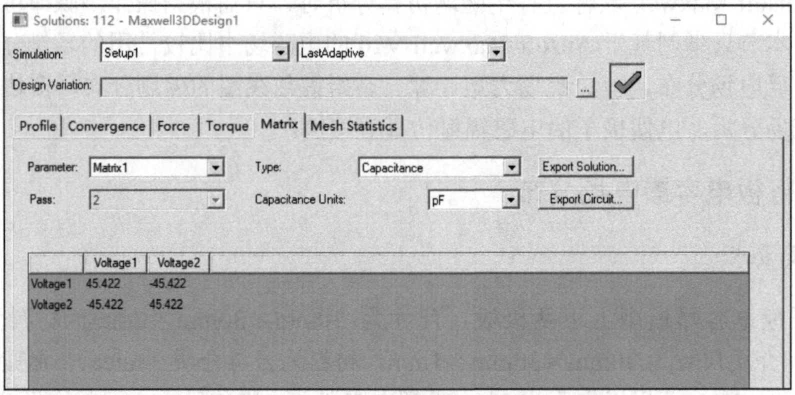

图 7.11 平行板电容器电容值仿真结果图

选中中间介质 Medium，点击 Maxwell 3D > Fields > Fields > E > E_Vector > Medium，观察电容器的电场分布，如图 7.12 所示。

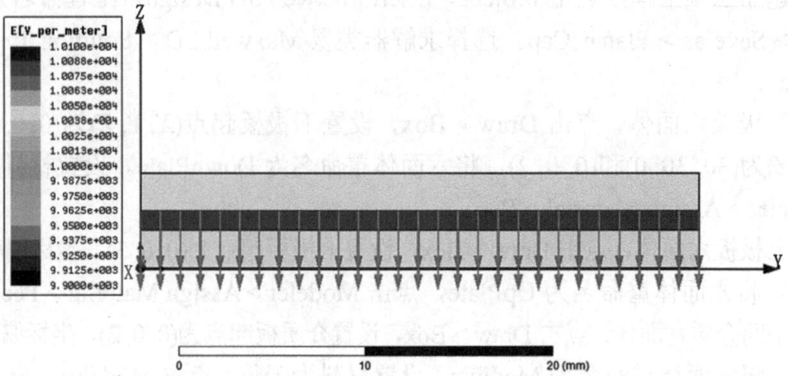

图 7.12 平行板电容器电场强度分布图

3. 仿真结果及分析

经理论公式计算结果与 Ansoft Maxwell 分析结果对比可知，Ansoft Maxwell 计算结果相对准确，但应考虑极板的厚度，并为降低极板边缘效应，在极板两侧边采用圆弧过渡。

7.4.2 恒定磁场力矩计算

1. 仿真要求

设置永磁体模块，包括外部由铜导体构成的线圈和内部由铷铁硼材料构成的永磁体。线圈半径为 5mm，其截面为内接于半径 0.5mm 圆的正 12 边形，线圈中的电流激励设置为 100A；永磁体为 1mm×1mm×6mm 的立方体，其中心点与线圈中心点重合，其长轴线与线圈平面的夹角为 45°。计算如图 7.13 所示永磁体模块的线圈磁场和受力矩。

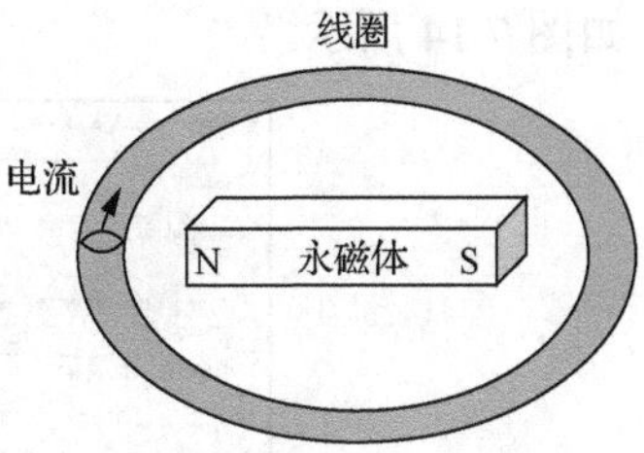

图 7.13　永磁体所受力矩

2. 仿真具体步骤

1）建模

点击 Project > Insert Maxwell 3D Design。工程命名为 Magnetostatic，点击 File>Save as>Magnetostatic。选择求解器类型 Maxwell 3D > Solution Type> Magnetic > Magnetostatic。

创建线圈，点击 Draw > Regular Polygon，创建线圈横截面。设置中心点坐标为(0, 5, 0) 设置截面半径为(0.5, 0, 0)，设置截面多边形边数 Number of Segments 为 12，将多边形重命名为 Coil（线圈）。选中 Coil，点击 Draw > Sweep > Around Axis，设置 Sweep Axis: X；Angle of Sweep: 360 deg；Draft Angle: 0 deg；Draft Type: Round；Number of Segments: 0。设置材料为铜，点击 Modeler > Assign Material > Copper。

创建永磁体模型，点击 Draw > Box，设置起点为(−3, −0.5, −0.5)，坐标偏移为(6,1,1)。将六面体重命名为 Magnet。设置材料为铷铁硼材料，点击 Modeler > Assign Material > NdFe35> View/Edit Materials，磁体沿 *X* 轴正方向磁化，设置磁化方向为(1, 0, 0)，点击 OK 完成参数设置。

创建 *XOY* 观测平面，点击 Draw > Rectangle，设置起点为(−10, −10, 0)，设置坐标偏移为(20, 20, 0)，将平面重命名为 Flat，创建激励电流加载面，选中 Coil，点击 Modeler > Surface > Section >XZ，分离两 Section 面，点击 Modeler > Boolean > Separate Bodies。选中 1 个截面，点击 Del。将剩下的 1 个截面重命名为 Section1。旋转线圈和激励电流加载面，选中 Coil 和 Section1，点击 Edit > Arrange > Rotate，设置 Axis: Z; Angle: 45 deg。

创建计算区域，点击 Draw > Region，设置 Value 为 100。

2）设置激励

选中线圈截面 Section1，点击 Maxwell 3D > Excitations > Assign > Current，设置 Name 为 Current1，Value 为 100A，Type 为 Stranded（链）。

3）设置计算参数

选中 Magnet，点击 Maxwell 3D > Parameters > Assign > Torque，设置 Name 为 Torque1，

Type 为 Virtual，设置 Axis 为 Global::Z>Positive。

4）设置自适应计算参数

点击 Maxwell 3D > Analysis Setup > Add Solution Setup，设置最大迭代次数 Maximum Number of Passes 为 15，误差要求 Percent Error 为 1%，每次迭代加密剖分单元比例 Refinement per Pass 为 30%。

5）检查和运行

先点击 Check 按钮，检查无误后点击 Run 按钮运行。

6）查看结果

点击 Maxwell 3D > Results > Solution Data > Torque，力矩为−2.9672E-005（N·m），如图 7.14 所示。

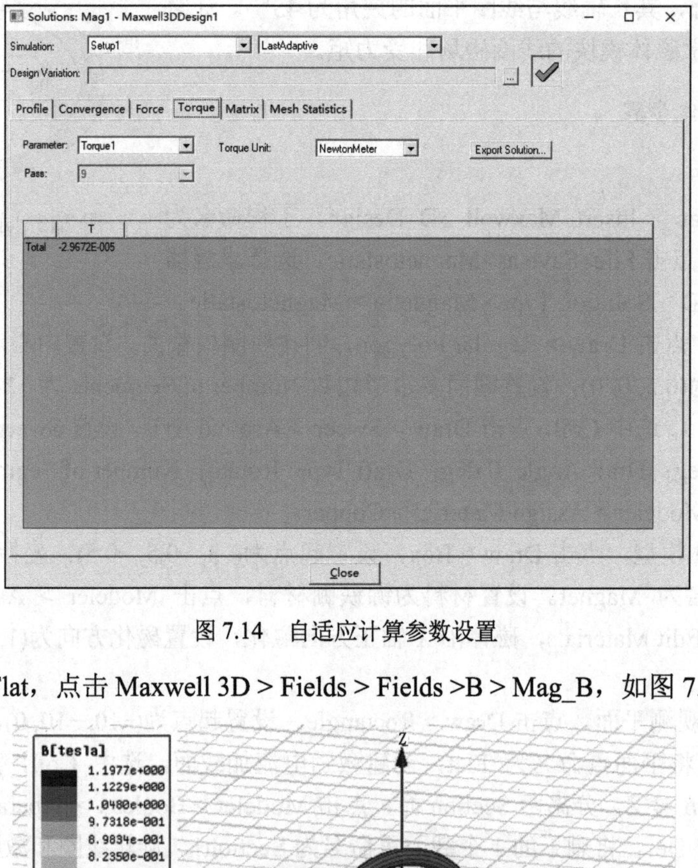

图 7.14　自适应计算参数设置

选中平面 Flat，点击 Maxwell 3D > Fields > Fields >B > Mag_B，如图 7.15 所示。

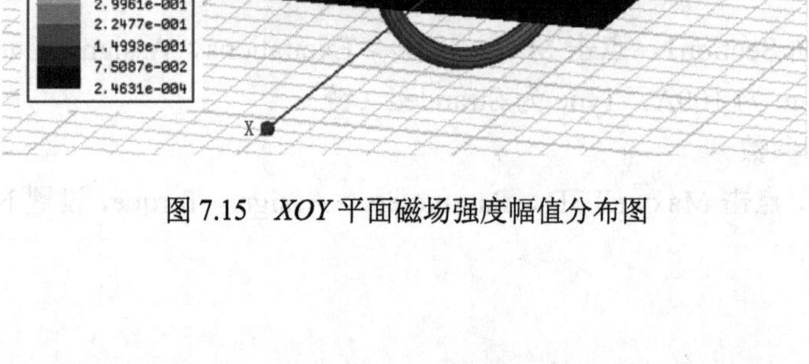

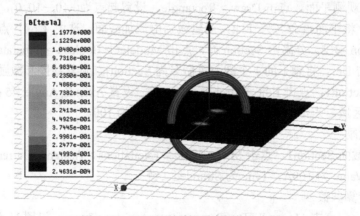

图 7.15　*XOY* 平面磁场强度幅值分布图

选中平面 Flat，Maxwell 3D > Fields > Fields >B > B_Vector，双击左侧色标 > Marker/Arrow 进行设置，点击 Map Size 和 Arrow Tail 调整箭头大小，如图 7.16 所示。

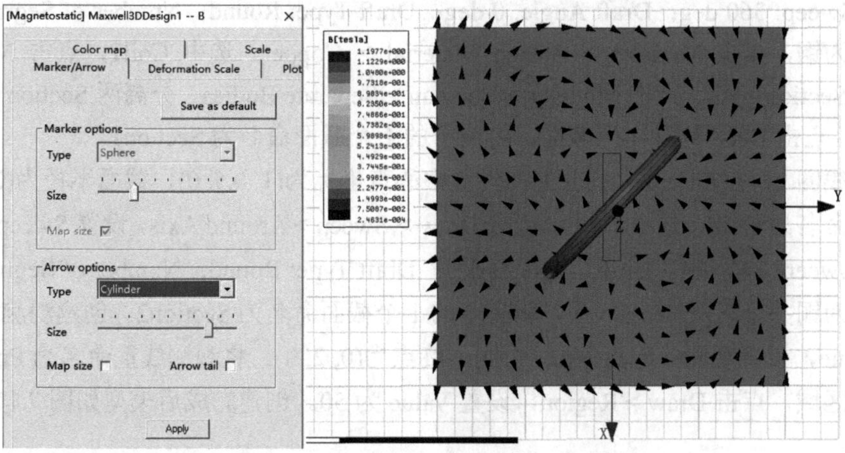

图 7.16　*XOY* 平面磁场强度方向矢量图

7.4.3　亥姆霍兹线圈的磁场分布

1. 仿真要求

采用 Ansoft Maxwell 低频电磁仿真平台，实现亥姆霍兹线圈的磁场仿真。两线圈的内径均为 0.1mm，半径均为 1mm，两线圈中通过的电流均为 1A，两线圈距离 1mm，仿真计算磁场分布以及两线圈所受到的力。给出沿亥姆霍兹线圈中轴线上的磁场分布曲线。

先采用毕奥萨伐尔定律求解圆形线圈的磁场分布，再通过两线圈叠加得到亥姆霍兹线圈的任意点磁场。设载流圆环中流过的电流为 I，则圆环在空间任意一点 $P(x,y,z)$ 产生的磁感应强度 $\boldsymbol{B}$，在 x、y、z 方向的分量分别为

$$B_x=\frac{\mu_0 I}{4\pi}\int_0^{2\pi}\frac{(z_0-z)a\cos\theta\mathrm{d}\theta}{\left[\left(x_0-a\cos\theta\right)^2+\left(y_0-a\sin\theta\right)^2+\left(z_0-z\right)^2\right]^{3/2}}$$

$$B_y=\frac{\mu_0 I}{4\pi}\int_0^{2\pi}\frac{(z_0-z)a\sin\theta\mathrm{d}\theta}{\left[\left(x_0-a\cos\theta\right)^2+\left(y_0-a\sin\theta\right)^2+\left(z_0-z\right)^2\right]^{3/2}}$$

$$B_z=\frac{\mu_0 I}{4\pi}\int_0^{2\pi}\frac{a\left(a-y_0\sin\theta-x_0\cos\theta\right)\mathrm{d}\theta}{\left[\left(x_0-a\cos\theta\right)^2+\left(y_0-a\sin\theta\right)^2+\left(z_0-z\right)^2\right]^{3/2}}$$

2. 仿真步骤

1）建模

首先建立三维工程，点击 Project > Insert Maxwell 3D Design，工程命名为 Magnetostatic，击 File > Save as > Magnetostatic。选择求解器类型：点击 Maxwell 3D > Solution Type> Magnetic > Magnetostatic。

创建线圈 1，点击 Draw > Circle，设置中心点坐标为(1, −0.5, 0)，截面半径为(0.1, 0, 0)，将圆形重命名为 Coil1。选中 Coil1，点击 Draw > Sweep > Around Axis，设置 Sweep Axis: Y；Angle of Sweep: 360 deg；Draft Angle: 0 deg；Draft Type: Round；Number of Segments: 0。设置材料为铜，点击 Modeler > Assign Material > Copper。选中 Coil1，点击 Modeler > Surface > Section >YZ，点击 Modeler > Boolean > Separate Bodies，分离两 Section 面。选择 1 个截面，点击 Del，删除 1 个截面。将剩下的 1 个截面命名为 Section1。

创建线圈 2，点击 Draw > Circle，设置中心点坐标为(1, 0.5, 0)，截面半径为(0.1, 0,0)。将圆形重命名为 Coil2。选中 Coil2，点击 Draw > Sweep > Around Axis，设置 Sweep Axis: Y；Angle of Sweep: 360 deg；Draft Angle: 0 deg；Draft Type: Round；Number of Segments: 0。设置材料为铜并分离两 Section 面，将剩下的 1 个截面命名为 Section2。创建观测线，点击 Draw > Line，设置观测线起点为(0, −2, 0)，终点为(0, 2, 0)，将观测线重命名为 Polyline1。创建计算区域，点击 Draw > Region，设置 Value 为 50。创建完成后模型如图 7.17 所示。

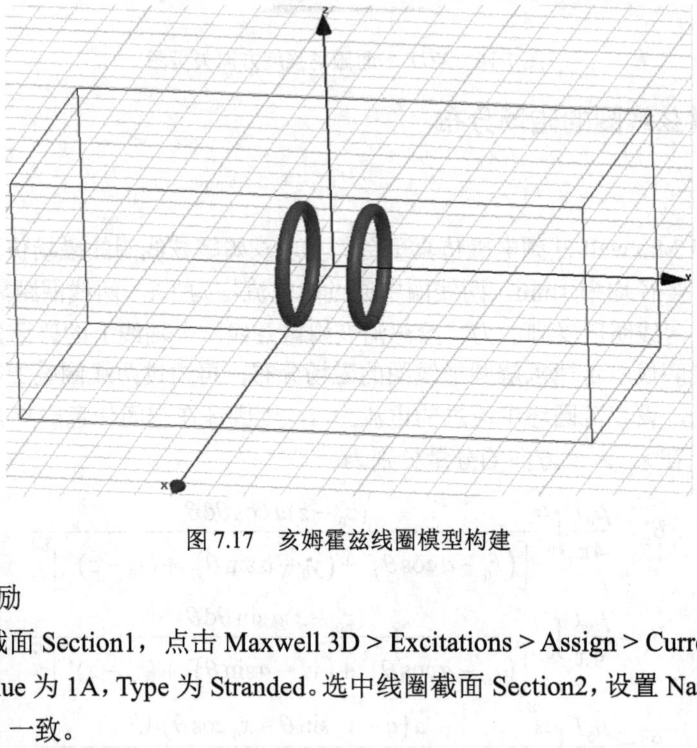

图 7.17 亥姆霍兹线圈模型构建

2）设置激励

选中线圈截面 Section1，点击 Maxwell 3D > Excitations > Assign > Current，设置 Name 为 Current1，Value 为 1A，Type 为 Stranded。选中线圈截面 Section2，设置 Name 为 Current2，其他与 Section1 一致。

3）设置计算参数

选中 Coil1，点击 Maxwell 3D > Parameters > Assign > Force，设置 Name 为 Force 1，Type 为 Virtual。

4）设置自适应计算参数

点击 Maxwell 3D > Analysis Setup > Add Solution Setup，设置最大迭代次数 Maximum Number of Passes 为 15，误差要求 Percent Error 为 1%，设置每次迭代加密剖分单元比例 Refinement per Pass 为 30%。

5）检查和运行

先点击 Check 按钮，检查无误后点击 Run 按钮运行。

6）查看结果

点击 Maxwell 3D > Results > Solution Data > Force，合力为 6.8668E-007（N·m），如图 7.18 所示。

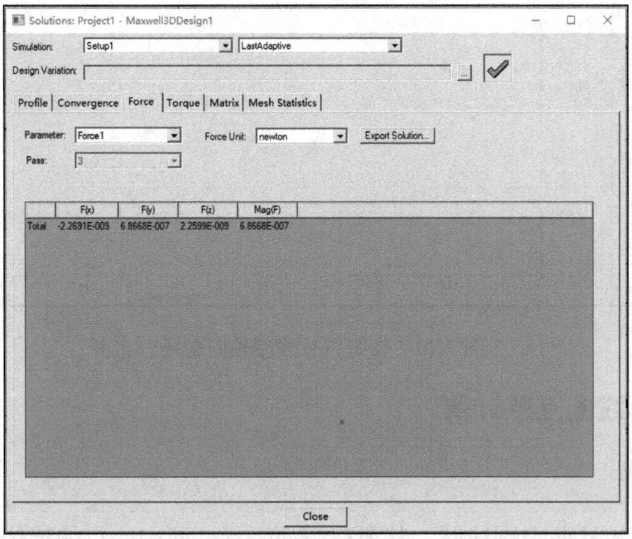

图 7.18 查看结果

选中 Region，Maxwell 3D > Fields > Fields > H > H_Vector，观察磁场的方向，如图 7.19 所示。

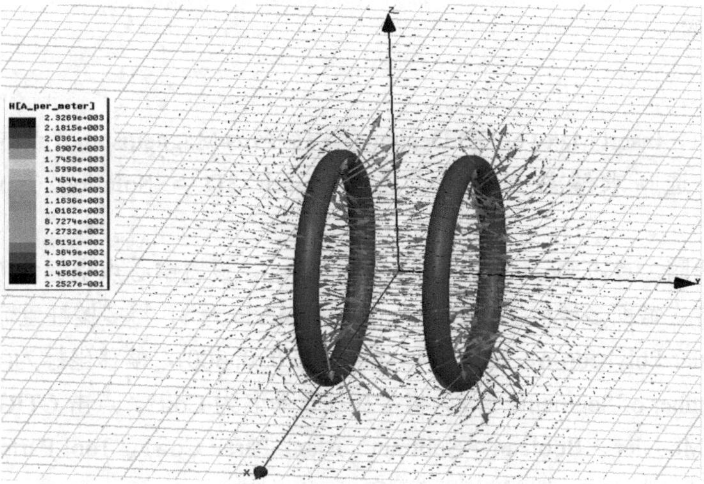

图 7.19 亥姆霍兹线圈磁场矢量图

点击 Maxwell 3D > Results > Create Fields Report > Rectangular Plot，设置 Geometry 为 Polyline1，点击 New Report，观察亥姆霍兹线圈轴线上的磁场变化曲线，如图 7.20 所示。

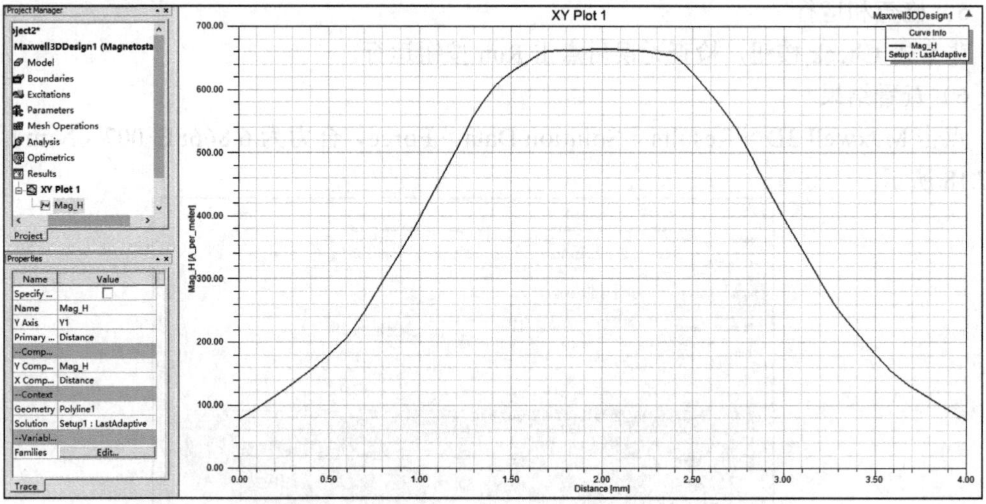

图 7.20 亥姆霍兹线圈轴向磁场分布图

7.4.4 多边形线圈互感计算

1. 仿真要求

空间中上下放置两个铜线圈，其所在平面平行，两中心点的连线与所在平面垂直。圆形线圈参数为 40cm 直径，高度为 0.5cm，1 匝。正八边形线圈参数为 1.1m 直径，高度为 0.5cm，1 匝；两线圈中心点相距 30cm，线圈中电流均为 10A，方向一致。计算两个线圈的互感及线圈周围磁场分布。

2. 仿真步骤

1）建模

点击 Project > Insert Maxwell 3D Design，工程命名为 Magnetostatic，点击 File > Save as > Magnetostatic。选择求解器类型，点击 Maxwell 3D > Solution Type> Magnetic > Magnetostatic。

创建上方线圈，点击 Draw > Regular Polyhedron。设置中心点坐标为(0, 0, 300)，偏移坐标为(550, 0, 5)，截面多棱柱边数 Number of Segments 为 8，将多棱柱重命名为 Coil1。点击 Draw > Regular Polyhedron，设置中心点坐标为(0, 0, 300)，偏移坐标为(530, 0, 5)，截面多棱柱边数 Number of Segments 为 8，将多棱柱重命名为 Coil2。点击 CTRL +A，选中两棱柱模型，点击 Modeler > Boolean > Subtract。Blank Parts: Coil1，Tool Parts: Coil2。设置材料为铜，点击 Modeler > Assign Material > Copper。

创建下方线圈，点击 Draw > Cylinder，设置中心点坐标为(0, 0, 0)，偏移坐标为(200, 0, 5)，将圆柱重命名为 Coil3。点击 Draw > Cylinder，设置中心点坐标为(0, 0, 0)，偏移坐标为(190, 0, 5)，将多棱柱重命名为 Coil4。点击 CTRL，选中 Coil3 和 Coil4，点击 Modeler > Boolean > Subtract，Blank Parts: Coil3，Tool Parts:Coil4。设置材料为铜。

选中上方线圈，点击 Modeler > Surface > Section > YZ，点击 Modeler > Boolean > Separate Bodies，分离两 Section 面。选中 1 个截面，点击 Del，将剩下的 1 个截面重命名为 Section1。选中下方线圈，点击 Modeler > Surface > Section > YZ，点击 Modeler > Boolean > Separate Bodies，分离两 Section 面。选中 1 个截面，点击 Del，将剩下的 1 个截面重命名为 Section2。

创建计算区域，点击 Draw > Region，设置 Value 为 10。

2）设置激励

选中线圈截面 Section1，点击 Maxwell 3D > Excitations > Assign > Current，设置 Name 为 Current1，Value 为 10A，Type 为 Stranded。选中线圈截面 Section2，点击 Maxwell 3D > Excitations > Assign > Current，设置 Name 为 Current2，Value 为 10A，Type 为 Stranded，注意要保证两个线圈的电流方向一致。

3）设置计算参数

点击 Maxwell 3D > Parameters > Assign > Matrix，选中 Current1、Current2。

4）设置自适应计算参数

点击 Maxwell 3D > Analysis Setup > Add Solution Setup，设置最大迭代次数 Maximum Number of Passes 为 10，误差要求 Percent Error 为 1%，每次迭代加密剖分单元比例 Refinement per Pass 为 30%。

5）检查和运行

先点击 Check 按钮，检查无误后点击 Run 按钮运行。

6）查看结果

点击 Maxwell 3D > Results > Solution Data，如图 7.21 所示。

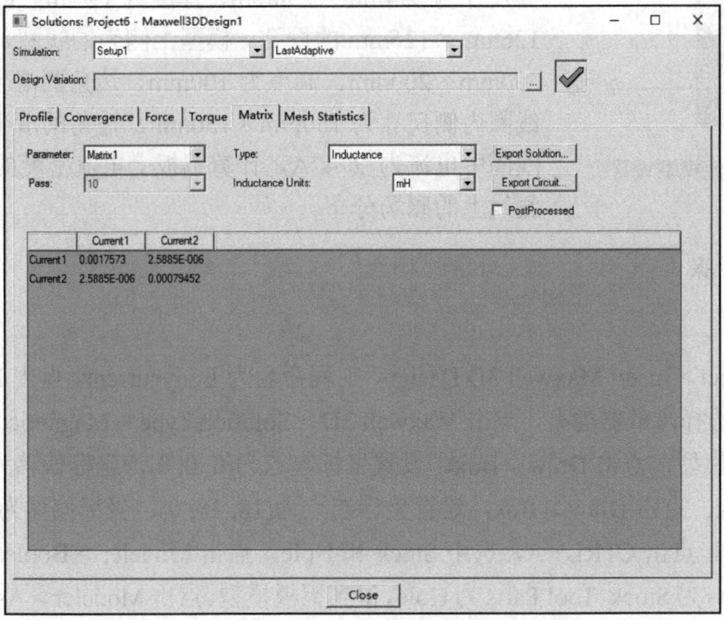

图 7.21 两线圈的互感结果

选中 Region，点击 Maxwell 3D > Fields > Fields > H > H_Vector 观察磁场的分布，如图 7.22 所示。

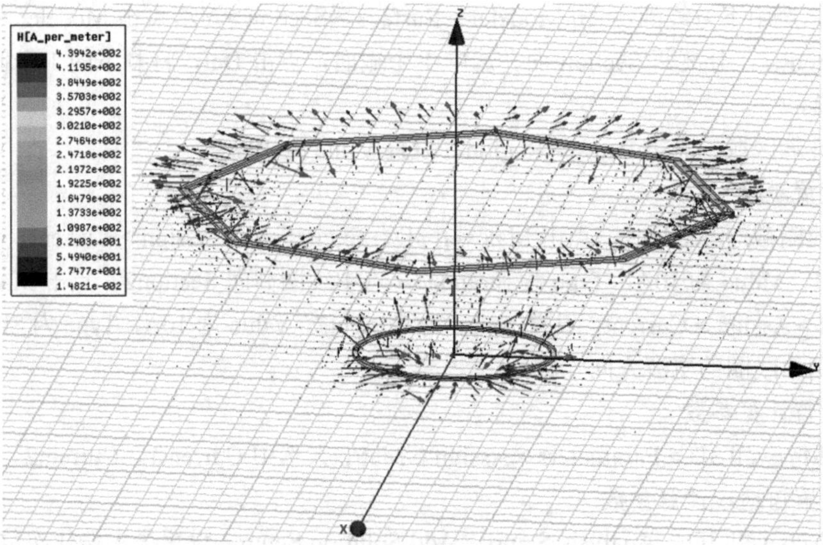

图 7.22 两线圈的磁场分布图

7.4.5 涡流场分析

1. 仿真要求

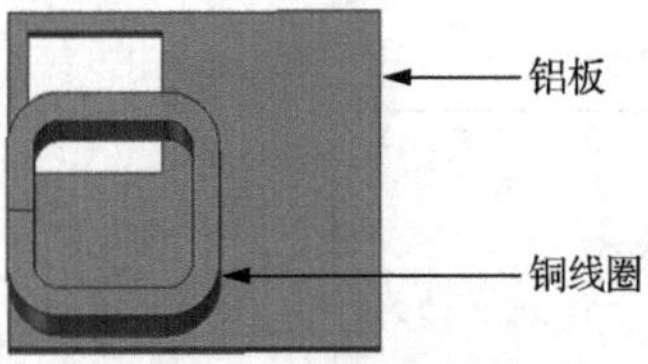

图 7.23 涡流模型设置

建立如图 7.23 所示的涡流分析模型。模型下侧为铝板，其尺寸为 294mm×294mm，厚度为 19mm；铝板侧面有一个 126mm×126mm 的挖孔。模型上侧为铜线圈，其外侧尺寸为 200mm×200mm，高度为 100mm，边角圆滑半径为 50mm；线圈内侧尺寸为 150mm×150mm，边角圆滑半径为 25mm。线圈中电流为 2742A，计算铝板上电流密度的分布及一条观测线上的磁场分布。

2. 仿真步骤

1）建模

点击 Project > Insert Maxwell 3D Design，工程命名为 Eddycurrent，点击 File > Save as > Eddycurrent。选择求解器类型，点击 Maxwell 3D > Solution Type > Magnetic > eddy current。

创建铝板模型，点击 Draw > Box，设置坐标起点为(0, 0, 0)，坐标偏移为(294,294,19)，重命名为 Stock。点击 Draw > Box，设置坐标起点为(18, 18, 0)，坐标偏移为(126,126,19)，重命名为 Hole。点击 CTRL +A，选中 Stock 和 Hole，点击 Modeler > Boolean > Subtract，设置 Blank Parts 为 Stock，Tool Parts 为 Hole，得到铝板模型。点击 Modeler > Assign Material > Aluminum，材料设置为 Aluminum。

创建线圈模型，点击 Draw > Box，设置坐标起点为(119, 25, 49)，坐标偏移为(150, 150, 100)，重命名为 Coilhole，按 E 键，将体选择改为边选择。选中 Coilhole 模型的 4 个竖边，点击 Modeler > Fillet，将所选边缘圆滑化，设置 Fillet Radius 为 25mm，Setback Distance 为 0mm。

创建线圈模型，点击 Draw > Box，设置坐标起点为(94, 0, 49)，坐标偏移为(200, 200, 100)，重命名为 Coil。按 E 键，将体选择改为边选择，选中 Coil 模型的 4 个竖边，点击 Modeler > Fillet，将所选边缘圆滑化，设置 Fillet Radius 为 50mm，Setback Distance 为 0mm。选中 Coil 和 Coilhole 模型，点击 Modeler > Boolean > Subtract，设置 Blank Parts 为 Coil，Tool Parts 为 Coilhole。将 Coil 的材料改为 Copper，点击 Modeler > Assign Material > Copper。创建相对坐标系，点击 Modeler > Coordinate System > Create >Relative CS > Offset。设置相对坐标偏移为(200, 100, 0)。设置激励电流加载面：选中 Coil，点击 Modeler > Surface > Section > YZ，点击 Modeler > Boolean > Separate Bodies，分离两 Section 面。选中 1 个截面，点击 Del，将剩下的 1 个截面重命名为 Section1。绘制观测线，点击 Draw > Line，输入起点(X,Y,Z)为(0, 72, 34)，终点(X,Y,Z)为(288, 72, 34)，将线段重命名为 Polyline1。

2）设置激励

选中线圈的截面 Section1，点击 Maxwell 3D> Excitations > Assign > Current，设置 Name 为 Current1，Value 为 2742A，Type 为 Stranded。设置涡流存在区域，点击 Maxwell 3D > Excitations > Set Eddy Effects，Stock 的 Eddy Effect 设置为选中，其他均设置为不选中。创建计算区域：点击 Draw > Region，设置 Value 为 300。

3）设置自适应计算参数

点击 Maxwell 3D > Analysis Setup > Add Solution Setup，设置最大迭代次数 Maximum Number of Passes 为 10，设置误差要求 Percent Error 为 2%，设置每次迭代加密剖分单元比例：点击 Convergence，设置 Refinement per Pass 为 30%。设置激励源的频率：点击 Solver，设置 Adaptive Frequency: 200Hz。

4）检查和运行

先点击 Check 按钮，检查无误后点击 Run 按钮运行。

5）查看结果

使用 Calculator 计算器，绘出观测线上的磁感应强度 $\boldsymbol{B}$ 的 Z 向分量实部值。点击 Maxwell 3D> Fields > Calculator，设置 Quantity 为 B，Vector 为 Scal? > Scalar Z，设置 General: Complex > Real。点击 Smooth，点击 Number，设置 Type 为 Scalar，Value 为 10000。设置 General: *。点击 Add，Named Expression 中设置 Name 为 Bz_real。点击 Maxwell 3D > Results > Create Fields Report > Rectangular Plot。左侧 Geometry 中选择观测线 Polyline1，右侧 Quantity 中选择设置的变量 Bz_real 即可完成设置。点击 New Report，如图 7.24 所示。

选中铝板模型，点击 Maxwell 3D > Fields > Fields > J > Mag_J，观察涡流的幅值分布，如图 7.25 所示。

选中铝板模型，点击 Maxwell 3D > Fields > Fields > J > J_Vector，观察涡流的流向，如图 7.26 所示。

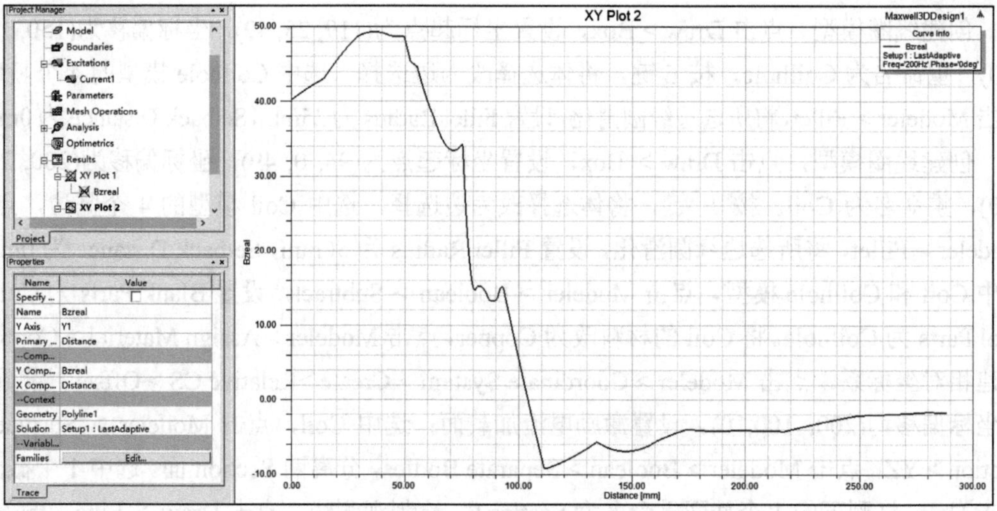

图 7.24　*Z* 方向分量实部图

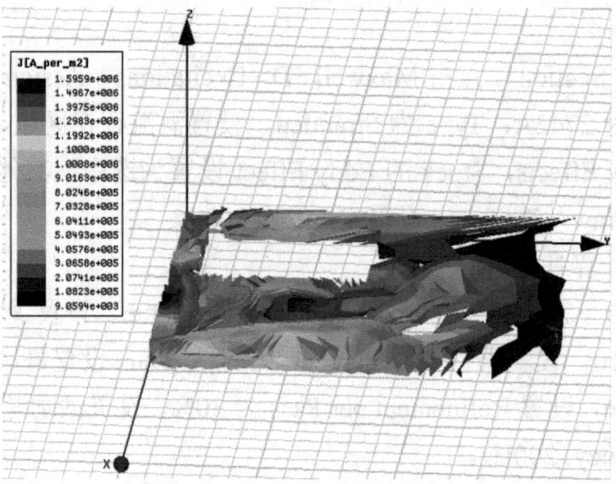

图 7.25　涡流幅值分布图

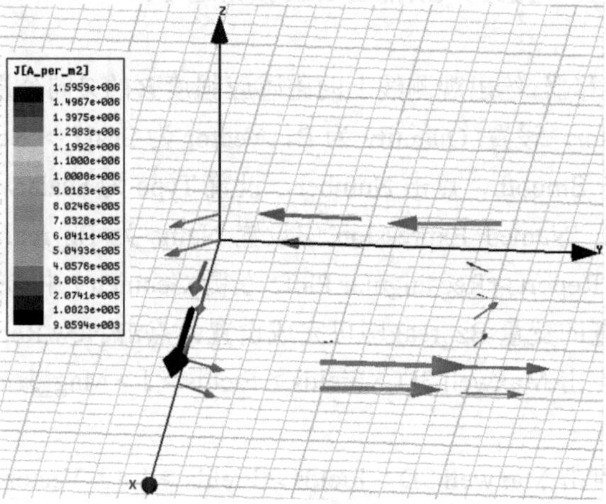

图 7.26　涡流流向图

7.4.6 电偶极子的电磁辐射仿真

1. 基本要求

根据载有时谐电流的电偶极子的电场和磁场表达式，绘制电偶极子在近场区、远场区的电场随时间动态分布图，分析电偶极子辐射特点。

2. 仿真步骤

1）建模

点击 Project > Insert Maxwell 3D Design，工程命名为 Electric Dipole，点击 File > Save as > Electric Dipole。选择求解器类型：Maxwell 3D > Solution Type> Magnetic> Transient。

创建圆柱状导体 1，点击 Draw > Cylinder，起点为(0, −0.5, 0)，坐标偏移为(0.05, 0,0)和(0, 0, −0.1)，将圆柱体重命名为 Cylinder1。设置材料为铜，点击 Modeler > Assign Material > Copper。

创建圆柱状导体 2，点击 Draw > Cylinder，起点为(0, 0.5, 0)，坐标偏移为(0.05, 0, 0)和(0, 0, −0.1)，将圆柱体重命名为 Cylinder2，设置材料为铜。

创建导电立方体，点击 Draw > Box，起点为(−1, −2, 0)，坐标偏移为(2, 4, −0.1)，将六面体重命名为 Box1。点击 Modeler > Assign Material > Air。

创建观测线，点击 Draw > Line，起点为(0, −2.2, 0)，终点为(0, 2.2, 0)，将观测线重命名为 Polyline1。

创建计算区域，Draw > Region，设置 Value 为 0。

2）设置激励

按 f 键改为面选择，选中圆柱体 1 的上表面，点击 Maxwell 3D > Excitations > Assign > Coil Terminal，设置 Name > CoilTerminal1，Number of Conductor > 1。选中圆柱体 1 的下表面，点击 Maxwell 3D > Excitations > Assign > Coil Terminal，设置 Name > CoilTerminal2，Number of Conductor > 1。选中圆柱体 2 的上表面，点击 Maxwell 3D > Excitations > Assign > Coil Terminal，设置 Name > CoilTerminal3，Number of Conductor > 1。选中圆柱体 2 的下表面，点击 Maxwell 3D > Excitations > Assign > Coil Terminal，设置 Name > CoilTerminal4，Number of Conductor > 1。注意两个圆柱体电流方向，使其能够形成回路。设置交变电流，点击 Maxwell 3D > Excitations > Add Winding，参数设置为 Name: Winding1；Type: Current, Stranded；Current: 10*sin(2*pi*50*time)；Number of Parallel Branches: 1。在左侧 Project Manager 窗口 Excitations 中找到 CoilTerminal1～4，分别点击鼠标右键 > Add to Winding。

3）设置网格剖分参数

分别选中圆柱体 1、圆柱体 2、导电立方体，逐一进行如下操作，点击 Maxwell 3D > Mesh Operations > Assign > On Selection > Length Based。Name: Length1, Enable；Length of Elements: Restrict Length of Elements；Maximum Length of Elements: 0.02mm。名字分别命名为 Length1、Length2、Length3。

4）设置自适应计算参数

点击 Maxwell 3D > Analysis Setup > Add Solution Setup，按照下图设置 Stop Time 为 0.02，Time Step 为 0.002，点击 Add to List，导入时刻，如图 7.27 所示。

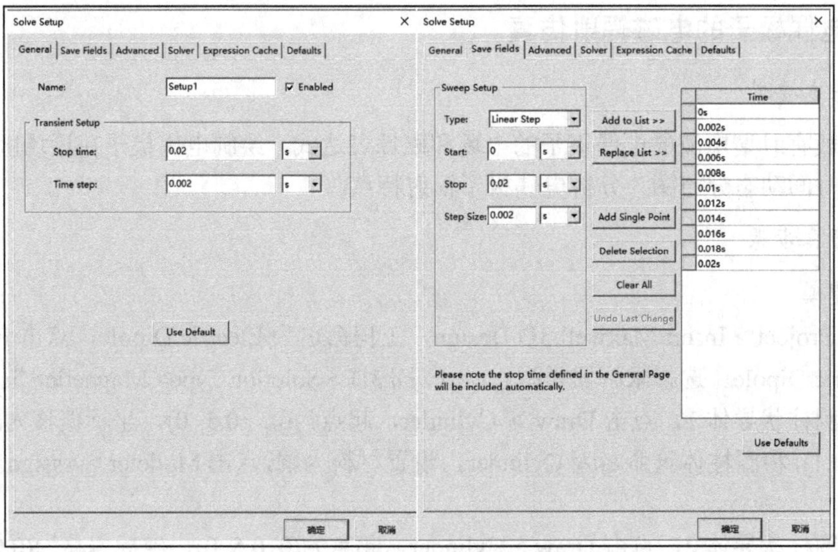

图 7.27 自适应计算参数设置

5）检查和运行

先点击 Check 按钮，检查无误后点击 Run 按钮运行。

6）查看结果

（1）求解电偶极子周围磁场强度。

双击工作区左下角的 Time 框，选择想要观测的时刻。选中导电立方体，点击 Maxwell 3D > Fields > Fields > H > Mag_H，观察磁场大小。选中导电立方体，点击 Maxwell 3D > Fields > Fields > H > H_Vector，观察磁场方向。0.014s 时刻磁场的标量和矢量图如图 7.28 所示。

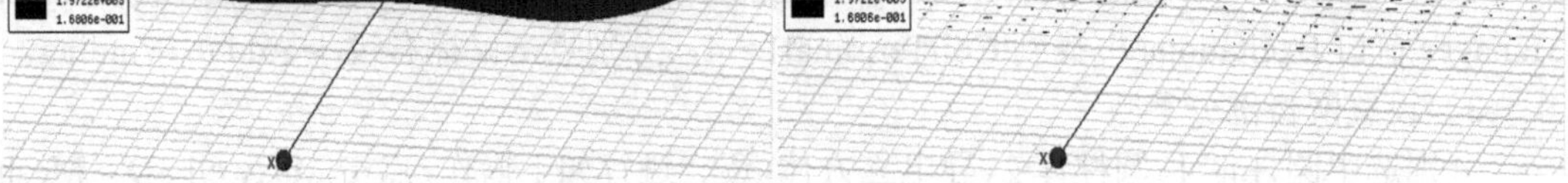

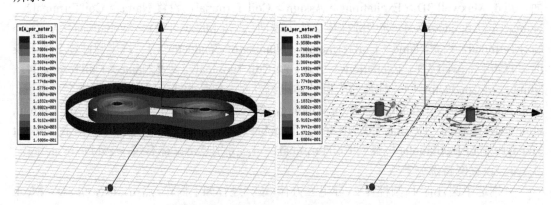

图 7.28 0.014s 时刻磁场的标量和矢量图

（2）求解电偶极子轴向磁场强度。

点击 Maxwell 3D > Results > Create Fields Report > Rectangular Plot，设置 Geometry 为 Polyline1，点击 Families 选择 Time 为 0.014s，点击 New Report，观察电偶极子轴线上的磁场变化曲线，0.014s 时刻电偶极子轴线上的磁场变化曲线如图 7.29 所示。

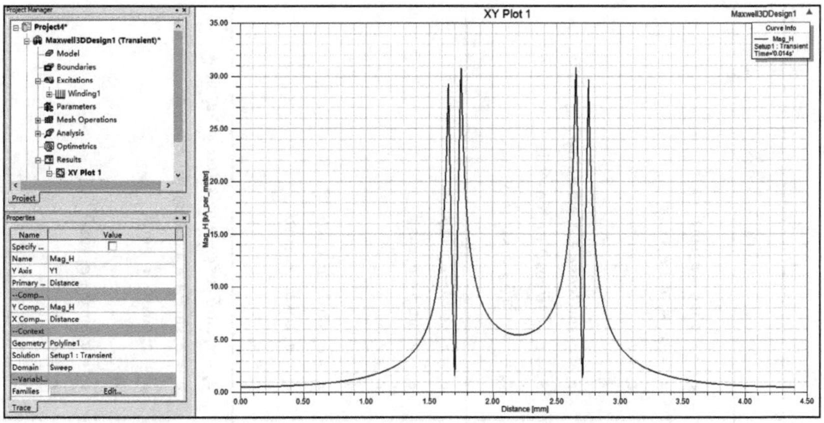

图 7.29 0.014s 时刻电偶极子轴线上的磁场变化曲线

附录 7.1 矢 量 分 析

三种常用正交坐标系（分别见附图 7.1～附图 7.3）以及各正交坐标系之间的关系如附表 7.1 所示。

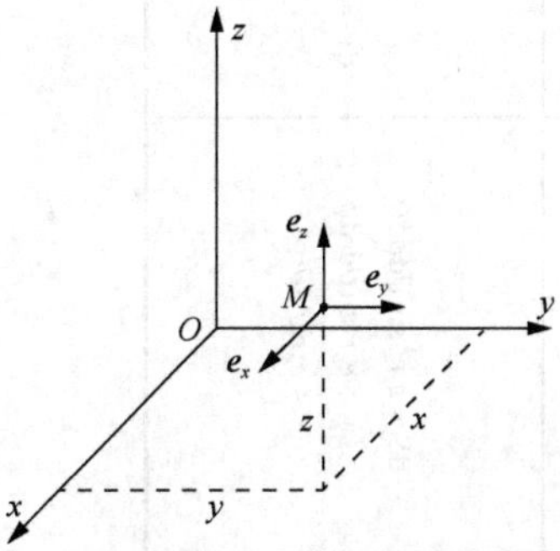

附图 7.1 直角坐标系

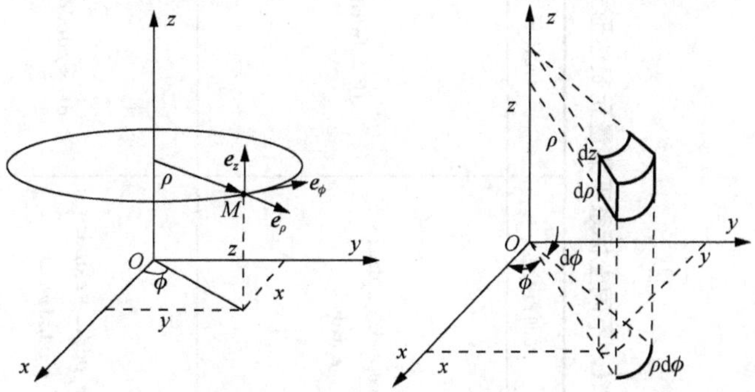

（a） （b）

附图 7.2 圆柱坐标系

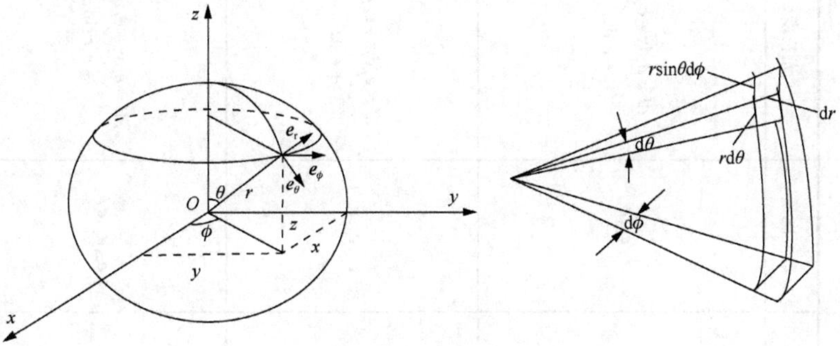

（a） （b）

附图 7.3 球坐标系

附表 7.1　不同坐标系下矢量元表达形式及相互转换关系

坐标系	单位向量	元长度	元面积	元体积	与其他坐标系关系	与其他单位矢量关系
直角坐标 x,y,z （附图 7.1）	$\boldsymbol{e}_x,\boldsymbol{e}_y,\boldsymbol{e}_z$	$\mathrm{d}\boldsymbol{l}=\boldsymbol{e}_x\mathrm{d}x+\boldsymbol{e}_y\mathrm{d}y+\boldsymbol{e}_z\mathrm{d}z$	$\mathrm{d}\boldsymbol{S}=\boldsymbol{e}_x\mathrm{d}y\mathrm{d}z+\boldsymbol{e}_y\mathrm{d}z\mathrm{d}x+\boldsymbol{e}_z\mathrm{d}x\mathrm{d}y$	$\mathrm{d}V=\mathrm{d}x\mathrm{d}y\mathrm{d}z$	$\rho=\sqrt{x^2+y^2}$ $\phi=\arctan y/x$ $z=z$ 和 $r=\sqrt{x^2+y^2+z^2}$ $\theta=\arctan\dfrac{\sqrt{x^2+y^2}}{z}$ $\phi=\arctan y/x$	$\boldsymbol{e}_\rho=\boldsymbol{e}_x\cos\phi+\boldsymbol{e}_y\sin\phi$ $\boldsymbol{e}_\phi=-\boldsymbol{e}_x\sin\phi+\boldsymbol{e}_y\cos\phi$ $\boldsymbol{e}_z=\boldsymbol{e}_z$ 和 $\boldsymbol{e}_r=\boldsymbol{e}_x\sin\theta\cos\phi+\boldsymbol{e}_y\sin\theta\sin\phi+\boldsymbol{e}_z\cos\theta$ $\boldsymbol{e}_\theta=\boldsymbol{e}_x\cos\theta\cos\phi+\boldsymbol{e}_y\cos\theta\sin\phi-\boldsymbol{e}_z\sin\theta$ $\boldsymbol{e}_\phi=-\boldsymbol{e}_x\sin\phi+\boldsymbol{e}_y\cos\phi$
圆柱坐标 ρ,ϕ,z （附图 7.2）	$\boldsymbol{e}_\rho,\boldsymbol{e}_\phi,\boldsymbol{e}_z$	$\mathrm{d}\boldsymbol{l}=\boldsymbol{e}_\rho\mathrm{d}\rho+\boldsymbol{e}_\phi\rho\mathrm{d}\phi+\boldsymbol{e}_z\mathrm{d}z$	$\mathrm{d}\boldsymbol{S}=\boldsymbol{e}_\rho\rho\mathrm{d}\phi\mathrm{d}z+\boldsymbol{e}_\phi\mathrm{d}\rho\mathrm{d}z+\boldsymbol{e}_z\rho\mathrm{d}\rho\mathrm{d}\phi$	$\mathrm{d}V=\rho\mathrm{d}\rho\mathrm{d}\phi\mathrm{d}z$	$x=\rho\cos\phi$ $y=\rho\sin\phi$ $z=z$ 和 $r=\sqrt{\rho^2+z^2}$ $\theta=\arctan\rho/z$ $\phi=\phi$	$\boldsymbol{e}_x=\boldsymbol{e}_\rho\cos\phi-\boldsymbol{e}_\phi\sin\phi$ $\boldsymbol{e}_y=\boldsymbol{e}_\rho\sin\phi+\boldsymbol{e}_\phi\cos\phi$ $\boldsymbol{e}_z=\boldsymbol{e}_z$ 和 $\boldsymbol{e}_r=\boldsymbol{e}_\rho\sin\theta-\boldsymbol{e}_z\cos\theta$ $\boldsymbol{e}_\theta=\boldsymbol{e}_\rho\cos\theta-\boldsymbol{e}_z\sin\theta$ $\boldsymbol{e}_\phi=\boldsymbol{e}_\phi$
球坐标 r,θ,ϕ （附图 7.3）	$\boldsymbol{e}_r,\boldsymbol{e}_\theta,\boldsymbol{e}_\phi$	$\mathrm{d}\boldsymbol{l}=\boldsymbol{e}_r\mathrm{d}r+\boldsymbol{e}_\theta r\mathrm{d}\theta+\boldsymbol{e}_\phi r\sin\theta\mathrm{d}\phi$	$\mathrm{d}\boldsymbol{S}=\boldsymbol{e}_r r^2\sin\theta\mathrm{d}\phi\mathrm{d}\theta+\boldsymbol{e}_\theta r\sin\theta\mathrm{d}r\mathrm{d}\phi+\boldsymbol{e}_\phi r\mathrm{d}r\mathrm{d}\theta$	$\mathrm{d}V=r^2\sin\theta\mathrm{d}\theta\mathrm{d}\phi\mathrm{d}r$	$x=r\sin\theta\cos\phi$ $y=r\sin\theta\sin\phi$ $z=r\cos\theta$ 和 $\rho=r\sin\theta$ $\phi=\phi$ $z=r\cos\theta$	$\boldsymbol{e}_x=\boldsymbol{e}_r\sin\theta\cos\phi+\boldsymbol{e}_\theta\cos\theta\cos\phi-\boldsymbol{e}_\phi\sin\phi$ $\boldsymbol{e}_y=\boldsymbol{e}_r\sin\theta+\boldsymbol{e}_\theta\cos\theta\sin\phi+\boldsymbol{e}_\phi\cos\phi$ $\boldsymbol{e}_z=\boldsymbol{e}_\phi\cos\theta-\boldsymbol{e}_\theta\sin\theta$ 和 $\boldsymbol{e}_\rho=\boldsymbol{e}_r\sin\theta+\boldsymbol{e}_\theta\cos\theta$ $\boldsymbol{e}_\phi=\boldsymbol{e}_\phi$ $\boldsymbol{e}_z=\boldsymbol{e}_r\cos\theta-\boldsymbol{e}_r\sin\theta$

矢量运算：

$\boldsymbol{A}^2 = \boldsymbol{A}\cdot\boldsymbol{A}$

$\boldsymbol{A}+\boldsymbol{B}=\boldsymbol{B}+\boldsymbol{A}$

$\boldsymbol{A}\cdot\boldsymbol{B}=\boldsymbol{B}\cdot\boldsymbol{A}$

$\boldsymbol{A}\times\boldsymbol{B}=-\boldsymbol{B}\times\boldsymbol{A}$

$(\boldsymbol{A}+\boldsymbol{B})\cdot\boldsymbol{C}=\boldsymbol{A}\cdot\boldsymbol{C}+\boldsymbol{B}\cdot\boldsymbol{C}$

$(\boldsymbol{A}+\boldsymbol{B})\times\boldsymbol{C}=\boldsymbol{A}\times\boldsymbol{C}+\boldsymbol{B}\times\boldsymbol{C}$

$\boldsymbol{A}\times(\boldsymbol{B}\times\boldsymbol{C})=(\boldsymbol{A}\cdot\boldsymbol{C})\boldsymbol{B}-(\boldsymbol{A}\cdot\boldsymbol{B})\boldsymbol{C}$

$\boldsymbol{A}\cdot(\boldsymbol{B}\times\boldsymbol{C})=\boldsymbol{B}\cdot(\boldsymbol{C}\times\boldsymbol{A})=\boldsymbol{C}\cdot(\boldsymbol{A}\times\boldsymbol{B})$

$\nabla(\varphi+u)=\nabla\varphi+\nabla u$

$\nabla\cdot(\boldsymbol{A}+\boldsymbol{B})=\nabla\cdot\boldsymbol{A}+\nabla\cdot\boldsymbol{B}$

$\nabla\times(\boldsymbol{A}+\boldsymbol{B})=\nabla\times\boldsymbol{A}+\nabla\times\boldsymbol{B}$

$\nabla(\varphi u)=u\nabla\varphi+\varphi\nabla u$

$\nabla\cdot(\varphi\boldsymbol{A})=\varphi\nabla\cdot\boldsymbol{A}+\boldsymbol{A}\cdot\nabla\varphi$

$\nabla\times(\varphi\boldsymbol{A})=\varphi(\nabla\times\boldsymbol{A})-\boldsymbol{A}\times\nabla\varphi$

$\nabla\cdot(\boldsymbol{A}+\boldsymbol{B})=\boldsymbol{B}\cdot(\nabla\times\boldsymbol{A})-\boldsymbol{A}\cdot(\nabla\times\boldsymbol{B})$

$\nabla^2\boldsymbol{A}=\nabla(\nabla\cdot\boldsymbol{A})-\nabla\times(\nabla\times\boldsymbol{A})$

$\nabla\times(\varphi\nabla u)=\nabla\varphi\times\nabla u$

$\nabla\times\nabla\varphi=0$

$\nabla\cdot(\nabla\times\boldsymbol{A})=0$

附录 7.2 电磁单位制

附表 7.2 列出了国际单位制的部分基本单位。
附表 7.3 列出了部分国际单位制中的电磁量单位。
附表 7.4 列出了部分国际单位制中的词头。

附表 7.2 部分基本单位

量的名称	量的符号	与其他量的关系	国际制单位
电流	I	电荷/时间	A（安）
长度	L,l		m（米）
质量	M,m		kg（千克）
时间	T,t		s（秒）

附表 7.3　部分电磁量单位

量的名称	量的符号	与其他量的关系	国际制单位
电流	I,i	电荷[量]/时间	A（安）
电荷[量]	Q,q	电流×时间	C（库）
电荷线密度	ρ_l	电荷[量]/长度	C/m（库/米）
电荷面密度	ρ_S	电荷[量]/面积	C/m^2（库/米^2）
电荷体密度	ρ	电荷[量]/体积	C/m^3（库/米^3）
电动势	$\mathscr{E}_e$	$\int \boldsymbol{E}_e \cdot d\boldsymbol{l}$	V（伏）
电位	φ,U	功/电荷量	V（伏）
电压	U		
电场强度	$\boldsymbol{E}$	$\dfrac{电压}{长度}=\dfrac{力}{电量}$	V/m（伏/米）
电通[量]	Ψ	电荷[量]$=\int \boldsymbol{D}\cdot d\boldsymbol{S}$	C（库）
电通[量]密度	$\boldsymbol{D}$	电荷[量]/面积	C/m^2（库/米^2）
电容	C	电荷[量]/电压	F（法）
介电常数	ε	电容/长度	F/m（法/米）
相对介电常数	ε_r	比值 $\varepsilon/\varepsilon_0$	
电极化强度	$\boldsymbol{P}$	电矩/体积	C/m^2（库/米^2）
电偶极矩	$\boldsymbol{p}(=q\boldsymbol{l})$	电荷量×长度	C·m（库·米）
面电流密度	$\boldsymbol{J}_S$	电流/面积	A/m^2（安/米^2）
线电流密度	$\boldsymbol{J}_l$	电流/长度	A/m（安/米）
磁位差	U_m	$\int \boldsymbol{H}\cdot d\boldsymbol{l}$	A（安）
磁通势	F_m	$\int \boldsymbol{H}\cdot d\boldsymbol{l}$	
磁场强度	$\boldsymbol{H}$	磁通势/长度	A/m（安/米）
磁通密度	$\boldsymbol{B}$	$\dfrac{力}{电流矩}=\dfrac{磁通}{面积}$	T（特）
磁感应强度			
磁通[量]	Φ_m	$\int \boldsymbol{B}\cdot d\boldsymbol{S}$	Wb（韦）
磁链	Ψ_m	磁通×匝数	Wb·t（韦·匝）
磁导率	μ	电感/长度	H/m（亨/米）
相对磁导率	μ_r	比值 μ/μ_0	
磁化强度	$\boldsymbol{M}$	磁矩/体积	A/m（安/米）
磁偶极矩	$\boldsymbol{m}$	电流×密度	$A\cdot m^2$（安·米^2）
电阻	R	电压/电流	Ω（欧）
电抗	X	电压/电流	Ω（欧）
阻抗	Z	电压/电流	Ω（欧）

续表

量的名称	量的符号	与其他量的关系	国际制单位
导纳	Y	1/阻抗	S（西门子）
电导	G	1/电阻	S（西门子）
电纳	B	1/电抗	S（西门子）
电阻率	ρ	电阻×长度=1/电导率	Ω·m（欧·米）
电导率	γ	1/电阻率	S/m（西门子/米）
电感，自感	L	磁链/电流	H（亨）
磁导	$\Lambda(\rho)$	$\frac{磁通}{磁通势}=\frac{1}{磁阻}$	H（亨）
磁阻	R_m	$\frac{磁通势}{磁通}=\frac{1}{磁导}$	H^{-1}（1/亨）
电能量密度	ω'_e	能量/体积	J/m^3（焦耳/米^3）
磁能量密度	ω'_m	能量/体积	J/m^3（焦耳/米^3）
坡印亭矢量	$\boldsymbol{S}$	功率/面积	W/m^2（瓦/米^2）
磁矢量位	$\boldsymbol{A}$	电流×磁导率	Wb/m（韦/米）

附表 7.4 部分国际单位制词头

系数	词冠	英文词冠	代号
10^{18}	艾[可萨]	exa	E
10^{15}	拍[它]	peta	P
10^{12}	太[拉]	tera	T
10^{9}	吉[咖]	giga	G
10^{6}	兆	mega	M
10^{3}	千	kilo	k
10^{2}	百	hecto	h
10^{1}	十	deca	da
10^{-1}	分	deci	d
10^{-2}	厘	centi	c
10^{-3}	毫	milli	m
10^{-6}	微	micro	μ
10^{-9}	纳[诺]	nano	n
10^{-12}	皮[可]	pico	p
10^{-15}	非[母托]	femto	f
10^{-18}	阿[托]	atto	a

参 考 文 献

冯慈璋, 马西奎. 2000. 工程电磁场导论[M]. 北京: 高等教育出版社.

嵇艳鞠. 2004. 浅层高分辨率全程瞬变电磁系统中全程二次场提取技术研究[D]. 长春: 吉林大学: 9-118.

焦其祥, 李书芳, 李莉, 等. 2004. 电磁场与电磁波[M]. 北京: 科学出版社.

焦其祥, 李书芳, 李莉, 等. 2010. 电磁场与电磁波[M]. 2 版. 北京: 科学出版社.

孔凡年. 2016. 分层介质电磁场计算和 MATLAB 实现[M]. 南京: 江苏凤凰科学技术出版社.

黎东升. 2016. 时域地空电性源的三维电磁数值模拟及噪声抑制方法研究[D]. 长春: 吉林大学: 9-84.

刘桂芬. 2008. 回线源层状大地航空瞬变电磁场的理论计算[D]. 长春: 吉林大学: 7-40.

纳比吉安. 1992. 勘查地球物理（电磁法 第一卷 理论）[M]. 赵经祥, 王艳君, 译. 北京: 地质出版社.

王家礼, 朱满座, 路宏敏. 2004. 电磁场与电磁波[M]. 2 版. 西安: 西安电子科技大学出版社.

阳贵红. 2012. 时域电性源地-空电磁探测数据预处理研究[D]. 长春: 吉林大学: 5-34.

杨尔滨, 杨欢红, 刘蓉晖, 等. 2005. 工程电磁场基础与应用[M]. 北京: 中国电力出版社.

张洪欣, 沈圆茂, 韩宇南. 2016. 电磁场与电磁波[M]. 北京: 清华大学出版社.

张育, 张福恒, 王磊. 2013. 电磁场与电磁波[M]. 广州: 中山大学出版社.

邹澎, 周晓萍, 马力. 2016. 电磁场与电磁波[M]. 2 版. 北京: 清华大学出版社.

Guru B S, Hiziroğlu H R. 2006. 电磁场与电磁波[M]. 2 版. 周克定, 等译. 北京: 机械工业出版社.

Kong F N. 2010. Hankel transform filters for dipole antenna radiation in a conductive medium[J]. Geophysical Prospecting, 55(1): 83-89.